Modificação de Comportamento

O que é e como fazer

gen
Grupo
Editorial
Nacional

Modificação de Comportamento

O que é e como fazer

GARRY MARTIN

JOSEPH PEAR

Revisão Técnica

Hernando Borges Neves Filho

Psicólogo. Mestre em Teoria e Pesquisa do Comportamento pela Universidade Federal do Pará (UFPA). Doutor em Psicologia Experimental pela Universidade de São Paulo (USP), com estágio doutoral na University of Auckland (Nova Zelândia). Professor Efetivo, Orientador de Mestrado e Doutorado no Programa de Pós-Graduação em Análise do Comportamento da Universidade Estadual de Londrina (UEL).

Tradução

Marcella de Melo Silva

12ª edição

- Os autores deste livro e a editora empenharam seus melhores esforços para assegurar que as informações e os procedimentos apresentados no texto estejam em acordo com os padrões aceitos à época da publicação. Entretanto, tendo em conta a evolução das ciências, as atualizações legislativas, as mudanças regulamentares governamentais e o constante fluxo de novas informações sobre os temas que constam do livro, recomendamos enfaticamente que os leitores consultem sempre outras fontes fidedignas, de modo a se certificarem de que as informações contidas no texto estão corretas e de que não houve alterações nas recomendações ou na legislação regulamentadora.
- Data do fechamento do livro: 27/02/2025.
- Os autores e a editora se empenharam para citar adequadamente e dar o devido crédito a todos os detentores de direitos autorais de qualquer material utilizado neste livro, dispondo-se a possíveis acertos posteriores caso, inadvertida e involuntariamente, a identificação de algum deles tenha sido omitida.
- **Atendimento ao cliente: (11) 5080-0751 | faleconosco@grupogen.com.br**
- Traduzido de:
BEHAVIOR MODIFICATION: WHAT IT IS AND HOW TO DO IT, TWELFTH EDITION

First edition published by Prentice Hall 1978
Eleventh edition published by Routledge 2019
ISBN: 9781032233154

EDITORA GUANABARA KOOGAN LTDA.
Uma editora integrante do GEN | Grupo Editorial Nacional
Travessa do Ouvidor, 11
Rio de Janeiro – RJ – CEP 20040-040
www.grupogen.com.br

- Capa: Bruno Sales
- Imagem de capa: ©NiseriN (iStock)
- Editoração eletrônica: Anthares
- Ficha catalográfica

M337m
12. ed.

Martin, Garry
Modificação de comportamento : o que é e como fazer / Garry Martin, Joseph Pear ; revisão: Hernando Borges Neves Filho ; tradução Marcella de Melo Silva. - 12. ed. - Rio de Janeiro : Guanabara Koogan, 2025.
il. ; 24 cm.

Tradução de: Behavior modification: what it is and how to do it
Inclui bibliografia e índice
ISBN 978-85-277-4095-1

1. Modificação do comportamento. 2. Comportamento humano. I. Pear, Joseph. II. Neves Filho, Hernando Borges. III. Silva, Marcella de Melo. IV. Título.

25-96109 CDD: 153.85
CDU: 159.9.019.4

Gabriela Faray Ferreira Lopes - Bibliotecária - CRB-7/6643

Para Jack Michael, Lee Meyerson, Lynn Caldwell,
Dick Powers e Reed Lawson, que nos ensinaram
tanto e tornaram o aprendizado tão agradável.

E para Toby, Todd, Kelly, Scott, Tana e Jonathan,
que vivem em um mundo melhor graças
a esses dedicados professores.

Apresentação

Modificação de Comportamento – O que é e como fazer é uma obra abrangente e prática dos princípios da modificação do comportamento e das diretrizes para sua aplicação. Seu conteúdo inclui tipos de modificação do comportamento que vão desde ajudar crianças a aprender habilidades essenciais para a vida até treinar animais de estimação e resolver problemas pessoais de comportamento. Além disso, ensina habilidades práticas no estilo "como fazer" (p. ex., discernimento dos efeitos a longo prazo; elaboração, implementação e avaliação de programas comportamentais; interpretação de episódios comportamentais; observação e registro de comportamentos; e reconhecimento de ocorrências de reforço, extinção e punição).

O livro é apresentado em formato envolvente e de fácil leitura, que não pressupõe conhecimento prévio em modificação do comportamento ou psicologia. Casos e exemplos específicos esclarecem os assuntos e tornam os princípios mais práticos. Diretrizes ao longo do texto são uma fonte imediata para ser usada como referência na aplicação desses princípios. Cerca de 25 Questões para aprendizagem estão incluídas em cada capítulo, a fim ajudar os alunos a verificarem seu conhecimento sobre o conteúdo, preparando-se para testes e exames. As respostas a essas questões estão disponibilizadas no final de cada capítulo por meio de um QR code. Exercícios de aplicação também estão presentes em quase todos os capítulos, auxiliando o estudante no desenvolvimento das habilidades práticas necessárias para completar projetos de modificação do comportamento de maneira eficaz.

Este livro é ideal para cursos da área, bem como os de análise comportamental aplicada, terapia comportamental, psicologia da aprendizagem e outras relacionadas. Atende também alunos e profissionais de vários segmentos assistenciais – psicologia clínica, aconselhamento, educação, medicina, enfermagem, terapia ocupacional, fisioterapia, enfermagem psiquiátrica, psiquiatria, serviço social, fonoaudiologia e psicologia do esporte – que se preocupam diretamente em melhorar diversas formas de desenvolvimento comportamental.

Garry Martin é conhecido internacionalmente por seus nove livros em coautoria ou coedição, 177 artigos em periódicos e 106 apresentações em conferências em seis países sobre diversas áreas da modificação de comportamento, incluindo deficiência intelectual, transtorno do espectro autista e psicologia do esporte. Recebeu inúmeros prêmios e honrarias, como o *Distinguished Contribution Award*, da Canadian Psychological Association, sendo empossado na Royal Society of Canada.

Joseph Pear foi conhecido internacionalmente por seu trabalho em análise comportamental básica e aplicada. Além de coautor deste livro com Garry, assinou a autoria de outras duas obras e escreveu ou coescreveu 12 capítulos de livros, seis verbetes de enciclopédia, sete anais de conferências, duas contribuições para boletins informativos, 60 apresentações em congressos e simpósios e 57 artigos revisados por pares para periódicos em diversas áreas da análise comportamental básica e aplicada. Recebeu diversos prêmios e reconhecimentos, incluindo a eleição como membro na Division 6 (Society for Behavioral Neuroscience and Comparative Psychology) e na Division 25 (Behavior Analysis) da American Psychological Association.

NOTA PESSOAL DE GARRY MARTIN

Lamento informar que, em 29 de dezembro de 2022, Joseph Pear faleceu. Sou grato por sua coautoria nesta 12ª edição, assim como nas 11 edições anteriores, e por suas inúmeras contribuições notáveis à pesquisa, ao meio acadêmico e ao ensino ao longo dos últimos 56 anos na University of Manitoba.

Também sou muito grato pela amizade de Joseph.

Prefácio

SOBRE A 12ª EDIÇÃO DESTE LIVRO

Esta 12ª edição de *Modificação de Comportamento - O que é e como fazer*, assim como as anteriores, não pressupõe nenhum conhecimento prévio específico sobre psicologia ou modificação de comportamento por parte do leitor. Aqueles que desejam saber como aplicar a modificação de comportamento em sua vida cotidiana - desde resolver problemas pessoais de comportamento até ajudar crianças a aprender as habilidades necessárias para a vida - acharão o texto útil. No entanto, este livro é dirigido principalmente a dois públicos: (a) estudantes universitários que estejam fazendo cursos de modificação de comportamento, análise comportamental aplicada, terapia comportamental, psicologia da aprendizagem e áreas relacionadas; e (b) estudantes e profissionais dos vários segmentos assistenciais - psicologia clínica, aconselhamento, educação, medicina, enfermagem, terapia ocupacional, fisioterapia, enfermagem psiquiátrica, psiquiatria, serviço social, fonoaudiologia e psicologia do esporte - que se dedicam diretamente ao aprimoramento de várias formas de desenvolvimento comportamental.

Após 56 anos ensinando a esses dois tipos de público, estamos convencidos de que ambos os grupos aprendem a aplicar com mais eficácia as técnicas de modificação de comportamento quando as aplicações são explicadas fazendo referência aos princípios comportamentais subjacentes nos quais elas se baseiam. Por esse motivo, como nosso título indica, este livro trata igualmente dos procedimentos e princípios da modificação de comportamento.

Nossos objetivos e o modo pelo qual tentamos alcançá-los podem ser resumidos da seguinte maneira:

1. *Apresentar o leitor à orientação comportamental do livro (Capítulo 1) e descrever as principais áreas de aplicação das técnicas de modificação de comportamento para melhorar os comportamentos de indivíduos em diversos ambientes (Capítulo 2).* As Questões para aprendizagem, distribuídas ao longo de cada capítulo, promovem o domínio do leitor sobre o conteúdo aprendido e a capacidade de generalizar em situações não descritas no texto. Essas questões também podem ser usadas para fins de exame em cursos formais.
2. *Ensinar como definir, medir e registrar o comportamento a ser alterado em um programa de modificação de comportamento (Capítulo 3) e como avaliar os efeitos de tratamentos comportamentais usando delineamentos de pesquisa de sujeito único (Capítulo 4).*
3. *Ensinar os princípios e procedimentos elementares da modificação de comportamento (Capítulos 5 a 21).* Começamos com os princípios e procedimentos básicos, ilustrando-os com vários exemplos e aplicações e aumentando a complexidade gradualmente. Cada capítulo começa com um caso clínico relacionado às áreas de transtorno do espectro autista, desenvolvimento infantil, *coaching*, deficiências do desenvolvimento, educação infantil e psicologia do esporte, ou de atividades cotidianas normais de crianças e adultos. Também há vários exemplos de como cada princípio funciona na vida diária e como pode funcionar em detrimento daqueles que não o conhecem.
4. *Ensinar habilidades práticas, como reconhecer ocorrências de reforço, extinção e punição e seus prováveis efeitos a longo prazo; interpretar episódios comportamentais em termos de princípios e procedimentos comportamentais; elaborar, implementar e avaliar programas comportamentais.* Para alcançar esses objetivos, fornecemos: (a) diretrizes e listas de verificação para aplicações eficazes; (b) exercícios de aplicação envolvendo outras pessoas e listas de verificação que ensinam o leitor a analisar, interpretar e desenvolver programas para o comportamento de outras pessoas; (c) exercícios de automodificação que incentivam o leitor a analisar, interpretar e desenvolver

programas para o próprio comportamento; e (d) muitos exemplos de aplicações.

5. *Apresentar o material de modo que sirva como um manual fácil de usar para profissionais dedicados a superar déficits e excessos comportamentais em ampla variedade de populações e contextos.*
6. *Fornecer discussões avançadas e referências para familiarizar os leitores com os fundamentos empíricos e teóricos da área.* Isso ocorre em todo o livro, especialmente nos Capítulos 1 a 27.
7. *Apresentar informações e referências sobre a terapia comportamental (TC), incluindo terapia cognitivo-comportamental (TCC), terapia de aceitação e comprometimento (ACT) e terapia dialético-comportamental (DBT).* Neste livro, não será ensinado aos alunos como colocar em prática essas terapias, pois elas exigem formação e qualificações avançadas.
8. *Descrever brevemente os tratamentos comportamentais mais eficazes para 10 transtornos psicológicos significativos, incluindo fobias específicas, transtorno de estresse pós-traumático (TEPT), transtorno obsessivo-compulsivo (TOC) e depressão (Capítulos 26 e 27).*
9. *Descrever os destaques históricos da modificação de comportamento (Capítulo 28).*
10. *Descrever as diretrizes éticas para elaboração, implementação e avaliação de programas de tratamento comportamental (Capítulo 29).* Embora tenhamos colocado o capítulo sobre questões éticas no final do livro, acreditamos que esse tópico é tão importante quanto qualquer outro que abordamos. Aliás, enfatizamos as questões éticas ao longo de todo o livro; portanto, o último capítulo reitera e elabora esse assunto vital. Esperamos que, após ler o capítulo final, o leitor compreenda plenamente que a única justificativa para a modificação do comportamento é sua utilidade para servir a humanidade em geral e seus beneficiários, em particular.

ALTERAÇÕES NA 12ª EDIÇÃO

Fizemos mudanças nesta edição de acordo com as recomendações de revisores, alunos e colegas:

Primeiro, na 11ª edição, no final de cada capítulo, havia uma seção chamada "Notas para aprendizagem", que continha 68 notas nos 29 capítulos. Na 12ª edição, ela foi excluída. Vinte dessas notas estavam desatualizadas, descreviam um histórico inicial supérfluo, eram redundantes em relação ao conteúdo do capítulo ou acrescentavam complexidades desnecessárias e, portanto, foram retiradas. As 48 restantes foram cuidadosamente incorporadas nos capítulos relevantes.

Segundo, encurtamos e simplificamos parte do conteúdo da 12ª edição para facilitar a compreensão do aluno.

Terceiro, mais de 40 dos artigos citados na 11ª edição eram de livros editados, os quais, desde então, foram revisados e republicados em novas edições. Essas referências revisadas foram atualizadas.

Por fim, adicionamos muitas referências novas em todos os capítulos para refletir os desenvolvimentos mais recentes na área e garantir que o livro esteja atualizado em todos os segmentos da modificação de comportamento.

CONTEÚDO DIGITAL PARA PROFESSORES E ALUNOS

Uma das nossas metas é ajudar os alunos a aprender a pensar sobre a modificação de comportamento de maneira crítica e criativa. Para isso, fornecemos, por meio de QR code disponibilizado ao final de cada capítulo, as respostas das Questões para aprendizagem. Para cada pergunta, é indicado o nível de raciocínio correspondente, a fim de destacar como os alunos devem responder a essas perguntas em testes e exames para que possam alcançar os níveis mais altos de pensamento crítico sobre o conteúdo.

PARA O ALUNO

Este livro foi elaborado para ajudar o estudante a aprender a falar sobre modificação de comportamento e a aplicá-la de maneira eficaz. Não é preciso conhecimento prévio sobre o assunto para ler e entender este livro do início ao fim. Após muitas décadas de experiência com o uso de edições anteriores deste livro em nosso magistério, estamos convencidos de que os alunos de todos os níveis - do iniciante ao avançado - acharão o texto informativo e útil.

Para esclarecer conceitos e ajudar na compreensão e na aprendizagem, bem como na aplicação prática da modificação de comportamento, este livro contém cartuns, fotografias, desenhos e diagramas, bem como muitos estudos de caso e listas de verificação. Além disso, fornecemos diretrizes para aplicações eficazes de todos os métodos de modificação de comportamento discutidos no livro, as quais apresentam listas de verificação e resumos úteis do conteúdo, ajudando na aplicação dos métodos descritos.

A maioria dos capítulos contém várias questões para aprendizagem e exercícios de aplicação, incluindo exercícios de automodificação e exercícios envolvendo outras pessoas. As questões para aprendizagem têm o objetivo de ajudar o aluno a verificar seu conhecimento sobre o conteúdo lido ao se preparar para testes e exames. Os exercícios de aplicação visam ao desenvolvimento das habilidades práticas necessárias para concluir projetos de modificação de comportamento de maneira eficaz.

Para ajudar a tornar o processo de estudo produtivo e agradável, o livro avança do conteúdo mais simples para o mais complexo. Porém, um aviso: *não se deixe enganar pela aparente simplicidade dos primeiros capítulos*. Os alunos que concluem serem hábeis modificadores de comportamento depois de terem aprendido alguns princípios simples infelizmente acabam comprovando a velha máxima de que "um pouco de conhecimento é uma coisa perigosa". Particularmente, se tivéssemos que escolher o capítulo mais importante deste livro em termos de revisão dos conhecimentos e habilidades que definem um modificador de comportamento competente, seria o Capítulo 23, *Planejamento, Aplicação e Avaliação de um Programa Comportamental*. Portanto, sugerimos enfaticamente que você só forme uma opinião sobre suas habilidades como modificador de comportamento após ter dominado esse capítulo e todo o material preliminar no qual ele se baseia.

Também ressaltamos que – conforme enfatizado no Capítulo 29, *Aspectos Éticos* –, as organizações que regulam a modificação de comportamento são altamente influentes. Se estiver pensando em aplicar a modificação de comportamento em qualquer nível além do pessoal, recomendamos a consulta a órgãos de certificação, como associações estaduais ou municipais de psicologia, para verificar como é possível obter as qualificações necessárias.

Com essas recomendações, desejamos a você muito sucesso e satisfação ao prosseguir com seus estudos nesse campo empolgante e em rápida expansão.

AGRADECIMENTOS

A elaboração das 12 edições deste livro foi possível graças à ajuda de muitas pessoas. Reconhecemos com gratidão a cooperação e o apoio do Dr. Glen Lowther (ex-superintendente) e da equipe do Manitoba Developmental Centre e do Dr. Carl Stephens (ex-CEO) e da equipe do St. Amant Centre. Grande parte do material deste livro foi produzida inicialmente enquanto os autores estavam envolvidos com essas instituições.[1] Sem o apoio dos membros da equipe das referidas instituições, este livro provavelmente não teria sido escrito. Somos gratos também aos nossos muitos alunos por seus comentários construtivos sobre a edição atual e as anteriores. Agradecemos ainda a Jack Michael, Rob Hawkins, Bill Leonhart e Iver Iversen e seus alunos por suas muitas excelentes sugestões para aprimorar as edições anteriores. Para esta edição, agradecemos especialmente a Todd Martin por seu meticuloso processamento de texto e copidesque.

Somos gratos aos revisores anônimos, cujos comentários úteis melhoraram muito esta edição.

Também expressamos nossa gratidão a Emily Irvine, Sadé Lee, Marlena Sullivan, Georgette Enriquez, Lucy Kennedy e aos outros membros da competente equipe editorial e de produção do Grupo Taylor & Francis.

---

[1]Ver Walters, K., & Thomson, K. (2013). The history of behavior analysis in Manitoba: A sparsely populated Canadian province with an international influence on behavior analysis. *Behavior Analyst*, 36(1), 57-72.

Sumário

Parte 1

Abordagem da Modificação de Comportamento

A modificação de comportamento foca o comportamento tanto público ou manifesto quanto o privado ou encoberto dos indivíduos. Desde o seu início como um campo de estudo científico, a modificação de comportamento – que inclui os subcampos conhecidos como análise comportamental aplicada e terapia comportamental – provou ser eficaz em modificar o comportamento em ampla variedade de contextos aplicados. Esse resultado foi alcançado pelo desenvolvimento de métodos científicos poderosos de estudo do comportamento. Além disso, a área enfatiza um delineamento de caso individual[1] que não depende de metodologia estatística formal que destaca médias de grupo.

[1]N.R.T.: Na literatura nacional, é mais comum chamar de "delineamento de sujeito único".

1 Introdução

Objetivos de aprendizagem

Após ler este capítulo, o leitor será capaz de:

- Definir *comportamento, modificação de comportamento* e *avaliação comportamental*
- Descrever como os modificadores do comportamento veem os conceitos psicológicos tradicionais, como a inteligência e a criatividade
- Resumir os destaques históricos da modificação de comportamento
- Discutir a relação entre modificação de comportamento, análise aplicada do comportamento e terapia comportamental Após ler este capítulo, o leitor será capaz de:
- Relatar certos equívocos comuns sobre modificação de comportamento.

Muitas das melhores realizações da sociedade – do governo democrático à ajuda aos menos favorecidos, das grandes obras de arte até as importantes descobertas científicas –, bem como alguns de seus desafios mais opressores nas áreas social e da saúde – dos modos insalubres de vida à poluição ambiental, e do racismo ao terrorismo –, estão firmemente enraizados no comportamento. E o que é comportamento? Antes de tentar responder, considere as seguintes situações:

1. *Comportamento de esquiva.* Uma classe de alunos do maternal está brincando no *playground*. Enquanto a maioria das crianças está brincando, um menino permanece sentado quietinho, sozinho, sem fazer nenhum esforço para participar da brincadeira.
2. *Estudo inefetivo.* Com dois trabalhos para serem entregues na semana que vem e uma prova do período intermediário para fazer ao mesmo tempo, Sam se pergunta como fará para superar seu primeiro ano na universidade. Mesmo assim, continua passando várias horas do dia nas redes sociais.
3. *Nervosismo no desempenho.* Karen, uma ginasta de 14 anos, aguarda sua vez para se apresentar na trave de equilíbrio em um campeonato. Mostrando sinais de extremo nervosismo, ela diz para si mesma: "E se eu não fizer uma boa apresentação? E se eu cair na cambalhota? Como meu coração está batendo forte!"
4. *Jogar lixo no chão.* Tom e Sally acabaram de chegar no local onde pretendem acampar e olham, decepcionados e espantados, o lixo deixado por aqueles que lá acamparam previamente. "Eles não se importam com o meio ambiente?", indaga Sally. "Se as pessoas continuarem assim", diz Tom, "não haverá mais natureza para ninguém apreciar".
5. *Enxaqueca.* Enquanto prepara o jantar para a família, Betty teve a vaga consciência de uma sensação familiar tomando conta de si. Então, de repente, ela se sente nauseada. Temerosa, olha ao redor sabendo o que esperar. "Tom, Joe", chama então os filhos que assistem TV na sala de estar, "vocês terão que terminar de fazer o jantar sozinhos – estou tendo outra crise de enxaqueca".
6. *Administração de equipe.* Certo dia, Jack e Brenda tomavam café da manhã no restaurante Dairy Queen, do qual eram proprietários. "Teremos que fazer alguma coisa com relação à equipe da noite", diz Brenda. "Quando cheguei, hoje de manhã, a máquina de sorvete não havia sido devidamente limpa, e copos e tampas não haviam sido reabastecidos". "Isto é apenas a ponta do *iceberg*", diz Jack. "Você tem que ver a grelha!"
7. *Pensamento irracional.* Mary, depois de tirar uma nota ruim na primeira prova de seu primeiro ano de faculdade, pensa: "Nunca serei uma boa aluna. *Tenho* que me sair bem em *todas* as matérias. Meu professor deve me achar uma idiota."

Uma análise atenta mostra que cada uma das vinhetas mencionadas anteriormente envolve algum tipo de comportamento humano.

Todas ilustram alguns dos inúmeros problemas com os quais os especialistas em modificação de comportamento são treinados a tratar. Cada um desses tipos de problemas comportamentais e muitos outros são discutidos nas páginas a seguir. A modificação de comportamento, como poderá ser visto, é aplicável a toda a gama de comportamentos humanos.

O QUE É COMPORTAMENTO?

(Neste livro, os termos-chave estão em **negrito**, seguidos por suas definições. Recomendamos que você as leia à medida que os encontrar.)

Comportamento é qualquer coisa que uma pessoa diz ou faz. Alguns sinônimos comumente usados incluem "atividade", "ação", "desempenho", "resposta" e "reação". Tecnicamente, comportamento é qualquer atividade muscular, glandular ou elétrica de um organismo. A cor dos olhos de alguém é um comportamento? O piscar dos olhos é comportamento? As roupas que uma pessoa veste são comportamento? Vestir-se é um comportamento? Se você respondeu "não" à primeira e à terceira perguntas, e "sim" à segunda e à quarta, então estamos de acordo. Uma das metas deste livro é lhe incentivar a começar a pensar e falar de maneira específica sobre comportamento.

E quanto a tirar nota 10 em um curso sobre modificação de comportamento, ou perder 4,5 kg – são comportamentos? Não. Estes são *produtos de comportamento*. O comportamento que produz uma nota 10 é estudar de modo efetivo. Os comportamentos que levam à perda de peso são resistir a comer em excesso e praticar mais atividades físicas.

Andar, falar em voz alta, lançar uma bola de beisebol, gritar com alguém – todos estes são **comportamentos manifestos** que poderiam ser observados e registrados por outro indivíduo. Conforme será discutido em capítulos subsequentes, o termo *comportamento* também pode se referir a atividades *encobertas* que não podem ser observadas por outros. Entretanto, no campo da modificação de comportamento, os comportamentos encobertos *não* se referem tipicamente a comportamentos praticados em particular, como tirar a roupa no quarto com a porta trancada e as persianas fechadas. Em geral, esses comportamentos também não se referem a ações secretas, como colar em uma prova. Em vez disso, na modificação de comportamento, referem-se mais comumente a atividades pelas quais o indivíduo passa e que são internas a ele, requerendo, portanto, procedimentos ou instrumentos especiais para serem observados por outras pessoas. Por exemplo, pouco antes de entrar na pista de gelo durante uma importante competição, um patinador artístico deve pensar "Espero que eu não caia" e provavelmente se sentir nervoso. Os comportamentos encobertos e também os comportamentos manifestos podem ser influenciados pelas técnicas de modificação de comportamento.

O oposto de comportamento privado ou encoberto é comportamento público ou manifesto. Embora os modificadores de comportamento às vezes lidem com o encoberto, eles tendem a se concentrar no manifesto, uma vez que este último costuma ser mais importante para o indivíduo e para a sociedade. Além disso, é mais fácil medir o comportamento manifesto com mais precisão do que o comportamento encoberto.

Às vezes, pensamos em palavras – a chamada *conversa particular consigo mesmo*, ou *autofala* –, como ilustra o patinador artístico mencionado anteriormente. Às vezes, pensamos por meio de imagens. Se lhe pedissem para fechar os olhos e imaginar um céu azul e límpido, com poucas nuvens brancas fofas, você provavelmente seria capaz de fazer isso, embora existam grandes diferenças entre os indivíduos quanto à vivacidade de suas imagens (Cui *et al.*, 2007). Em geral, considera-se que a imaginação é visual, mas também pode envolver outros sentidos. Imagens e autofala, além de serem chamados **comportamentos encobertos**, por vezes são referidos como *comportamentos cognitivos*.

As características de comportamento que podem ser medidas são chamadas *dimensões de comportamento*. As três dimensões do comportamento são a duração, a frequência e a intensidade. A *duração* de um comportamento é a extensão do tempo que esse comportamento dura (p. ex., Mary estudou durante 1 hora). A *frequência* de um comportamento é o número de vezes que ele ocorre em determinado período (p. ex., Frank plantou 5 pés de tomate em seu jardim em 30 minutos). A *intensidade* ou *força* de um comportamento se refere ao esforço físico ou energia envolvida na emissão do comportamento (p. ex., Mary tem um aperto de mãos forte).

Questões para aprendizagem

Nota ao leitor: em cada capítulo há conjuntos de questões. Como elas são projetadas para intensificar o aprendizado, nós incentivamos a fazer pausas durante a leitura do capítulo, preparar respostas para as questões e revisá-las. Seguir essas recomendações possibilita o domínio do conteúdo deste livro. As respostas estarão sempre ao final dos capítulos, disponibilizadas por meio de QR codes.

1. O que é comportamento, de modo geral e do ponto de vista técnico? Dê três sinônimos de comportamento.
2. Faça a distinção entre comportamento e produtos de comportamento. Forneça um exemplo de um comportamento e de um respectivo produto que não tenham sido incluídos neste capítulo.
3. Diferencie comportamento manifesto de comportamento encoberto. Forneça dois exemplos de cada um que não tenham sido incluídos neste capítulo.
4. O que são comportamentos cognitivos? Dê dois exemplos.
5. Descreva duas dimensões de comportamento. Dê um exemplo de cada.

RÓTULOS COMPORTAMENTAIS

Embora todos tenhamos aprendido a falar sobre comportamento de várias formas, muitas vezes fazemos isso de modo generalizado. Termos como *honesto*, *despreocupado*, *aplicado*, *não confiável*, *independente*, *egoísta*, *incompetente*, *gentil*, *gracioso*, *insociável* e *nervoso* são rótulos para ações humanas; contudo, não se referem a comportamentos específicos. Por exemplo, se você descrever um homem como nervoso, poderiam entender, de modo geral, o que você quer dizer. Entretanto, não se sabe se você se refere à tendência daquele homem de roer as unhas, ao fato de ele ficar se mexendo constantemente, à tendência dele de exibir tique nervoso no olho esquerdo quando fala com alguém, à sua tendência de pular quando se assusta, ou algum outro comportamento. Nos capítulos finais, discutiremos as formas de medir dimensões de comportamento específicas.

Para os especialistas em modificação de comportamento, muitos termos usados comumente pelos psicólogos, como *inteligência*, *atitude* e *criatividade*, são rótulos comportamentais. Os modificadores de comportamento consideram vantajoso falar sobre esses conceitos de *modo comportamental* ou, em outras palavras, usando o que é chamado **linguagem comportamental**. O que queremos dizer ao afirmarmos que uma pessoa é *inteligente*? Para muitos, inteligência é algo inato, um tipo de "poder cerebral hereditário" ou capacidade inata de aprender. Entretanto, jamais observamos nem medimos diretamente nada disso. Em um teste de inteligência, por exemplo, nós apenas medimos o comportamento das pessoas – suas respostas às perguntas. A palavra *inteligência* é mais bem usada em sua forma adjetiva (p. ex., "ele é um palestrante *inteligente*", "sua fala é *inteligente*") ou adverbial (p. ex., "ela escreve *inteligentemente*") para descrever como as pessoas se comportam em determinadas condições, como ao fazerem um teste, e não como um nome atribuído por alguma "coisa". Talvez, um indivíduo descrito como inteligente resolva prontamente problemas que outros consideram difíceis, alcance bom desempenho na maioria das provas do curso, leia muitos livros, converse com propriedade sobre inúmeros tópicos ou obtenha uma alta pontuação em um teste de inteligência. Dependendo de quem usa a palavra, *inteligência* pode significar qualquer um desses exemplos ou todos eles – mas seja qual for o significado, diz respeito a formas de se comportar. Portanto, neste livro, evitamos usar a palavra *inteligência* como substantivo (para uma excelente discussão sobre uma abordagem comportamental da inteligência, ver Williams *et al.*, 2008).

E o que dizer sobre uma *atitude*? Suponha que a professora de Johnny, a srta. Smith, relate uma atitude ruim dele na escola. O que a srta. Smith quer dizer com isso? Talvez ela esteja querendo dizer que Johnny falta com frequência à escola, nega-se a fazer as tarefas em sala de aula quando comparece ou a xinga. Seja o que for que a srta. Smith queira dizer ao mencionar a "atitude ruim" de Johnny, está claro que é o comportamento dele que realmente a preocupa.

A *criatividade* também se refere aos tipos de comportamento em que um indivíduo tende a se engajar em determinadas circunstâncias. O indivíduo criativo frequentemente emite comportamentos que são novos ou incomuns e, ao mesmo tempo, produzem efeitos desejáveis (para excelentes discussões sobre abordagens comportamentais da criatividade, ver Marr, 2003 e a edição especial da revista *The Psychological Record* sobre criatividade, editada por Crone-Todd, Johnson e Johnson, 2021).[2]

Os rótulos comportamentais comumente usados em referência aos problemas psicológicos

[2]N.R.T.: No Brasil, a *Revista Brasileira de Terapia Comportamental e Cognitiva* publicou um volume dedicado à criatividade em 2019: https://rbtcc.com.br/RBTCC/issue/view/95.

incluem transtorno do espectro autista, transtorno do déficit de atenção com hiperatividade (TDAH), ansiedade, depressão, baixa autoestima, condução agressiva no trânsito, dificuldades interpessoais e disfunção sexual. Existem motivos positivos para que rótulos ou termos de resumo sejam usados com tanta frequência na psicologia e no dia a dia – mas não em uma situação institucional ou terapêutica especial. Em primeiro lugar, podem ser úteis para fornecer rapidamente informação geral sobre como pode se dar o desempenho de um indivíduo. Espera-se que uma criança de 10 anos descrita como portadora de grave dificuldade de desenvolvimento, por exemplo, não consiga ler nem mesmo um texto no nível do 1º ano. Em segundo lugar, os rótulos podem sugerir que determinado programa de tratamento venha a ser útil. Um indivíduo que mostre uma condução agressiva no trânsito, por exemplo, poderia ser incentivado a participar de um programa de controle da raiva. Alguém que seja facilmente passado para trás poderia se beneficiar por um curso de treinamento em assertividade. Entretanto, o uso de rótulos comportamentais também tem desvantagens. Uma delas é que pode levar a pseudoexplicações de comportamento (aqui, *pseudo* significa "falso"). Por exemplo, um criança que inverte palavras ao ler, como "amor" por "roma", poderia ser rotulada como portadora de dislexia. Se perguntarmos por que a criança inverte palavras e nos for dada a resposta "Porque ela tem dislexia", então o rótulo terá sido usado como pseudoexplicação para o comportamento. Outro nome para pseudoexplicação é *raciocínio circular*.

Uma segunda desvantagem da rotulação é que os rótulos podem afetar negativamente o modo como um indivíduo poderia ser tratado, como enfocar os pontos fracos de seu comportamento em vez dos fortes. Suponha, por exemplo, que um adolescente deixe de arrumar a cama constantemente, mas corte a grama e ponha os latões de lixo na rua nos dias de coleta. Se seus pais o descreverem como "preguiçoso", esse rótulo os fará enfocar mais o comportamento problemático do que apreciar os comportamentos positivos. Em certas sociedades, as minorias raciais recebiam o rótulo negativo de "preguiçosas" mesmo sendo elas quem realizavam o trabalho pesado.

Enfatizamos fortemente a importância de definir todos os tipos de problemas em termos de **déficits comportamentais** (falta de determinado comportamento) ou **excessos comportamentais** (excesso de determinado comportamento). Fazemos isso por vários motivos. Primeiro, queremos evitar os problemas decorrentes da rotulação discutidos anteriormente. Em segundo lugar, independentemente dos rótulos atribuídos a um indivíduo, é o *comportamento* que causa preocupação – e é o comportamento que deve ser tratado para aliviar o problema. Certos comportamentos que os pais veem e ouvem, ou falham em ver e ouvir, os fazem buscar ajuda profissional para seus filhos. Alguns comportamentos que os professores veem e ouvem os levam imediatamente a buscar ajuda profissional para seus alunos. Determinados comportamentos que podem ser vistos ou ouvidos levam governantes a estabelecerem instituições, clínicas, centros de tratamento comunitários e programas especiais para os cidadãos. E certos comportamentos que você demonstra podem fazê-lo embarcar em um programa de autoaprimoramento. Em terceiro lugar, atualmente, há procedimentos específicos que podem ser usados para melhorar o comportamento em escolas, locais de trabalho, no cenário doméstico – na verdade, praticamente em qualquer lugar onde haja a necessidade de estabelecer comportamentos mais desejáveis. Essas técnicas são referidas como *modificação de comportamento*.

Questões para aprendizagem

6. Do ponto de vista comportamental, a que se referem termos como *inteligência* ou *criatividade*? Dê um exemplo de cada.
7. Quais são os dois motivos positivos pelos quais os rótulos comportamentais são usados com frequência na psicologia e no dia a dia?
8. Quais são as duas desvantagens do uso de rótulos comportamentais para se referir aos indivíduos ou a suas ações? Dê um exemplo de cada.
9. O que é déficit comportamental? Dê dois exemplos que não tenham sido incluídos neste capítulo.
10. O que é excesso comportamental? Dê dois exemplos que não tenham sido incluídos neste capítulo.
11. Quais são os três motivos que levaram os autores a descrever problemas de comportamento em termos de déficits ou excessos comportamentais?

O QUE É MODIFICAÇÃO DE COMPORTAMENTO?

A **modificação de comportamento** envolve a aplicação sistemática de técnicas e princípios de aprendizado para avaliar e melhorar comportamentos encobertos e manifestos dos indivíduos, a fim de aperfeiçoar seu funcionamento diário. A modificação de comportamento tem sete características principais. Primeiramente, a característica mais importante é *sua forte ênfase em definir problemas em termos de comportamento que podem ser medidos de alguma maneira, bem como em usar alterações na medida comportamental do problema como melhor indicador da extensão em que o problema está sendo solucionado.*

Em segundo lugar, *suas técnicas e procedimentos terapêuticos são meios de alterar o ambiente atual de um indivíduo* – isto é, o ambiente físico imediato do indivíduo – para ajudá-lo a atuar mais plenamente. As variáveis físicas que constituem o ambiente de uma pessoa são chamadas *estímulos*. De modo mais específico, **estímulos** são pessoas, objetos e eventos que atuam sobre um indivíduo, influenciando seus receptores de sensação que podem afetar o comportamento. Por exemplo, o professor, os alunos e os móveis na sala de aula são, todos, potenciais estímulos para um estudante no contexto da sala de aula. Um comportamento do próprio indivíduo também pode fazer parte do ambiente influenciando seu comportamento subsequente. Ao acertar um lance em uma partida de tênis, por exemplo, tanto a sensação da bola se aproximando como o comportamento de concluir o movimento da sua jogada fornecem estímulos para que você complete a jogada e acerte a bola por cima da rede. As coisas que o terapeuta comportamental diz ao cliente também fazem parte do ambiente desse cliente. Entretanto, a modificação de comportamento é muito mais do que *psicoterapia verbal*. Embora modificadores de comportamento e terapeutas falem com seus clientes, suas abordagens terapêuticas diferem de muitas maneiras importantes. Uma diferença é que o modificador de comportamento está frequente e ativamente envolvido na reestruturação do ambiente diário do indivíduo para fortalecer o comportamento apropriado, em vez de passar tanto tempo discutindo as experiências passadas do cliente. Embora o conhecimento das experiências anteriores do cliente possa fornecer informação útil para delinear um programa de tratamento, o conhecimento das atuais variáveis ambientais que controlam ou, informalmente falando, "causam" o comportamento do cliente se faz necessário para delinear um tratamento comportamental efetivo. Outra diferença entre modificadores de comportamento e terapeutas é que o primeiro frequentemente passa tarefa de casa para seus clientes, com fins terapêuticos. Essas tarefas de casa são discutidas na Parte 5 (Capítulos 26 e 27).

Uma terceira característica da modificação de comportamento é que *seus métodos e lógicas podem ser descritos com precisão*. Isso possibilita que os modificadores de comportamento leiam as descrições de procedimentos usadas por seus colegas, as reproduzam e obtenham essencialmente os mesmos resultados. Além disso, torna mais fácil ensinar os procedimentos de modificação de comportamento, em comparação ao que ocorre com muitas outras formas de tratamento psicológico.

Como resultado da terceira característica, uma quarta se dá quando *as técnicas de modificação de comportamento frequentemente são aplicadas pelos indivíduos no dia a dia*. Embora profissionais e profissionais-assistentes devidamente treinados usem a modificação de comportamento para ajudar outras pessoas, a descrição precisa das técnicas de modificação de comportamento possibilita que indivíduos como pais, professores, técnicos, entre outros apliquem a modificação de comportamento para ajudar indivíduos nas situações do dia a dia.

A quinta característica da modificação de comportamento é que, em grande alcance, *as técnicas são oriundas de pesquisa básica e aplicada em ciências do aprendizado* (Pear, 2016a,b). Sendo assim, na Parte 2, esses princípios serão abordados detalhadamente, demonstrando como podem ser aplicados a diversos tipos de problemas do comportamento.

As duas últimas características são que a modificação de comportamento enfatiza a demonstração científica de que determinada intervenção ou tratamento foi responsável por uma alteração de comportamento em particular, e valoriza substancialmente a responsabilidade para cada um dos envolvidos nos programas de modificação de comportamento: cliente, equipe, administradores, consultores e assim por diante.[3]

Até aqui, tratou-se da abordagem geral usada pelos modificadores de comportamento

[3]Agradecemos a Rob Hawkins por esses dois pontos.

em relação ao comportamento. Entretanto, como os modificadores de comportamento determinam quais comportamentos devem ser mudados? A resposta é que modificadores de comportamento podem usar procedimentos denominados "avaliação comportamental".

O QUE É AVALIAÇÃO COMPORTAMENTAL?

A característica mais importante da modificação de comportamento, conforme mencionado antes, é seu uso de medidas para julgar se o comportamento de um indivíduo foi melhorado por um programa de modificação. Comportamentos a serem melhorados em um programa de modificação são chamados **comportamentos-alvo**. Por exemplo, se um estudante universitário estabelece a meta de estudar 2 horas fora da sala de aula para cada hora passada em sala de aula, estudar é o comportamento-alvo.

A **avaliação comportamental** envolve coleta e análise de informação e dados para identificar e descrever comportamentos-alvo; identificação das possíveis causas do comportamento; orientação da seleção de um tratamento comportamental apropriado; e avaliação dos resultados do tratamento. Um tipo de avaliação comportamental envolve isolar por experimentação as causas do comportamento problemático e removê-las ou revertê-las. À medida que o interesse pela modificação de comportamento foi se expandindo ao longo das últimas cinco décadas, o mesmo aconteceu com a demanda por diretrizes claras para a condução de avaliações comportamentais. Mais informações sobre avaliação comportamental são disponibilizadas nos Capítulos 3 e 22, que abordam o assunto detalhadamente, ou nos livros de Cipani (2017a) e Fisher *et al.* (2021).

Questões para aprendizagem

12. Defina modificação de comportamento.
13. O que são estímulos? Descreva dois exemplos que não são mencionados neste capítulo.
14. Liste sete características definidoras de modificação de comportamento.
15. Qual é o significado do termo *comportamento-alvo*? Dê um exemplo de um comportamento-alvo seu que você gostaria de melhorar. O comportamento-alvo é um comportamento que você quer aumentar (*i. e.*, um déficit comportamental) ou que você quer diminuir (*i. e.*, um excesso comportamental)?
16. Defina avaliação comportamental.

DESTAQUES HISTÓRICOS DA MODIFICAÇÃO DE COMPORTAMENTO

Além do termo *modificação de comportamento*, outros termos têm sido usados para descrever a aplicação dos princípios de aprendizado para ajudar indivíduos a melhorarem seus comportamentos: *terapia comportamental, análise comportamental aplicada* e *terapia cognitivo-comportamental*. Embora esses termos se sobreponham de muitas maneiras, há algumas distinções sutis entre eles. Nesta seção, descreveremos brevemente um pouco da história inicial desses termos e as distinções que surgiram para caracterizá-los. Também descreveremos brevemente o surgimento da avaliação comportamental (um histórico detalhado da psicologia comportamental pode ser encontrado em Pear, 2007).

Condicionamento pavloviano e primórdios da "terapia comportamental"

Se você fez um curso introdutório de Psicologia, talvez se lembre de que, no início dos anos 1900, um fisiologista russo, **Ivan P. Pavlov**, demonstrou que o pareamento de um estímulo neutro com comida ensinava um cão a salivar diante do estímulo neutro. A pesquisa de Pavlov iniciou o estudo de um tipo de aprendizado hoje conhecido como condicionamento clássico, pavloviano ou respondedor (descrito no Capítulo 5). Em um experimento de referência conduzido em 1920, John B. Watson e Rosalie Rayner demonstraram o condicionamento pavloviano de uma reação de medo em um bebê de 11 meses. Embora as tentativas de replicar o experimento de Watson e Rayner tenham fracassado, um experimento de referência subsequente, conduzido por Mary Cover Jones (1924), demonstrou claramente o "descondicionamento" de um medo em um bebê. No decorrer dos 30 anos que se seguiram, experimentos demonstraram que os nossos medos e outras emoções podem ser influenciados pelo condicionamento pavloviano. Na década de 1950, na África do Sul, um psiquiatra chamado **Joseph Wolpe**, fortemente fundamentado no conceito de condicionamento pavloviano e no trabalho de Mary Cover Jones, desenvolveu um tratamento comportamental para fobias específicas, que eram medos irracionais intensos, como o medo de altura ou de espaços fechados. No início da década de 1960, Wolpe mudou-se para os EUA, e sua abordagem de terapia comportamental para tratar transtornos de ansiedade ganhou popularidade. Aplicações da terapia comportamental para tratar uma variedade de transtornos psicológicos são descritas no Capítulo 27.

Condicionamento operante e primórdios da "modificação de comportamento"

O condicionamento pavloviano envolve atos reflexos – respostas automáticas a estímulos prévios. Em 1938, **B. F. Skinner** fez a distinção entre condicionamento pavloviano e condicionamento operante – um tipo de aprendizado em que o comportamento é modificado por suas consequências ("recompensas" e "punições"). Em 1953, no livro *Science and Human Behavior* [Ciência e Comportamento Humano], Skinner propôs a sua interpretação de como os princípios básicos do aprendizado poderiam influenciar o comportamento das pessoas em todos os tipos de situações. Nas décadas de 1950 e 1960, terapeutas comportamentais (influenciados por Skinner) publicaram artigos que demonstravam as aplicações dos princípios do condicionamento operante para ajudar pessoas de diversas maneiras. Essas aplicações receberam o nome de *modificação de comportamento*, e se deram, entre outras, das seguintes maneiras: ajudar um indivíduo a superar a gagueira; eliminar a regurgitação em excesso de uma criança com deficiência intelectual; ensinar uma criança com transtorno do espectro autista a usar óculos de grau. Em 1965, Ullmann e Krasner publicaram uma influente coleção de publicações em um livro intitulado *Case Studies in Behavior Modification* [Estudos de Caso sobre Modificação de Comportamento], que foi o primeiro a conter "modificação de comportamento" no título.

Análise aplicada do comportamento

O ano de 1968 assistiu à publicação do primeiro exemplar do *Journal of Applied Behavior Analysis* (JABA), uma publicação-irmã do *Journal of the Experimental Analysis of Behavior* (JEAB), que lida com análise comportamental básica. Em um importante editorial publicado no primeiro exemplar de *JABA*, Baer *et al.* identificaram as *dimensões da análise comportamental aplicada*, incluindo: foco em comportamento mensurável socialmente significativo (p. ex., jogar lixo na rua ou habilidades parentais); forte ênfase em condicionamento operante para o desenvolvimento de estratégias terapêuticas; tentativa de demonstrar claramente que o tratamento aplicado foi responsável pela melhora no comportamento sob avaliação; e demonstração dos aprimoramentos generalizáveis e duradouros no comportamento. Ao longo dos anos, o termo *análise comportamental aplicada* foi se tornando cada vez mais popular (Bailey e Burch, 2006). Na verdade, alguns autores insistem que *modificação de comportamento* e *análise comportamental aplicada* são agora "dois termos usados para identificar campos quase idênticos" (p. ex., Miltenberger, 2016). Neste livro, porém, defende-se um ponto de vista diferente.

Se você estiver interessado em aprender mais sobre análise comportamental aplicada, visite o *site* da Association for Behavior Analysis International, uma organização que se apresenta como o "lar da ciência e da prática da análise comportamental" (https://www.abainternational.org/welcome.aspx em 21 de fevereiro de 2022).

Terapia cognitivo-comportamental

Você já se pegou pensando: "Por que eu sempre estrago tudo?", ou "Por que o pior sempre acontece comigo?" O renomado terapeuta cognitivo **Albert Ellis** considerava essas afirmativas irracionais – afinal, você não estraga sempre as coisas, e faz outras bem. Ellis (1962) acreditava que esses pensamentos irracionais poderiam causar várias emoções problemáticas. Sua abordagem terapêutica consistia em ajudar as pessoas a identificarem tais crenças irracionais e substituí-las por autoafirmações mais racionais. Independentemente de Ellis, Aaron Beck supôs que o pensamento disfuncional poderia causar depressão e outros problemas, e desenvolveu um procedimento terapêutico similar ao de Ellis. Beck (1970) se referiu às estratégias de reconhecimento de pensamento mal-adaptativo e substituição deste por pensamento adaptativo como *terapia cognitiva*, e contrastou a terapia cognitiva com a comportamental. Nos anos 1970 e 1980, o termo *modificação cognitivo-comportamental* era comumente usado em referência a essa abordagem (p. ex., Meichenbaum, 1977, 1986). Contudo, ao longo das últimas três décadas, *terapia cognitivo-comportamental* se tornou o termo mais usado para essa abordagem, discutida mais detalhadamente nos Capítulos 26 e 27.

Avaliação comportamental e DSM

Para ajudar os terapeutas a diagnosticarem clientes com diferentes tipos de doença mental, a American Psychiatric Association desenvolveu o *Diagnostic and Statistical Manual of Mental Disorders* (*DSM-I*, 1952). Analistas comportamentais aplicados e terapeutas comportamentais utilizaram pouco os três primeiros *DSM* (Hersen, 1976). No entanto, a partir de em 1987, os DSM foram aprimorados em vários aspectos em relação aos seus antecessores. Em primeiro lugar, fundamentaram-se basicamente em pesquisas, e não em teoria. Em segundo lugar, os transtornos individuais (p. ex., transtorno obsessivo-compulsivo, transtorno de ansiedade generalizado, depressão maior) são baseados em categorias de comportamentos problemáticos. Em terceiro lugar, empregam um sistema multidimensional de registro que fornece informação extra para o planejamento de tratamento, gerenciamento de caso e previsão de resultados. Graças a esses avanços, os analistas comportamentais aplicados e terapeutas comportamentais têm usado o *DSM* para classificar seus clientes, muito em função da exigência de diagnósticos oficiais serem geralmente requeridos por clínicas, hospitais, escolas e agências de serviço social para possibilitar o fornecimento de tratamento, e porque as empresas de plano de saúde reembolsam os prestadores com base nos diagnósticos do *DSM*.

A edição mais recente do manual, *Diagnostic and Statistical Manual of Mental Disorders Fifth Edition Test Revision DSM-5-TR* (DSM-5-TR), foi publicada em 2022. Entretanto, é importante lembrar que um diagnóstico de *DSM* como transtorno do espectro autista se refere aos comportamentos de um indivíduo. Se o diagnóstico resultar na rotulação do indivíduo como autista, isso pode levar às desvantagens da atribuição de rótulos previamente mencionadas neste capítulo. Além disso, apesar de subentender-se que todos os indivíduos com o mesmo rótulo (p. ex., autista) são iguais, eles não são. Para evitar problemas associados à rotulação, devemos usar a "linguagem que prioriza as pessoas". Por exemplo, em vez de dizer que Jerry é autista, devemos dizer que Jerry está no espectro do transtorno autista. (Conforme Malott, 2008, uma abordagem ainda melhor seria dizer que Jerry tem comportamentos autistas.) Além de obter um diagnóstico de *DSM-5* para o indivíduo, um modificador de comportamento deveria sempre conduzir avaliações comportamentais detalhadas, para obter as informações necessárias ao delineamento de um programa de tratamento individualizado mais efetivo.

USO ATUAL DE "MODIFICAÇÃO DE COMPORTAMENTO", "MODIFICADOR DE COMPORTAMENTO" E TERMOS RELACIONADOS

A análise do comportamento é a ciência na qual se baseia a modificação de comportamento. O termo **análise comportamental** se refere ao estudo das leis científicas que governam o comportamento dos seres humanos e outros animais. Conforme mencionado anteriormente, os termos **análise comportamental aplicada** e *modificação de comportamento* frequentemente são usados de modo intercambiável. Muitos indivíduos que se especializam nessas áreas se autodenominam *analistas comportamentais aplicados*. Os termos *terapia comportamental* e *terapia cognitivo-comportamental* também são frequentemente usados como sinônimos. Uma consideração adicional é que *modificador de comportamento*, *gerenciador de comportamento* e *gerenciador de desempenho* são termos frequentemente usados para designar aquele que, sem treinamento formal em modificação do comportamento, usa procedimentos comportamentais para melhorar o comportamento de alguém. Conforme mencionado anteriormente, com relação à 4ª característica da modificação de comportamento, o "modificador de comportamento" nesses casos pode ser um professor, pai, cônjuge, colega, companheiro de quarto, supervisor, colega de trabalho ou até mesmo uma pessoa que está mudando o próprio comportamento.

Com essa breve descrição de termos em mente, há três tipos de indivíduos aos quais o termo *modificador de comportamento* pode referir-se: *analistas comportamentais aplicados*, *terapeutas cognitivo-comportamentais* (às vezes chamados apenas *terapeutas comportamentais*) e *todos os outros*. Os dois primeiros grupos são modificadores de comportamento profissionais. Eles receberam treinamento extensivo em suas áreas, passaram por testes rigorosos sobre o conteúdo e a ética de seus campos de atuação, obtiveram um diploma de pós-graduação (geralmente um mestrado ou doutorado) de uma instituição respeitável e pertencem a uma organização profissional que os certifica ou credencia e exige que se mantenham atualizados sobre os avanços em seus respectivos campos. Embora este livro seja frequentemente usado como um texto inicial para indivíduos em formação, para serem membros dos dois primeiros grupos, sua leitura não os qualifica, por si só, para tal. As atividades profissionais desses dois grupos constituem o aspecto "o que é", e não o "como fazer" deste livro. Este último é direcionado ao terceiro grupo, ou seja, a todos os demais. Ele ensina a usar os princípios de comportamento no dia a dia, mas não ensina, por si só, a ser um modificador de comportamento profissional. Quando usamos o termo *modificador de comportamento* neste livro, em geral estamos nos referindo a um analista de comportamento aplicado ou a um terapeuta cognitivo-comportamental, a menos que indicado de outra maneira.

A *modificação de comportamento* é a aplicação sistemática de princípios e técnicas de aprendizagem para avaliar e melhorar os comportamentos encobertos e manifestos dos indivíduos a fim de aprimorar seu funcionamento no dia a dia. Portanto, em nossa concepção, o termo *modificação de comportamento* é mais abrangente e engloba os outros termos mencionados anteriormente (para uma discussão mais aprofundada nesse sentido, ver Pear e Martin, 2012; Pear e Simister, 2016).

Questões para aprendizagem

17. Descreva brevemente a contribuição de Joseph Wolpe para a história da terapia comportamental.
18. Descreva brevemente a influência de B. F. Skinner sobre a modificação de comportamento.
19. Fale sobre as quatro dimensões da análise comportamental aplicada.
20. Em 1970, a que Aaron Beck se referia com relação ao termo "terapia cognitiva"? Nas décadas de 1970 e 1980, que termo era comumente utilizado para se referir à "terapia cognitiva"?
21. Qual é o título completo do *DSM-5*? Explique-o usando uma frase.
22. Dê cinco motivos pelos quais muitos modificadores de comportamento usam o *DSM-5*.
23. Qual seria uma possível desvantagem do uso do *DSM-5*?
24. O que significa "linguagem que prioriza as pessoas"? Ilustre com um exemplo.
25. Liste e descreva brevemente três tipos de modificadores de comportamento.

CONCEITOS INCORRETOS SOBRE MODIFICAÇÃO DE COMPORTAMENTO

É provável que você tenha se deparado com o termo *modificação de comportamento* antes de ler este livro. Infelizmente, devido aos mitos ou conceitos equivocados existentes sobre essa área, uma parte do que você aprendeu provavelmente é falsa. Considere as afirmações a seguir:

- *Mito 1*: o uso de recompensas pelos modificadores para mudar o comportamento é suborno
- *Mito 2*: a modificação de comportamento envolve o uso de fármacos e terapia eletroconvulsiva
- *Mito 3*: a modificação de comportamento trata sintomas; não alcança os problemas subjacentes
- *Mito 4*: a modificação de comportamento pode lidar com problemas simples, como ensinar a usar o banheiro ou superar o medo de altura, mas não é aplicável para lidar com problemas complexos, como baixa autoestima ou depressão
- *Mito 5*: os modificadores de comportamento são frios e insensíveis, e não desenvolvem empatia ou provêm cuidado sensibilizado aos seus clientes
- *Mito 6*: os modificadores de comportamento somente lidam com o comportamento observável; não lidam com pensamentos e sentimentos de seus clientes
- *Mito 7*: os modificadores de comportamento negam a importância da genética ou da hereditariedade na determinação do comportamento
- *Mito 8*: a modificação de comportamento é ultrapassada.

Em várias seções ao longo deste livro, você encontrará evidências para desconsiderar esses mitos e preconceitos.

ABORDAGEM DESTE LIVRO

O principal propósito deste livro é descrever as técnicas de modificação de comportamento de maneira agradável, fácil de ler e prática. Por ter sido escrito para pessoas que trabalham em áreas assistenciais, bem como para estudantes, nossa intenção é ajudar os leitores não apenas a aprenderem os princípios da modificação de comportamento, mas também a usar técnicas para modificar o comportamento. O comportamento que alguém gostaria de melhorar pode ser classificado como déficit ou excesso comportamental, podendo ser manifesto ou encoberto. A seguir, são listados exemplos de cada tipo.

Exemplos de déficits comportamentais

1. Uma criança não pronuncia claramente as palavras e não interage com as outras crianças.
2. Um adolescente não faz as tarefas escolares em casa, não ajuda com as tarefas domésticas, não cuida do jardim nem discute problemas e dificuldades com os pais.
3. Um adulto não presta atenção nas regras de trânsito ao dirigir, não agradece as cortesias e favores que recebe das pessoas, nem chega aos compromissos nos horários previamente combinados.
4. Um jogador de basquete, incentivado pelo técnico a visualizar a bola entrando na cesta pouco antes de uma cobrança de falta, não consegue acertar.

Exemplos de excessos comportamentais

1. Uma criança frequentemente sai do berço e faz birra na hora de dormir, atira a comida no chão na hora da refeição e esconde o *tablet* da mãe.
2. Um adolescente frequentemente interrompe a conversa entre os pais e outros adultos, passa horas no Facebook, envia mensagens de texto, conversa no celular e usa linguagem abusiva.
3. Um adulto assiste bastante TV, come doces ou outras guloseimas com frequência entre as refeições, fuma um cigarro após o outro e rói as unhas.
4. Um jogador de golfe frequentemente tem pensamentos negativos (p. ex., "Se eu errar essa, vou perder o jogo") e experimenta ansiedade considerável (*i. e.*, coração acelerado, palmas das mãos suadas) momentos antes das jogadas importantes.

Para identificar um comportamento como excessivo ou deficiente, deve-se considerar o contexto em que ele ocorre. Por exemplo, ao desenhar, uma criança apresenta um comportamento apropriado; contudo, a maioria dos pais consideraria um comportamento excessivo a criança rabiscar repetidamente as paredes da sala de estar. Um adolescente poderia interagir de maneira apropriada com indivíduos do mesmo sexo, mas pode ficar extremamente constrangido e ter dificuldade para conversar com indivíduos do sexo oposto – trata-se de um déficit comportamental. Alguns excessos comportamentais – por exemplo, o comportamento autolesivo – são inapropriados independentemente do contexto. Na maioria dos casos, porém, o ponto em que um comportamento em particular é considerado deficiente ou excessivo é determinado primeiramente pelas práticas de uma cultura e pelas perspectivas éticas dos indivíduos considerados.

Em resumo, a abordagem da modificação de comportamento enfoca, em primeiro lugar, o comportamento e envolve as atuais manipulações ambientais (em oposição às manipulações médicas, farmacológicas ou cirúrgicas) para modificar o comportamento. Indivíduos rotulados como tendo incapacitação de desenvolvimento, transtorno do espectro autista, esquizofrenia, depressão ou transtorno de ansiedade, por exemplo, mostram déficits ou excessos comportamentais. Similarmente, indivíduos rotulados como preguiçosos, desmotivados, egoístas, incompetentes ou sem coordenação também apresentam déficits ou excessos comportamentais. A modificação de comportamento consiste em um conjunto de procedimentos que podem ser usados para modificar o comportamento, de modo que esses indivíduos sejam desvinculados de qualquer rótulo que tenham recebido. Psicólogos tradicionais que não passaram por treinamento em modificação de comportamento têm seguido a tendência de rotular e classificar as pessoas. Seja qual for o rótulo, contudo, o comportamento dos indivíduos rotulados irá perdurar e será influenciado pelo ambiente. A mãe na Figura 1.1, por exemplo, ainda está preocupada com o que fazer com seu filho e como lidar com o problema. É aí que entra a modificação do comportamento.

Questões de ética

Com o desenvolvimento da modificação de comportamento, questões éticas foram se tornando mais proeminentes. Trata-se de questões que sempre temos em mente ao aplicar a abordagem. Vários grupos e/ou organizações, como a Association for Behavioral and Cognitive Therapies, a American Psychological Association e a Association for Behavior Analysis International, abordaram os aspectos éticos envolvidos na aplicação da modificação de comportamento (ver Bailey e Burch, 2011). Nesta seção, destacamos as diretrizes de ética

Figura 1.1 Especialistas "ajudando" a mãe com sua filha?

que devem ser lembradas na leitura dos capítulos subsequentes. No último capítulo do livro, apresentamos uma discussão mais detalhada sobre a relação entre práticas culturais, ética e modificação de comportamento.

Qualificações do analista comportamental aplicado/terapeuta comportamental

Conforme estabelecido antes, analistas comportamentais aplicados e terapeutas comportamentais devem receber treinamento acadêmico apropriado, incluindo treinamento prático supervisionado, para garantir competência na avaliação comportamental, delineamento e implementação dos programas terapêuticos, bem como na avaliação dos resultados do tratamento.

Definição do problema e das metas

Os comportamentos-alvo selecionados para modificação devem ser aqueles considerados mais importantes para o indivíduo e para a sociedade. De modo ideal, o cliente será um participante ativo na identificação dos comportamentos-alvo. Quando isto não for possível, devem ser identificados terceiros imparciais e competentes para atuarem em nome do cliente.

Seleção do tratamento

Os analistas comportamentais aplicados e terapeutas comportamentais devem usar os métodos de intervenção mais efetivos, empiricamente validados, com o menor grau de desconforto possível e o mínimo de efeitos colaterais.

Manutenção de registros e avaliação contínua

Os analistas comportamentais aplicados e terapeutas comportamentais devem conduzir uma avaliação comportamental completa antes de aplicarem a intervenção. Esta deve incluir monitoramento contínuo dos comportamentos-

Questões para aprendizagem

26. Liste quatro mitos ou conceitos errados sobre modificação de comportamento.
27. Liste quatro subtópicos que abordem questões éticas em programas de modificação de comportamento.
28. Cite duas diretrizes que garantem que os comportamentos-alvo para a modificação de comportamento sejam os mais relevantes para o cliente e a sociedade.
29. O que é decisivo para a garantia de programas terapêuticos éticos e efetivos pelos analistas comportamentais aplicados e terapeutas comportamentais?

alvo, bem como dos possíveis efeitos colaterais, e acompanhamento apropriado após a conclusão do tratamento. O monitoramento de dados pelas partes envolvidas e clientes é o pilar da garantia de programas terapêuticos éticos e efetivos pelos analistas comportamentais aplicados e terapeutas comportamentais.

RESUMO DO CAPÍTULO 1

Comportamento é tudo o que uma pessoa diz ou faz. A *modificação de comportamento* envolve a aplicação sistemática de princípios e técnicas de aprendizagem para avaliar e melhorar os comportamentos encobertos e manifestos de um indivíduo para aprimorar seu funcionamento no dia a dia. Os comportamentos a serem melhorados em um programa de modificação de comportamento são chamados de *comportamentos-alvo*. A *avaliação comportamental* envolve a coleta e a análise de informações e dados para: (a) identificar e descrever os comportamentos-alvo; (b) identificar as possíveis causas para o comportamento; (c) orientar a escolha de um tratamento adequado; e (d) avaliar o resultado do tratamento.

A modificação de comportamento baseia-se em princípios de aprendizagem

Duas categorias importantes de aprendizagem são o *condicionamento respondente*, descrito por Ivan Pavlov no início da década de 1900, e o *condicionamento operante*, popularizado por B. F. Skinner em seu livro *Ciência e Comportamento Humano* (1953). Na primeira edição do *Journal of Applied Behavior Analysis* em 1968, Baer, Wolf e Risley identificaram as dimensões da *análise comportamental aplicada*, que é amplamente baseada no condicionamento operante. Além disso, nas décadas de 1960 e 1970, Albert Ellis e Aaron Beck se concentraram independentemente na mudança do pensamento falho para ajudar os indivíduos a superarem a depressão e outros problemas psicológicos. A abordagem deles foi originalmente chamada de *modificação cognitiva do comportamento* e agora é chamada de *terapia cognitivo-comportamental*. O termo *analista comportamental* aplicado se refere a alguém que tem formação formal considerável na área de análise comportamental aplicada. O termo *terapeuta comportamental* se refere a alguém que recebeu formação formal considerável na aplicação da terapia comportamental ou da terapia cognitivo-comportamental no tratamento de transtornos psicológicos. O termo *modificador de comportamento* se refere a um analista comportamental aplicado, um terapeuta comportamental ou alguém sem formação formal nos princípios de modificação comportamental, mas que deseja usar técnicas de modificação comportamental para mudar seu próprio comportamento ou o de outros. Assim, o termo modificação comportamental é mais amplo e abrange os outros dois termos comportamentais mencionados (Pear e Martin, 2012). Além disso, é extremamente importante distinguir entre modificadores de comportamento profissionais e indivíduos que usam a modificação de comportamento em suas vidas cotidianas. Todos usam os princípios de comportamento pelo fato de viverem em uma sociedade, mas apenas profissionais altamente treinados estão qualificados para usar a modificação de comportamento para tratar problemas de comportamento complexos.

Neste capítulo, descrevemos oito concepções errôneas sobre a modificação de comportamento e relatamos exemplos de déficits e excessos comportamentais tratados pela modificação de comportamento. Também descrevemos várias diretrizes éticas para a aplicação da modificação de comportamento. Para analistas comportamentais aplicados e terapeutas comportamentais, uma importante diretriz ética é que as intervenções devem incluir o monitoramento contínuo dos comportamentos-alvo antes, durante e depois da intervenção. O monitoramento dos dados das partes interessadas e dos clientes é o pilar para garantir programas de tratamento éticos e eficazes por parte de analistas comportamentais aplicados e terapeutas comportamentais.

Observação para o leitor: na maioria dos capítulos deste livro, fornecemos exercícios para você aplicar os conceitos aprendidos. Em geral, apresentamos dois tipos de exercícios de aplicação: (a) exercícios envolvendo outras pessoas e (b) exercícios de automodificação, nos quais você aplica os conceitos de modificação de comportamento que aprendeu ao seu próprio comportamento.

A. Exercício envolvendo outras pessoas
Considere outra pessoa além de você. Do seu ponto de vista, identifique:

1. Dois déficits comportamentais que essa pessoa deve superar.
2. Dois excessos comportamentais a serem reduzidos.

Para cada exemplo, indique se você descreveu:

a. Um comportamento específico ou um rótulo geral resumido.
b. Um comportamento observável ou um comportamento encoberto.
c. Um comportamento ou o produto de um comportamento.

B. Exercício de automodificação
Aplique o exercício anterior a você mesmo.

Confira as respostas das Questões para aprendizagem do Capítulo 1

2 Áreas de Aplicação: Visão Geral

Objetivos de aprendizagem

Após ler este capítulo, o leitor será capaz de descrever aplicações de modificação de comportamento para:

- Criação e supervisão de filhos
- Gerontologia
- Autocontrole
- Negócios, indústria e governo
- Educação
- Esquizofrenia
- Medicina e assistência médica
- Psicologia comportamental do esporte
- Deficiências intelectuais
- Problemas psicológicos
- Transtornos do espectro autista
- Populações diversas.

A importância das técnicas de modificação de comportamento para melhora de uma ampla variedade de comportamentos foi demonstrada em diversos relatos científicos. Aplicações bem-sucedidas foram comprovadas em indivíduos de todas as faixas etárias, dos muito jovens aos idosos, e em programas institucionais controlados em diversos contextos da comunidade. Os comportamentos modificados variam de habilidades motoras simples à solução de problemas complexos. Em áreas como educação, assistência social, enfermagem, psicologia clínica, psiquiatria, psicologia comunitária, medicina, reabilitação, negócios, indústria e esportes, as aplicações ocorrem frequentemente. Este capítulo descreve as doze áreas de aplicação em que a modificação de comportamento tem uma base sólida.

CRIAÇÃO E SUPERVISÃO DE FILHOS

Ter filhos é uma tarefa desafiadora. Além de atender às necessidades básicas, os pais são totalmente responsáveis pelo desenvolvimento comportamental inicial de seus filhos. Essa responsabilidade é compartilhada com professores e outros profissionais/indivíduos, ao longo da infância e da adolescência, até da fase adulta. Há diversos livros e artigos sobre modificação de comportamento que ensinam aos pais formas de melhorar suas práticas de criação dos seus filhos. As técnicas comportamentais foram aplicadas para ajudá-los a ensinar os filhos a andar, desenvolver habilidades de linguagem, usar o banheiro e realizar tarefas domésticas (Dishon *et al.*, 2012). Os pais também têm aprendido estratégias para solucionar distúrbios relacionados ao sono dos filhos (Wirth, 2014) e minimizar comportamentos problemáticos, como roer as unhas e apresentar um comportamento agressivo, birrento, desobediente e com objeções frequentes (Wilder e King-Peery, 2012). Alguns problemas de comportamento da criança e do adolescente são tão complexos que os analistas comportamentais, além de terem que ajudar os pais a trabalhar com os filhos, abordam diretamente as questões (Christner *et al.*, 2007; Gimpel e Holland, 2017; Neef *et al.*, 2013). Além disso, um programa comportamental denominado Programa de Parentalidade Positiva (*Triple P*, do inglês *Positive Parenting Program*) demonstrou ser um programa parental multinível eficaz – isto é, tanto no nível da criança quanto dos pais – para prevenir e tratar problemas comportamentais, emocionais e de desenvolvimento graves em crianças (Graaf *et al.*, 2008). O *Triple P* foi expandido sob o nome de *Triple P* para Transições Familiares (FTTP, do inglês *Family Transitions Triple P*) para prevenir ou lidar com as perturbações emocionais resultantes de transições familiares, como o divórcio (Stallman e Sanders, 2014). Também foram desenvolvidas estratégias comportamentais para ajudar as comunidades a prevenirem a violência juvenil (Mattaini e McGuire, 2006) e para ensinar habilidades de análise comportamental aplicada a pais de crianças com transtorno do espectro autista (Fisher *et al.*, 2020).

EDUCAÇÃO: DA PRÉ-ESCOLA À UNIVERSIDADE

Desde o início da década de 1960, as aplicações da modificação de comportamento nas salas de aula progrediram em diversas frentes (Martens *et al.*, 2021). Muitas aplicações na escola básica foram inicialmente desenhadas para modificar os comportamentos disruptivos ou incompatíveis com o aprendizado acadêmico. Inquietação, birra, agressividade e socialização excessiva foram resolvidos com sucesso no *setting* acadêmico. Outras aplicações nas escolas envolveram a modificação direta do comportamento da instituição de ensino, incluindo leitura em voz alta, compreensão da leitura, redação, pronúncia, escrita e domínio dos conceitos de ciências e matemática. Êxito considerável também foi alcançado nas aplicações com indivíduos portadores de necessidades especiais, como dificuldades de aprendizagem, hiperatividade e déficit de atenção (Neef *et al.*, 2020). Alberto e Troutman (2022) e Cipani (2017b) publicaram excelentes descrições do tipo "como fazer" de técnicas de modificação de comportamento para professores, incluindo o uso de modificação de comportamento na educação física (Siedentop e Tannehill, 2000; Ward, 2005). Ver também os artigos do *Journal of Applied Behavior Analysis* e do *Journal of Behavioral Education*.

Uma abordagem de modificação de comportamento para o ensino universitário foi desenvolvida por Fred S. Keller *et al.*, nos EUA e no Brasil, na década de 1960 (Keller, 1968). Desde então, foram descritas variações das abordagens comportamentais para o ensino universitário (Austin, 2000; Berstein e Chase, 2013; Michael, 1991; e Pear, 2012). Essas abordagens têm três características em comum: as metas de instrução para um curso são estabelecidas na forma de questões e exercícios, como os apresentados neste livro; os alunos têm oportunidades para demonstrar seu domínio do conteúdo do curso por meio de testes frequentes ou alguma combinação de testes e tarefas; no início do curso, os alunos recebem informação detalhada sobre o que é esperado deles nos testes e nas tarefas, para que alcancem a avaliação desejada. Segundo indicam as pesquisas, com esses aspectos, a maioria dos alunos se sente mais motivada a manter o foco na tarefa e um alto percentual alcança boas notas (Bernstein e Chase, 2013; Hattie, 2009; Moran e Mallott, 2004).

Além disso, a abordagem de Keller, conhecida como Sistema Personalizado de Ensino (PSI, do inglês *Personalized System of Instruction*), inclui vários outros aspectos, como domínio - em que os alunos devem apresentar alto desempenho em um teste ou trabalho antes de prosseguirem para a próxima parte do curso - e o apoio de monitores para corrigir e avaliar os testes/trabalhos. Antes do uso amplamente disseminado dos computadores, os cursos PSI, conforme originalmente concebidos por Keller, eram trabalhosos para quem os gerenciava, devido à frequência dos testes e aos registros requeridos pela abordagem. Com o advento da informática, alguns instrutores automatizaram grande parte do procedimento de PSI, tornando-o mais eficiente. Por exemplo, na Universidade de Manitoba, o PSI assistido por computador (CAPSI, do inglês *computer-aided* PSI) foi desenvolvido por Joseph Pear *et al.*, na década de 1980, e passou a ser usado em universidades do Canadá, dos EUA, da Austrália e do Brasil (para revisões do CAPSI, ver Pear e Falzarano, no prelo; Pear e Martin, 2004; Pear *et al.*, 2011; Svenningsen *et al.*, 2018). Um aspecto inovador do CAPSI é que alunos do mesmo curso que tenham dominado determinada unidade dele podem atuar como monitores ou "revisores pares". Pesquisas sobre cursos CAPSI demonstraram uma precisão de *feedback* mensurável por parte dos revisores pares, bem como a concordância com o *feedback* por parte dos alunos (Martin *et al.*, 2002a, 2002b). Há também evidências de que o CAPSI possa aumentar a criatividade (Svenningsen e

Pear, 2011). Além disso, os alunos de um curso CAPSI recebem um *feedback* significativamente mais substancial do que em um curso de métodos tradicionais (Pear e Crone-Todd, 2002). Além disso, os alunos relatam de maneira contundente que atuar como revisores por pares os ajuda a aprender o material do curso (p. ex., Svenningsen *et al.*, 2018).

Questões para aprendizagem

1. Liste quatro comportamentos infantis que melhoraram com a aplicação da modificação de comportamento.
2. Liste quatro comportamentos de alunos do ensino básico que mudaram com a modificação de comportamento.
3. Descreva três características comuns das abordagens comportamentais no ensino universitário.
4. O que é PSI e quem foi seu fundador?
5. O que é CAPSI?

FALTA DE HABILIDADES DE DESENVOLVIMENTO

No início dos anos 1960, alguns dos êxitos mais significativos da modificação de comportamento aconteceu nas aplicações a indivíduos com desenvolvimento atípico na infância. A falta de habilidade intelectual e os transtornos do espectro autista (TEA; antes chamados de "autismo") são dois tipos que receberam atenção particular dos analistas do comportamento. Antes de discutir essas áreas, porém, faremos um breve histórico do uso de vários termos estreitamente relacionados.

Durante a última metade do século XX, era comum usar o termo *retardo mental* ao se referir a indivíduos com comprometimento intelectual (Conyers *et al.*, 2002). Na década de 1990, uma alternativa proposta foi o termo "incapacitação do desenvolvimento" (Warren, 2000), o qual é hoje usado por muitos profissionais. Entretanto, segundo a *Developmental Disabilities Bill Act*, esse termo tem significado mais amplo que "retardo mental". Em parte por causa dessa consideração, a American Association on Intellectual and Developmental Disabilities (AAIDD), antiga American Association on Mental Retardation, ressaltou, em 2007, que *falta de habilidade intelectual* seria o melhor termo para se referir à incapacitação antes referida como retardo mental. Desse modo, as incapacitações do desenvolvimento são uma área abrangente, que inclui as subáreas de falta de habilidades intelectuais e TEA.

Falta de habilidades intelectuais

A AAIDD define "deficiência intelectual", em parte, da seguinte maneira: (a) "Limitações significativas no funcionamento intelectual"; (b) "Limitações significativas no comportamento adaptativo"; e (c) "Início de ambas as limitações anteriores durante o período de desenvolvimento" (obtido em https://aaidd.org/intellectual-disability/deảnition/faqs-on-intellectualdisability#. W0DBdX4naAY em 10 de janeiro de 2022).

Diversos estudos demonstraram a efetividade das técnicas comportamentais para ensinar comportamentos, como usar corretamente o banheiro, ter habilidades de autoajuda (p. ex., alimentar-se, vestir-se e limpar-se), sociais, de comunicação, vocacionais, de lazer, além de diversos comportamentos de sobrevivência em comunidade para pessoas que tenham deficiências intelectuais (para exemplos de modificação de comportamento com pessoas com deficiência intelectual, ver Call *et al.*, 2017; Reyes *et al.*, 2017; Tung *et al.*, 2017. É possível encontrar revisões de literatura em Cuvo e Davis, 2000; Kurtz e Lind, 2013; Peters-Scheffer e Didden, 2020; ver também edições do *Journal of Applied Behavior Analysis*).

Transtorno do espectro autista

Crianças diagnosticadas com transtornos do espectro autista (TEA) tendem a apresentar alguma combinação de comportamento social comprometido (p. ex., não responder aos gestos de brincadeira dos pais), ter a comunicação comprometida (p. ex., repetição de palavras ou frases sem sentido) e comportamentos autoestimulatórios repetitivos (p. ex., agitar os dedos das mãos na frente dos olhos). Também tendem a exibir alguns comportamentos similares aos de crianças diagnosticadas com incapacitações intelectuais, podendo apresentar desempenho muito abaixo da média em diversos comportamentos de autocuidado, como vestir-se, arrumar-se e alimentar-se. Por razões desconhecidas, a prevalência dos TEA parece estar aumentando. De acordo com os U.S. Centers for Disease Control and Prevention (2021), cerca de 1 em 44 crianças nos EUA tem TEA. Para mais informações sobre TEA, visite https://www.ninds.nih.gov/Disorders/Patient-Caregiver-Education/Fact-Sheets/Autism-Spectrum-Disorder-Fact-Sheet.)

Nas décadas de 1960 e 1970, Ivar Lovaas desenvolveu tratamentos comportamentais para crianças com TEA. Usando uma abordagem denominada intervenção comportamental intensiva inicial (do inglês, *early intensive behavioral intervention* - EIBI), Lovaas (1966, 1977) concentrou-se em estratégias para ensinar comportamentos sociais e de brincadeiras, eliminar comportamentos autoestimulatórios e desenvolver habilidades de linguagem. Quando o EIBI foi aplicado em crianças com TEA com menos de 30 meses, e mantido até que elas atingissem a idade escolar, 50% dessas crianças conseguiram ingressar em classes regulares na idade escolar normal (Lovaas, 1987). Além disso, o tratamento comportamental produziu ganhos duradouros (McEachin *et al.*, 1993; ver também Smith *et al.*, 2021). Embora alguns pesquisadores tenham criticado o procedimento experimental do estudo de Lovaas (p. ex., Gresham e MacMillan, 1997; Tews, 2007), pesquisas subsequentes estabeleceram o EIBI como o tratamento preferencial para crianças com TEA, em termos de custo e efetividade (Ahearn e Tiger, 2013; Kodak *et al.*, 2021; Matson e Smith, 2008; Matson e Sturmey, 2011). Atualmente, há programas EIBI para crianças com TEA financiados pelo governo norte-americano. No Canadá, por exemplo, os programas EIBI são disponibilizados em todas as províncias e territórios do país (para exemplos de modificação de comportamento com crianças portadoras de TEA, ver Cox *et al.*, 2017; Dixon *et al.*, 2017; Gerencser *et al.*, 2017; Halbur *et al.*, 2021; Johnson *et al.*, 2017; Leaf *et al.*, 2017; Lillie *et al.*, 2021; Sivaraman *et al.*, 2021).

Uma estratégia comum para a aplicação de EIBI em crianças com TEA é chamada ensino por tentativas discretas (DTT, do inglês *discrete-trials teaching*). O DTT é composto de uma série de tentativas de ensino individuais. Pesquisadores investigaram uma variedade de estratégias para ensinar a equipe e os pais a implementarem o DTT em programas de EIBI (ver Thomson *et al.*, 2009). Considerando os milhões de dólares gastos em programas públicos para financiar o tratamento de crianças com TEA com a EIBI, revisores da literatura de resultados (p. ex., Matson e Smith, 2008; Perry *et al.*, 2006) identificaram requisitos importantes que devem ser atendidos para garantir que os recursos sejam alocados de forma eficiente. Dois desses requisitos são: (a) o desenvolvimento de sistemas de avaliação de qualidade para avaliar componentes específicos das intervenções de EIBI e (b) o desenvolvimento de procedimentos de treinamento rápido que sejam econômicos e baseados em pesquisas para ensinar pais e instrutores a conduzirem o DTT. Um passo para atender à primeira necessidade é o desenvolvimento e o teste de campo do Formulário de Avaliação do Ensino por Tentativas Discretas (*Discrete-Trials Teaching Evaluation Form*, em inglês) (Babel *et al.*, 2008; Jeanson *et al.*, 2010), e um passo para atender à segunda necessidade é o teste de campo de um manual de autoinstrução (Fazzio e Martin, 2011) para o ensino de DTT a instrutores de crianças com TEA (Fazzio *et al.*, 2009; Thomson *et al.*, 2012; Young *et al.*, 2012; Zaragoza Scherman *et al.*, 2015).

ESQUIZOFRENIA

De acordo com o United States National Institute of Mental Health

> a esquizofrenia é uma doença mental grave que afeta a maneira como a pessoa pensa, sente e se comporta. As pessoas com esquizofrenia podem parecer ter perdido o contato com a realidade, o que causa um sofrimento significativo para o indivíduo, seus familiares e seus amigos (obtido em www.nimh.nih.gov/health/topics/schizophrenia em 10 de janeiro de 2022).

Embora alguns estudos tenham sido conduzidos nos anos 1950, analistas comportamentais aplicados e terapeutas comportamentais passaram a prestar atenção na esquizofrenia nos anos 1960 e início dos anos 1970 (Kazdin, 1978). No final da década de 1970 e início da década de 1980, porém, o interesse por essa área diminuiu, e somente um pequeno número de artigos sobre modificação de comportamento foram publicados (Bellack, 1986). Mesmo assim, há evidências claras do sucesso dos tratamentos de modificação de comportamento na esquizofrenia. Como os relacionamentos sociais inadequados são um dos principais contribuidores para a má qualidade de vida das pessoas com esquizofrenia, as habilidades sociais foram um dos comportamentos-alvo de modificação. Pesquisas indicam que um êxito considerável foi alcançado ensinando as pessoas com esquizofrenia a realizar interações sociais positivas, desenvolver habilidades de comunicação, de assertividade e até mesmo na procura por emprego (Bellack e Hersen, 1993;

Bellack e Muser, 1990; Bellack *et al.*, 1997). As técnicas de terapia cognitivo-comportamental também foram usadas de maneira efetiva para minimizar ou eliminar as alucinações ou delírios em indivíduos esquizofrênicos (Bouchard *et al.*, 1996). Estudos indicam fortemente que a terapia comportamental pode contribuir de modo significativo para o tratamento, o controle e a reabilitação de indivíduos com esquizofrenia (Beck *et al.*, 2008; McKinney e Fiedler, 2004; Wilder *et al.*, 2020).

PROBLEMAS PSICOLÓGICOS TRATADOS NA CLÍNICA

Muitos estudos demonstraram que existem problemas psicológicos (p. ex., transtorno da ansiedade, transtornos obsessivo-compulsivos, problemas relacionados ao estresse, depressão, obesidade, problemas conjugais, disfunção sexual, transtornos da libido) para os quais procedimentos comportamentais específicos aplicados em um consultório ou outros cenários clínicos são comprovadamente superiores a outras formas de psicoterapia aplicadas em estabelecimentos clínicos (Barlow, 2021). Mas e quanto ao uso de fármacos? Em um livro provocativo intitulado *Taking America off Drugs* [*Tirando a América das Drogas*, em tradução livre], Stephen Ray Flora (2007) argumenta que os americanos se enganaram ao acreditar que, seja qual for o problema psicológico de uma pessoa, existe um remédio capaz de curá-lo. Flora argumenta que a maioria dos distúrbios psicológicos, incluindo transtornos alimentares, fobias, transtorno obsessivo-compulsivo, transtorno do déficit de atenção/hiperatividade, depressão, esquizofrenia, transtornos do sono e transtornos sexuais, tem base comportamental, e não "neuroquímica" nem "cerebral". O autor também defende a tese de que, para esse tipo de problema, a terapia comportamental é mais efetiva do que o tratamento farmacológico, embora admita que, em uma pequena parte dos casos de dificuldades comportamentais, o tratamento de escolha pode ser uma combinação de terapia comportamental com tratamento farmacológico.

Como mencionado no Capítulo 1, a terapia comportamental é uma forma de modificação de comportamentos disfuncionais, geralmente conduzida no cenário clínico. Os Capítulos 26 e 27 deste livro trazem uma discussão sobre o tratamento comportamental de uma variedade de distúrbios psicológicos. Uma discussão detalhada do tratamento comportamental de transtornos psicológicos também pode ser encontrada em Beck (2020) e Dobson e Dobson (2017).

Questões para aprendizagem

6. Atualmente, qual o termo preferido para *incapacitação*, antigamente referida como *retardo mental*?
7. Liste quatro comportamentos de indivíduos com incapacitação intelectual que foram modificados usando análise do comportamento.
8. Liste quatro comportamentos de crianças com TEA que foram modificados usando análise do comportamento.
9. Liste quatro comportamentos de indivíduos com esquizofrenia que foram modificados usando análise do comportamento.
10. Liste quatro problemas psicológicos que foram efetivamente tratados com terapia comportamental.

AUTOCONTROLE DE PROBLEMAS PESSOAIS

Vamos retomar alguns problemas descritos no Capítulo 1. Sam tinha dificuldade para estudar e finalizar o trabalho de conclusão de curso dentro do prazo. Karen experimentou uma sensação de nervosismo extremo pouco antes de ter que executar sua rotina de ginástica. Mary frequentemente tinha pensamentos irracionais sobre seu desempenho nas provas da faculdade. Muitas pessoas gostariam de mudar de comportamento. E você? Você gostaria de se alimentar de forma mais saudável? Aderir a um programa de exercícios? Ser mais assertivo? Existem habilidades que você pode aprender para lhe ajudar a modificar seu comportamento? Um avanço significativo foi alcançado em autogerenciamento, autocontrole, autoajuste, autorregulação, autodireção ou automodificação. A automodificação bem-sucedida requer um conjunto de habilidades que podem ser aprendidas e envolvem formas de rearranjar seu ambiente – pessoas, objetos, eventos etc. que estão em contato direto com você – para controlar seu comportamento. Centenas de projetos de automodificação bem-sucedidos voltados para comportamentos, como economizar dinheiro, praticar exercícios, aderir a bons hábitos de estudo e evitar jogos de azar, foram relatados na literatura (para exemplos, ver Vohs e Baumeister, 2017). A automodificação para o ajuste pessoal é descrita em maiores detalhes no Capítulo 25. Uma discussão sobre esse tópico também pode ser encontrada em Choi e Chung (2012), e Watson e Tharp (2014).

ASSISTÊNCIA MÉDICA E CUIDADOS COM A SAÚDE

Tradicionalmente, alguém que sofresse de cefaleias crônicas, perturbação respiratória ou hipertensão jamais seria atendido por um psicólogo. No final dos anos 1960, entretanto, psicólogos, em colaboração com médicos, começaram a usar técnicas de modificação de comportamento para tratar essas e outras condições (Doleys *et al.*, 1982). Nasce, então, a **medicina comportamental**, um amplo campo interdisciplinar relacionado às ligações existentes entre saúde, doença e comportamento (Searight, 1998). Junto à medicina comportamental, a *psicologia da saúde* considera o modo como os fatores psicológicos podem influenciar ou causar doença, e o modo como as pessoas podem ser incentivadas a praticarem comportamentos saudáveis de modo a prevenir problemas de saúde (Taylor, 2011). Psicólogos da saúde têm aplicado a análise do comportamento em cinco áreas principais, descritas a seguir:

1. Tratamento direto de problemas médicos. Psicólogos da saúde estão dando continuidade à tendência em voga no final da década de 1960 de desenvolver técnicas comportamentais para aliviar sintomas como enxaquecas, dores na coluna, hipertensão, convulsões, arritmia, problemas relacionados ao sono e problemas estomacais (Luiselli, 2021; Taylor, 2021; Thorn, 2017). Uma dessas técnicas é chamada *biofeedback*, que consiste em monitorar um ou mais processos fisiológicos da pessoa, como frequência cardíaca, pressão arterial, tensão muscular e ondas cerebrais, e continuamente informá-la a respeito dessas informações. Esse tipo de informação ajuda o indivíduo a ganhar o controle do processo fisiológico monitorado (Schwartz e Andrasic, 2017; Taylor, 2021).
2. Estar de acordo com o tratamento. Você sempre comparece às consultas odontológicas? Sempre toma as medicações exatamente como prescrito pelo seu médico? Muitos não. Por causa desse comportamento, a aceitação das regras médicas é um alvo natural da análise do comportamento. Exemplos recentes incluem o uso de máscaras faciais para evitar a disseminação da covid-19 (Halbur *et al.*, 2021; Lillie *et al.*, 2021) e a redução da transmissão da doença no local de trabalho (Gravina *et al.*, 2020). Assim, uma parte importante da psicologia da saúde consiste em promover a complacência com o tratamento (Raiff *et al.*, 2016; Taylor, 2021).
3. Promoção da vida saudável. Você se exercita pelo menos três vezes por semana? Consome alimentos saudáveis e minimiza o consumo de gordura saturada e sal? Você limita seu consumo de bebida alcoólica? Rejeita drogas viciantes? Se você puder responder afirmativamente a essas perguntas, e se puder continuar respondendo "sim" com o passar dos anos, então você poderá prolongar consideravelmente sua expectativa de vida. Uma área importante de modificação de comportamento envolve a aplicação de técnicas para ajudar as pessoas a controlarem seus próprios comportamentos e permanecerem saudáveis, como fazer refeições balanceadas, praticar exercícios regularmente e diminuir o tabagismo (ver Capítulo 25; Jarvis e Dallery, 2017; Taylor, 2021).
4. Gerenciamento de cuidadores. Os psicólogos da saúde se preocupam não só com o comportamento do cliente, mas também daqueles que exercem impacto sobre a condição médica do cliente. Portanto, psicólogos da saúde lidam com a mudança de comportamento dos familiares e amigos do cliente, bem como de médicos, enfermeiros, terapeutas ocupacionais, fonoaudiólogos e outros especialistas da saúde (ver, p. ex., Clarke e Wilson, 2008; DiTomasio *et al.*, 2001 e Nyp *et al.*, 2011).
5. Controle do estresse. O estresse é uma das coisas que você com certeza encontrará em sua vida. Estressores são condições ou eventos (p. ex., ficar preso no trânsito, insônia, poluição, provas escolares, dívidas, separações e enfermidades graves ou morte na família) que impõem dificuldades de enfrentamento. As reações de estresse são respostas fisiológicas e comportamentais, como fadiga, hipertensão e úlcera. Uma importante área da psicologia da saúde preocupa-se com o estudo dos estressores, seus efeitos sobre o comportamento humano e o desenvolvimento de estratégias comportamentais para enfrentá-los (p. ex., Lehrer e Woolfolk, 2021; Taylor, 2021). Algumas dessas estratégias são descritas em capítulos posteriores.

Além das cinco áreas descritas, Nisbet e Gick (2008) sugeriram que a psicologia da saúde poderia ajudar a salvar o planeta, já que uma vida mais saudável leva a um ambiente mais limpo, isto é, o ar, a água, o suprimento de alimentos etc. Observe que o uso da palavra "ambiente" é diferente do uso do termo "ambiente" na modificação de comportamento – as pessoas, os objetos, os eventos etc. no entorno imediato de uma pessoa. O amplo campo interdisciplinar da medicina comportamental e o subcampo da psicologia da saúde têm o potencial de fornecer uma profunda contribuição para a eficiência e a efetividade da medicina moderna e da assistência à saúde. O leitor interessado em saber mais sobre essa área pode consultar os artigos do *Journal of Behavioral Medicine*, além dos livros de Baum *et al.* (2011) e Taylor (2021).

GERONTOLOGIA

Você quer saber como é ser velho? Se sim, "você deve sujar um pouco as lentes dos óculos, colocar algodão nos ouvidos, calçar sapatos pesados que sejam grandes demais para os seus pés, vestir luvas e passar o dia assim, fazendo tudo que você normalmente faz" (Skinner e Vaughan, 1983, p. 38). À medida que os idosos constituem um percentual cada vez maior da população, mais e mais indivíduos têm que lidar com a perda de habilidades e da capacidade de operar de maneira independente, o que ocorre também em indivíduos com doenças crônicas. Também nesses casos, a modificação de comportamento pode dar uma contribuição positiva. Por exemplo, o jeito antigo de executar as tarefas diárias pode se tornar impraticável, e novas maneiras terão de ser desenvolvidas e aprendidas. Talvez também seja necessário lidar com a ansiedade ou o medo de não conseguir lidar com essas mudanças. Comportamentos disruptivos em asilos ou casas de repouso podem se tornar uma séria preocupação e exigir que a relação com a equipe de assistência profissional seja reestabelecida. Para ajudar a solucionar esses problemas, técnicas comportamentais são cada vez mais usadas com idosos e pacientes que requerem assistência contínua, (para mais informações sobre moficação de comportamento e envelhecimento, ver o artigo especial sobre Terapia Comportamental Geriátrica em *Behavior Therapy*, 2011; Baker *et al.*, 2011 e Turner e Mathews, 2013; ver também o artigo especial sobre análise do comportamento e envelhecimento em *Behavior Analysis: Research and Practice*, 2018).

Questões para aprendizagem

11. Liste quatro comportamentos na área de autocontrole que foram modificados pela modificação do comportamento.
12. O que é psicologia da saúde?
13. Liste cinco áreas de aplicação junto à psicologia da saúde.
14. Liste três comportamentos de idosos que foram melhorados com técnicas de modificação de comportamento.

ANÁLISE COMPORTAMENTAL COMUNITÁRIA

A maior parte das primeiras aplicações comportamentais nos anos 1950 enfocava os indivíduos com deficiências de desenvolvimento, pacientes psiquiátricos e outros que tinham problemas graves e era realizada em instituições especializadas ou ambientes controlados. Por volta dos anos 1970, contudo, os importantes projetos de modificação de comportamento eram voltados para objetivos mais amplos da sociedade, como reduzir o lixo em áreas verdes públicas, aumento da reciclagem de garrafas de refrigerante retornáveis, ajuda aos conselhos comunitários a colocarem as técnicas de solução de problemas em prática, conservação do meio ambiente por meio do aumento do uso de ônibus, incentivo aos beneficiários da assistência social a comparecerem a reuniões de autoajuda e auxílio aos estudantes universitários a viverem em harmonia em um projeto de moradia cooperativa (ver análises das primeiras pesquisas feitas nessas áreas em Geller *et al.*, 1982; Martin e Osborne, 1980). O alcance da modificação de comportamento se expandiu nitidamente dos problemas individuais para as preocupações coletivas. Um dos primeiros estudos nessa área definiu a *psicologia comportamental comunitária* como "aplicações a problemas socialmente relevantes em contextos comunitários ultraestruturados em que o comportamento dos indivíduos não é considerado dissuadido no sentido tradicional" (Briscoe *et al.*, 1975, p. 57). Leituras adicionais sobre psicologia comportamental comunitária podem ser encontradas no *Journal of Applied Behavior Analysis* – por exemplo, Fritz *et al.* (2017); O'Connor *et al.* (2010). Em Biglan e Glenn (2013), o leitor tem acesso a uma discussão sobre como as aplicações da análise comportamental podem levar "a melhorias do bem-estar humano no nível da população".

NEGÓCIOS, INDÚSTRIA E GOVERNO

A modificação de comportamento também tem sido aplicada para melhorar o desempenho de indivíduos em uma ampla variedade de contextos organizacionais, desde pequenos negócios até corporações amplas, e de pequenos centros comunitários (notar a sobreposição com a psicologia comportamental comunitária) a grandes hospitais públicos. Essa área geral é referida como *gerenciamento do comportamento organizacional* (OBM, do inglês *organizational behavior management*), definida como a aplicação de métodos e princípios comportamentais ao estudo e ao controle do comportamento individual ou coletivo em cenários organizacionais (Frederiksen e Lovett, 1980). Outras definições usadas de modo intercambiável com o gerenciamento do comportamento organizacional incluem *gerenciamento de desempenho, modificação de comportamento industrial, modificação de comportamento organizacional, tecnologia de comportamento organizacional* e *análise de comportamento organizacional*. O gerenciamento do comportamento organizacional enfatiza: atividades em equipe específicas que caracterizam desempenhos bem-sucedidos ou produzem resultados satisfatórios; e *feedback* e recompensas frequentes para funcionários que mostrem comportamentos desejáveis.

Um dos primeiros estudos sobre OBM foi conduzido na Emery Air Freight Company. Segundo um artigo intitulado "Conversations with B. F. Skinner" [Conversas com B. F. Skinner], publicado na edição de 1973 do *Organizational Dynamics*, o comportamento desejado - que os funcionários colocassem pacotes em recipientes especiais - melhorou de 45% para 95% com elogios subsequentes ao comportamento desejado.

Estudos recentes sobre OBM empregaram técnicas comportamentais para modificar o comportamento de modo a melhorar a produtividade, diminuir os atrasos e as faltas, aumentar as vendas, criar novos negócios, melhorar a segurança do funcionário, minimizar os roubos por funcionários, diminuir furtos em lojas e melhorar a relação empregado-empregador (para mais informações sobre esta área, ver Abernathy, 2013; Griffin *et al.*, 2020; Reid *et al.*, 2011; e edições do *Journal of Organizational Behavior Management*).

PSICOLOGIA COMPORTAMENTAL DO ESPORTE

Desde o início da década de 1970, há um interesse crescente de técnicos e atletas por pesquisas mais aplicadas em ciências do esporte, particularmente na área de psicologia, para a qual os analistas comportamentais contribuíram (Martin e Thomson, 2011). A *psicologia comportamental do esporte* é o uso de princípios e técnicas de análise comportamental para melhorar o desempenho e a satisfação de atletas e outros associados aos esportes (Martin e Tkachuk, 2000). Entre as áreas de aplicação, estão a prática motivacional e o treinamento físico, o ensino de novas habilidades esportivas, o manejo de emoções que interferem no desempenho físico, a ajuda a outros atletas a superarem a pressão nas principais competições e aos técnicos a atuarem de modo mais efetivo no que se refere ao desempenho. Mais informações sobre pesquisa e aplicações nessa área podem ser encontradas em Luiselli e Reed (2011), Martin (2019); Martin e Ingram (2021); e Virues-Ortega e Martin (2010). Para uma revisão da análise do comportamento em saúde, esporte e condicionamento físico, ver a edição especial de 2021 da *Behavior Analysis: Research and Practice* sobre análise do comportamento em saúde, esporte e condicionamento físico.

ANÁLISE DO COMPORTAMENTO COM POPULAÇÕES DIVERSIFICADAS

Durante as últimas três décadas, analistas e terapeutas comportamentais passaram a dar mais atenção às questões relacionadas com cultura, sexo, etnia e orientação sexual como variáveis que podem influenciar a efetividade do tratamento (ver Beaulieu e Jimenez-Gomez, 2022; Borrego *et al.*, 2007; Hatch *et al.*, 1996; Iwamasa, 1999; Iwamasa e Smith, 1996; Paradis *et al.*, 1996; Pederson *et al.*, 2015; e Purcell *et al.*, 1996). Por exemplo, para os modificadores de comportamento, é útil saber que clientes de ascendência asiática preferem que o terapeuta ou analista comportamental lhes diga o que deve ser feito, ao contrário de uma abordagem não diretiva (Chen, 1995). Muitos clientes com ascendência hispânica tendem a ser mais complacentes com sugestões específicas, se estas forem precedidas por um período de "pequenas conversas" de familiarização (Tanaka-Matsumi e Higginbotham, 1994; ver também a série especial sobre terapia comportamental com famílias latinas, *Cognitive Behavior Practice*, 2010.

Um exemplo particularmente impressionante da importância do conhecimento dos antecedentes culturais dos clientes é dado pela reserva indígena Lakota Sioux, perto de Badlands, em Dakota do Sul. Tawa Witko, psicólogo que atua na reserva, descreveu o caso de um indivíduo que fora diagnosticado como esquizofrênico por outro psicólogo. O motivo do diagnóstico foi o fato de o homem ouvir vozes, especialmente quando se aproximava dos cerimoniais. Witko explicou que esse fenômeno é comum entre os nativos americanos, tendo significado espiritual e, por si só, não indica transtorno mental (Winerman, 2004).

Pode ser que alguns fatores culturais pesem contra o fortalecimento de um comportamento em particular. Por exemplo, o aumento do contato visual como comportamento-alvo para um programa de treinamento de habilidades sociais destinado a nativos americanos poderia ser inadequado. Na cultura Navajo, o contato visual prolongado é tipicamente considerado agressivo (Tanaka-Matsumi *et al.*, 2002). Leitores interessados em tratamento comportamental com clientes culturalmente diversificados podem pesquisar as edições especiais sobre diversidade cultural do *Cognitive and Behavioral Practice* (1996) e do *The Behavior Therapist* (1999), bem como as edições do *Journal of Muslim Mental Health* e do *International Journal of Culture and Mental Health.*

Embora a informação sobre os antecedentes culturais dos clientes possa ser útil para analistas comportamentais e terapeutas, também devemos ser sensíveis aos perigos da supergeneralização em relação a qualquer grupo cultural em particular (cuidados similares àqueles mencionados no Capítulo 1, sobre os perigos da rotulação, são relevantes aqui). Conforme indicado por Iwamasa (1999), por exemplo, a população de asiático-americanos é composta por mais de 30 grupos culturais e étnicos diferentes, cada um com sua própria linguagem, seus valores, estilos de vida e padrões de adaptação aos EUA.

Questões para aprendizagem

15. Defina psicologia comportamental comunitária.
16. Liste quatro comportamentos na área de psicologia comportamental comunitária que foram modificados por análise do comportamento.
17. Defina gerenciamento do comportamento organizacional (OBM).
18. Liste quatro comportamentos em negócios, indústria ou governo que foram modificados com a análise do comportamento.
19. Defina psicologia comportamental do esporte.
20. Liste quatro áreas de aplicação da psicologia comportamental do esporte.
21. Descreva como o conhecimento de uma característica cultural pode ser útil para modificadores de comportamento que trabalham com indivíduos de diferentes culturas. Dê um exemplo.
22. Quais cuidados os modificadores de comportamento devem considerar ao trabalhar com indivíduos de diferentes culturas?

CONSIDERAÇÕES FINAIS

A ascensão da análise do comportamento como uma abordagem bem-sucedida para lidar com uma ampla gama de problemas humanos tem sido notável. Livros e artigos descrevem procedimentos comportamentais e pesquisas que vão da criação dos filhos à aceitação da velhice, do trabalho às atividades de lazer, e do autoaprimoramento à preservação do ambiente natural. A modificação de comportamento tem sido usada em uma diversidade de indivíduos, desde aqueles com incapacitações profundas até os mais privilegiados. Exemplos de aplicações em muitas dessas áreas são descritos e ilustrados nos próximos capítulos.

RESUMO DO CAPÍTULO 2

Neste capítulo, descrevemos 12 áreas principais de aplicações nas quais a modificação de comportamento tem uma base sólida. Em programas de treinamento para pais, estes têm aprendido estratégias comportamentais para ensinar novas habilidades às crianças, diminuir comportamentos problemáticos e aumentar comportamentos desejáveis. Na educação, a modificação de comportamento tem sido usada para ensinar habilidades acadêmicas, minimizar comportamentos problemáticos em sala de aula, superar problemas especiais, como déficits de atenção, e aprimorar o ensino universitário. Para pessoas com deficiências intelectuais, as técnicas comportamentais têm sido utilizadas com sucesso para ensinar habilidades educacionais, de autocuidado, de comunicação, vocacionais e de sobrevivência na comunidade. Para crianças com TEA, a intervenção comportamental intensiva precoce (EIBI) é atualmente considerada o tratamento mais eficaz, e há vários programas de EIBI financiados pelo governo. Há evidências claras de que pessoas com esquizofrenia podem ser tratadas e reabilitadas com sucesso com técnicas cognitivo-comportamentais. Os procedimentos comportamentais são comprovadamente superiores a outras formas de psicoterapia para o tratamento de problemas psicológicos em ambientes clínicos, como transtornos de ansiedade, depressão e problemas conjugais. Muitas pessoas aprenderam sobre modificação de comportamento para o autogerenciamento de problemas pessoais, como falta de exercícios, gastos excessivos de dinheiro e falta de estudo.

Atualmente, há aplicações comportamentais em cinco áreas da medicina e da assistência médica, incluindo o tratamento direto de problemas médicos, o estabelecimento da adesão ao tratamento, a promoção de uma vida saudável, o gerenciamento de cuidadores e o gerenciamento do estresse. A modificação do comportamento também está sendo aplicada na gerontologia para ajudar os idosos a lidar com a perda de habilidades que está associada ao envelhecimento e a se adaptar, de forma bem-sucedida, a casas de repouso ou de cuidados pessoais. A psicologia comunitária comportamental é a aplicação da modificação de comportamento a problemas socialmente significativos em ambientes comunitários não estruturados. Essa aplicação inclui comportamentos como a redução do lixo em áreas públicas, a promoção da conservação de energia e o aumento da reciclagem. A modificação de comportamento também foi aplicada a empresas, indústrias e governos em áreas como melhoria da segurança do trabalhador, redução de furtos em lojas e diminuição de atrasos e absenteísmo. A psicologia comportamental do esporte envolve o uso de princípios e técnicas de análise comportamental para melhorar o desempenho e a satisfação dos atletas e de outras pessoas ligadas ao esporte. A modificação de comportamento com populações diversas envolve maior atenção à cultura, ao gênero, à etnia e à orientação sexual como variáveis que podem influenciar a eficácia do tratamento. O avanço da modificação de comportamento como uma abordagem bem-sucedida para lidar com uma ampla gama de comportamentos humanos nessas 12 áreas tem sido notável.

Exercícios de aplicação

Exercício de automodificação

Nos tópicos "Autocontrole de problemas pessoais", "Assistência médica e cuidados com a saúde", "Análise comportamental comunitária" e "Psicologia comportamental do esporte", listamos muitos comportamentos que foram modificados satisfatoriamente. Faça a revisão de cada um desses tópicos e prepare uma lista de dez comportamentos que você ou um amigo gostariam de melhorar. Para cada comportamento, indique se ele é deficiente (*i. e.*, déficit comportamental) ou excessivo (*i. e.*, excesso comportamental) e se é um comportamento seu ou de um amigo.

Confira as respostas das Questões para aprendizagem do Capítulo 2

3 Definição, Medição e Registro do Comportamento-Alvo

Objetivos de aprendizagem

Após ler este capítulo, o leitor será capaz de:

- Descrever as fases mínimas de um programa de modificação de comportamento
- Comparar e contrastar procedimentos indiretos e diretos de avaliação comportamental
- Descrever sete características comportamentais que você pode registrar
- Resumir três estratégias para registro de comportamento
- Explicar os procedimentos para avaliar a precisão das observações
- Explicar por que é importante registrar dados precisos ao longo de um programa de modificação de comportamento
- Explicar por que é importante que os modificadores de comportamento demonstrem preocupação compassiva em relação aos seus clientes e aos cuidadores dos clientes.

Você quer se sentar aqui, mamãe?

Melhora no comportamento cooperativo de Darren[1]

Darren, de 6 anos, era extremamente desobediente e mandão com seus pais. Na esperança de aprender a lidar de maneira mais eficaz com seu comportamento excessivo de mandar, os pais de Darren o levaram à Clínica de Desenvolvimento Infantil Gatzert, da Universidade de Washington. De acordo com eles, o menino praticamente "era o chefe" em casa, decidindo quando iria dormir, quais alimentos comeria, quando seus pais poderiam brincar com ele e assim por diante. Para obter observações diretas do comportamento de Darren, tanto do cooperativo quanto do desobediente, o Dr. Robert Wahler pediu à mãe de Darren que passasse um tempo com ele em uma sala de recreação na clínica, que era equipada com salas de observação adjacentes contendo janelas unidirecionais para gravação de dados. Durante as duas primeiras sessões de observação de 20 minutos, a mãe de Darren foi instruída da seguinte maneira: "Apenas brinque com Darren como você faria em casa." O comportamento mandão de Darren foi definido como qualquer instrução verbal ou não verbal para sua mãe, como dizer: "Você vai pra lá, eu fico aqui", ou empurrá-la para uma cadeira. O comportamento cooperativo foi definido como qualquer declaração, ação ou pergunta que não envolvesse uma ordem, como: "Você quer se sentar aqui?", enquanto apontava para uma cadeira. Darren apresentou uma taxa muito baixa de comportamento cooperativo durante as duas sessões de observação. Seu comportamento mandão, por outro lado, ocorreu em uma taxa extremamente alta. Após as sessões de observação, pediu-se à mãe de Darren que aplicasse um tratamento no qual ela deveria ser muito positiva e solidária com qualquer ocorrência de comportamento cooperativo demonstrado. Ao mesmo tempo, ela foi instruída a ignorar completamente seu comportamento mandão. Durante duas sessões de tratamento, o comportamento cooperativo de Darren aumentou de modo constante. No mesmo período, seu comportamento mandão diminuiu para quase zero.

Ao longo deste livro, numerosos exemplos, como o caso de Darren, ilustram a eficácia dos procedimentos de modificação de comportamento. Muitos desses exemplos são acompanhados por gráficos que mostram as mudanças – aumentos ou diminuições – quando os procedimentos comportamentais foram aplicados. Os gráficos são apresentados não apenas para facilitar a compreensão do

[1]Este exemplo baseia-se em um artigo de Wahler *et al.* (1965).

material; registros precisos do comportamento representam uma parte inseparável dos procedimentos de modificação de comportamento. De fato, alguns chegaram a afirmar que a maior contribuição da modificação de comportamento foi a insistência em registrar com precisão comportamentos específicos e tomar decisões com base em dados registrados, e não apenas em impressões subjetivas. Conforme afirmado no Capítulo 1, a avaliação comportamental envolve a coleta e a análise de informações e dados para: (a) identificar e descrever o comportamento-alvo; (b) identificar possíveis causas do comportamento; (c) selecionar estratégias de tratamento apropriadas para modificar o comportamento; e (d) avaliar o resultado do tratamento. Após repassar as fases mínimas de um programa de modificação de comportamento, a seguir, o restante deste capítulo se concentra na avaliação comportamental.

FASES MÍNIMAS DE UM PROGRAMA DE MODIFICAÇÃO DE COMPORTAMENTO

Um programa de modificação de comportamento bem-sucedido geralmente envolve cinco fases durante as quais o comportamento-alvo é identificado, definido e registrado: (a) uma fase de triagem ou admissão; (b) uma fase de definição do comportamento-alvo; (c) uma fase de avaliação pré-programa ou de linha de base; (d) uma fase de tratamento; e (e) uma fase de acompanhamento. Nesta seção, apresentamos uma visão geral dessas fases conforme elas seriam normalmente realizadas por uma agência ou um profissional que presta serviços de modificação de comportamento.

Fase de triagem ou admissão

As interações iniciais entre um cliente e um profissional ou uma agência, como as entre Darren, seus pais e o Dr. Wahler na Clínica de Desenvolvimento Infantil Gatzert, constituem a *fase de admissão*. Durante essa fase, pode-se pedir ao cliente ou ao seu cuidador que preencha um *formulário de admissão*, o qual solicita informações básicas como nome, endereço, data de nascimento, entre outras. O formulário também pede que se declare o motivo para buscar os serviços daquela agência ou daquele profissional.

Uma das funções da fase de triagem é determinar se uma agência ou modificador de comportamento específico é apropriado para lidar com o comportamento do cliente em potencial (Hawkins, 1979). Uma segunda função é informar o cliente sobre as políticas e os procedimentos do profissional ou da agência em relação aos serviços oferecidos. Uma terceira função é identificar condições de crise, como abuso infantil ou risco de suicídio, que possam exigir uma intervenção imediata. Uma quarta função, em alguns casos, é reunir informações suficientes para diagnosticar o cliente de acordo com as categorias padronizadas de transtornos mentais. Clínicas, hospitais, escolas e outras agências podem exigir tais diagnósticos antes de oferecer o tratamento, e as empresas de planos de saúde frequentemente os exigem antes de cobrir o tratamento. Uma quinta função da fase de triagem é fornecer informações iniciais sobre quais comportamentos devem ser avaliados. Para realizar essa avaliação inicial, analistas comportamentais aplicados e terapeutas comportamentais utilizam as informações anteriores, além de outros dados – relatórios de professores, resultados de testes tradicionais e outros instrumentos de avaliação – para ajudar a identificar comportamentos específicos a serem tratados.

Fase de definição do comportamento-alvo

Como mencionado no Capítulo 1, comportamentos a serem melhorados em um programa de modificação de comportamento são chamados de *comportamentos-alvo*; eles são comportamentos específicos a serem diminuídos (*i. e.*, excessos comportamentais) ou aumentados (*i. e.*, déficits comportamentais). No caso de Darren, seu comportamento mandão (excesso comportamental) e seu comportamento cooperativo (déficit comportamental) foram definidos especificamente. Três dos muitos exemplos que aparecem em capítulos posteriores incluem aumentar o exercício diário de um adulto, diminuir o diálogo interno negativo de uma patinadora artística e aumentar a taxa de trabalho de um aluno da sétima série nas aulas de matemática. Os procedimentos de avaliação para identificar e descrever comportamentos-alvo são apresentados mais adiante neste capítulo.

Fase de avaliação pré-programa ou de linha de base

Assim como nas duas primeiras sessões no caso de Darren, durante a fase de *avaliação pré-programa* ou *de linha de base*, o analista comportamental aplicado ou o terapeuta comportamental avalia o comportamento-alvo para (a) determinar seu nível antes da introdução do tratamento e (b) analisar o ambiente atual do indivíduo para identificar possíveis variáveis de controle – ou, menos tecnicamente, "causas" do comportamento a ser alterado. As variáveis de controle são discutidas em detalhes mais adiante neste livro.

A necessidade de uma fase de avaliação de linha de base decorre da importância que analistas comportamentais aplicados e terapeutas comportamentais atribuem à medição direta do comportamento de interesse e ao uso das mudanças na medida como o melhor indicador de que o problema está sendo tratado. Se uma criança está tendo dificuldades na escola, por exemplo, o modificador de comportamento – provavelmente um analista comportamental aplicado – estaria especialmente interessado em obter uma linha de base de excessos (p. ex., comportamento disruptivo) ou déficits comportamentais específicos (p. ex., deficiência em leitura) que constituem o problema. Mais detalhes sobre as fontes de informação para a fase de linha de base são fornecidos mais adiante neste capítulo.

Quando o método de observação afeta os comportamentos que estão sendo observados, dizemos que a observação é *intrusiva*. Registrar observações de *maneira não intrusiva* significa que as observações não fazem com que os indivíduos observados se distanciem de seu comportamento típico. As observações não devem influenciar o comportamento que estamos observando. Você pode garantir que suas observações sejam não intrusivas de várias maneiras: (a) observando o comportamento por uma janela unidirecional, (b) observando os indivíduos discretamente a distância, (c) pedindo a um colaborador ou coobservador que faça observações enquanto trabalha lado a lado com um cliente em um ambiente de trabalho normal, (d) registrando o comportamento com uma câmera oculta e (e) avaliando produtos do comportamento do cliente. No entanto, qualquer pessoa que considere gravar o comportamento de outra pessoa deve consultar as diretrizes éticas de sua organização profissional e as leis aplicáveis relacionadas à privacidade e à confidencialidade (ver Capítulo 29).

Fase de tratamento

Após realizar uma avaliação precisa da linha de base, um analista comportamental aplicado ou terapeuta comportamental irá elaborar e implementar um programa, como no caso de Darren, para promover a mudança desejada no comportamento. Em contextos educacionais, tal programa é normalmente denominado *programa de treinamento* ou *de ensino*. Em contextos comunitários e clínicos, o programa é frequentemente chamado de *intervenção* ou *programa terapêutico*.

Programas de modificação de comportamento geralmente preveem observação e monitoramento frequentes do comportamento-alvo durante o treinamento ou tratamento, algo raro em outras abordagens. Além disso, analistas comportamentais aplicados e terapeutas comportamentais enfatizam fortemente a necessidade de alterar o programa se as medições indicarem que a mudança desejada no comportamento não está ocorrendo dentro de um período razoável.

Fase de acompanhamento

Por fim, uma *fase de acompanhamento* é conduzida para determinar se as melhorias alcançadas durante o tratamento serão mantidas após a conclusão do programa. Quando viável, essa fase consistirá em observações no ambiente natural – ou seja, em casa – ou quando e onde se espera que o comportamento ocorra.

Questões para aprendizagem

1. Defina avaliação comportamental.
2. Liste as cinco fases de um programa de modificação de comportamento.
3. Quais são as cinco funções da fase de admissão de um programa de modificação de comportamento?
4. O que significa o termo *comportamento-alvo*? Quais foram os comportamentos-alvo no caso de Darren?
5. Quais são as duas coisas que costumam ocorrer durante a fase de linha de base de um programa de modificação de comportamento?
6. Qual é a diferença entre observações intrusivas e não intrusivas?
7. Em que tipos de contextos os termos *programa de treinamento ou de ensino* e *estratégia de intervenção* ou *programa terapêutico* costumam ser usados?
8. Qual é o propósito da fase de acompanhamento de um programa de modificação de comportamento?

AVALIAÇÕES COMPORTAMENTAIS INDIRETAS, DIRETAS E EXPERIMENTAIS

Definir os comportamentos-alvo de maneira clara, completa e em termos mensuráveis é um pré-requisito importante para a elaboração e a implementação de programas de modificação de comportamento. Os procedimentos de avaliação comportamental para coletar informações para definir e monitorar comportamentos-alvo se dividem em três categorias: indiretos, diretos e experimentais.

Procedimentos de avaliação indireta

Em muitas situações nas quais um programa de modificação de comportamento pode ser aplicado, o modificador de comportamento pode observar diretamente o comportamento de interesse. No entanto, considere um terapeuta comportamental que atende clientes em seu consultório em horários agendados regularmente. Pode ser impraticável para o terapeuta observar regularmente os clientes nas situações em que os comportamentos-alvo ocorrem. Além disso, e se alguns de seus clientes quiserem mudar alguns de seus pensamentos e sentimentos que outros não podem observar? Como discutido nos Capítulos 17 e 26, analistas comportamentais aplicados e terapeutas comportamentais consideram pensamentos e sentimentos como comportamentos encobertos (para exceções, ver Baum, 2012; Rachlin, 2011; para contra-argumentos aos seus pontos de vista, ver Schlinger, 2011). Para tais comportamentos-alvo, os analistas comportamentais aplicados e terapeutas comportamentais utilizam *procedimentos de avaliação indireta* – avaliações nas quais o modificador de comportamento ou um observador treinado não observa diretamente o comportamento-alvo quando e onde ele geralmente ocorre. Os procedimentos indiretos mais comuns são entrevistas com o cliente e com seus entes queridos, questionários, *role-playing* (ou dramatização) e automonitoramento pelo cliente. Os procedimentos de avaliação indireta têm as vantagens de serem convenientes, não exigirem um tempo excessivo e poderem fornecer informações sobre comportamentos encobertos.

No entanto, eles apresentam desvantagens, pois aqueles que fornecem as informações podem não se lembrar com precisão das observações relevantes ou ter vieses que poderiam influenciar o fornecimento de dados imprecisos.

Entrevistas com o cliente e seus entes queridos

Durante as entrevistas iniciais com o cliente e seus entes queridos – cônjuges, pais ou outras pessoas diretamente preocupadas com o bem-estar do cliente –, analistas comportamentais aplicados, terapeutas comportamentais e terapeutas tradicionais geralmente utilizam técnicas semelhantes, como estabelecer um bom vínculo (ou *rapport*), ser um "bom ouvinte", fazer perguntas abertas, solicitar esclarecimentos e reconhecer a validade dos sentimentos e dos problemas do cliente.

Estabelecer um bom vínculo e ser um bom ouvinte são partes importantes da expressão de compaixão e demonstração de cuidado compassivo em relação ao cliente e seus entes queridos, além de serem técnicas reconhecidas como extremamente importantes em todas as fases de um programa de modificação de comportamento (p. ex., Taylor *et al.*, 2019). Essas técnicas não são importantes apenas por razões éticas (ver Capítulo 29), mas também podem afetar fortemente o resultado do tratamento. Como afirmaram Taylor *et al.* (2019):

> A incapacidade de um analista comportamental de praticar habilidades relacionais essenciais pode ter efeitos prejudiciais no tratamento, incluindo a falta de apoio e implementação do programa pelos clientes, solicitações de realocação ou substituição de membros da equipe de tratamento, ou a desistência total do tratamento analítico-comportamental (p. 653).

Além de demonstrar cuidado compassivo em relação ao cliente e aos seus entes queridos, o modificador de comportamento tentará obter informações úteis para identificar o comportamento-alvo e as variáveis que atualmente o controlam (Spiegler, 2015). A Tabela 3.1 mostra os tipos de perguntas que analistas comportamentais geralmente fazem na entrevista inicial.

Tabela 3.1 Exemplos de perguntas que um analista comportamental aplicado ou um terapeuta comportamental geralmente faz durante uma entrevista de admissão.

1. Qual parece ser o problema?
2. Você pode descrever o que normalmente diz ou faz quando passa pelo problema?
3. Com que frequência o problema ocorre?
4. Há quanto tempo o problema está ocorrendo?
5. Em quais situações o problema geralmente ocorre? Em outras palavras, o que o desencadeia?
6. O que tende a ocorrer imediatamente após você passar pelo problema?
7. O que você normalmente está pensando e sentindo quando o problema ocorre?
8. Como você tentou lidar com o problema até agora?

Questionários

Um questionário bem elaborado fornece informações que podem ser úteis na avaliação do problema de um cliente e no desenvolvimento de um programa comportamental adaptado às necessidades dele ou dela. Existe uma grande quantidade de questionários disponíveis. Muitos deles, incluindo questionários para casais, famílias, crianças e adultos, podem ser encontrados em um compêndio de dois volumes compilado por Fischer *et al.* (2020a,b). Vários tipos de questionários são populares entre analistas comportamentais aplicados e terapeutas comportamentais.

Os *questionários de história de vida* fornecem dados demográficos, como estado civil, situação vocacional e outros dados de base, como histórico sexual, de saúde e educacional. Um exemplo notável é o *Inventário Multimodal de História de Vida* (Lazarus e Lazarus, 2005).

As *listas de verificação autorrelatadas de problemas* fazem com que o cliente indique, a partir de uma lista detalhada, quais problemas se aplicam a ele ou ela. Esses questionários são particularmente úteis para ajudar o terapeuta a especificar completamente o problema ou os problemas para os quais o cliente está buscando terapia.

Um exemplo de uma lista de verificação comportamental autorrelatada é aquela desenvolvida por Martin e Thomson (2010) para ajudar jovens patinadores a identificar problemas durante os treinos que possam necessitar de consulta em psicologia do esporte (Figura 3.1). Asher *et al.* (2010) desenvolveram uma série de listas de verificação para o trabalho clínico com crianças e adolescentes que enfrentam uma ampla gama de diagnósticos, incluindo transtorno do déficit de atenção e hiperatividade (TDAH) e transtornos do humor.

Nome________________ **Data**________________

Você diria que precisa de ajuda ou precisa melhorar:	**Marque aqui se não tiver certeza**	**Definitivamente não**		**Até certo ponto**		**Definitivamente sim**
Com relação aos treinos de patinação livre, para:						
1. Definir metas específicas para cada treino?	________	1	2	3	4	5
2. Chegar a cada treino totalmente comprometido(a) em fazer o seu melhor?	________	1	2	3	4	5
3. Fazer alongamentos e aquecimentos consistentes antes de pisar no gelo no treino?	________	1	2	3	4	5
4. Ter mais foco ao fazer seus saltos e giros? (Responda "sim" se você costuma fazer os saltos ou giros de forma aleatória, sem tentar fazer o seu melhor.)	________	1	2	3	4	5
5. Manter-se positivo e não desanimar quando estiver em um treino ruim?	________	1	2	3	4	5
6. Aproveitar melhor o tempo total do treino?	________	1	2	3	4	5
7. Superar o medo de fazer saltos difíceis?	________	1	2	3	4	5
8. Melhorar a consistência dos saltos que você já consegue acertar?	________	1	2	3	4	5
9. Sentir-se mais confiante sobre sua habilidade de fazer saltos difíceis?	________	1	2	3	4	5
10. Não se preocupar com o que os outros patinadores estão fazendo?	________	1	2	3	4	5
11. Descobrir como monitorar o progresso em um novo salto que você está aprendendo, para não desanimar quando o progresso parecer lento?	________	1	2	3	4	5
12. Fazer mais execuções completas do programa (em que você tenta tudo no seu programa)?	________	1	2	3	4	5
13. Acompanhar sua % de aterrissagens durante as execuções do programa?	________	1	2	3	4	5
14. Fazer melhor uso do *feedback* em vídeo ao aprender um novo salto?	________	1	2	3	4	5
15. Esforçar-se mais no impulso, para melhorar a forma?	________	1	2	3	4	5
16. Manter um registro escrito do seu progresso em relação ao cumprimento de sua meta?	________	1	2	3	4	5

Figura 3.1 Um questionário para avaliar áreas que precisam de ajuda durante um programa sazonal de psicologia do esporte para patinadores artísticos. (Fonte: reproduzida, com autorização, de Martin e Thomson, 2010.)

Os *cronogramas de pesquisa* fornecem ao terapeuta as informações necessárias para conduzir uma técnica terapêutica específica com o cliente. O questionário mostrado na Tabela 6.2, no Capítulo 6, traz informações úteis para a aplicação de procedimentos de reforçamento positivo. Outros tipos de cronogramas de pesquisa são elaborados para fornecer informações preparatórias para o uso de outros procedimentos comportamentais (para exemplos, ver Asher *et al.*, 2010).

Listas de verificação comportamentais ou *escalas de avaliação por terceiros* permitem que os entes queridos do cliente e profissionais avaliem subjetivamente a frequência e a qualidade de certos comportamentos do cliente. Um exemplo de tal lista de verificação é o *Discrete-Trials Teaching Evaluation Form* (Fazzio *et al.*, 2010), que pode ser usado para avaliar de forma confiável a qualidade das sessões de treinamento individualizadas conduzidas por um modificador de comportamento com uma criança com transtorno do espectro autista (Jeanson *et al.*, 2010).

É importante observar que o termo *frequência de comportamento* pode ser usado para se referir a duas coisas relacionadas, mas diferentes. Pode se referir ao número de ocorrências de um comportamento, como no exemplo anterior. Também pode referir-se ao número de ocorrências de um comportamento em determinado período, ou *taxa*, conforme indicado no Capítulo 1, em que usamos *frequência* como sinônimo de *taxa*, a menos que indicado de outra maneira (para uma discussão mais aprofundada sobre a distinção entre os termos *frequência* e *taxa* na modificação de comportamento, ver Carr *et al.*, 2018; Merbitz *et al.*, 2016.)

Role-playing

Se não for viável para o terapeuta observar o cliente na situação real em que o problema ocorre, uma alternativa é recriar essa situação ou certos aspectos cruciais dela no consultório do terapeuta. Esse é, essencialmente, o raciocínio por trás do *role-playing (ou dramatização)* – o cliente e o terapeuta encenam interações pessoais relacionadas com o problema do cliente (descrito no Capítulo 20). Por exemplo, o cliente pode encenar uma entrevista de emprego, com o terapeuta desempenhando o papel de entrevistador. O *role-playing* é frequentemente usado tanto na avaliação de um problema quanto em seu tratamento (discutido mais detalhadamente nos Capítulos 20, 23 e 26; ver também Spiegler, 2015).

Automonitoramento do cliente

O automonitoramento – a observação direta pelo cliente de seu próprio comportamento – é o segundo melhor recurso depois da observação direta do terapeuta. Mencionamos esse recurso na categoria dos procedimentos de avaliação indireta porque o terapeuta não observa o comportamento diretamente. Assim, como com outros procedimentos de avaliação indireta, a confiança do terapeuta nas observações de automonitoramento do cliente será limitada.

Exceto pelo comportamento encoberto, os comportamentos que podem ser automonitorados são os mesmos que um observador treinado observaria. Eles são descritos mais adiante neste capítulo. O automonitoramento também pode ajudar a descobrir as causas do comportamento problemático, como discutido no Capítulo 22. Outros exemplos de automonitoramento são fornecidos no Capítulo 25.

Procedimentos de avaliação direta

Os *procedimentos de avaliação direta* são avaliações nas quais o modificador de comportamento ou um observador treinado observa diretamente e registra os comportamentos-alvo nos ambientes reais em que o comportamento ocorre. Na maioria dos casos iniciais dos Capítulos 3 a 25, o comportamento-alvo era observável por outras pessoas. A principal vantagem dos procedimentos de avaliação direta é que eles são mais precisos do que os de avaliação indireta, razão pela qual os analistas comportamentais aplicados preferem usar procedimentos de avaliação direta sempre que possível. As desvantagens dos procedimentos de avaliação direta são que eles são demorados, requerem que os observadores sejam adequadamente treinados e não podem ser usados para monitorar comportamentos encobertos. Os procedimentos de avaliação direta são discutidos em detalhes mais adiante neste capítulo.

Procedimentos de avaliação experimental

Os procedimentos de avaliação experimental são utilizados para revelar claramente as causas ambientais do comportamento problemático, com o objetivo de reduzir ou eliminar essas causas. Esses procedimentos são discutidos em detalhes no Capítulo 22.

Questões para aprendizagem

9. Qual é o pré-requisito para a elaboração e a implementação de um programa de modificação de comportamento?
10. O que significa cuidado compassivo em um programa de modificação de comportamento? Quais podem ser as consequências da incapacidade de um modificador de comportamento em demonstrar preocupação compassiva pelos clientes e seus entes queridos?
11. Faça uma breve distinção entre os procedimentos de avaliação direta e indireta.
12. Descreva duas circunstâncias que podem levar ao uso de procedimentos de avaliação indireta.
13. Descreva brevemente as vantagens e desvantagens dos procedimentos de avaliação indireta.
14. Liste os cinco tipos principais de procedimentos de avaliação indireta.
15. Liste e descreva brevemente quatro tipos de questionários usados em avaliações comportamentais.
16. Descreva brevemente a principal vantagem e as três desvantagens dos procedimentos de avaliação direta.

CARACTERÍSTICAS DO COMPORTAMENTO PARA AVALIAÇÃO DIRETA

Suponha que você tenha escolhido um comportamento específico para modificar. Como medir, avaliar ou analisar diretamente esse comportamento? Conforme mencionado anteriormente, os analistas comportamentais aplicados preferem avaliações diretas em relação às indiretas. Na medição direta do comportamento, devem ser consideradas sete características: topografia, frequência, duração, intensidade, controle de estímulo, latência e qualidade.

Topografia do comportamento

A **topografia** de uma resposta refere-se aos movimentos específicos envolvidos em sua execução. Por exemplo, Stokes, Luiselli e Reed (2010) analisaram os movimentos de uma interceptação eficaz no futebol americano de ensino médio como 10 componentes distintos (p. ex., erguer a cabeça, envolver os braços ao redor das coxas do portador da bola etc.).

As instruções ilustradas às vezes são úteis para ajudar os observadores a identificarem variações na topografia de uma resposta. Um dos autores desenvolveu listas de verificação detalhadas com instruções ilustradas para avaliar as braçadas de jovens nadadores competidores. Veja a lista de verificação para as braçadas no nado de costas na Figura 3.2.

Frequência do comportamento

A **frequência do comportamento** refere-se ao número de ocorrências de um comportamento que ocorrem em determinado período. Esse foi o método adotado por Michelle Hume, uma treinadora de patinação artística no St. Anne's Figure Skating Club em Manitoba (Hume *et al.*, 1985). A treinadora Hume primeiro definiu saltos e giros, de maneira que os alunos observadores pudessem decidir quando cada um desses comportamentos ocorria. Um *salto* foi definido como qualquer ocasião em que um patinador saltava no ar de modo que ambos os patins saíssem do gelo, com um mínimo de uma rotação completa no ar, e o patinador pousasse em um pé, voltado na direção oposta sem cair. Um *giro* foi definido como girar em um patim por um mínimo de três rotações, enquanto mantinha uma posição equilibrada e estacionária. Quando os observadores sabiam o que procurar, o próximo passo da treinadora Hume foi estabelecer uma linha de base do número de saltos e giros que cada patinador realizava durante vários treinos. Os observadores usaram a planilha de dados mostrada na Figura 3.3.

O desempenho da linha de base de um dos patinadores pode ser visto na Figura 3.4. Esse tipo de gráfico é chamado de *gráfico de frequência*. Cada ponto de dado representa o número total de elementos (saltos mais giros) completados por um patinador durante uma sessão de treino. Após a linha de base, a treinadora Hume introduziu um programa de tratamento. Um gráfico preparado para cada patinador continha uma lista de todos os saltos e giros que ele ou ela deveria treinar. Esses gráficos foram colocados ao lado da pista de patinação. Apontando para os gráficos, a treinadora Hume disse aos patinadores:

> Em cada sessão de treino, faça os três primeiros elementos do seu gráfico e depois registre-os aqui. Em seguida, treine os próximos três elementos e registre-os. Continue dessa forma até ter treinado todos os elementos. Depois repasse por toda a sequência até o final do treino. No final do treino, vou verificar seus gráficos para ver como vocês estão indo.

O programa de autorregistro combinado com o *feedback* positivo da treinadora Hume no final de cada treino foi eficaz na melhoria do número de saltos e giros realizados (ver Figura 3.4). Curiosamente, quando o programa foi

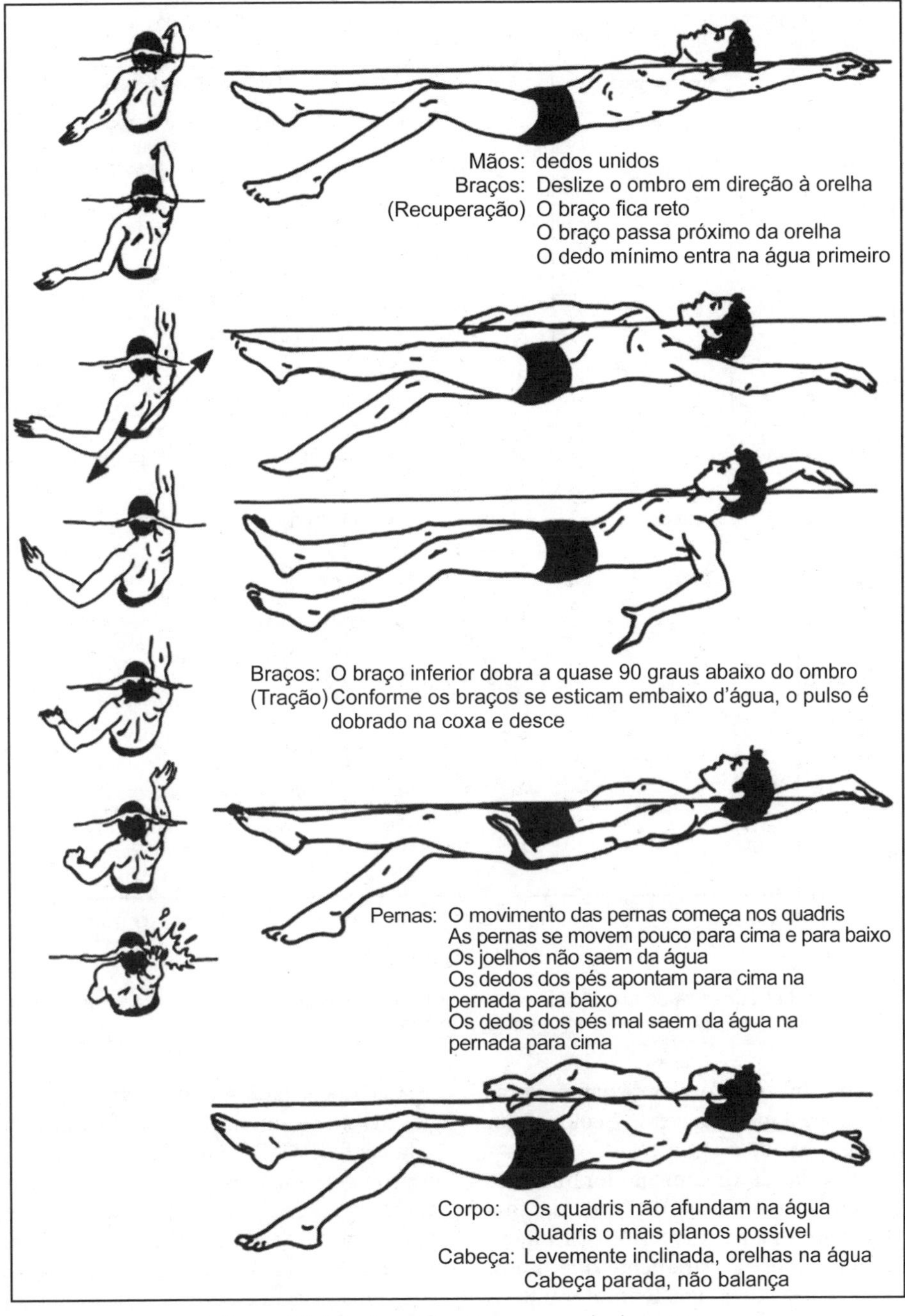

Figura 3.2 Lista de verificação para o nado de costas.

interrompido, o desempenho caiu para níveis próximos da linha de base. Quando o programa foi restabelecido, o desempenho melhorou novamente.

Às vezes, é conveniente elaborar uma folha de registro que também sirva como um gráfico final. Considere o caso de uma criança que frequentemente xingava a professora e as auxiliares na sala de aula. A professora decidiu registrar esse comportamento usando o gráfico mostrado na Figura 3.5. Cada vez que a professora ou as auxiliares observavam uma

Data: 3 de janeiro — Observador: Bill K.

Aluno: Kathy

Observação

	Ocorrências	Total	Tempo	Comentários adicionais
Saltos:	~~IIII~~ ~~IIII~~ ~~IIII~~ ~~IIII~~ ~~IIII~~ ~~IIII~~ ~~IIII~~ ~~II~~	35	25 min	Kathy passou 5 minutos conversando com outros patinadores
Giros:	~~IIII~~ ~~IIII~~ ~~IIII~~	15	20 min	

Figura 3.3 Uma planilha de dados de amostra para registrar saltos e giros em treinos de patinação artística.

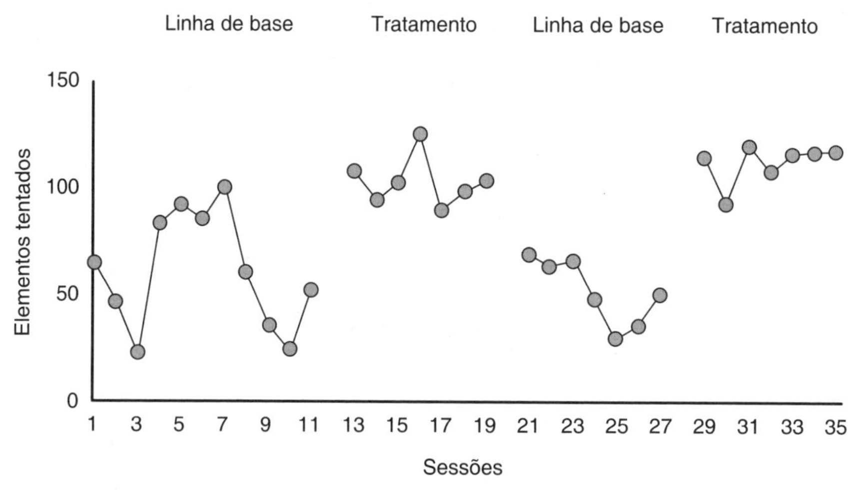

Figura 3.4 Gráfico de frequência do número de elementos (saltos e giros) por sessão realizados por um patinador artístico durante a linha de base e o tratamento (autorregistro).

ocorrência de xingamento, elas deviam ignorar a criança e ir até a mesa da frente e colocar um x no lugar apropriado no gráfico.

As ocorrências de xingamento foram registradas ao lado do gráfico, e os dias do programa foram registrados na parte inferior (ver Figura 3.5). O gráfico mostra claramente que houve muitas ocorrências de xingamento durante os primeiros 10 dias. A partir do dia 11, a professora ou a auxiliar decidiu elogiar a criança no final de cada período de 15 minutos em que não ocorresse xingamento. O resultado pode ser visto claramente: o xingamento mostrou uma queda imediata e, por fim, diminuiu para zero. Esse tipo de gráfico é útil para aqueles que não têm tempo para transferir seus dados da planilha de dados para um gráfico.

Cada ocorrência de um comportamento registrada em termos de frequência, como saltar ou girar conforme foi definido para os patinadores, é um comportamento separado e individualmente distinto que é fácil de contabilizar em determinado período. Os modificadores de comportamento registram a frequência de comportamentos como dizer uma palavra específica, xingar, lançar objetos, completar problemas de aritmética, mastigar porções de comida, dar tragos em um cigarro e manifestar espasmos nervosos.

Cada um desses comportamentos tem as seguintes duas características que tornam suas ocorrências sucessivas relativamente fáceis de registrar: (1) são relativamente breves e (2) o tempo necessário para realizá-los é aproximadamente o mesmo de uma ocasião para a outra.

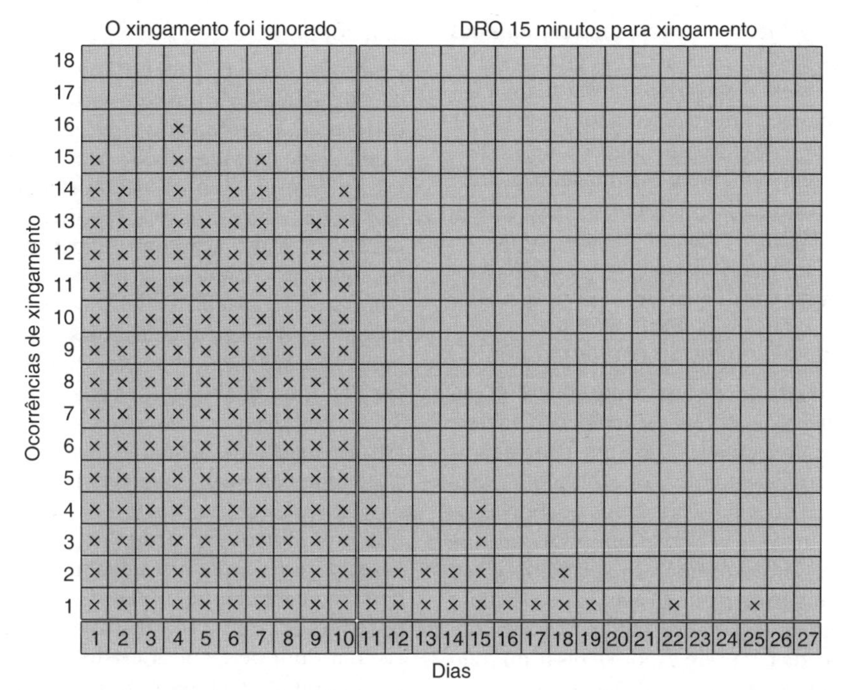

Figura 3.5 Comportamento de xingar de Jackie. Cada x representa um palavrão. DRO: reforço diferencial de outros comportamentos (do inglês, *differential reinforcement of other behaviours*).

Duração do comportamento

Enquanto a frequência é a medida mais comum da quantidade de um dado comportamento, outra medida comum é sua duração. A **duração do comportamento** é o período desde o início até o fim de um episódio de comportamento. Ao lidar com um comportamento como um ataque de birra, você pode estar mais preocupado com sua duração do que com sua frequência. De fato, a frequência pode ser ambígua quando se tenta aplicá-la a algo como ataques de birra (Pear, 2004). O que deve ser contado como uma resposta separada? Cada choro, grito ou chute no chão? Ou devemos contar cada episódio de um ataque de birra como uma resposta separada? Como costuma ser difícil responder a essas perguntas, geralmente podemos evitá-las se focarmos na duração do comportamento. Outros exemplos de comportamentos para os quais a duração pode ser mais apropriada do que a frequência são ouvir atentamente, sentar-se no lugar certo em uma sala de aula, assistir à televisão, falar ao telefone e fazer uma pausa. A duração do comportamento é medida usando-se cronômetros, relógios ou temporizadores.

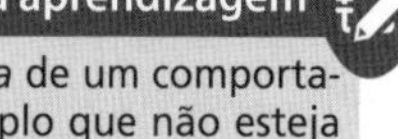

17. O que significa a *topografia* de um comportamento? Descreva um exemplo que não esteja neste capítulo.
18. O que significa a *frequência* do comportamento? Descreva um exemplo que não esteja neste capítulo.
19. O que foi marcado no eixo vertical e no eixo horizontal do gráfico de frequência de um patinador artístico?
20. Quais são duas medidas comuns da quantidade de um comportamento?
21. O que queremos dizer com *duração* de um comportamento? Dê um exemplo em que a duração pode ser mais apropriada do que a frequência e explique.

Intensidade do comportamento

Às vezes, estamos preocupados em medir a **intensidade**, a **magnitude** ou a **força de uma resposta**. As avaliações de intensidade frequentemente utilizam instrumentos. Por exemplo, quando o comportamento de interesse é a intensidade da voz, o nível de decibéis pode ser medido por um dispositivo chamado *decibelímetro* ou *sonômetro*. Para medir a força do aperto de mão – como durante um cumprimento –, pode-se usar um dispositivo chamado *dinamômetro*. Medidas de força são comuns nas habilidades envolvidas em vários esportes. Por exemplo, existem dispositivos que avaliam a velocidade com que um arremessador pode lançar uma bola de beisebol, um jogador de hóquei pode bater em um disco, ou um tenista pode executar um saque (p. ex., Robinson e Robinson, 2016). A velocidade de um objeto, conforme determinada por tais dispositivos, é usada para deduzir a força com a qual ele foi impulsionado.

Controle de estímulos do comportamento

O termo **controle de estímulo** refere-se ao grau de correlação entre a ocorrência de determinado evento e uma resposta que ocorre rapidamente após esse evento. Por exemplo, se você sempre para em sinais vermelhos quando atravessa cruzamentos, então há um bom controle de estímulo entre o semáforo vermelho e seu comportamento de parar. O evento ou estímulo nesse exemplo é o sinal vermelho, e a resposta correlacionada com esse evento é pisar no freio para parar o carro.

Programas de modificação de comportamento voltados ao desenvolvimento de habilidades pré-verbais e verbais de um cliente com deficiências intelectuais costumam ser precedidos por avaliações comportamentais do controle de estímulo do comportamento verbal do cliente. Por exemplo, em muitos programas de treinamento, a medida crítica do comportamento é se o cliente identifica de forma correta algumas imagens ou palavras impressas (ver Verbeke *et al.*, 2007). Em tais casos, diz-se que a resposta de identificação do cliente é controlada pelo estímulo que ele ou ela está identificando. Nesse caso, qualquer teste no qual uma pessoa responde a perguntas também é um teste do controle de estímulo do comportamento.

Latência do comportamento

A **latência de um comportamento**, muitas vezes chamada de tempo de reação, é o tempo entre a ocorrência de um evento ou sinal específico e o início desse comportamento. Por exemplo, digamos que uma criança em uma sala de aula trabalhe de forma eficaz uma vez que comece, mas pareça demorar muito para começar. Essa criança tem uma latência demorada para começar. Assim como a duração, a latência é avaliada usando cronômetros, relógios ou temporizadores.

Qualidade do comportamento

Com frequência, encontramos preocupação com a qualidade de um comportamento na vida cotidiana. Os professores conseguem descrever a qualidade da caligrafia de uma criança como boa, média ou ruim. Em esportes que envolvem julgamento – ou seja, esportes nos quais é necessária a avaliação ou o julgamento humano sobre a ocorrência da resposta desejada –, como saltos específicos de uma plataforma de mergulho, movimentos de ginástica e saltos na patinação artística, os atletas recebem pontos com base na qualidade de seus desempenhos. Todos nós fazemos resoluções para realizar várias atividades de maneira "melhor". Contudo, qualidade não é uma característica adicional às mencionadas anteriormente; mais precisamente, é um refinamento de uma ou mais delas. Às vezes, as diferenças nos julgamentos de qualidade são baseadas na topografia, como quando um salto de patinação artística em que se aterrissa em um pé é considerado melhor do que um em que se aterrissa em dois pés. Às vezes, é uma combinação de frequência e controle de estímulo.

Por exemplo, alguém que é considerado um bom aluno tende a mostrar uma alta frequência de estudos e respostas corretas nas provas. Uma criança que dizem ser "boa" demonstra uma alta frequência de obediência às instruções dos pais e professores. Em termos de latência, pode-se considerar que um corredor que sai dos blocos muito rapidamente após o disparo da pistola de largada tenha um "bom" início, ao passo que um corredor que mostra uma latência maior tem um início "ruim". Assim, a qualidade da resposta é essencialmente uma designação arbitrária – e, muitas vezes, subjetiva – de uma ou mais das características

Questões para aprendizagem

22. Qual é outra palavra para a *intensidade* de uma resposta? Descreva um exemplo em que seria importante medir a intensidade do comportamento.
23. Defina *controle de estímulo*. Dê um exemplo que não esteja neste capítulo.
24. O que queremos dizer com *latência* de uma resposta? Descreva um exemplo que não esteja neste capítulo.
25. Usando um exemplo, explique como a qualidade de um comportamento é um refinamento de uma ou mais das outras dimensões do comportamento.

previamente mencionadas do comportamento que tem valor funcional ou social. Um objetivo importante da análise do comportamento é tornar as medidas de comportamento mais objetivas, já que a eficácia dos procedimentos de modificação do comportamento depende da especificação precisa do comportamento a ser tratado.

ESTRATÉGIAS PARA REGISTRO DO COMPORTAMENTO

Pode-se tentar observar e registrar qualquer comportamento-alvo sempre que ele ocorrer. Na maioria dos casos, a menos que se esteja usando dispositivos de registro automatizados, como mencionado anteriormente, isso é simplesmente impraticável. Uma alternativa mais prática é designar um período específico para observar e registrar o comportamento. Claro, o período em que as observações podem ser feitas deve ser escolhido porque é muito provável que o comportamento ocorra ou é de particular interesse durante esse período, como uma sessão de treinamento, uma refeição ou um recreio. As três técnicas básicas para registrar o comportamento durante um período de observação específico são o registro contínuo, o registro por intervalos e o registro por amostragem de tempo.

O **registro contínuo** ou **de frequência de eventos** é o registro de cada ocorrência de um comportamento durante um período de observação estipulado. Costuma-se usar um sistema de registro contínuo quando as respostas sucessivas são bastante semelhantes em duração, como a quantidade de cigarros fumados, o número de vezes em que uma criança beliscou outra ou a frequência com que alguém diz "sabe". Mas e se as respostas sucessivas tiverem durações variáveis, como o tempo gasto em redes sociais ou comportamento não relacionado às tarefas em uma sala de aula? Nesses casos, o registro por intervalos costuma ser usado.

O **registro por intervalos** contabiliza o comportamento-alvo como ocorrido ou não ocorrido durante intervalos curtos de duração igual – por exemplo, intervalos de 10 segundos – durante o período de observação especificado, como 30 minutos. Existem dois tipos de procedimento de registro por intervalos: o registro por intervalo parcial e o registro por intervalo integral. O *registro por intervalo parcial* registra o comportamento-alvo no máximo uma vez por intervalo, não importando quantas vezes o comportamento ocorre durante cada intervalo e não importando a duração do comportamento. Um observador pode usar um dispositivo que emite um sinal audível, como um bipe, para indicar o fim de um intervalo e o início do próximo. Esses dispositivos são chamados de *cronômetro de repetição*. Aplicativos para *smartphones*, *tablets* ou outros dispositivos móveis portáteis podem fornecer essa função.

Suponha que dois comportamentos preocupantes de uma criança na pré-escola sejam o toque inadequado e frequente em outras crianças e vocalizações altas. Ambos os comportamentos devem ser registrados de maneira independente. Para cada comportamento, se houver uma ocorrência uma vez durante um intervalo de 10 segundos, uma marca é feita na planilha de dados (para uma amostra da planilha de dados, ver Figura 3.6). Se acontecerem várias ocorrências do comportamento durante um

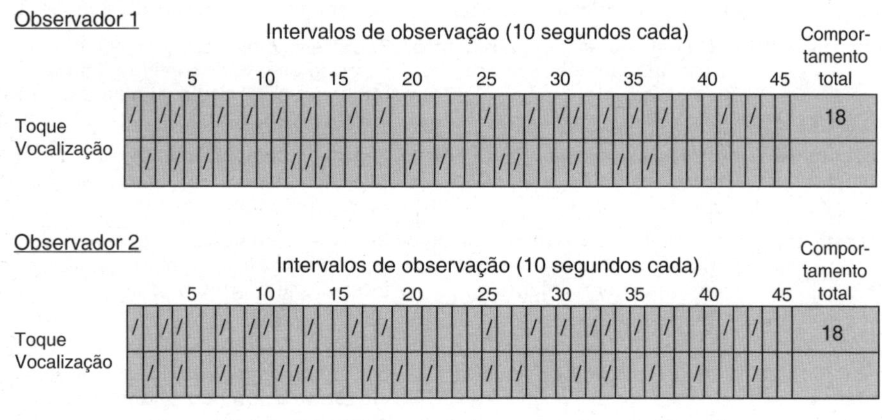

Figura 3.6 Amostra de folha de dados para registro de intervalo.

intervalo de 10 segundos, o observador ainda faz apenas uma marca. Assim que o bipe soar, indicando o início do próximo intervalo de 10 segundos, o comportamento é registrado nesse intervalo caso ocorra antes do início do próximo intervalo.

O *registro por intervalo integral* denota o comportamento-alvo como ocorrido durante um intervalo somente se o comportamento persistir durante todo o intervalo. Esse tipo de registro por intervalos é menos comumente utilizado do que o registro por intervalo parcial. O comportamento registrado com qualquer um dos procedimentos de registro por intervalos costuma ser representado graficamente em termos da porcentagem de intervalos de observação em que o comportamento é registrado como ocorrido.

O **registro por amostragem de tempo** pontua um comportamento como ocorrido ou não ocorrido durante intervalos de observação muito breves, que são separados por um período muito mais longo. Por exemplo, um pai de uma criança em idade pré-escolar pode estar preocupado com a frequência do comportamento de autoestimulação da criança, como se balançar para a frente e para trás enquanto está sentada. Pode ser útil ter registros de quando esse comportamento ocorre e por quanto tempo ocorre durante as horas de vigília da criança, mas isso geralmente não é viável. Uma alternativa é o pai procurar a criança uma vez a cada hora e anotar se ela está se balançando para a frente e para trás enquanto está sentada durante um intervalo de observação de 15 segundos. Cada intervalo de observação é separado do próximo por aproximadamente 1 hora. Esse tipo de técnica de observação permite que um observador registre um ou mais comportamentos de um ou mais indivíduos, mesmo que o observador tenha muitos outros compromissos durante o dia. Um caso especial de amostragem de tempo é chamado *amostragem de tempo momentânea*, na qual um comportamento é registrado como ocorrido ou não ocorrido em pontos específicos no tempo, como a cada hora em ponto, em vez de durante intervalos breves específicos (McIver *et al.*, 2009). Para uma comparação entre amostragem de tempo momentânea e registro por intervalo parcial, ver Meany-Daboul *et al.*, 2007. A Tabela 3.2 resume as várias estratégias de registro discutidas anteriormente.

Questões para aprendizagem

26. Defina *registro contínuo*. Descreva um exemplo que não esteja neste capítulo.
27. Defina *registro por intervalo*. Distinga entre registro por intervalo parcial e registro por intervalo integral.
28. Quando alguém provavelmente optaria pelo registro contínuo?
29. Quando alguém provavelmente optaria por um sistema de registro por intervalo, em vez do registro contínuo?
30. Defina *registro por amostragem de tempo*. Descreva um exemplo que não esteja neste capítulo.
31. Descreva brevemente o registro por amostragem de tempo momentânea.

Tabela 3.2 Resumo dos tipos de estratégia de registro.

Tipo	Intervalos de observação	Critérios para registro
Contínuo	Igual ao período de observação	Registre cada ocorrência do comportamento
Intervalo parcial	Curto e de durações iguais dentro de um período de observação	Registre o comportamento como tendo ocorrido uma vez e somente uma vez em um intervalo se ocorreu pelo menos uma vez durante o intervalo
Intervalo integral	Curto e de durações iguais dentro de um período de observação	Registre o comportamento como tendo ocorrido uma vez em um intervalo se ocorreu ao longo de todo esse intervalo
Amostragem de tempo	Um intervalo curto dentro de um período de observação muito maior (que normalmente é repetido)	Registre o comportamento como tendo ocorrido uma vez e somente uma vez em um intervalo se ocorreu pelo menos uma vez durante o intervalo
Amostragem de tempo momentânea	Intervalo de observação reduzido a um único ponto no tempo	Registre o comportamento como tendo ocorrido durante o período de observação se ele estava ocorrendo em um ponto designado no tempo

ESTRATÉGIAS DE TEMPO MÍNIMO PARA MEDIR A QUANTIDADE DE COMPORTAMENTO

Em muitas situações, um observador não tem tempo ou auxiliares suficientes para coletar dados usando papel e lápis. Felizmente, outras maneiras de medir a quantidade de comportamento requerem pouco tempo. Um método simples de registro de frequência é transferir um pequeno item, como um feijão, de um bolso para outro cada vez que o comportamento ocorre e, então, contar o número desses itens que acabam no segundo bolso no final da sessão. Outro método simples é usar um *contador estatístico* ou *contador analógico*. Com esses contadores, você pode fazer uma contagem apenas apertando um botão para cada ocorrência do comportamento.

Para aqueles interessados em aplicativos de alta tecnologia, é possível usar dispositivos móveis, como *smartphones* e *tablets*, com aplicativos apropriados (*i. e.*, aplicativos de *software*), para registrar ou ajudar a registrar uma série de comportamentos diferentes. Esses dispositivos podem registrar (a) mais de um comportamento, (b) o comportamento de mais de um indivíduo, (c) os horários de cada ocorrência dos comportamentos e (d) a localização de cada ocorrência dos comportamentos.

Os rastreadores de atividade vestíveis, que funcionam sozinhos ou podem transferir dados para *smartphones* automaticamente, registram a atividade física, como o número de passos dados (Hendrikx *et al.*, 2017; Loprinzi e Cardinal, 2011; Mercer *et al.*, 2016; Rye Hanton *et al.*, 2017; Schrager *et al.*, 2017). Foram desenvolvidos aplicativos para celular para autorregistro da ingestão dietética por indivíduos que desejam perder peso (Carter *et al.*, 2017; Tay *et al.*, 2017), para automonitoramento dos níveis de glicose no sangue por indivíduos com diabetes (Bonoto *et al.*, 2017), para automonitoramento de outras atividades fisiológicas, como ondas cerebrais, função cardiovascular e respiração, para indivíduos que sofrem de estresse de difícil manejo (Christmann *et al.*, 2017) e para autorregistro da adesão a prescrições médicas (Bain *et al.*, 2017).

AVALIAÇÃO DA PRECISÃO DAS OBSERVAÇÕES

Hawkins e Dotson (1975) identificaram três categorias de erro que podem afetar a precisão das observações. Primeiro, a *definição da resposta* pode ser vaga, subjetiva ou incompleta, fazendo o observador ter dificuldades para realizar observações precisas. Segundo, na *situação de observação*, pode ser difícil detectar o comportamento devido a distrações ou porque o comportamento é muito sutil ou complexo para ser observado com precisão. Terceiro, o *observador* pode estar mal treinado, desmotivado ou ter algum viés. Outras duas categorias possíveis de erro são *planilhas de dados* mal elaboradas e *procedimentos de registro* complicados. Kazdin (2021) detalhou cinco fontes de viés que podem influenciar um observador: reatividade, desvio do observador, expectativa do observador, *feedback* e complexidade. A *reatividade* refere-se ao fato de que os observadores tendem a ser menos precisos se não souberem que estão sendo monitorados. O *desvio do observador* é a tendência de a definição do comportamento-alvo feita pelo observador gradualmente se afastar da definição originalmente fornecida a ele. A *expectativa do observador* refere-se à tendência de as observações mostrarem de forma imprecisa uma melhora no comportamento-alvo em função da expectativa do observador de que o comportamento irá melhorar. O *feedback* refere-se à tendência de as observações serem influenciadas por *feedback* positivo ou negativo inadvertidamente fornecido ao observador por seu supervisor. Por fim, a *complexidade* refere-se à tendência de as observações serem menos precisas se a definição da resposta-alvo tiver muitas partes ou se o observador tiver de observar múltiplos comportamentos ao mesmo tempo.

Como qualquer uma ou uma combinação das categorias e fontes de erro apresentadas pode estar presente em qualquer programa de modificação comportamental, os modificadores de comportamento frequentemente conduzem estimativas de **concordância interobservadores (CIO)**, também chamadas estimativas de **confiabilidade interobservadores**. Dois observadores independentes podem registrar observações do mesmo comportamento do mesmo indivíduo durante uma sessão específica. Os observadores tomam cuidado para não influenciar ou sinalizar um ao outro enquanto registram. A questão é: considerando seus melhores esforços de usar as definições de comportamento e os procedimentos de registro disponíveis e considerando seu treinamento, qual será a diferença entre suas pontuações? Vários procedimentos de CIO podem avaliar isso, mas dois são mais comumente usados do que os outros. Para ilustrar um procedimento comum de CIO, retornemos ao exemplo do observador que registra o número de elementos – saltos mais giros – de patinadores artísticos. Esse escore de CIO significa que os dois observadores concordaram bastante a respeito do número total de elementos. Esse método de contar dois totais e depois dividir o menor pelo maior e multiplicar por 100% – chamado *razão de frequência* (Kazdin, 2021) ou *índice de concordância total* (Kahng *et al.*, 2021) – é comum quando dois observadores estão contando a frequência de uma resposta específica ao longo de um período. Esse método é útil quando uma medida direta e simples de CIO é necessária e o desempenho geral, em vez de ocorrências individuais do comportamento, é importante.

Outro procedimento de CIO é usado com o registro por intervalo parcial. Lembre-se de que os procedimentos de registro por intervalo parcial podem registrar uma e apenas uma resposta durante cada breve período – geralmente 5 ou 10 segundos – ao longo de um período de observação prolongado (ver Tabela 3.2). Se tivermos dois observadores independentes registrando o mesmo comportamento e cada um estiver usando um procedimento de registro por intervalo parcial, então a questão é como seus intervalos correspondentes se comparam em relação àqueles que contêm uma resposta e aqueles que não contêm. Suponha que dois observadores estão registrando dois tipos de interação social de uma criança. Os comportamentos são definidos como tocar outra criança e vocalizar na direção da outra criança. Seus registros por intervalo parcial estão mostrados na Figura 3.6.

Como você pode ver, ambos os observadores contaram o mesmo número de ocorrências de toque: 18. Entretanto, os dois observadores concordaram em apenas 16 dessas 18 ocorrências. Cada um contou duas ocorrências que o outro deixou passar, resultando em um total de quatro discordâncias. Se usássemos o procedimento descrito anteriormente, obteríamos uma CIO de 100%. No segundo procedimento, no entanto, a CIO é obtida dividindo-se o número de intervalos nos quais os dois observadores concordam que o comportamento ocorreu pelo número total de intervalos nos quais um dos dois registrou um comportamento – concordâncias divididas por concordâncias mais discordâncias sobre a ocorrência de um comportamento – e multiplicando-se por 100%. Assim, nessa ocorrência, o segundo procedimento resultaria em uma CIO de 80%. Ver Bailey e Burch (2018, pp. 91-111) a respeito dos pontos mencionados sobre a complexidade do cálculo da CIO.

Quando ocorrências individuais de um comportamento são importantes, recomendam-se medidas de concordância ponto a ponto para garantir melhor que as concordâncias e discordâncias medidas sejam sobre ocorrências específicas do comportamento. Para discussões sobre concordância ponto a ponto e maneiras de medi-la, ver Kazdin (2021) e Yoder *et al.* (2019).

Em geral, por convenção, escores de CIO entre 80 e 100% são considerados aceitáveis em programas de modificação comportamental. A possível variação nos procedimentos de cálculo, no entanto, torna o valor final da CIO suscetível de induzir a erro quando considerado isoladamente. Os modificadores de comportamento devem considerar as definições de resposta, os procedimentos de treinamento dos observadores, o sistema de registro, o método de cálculo da CIO e o valor final da CIO como um pacote total ao julgar a confiabilidade dos dados relatados. Falhas em qualquer um desses aspectos tornam os resultados suspeitos (Barrett, 2009).

AVALIAÇÃO DA PRECISÃO DE UM TRATAMENTO

Assim como é importante avaliar a precisão das observações, é crucial avaliar a precisão do tratamento. É extremamente relevante que o tratamento fornecido seja realmente o tratamento que o modificador de comportamento pretendia administrar. Dois termos para a extensão em que o tratamento fornecido é, de fato, o tratamento pretendido são *integridade do tratamento* e *confiabilidade do procedimento* – usamos o último termo neste livro. Semelhante à maneira como a CIO é avaliada, a confiabilidade do procedimento é avaliada por meio da observação do tratamento ao vivo ou gravado por dois ou mais indivíduos treinados. A confiabilidade do procedimento é avaliada como uma porcentagem de ocorrências nas quais os componentes foram executados corretamente em relação a todas as tentativas observadas. Em geral, é desejável que as pontuações de confiabilidade do procedimento sejam de pelo menos

95%, uma vez que é difícil tirar conclusões válidas sobre a eficácia de um procedimento que não é realizado com precisão. Além disso, se o tratamento pretendido tiver sido cuidadosamente selecionado por um modificador de comportamento qualificado, como deveria ter sido, não o fornecer como pretendido resultará em um tratamento menos eficaz ou até mesmo prejudicial. Para uma discussão extensa sobre confiabilidade do procedimento ou *integridade do tratamento*, ver Hagermoser Sanetti e Kratochwill (2014); Tekin-Iftar *et al.* (2017); Tincani e Travers (2017).

Questões para aprendizagem

32. Descreva três métodos relativamente simples para registrar um comportamento.
33. Descreva um exemplo de como a tecnologia pode ser usada para registrar automaticamente um comportamento.
34. Descreva cinco categorias de erro que podem afetar a precisão das observações.
35. Liste e descreva brevemente cinco fontes de viés e artefatos que podem influenciar um observador.
36. Em uma ou duas frases, explique o que queremos dizer com *concordância interobservador*. (Descreva o processo, mas não forneça os procedimentos para calcular a CIO.)
37. Usando o procedimento descrito no texto para calcular CIOs com dados de intervalo parcial, calcule uma CIO para os dados de vocalização conforme registrados pelos observadores 1 e 2 (ver Figura 3.6). Mostre todos os seus cálculos.
38. Faça a distinção entre índice de razão de frequência (ou concordância de precisão total) e concordância ponto a ponto.
39. O que é uma CIO aceitável em um programa de modificação de comportamento?
40. Quando incluir concordância sobre intervalos em branco no cálculo da CIO seria especialmente enganoso? Dê um exemplo.
41. Quando pode ser aceitável incluir concordância sobre intervalos em branco no seu cálculo de uma CIO? Por que isso seria aceitável?
42. O que é confiabilidade do procedimento ou integridade do tratamento? Qual seria um nível aceitável de confiabilidade do procedimento em um programa de modificação de comportamento?

DADOS! DADOS! DADOS! POR QUE SE PREOCUPAR?

Dados precisos são registrados por várias razões. Uma delas é que, como indicado no início deste capítulo, uma avaliação comportamental pré-programa assertiva ajuda o modificador de comportamento a decidir se ele ou ela é o profissional adequado para criar um programa de tratamento. Considerações relevantes a esse respeito são descritas com mais detalhes no Capítulo 23.

Uma segunda razão é que uma linha de base precisa pode indicar que o que se pensava ser um problema na verdade não é.

Uma terceira razão é que os dados coletados durante a fase de linha de base frequentemente ajudam o modificador de comportamento a identificar tanto as causas de um comportamento quanto a melhor estratégia de tratamento, que será discutida nos capítulos subsequentes.

Uma quarta razão para coletar dados precisos ao longo de um programa é que eles fornecem um meio para determinar claramente se o programa está produzindo a mudança desejada no comportamento. Às vezes, as pessoas afirmam que não precisam registrar dados para saber se uma mudança desejável no comportamento ocorreu. Sem dúvida, isso pode ser verdade. Obviamente, a mãe não precisa de uma planilha de dados ou gráficos para saber que seu filho já consegue ir ao banheiro sozinho. Entretanto, nem todos os casos são tão nítidos – pelo menos não imediatamente. Digamos que uma criança esteja adquirindo o comportamento de usar o banheiro de maneira muito lenta. Os pais podem achar que o programa não está funcionando e abandoná-lo de modo prematuro.

Sem dados precisos, também é possível cometer o erro oposto. Pode-se concluir que um procedimento está funcionando e continuá-lo quando, na verdade, ele é ineficaz e deveria ser abandonado ou modificado. Por exemplo, Harris, Wolf e Baer (1964) descreveram o caso de um menino na pré-escola de um colégio de aplicação que tinha o hábito irritante de beliscar os adultos. Seus professores decidiram usar um procedimento de modificação de comportamento para incentivá-lo a afagar, em vez de beliscar. Após algum tempo de aplicação do procedimento, os professores concordaram que haviam conseguido reduzir os beliscões, substituindo-os por afagos. Quando olharam os dados registrados por um observador externo, viram que, embora os afagos estivessem consideravelmente acima do nível de linha de base, os beliscões não haviam diminuído. Talvez porque a atenção dos professores estivesse focada no procedimento ou nos afagos, eles não perceberam que os beliscões não haviam diminuído.

De qualquer forma, se não fosse pelos dados registrados, os professores teriam perdido mais tempo e esforço em um procedimento ineficaz.

Uma quinta razão para registrar comportamentos com precisão é que os resultados publicamente exibidos – de preferência na forma de gráfico ou tabela – podem incentivar e recompensar os modificadores de comportamento pela execução de um programa. Em centros de treinamento para pessoas com deficiências de desenvolvimento, por exemplo, a equipe com frequência se torna mais meticulosa na aplicação dos procedimentos quando gráficos ou tabelas atualizados que mostram claramente os efeitos dos procedimentos são exibidos de maneira visível (p. ex., Hrydowy e Martin, 1994). Pais e professores podem achar que seus esforços para modificar o comportamento das crianças são fortalecidos pela representação gráfica do comportamento.

Uma razão final para registrar dados é que os dados exibidos podem levar a melhorias pelo aprendiz, independentemente de qualquer outro programa de tratamento. Esse é um exemplo de um fenômeno conhecido como *reatividade* (Tyron, 1998), que também foi descrito anteriormente com relação à precisão das observações. Quando as pessoas sabem que seu comportamento está sendo observado por outros ou por meio de autorregistro, seus comportamentos observados costumam melhorar. Por exemplo, estudantes que fazem um gráfico de seu próprio comportamento de estudo e registram diariamente o número de parágrafos ou páginas estudadas ou o tempo gasto estudando podem achar que os aumentos no gráfico são gratificantes (Figura 3.7). Dados que são apresentados de forma apropriada podem ser gratificantes até mesmo para crianças pequenas. Por exemplo, uma terapeuta ocupacional que trabalha em uma escola consultou um dos autores sobre uma menina de 7 anos que todas as manhãs levava um tempo excessivo para tirar suas roupas de frio e pendurá-las. O autor sugeriu que a terapeuta tentasse influenciar a criança com um gráfico do tempo que ela gastava no local dos casacos todas as manhãs. O procedimento que a terapeuta elaborou provou ser tão eficaz quanto engenhoso.[2] Um grande quadro foi pendurado na parede. Ele era pintado de verde para representar a grama, e um canteiro de cenouras foi desenhado próximo da parte inferior. Os dias eram indicados ao longo da parte inferior do quadro, e o tempo no local dos casacos foi indicado na lateral. Cada dia, um círculo era marcado no quadro para indicar o tempo gasto no local dos casacos pela manhã, e um pequeno coelho de papel era anexado ao círculo mais recente. Usando uma linguagem simples, a terapeuta explicou o procedimento para a criança e concluiu dizendo: "Agora vamos ver se você consegue fazer o coelho comer as cenouras". Quando o coelho chegou no nível das cenouras, a criança foi incentivada a mantê-lo lá. "Lembre-se, quanto mais tempo o coelho ficar no canteiro das cenouras, mais ele poderá comer". Um acompanhamento mostrou que o comportamento melhorado persistiu por um período de 1 ano.

Os modificadores de comportamento não foram os primeiros a descobrir a utilidade de se registrar um comportamento para ajudar a modificá-lo. Deve-se dar crédito aos escritores de grandes obras literárias. Por exemplo, o romancista Ernest Hemingway usou o autorregistro para ajudar a manter sua produção literária (Plimpton, 1965). O autor Irving Wallace também usou o autorregistro mesmo antes de saber que outros haviam feito o mesmo. Em um livro que aborda seus métodos de escrita (1971, pp. 65-66), ele fez o seguinte comentário:

> Eu mantinha gráficos de trabalho enquanto escrevia meus primeiros quatro livros publicados. Esses gráficos mostravam a data em que comecei cada capítulo, a data em que terminei

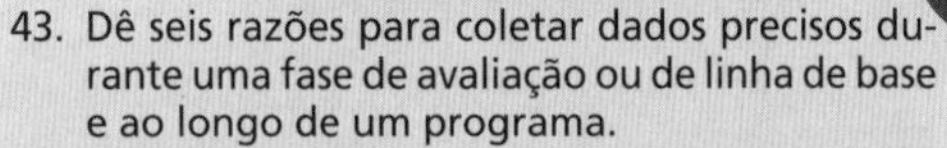

43. Dê seis razões para coletar dados precisos durante uma fase de avaliação ou de linha de base e ao longo de um programa.
44. Que erro o caso do menino que tinha o hábito de beliscar adultos exemplifica? Explique como dados registrados com precisão neutralizaram esse erro.
45. O que significa *reatividade* na avaliação comportamental? Ilustre com um exemplo que não esteja neste capítulo.
46. Descreva brevemente os detalhes do inteligente sistema de gráficos desenvolvido para a criança que levou o coelho até o canteiro de cenouras.
47. Descreva brevemente como Ernest Hemingway e Irving Wallace usaram o autorregistro para ajudá-los a manter seu comportamento de escrita.

[2]Os autores gostariam de agradecer a Nancy Staisey por lhes fornecer os detalhes desse procedimento.

Figura 3.7 O monitoramento e o registro gráfico do desempenho podem servir a pelo menos seis funções. Você consegue citá-las?

e o número de páginas escritas nesse período. Com o meu quinto livro, comecei a manter um gráfico mais detalhado que também mostrava quantas páginas eu havia escrito até o final de cada dia de trabalho. Não sei ao certo por que comecei a manter esses registros. Suspeito que foi porque, como escritor *freelance*, totalmente por conta própria, sem empregador ou prazo, eu queria criar uma disciplina para mim mesmo que fizesse eu me sentir culpado quando fosse ignorada. Um gráfico na parede servia como essa disciplina, com seus números me repreendendo ou me incentivando.

Ver Wallace e Pear (1977) para exemplos de seus gráficos.

RESUMO DO CAPÍTULO 3

Um programa de modificação comportamental bem-sucedido normalmente envolve cinco fases, durante as quais o comportamento-alvo é identificado, definido e registrado: (a) uma fase de triagem ou admissão; (b) uma fase de definição do comportamento-alvo; (c) uma fase de avaliação pré-programa ou de linha de base; (d) uma fase de tratamento; e (e) uma fase de acompanhamento. Os procedimentos de avaliação comportamental para coletar informações para definir e monitorar comportamentos-alvo se enquadram em três categorias: indireta, direta e experimental. Os procedimentos de avaliação indireta são avaliações para as quais o modificador de comportamento ou observador treinado não observa diretamente o comportamento-alvo na situação real em que ele ocorre. Os procedimentos de avaliação indireta incluem entrevistas com o cliente e seus entes queridos, questionários, *role-playing* e automonitoramento do cliente. Os procedimentos de avaliação direta são avaliações nas quais o modificador de comportamento ou observador treinado observa e registra diretamente os comportamentos-alvo nos contextos reais em que o comportamento ocorre. Os procedimentos de avaliação experimental são usados para revelar de forma clara as variáveis – ou causas – de controle do comportamento problemático.

As características do comportamento para avaliação direta incluem: (a) topografia de uma resposta, que são os movimentos específicos envolvidos na realização da resposta; (b) frequência do comportamento, que se refere ao número de ocorrências de comportamento que acontecem em determinado intervalo de tempo; (c) duração do comportamento, que é o período de tempo, do início ao fim, em que uma ocorrência do comportamento acontece em determinado período; (d) intensidade do comportamento, que se refere à sua magnitude ou força; (e) controle de estímulo do comportamento, que se refere ao grau de correlação entre um evento específico e uma resposta subsequente; (f) latência do comportamento, que é o tempo entre a ocorrência de um evento ou sinal específico e o início desse comportamento; e (g) qualidade do comportamento, que é um refinamento de uma ou mais das características anteriores.

As estratégias para registrar um comportamento incluem: (a) registro contínuo ou registro de eventos, que é o registro de cada ocorrência do comportamento durante um período de observação designado; (b) registro por intervalo – registro por intervalo parcial ou por intervalo integral –, que registra o comportamento como ocorrido ou não durante intervalos curtos de duração igual; e (c) registro por amostragem de tempo, que registra um comportamento como ocorrido ou não durante intervalos de observação muito breves que são separados um do outro por um período de tempo muito maior.

Estimativas de concordância interobservador (CIO), que comparam o registro do comportamento por dois ou mais observadores, são usadas para avaliar a precisão das observações do comportamento. Existem cinco categorias de erro que podem afetar a precisão da observação e cinco fontes de viés e artefatos que podem levar a imprecisões ao registrar observações. O sucesso de um programa de modificação de comportamento depende da coleta de dados precisos durante a fase de avaliação ou de linha de base e ao longo do programa. Além de avaliar a CIO, também é importante analisar a confiabilidade do procedimento ou a integridade do tratamento. Se o tratamento não for aquele que o modificador de comportamento pretendia administrar, as conclusões tiradas dele serão inválidas, não importa a precisão dos dados. Além disso, se o tratamento não for o pretendido, é pouco provável que seja eficaz, podendo até mesmo ser prejudicial.

Exercícios de aplicação

Exercício de automodificação

Escolha um excesso comportamental seu que você gostaria de diminuir. Elabore uma planilha de automonitoramento que você possa usar para registrar as ocorrências do comportamento ao longo de um período de 1 semana, para servir como uma linha de base. Configure a sua planilha de modo que você possa registrar os antecedentes de cada ocorrência do comportamento, o comportamento em si e as consequências de cada ocorrência do comportamento.

Confira as respostas das Questões para aprendizagem do Capítulo 3

4 Condução de Pesquisas em Modificação de Comportamento

Objetivos de aprendizagem

Após ler este capítulo, o leitor será capaz de:

- Descrever seis modelos de pesquisa comumente usados ao se fazerem pesquisas em modificação de comportamento, incluindo o delineamento de reversão-replicação (ABAB), três tipos de delineamento de linha de base múltipla, o delineamento de critério móvel e o delineamento de tratamentos alternados
- Descrever os critérios científicos dos modificadores de comportamento normalmente usados para avaliar se um tratamento produziu mudança no comportamento
- Discutir maneiras de avaliar a aceitabilidade de um tratamento comportamental entre seus receptores.

Kelly, você gostaria de ganhar mais tempo de recreio para a turma?

Como ajudar Kelly a resolver problemas de matemática

Kelly, uma aluna do segundo ano, apresentava um desempenho muito inferior na resolução de problemas de adição e subtração em comparação com outros alunos em suas aulas diárias de matemática. Além disso, ela era indisciplinada durante a aula. A professora deduziu que melhorar o desempenho de Kelly na resolução dos problemas de matemática poderia tornar o trabalho mais agradável para Kelly e diminuir seu comportamento indisciplinado. Durante uma linha de base de 1 semana (fase de observação inicial), a professora passou um certo número de problemas para a turma e registrou o número de problemas que Kelly completava corretamente durante cada período de meia hora. Kelly completava, em média, sete problemas de matemática corretamente a cada meia hora, menos da metade da média da turma, que era de 16 problemas no mesmo período. A professora, então, introduziu um programa de tratamento, informando a Kelly que cada problema de matemática completado corretamente adicionaria 1 minuto extra de recreio para toda a turma na tarde de sexta-feira. O desempenho de Kelly melhorou durante a primeira semana do programa. Na segunda semana, Kelly superou a média da turma de problemas de matemática corretos por meia hora de aula. Além disso, ela se mostrou menos indisciplinada durante a aula.

O projeto com Kelly consistia em uma **fase de linha de base** e uma **fase de tratamento**, também chamada de **fase de intervenção**. A professora pode atribuir a melhora no desempenho de Kelly ao tratamento? Nossa tendência inicial pode ser dizer que sim, visto que o desempenho dela foi muito melhor do que durante a linha de base original. No entanto, é importante considerar que a melhora pode ter sido resultado de outros fatores. Por exemplo, um resfriado forte poderia ter diminuído o desempenho de Kelly na linha de base, ao passo que a recuperação do resfriado poderia ter melhorado o desempenho matemático depois que o programa começou. Os problemas passados durante a fase de tratamento podem ter sido mais fáceis do que aqueles passados durante a linha de base. Ou talvez houvesse algo que a professora não sabia que pudesse ser responsável pela melhora do desempenho. A pesquisa em modificação de comportamento vai além de uma fase de linha de base e uma fase de tratamento para demonstrar de maneira convincente que foi o tratamento, e não alguma variável não controlada, que foi responsável por qualquer mudança no comportamento-alvo.

DELINEAMENTO DE REVERSÃO-REPLICAÇÃO

Suponha que a professora queira demonstrar de maneira convincente que o programa de tratamento foi realmente responsável pela melhora de Kelly. Existem várias razões práticas pelas quais tal demonstração pode ser desejável. A demonstração poderia indicar se é apropriado tentar um procedimento semelhante com outro problema que Kelly possa ter, se vale a pena aplicar procedimentos semelhantes com outros alunos da turma ou se a professora deveria recomendar um procedimento similar a outros professores. Portanto, ao final da segunda semana do programa de tratamento, a professora descontinuou o tratamento e voltou às condições de linha de base. Suponha que os resultados dessa manipulação pela professora sejam os mostrados para a fase de reversão na Figura 4.1.

Ao final da segunda semana de reversão às condições de linha de base, Kelly apresentava desempenho aproximadamente igual ao do seu nível da linha de base. A professora, então, reintroduziu a fase de tratamento, e o desempenho de Kelly melhorou (ver Figura 4.1). A professora havia replicado tanto a linha de base original quanto os efeitos do tratamento original. Se uma variável não controlada estivesse agindo, então ela ocorreu apenas quando o programa de tratamento estava ativo e não ocorreu quando o programa de tratamento não estava ativo. Isso se tornaria menos plausível a cada replicação bem-sucedida do efeito. Agora, estaríamos confiantes de que foi, de fato, o procedimento da professora que produziu a mudança comportamental desejada. Assim, a professora demonstrou uma relação de "causa e efeito" entre um comportamento específico e o programa de tratamento, em que a "causa" era o tratamento e o "efeito" era a mudança comportamental desejada.

Em terminologia de pesquisa, o comportamento medido é chamado de **variável dependente**, ao passo que o tratamento ou intervenção é chamado de **variável independente**. No exemplo anterior, completar corretamente os problemas de matemática era a variável dependente, e o tratamento da professora para Kelly, a variável independente. Duas considerações na avaliação de uma possível relação causa-efeito são a validade interna e a validade externa. Um estudo ou experimento tem **validade interna** se demonstrar de maneira convincente que a variável independente causou a mudança observada na variável dependente. Um estudo ou experimento tem **validade externa** quando os resultados podem ser generalizados para outros comportamentos, indivíduos, contextos ou tratamentos.

O tipo de estratégia de pesquisa que a professora de Kelly empregou é chamado **reversão-replicação**, um delineamento experimental

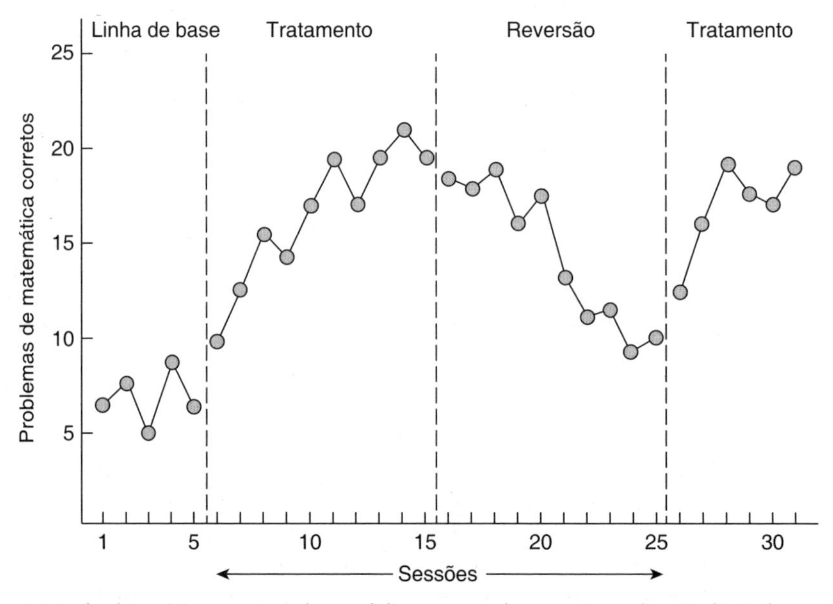

Figura 4.1 Dados hipotéticos mostrando um delineamento de reversão-replicação (ABAB) para Kelly.

que consiste em uma fase de linha de base seguida, respectivamente, por uma fase de tratamento, por uma reversão à fase de linha de base e por uma repetição da fase de tratamento. A linha de base é frequentemente representada como *A*, e o tratamento, como *B*. Portanto, esse desenho de pesquisa também é chamado *delineamento ABAB*. Também é chamado *delineamento de retirada*, pois o tratamento é retirado durante a segunda fase de linha de base. Para exemplos do uso desse desenho em estudos de pesquisa reais, ver Kadey e Roane (2012), Krentz *et al.* (2016) e Protopopova *et al.* (2016).

Embora o delineamento de reversão-replicação pareça simples à primeira vista, há duas questões que devem ser consideradas antes de prosseguir com a execução do programa. Se problemas de definição de resposta, precisão do observador e registro de dados (ver Capítulo 21) já tiverem sido resolvidos, a primeira pergunta é: quanto tempo deve durar a fase de linha de base? Podemos compreender melhor as dificuldades de responder a essa pergunta se visualizarmos a Figura 4.2. Qual das linhas de base nesta figura você considera a mais adequada? Se você escolheu as linhas de base

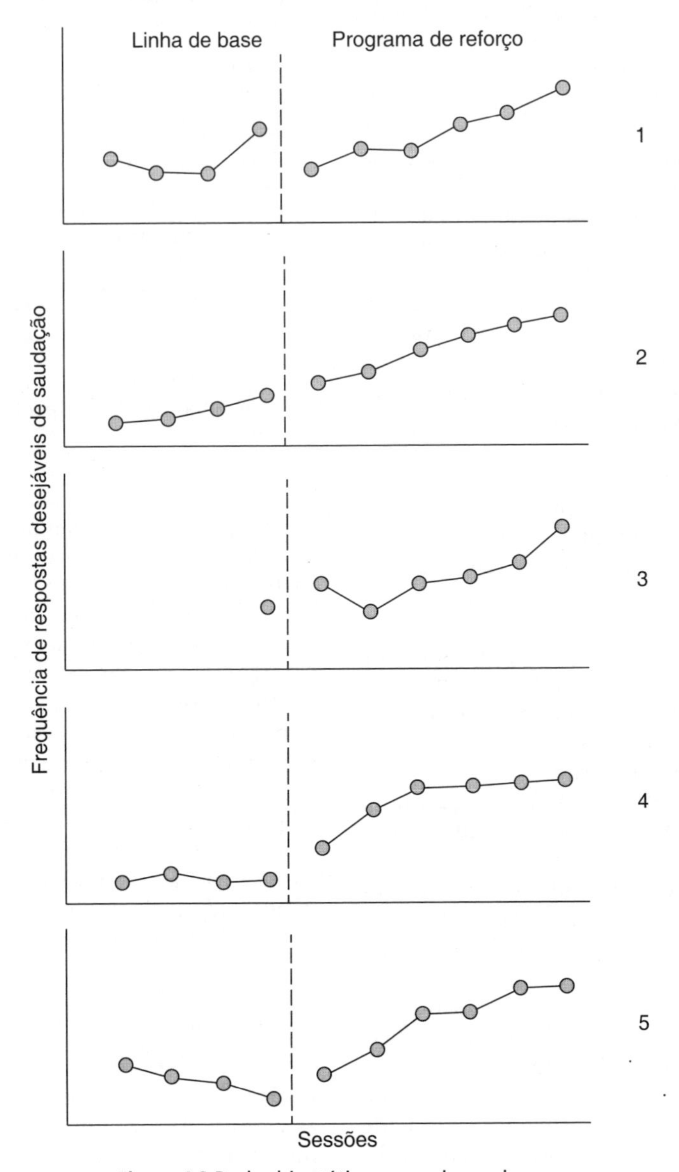

Figura 4.2 Dados hipotéticos para cinco crianças.

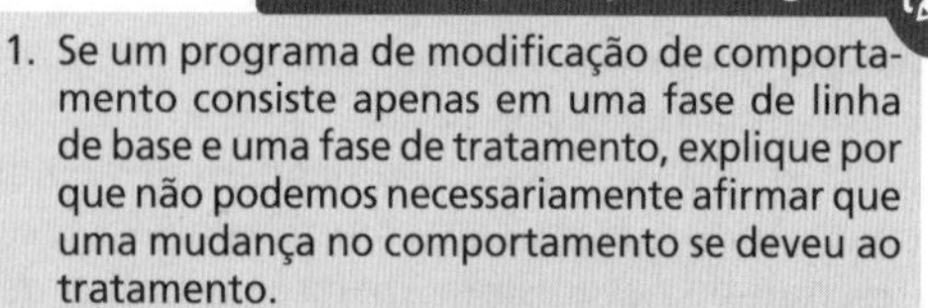

Questões para aprendizagem

1. Se um programa de modificação de comportamento consiste apenas em uma fase de linha de base e uma fase de tratamento, explique por que não podemos necessariamente afirmar que uma mudança no comportamento se deveu ao tratamento.
2. De forma resumida, diferencie entre programa de modificação de comportamento, que consiste apenas em uma fase de linha de base e uma fase de tratamento, e pesquisa de modificação de comportamento.
3. Defina *variável dependente*. Dê um exemplo.
4. Defina *variável independente*. Dê um exemplo.
5. Defina *validade interna*.
6. Defina *validade externa*.
7. Relacionando com um exemplo, descreva brevemente os quatro componentes do delineamento de reversão-replicação. Qual é outro nome para esse delineamento?
8. Por quanto tempo a fase de linha de base do delineamento de reversão-replicação deve continuar?
9. Em uma ou duas frases cada, descreva por que as linhas de base 1, 2 e 3 da Figura 4.2 são inadequadas.
10. Quais considerações científicas, práticas e éticas podem levar alguém a prolongar ou diminuir uma linha de base?
11. Quantas reversões e replicações são necessárias em um delineamento de reversão-replicação?
12. Identifique duas limitações do delineamento de reversão-replicação. Dê um exemplo de cada.

4 e 5, estamos de acordo. A linha de base 4 é aceitável porque o padrão de comportamento parece estável e previsível. A linha de base 5 é aceitável porque a tendência observada está em uma direção oposta ao efeito previsto para a variável independente que atua sobre a variável dependente. Portanto, o ideal é que uma fase de linha de base deve continuar até que o padrão de desempenho esteja estável ou até que mostre uma tendência na direção oposta àquela prevista quando a variável independente foi introduzida.

Outras considerações podem levar ao encurtamento ou ao alongamento de uma linha de base em um projeto de pesquisa aplicada. As considerações científicas relacionadas com a novidade das variáveis independentes e dependentes devem ser revisadas. Podemos nos sentir mais confortáveis conduzindo uma linha de base mais curta em um novo estudo de comportamento que já foi bem pesquisado do que em um estudo de uma área menos explorada. Considerações práticas também podem limitar a duração das observações de linha de base. A disponibilidade do pesquisador e dos observadores, as restrições de tempo dos alunos para concluir projetos e vários outros fatores podem limitar ou estender a linha de base por razões não científicas. Por fim, considerações éticas muitas vezes afetam a duração da linha de base. Por exemplo, uma fase de linha de base prolongada é eticamente inaceitável quando se tenta manejar o comportamento autolesivo de uma criança com uma deficiência de desenvolvimento.

A segunda pergunta que um pesquisador em modificação de comportamento provavelmente fará é: quantas reversões e replicações são necessárias? Novamente, essa pergunta não tem uma resposta fácil. Se observamos um efeito muito grande quando a variável independente é introduzida e se a área já foi explorada anteriormente, uma replicação pode ser suficiente. Outros fatores podem nos levar a realizar várias replicações para demonstrar de forma convincente uma relação causa-efeito.

Embora o delineamento de reversão-replicação seja uma estratégia comum de pesquisa em modificação de comportamento, ele tem limitações que tornam sua aplicação inadequada em certas situações. Em primeiro lugar, pode ser indesejável reverter para as condições de linha de base após uma fase de tratamento. Por exemplo, ao tratar o comportamento autolesivo de uma criança, reverter para a linha de base após um tratamento bem-sucedido para provar que o tratamento foi responsável pela mudança no comportamento seria eticamente inaceitável. Em segundo lugar, pode ser impossível obter uma reversão devido à "armadilha comportamental" (ver Capítulo 18). Por exemplo, depois que um profissional de golfe ensina um golfista iniciante a acertar uma bola de golfe a mais de 183 m, é improvável que o golfista iniciante retorne a uma tacada que alcance apenas 137 m. Por essas razões, o segundo *B* do delineamento é às vezes omitido, resultando em um esquema chamado *delineamento ABA*.

DELINEAMENTOS DE LINHA DE BASE MÚLTIPLA

Retornar um comportamento à linha de base às vezes pode ser impossível, e reverter uma melhora no comportamento, mesmo por um curto período, costuma ser indesejável.

Os delineamentos de linha de base múltipla são usados para demonstrar a eficácia de um tratamento específico sem reverter às condições de linha de base. Além disso, as linhas de base múltiplas não requerem o estabelecimento de um critério a ser gradualmente alterado. Essas duas considerações provavelmente explicam a popularidade dos delineamentos de linha de base múltipla em relação a outros desenhos mencionados neste capítulo (p. ex., ver Lanovaz *et al.*, 2020).

Delineamento de linha de base múltipla entre comportamentos

Suponha que a professora queira demonstrar os efeitos do tratamento no desempenho acadêmico de Kelly, mas não queira fazer uma reversão e correr o risco de perder a melhora que Kelly mostrou. A professora poderia demonstrar o efeito do tratamento usando um **delineamento de linha de base múltipla entre comportamentos**, que envolve estabelecer linhas de base para dois ou mais comportamentos de um indivíduo, seguido pela introdução sequencial do tratamento entre esses comportamentos. O primeiro passo para a professora de Kelly aplicar esse desenho poderia ser registrar o desempenho de Kelly em ortografia e redação de frases durante a aula de língua portuguesa e a resolução de problemas de matemática durante a aula de matemática. As linhas de base resultantes poderiam ser aquelas mostradas na Figura 4.3. O tratamento de dar 1 minuto extra de recreio por problema correto poderia ter sido introduzido na aula de matemática, enquanto as outras condições de linha de base poderiam ter continuado durante a aula de língua portuguesa. Se os resultados fossem os mostrados na Figura 4.3, a professora poderia, então, ter introduzido o tratamento para o segundo comportamento ao conceder 1 minuto extra de recreio para cada palavra que Kelly escrevesse corretamente. Por fim, a professora poderia ter introduzido o tratamento para o terceiro comportamento – redação de frases. Se o desempenho fosse como indicado na Figura 4.3, o comportamento só teria mudado quando o tratamento foi introduzido. Esse exemplo ilustra o controle de um tratamento sobre vários comportamentos. Para exemplos desse desenho em estudos de pesquisa, ver Gena *et al.* (1996) e Axe e Sainato (2010).

Um possível problema desse desenho é que os comportamentos podem não ser independentes. Se a professora de Kelly tivesse aplicado o programa de tratamento a um comportamento enquanto os outros dois comportamentos tivessem se mantido nas condições de linha de base e se ela tivesse observado uma melhora nos três comportamentos simultaneamente, ela não poderia ter atribuído com confiança a melhora ao tratamento. Dois dos três comportamentos que melhoraram não receberam o tratamento. Outras limitações são que pode não ser possível encontrar dois ou mais comportamentos adequados ou observadores suficientes para coletar os dados necessários sobre vários comportamentos. Além disso, se o procedimento for usado com apenas um indivíduo, podemos concluir apenas que o tratamento foi válido para aquele indivíduo. Devemos ter cautela ao extrapolar os resultados para outros indivíduos.

Delineamento de linha de base múltipla entre situações

Um **delineamento de linha de base múltipla entre situações** envolve estabelecer linhas de base para um comportamento de um indivíduo em duas ou mais situações simultaneamente, seguido pela introdução sequencial do tratamento para o comportamento nessas situações. Por exemplo, Allen (1973) estava interessado em diminuir verbalizações bizarras de Todd, um menino de 8 anos com dano cerebral mínimo. Durante um acampamento de verão, Todd fantasiava por horas sobre seus dois pinguins de estimação imaginários que ele chamava de Tug Tug e Junior Polka Dot. Essas verbalizações interferiam nas interações de Todd com seus colegas e os orientadores do acampamento. Durante uma fase inicial de linha de base, foram coletados dados sobre as verbalizações em quatro situações: durante caminhadas noturnas na trilha, no refeitório, no chalé de Todd e durante as aulas. Parecia que as verbalizações aconteciam porque proporcionavam muita atenção a Todd. O tratamento, um programa que ignorava as verbalizações, foi então introduzido na primeira situação (caminhadas) enquanto as outras três situações continuaram na linha de base. Após a redução bem-sucedida das verbalizações durante as caminhadas, o tratamento foi introduzido na segunda situação, o refeitório, e as duas situações restantes continuaram na linha de base. Por fim, o tratamento foi introduzido sequencialmente nas

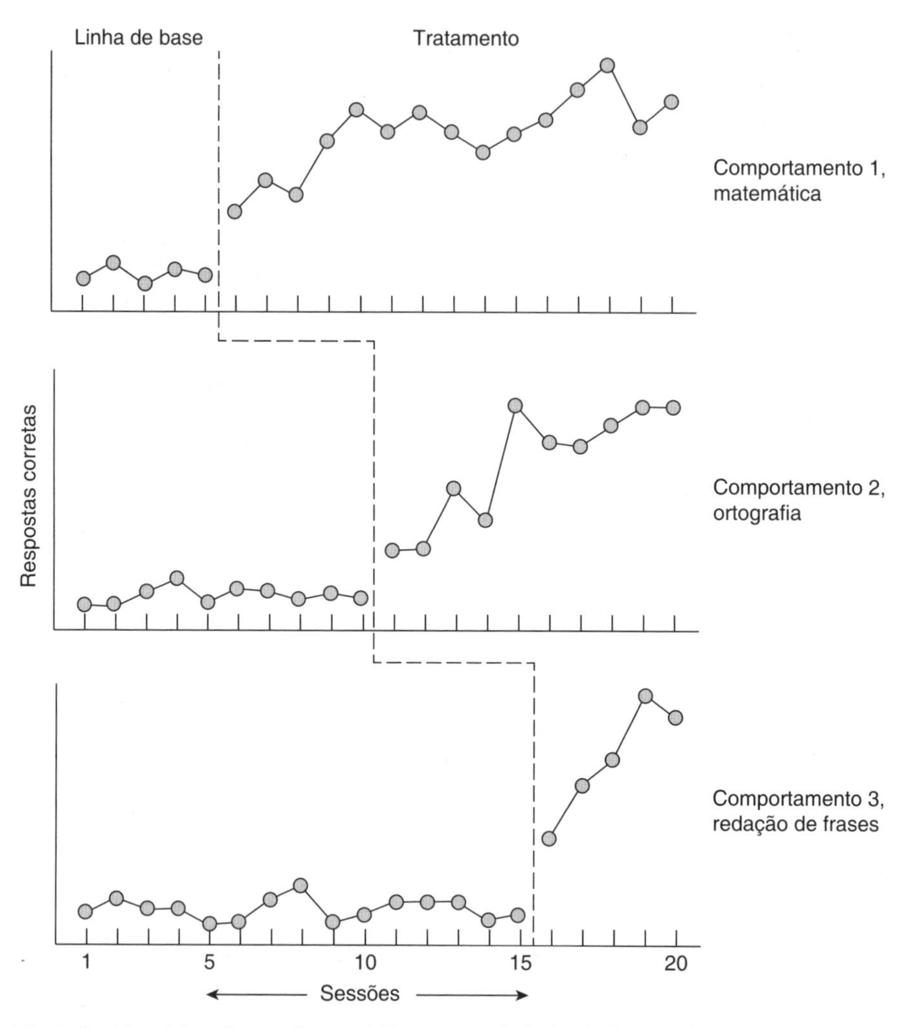

Figura 4.3 Dados hipotéticos ilustrando um delineamento de linha de base múltipla entre comportamentos para Kelly.

duas situações restantes. O número diário de verbalizações bizarras diminuiu para próximo de zero em cada situação após a introdução do tratamento para aquela situação. Para outro exemplo do uso desse delineamento em pesquisa, ver Graff e Karsten (2012).

Assim como o problema potencial com o delineamento de linha de base múltipla entre comportamentos, em um delineamento de linha de base múltipla entre situações, quando o tratamento é aplicado ao comportamento na primeira situação, pode causar melhora subsequente em todas as situações. Quando isso acontece, o pesquisador não pode concluir que a melhora foi necessariamente resultado do tratamento. Outras limitações potenciais são que o comportamento pode ocorrer em apenas uma situação, ou pode não haver observadores suficientes para coletar os dados necessários. Além disso, se o procedimento for usado com apenas um indivíduo, podemos concluir apenas que o tratamento é eficaz para aquele indivíduo. Devemos ter cautela ao extrapolar os resultados para outros indivíduos.

Delineamento de linha de base múltipla entre indivíduos

Um **delineamento de linha de base múltipla entre indivíduos** envolve estabelecer linhas de base para um comportamento específico em duas ou mais pessoas simultaneamente, seguido pela introdução sequencial do tratamento para cada pessoa. Por exemplo, Wanlin *et al.* (1997) usaram um delineamento de linha de base múltipla entre indivíduos para demonstrar a eficácia de um *pacote de tratamento*, uma combinação de procedimentos elaborados para melhorar o desempenho em treino de quatro patinadoras de velocidade. O número médio de voltas completadas ao redor da pista durante o treino das quatro patinadoras foi registrado durante os treinos iniciais. A primeira patinadora recebeu, então, o pacote de tratamento, enquanto as outras continuaram na linha de base. A exposição ao pacote de tratamento melhorou o desempenho em treino da primeira patinadora. Ao longo dos treinos, o pacote de tratamento foi introduzido sequencialmente para a segunda, depois para a terceira e, finalmente, para a quarta patinadora. A cada vez, houve uma melhora no número de voltas patinadas por treino. Essa demonstração de melhora em indivíduos que recebem o tratamento sequencialmente ao longo do tempo é uma demonstração convincente da eficácia de um programa de tratamento. Para aplicações adicionais desse delineamento, ver Higbee *et al.* (2016) e Spieler e Miltenberger (2017).

Um possível problema com o delineamento de linha de base múltipla entre indivíduos é que o primeiro indivíduo pode explicar o tratamento ou modelar o comportamento desejável para os outros indivíduos, fazendo com que eles melhorem na ausência do tratamento. Além disso, nem sempre é possível encontrar dois ou mais indivíduos com o mesmo problema ou os observadores adicionais necessários para coletar os dados. Observe que replicar com sucesso o efeito entre indivíduos demonstra tanto a validade interna quanto a validade externa, pois podemos extrapolar os efeitos para outros indivíduos.

Duas questões críticas para os delineamentos de linha de base múltipla são: (a) se eles fornecem uma probabilidade aceitável de não concluir que um efeito foi demonstrado quando não foi, chamada de *erro do tipo I*; e (b) se há uma probabilidade suficientemente alta no desenho de detectar corretamente um efeito, chamada de *poder* do desenho. Se cada comparação no desenho é chamada *nível*, Lanovaz e Turgeon (2020) mostraram que ter três ou mais níveis e a exigência de que pelo menos dois desses níveis mostrem um efeito claro resultam em uma probabilidade razoavelmente baixa de um erro do tipo I, além de resultar em um poder razoavelmente alto de detectar um efeito.

Questões para aprendizagem

13. Cite uma vantagem de um delineamento de linha de base múltipla em relação a uma reversão-replicação.
14. Relacionando com um exemplo, descreva brevemente um delineamento de linha de base múltipla entre comportamentos.
15. Quais são as três limitações possíveis de um delineamento de linha de base múltipla entre comportamentos?
16. Relacionando com um exemplo, descreva brevemente um delineamento de linha de base múltipla entre situações.
17. Quais são as três limitações possíveis de um delineamento de linha de base múltipla entre situações?
18. Relacionando com um exemplo, descreva brevemente um delineamento de linha de base múltipla entre indivíduos.
19. Quais são as três limitações possíveis de um delineamento de linha de base múltipla entre indivíduos?
20. A que se referem o *erro do tipo I* e o *poder* do desenho em um delineamento de linha de base múltipla? O que as pesquisas mostraram sobre manter probabilidades adequadas de erro do tipo I e poder do desenho em um delineamento de linha de base múltipla?

DELINEAMENTO DE CRITÉRIO MÓVEL

Com o **delineamento de critério móvel**, o controle que um tratamento exerce sobre o comportamento de um indivíduo é avaliado introduzindo-se mudanças sucessivas no critério comportamental para a aplicação do tratamento. Se o comportamento muda consistentemente na mesma direção cada vez que uma mudança é feita no critério para a aplicação do tratamento, podemos concluir que o tratamento foi responsável pela mudança no comportamento.

DeLuca e Holborn (1992) usaram um delineamento de critério móvel para demonstrar os efeitos de um sistema de recompensas (*token reward system*) para o exercício físico de meninos de 11 anos, obesos e não obesos. Primeiro, durante a fase 1 (linha de base), eles avaliaram a taxa de pedalada de cada menino em uma bicicleta ergométrica durante várias sessões de exercício de 30 minutos. Com base nesses dados, eles definiram um critério de reforço para cada menino que era aproximadamente 15% acima da sua taxa média de pedalada na linha de base. Na fase 2 (tratamento), quando um menino atingia o critério, ele ganhava pontos (indicados por um sino que tocava e uma luz que acendia) que poderiam ser trocados mais tarde por reforços mais tangíveis (p. ex., um jogo eletrônico portátil). Após a estabilização do desempenho do menino nesse novo nível mais alto de pedalada, a fase 3 foi iniciada, e seu critério de reforço mudou para aproximadamente 15% acima da taxa média de desempenho na fase 2. Da mesma forma, cada fase subsequente aumentou o critério de reforço para 15% a mais que a taxa média de pedalada da fase anterior. A Figura 4.4 mostra os dados para um dos meninos. O desempenho melhorou com cada mudança subsequente no critério de reforço. Esse padrão foi demonstrado para os três meninos obesos e os três meninos não obesos, mostrando, assim, que o programa foi eficaz com meninos, não importando seu peso. Para demonstrar ainda mais o controle experimental do programa, como indicado na Figura 4.4, incluiu-se uma reversão para a fase de linha de base nesse estudo. Tais reversões não são uma característica definidora do delineamento de critério móvel.

DELINEAMENTO DE TRATAMENTOS ALTERNADOS OU MULTIELEMENTOS

Os delineamentos experimentais descritos anteriormente são ideais para demonstrar que determinado tratamento foi realmente responsável por uma mudança comportamental específica. E se quisermos, no entanto, um delineamento que nos permita comparar os efeitos de diferentes tratamentos para um único comportamento de um único indivíduo? Delineamentos de linha de base múltipla não são bem adequados para esse propósito. Um delineamento para tal propósito, inicialmente proposto por Barlow e Hayes (1979), é conhecido como **delineamento de tratamentos alternados ou multielementos**. Esse desenho envolve a alternância de duas ou mais condições de tratamento com um único indivíduo, uma condição por sessão. Por exemplo, Wolko *et al.* (1993) queriam comparar três tratamentos para melhorar a frequência de habilidades completadas durante o treino de jovens ginastas na trave de equilíbrio. Um tratamento era o treinamento padrão tipicamente utilizado pelo treinador de ginástica. A segunda condição era o treinamento padrão mais definição pública de metas, monitoramento e *feedback* do treinador. Nessa condição, o treinador postava metas escritas para uma ginasta que registrava seu desempenho no treino, colocava-o em um gráfico no ginásio e recebia *feedback* do treinador ao final de cada treino. A terceira condição era o treinamento padrão e autogerenciamento privado, envolvendo a ginasta que definiu suas próprias metas e acompanhou seu desempenho em um caderno particular. As três condições foram alternadas aleatoriamente entre os treinos. Os resultados de uma das ginastas foram plotados como três gráficos cumulativos (Figura 4.5). Com esse tipo de gráfico, cada resposta para uma condição durante uma sessão é acumulada ou adicionada ao total de respostas de todas as sessões anteriores para aquela condição. Como indicam os resultados para essa ginasta, o treinamento

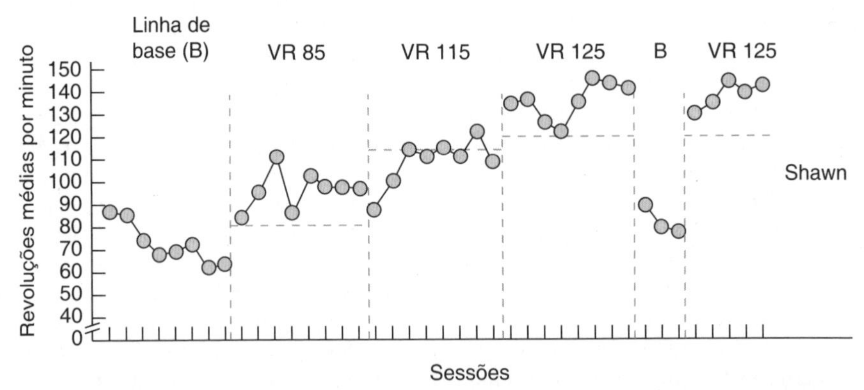

Figura 4.4 Número médio de revoluções por minuto pedaladas em uma bicicleta ergométrica por um menino. Após uma fase de linha de base, uma recompensa (*token reward*) foi dada em níveis cada vez maiores de reforço de razão variável (VR) (*i. e.*, o requisito de resposta média tornou-se cada vez maior). (Fonte: Figura 4.1 em "Effects of a variable ratio reinforcement schedule with changing criteria on exercise in obese and non-obese boys" de R. V. DeLuca e S. W. Holborn (1992). *Journal of Applied Behavior Analysis*, 25. Copyright©1992. Reproduzida com autorização da Dra. Rayleen DeLuca, University of Manitoba.)

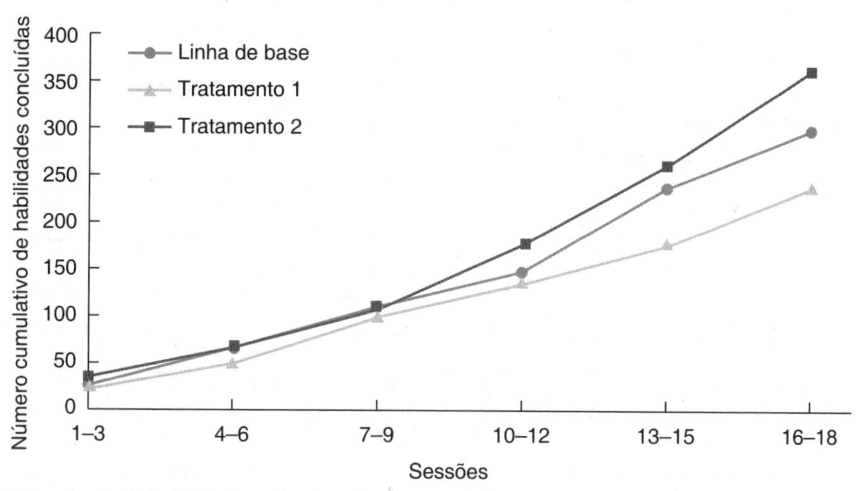

Figura 4.5 Frequência de habilidades completadas na trave para uma ginasta sob condições de treinamento padrão (linha de base), treinamento padrão mais autogerenciamento público (tratamento 1) *versus* treinamento padrão mais autogerenciamento privado (tratamento 2). Cada condição esteve em vigor por seis sessões, com as condições alternando-se aleatoriamente durante um total de 18 sessões. (Adaptada de K. L. Wolko, D. W. Hrycaiko e G. L. Martin (1993). "A comparison of two self-management packages to standard coaching for improving practice performance of gymnasts", *Behavior Modification*, 17, pp. 209-223.)

padrão mais o autogerenciamento privado foi consistentemente mais eficaz do que o treinamento padrão mais definição pública de metas e o treinamento padrão sozinho (a condição de linha de base). Para outros exemplos do delineamento de tratamentos alternados, ver Shayne *et al.* (2012), Cariveau *et al.* (2016); Heinicke *et al.* (2016).

Como Sidman (1960) sugeriu, é possível usar o delineamento de tratamentos alternados para estudar os efeitos de uma variável independente específica sobre diferentes topografias de comportamento. Por exemplo, Ming e Martin (1996) usaram um delineamento de tratamentos alternados para estudar os efeitos da autofala sobre duas topografias diferentes de patinação artística.

Um possível problema com o delineamento de tratamentos alternados é que os tratamentos podem interagir; ou seja, um dos tratamentos pode produzir um efeito porque o outro produziu ou não (*i. e.*, um efeito de generalização ou contraste – discutido mais adiante neste livro). Em muitos estudos que usam o delineamento de tratamentos alternados, ocorreram interações (p. ex., Hains e Baer, 1989).

ANÁLISE E INTERPRETAÇÃO DE DADOS

Os pesquisadores que utilizam os desenhos experimentais de modificação do comportamento descritos neste capítulo geralmente não usam grupos-controle e técnicas estatísticas que são comumente usados por outros pesquisadores que estudam o comportamento humano. Isso não quer dizer que analistas comportamentais aplicados nunca usem médias de grupo ou testem a significância estatística das diferenças entre grupos. Em geral, no entanto, os analistas comportamentais aplicados estão mais interessados em entender e melhorar o comportamento de indivíduos do que em médias de grupo (ver Blampied, 2013; Sidman, 1960). A avaliação do efeito de um tratamento específico costuma se basear em dois grandes conjuntos de critérios: científico e prático. Critérios científicos são as diretrizes que um pesquisador usa para avaliar se houve uma demonstração convincente de que o tratamento foi responsável por produzir um efeito na variável dependente. Esse julgamento é comumente feito inspecionando-se visualmente um ou mais gráficos dos resultados. Podemos compreender melhor os problemas ao decidir se um tratamento produziu um efeito na variável dependente examinando a Figura 4.6. Observe que há um efeito claro e grande no gráfico 1, um efeito confiável, embora pequeno, no gráfico 2, e efeitos questionáveis nos gráficos restantes.

Sete diretrizes são comumente usadas para inspecionar dados e julgar se o tratamento afetou a variável dependente. A confiança de que um efeito ocorreu é maior (a) quanto mais vezes ele for replicado, (b) quanto menor for o número de pontos de sobreposição entre as fases de linha de base e de tratamento, (c) quanto mais cedo o efeito ocorrer após a introdução do tratamento, (d) quanto maior for o efeito em comparação com a linha de base, (e) quanto mais precisamente os procedimentos do tratamento forem especificados, (f) quanto mais confiáveis forem as medidas de resposta e (g) quanto mais consistentes forem os achados com os dados existentes e as teorias comportamentais aceitas. Para uma discussão mais detalhada sobre procedimentos de inspeção visual, ver Bourret e Pietras (2013). Para uma discussão sobre um problema da inspeção visual de dados, ver Fisch (1998). Para uma descrição de um auxílio visual e um programa de treinamento de equipe para melhorar a confiabilidade e a validade da inspeção visual de desenhos de caso único, ver Fisher *et al.* (2003).

Para avaliar o impacto prático do tratamento, é necessário considerar mais do que as diretrizes científicas para julgar o efeito do tratamento sobre o comportamento. Se o gráfico 2 na Figura 4.6 fosse um gráfico de comportamento autolesivo, uma relação causa-efeito confiável poderia ter sido demonstrada, mas poderia ter pouca significância clínica. Se o indivíduo ainda estivesse exibindo comportamento autolesivo durante as fases de tratamento, os responsáveis por essa pessoa não estariam satisfeitos. Julgamentos sobre a importância prática da mudança de comportamento são chamados *julgamentos de eficácia clínica ou importância social*. Às vezes, esses julgamentos também são chamados *tamanho do efeito*; no entanto, esses termos geralmente se referem a medidas estatísticas de variabilidade relativa.

Um conceito relacionado com a importância prática é o de **validade social**. Wolf (1978) sugeriu que os modificadores de comportamento precisam validar socialmente seu trabalho em pelo menos três níveis: (a) a extensão em que os comportamentos-alvo são realmente os mais importantes para o cliente e para a sociedade; (b) a aceitabilidade dos procedimentos utilizados pelo cliente, sobretudo quando procedimentos menos invasivos podem alcançar resultados aproximadamente semelhantes; e (c) a satisfação dos clientes ou de seus entes queridos com os resultados. Um procedimento de validação social envolve avaliação subjetiva, na qual clientes ou seus entes queridos são questionados sobre sua satisfação com os objetivos, procedimentos e resultados. Outro procedimento de validação social envolve testes de preferência para determinar qual de duas ou mais alternativas os clientes preferem. Em um terceiro procedimento, os objetivos e os resultados do tratamento são validados socialmente, comparando-se os resultados dos clientes com o desempenho médio de um grupo de comparação, como colegas normais. A validação social permite que os modificadores de comportamento ajudem seus clientes a funcionarem plenamente na sociedade. Outras estratégias para garantir a responsabilidade dos especialistas em tratamento são discutidas no Capítulo 29.

Kennedy (2002a) propôs que os métodos de validação social, como os descritos neste capítulo, sejam complementados com informações sobre a manutenção da mudança produzida pelo tratamento. Ele argumentou que (a) esse método de medição da validade social é mais objetivo do que muitos outros métodos propostos e que (b) uma mudança de comportamento que não é mantida dificilmente pode ser considerada socialmente válida, a despeito da avaliação subjetiva das pessoas no ambiente do cliente. Por outro lado, a manutenção de uma mudança de comportamento no ambiente físico e social do cliente é um bom indicador de que a mudança de comportamento é funcional para o cliente e para a sociedade. Kennedy (2002b) também propôs vários outros indicadores de validade social relacionados com a diminuição do comportamento problemático. Embora haja um consenso generalizado entre especialistas em comportamento sobre a importância da validade social, ainda há pouca concordância sobre a melhor forma de defini-la (p. ex., ver Snodgrass *et al.*, 2022).

DELINEAMENTOS DE CASO ÚNICO *VERSUS* DE GRUPO-CONTROLE

Os delineamentos experimentais descritos neste capítulo são conhecidos como *delineamentos experimentais de caso único, de sujeito único* ou *intrassujeito*. Na maioria desses delineamentos, um indivíduo serve como seu próprio controle, no sentido de que o desempenho desse indivíduo na ausência do tratamento é comparado com o desempenho do mesmo indivíduo durante o tratamento. Os delineamentos de grupo-controle ou entre sujeitos são os mais comuns em muitas áreas da psicologia.

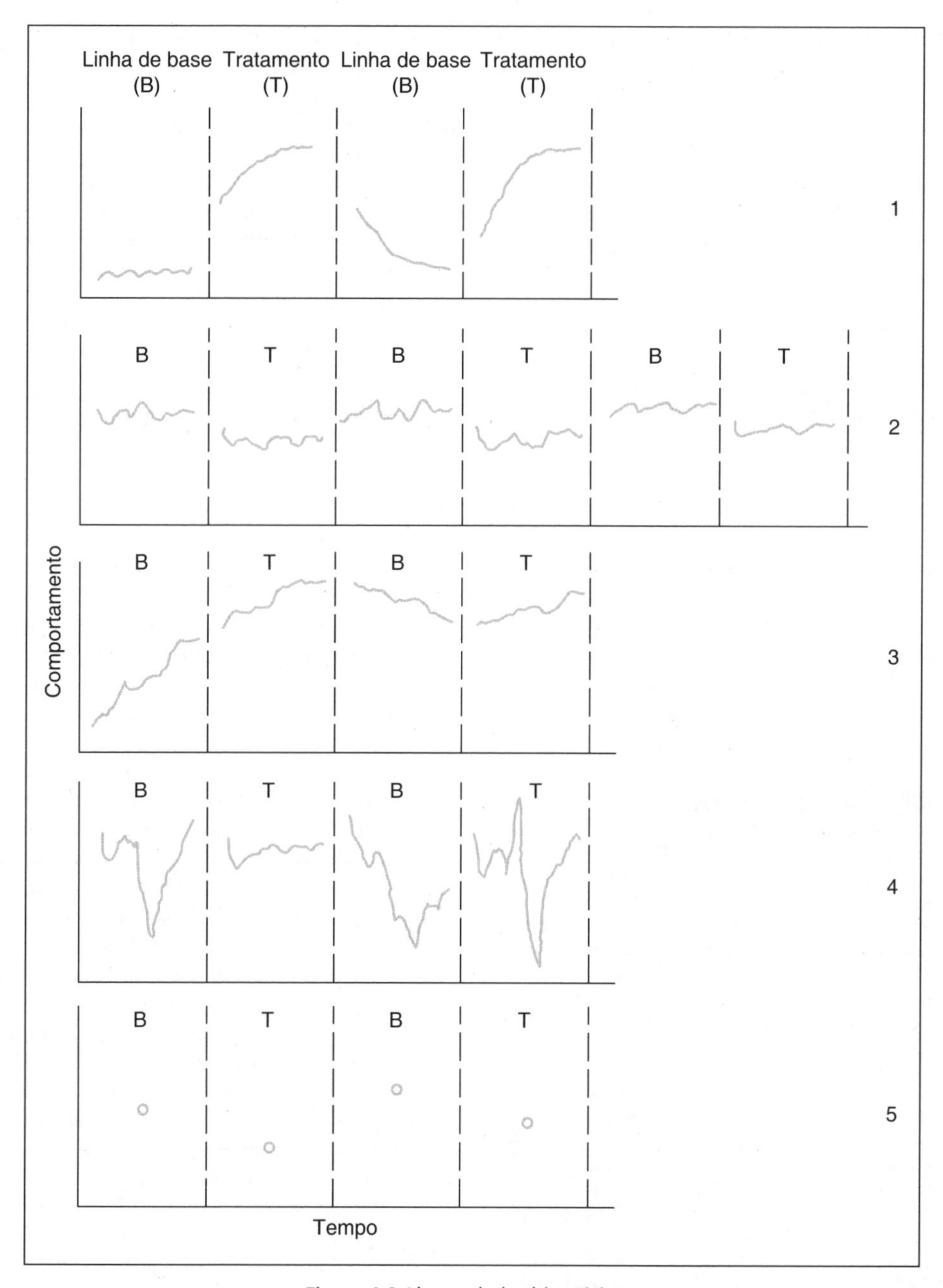

Figura 4.6 Alguns dados hipotéticos.

Um delineamento de grupo-controle geralmente envolve pelo menos dois grupos, um que recebe o tratamento e outro que não recebe. O desempenho médio dos dois grupos é, então, comparado de acordo com procedimentos estatísticos apropriados. Os delineamentos de caso único são mais populares do que os delineamentos de grupo-controle entre os modificadores de comportamento por vários motivos. Primeiro, eles se concentram na medição repetida do desempenho de um indivíduo ao longo das sessões e, portanto, fornecem informações valiosas sobre a variação individual no desempenho. Delineamentos de grupo, com sua ênfase no desempenho médio dos grupos, normalmente coletam dados em um único ponto no tempo, em vez de monitorar continuamente os indivíduos ao longo do tempo. Segundo, pesquisadores que utilizam delineamentos de caso único normalmente precisam localizar apenas alguns indivíduos com o mesmo problema para avaliar um tratamento.

Os pesquisadores que utilizam delineamentos de grupo com frequência enfrentam dificuldades para encontrar um número suficiente de indivíduos com o mesmo problema para formar diferentes grupos. Terceiro, como todos os indivíduos em um delineamento de caso único recebem o tratamento em um momento ou outro, esses delineamentos são menos vulneráveis ao problema ético da suspensão do tratamento, e o pesquisador não enfrenta resistência dos clientes ou de seus entes queridos para participar de um grupo-controle sem tratamento. Quarto, como os delineamentos de caso único se baseiam na lógica de replicação, em vez de na lógica de amostragem dos delineamentos de grupo (Smith, 1988), eles não são prejudicados pelas suposições estatísticas exigidas pelos delineamentos de grupo. Muitas vezes, na pesquisa que usa delineamentos de grupo, essas suposições não são avaliadas ou não são atendidas (Hoekstra *et al.*, 2012). Modificadores de comportamento favorecem delineamentos de caso único, e há excelentes livros sobre o tópico disponíveis, incluindo Bailey e Burch (2018), Barlow *et al.* (2009), Johnston *et al.* (2019), Kazdin (2021), Morgan e Morgan (2009) e Richards *et al.* (2014).

Questões para aprendizagem

21. Relacionando com um exemplo, descreva brevemente o delineamento de critério móvel.
22. Relacionando com um exemplo, descreva brevemente um delineamento de tratamentos alternados. Qual é outro nome para esse delineamento? Explique quando e por que esse nome pode ser preferido.
23. Descreva brevemente um possível problema com o delineamento de tratamentos alternados.
24. Em uma ou duas frases cada, explique os critérios científicos e práticos para avaliar os efeitos de um tratamento específico. Certifique-se de distinguir entre os dois em sua resposta.
25. Descreva por que é difícil tirar conclusões sobre os efeitos dos tratamentos nos gráficos 3, 4 e 5 da Figura 4.6.
26. Quais sete critérios lhe dariam a máxima confiança de que o tratamento em um delineamento ABAB produziu um efeito na variável dependente?
27. Quais são os três níveis de validação social e por que eles são importantes?
28. O que Kennedy propôs para melhorar os métodos de validação social?
29. Por que você acha que a validade social é difícil de definir?
30. Liste quatro razões pelas quais muitos modificadores de comportamento preferem delineamentos de caso único a delineamentos de grupo.

RESUMO DO CAPÍTULO 4

Existem seis delineamentos comumente utilizados em pesquisas de modificação de comportamento. Um *delineamento de reversão-replicação* inclui uma fase de linha de base, seguida respectivamente por uma fase de tratamento, por uma reversão de volta à fase de linha de base e, em seguida, pela replicação da fase de tratamento. Um *delineamento de linha de base múltipla entre comportamentos* envolve o estabelecimento de linhas de base para dois ou mais comportamentos de um indivíduo, seguido pela aplicação do tratamento sequencialmente a esses comportamentos. Um *delineamento de linha de base múltipla entre situações* envolve o estabelecimento de linhas de base para um comportamento de um indivíduo em duas ou mais situações, de forma simultânea, seguido pela aplicação do tratamento ao comportamento de forma sequencial em cada uma dessas situações. Um *delineamento de linha de base múltipla entre indivíduos* envolve o estabelecimento de linhas de base para um comportamento específico em duas ou mais pessoas, seguido pela aplicação do tratamento sequencialmente a cada pessoa. Com um *delineamento de critério móvel*, o controle que um tratamento exerce sobre o comportamento de um indivíduo é avaliado pela introdução de mudanças sucessivas no critério comportamental para a aplicação do tratamento. Os cinco delineamentos descritos podem ser usados para demonstrar que um tratamento específico foi responsável por uma mudança de comportamento. Um *delineamento de tratamentos alternados ou multielementos* envolve a alternância de duas ou mais condições de tratamento, uma condição por sessão, para comparar seus efeitos sobre um único comportamento de um único indivíduo.

Os pesquisadores que utilizam esses delineamentos inspecionam visualmente os gráficos dos dados e seguem sete diretrizes para decidir se o tratamento afetou o comportamento-alvo. Duas dessas diretrizes são o tamanho do efeito e o número de replicações bem-sucedidas do efeito. Os pesquisadores de modificação de comportamento também avaliam comumente a *validade social* do efeito, que avalia como os clientes e seus entes queridos percebem os objetivos do tratamento, os procedimentos utilizados e os resultados desses procedimentos.

Exercícios de aplicação

A. Exercício envolvendo outras pessoas

Suponha que você esteja ensinando alguns alunos sobre como realizar pesquisas que utilizam os delineamentos de reversão-replicação e linha de base múltipla. Seus alunos devem fazer um projeto de pesquisa no qual selecionam uma variável dependente e avaliam os efeitos de algum tratamento nessa variável. Sua tarefa como professor é analisar o material deste capítulo para preparar um guia que ajudará os alunos a escolherem o delineamento experimental apropriado. Seu guia deve ter a forma de uma série de afirmações se–então, que levarão a um delineamento específico. Por exemplo, se (a) e (b), então escolha um delineamento de reversão; mas se (c), (d) e (e), então escolha um delineamento de linha de base múltipla, e assim por diante.

B. Exercício de automodificação

Como descrito no Capítulo 3, o autorregistro sem nenhum procedimento comportamental adicional pode às vezes levar a mudanças de comportamento. O fenômeno é chamado de *reatividade* – a tendência de a consciência a respeito dos dados atuais influenciar os dados futuros. Suponha que você tenha decidido descrever um procedimento de autorregistro e, depois, investigá-lo como um tratamento. Descreva um delineamento plausível de linha de base múltipla que lhe permita avaliar o autorregistro como um tratamento eficaz de autocontrole.

Confira as respostas das Questões para aprendizagem do Capítulo 4

Parte 2

Princípios e Procedimentos Comportamentais Básicos

Toda ciência aplicada segue um conjunto de princípios e procedimentos básicos que foram estabelecidos por meio de pesquisas empíricas. A modificação de comportamento não é exceção – a ciência na qual ela se baseia é chamada *aprendizagem*. Na Parte 2, abordaremos os princípios e procedimentos básicos da modificação de comportamento estabelecidos por meio da ciência básica da aprendizagem: condicionamento respondente ou clássico, condicionamento operante, reforço positivo, extinção, reforço condicionado, discriminação e generalização de estímulos, modelagem, esquemas de reforço, esvanecimento, encadeamento, reforço diferencial, punição, condicionamento por fuga e esquiva e generalidade da mudança de comportamento. Para fornecer breves panoramas de como esses princípios são aplicados, cada um dos capítulos da Parte 2 se inicia com um relato de caso que abrange áreas como desenvolvimento infantil, deficiências de desenvolvimento, transtorno do espectro autista, educação infantil e treinamento ou adaptação cotidiana normal de adultos. Os princípios básicos de uma ciência operam independentemente de estarmos ou não familiarizados com eles e de estarmos ou não utilizando-os da melhor maneira possível. Sendo assim, também forneceremos exemplos de como o princípio básico funciona na vida cotidiana.

5 Condicionamento Respondente (Clássico, Pavloviano) de Comportamento Reflexo

Objetivos de aprendizagem

Após ler este capítulo, o leitor será capaz de:

- Definir *condicionamento respondente*, *condicionamento de ordem superior*, *extinção respondente* e *contracondicionamento*
- Explicar como o condicionamento respondente está envolvido na digestão, circulação e respiração
- Descrever a generalização e discriminação do comportamento respondente
- Discutir várias aplicações dos princípios de condicionamento respondente
- Distinguir entre reflexos e comportamento operante, e entre condicionamento respondente e condicionamento operante.

Sinto medo quando inicio a posição de decolagem!

Desenvolvimento do medo em uma jovem patinadora artística[1]

Susan, uma patinadora artística novata de competições com 12 anos, estava treinando um salto duplo *axel* em seu treino de patinação. Ela deu a volta na pista patinando, posicionou-se para decolar em seu duplo *axel* e iniciou o salto. Enquanto girava no ar, percebeu de repente que estava inclinada e caindo. Imediatamente, ela sentiu um medo intenso (uma descarga de adrenalina, falta de ar e coração batendo forte) e caiu no gelo com força. Essa foi a terceira queda feia de Susan ao tentar um duplo *axel* na última semana. Ela se levantou e se recompôs, determinada a tentar o duplo *axel* pelo menos mais 1 vez antes de ir embora. Entretanto, cada vez que se posicionava para a decolagem, ela sentia um forte medo e não conseguia se convencer a tentar o salto durante o restante daquele treino.

PRINCÍPIOS E PROCEDIMENTOS COMPORTAMENTAIS

Os princípios e procedimentos comportamentais são meios de manipular estímulos para influenciar o comportamento. Conforme mencionado no Capítulo 1, princípios são procedimentos que têm efeito consistente e não podem ser divididos em procedimentos ainda mais simples. Os procedimentos comportamentais são combinações de princípios comportamentais. Neste capítulo, descrevemos os princípios e procedimentos básicos de *condicionamento respondente*, também chamado *condicionamento pavloviano* (em homenagem a Ivan Pavlov, o fisiologista russo que o estudou) ou *condicionamento clássico* (por ter sido o primeiro tipo de condicionamento a ser identificado). Aqui, estes três termos são usados como sinônimos.

PRINCÍPIO DO CONDICIONAMENTO RESPONDENTE

Alguns dos nossos comportamentos, como os sentimentos de medo de Susan ao cair em seu

[1]Este caso foi descrito em Martin (2019).

salto duplo *axel*, parecem ser reflexos, sendo chamados **comportamentos respondentes**. Trata-se de comportamentos (a) eliciados por estímulos prévios e não são afetados por suas consequências; (b) são chamados de involuntários; e (c) geralmente envolvem músculos lisos e glândulas. Entre os exemplos estão salivar quando há comida na boca, suar quando exposto a altas temperaturas e sentir o coração batendo forte ao cair. Comportamentos respondentes são influenciados pelo condicionamento respondente, o qual se baseia em *reflexos incondicionados*. Um **reflexo incondicionado** é uma relação de estímulo-resposta em que um estímulo automaticamente elicia uma resposta à parte de qualquer aprendizado prévio. Em outras palavras, os reflexos não condicionados são inatos. Esse estímulo é chamado **estímulo incondicionado (US)**. Uma resposta eliciada por um US é chamada **resposta incondicionada (UR)**. Ou seja, um reflexo incondicionado consiste em um US e uma UR. No caso de Susan, cair foi um US, e seu sentimento de ansiedade foi uma UR. Exemplos de reflexos incondicionados estão listados na Tabela 5.1.

Para cada resposta na Tabela 5.1, existem estímulos que não os eliciam. Nesse sentido, tais estímulos são considerados neutros. Por exemplo, considere que um estímulo em particular (como o tema de abertura da 5ª Sinfonia de Beethoven) seja um **estímulo neutro (NS)** com relação à resposta de salivação. O **princípio do condicionamento respondente** estabelece que, se um NS (o tema de abertura da 5ª Sinfonia de Beethoven) é seguido, em um período de tempo muito curto, por um US (alimento na boca) que elicia uma UR (salivação), então o NS prévio (o tema de Beethoven) também tenderá a eliciar a resposta de salivação no futuro. Certamente, pode ser necessário mais do que um único pareamento da música com a comida para que isto passe a eliciar qualquer quantidade perceptível de saliva. A Figura 5.1 ilustra o condicionamento respondente.

Um **reflexo condicionado** é uma relação estímulo-resposta em que o primeiro elicia o segundo por causa de um condicionamento respondente prévio. Se uma resposta de salivação fosse de fato condicionada ao tema de abertura da 5ª Sinfonia de Beethoven, essa relação estímulo-resposta seria referida como *reflexo condicionado*. O estímulo em um reflexo condicionado é chamado **estímulo condicionado (CS)** pois elicia uma resposta por ser um estímulo que foi pareado a outro que elicia a resposta. Em um reflexo condicionado, a resposta é referida como **resposta condicionada (CR)**, sendo definida como uma resposta eliciada por um CS. No caso de Susan, posicionar-se para a decolagem para o duplo *axel* tornou-se um CS, provocando um sentimento de ansiedade como uma CR. É possível ver como o condicionamento respondente pode explicar as reações a certas palavras (como o nome da pessoa amada) ou até a um único número (como um "0" em uma prova). Outros exemplos incluem corar depois de cometer uma gafe em público ou ficar sexualmente excitado ao assistir a um filme pornográfico (ver em Lattal (2013) uma revisão da pesquisa sobre os mecanismos subjacentes ao condicionamento pavloviano).

Fatores que influenciam o condicionamento respondente

Existem diversas variáveis que influenciam o desenvolvimento de um reflexo condicionado.

Tabela 5.1 Exemplos de reflexos incondicionados.

Estímulo incondicionado	Resposta incondicionada
Alimento na boca	Salivação
Luz intensa	Cerramento de pálpebras, constrição pupilar
Temperatura elevada	Sudorese
Temperatura baixa	Tremor
Falta de suporte (queda)	Prender a respiração, batimentos cardíacos acelerados
Dedo na garganta	Ânsia, vômito
Sons altos	Prender a respiração, batimentos cardíacos acelerados
Estimulação genital	Lubrificação vaginal ou ereção peniana

Condicionamento respondente

Procedimento: parear estímulo neutro e estímulo incondicionado

Muitos pareamentos { NS (som de música clássica)
US (comida na boca) → UR (salivação)

Resultado: o estímulo neutro adquire a habilidade de eliciar resposta

CS (som de música clássica) → CR (salivação)

Figura 5.1 Modelo e condicionamento respondente. NS: estímulo neutro; US: estímulo incondicionado; UR: resposta incondicionada; CS: estímulo condicionado; CR: resposta condicionada.

Primeiro, *quanto maior o número de pareamentos de um estímulo condicionado com um incondicionado, maior é a habilidade do primeiro de eliciar a CR*, até que a força máxima do reflexo condicionado seja alcançada. Se uma criança se assustou várias vezes com um cachorro que latia alto, a visão do cachorro irá eliciar um medo mais forte do que o medo que a criança sentiria se tivesse se assustado ao ver o cachorro latindo alto apenas uma vez.

Em segundo lugar, *o condicionamento mais forte ocorre quando o CS precede o US em cerca de meio segundo, em vez de por um tempo maior ou se ocorrer após o US*. Neste último caso, é difícil atingir o condicionamento (chamado *condicionamento retrógrado*). Se uma criança vê um cachorro e este imediatamente late alto, a visão do animal provavelmente se tornará um CS, e o medo uma CR. Entretanto, se a criança ouvir o latido de um cachorro que está fora de sua visão e, após alguns segundos, vir um cachorro virando a esquina, o medo causado pelo latido provavelmente não estará condicionado à visão do cachorro.

Em terceiro lugar, *um CS adquire maior habilidade de eliciar uma CR se ele sempre, e não ocasionalmente, for pareado com US*. Se um casal toda vez acender uma vela no quarto pouco antes de terem relação sexual e não em outros momentos, então a chama provavelmente se tornará um CS eliciador de excitação sexual. Se eles acenderem uma vela no quarto todas as noites, mas somente terem relação sexual uma ou duas noites por semana, então a chama será um CS de excitação sexual mais fraco.

Quarto, *quando vários estímulos neutros precedem um US, aquele que estiver mais consistentemente associado ao US é o que mais provavelmente se tornará um CS forte*. Uma criança pode presenciar tempestades em que nuvens escuras e relâmpagos são seguidos de estrondos de trovões, e isso causa medo. Em outras ocasiões, a criança vê nuvens escuras; contudo, sem relâmpagos nem trovões. A criança irá adquirir um medo maior de relâmpagos do que de nuvens escuras, porque o relâmpago é consistentemente pareado com o trovão, enquanto as nuvens escuras isoladas não o são.

Por último, *o condicionamento respondente irá se desenvolver de maneira mais rápida e intensa do que o CS ou o US, ou ambos serão intensos, em vez de fracos* (Lutz, 1994; Polenchar *et al.*, 1984). Uma criança irá adquirir um medo maior de relâmpago se este for excepcionalmente luminoso e o trovão estrondoso, do que se um ou ambos forem relativamente fracos.

CONDICIONAMENTO DE ORDEM SUPERIOR

Suponha que alguém esteja condicionado a salivar ao ouvir o tema de abertura da 5ª Sinfonia de Beethoven, por acompanhá-lo com comida muitas vezes. A música, portanto, tornou-se um CS para salivação. Agora, suponhamos que, no decorrer de vários testes, pouco antes da apresentação do tema sozinho (*i. e.*, sem ser

Questões para aprendizagem

1. Quais são as outras duas denominações do condicionamento respondente?
2. Quais são as três características do comportamento respondente?
3. Defina *reflexo incondicionado* e dê três exemplos.
4. Descreva o princípio do condicionamento respondente. Faça o diagrama claro de um exemplo de condicionamento respondente que não esteja diagramado no texto e que use um dos reflexos incondicionados da Tabela 5.1.
5. Defina *reflexo condicionado* e descreva um exemplo.
6. Defina e forneça um exemplo dos seguintes termos: *estímulo incondicionado, resposta incondicionada, estímulo condicionado* e *resposta condicionada*.
7. Resumidamente, descreva as cinco variáveis (uma em cada linha) que influenciam o desenvolvimento de um reflexo condicionado.

acompanhado de comida), uma luz amarela fosse acesa. A luz é um estímulo neutro para salivação e nunca havia sido pareada com comida. Após alguns pareamentos de luz com música (um CS estabelecido para a resposta de salivação), a própria luz passará a eliciar a salivação. O procedimento em que um estímulo neutro se torna um CS por ser pareado com outro CS, em vez de com um US, é conhecido como **condicionamento de ordem superior**. O pareamento da música com a comida é referido como condicionamento de *primeira ordem*. O paramento da luz com a música é referido como condicionamento de *segunda ordem*. Embora o condicionamento de terceira ordem tenha sido relatado (Pavlov, 1927), parece ser difícil haver condicionamentos mais elevados. O modelo de condicionamento de ordem superior é apresentado na Figura 5.2.

Vejamos como o condicionamento de ordem superior poderia se aplicar ao dia a dia. Suponha que uma criança tenha contato com alguns estímulos dolorosos, como tocar um fogão quente em uma ocasião e um espinho afiado em outra. Cada estímulo doloroso pode ser considerado um US causador de medo como UR. Suponhamos ainda que, a cada vez que houve um estímulo doloroso, o pai ou a mãe da criança tenha gritado: "Cuidado! Você vai se machucar!" É provável que esse alerta tenha se tornado um CS eliciador de medo. Suponha também que, posteriormente, o responsável pela criança repita o alerta quando ela subir uma escada, ficar em pé em cima de uma cadeira ou subir no balcão da cozinha. Os pareamentos do alerta com essas outras atividades podem influenciar a criança, fazendo-a desenvolver um medo generalizado de altura por condicionamento de ordem superior. Os estágios do condicionamento foram os seguintes: 1º, alertas pareados com estímulos dolorosos; 2º, estar em lugar alto foi pareado com alertas. Resultado: estar em lugar alto passou a eliciar uma resposta de medo similar àquela eliciada pelos estímulos dolorosos.

RESPOSTAS CONDICIONADAS RESPONSIVAMENTE COMUNS

Por meio da evolução, os seres humanos passaram a nascer com reflexos incondicionados, como os listados na Tabela 5.1. Esses reflexos são importantes para a nossa sobrevivência, reprodução e funcionamento biológico diário. Além disso, também evoluímos com uma suscetibilidade ao condicionamento pavloviano. O fato de as respostas reflexas poderem ser condicionadas a estímulos previamente neutros é biologicamente adaptativo. A nossa capacidade de sermos condicionados a secretar saliva (e outros sucos gástricos) diante da visão de comida, por exemplo, nos prepara para digerirmos refeições mais rapidamente do que a digeriríamos na ausência de algo como o condicionamento pavloviano. Vamos, então, abordar mais detalhadamente algumas das principais categorias de reflexos condicionados.

Sistema digestivo

Além da salivação, uma reação estomacal, sensação de náusea e defecação são respostas digestivas suscetíveis ao condicionamento pavloviano. Um estudante experimenta a sensação de "frio na barriga" (CR) antes de fazer uma apresentação em sala de aula (CS). Após a experiência da quimioterapia, alguns pacientes passam a sentir náusea (CR) enquanto aguardam na sala de terapia pelo início do tratamento (CS). Uma experiência extremamente assustadora (CS) pode causar defecação por ansiedade (CR).

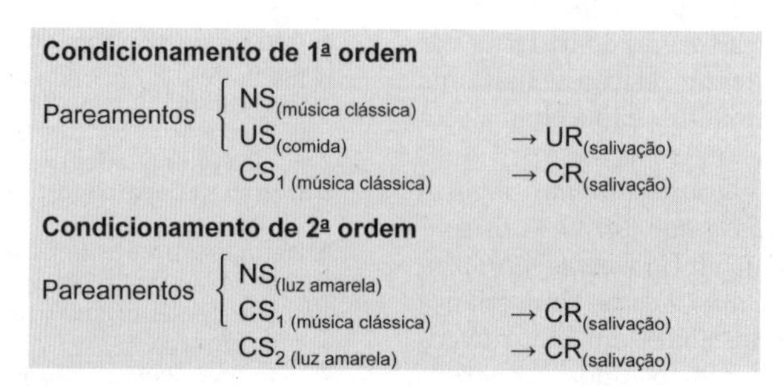

Figura 5.2 Modelo de condicionamento de ordem superior. NS: estímulo neutro; US: estímulo incondicionado; CS: estímulo condicionado; UR: resposta incondicionada.

Quando um dos autores tinha 16 anos, conheceu o gim com limão em uma festa. Exceto pela garrafa de cerveja ocasional, ele não estava acostumado a tomar bebida alcoólica. Os primeiros goles de gim com limão foram agradáveis e não produziram nenhuma reação imediata de embriaguez. Em cerca de 15 minutos, ele tinha bebido vários mililitros da mistura. Aproximadamente 1 hora depois, ele se sentiu extremamente mal. Desde essa ocasião, o cheiro ou gosto de gim com limão instantaneamente lhe causam náuseas. Até mesmo a lembrança faz seu estômago começar a reclamar. Nesse exemplo, a grande quantidade de gim com limão no estômago (US) causou náuseas (UR). Embora o cheiro e o gosto desse drinque tenham sido pareados com as respostas reflexas de náusea e vômito apenas uma única vez, e apesar de ter decorrido um longo intervalo de tempo entre os estímulos previamente neutros (o gosto e o cheiro de gim com limão) e a experiência de náuseas, o condicionamento pavloviano aconteceu. O gosto e o cheiro se tornaram um CS para a náusea, e foi estabelecida uma *aversão de paladar condicionada*, ou seja, uma repulsa ao gim com limão. O fenômeno da aversão de paladar condicionada é uma exceção à regra de que o condicionamento respondente é ineficaz se houver um longo intervalo de tempo entre o CS e o US. A evolução aparentemente propiciou um longo intervalo entre o CS e o US porque substâncias tóxicas levam tempo para produzir efeito no corpo. Isso também é uma exceção para que haja muitas triagens de condicionamento para que um reflexo condicionado forte seja formado. A evolução aparentemente propiciou apenas uma triagem de condicionamento efetiva nesse caso, porque uma única ingestão de uma substância tóxica pode ser extremamente prejudicial ou até fatal.

Sistema circulatório

Frequência cardíaca elevada e fluxo sanguíneo estão envolvidos em muitos reflexos condicionados. A sensação de constrangimento em um contexto social, ouvir por acaso tópicos picantes sendo discutidos, ter pensamentos socialmente inapropriados, por exemplo, todos são CS para rubor em muitos indivíduos, conforme o sangue flui para as camadas externas da pele. Há envolvimento do sistema circulatório quando uma cena assustadora em um filme faz o coração disparar, bem como quando fotografias de pessoas nuas eliciam uma frequência cardíaca elevada e a intensificação do fluxo sanguíneo para os genitais.

Sistema respiratório

O condicionamento pavloviano também está relacionado a tosse, espirros e crises asmáticas – reflexos do sistema respiratório. Suponha que a tia de uma pessoa, que raramente a visita, resolveu aparecer justamente quando essa pessoa estava tendo uma crise de asma. É possível que a tia se torne um CS para a tosse e os espirros característicos da reação asmática. Dekker e Groen (1956) relataram que respostas asmáticas foram eliciadas por CS como a visão de cavalos, aves engaioladas, peixe-dourado e viaturas de polícia.

Sistemas imunológicos

Os procedimentos de condicionamento pavloviano podem afetar o funcionamento de nossos sistemas imunológicos. Ader e Cohen (1982) descobriram que o pareamento de sacarina com um medicamento imunossupressor estabeleceu a sacarina como um estímulo condicionado que provoca a imunossupressão em ratos. Outros estudos também demonstraram o condicionamento clássico de vários aspectos das respostas imunológicas em outras espécies, inclusive em seres humanos (Ader e Cohen, 1993; Maier *et al.*, 1994; Schedlowski e Pacheco-Lopez, 2010; Tekampe *et al.*, 2017). Para um exemplo com seres humanos, considere que a quimioterapia, um tratamento padrão para o câncer, envolve agentes químicos que são imunossupressores. Em um estudo, realizou-se quimioterapia repetida na mesma sala do mesmo hospital em mulheres com câncer de ovário. Elas acabaram apresentando imunossupressão depois de simplesmente serem levadas para aquela sala antes de receberem a quimioterapia (Bovjberg *et al.*, 1990). Pesquisas futuras podem levar a maneiras de usar o condicionamento pavloviano para fortalecer o sistema imunológico. A pesquisa sobre os efeitos dos processos de condicionamento no funcionamento do sistema imunológico do corpo é chamada psicoimunologia ou psiconeuroimunologia (Daruna, 2004).

Outros sistemas

Outros sistemas do corpo humano - como os sistemas urinário e reprodutor - também são suscetíveis ao condicionamento pavloviano. Seligman (1971) cunhou o termo *preparo biológico* para se referir à predisposição dos membros de uma espécie a serem mais prontamente condicionados a alguns estímulos neutros do que os outros. Por exemplo, seres humanos aprendem mais rapidamente a ter medo de cobras e insetos, que representam uma ameaça à nossa sobrevivência, do que de flores, que não constituíam ameaça aos nossos ancestrais distantes (Ohman *et al.*, 1984). A aversão de paladar condicionada é outro exemplo de preparo biológico: a forte tendência de o paladar conduzir a náuseas diminui as chances de alguém vir a consumir repetidamente uma comida que possa fazer mal e, talvez, até causar a morte.

PROCEDIMENTOS PARA ELIMINAR UM REFLEXO CONDICIONADO

Uma vez desenvolvido um reflexo condicionado, este permanece para sempre conosco? Não necessariamente. Ele pode ser eliminado por meio de um dos dois procedimentos a seguir.

Extinção respondente

O princípio da **extinção respondente** envolve o procedimento de apresentar um CS enquanto o US é sustentado, tendo como resultado um CS que perde gradativamente a capacidade de eliciar a CR. Suponha que uma criança toque um cachorro grande e este imediatamente solte um latido muito alto, assustando-a. Como função do pareamento do latido com a visão do cachorro, a visão isolada do animal passou a eliciar choro e tremor. Trata-se de uma CR pavloviana, a qual rotulamos como *medo*. Imagine, agora, que o pai/mãe leve a criança a um *show* de cães. Lá, embora existam muitos cães grandes, todos foram treinados a andarem e sentarem quietos durante a exibição. O contato repetido com esses cães (sem pareá-los com latidos) ajudará a criança a superar o medo de ver os animais. Ou seja, ver os cães perde sua capacidade de atuar como um CS eliciador da reação de medo como uma CR. Muitos temores que adquirimos durante a infância - medo de agulha, do escuro, de relâmpago etc. - sofrem extinção respondente conforme envelhecemos. Isso acontece devido à exposição repetitiva na ausência de consequências aversivas. A Figura 5.3 ilustra a extinção respondente.

A extinção respondente é a razão pela qual é difícil obter o condicionamento de ordem superior além da segunda ordem. No exemplo apresentado na Figura 5.2, um novo NS - uma luz amarela - é pareado com as notas de abertura da Quinta Sinfonia de Beethoven (CS_1). Como o CS_1 provoca salivação, o condicionamento de ordem superior de segunda ordem ocorreria se a luz amarela provocasse salivação devido ao seu pareamento com o CS_1. As notas de abertura da Quinta Sinfonia de Beethoven são então extintas como um CS, pois não estão mais sendo pareadas com a comida. À medida que os testes de condicionamento de ordem superior prosseguem, a extinção faz com que o CS_1 se torne cada vez menos eficaz no procedimento de condicionamento de ordem superior. Por fim, o CS_1 perde o poder que tinha de provocar o condicionamento de ordem superior, que se torna um procedimento autodestrutivo - um processo no qual suas propriedades inerentes o impedem de atingir o fim para o qual foi projetado.

Contracondicionamento

Uma CR é eliminada de maneira mais efetiva se uma nova resposta for condicionada ao CS ao mesmo tempo em que a primeira CR estiver sendo extinguida. Esse processo é chamado **contracondicionamento**. Em outras palavras, um CS perderá sua habilidade de eliciar uma

Extinção respondente

Procedimento: apresentar o estímulo condicionado repetidamente, na ausência de pareamentos adicionais com o estímulo incondicionado:

Triagens repetidas → CS (visão do cachorro) → CR (medo)

Resultado: o estímulo condicionado perde a habilidade de eliciar a resposta condicionada:

Estímulo (visão do cachorro) → Ausência da reação de medo

Figura 5.3 Modelo de extinção respondente. CS: estímulo condicionado; CR: resposta condicionada.

CR se for pareado com um estímulo que elicie uma resposta incompatível com ela. Para ilustrar esse processo, vamos reconsiderar o exemplo da criança que adquiriu medo de cachorros. Vamos supor que a criança goste de brincar com um amigo que se tornou um CS que provoca sentimentos de felicidade (uma CR) e que o amigo tenha um cachorro que não late alto. Conforme ela brinca com seu amigo e o cachorro dele, algumas emoções positivas eliciadas pelo amigo se tornarão condicionadas ao cachorro. Essas respostas emocionais condicionadas positivas ajudarão a contrapor as respostas emocionais condicionadas negativas previamente eliciadas por cães e, assim, a eliminar mais rápida e efetivamente as respostas negativas. A Figura 5.4 ilustra o condicionamento e o contracondicionamento.

Questões para aprendizagem

8. Dê um exemplo de condicionamento de ordem superior.
9. Descreva três exemplos de reflexos condicionados, um de cada uma destas categorias: digestão, circulação e respiração.
10. Que reflexo condicionado ocorreu em um estudo sobre quimioterapia para câncer de ovário?
11. Do que se trata o campo da psicoimunologia ou psiconeuroimunologia?
12. Descreva um exemplo de aversão de paladar condicionada.
13. Na sua opinião, por que evoluímos de modo a nos tornarmos suscetíveis à aversão de paladar condicionada?
14. O que é preparo biológico? Dê um exemplo.
15. Discuta, com exemplos, se todos os estímulos são igualmente capazes de se tornarem CS.
16. Estabeleça o procedimento e o resultado do princípio de extinção respondente. Descreva um exemplo que não tenha sido mencionado neste capítulo.
17. Descreva o processo de contracondicionamento. Descreva ou esboce um exemplo que não tenha sido mencionado neste capítulo.

GENERALIZAÇÃO E DISCRIMINAÇÃO DE COMPORTAMENTO RESPONDENTE

Considere o exemplo dado anteriormente, de um cachorro que se tornou um CS ao medo da criança (uma CR), devido ao pareamento da visão desse cachorro com um latido alto. Depois disso, se a criança visse um cachorro diferente, este também a faria sentir medo? Provavelmente, sim. A **generalização de estímulo respondente** ocorre quando um organismo foi condicionado de tal modo que um CS em particular elicia uma CR, e, então, um estímulo similar também elicia essa CR. Por exemplo, suponha que um dentista esteja perfurando uma cavidade na sua boca e isso lhe cause dor, enquanto você permanece sentado na poltrona do consultório. Mais tarde, ao ir ao açougue e ouvir o som da máquina de cortar carne, você se sente encolher. Essa situação exemplifica uma generalização de estímulo respondente.

Entretanto, se você passasse por vários episódios repetidos de pareamento da broca do dentista com alguma dor, e por vários episódios repetidos em que a máquina de corte jamais fosse pareada com dor, então, eventualmente, você apresentaria **discriminação de estímulo respondente**. Um estímulo atua como CS para eliciar uma CR, porque esse estímulo foi pareado com um US eliciador dessa CR. Um estímulo similar não funciona como CS para essa CR por ter sido pareado com processos de extinção. Assim, o indivíduo discrimina entre os dois estímulos. Nós evoluímos para demonstrar generalização de estímulo respondente e discriminação de estímulo respondente, porque esses processos tiveram valor de sobrevivência adaptativa para nossos primeiros ancestrais. Por exemplo, com relação à generalização do estímulo respondente, nos primórdios da humanidade, se ser picado por uma cobra fazia

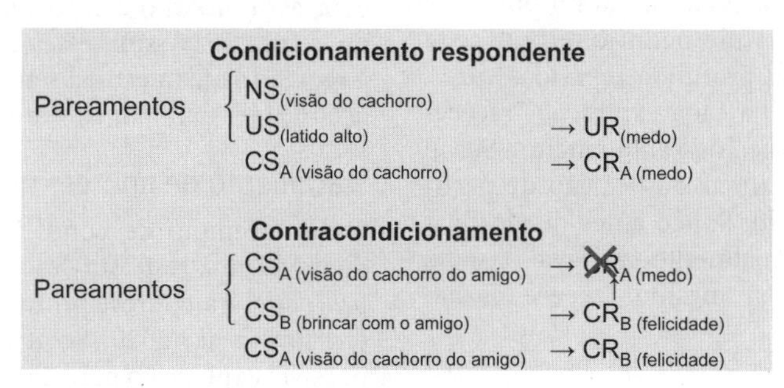

Figura 5.4 Contracondicionamento. NS: estímulo neutro; US: estímulo incondicionado; CS: estímulo condicionado; UR: resposta incondicionada; CR: resposta condicionada.

o indivíduo demonstrar medo de outras cobras, então esse indivíduo era mais propenso a sobreviver. Por outro lado, com relação à discriminação do estímulo respondente, se a visão de um lobo eliciasse medo em uma criança, porém a visão de um cachorro de estimação gradualmente não causasse o mesmo, então isso também teve valor de sobrevivência.

APLICAÇÕES DA EXTINÇÃO E DO CONDICIONAMENTO RESPONDENTE

As aplicações da extinção e do condicionamento respondente evoluíram para controle de alergias, função do sistema imune, reações farmacológicas, excitação sexual, náuseas, pressão arterial, pensamentos e emoções.

Nesta seção, ilustramos sua aplicação a três tipos de problemas.

Tratamento do medo em uma jovem patinadora artística[2]

Conforme descrito no início deste capítulo, Susan estava com medo de tentar o salto duplo *axel* porque já havia sofrido três quedas graves ao tentar saltar. Marcou-se uma consulta para Susan conversar com o psicólogo da equipe de patinação artística. O psicólogo ensinou-lhe uma técnica de relaxamento referida como respiração central profunda, que envolve respirar movendo a parte de baixo do diafragma, em vez de a parte superior do tórax. A respiração central profunda é um US que produz sensações de relaxamento como uma UR. Além disso, cada vez que Susan praticava a respiração central profunda, exalando lentamente a cada respiração, era incentivada a dizer "reeeee-laaaaa-xeeeee", devagar, a si mesma. Portanto, "reeeee-laaaaa-xeeeee" se tornou um CS para a CR: sentir-se relaxada. No treino seguinte, quando Susan se preparava para tentar o *axel* duplo, o psicólogo a chamou para a borda da pista de patinação e lhe pediu que praticasse a respiração central profunda repetidas vezes, dizendo a si mesma a cada expiração "reeeee-laaaaa-xeeeee". O psicólogo então incitou Susan a patinar e se aproximar da posição de partida para o *axel* duplo. Pouco antes de alcançar o lugar onde normalmente iniciava o salto, Susan disse para si mesma "reeeee-laaaaa-xeeeee", mas não fez o movimento. Susan fez isso 5 vezes seguidas. Após a 5ª tentativa, disse ao psicólogo que, ao se aproximar da posição de partida pela última vez, não se sentiu tão nervosa quanto na primeira. Sentiam que estava pronta para tentar outro *axel* duplo, inclusive repetindo a rotina anterior ao se aproximar da posição de partida. Susan foi bem-sucedida no salto e, embora tenha pousado com os dois pés, afirmou posteriormente que sentiu um medo bem menor no ponto de partida. Ela estava confiante de que agora conseguiria ter êxito em dar continuidade à prática do *axel* duplo, sentindo apenas um medo moderado, e foi exatamente o que aconteceu. (As aplicações dos princípios respondentes para o tratamento de transtornos de ansiedade são discutidas no Capítulo 27.)

Tratamento de constipação intestinal crônica

Um exemplo de condicionamento respondente de uma resposta desejável é o tratamento da constipação intestinal crônica desenvolvido por Quarti e Renaud (1964). A defecação, resposta desejada em casos de constipação intestinal, pode ser eliciada com a administração de um laxante. Devido aos seus efeitos colaterais, contar com esse tipo de fármaco para conseguir a regularidade não é a solução mais saudável. Quarti e Renaud faziam seus clientes aplicarem um estímulo elétrico leve e indolor em si mesmos imediatamente antes da defecação. A defecação (US) inicialmente era eliciada por um laxante (US), cuja quantidade foi diminuída gradativamente até a defecação (CS) ser eliciada apenas pelo estímulo elétrico (CS). Em seguida, com a aplicação diária do estímulo elétrico sempre no mesmo horário, vários clientes eventualmente conseguiram se livrar dos "choques". Os estímulos do ambiente naquele horário, todos os dias, assumiram o controle do comportamento de defecação. Assim, esses clientes alcançaram a regularidade intestinal sem o uso contínuo do laxante (ver também Rovetto, 1979).

Tratamento de enurese noturna

Outro exemplo de condicionamento respondente de uma resposta desejável é o tratamento *bell-pad* para enurese profunda (Friman, 2021; Jackson *et al.*, 2020; Scott *et al.*, 1992). Uma possível explicação para a incontinência urinária no leito, um problema comum em crianças,

[2]Este caso foi descrito em Martin (2019).

é que a pressão na bexiga da criança durante o sono e a necessidade de urinar não fornecem estimulação suficiente para despertá-la. Um dispositivo que parece ser efetivo para muitas crianças enuréticas consiste em uma campainha conectada a uma almofada (*pad*) especial colocada sob o lençol de baixo do leito. O aparato é movido à eletricidade, de modo que a campainha (*bell*) toca (US) e acorda (UR) a criança assim que a primeira gota de urina entra em contato com a almofada. No fim, a criança desperta antes de urinar, porque a resposta de acordar (agora, uma CR) foi condicionada ao estímulo de pressão na bexiga (um CS). Quando isso acontece, a sequência comportamental de levantar, ir até o banheiro e urinar deve ser incentivada. Contudo, essa sequência envolve um tipo de aprendizado chamado condicionamento operante, em vez do condicionamento respondente.

CONDICIONAMENTO OPERANTE: OUTRO TIPO DE APRENDIZADO

Reflexos! O condicionamento respondente é isso: respostas automáticas a estímulos prévios. Entretanto, grande parte do nosso comportamento é referido como **comportamento operante** – comportamento que (a) afeta ou "opera" no ambiente para produzir consequências e que, por sua vez, é influenciado por tais consequências; (b) é denominado voluntário; e (c) geralmente envolve os músculos esqueléticos. Alguns exemplos são: abastecer o carro com gasolina, pedir instruções, fazer uma prova, ligar um computador e preparar o café da manhã. O **condicionamento operante** é um tipo de aprendizado em que o comportamento é modificado por suas consequências. Por exemplo, por meio do condicionamento operante, aprendemos a acionar a torneira para pegar um copo de água e a não tocar no fogão quente por causa da dor da queimadura. Os princípios e procedimentos de condicionamento operante são discutidos nos Capítulos 6 ao 16. No Capítulo 17, comparamos os condicionamentos respondente e operante, e discutimos como, em dado momento, tendemos a ser influenciados pelos condicionamentos respondente e operante simultaneamente. Também discutimos como ambos os condicionamentos são importantes para explicar nossos "pensamentos" e "emoções".

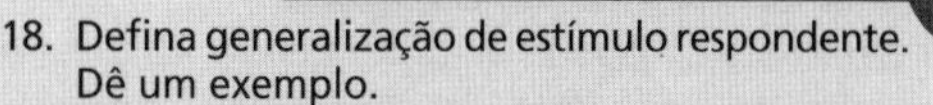

18. Defina generalização de estímulo respondente. Dê um exemplo.
19. Defina discriminação de estímulo respondente. Dê um exemplo.
20. No exemplo em que Susan passou a ter medo do salto *axel* duplo, quais eram o US, a UR, o CS e a CR?
21. Descreva (ou desenhe) como o contracondicionamento evoluiu para ajudar Susan a superar seu medo de tentar o salto.
22. Descreva um procedimento de condicionamento respondente para tratamento de constipação intestinal. Identifique o US, a UR, o CS e a CR.
23. Descreva um componente de condicionamento respondente de um procedimento para tratamento de enurese noturna. Identifique o US, a UR, o CS e a CR.
24. Quais são as três características do comportamento operante? Dê um exemplo.
25. O que é condicionamento operante? Dê um exemplo.

RESUMO DO CAPÍTULO 5

Os *comportamentos respondentes* são aqueles provocados por estímulos anteriores e que não são afetados por suas consequências. Um estímulo que provoca resposta sem aprendizado prévio é chamado *estímulo incondicionado* (US), e a resposta provocada é chamada *resposta incondicionada* (UR). Um *reflexo incondicionado* consiste em uma ocorrência de US-UR. O *princípio do condicionamento respondente, pavloviano* ou *clássico* afirma que, se um estímulo neutro (NS) for imediatamente seguido por um US que provoque uma UR várias vezes, então o NS também tenderá a provocar essa resposta, chamada reflexo condicionado. Assim, um *reflexo condicionado* é uma relação estímulo-resposta na qual um estímulo anteriormente neutro agora provoca uma resposta devido ao condicionamento respondente anterior. O estímulo em um reflexo condicionado é chamado *estímulo condicionado* (CS), e a resposta é chamada *resposta condicionada* (CR).

Cinco variáveis influenciam a intensidade de um reflexo condicionado. Um reflexo condicionado é mais forte quando (a) há muitos pareamentos de um CS com um US; (b) o CS precede o US (em vez de vir antes dele) por meio segundo (e não por um tempo mais longo); (c) o CS é sempre pareado com o US; (d) o CS, o US ou ambos são intensos, em vez de fracos; (e) quando vários NSs precedem um US, o NS mais consistentemente pareado com o US se torna o CS mais forte. Essas categorias principais de CSs são respostas do sistema digestivo (p. ex., "frio" na barriga), do sistema circulatório (p. ex., frequência cardíaca acelerada) e do sistema respiratório (p. ex., respiração acelerada).

Com o *condicionamento de ordem superior*, um NS se torna um CS ao ser pareado com outro CS, em vez de um US. Com a *extinção respondente*, a apresentação repetida de um CS por si só, sem o US, faz com que o CS perca sua capacidade de provocar a CR. Com o *contracondicionamento*, enquanto um CS estiver sendo extinto, esse CS perderá mais rapidamente sua capacidade de provocar a CR se uma nova CR for condicionada ao CS ao mesmo tempo que a CR anterior estiver sendo extinta.

Se um CS tiver sido condicionado para provocar a CR de um organismo, um estímulo semelhante também provocará essa CR nesse organismo, o que é denominado *generalização do estímulo respondente*. Com a *discriminação do estímulo respondente*, um estímulo foi condicionado como um CS para provocar uma CR, mas um estímulo semelhante não provoca essa CR, uma vez que o segundo estímulo foi pareado com a extinção.

Foram descritas aplicações de procedimentos de condicionamento respondente para: (a) ajudar uma jovem patinadora artística a diminuir seu medo de cair ao tentar um salto duplo *axel*; (b) tratar a constipação crônica de um indivíduo; (c) ensinar uma criança a acordar antes de molhar a cama à noite.

Por fim, um segundo tipo de comportamento e um segundo tipo de condicionamento foram brevemente apresentados. O *comportamento operante* é aquele que opera no ambiente para produzir consequências, o qual é influenciado por essas consequências. O *condicionamento operante* é um tipo de aprendizado no qual o comportamento é modificado por suas consequências. Os princípios e procedimentos do condicionamento operante serão descritos nos capítulos seguintes.

Exercícios de aplicação

Exercício envolvendo outros

Entreviste um parente, amigo ou conhecido sobre algo que elicie sentimentos de medo ou náusea nessa pessoa, mas que não seja muito comum em outras. Determine se essa pessoa consegue lembrar de eventos que possam ter levado a essa reação incomum. Esses eventos são consistentes com a descrição de condicionamento respondente apresentada neste capítulo? Discuta.

Exercício de automodificação

Descreva três exemplos de reflexos condicionados seus, um de cada uma das seguintes categorias: digestão, circulação e respiração. Garanta que os estímulos nos seus exemplos sejam CS e não US.

Confira as respostas das Questões para aprendizagem do Capítulo 5

6 Intensificação de Comportamento com Reforço Positivo

Objetivos de aprendizagem

Após ler este capítulo, o leitor será capaz de:

- Definir *reforço positivo*
- Discutir o modo como somos influenciados pelo reforço positivo de forma quase contínua
- Distinguir entre reforço positivo e reforço negativo
- Descrever fatores que influenciam a efetividade do reforço positivo
- Explicar como o reforço positivo pode atuar contra indivíduos que não têm consciência dele.

Vamos lá, Jill, vamos caminhar.

Reforço do comportamento de caminhada de Jill[1]

Jill, uma menina de 5 anos com deficiência intelectual grave, conseguia andar alguns passos com a ajuda de um andador, mas raramente o fazia. Seu andador tinha quatro rodas, uma empunhadura, uma alavanca de freio, um apoio para as costas e um assento. Seus pais concordaram que um assistente de pesquisa poderia visitá-la em casa 4 dias por semana para intensificar o comportamento de caminhada de Jill. Durante cada uma das quatro sessões de 5 minutos para estabelecer a linha de base, Jill era colocada no andador, e o pesquisador dizia: "Vamos lá, vamos caminhar", e os passos de Jill eram contados. Ela deu em média 8,5 passos para a frente por sessão. O andador foi então modificado para que um passo para a frente fizesse com que 3 segundos de luzes coloridas e música popular ou vozes familiares surgissem no andador, o que já havia sido demonstrado anteriormente como capaz de fazer Jill manifestar indicadores de felicidade (sorrisos, risadas e movimentos corporais animados). Os passos para a frente de Jill aumentaram bastante, chegando a uma média de 74,7 passos por sessão, e continuaram em um ritmo alto por 58 sessões de tratamento. Durante uma retomada de quatro sessões para a linha de base, a caminhada de Jill diminuiu para uma média de 23,5 passos para a frente por sessão. Durante a segunda fase do tratamento, que durou 27 sessões, Jill teve uma média de 77,1 passos para a frente por sessão. Os pesquisadores também mediram os indicadores de felicidade de Jill usando um sistema de registro de intervalo parcial com intervalos de 10 segundos (conforme descrito no Capítulo 3). Durante a primeira e segunda fases da linha de base, a porcentagem de intervalos de Jill com indicadores de felicidade teve uma média de 13,8 e 31,3%, respectivamente. Durante a primeira e a segunda fases do tratamento, a porcentagem de indicadores de felicidade de Jill foi em média de 77,6 e 72,4%, respectivamente. Portanto, não apenas a caminhada de Jill aumentou muito durante o tratamento, mas ela também ficou muito mais feliz.

REFORÇO POSITIVO

Um **reforçador positivo** é qualquer coisa que, quando apresentada imediatamente após um comportamento, resulta no aumento da frequência desse comportamento. O termo *reforço positivo* tornou-se, *grosso modo*, sinônimo da palavra *recompensa*. Entretanto, o reforçador positivo, termo usado pelos modificadores de comportamento, é cientificamente mais preciso. Uma vez determinado que algo atua como reforçador positivo de um indivíduo em particular em uma situação em particular, esse algo pode ser usado para intensificar outros comportamentos desse indivíduo em outras

[1]Este exemplo é baseado em um artigo de Stasolla *et al.* (2017).

situações. O princípio chamado **reforço positivo** estabelece que, *se alguém em uma dada situação faz algo que é seguido imediatamente por um reforçador positivo, então essa pessoa é mais propensa a fazer a mesma coisa na próxima vez que estiver em uma situação semelhante.* Pouquíssimas pessoas têm consciência da frequência com que são influenciadas pelo reforço positivo. Exemplos de reforço são mostrados na Tabela 6.1.

Os indivíduos mencionados em cada exemplo da Tabela 6.1 não estavam usando conscientemente o princípio de reforço positivo, estavam apenas "agindo naturalmente". Em cada exemplo, poderiam ser necessárias várias repetições para que houvesse uma intensificação realmente evidente na resposta positivamente reforçada (*i. e.*, um aumento que fosse perceptível a um observador casual). Mesmo assim, o efeito persiste.

Pense em um de seus comportamentos na última hora. Algum desses comportamentos foi imediatamente seguido de consequências de reforço? Em alguns casos, podemos não ter consciência dessas consequências e dos efeitos que tiveram e continuam tendo sobre o nosso comportamento. Embora possa parecer estranho pensar em pessoas aprendendo ou sendo reforçadas por emitir determinado comportamento sem ter consciência disso, é muito mais fácil entender isso quando consideramos o seguinte: primeiro, a partir da experiência cotidiana e de experimentos básicos, fica óbvio que os animais podem aprender, mesmo que não consigam verbalizar uma consciência sobre suas mudanças comportamentais. Da mesma forma, demonstrou-se que o comportamento

Tabela 6.1 Exemplos de situações de reforço de comportamentos desejáveis.

Situação	Resposta	Consequências imediatas	Efeitos a longo prazo
Enquanto você aguarda pelo sinal verde em uma longa fila de carros, junto a um cruzamento movimentado, um carro para à sua direita	Você acena para o motorista que parou ao seu lado, para que ele entre na sua frente	O motorista acena afirmativamente com a cabeça e agradece, entrando na fila do trânsito	O *feedback* positivo do motorista aumenta a probabilidade de você ser gentil em situações similares no futuro
Os alunos da 3ª série receberam uma tarefa para fazer	Suzanne, que costuma ser bastante desordeira, senta quieta em sua carteira e começa a fazer a tarefa	O professor caminha até Suzanne e sinaliza afirmativamente com o polegar para ela	Futuramente, Suzanne será mais propensa a fazer as tarefas que receber na sala de aula
Uma estudante universitária está preparando as respostas das questões de estudo deste capítulo, e fica com dúvida quanto a uma delas	A estudante pergunta a uma amiga que já havia estudado este capítulo, pedindo ajuda	Sua amiga lhe diz a resposta correta	Se a estudante não conseguir encontrar as respostas das questões dos capítulos restantes, provavelmente pedirá ajuda a sua amiga
Pai e filho estão fazendo compras em uma loja de departamentos, durante uma tarde quente, e ambos estão muito cansados	O filho (atipicamente) segue o pai pela loja, quieto e sem reclamar	O pai se volta para o filho e diz: "Vamos comprar sorvete e sentar um pouco"	Em futuras idas à loja, a criança será mais propensa a seguir o pai
Uma mulher acabou de provar a sopa que fez, e achou que estava muito suave	Ela adiciona um pouco de molho inglês e, então, prova de novo	"O gosto está muito bom e picante, parecido com o minestrone", diz ela	Existe maior probabilidade de que, em situações similares futuras, ela adicione molho inglês à sopa

de pessoas com deficiências profundas de desenvolvimento que não conseguem falar é fortalecido pelo reforço (ver Fuller, 1949). Por fim, experimentos demonstraram que humanos adultos normais podem ser influenciados pelo reforço a exibir mudanças de comportamento mesmo que sejam incapazes de verbalizá-las. Por exemplo, em um experimento, estudantes universitários foram instruídos a dizer palavras isoladas. Quando o pesquisador acenava com a cabeça e dizia "Mmm-hmm" após determinadas palavras (como substantivos no plural), os estudantes diziam essas palavras com mais frequência. No entanto, quando questionados após o experimento, os universitários não conseguiram verbalizar que seu comportamento havia sido influenciado (Greenspoon, 1951).

Conforme mencionado no final do Capítulo 5, os comportamentos que operam no ambiente para provocar consequências e, por sua vez, são influenciados por essas consequências são chamados **comportamentos operantes** ou **respostas operantes**. O caminhar de Jill era um comportamento operante. Cada resposta listada na Tabela 6.1 é um exemplo de comportamento operante. Os comportamentos operantes que são seguidos de reforçadores positivos são intensificados, enquanto os comportamentos operantes seguidos de punidores (como será visto no Capítulo 15) são minimizados. Um tipo diferente de comportamento – comportamento reflexo ou respondente – é discutido no Capítulo 5.

Reforço positivo *versus* reforço negativo

É importante ter em mente que os reforçadores positivos são eventos que intensificam uma resposta ao serem imediatamente adicionados em seguida à resposta. A remoção de algo imediatamente após uma resposta também pode aumentá-la, porém este não é um reforço positivo. Por exemplo, um pai/mãe poderia pegar no pé do filho adolescente, para que este lavasse a louça. Quando o filho obedece, a perseguição acaba imediatamente. Apesar de o fim da cobrança poder intensificar a atitude do filho, foi a *remoção* imediata da cobrança em seguida à resposta que a intensificou. Isto exemplifica o princípio de *reforço negativo*, também conhecido como *condicionamento de fuga*, segundo o qual a remoção de um estímulo aversivo imediatamente após a ocorrência de uma resposta aumentará a probabilidade desta resposta. Conforme o próprio termo indica, reforços positivo e negativo são similares no sentido de que ambos intensificam as respostas. Diferem no sentido de que o positivo intensifica uma resposta em consequência da apresentação ou adição de um estímulo positivo imediatamente após a resposta, enquanto o negativo intensifica uma resposta em consequência da remoção ou afastamento de um estímulo imediatamente após a resposta. O reforço negativo é discutido no Capítulo 16. Nota: não confundir reforço negativo (que intensifica o comportamento) com punição (que minimiza o comportamento).

Reforço positivo: lei de comportamento

Pensar em comportamento da mesma maneira que pensamos em outros aspectos da natureza é útil. O que acontece quando você deixa um sapato cair? Ele desce em direção ao chão. O que acontece com um lago quando a temperatura fica abaixo de 0°C? A água congela. Essas são coisas que os físicos estudaram extensivamente para transformá-las em leis, como a da gravidade. O princípio do reforço positivo, um dos princípios do condicionamento operante, também é uma lei. A psicologia científica estuda esse princípio há mais de um século (p. ex.,

Questões para aprendizagem

1. O que é uma linha de base (ver Capítulo 3)?
2. Descreva a condição inicial para o programa de Jill.
3. Descreva a condição de tratamento para o programa de Jill.
4. Que tipo de desenho de pesquisa (ver Capítulo 4) foi usado para avaliar o efeito do tratamento no programa de Jill?
5. O que é um reforço positivo?
6. O que é o princípio do reforço positivo?
7. Descreva um exemplo de reforço positivo de um comportamento desejável que você tenha encontrado. Identifique situação, comportamento, consequência imediata e prováveis efeitos a longo prazo (como mostrado na Tabela 6.1). O exemplo não deve ser retirado do texto.
8. Discuta as evidências de que o comportamento das pessoas pode ser modificado sem que elas tenham consciência disso.
9. O que é comportamento operante? Descreva um exemplo e indique como ele se ajusta à definição de comportamento operante.
10. Defina *reforço negativo* e dê um exemplo que não tenha sido mencionado neste capítulo.
11. Quais são as similaridades entre os reforços positivo e negativo? E quais são as diferenças?
12. Em que sentido o reforço positivo é como a gravidade?

Thorndike, 1911) e sabemos que se trata de uma parte importante do processo de aprendizado. Conhecemos ainda fatores que determinam o grau de influência que o princípio do reforço exerce sobre o comportamento (ver revisão da pesquisa sobre esses fatores em DeLeon *et al.*, 2013). Esses fatores foram formulados em diretrizes a serem seguidas ao aplicar o reforço positivo para intensificar um comportamento desejável.

FATORES QUE INFLUENCIAM A EFETIVIDADE DO REFORÇO POSITIVO

Selecionar o comportamento a ser intensificado

Os comportamentos a serem reforçados devem primeiro ser identificados de maneira específica. Se você começar com uma categoria geral (p. ex., ser mais amigável), deve então identificar comportamentos específicos (p. ex., sorrir) para essa categoria. Sendo específico, você: (a) ajuda a garantir a confiabilidade da detecção das situações do comportamento e alterações em sua frequência, que é a medida pela qual a efetividade do reforço é julgada; e (b) aumenta a probabilidade de o programa de reforço vir a ser aplicado constantemente.

Escolher os reforçadores ("golpes diferentes para pessoas diferentes")

Alguns estímulos são reforçadores positivos para praticamente todo mundo. A comida é um reforçador positivo para todos aqueles que não comeram por horas. Doces são um reforçador positivo para a maioria das crianças. A imitação imediata da mãe do balbuciar de seu bebê é um reforçador para a maioria das crianças de 6 meses (Pelaez *et al.*, 2011). Entretanto, indivíduos diferentes frequentemente são "ligados" ou reforçados por coisas diferentes. Considere o caso de Dianne, uma menina de 6 anos com falta de habilidade no desenvolvimento que foi incluída em um projeto conduzido por um dos autores. Ela conseguia imitar algumas palavras e estava sendo ensinada a nomear imagens. Dois reforços comumente usados no projeto eram balas e pedaços de seus alimentos preferidos; contudo, estes eram ineficazes com Dianne. A menina tanto poderia cuspi-los quanto comê-los. Após experimentar vários outros potenciais reforçadores, finalmente o autor descobriu que deixá-la brincar com uma bolsa de brinquedo por 15 segundos era eficaz. Como resultado, após muitas horas de treinamento, Dianne conseguiu falar frases e completar sentenças. Para outra criança, ouvir uma caixa de música durante alguns segundos se mostrou um reforçador efetivo, após outros potenciais reforçadores terem falhado. Esses estímulos talvez não fossem reforçadores para todas as pessoas. O importante é usar um reforçador que seja efetivo com o indivíduo com quem se está trabalhando.

A maioria dos reforçadores positivos pode ser classificada sob cinco títulos: *alimentar, atividade, manipulável, posse* e *social*. Reforçadores alimentares são, por exemplo, balas, biscoitos, frutas e bebidas. Exemplos de atividades que são reforçadores são assistir à televisão, olhar um álbum de fotos, andar de bicicleta ou até contemplar a paisagem. Reforçadores manipuláveis incluem brincar com um brinquedo favorito, construir usando blocos, colorir ou pintar ou navegar na internet. Reforçadores de posse incluem: sentar-se na sua cadeira favorita, usar uma roupa favorita, ter um quarto só seu ou desfrutar de algum item que não é seu (ao menos temporariamente). O reforço social inclui abraços e afagos afetuosos, elogio, acenos de cabeça, sorrisos e até um simples olhar ou outro indicador de atenção social. A atenção dos outros é um reforçador muito forte para quase todas as pessoas. Ao escolher reforçadores efetivos para um indivíduo, uma das estratégias a seguir talvez possa lhe ajudar. (Ver discussão adicional sobre identificação de reforçadores em Saini *et al.*, 2021.)

Questionário ou menu de reforçadores

Se o indivíduo puder ler, muitas vezes ajuda pedir que preencha um questionário de reforços (Tabela 6.2). Outra opção é listar reforçadores específicos (ou imagens, se o indivíduo não puder ler) na forma de um "menu de reforçador", de modo que os reforçadores preferidos possam ser escolhidos de modo similar ao que se faz ao pedir uma refeição em um restaurante.

Matson *et al.* (1999) elaboraram um menu de reforçadores que as empresas poderiam usar para selecionar reforçadores para indivíduos com incapacitações de desenvolvimento graves e profundas.

Princípio de Premack

Outro método para encontrar um reforçador apropriado para um indivíduo em particular

Tabela 6.2 Questionário para ajudar a identificar reforçadores para um indivíduo.

Leia cada questão atentamente antes de respondê-las.
Reforçadores alimentares: o que você gosta de comer ou beber? a) O que você mais gosta de comer? b) O que você mais gosta de beber?
Reforçadores de atividade: o que você gosta de fazer? a) O que você gosta de fazer quando está em casa? b) O que você gosta de fazer no jardim ou no pátio? c) Quais atividades você gosta de fazer na sua vizinhança? d) Quais atividades passivas (p. ex., assistir à TV) você gosta de fazer?
Reforçadores manipuláveis: de quais tipos de jogos você gosta?
Reforçadores de posse: quais tipos de coisas você gosta de ter?
Reforçadores sociais: quais recompensas sociais você aprecia? a) Quais tipos de elogios você gosta de receber? b) Que tipo de contato físico você gosta? (p. ex., abraçar)

consiste na simples observação desse indivíduo realizando as atividades do dia a dia, notando aquelas que são engajadas com maior frequência. Esse método pode fazer uso do **princípios de Premack** (formulados por David Premack, em 1959), segundo o qual se a oportunidade de se envolver em um comportamento de alta probabilidade de ocorrência seja condicionada a um comportamento de baixa probabilidade, então este último terá propensão de ocorrer.

Por exemplo, suponha que os pais de um menino de 13 anos observam que, durante o ano escolar, nas noites dos dias úteis, o filho passa várias horas conversando com os amigos por mensagens de texto, mas quase nunca estuda nem faz o dever de casa. Se os pais controlam o celular e o computador do filho e lhe dizem "A partir de agora, a cada hora estudando ou fazendo a lição de casa durante a semana, você pode usar o computador e o celular por 30 minutos", provavelmente ele passaria a estudar e a fazer a lição de casa com maior frequência. Para conhecer outros exemplos de aplicações do princípio Premack, ver Watson e Tharp (2014). Para uma discussão sobre as limitações do princípio Premack, ver Timberlake e Farmer-Dougan (1991).

Modelo de privação de resposta

Devido às limitações do princípio de Premack, Timberlake e Allison (1974) formularam o modelo de privação de resposta e verificaram sua eficácia com animais. De acordo com o modelo de privação de resposta, para ser um reforçador positivo, o comportamento não precisa ser um comportamento de alta probabilidade. Em vez disso, deve ser um comportamento que esteja ocorrendo atualmente abaixo do seu nível de linha de base, ou seja, quando o indivíduo for privado da oportunidade de se empenhar no comportamento. Hagge e Van Houten (2016) sugeriram que o modelo de privação de resposta seria particularmente útil em organizações, como empresas. Por exemplo, pode-se oferecer a um funcionário de uma drogaria a oportunidade de acompanhar o empregador a uma importante reunião com um parceiro de negócios, desde que o funcionário realize algumas tarefas menos desejáveis, como limpar, organizar e estocar itens de forma exemplar. Se o funcionário tiver feito essas visitas com menos frequência recentemente do que normalmente faria, a oportunidade de fazer a visita pode ser um reforçador muito eficaz.

A Figura 6.1 mostra uma comparação do modelo de privação de resposta com o princípio de Premack. O lado direito da figura mostra as propriedades do princípio de Premack. Observe que a figura ilustra que, de acordo com o princípio de Premack, os comportamentos só podem servir de reforço para comportamentos que estão abaixo deles em frequência. Eles não podem reforçar comportamentos acima deles. É interessante notar que isso significa que não há nenhum comportamento que possa reforçar o comportamento que ocorre com mais frequência, ou seja, o comportamento 1. Essa é uma das limitações do princípio de Premack.

O lado esquerdo da figura mostra as propriedades do modelo de privação de resposta. Observe que, de acordo com esse modelo, a

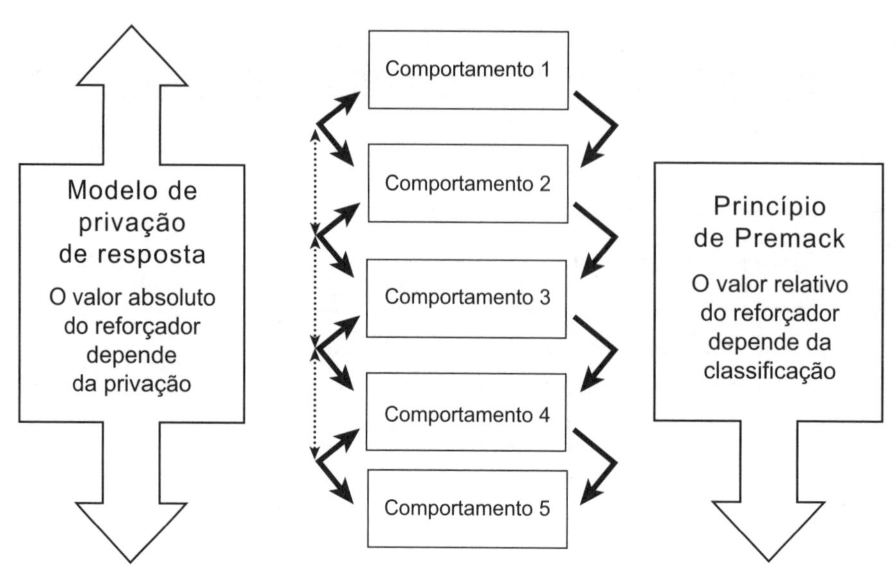

Figura 6.1 Demonstração da hierarquia de reforçadores no princípio de Premack *versus* valores absolutos dos reforçadores no modelo de privação de resposta. (Fonte: Hagge e Van Houten, 2016. Com autorização de Taylor e Francis.)

oportunidade de se engajar em qualquer comportamento pode reforçar qualquer outro comportamento, desde que o comportamento de reforço esteja abaixo de seu nível de ocorrência de linha de base, normalmente devido à privação da oportunidade de se engajar nesse comportamento. Assim, por exemplo, o comportamento 1 pode ser reforçado por qualquer outro comportamento na hierarquia, desde que este último esteja abaixo de seu nível de ocorrência de linha de base. Esse é um dos pontos fortes do modelo de privação de resposta. Para obter informações sobre as aplicações clínicas do modelo de privação de resposta, também chamado de *modelo de desequilíbrio*, ver Falligant e Rooker (2021).

Conduzir uma avaliação da preferência

Ao escolher um reforçador, costuma ser bastante eficaz permitir que o indivíduo faça uma escolha dentre certo número de reforçadores disponíveis (DeLeon e Iwara, 1996). A variedade não é apenas o tempero da vida, mas também uma vantagem valiosa para um programa de treinamento. Por exemplo, em um programa destinado a uma pessoa com falta de habilidades no desenvolvimento, uma bandeja com fatias de frutas, amendoins, uvas-passas e bebidas *diet* pode ser apresentada como reforçador, acompanhada da instrução de pegar um único item. A vantagem disso é que apenas um dos reforçadores dentre os da seleção tem que ser o mais forte, para que a escolha seja um reforçador forte. Ver em Davies *et al.* (2013) e Lee *et al.* (2010) exemplos de procedimentos de avaliação de preferência com indivíduos com falta de habilidades no desenvolvimento.

Na dúvida, fazer um teste de reforçadores

Não importa como você tenha selecionado um reforçador em potencial para um indivíduo, é sempre o desempenho desse indivíduo que diz se você selecionou ou não um reforçador eficaz. Quando tiver dúvida se determinado item é reforçador, é sempre possível conduzir um teste envolvendo a *retomada da definição de reforço mencionada no início deste capítulo*. Apenas escolha um comportamento que o indivíduo ocasionalmente exibe e que aparentemente não seja seguido de nenhum reforçador; registre a frequência com que esse comportamento ocorre sem nenhum reforço evidente; então, apresente o item imediatamente em seguida ao comportamento algumas vezes e veja o que acontece. Se o indivíduo começar a exibir o comportamento com mais frequência, então o item é de fato um reforçador. Se o desempenho não aumentar, então o que você tem não é um reforçador efetivo (ver Harper *et al.*, 2021).

Em outras palavras, *algo é definido como reforçador somente por seu efeito sobre o comportamento.*

Reforços externos e motivação intrínseca

Neste ponto, uma objeção poderia ser levantada: se um item tangível (ou extrínseco) for deliberadamente usado para reforçar o comportamento de alguém, isto não enfraqueceria a motivação intrínseca (o desejo ou sentido de satisfação interior) dessa pessoa de apresentar o comportamento? Alguns críticos da análise do comportamento (p. ex., Deci *et al.*, 1999) sugeriram que sim. Alguns (p. ex., Kohn, 1993) argumentaram que as recompensas tangíveis jamais deveriam ser dadas, porque um pai/mãe que dá dinheiro a uma criança como reforçador para leitura, por exemplo, fará com que a criança seja menos propensa a "ler pela leitura em si". No entanto, uma revisão da literatura sobre esse tópico (Cameron *et al.*, 2001), além de outros dois estudos (Flora e Flora, 1999; McGinnis *et al.*, 1999), indicam claramente que essa perspectiva está errada. Além disso, a noção de que os reforçadores extrínsecos enfraquecem a motivação intrínseca vai de encontro ao senso comum (Flora, 1990). Se isso fosse legítimo, então os felizardos que gostam genuinamente de seus trabalhos deveriam se recusar a receber por isso, temendo que seus salários destruam a satisfação que eles têm com o emprego. Também vale ressaltar que a distinção extrínseco-intrínseco entre reforçadores pode até ser inválida: todos os reforçadores envolvem estímulos externos (*i. e.*, extrínsecos) e todos têm aspectos internos (*i. e.*, intrínsecos).

Questões para aprendizagem

13. Por que é necessário ser específico ao selecionar um comportamento para um programa de reforço?
14. Liste os cinco títulos sob os quais a maioria dos reforços positivos pode ser classificada e dê um exemplo de cada categoria.
15. Descreva o princípio de Premack e dê um exemplo.
16. Descreva o modelo de privação de resposta. Dê um exemplo.
17. Suponha que, para determinado indivíduo, o comportamento 1 ocorra 60% do tempo, o comportamento 2 ocorra 25% do tempo e o comportamento 3 ocorra 15% do tempo. Qual método seria melhor para aumentar a ocorrência do comportamento 1 para esse indivíduo – o princípio de Premack ou o modelo de privação de resposta? Explique.
18. "É sempre o desempenho do indivíduo que diz se você selecionou ou não um reforçador efetivo". Explique essa afirmação.
19. Usando a definição de reforçador positivo, descreva os passos para testar se um item é um reforçador para alguém. Ilustre com um exemplo que não tenha sido mencionado neste capítulo.
20. Usando a definição de reforçador positivo, como você conduziria um teste para determinar se a atenção social de um adulto é ou não um reforço para uma criança?
21. O reforço extrínseco enfraquece a motivação intrínseca? Discuta.

Operações motivadoras

A maioria dos reforçadores somente será eficaz se o indivíduo estiver privado deles por algum período de tempo. Em geral, quanto maior for o período de privação, mais eficaz será o reforçador. Doces não serão reforço para uma criança que acabou de comer um saco inteiro de balas. Brincar com uma bolsa não teria sido um reforçador eficaz para Dianne se a tivessem deixado brincar com uma antes da sessão de treinamento. Usamos o termo **privação** para indicar o momento em que um indivíduo não experimenta o reforçador. O termo **saciação** se refere à condição em que o indivíduo experimentou o reforçador a ponto de este deixar de ser um reforço.

Eventos ou condições – como privação e saciação – que alteram temporariamente a efetividade de um reforçador e modificam a frequência do comportamento reforçado por esse reforçador são chamados **operações motivadoras (MO)** (discutidas no Capítulo 21). Portanto, a privação de comida não só estabelece a comida como reforçador efetivo para o indivíduo que é privado de comer, mas também intensifica momentaneamente vários comportamentos que foram reforçados por ela. Em outro exemplo, alimentar uma criança com comida muito salgada seria uma MO, porque: aumentaria momentaneamente a eficácia da água como reforçador para a criança e também evocaria o comportamento (p. ex., abrir a torneira, pedir uma bebida) anterior ao consumo de água. Outro nome para MO é *variável motivacional* – uma variável que afeta a probabilidade e a direção do comportamento. Como a privação de comida aumenta sua eficácia como reforçador, enquanto o consumo de sal aumenta a eficácia da água como reforçador na ausência de aprendizado prévio, estes eventos são chamados *MO incondicionadas*. No Capítulo 21, as *MO condicionadas* serão apresentadas. Em linhas gerais, as MO podem ser consideradas motivadores. No dia a dia, as pessoas podem dizer que privar alguém de comida motiva essa pessoa a comer. De modo semelhante, podem dizer que dar amendoim salgado para alguém o motiva a beber.

No Capítulo 5, apresentamos os conceitos de condicionamento e contracondicionamento de emoções. Por exemplo, a Figura 5.4 ilustra o condicionamento da emoção de medo de cachorros e o contracondicionamento dessa resposta de medo ao condicionar a emoção de felicidade ao brincar com o cachorro de um amigo. Ambos os exemplos de condicionamento envolviam MO. No primeiro caso, os cães se tornaram uma MO para evitar ou fugir de cães, enquanto no segundo caso o cão de um amigo se tornou uma MO para se aproximar e brincar com o cão. Da mesma forma, no caso principal deste capítulo, uma queda no nível de felicidade de Jill se tornou uma MO para que ela caminhasse, pois os estímulos que a deixavam feliz foram usados para reforçar positivamente sua caminhada (para uma discussão sobre a estreita relação entre MO e emoções, ver Lewon e Hayes, 2014).

Tamanho do reforçador

O tamanho (quantidade ou magnitude) de um reforçador é um determinante importante de sua efetividade. Considere o exemplo a seguir. A equipe de um grande hospital psiquiátrico descobriu que apenas 60% das pacientes escovavam os dentes. Quando essas pacientes receberam uma ficha que poderia ser trocada posteriormente por itens reforçadores por escovarem os dentes, o percentual das pacientes que faziam a higiene dental subiu para 76%. Quando as pacientes receberam cinco fichas por escovarem os dentes, o percentual de pacientes que o faziam aumentou para 91% (Fisher, 1979).

Considere, agora, um exemplo que é mais típico do cotidiano de muitos de nós. Adolescentes de um estado do norte dos EUA, como Minnesota, provavelmente não se disporiam a remover com uma pá a neve acumulada nas suas ou na calçada de uma casa se recebessem apenas U$ 0,25. Contudo, eles o fariam avidamente se recebessem U$ 25,00. Tenha em mente que o tamanho do reforçador deve ser suficiente para intensificar o comportamento que você deseja expandir. Ao mesmo tempo, se a meta é conduzir alguns testes durante uma sessão, como no ensino de habilidades de linguagem básica a um indivíduo com falta de habilidades no desenvolvimento, o reforçador em cada teste deve ser pequeno o bastante para minimizar a saciação e, assim, maximizar o número de testes reforçados que podem ser aplicados por sessão.

Instruções: usar as regras

Para um reforçador intensificar o comportamento de um indivíduo, não é necessário que este indivíduo consiga conversar sobre o porquê de estar recebendo o reforço. Afinal de contas, foi demonstrado que o princípio atua de forma eficaz com crianças e animais. Após a leitura dos Capítulos 11 e 19, será mais fácil compreender as influências instrutivas sobre o comportamento. Por enquanto, vejamos as instruções como regras específicas ou diretrizes que indicam quais comportamentos terão êxito em determinadas situações. Por exemplo, seu instrutor pode dizer: "Se você aprender as respostas de todas as questões de estudo contidas neste livro, receberá nota 10 no curso."

As instruções podem facilitar de várias maneiras a mudança comportamental. Primeiro, as instruções específicas aceleram o processo de aprendizado para os indivíduos que as compreendem. Em um estudo sobre o ensino de tênis (Ziegler, 1987), por exemplo, os jogadores iniciantes praticando *backhand* mostraram pouco progresso quando lhes era dito apenas "concentrem-se". Entretanto, apresentaram uma rápida melhora quando lhes pediram para dizer: "pronto", no momento em que máquina que lançava bolas estava prestes a lançar a próxima; "bola", ao verem a bola arremessada; "quicar", ao observarem a bola tocar a superfície da quadra; e "acertar", ao verem a bola tocando a raquete enquanto oscilavam o *backhand*. Em segundo lugar, conforme indicado antes (e discutido no Capítulo 19, as instruções podem influenciar um indivíduo a trabalhar por um reforço posterior. Tirar nota 10 no curso para o qual este livro está sendo usado, por exemplo, é algo que ocorrerá vários meses após o início dos estudos. A repetição diária da regra "Se eu aprender as respostas das questões contidas no final de cada capítulo, provavelmente vou tirar nota 10" pode exercer alguma influência sobre seu comportamento acadêmico. Em terceiro lugar (conforme discutido no Capítulo 11), acrescentar instruções aos programas de reforço pode ajudar a ensinar as pessoas (como as crianças muito pequenas ou indivíduos com falta de habilidade no desenvolvimento) a aprender a segui-las.

Críticos têm acusado os analistas de comportamento de fazerem uso de suborno. Suponha que um apostador tenha oferecido 5 milhões de reais a um famoso jogador de beisebol para errar a cada tacada na World Series. Claramente, isso se ajusta à definição de *suborno* – uma recompensa ou presente oferecido para induzir alguém a cometer um ato imoral ou ilegal. Agora, suponha que um pai/mãe ofereça ao filho R$ 5,00 para terminar uma tarefa de casa em um prazo estabelecido. Isto é suborno? Claro que não. A oferta do pai/mãe consiste em usar instruções referentes a um programa de reforço, com o intuito de aumentar um comportamento desejável. De modo semelhante, na maioria dos empregos, as pessoas são informadas com antecedência sobre o modo como serão renumeradas, mas isso não é suborno. Evidentemente, aqueles que acusam os analistas de comportamento de usarem suborno erram na distinção entre a promessa dos reforçadores por comportamentos desejáveis *versus* a promessa dos reforçadores de atos imorais ou ilegais.

Iminência do reforçador

Para a máxima efetividade, um reforçador deve ser aplicado imediatamente após a resposta desejada. Considere o exemplo na Tabela 6.1 em que Suzanne, de modo atípico, senta quieta na carteira e começa a fazer a tarefa, e o professor imediatamente lhe acena em sinal de aprovação. Se o professor tivesse esperado para acenar depois do recreio, quando Suzanne voltou a bagunçar, o sinal positivo com o polegar não teria fortalecido o engajamento de Suzanne na tarefa. Entretanto, em alguns casos, pode parecer que um comportamento é influenciado pelo reforço tardio. Às vezes, é eficaz dizer a uma criança que, se ela arrumar o quarto de manhã, seu pai lhe trará um brinquedo à noite. Além disso, as pessoas trabalham tendo em vista metas a serem alcançadas a longo prazo, como, por exemplo, um diploma universitário. É um erro, porém, atribuir esses resultados apenas aos efeitos do princípio de reforço positivo. Em animais, foi constatado que um reforçador não tende a produzir efeito significativo sobre um comportamento que o preceda em mais de 30 segundos (Chung, 1965; Lattal e Metzger, 1994; Perin, 1943), e não temos motivo para acreditar que o ser humano seja essencialmente diferente nesse aspecto (Michael, 1986; Okouchi, 2009).

Então, como um reforçador tardio poderia ser efetivo com seres humanos? A resposta é que há certos eventos que "fazem uma ponte" entre a resposta e o reforçador tardio (ver Pear, 2016a, pp. 216-217). Considere o exemplo anterior, em que uma criança foi informada de que seu pai lhe daria um brinquedo à noite, se ela arrumasse o quarto de manhã. Talvez, ao organizar o quarto de manhã, e várias vezes ao longo do dia, a criança se lembrou que ganharia um brinquedo à noite, e essas autoafirmações podem ter influenciado o comportamento crítico. Apesar de os efeitos positivos do programa terem resultado do tratamento, esse tratamento era mais complexo do que um reforçador positivo intensificador da frequência de uma resposta imediatamente precedente.

O **efeito de ação direta** do princípio do reforço positivo é a frequência aumentada de uma resposta devido a suas consequências reforçadoras imediatas. O **efeito de ação indireta** do reforço negativo é o fortalecimento de uma resposta, como a criança arrumar o quarto de manhã, que é seguida de um reforçador (ganhar um brinquedo à noite), ainda que o reforçador demore. Reforçadores tardios podem ter efeito sobre o comportamento por causa das instruções relacionadas ao comportamento que levam ao reforçador, e/ou devido a autoafirmações (ou "pensamentos") que se interpõem entre o comportamento e o reforçador tardio. Ao longo do dia, por exemplo, a criança pode ter feito autoafirmações sobre o tipo de brinquedo que seu pai lhe traria. (Outras explicações sobre os efeitos de ação indireta do reforço positivo são apresentadas no Capítulo 19.)

Michael (1986) identificou três indicadores de que uma mudança de comportamento se deve a efeitos de ação indireta em comparação com os efeitos de ação direta de uma consequência: (a) a consequência ocorre mais de 30 segundos depois do reforçador, como no caso da criança que arrumou seu quarto pela manhã e seu pai lhe trouxe um brinquedo à noite; (b) o comportamento que é medido mostra algum aumento de intensidade antes da primeira ocorrência da consequência, como a criança que arrumou seu quarto na primeira vez em que seu pai se ofereceu para lhe trazer um brinquedo à noite se ela arrumasse seu quarto pela manhã; e (c) uma única ocorrência de uma consequência produz uma grande mudança no comportamento, como a criança que faz uma grande arrumação no quarto imediatamente após o pai lhe dar um brinquedo por arrumar o quarto. No Capítulo 19, discutimos detalhadamente as estratégias que os professores podem usar para aumentar as chances de obter efeitos de ação indireta com procedimentos que envolvem reforçadores positivos.

A distinção entre efeitos de ação direta e indireta do reforço tem implicações importantes para os profissionais. Se não for possível apresentar um reforçador imediatamente em seguida ao comportamento desejado, então forneça instruções sobre a demora do reforço.

Questões para aprendizagem

22. O que o termo *privação* quer dizer para os analistas comportamentais? Descreva um exemplo.
23. O que o termo *saciação* quer dizer para os analistas comportamentais? Descreva um exemplo.
24. O que é uma operação motivadora? Dê dois exemplos, um dos quais não deve ser retirado deste capítulo.
25. Você deve falar sobre o programa de reforço com alguém para quem esteja usando reforço, antes de colocá-lo em prática? Por quê?
26. Se você instruir alguém acerca de um programa de reforço positivo para o comportamento dele(a), isto é suborno? Por quê?
27. Diferencie entre os efeitos de ação direta e indireta do reforço.
28. Quais são os três indicadores de que uma mudança de comportamento se deve a efeitos de ação indireta, e não a efeitos de ação direta?

Reforçador contingente *versus* reforçador não contingente

Dizemos que um reforçador é **contingente** quando um comportamento específico deve ocorrer antes da apresentação do reforçador. Dizemos que um reforçador é **não contingente** se for apresentado, independentemente do comportamento precedente. Para ilustrar a importância dessa distinção, considere o exemplo a seguir.[2] A técnica Keedwell viu seus jovens nadadores fazerem uma série durante um treino regular, no Marlin Youth Swim Club. (Uma série são várias distâncias de um tiro percorridas a nado dentro de um tempo especificado.) Com frequência, Keedwell tentava imprimir nos atletas a importância de praticar as viradas em cada ponta da piscina e nadar as séries completas, sem parar no meio. Seguindo a sugestão de um dos outros técnicos, ela chegou a adicionar um reforçador aos seus treinos. Durante os últimos 10 minutos de cada treino, os nadadores podiam fazer uma atividade divertida de escolha deles (revezamento, polo aquático etc.). Mesmo assim, os resultados permaneceram inalterados: os nadadores continuavam mostrando alta frequência de viradas inadequadas e paradas não estabelecidas durante as séries.

Um erro cometido por Keedwell é comum entre os analistas comportamentais novatos. Incorporar uma atividade divertida não contingente aos treinos aumenta o comparecimento, mas não produz efeito sobre o comportamento. Com frequência, os educadores costumam cometer o mesmo erro que a técnica Keedwell, acreditando que a criação de um ambiente agradável melhora o aprendizado dos alunos. Entretanto, os reforçadores devem ser contingentes com comportamentos específicos, para que estes melhorem. Quando isto foi apontado para Keedwell, ela transformou uma atividade divertida contingente em comportamentos de treino desejáveis. Durante alguns treinos subsequentes, os nadadores passaram a ter que cumprir a meta de praticar um número mínimo de viradas e nadar as séries sem parar, para então ganharem o reforçador ao final do treino. Como resultado, os nadadores mostraram uma melhora aproximada de 150%. Portanto, para maximizar a efetividade de um programa de reforço, assegure que os reforçadores sejam contingentes com os comportamentos específicos que você quer melhorar.

Além de não intensificar um comportamento desejável, um reforçador não contingente pode intensificar um comportamento indesejado. Suponha que, por exemplo, sem o conhecimento dos pais, o pequeno Johnny esteja em seu quarto desenhando nas paredes com um giz de cera, quando o pai chama: "Johnny, vamos tomar sorvete". Essa contingência incidental pode intensificar a tendência de Johnny de desenhar nas paredes. Ou seja, o comportamento que é

[2]Exemplo baseado em estudo de Cracklen e Martin (1983).

"acidentalmente" seguido por um reforçador pode ser intensificado mesmo que o comportamento não tenha produzido o reforçador. Isto é chamado **reforço acidental**, e o comportamento intensificado desse modo é chamado **comportamento supersticioso** (Skinner, 1948a). Suponha também que um homem jogando em um caça-níqueis cruze os dedos porque, no passado, quando fazia isto, acidentalmente ganhava um prêmio. Esse comportamento seria supersticioso porque foi reforçado de forma acidental.

Desmame do aprendiz do programa e mudança para reforçadores naturais

O que acontece com o comportamento quando o programa de reforço termina e esse indivíduo retoma sua rotina? A maioria dos comportamentos assumidos no dia a dia é seguida de reforçadores que ninguém programou específica ou deliberadamente para manter tais comportamentos. A leitura de sinais frequentemente é reforçada encontrando direções ou objetos desejados. Comer é reforçado pelo sabor da comida. Acender a luz apertando o interruptor é reforçado pela intensificação da iluminação. Abrir a torneira é reforçado pela vazão de água. Comportamentos verbais e outros comportamentos sociais são reforçados pelas reações de outras pessoas. O contexto em que um indivíduo executa as funções normais do dia a dia (*i. e.*, não uma situação explicitamente projetada para treinamento) é referido como **ambiente natural**. Os reforçadores que se seguem ao comportamento no decorrer do dia a dia (*i. e.*, comportamentos que ocorrem no ambiente natural) são chamados **reforçadores naturais**. Reforçadores sistematicamente dispostos por psicólogos, professores e demais instrutores em programas de modificação de comportamento são referidos como **reforçadores programados**.

Após intensificarmos um comportamento por meio do uso apropriado de um reforço positivo, um reforçador no ambiente natural do indivíduo pode então assumir o controle da manutenção desse comportamento. Por exemplo, às vezes reforçadores como os alimentares são usados, para que crianças com falta de habilidades no desenvolvimento melhorem a nomeação de objetos. Entretanto, quando elas deixam a sala de aula e voltam para casa, muitas vezes dizem palavras que aprenderam e recebem atenção significativa da parte de seus pais. No fim, os reforços alimentares podem se tornar desnecessários para as crianças dizerem os nomes dos objetos. Isto certamente é a meta de qualquer programa de treinamento. O analista comportamental deve sempre tentar garantir que o comportamento estabelecido em um programa de treinamento venha a ser reforçado e mantido no ambiente natural. Esse é o processo de *desmame* do indivíduo do programa. Uma parte importante do desmame é um processo chamado de **afinamento do esquema**, também chamado *afinamento do reforço*, no qual os reforçadores em um programa comportamental são gradualmente eliminados. Uma coisa com a qual você pode contar é que, se um comportamento intensificado em um programa de reforço deixar de ser reforçado, ao menos ocasionalmente, por reforçadores arbitrários ou naturais, então esse comportamento tenderá a retornar ao seu nível original. O problema da manutenção dos comportamentos desejáveis é discutido mais detalhadamente nos Capítulos 10 e 18.

Questões para aprendizagem

29. Quando a técnica Keedwell exigiu que os nadadores mostrassem melhor desempenho para poderem fazer uma atividade divertida ao final do treino, o desempenho deles melhorou drasticamente. Isto foi um efeito de um reforço de ação direta ou indireta? Justifique a sua resposta.
30. Descreva um exemplo de reforço contingente que não tenha sido mencionado neste capítulo.
31. Descreva um exemplo de reforço não contingente que não tenha sido mencionado neste capítulo.
32. O que é reforço acidental? O que é um comportamento supersticioso? Dê um exemplo de cada que não tenha sido apresentado neste capítulo.
33. O que significa *ambiente natural*? E *reforçadores naturais*? E *reforçadores programados*?
34. Descreva três episódios comportamentais citados neste capítulo que envolvam reforçadores naturais. Justifique as suas escolhas.
35. O que significa *desmamar* um indivíduo de um programa comportamental?
36. O que é afinamento do esquema ou do reforço?
37. Descreva resumidamente, em uma sentença cada, os oito fatores que influenciam a efetividade do reforço.

ARMADILHAS DO REFORÇO POSITIVO

Conhecedores dos princípios comportamentais, entre os quais o reforço positivo, podem usá-los para provocar as alterações desejáveis no comportamento. Existem quatro formas distintas em que a falta de conhecimento de princípio ou procedimento pode ser problemática. Em uma seção intitulada "Armadilhas" em cada um dos Capítulos 6 a 16 e 18, consideraremos um ou mais desses quatro tipos distintos de armadilhas. Agora, ilustraremos essas armadilhas no que se refere ao princípio do reforço positivo.

Aplicação acidental

Infelizmente, aqueles que desconhecem o reforço positivo estão aptos a usá-lo sem saber no fortalecimento de comportamentos indesejados, como ilustrado na Tabela 6.3. O trabalho árduo de um analista comportamental pode ser bastante dificultado ou completamente desfeito por aqueles que reforçam o comportamento ruim. Por exemplo, um ajudante que tenta reforçar o contato visual com uma criança isolada provavelmente não obterá bons resultados se as pessoas que interagem com ela consistentemente reforçarem o comportamento de afastamento do olhar. No Capítulo 22, são discutidos métodos para avaliar se um comportamento problemático está sendo mantido por reforço e, caso esteja, como tratá-lo.

Aplicação de conhecimento parcial

Uma pessoa pode conhecer um princípio comportamental, mas não perceber ramificações que interfiram em sua aplicação de maneira efetiva. "Um conhecimento superficial pode ser algo perigoso", como se diz. Os analistas de comportamento novatos, por exemplo, costumam assumir que a simples apresentação de reforçadores de maneira não contingente fortalecerá um comportamento específico. A técnica Keedwell, do exemplo apresentado anteriormente, partiu da consideração de que oferecer uma atividade divertida ao final de cada treino fortaleceria os comportamentos desejáveis. Esse fortalecimento não aconteceu, isso porque a atividade divertida não era contingente com os comportamentos de prática específicos.

Aplicação falha

Alguns procedimentos comportamentais não são aplicados por serem bastante complexos e requererem conhecimento ou treinamento especializado. Por exemplo, um pai/mãe não familiarizado com o princípio do reforço positivo pode falhar em reforçar um comportamento

Tabela 6.3 Exemplos de reforço positivo subsequente ao comportamento indesejável.

Situação	Resposta	Consequências imediatas	Efeitos a longo prazo
Enquanto se apronta para trabalhar de manhã, um homem não consegue encontrar uma blusa limpa	Ele grita: "Onde está a porcaria da minha blusa?"	A esposa imediatamente encontra a blusa do marido	Futuramente, o marido tenderá a gritar e xingar mais quando não conseguir achar suas roupas
Dois estudantes universitários, Bill e Fred, estão tomando café e conversando	Bill diz: "Eu provavelmente não deveria lhe dizer isto, mas você não vai acreditar no que ouvi sobre Mary!"	Fred responde: "Ei, o que você ouviu? Não contarei a ninguém"	No futuro, Bill tenderá a compartilhar mais fofocas com Fred
Mãe e filha estão fazendo compras em uma loja de departamentos	A filha começa a reclamar: "Quero ir para casa; quero ir para casa; quero ir para casa"	A mãe fica constrangida e sai da loja imediatamente com a filha, antes de fazer as compras	Provavelmente, a criança irá reclamar novamente em uma situação similar futura
O pai está assistindo a uma partida final de hóquei da Stanley Cup, na TV	Dois de seus filhos estão brincando na mesma sala e fazendo muito barulho	O pai dá dinheiro para cada um de seus filhos, assim, eles irão até uma loja e o deixarão assistir à TV sem atrapalhar	As crianças serão mais propensas a fazer barulho quando o pai estiver assistindo à TV no futuro
Em uma festa, um marido fica emburrado ao ver a esposa dançando com outro homem	O marido mostra sinais de ciúmes e sai da festa com raiva	A esposa imediatamente o segue e o cobre de atenção	Provavelmente, o marido demonstrará reações de ciúmes parecidas em situações similares futuras

positivo e incomum, perdendo a oportunidade de fortalecê-lo.

Explicação imprecisa de um comportamento

Existem duas formas comuns pelas quais os indivíduos explicam erroneamente o comportamento. Suponha que um estudante estude para uma prova por 3 horas, em uma noite de segunda-feira, faça a prova na terça-feira e saiba que tirou nota "10" na quinta-feira. Se alguém dissesse que o estudante universitário estudou durante 3 horas para obter uma nota boa, esta seria uma explicação exageradamente simplista. Houve um amplo intervalo entre o estudo e o recebimento da nota. Ao explicar um comportamento, devemos sempre procurar consequências imediatas que possam ter fortalecido o comportamento no passado. Com relação ao estudante, talvez ele tenha se preocupado na noite anterior com a possibilidade de fracassar no exame e isto pode ter lhe causado ansiedade. Talvez, a consequência imediata das horas de estudo tenha sido a eliminação da ansiedade (um caso de reforço negativo, discutido no Capítulo 16). Ou, ainda, imediatamente após o estudo, o estudante tenha pensado na probabilidade de tirar nota "10" e isso ajudou a "fazer a ponte" entre o comportamento e o reforçador. Conforme discutido no Capítulo 25, lembrar a si mesmo de um reforçador natural tardio de um comportamento imediatamente após a sua ocorrência pode fortalecer esse comportamento. Lembre-se de que, ao tentar explicar o fortalecimento de um comportamento por reforço positivo, você deve sempre procurar uma consequência imediata desse comportamento. Se um reforçador demorar mais de 30 segundos após um comportamento, então acreditar que somente um reforço positivo é a causa do aumento desse comportamento pode ser demasiadamente simplista. (É preciso notar, porém, que pesquisas mostram que, em determinadas condições, o reforço positivo atrasado pode ser efetivo sem nenhum estímulo evidente, "fazendo a ponte" entre o comportamento e o reforçador – por exemplo, ver Stromer *et al.*, 2000.)

A segunda forma comum pela qual um comportamento é explicado de modo errado é que os indivíduos sem conhecimento comportamental às vezes tentam "explicar" o comportamento (ou a ausência dele atribuindo inadequadamente um rótulo às pessoas. Suponha que um adolescente deixe seu quarto em total desordem, não arrume a cama, jamais limpe a cozinha após fazer um lanche, raramente estude e passe muitas horas por semana assistindo à TV ou nas redes sociais. Seus pais "explicam" o comportamento dele dizendo: "Ele é apenas preguiçoso." Uma explicação mais precisa no que se refere ao seu comportamento seria que seus amigos fornecem reforços regulares para suas interações nas redes sociais, ele gosta de assistir aos programas de ação na TV e não recebe muito reforço dos pais para ajudar com as tarefas domésticas, nem dos professores para estudar mais.

DIRETRIZES PARA A APLICAÇÃO EFETIVA DE REFORÇO POSITIVO

As diretrizes resumidas a seguir são fornecidas para garantir o uso efetivo de reforço positivo.

1. *Seleção do comportamento a ser intensificado.* Como indicado anteriormente neste capítulo, o comportamento-alvo deve ser um comportamento específico (como sorrir), em vez de uma categoria geral (como socializar). Do mesmo modo, se possível, selecione um comportamento que venha a ser controlado por reforçadores naturais após ter a frequência aumentada. Por fim, como mostrado pelo caso de Jill, para julgar corretamente a efetividade do seu reforçador, é importante controlar a frequência com que o comportamento ocorre antes da implantação do programa.
2. *Seleção de um reforço.*
   a) Selecione reforçadores fortes que:
   - Estejam prontamente disponíveis
   - Possam ser apresentados imediatamente após o comportamento desejado
   - Possam ser usados repetidamente sem produzir saciação rápida
   - Não demorem muito para serem aplicados.

   b) Use o número de reforçadores que for viável e, quando apropriado, use um menu de reforçadores.
3. *Aplicação de reforço positivo.*
   a) Fale com o indivíduo sobre o plano, antes de começar.
   b) Faça o reforço *imediatamente* após o comportamento desejado.
   c) Descreva o comportamento-alvo para o indivíduo enquanto o reforçador está sendo fornecido (p. ex., diga: "Você limpou muito bem o seu quarto").

d) Faça muitos elogios ao dispensar os outros reforços. Entretanto, para evitar a saciação, varie as expressões que forem usadas como reforçadores sociais. Não diga sempre: "Que bom!" (alguns exemplos de expressões de reforço são "Muito bem", "Está ótimo", "Demais!").

4. *Desmame do aprendiz* (discutido mais detalhadamente no Capítulo 16).
   a) Se, durante aproximadamente uma dúzia de oportunidades, um comportamento estiver ocorrendo com uma frequência desejável, você poderá tentar eliminar gradualmente os reforços tangíveis (como guloseimas e brinquedos) e manter o comportamento com reforço social.
   b) Procure outros reforços naturais no ambiente que também possam manter o comportamento, tão logo este tenha aumentado de frequência.
   c) Para garantir que o comportamento seja reforçado ocasionalmente e que a frequência desejada seja mantida, planeje avaliações periódicas do comportamento após o término do programa.

Questões para aprendizagem

38. É correto concluir que uma criança isolada necessariamente não gosta da atenção das outras pessoas? Explique.
39. Descreva um exemplo de armadilha que envolva uma pessoa que inconscientemente esteja aplicando um reforço positivo para fortalecer um comportamento indesejável.
40. Descreva a armadilha da aplicação de conhecimento parcial. Como ela é exemplificada pela técnica Keedwell?
41. Considere esta afirmação: "Um estudante universitário foi reforçado para estudar durante 3 horas, em um fim de semana, pela possibilidade de conseguir tirar uma nota boa na prova na semana seguinte." Essa afirmativa exemplifica a armadilha de explicação imprecisa do comportamento?
42. Descreva o segundo tipo de armadilha de explicação imprecisa do comportamento e descreva um exemplo.
43. Quais são as quatro qualidades que um reforçador deve ter (além da qualidade essencial de atuar como tal)?

RESUMO DO CAPÍTULO 6

Um reforçador positivo é qualquer coisa que, quando apresentada imediatamente após um comportamento, faz com que o comportamento aumente em frequência. O princípio do reforço positivo afirma que, se alguém faz algo que é imediatamente seguido por um reforçador positivo, é mais provável que essa pessoa faça a mesma coisa na próxima vez que se deparar com uma situação semelhante. Somos frequentemente influenciados pelo reforço positivo a cada hora de nossas vidas. A apresentação de um reforçador positivo imediatamente após uma resposta fortalece essa resposta. A remoção de um estímulo aversivo imediatamente após uma resposta também fortalece essa resposta, mas isso seria um exemplo de reforço negativo ou condicionamento de fuga, não de reforço positivo.

O reforço positivo é mais eficaz quando: (1) o comportamento a ser aumentado é identificado especificamente; (2) o reforçador escolhido é eficaz para a pessoa que está sendo reforçada; (3) o indivíduo que está sendo reforçado foi privado do reforçador; (4) um reforçador forte é usado; (5) o indivíduo que está sendo reforçado é instruído sobre o programa de reforço; (6) o reforçador é apresentado imediatamente após o comportamento desejável; (7) o reforçador é apresentado em função do comportamento desejado; e (8) quando o reforçador programado não é mais usado, um reforçador natural acompanha o comportamento desejado. Depois que um comportamento tiver sido modificado adequadamente em um programa de reforço, a próxima etapa é desmamar o indivíduo do programa para que os reforçadores naturais assumam a manutenção do comportamento. Como parte do processo de desmame geralmente envolve o afinamento do esquema, o(s) reforçador(es) programado(s) é(são) gradualmente removido(s). Existem armadilhas relacionadas ao princípio do reforço positivo. A armadilha do desconhecimento da aplicação incorreta ocorre quando alguém, sem saber, reforça um comportamento indesejável. A armadilha da aplicação incorreta de conhecimento parcial ocorre quando alguém sabe um pouco sobre reforço positivo, mas não o aplica de forma eficaz. A armadilha da não aplicação envolve a perda de oportunidades de reforçar comportamentos desejáveis. A armadilha da explicação imprecisa do comportamento envolve o uso do reforço positivo como uma explicação excessivamente simplificada do comportamento ou a tentativa de explicar o comportamento atribuindo às pessoas um rótulo de forma inadequada.

Exercícios de aplicação

Exercícios envolvendo outros

1. Durante a 1 hora que você passa com os filhos, quantas vezes você dispensa aprovação social (elogios, sorrisos ou palavras gentis)? Quantas vezes você dispensa desaprovação social (olhar grave, palavras duras etc.)? De modo ideal, a sua aprovação social ao final de 1 hora será 4 ou 5 vezes a desaprovação social. Nós o incentivamos a continuar este exercício até alcançar essa proporção. Vários estudos demonstraram que essa proporção de reforçadores para repressores é benéfica (p. ex., Stuart, 1971; ver também Flora, 2000).
2. Liste 10 expressões diferentes que você poderia usar para manifestar sua aprovação entusiástica para alguém. Pratique variar essas frases até que elas venham naturalmente em sua mente.
3. Você tem consciência de como seus gestos, expressões, postura e linguagem corporal em geral afetam aqueles que estão ao seu redor? Descreva brevemente cinco exemplos de tais comportamentos que você poderia mostrar ao expressar a sua aprovação a um indivíduo.

Exercícios de automodificação

1. Tenha consciência de seu próprio comportamento durante 5 períodos de 1 minuto, enquanto se comporta naturalmente. Ao final de cada minuto, descreva uma situação, um comportamento específico e as consequências imediatas desse comportamento. Escolha comportamentos cujas consequências pareçam agradáveis (em vez de neutras ou desagradáveis).
2. Complete o questionário sobre reforçador (Tabela 6.2), sem ajuda.
3. Considere que alguém próximo a você (seu cônjuge, amigo etc.) irá reforçar um de seus comportamentos (como arrumar sua cama todos os dias, conversar sem grosseria ou ler este livro). A partir do questionário que você respondeu, selecione os dois reforçadores que melhor satisfaçam as diretrizes fornecidas previamente para a *seleção de um reforçador*. Indique como as diretrizes foram cumpridas.

Confira as respostas das Questões para aprendizagem do Capítulo 6

7 Intensificação de Comportamento com Reforço Condicionado

Objetivos de aprendizagem

Após ler este capítulo, o leitor será capaz de:
- Discutir as diferenças entre reforçadores condicionados, reforçadores incondicionados, reforçadores condicionados generalizados, reforçadores *backup* e reforçadores com fichas
- Descrever os fatores que influenciam a efetividade do reforço condicionado nos programas de modificação de comportamento
- Explicar como aqueles que não estão familiarizados com o princípio do reforço condicionado podem aplicá-lo inconscientemente de maneira inadequada.

Não seja tão rude! Seja gentil!

Programa de pontos[1] de Erin

"Erin, não seja tão rude!", exclamou a amiga de Erin, Carly. "Você é muito antipática com todo mundo, até mesmo com seus amigos. Por que você não tenta ser gentil?" Enquanto Carly se afastava, Erin decidiu que precisava modificar seu comportamento. Ela queria ser mais amável com seus amigos. Entretanto, ser rude era um hábito que ela sabia que exigiria motivação extra para mudar. Depois de ler sobre estratégias de autocontrole em seu curso de Psicologia, decidiu aderir a um programa de pontos. Erin gostava muito de ficar nas redes sociais após fazer a lição de casa, mas a partir de agora teria que merecer a oportunidade de fazer isso. Toda vez que saísse de casa, pela manhã, levaria consigo uma caderneta e uma caneta. Toda vez que dissesse algo gentil aos amigos, marcaria um ponto para si mesma nessa caderneta. Assim, depois de terminar a lição de casa naquela noite, Erin se permitia passar tempo nave-gando nas redes sociais, de acordo com seu "menu de pontos". O menu de pontos de Erin era como a seguinte tabela:

2 pontos	20 minutos
4 pontos	40 minutos
6 pontos	60 minutos
Mais de 6 pontos	Quanto tempo eu quiser

Uma semana depois, quando Carly e Erin estavam almoçando, Carly disse: "Não posso acreditar no quanto você tem sido gentil ultimamente. Parece outra pessoa." Erin respondeu brincando: "Sim, é que eu fiz uma cirurgia de personalidade."

REFORÇADORES INCONDICIONADOS E CONDICIONADOS

Herdamos a capacidade de sermos reforçados por alguns estímulos sem nenhum aprendizado prévio. Esses estímulos ou eventos são importantes para o nosso funcionamento biológico ou sobrevivência como espécie. São chamados **reforçadores incondicionados** ou *reforçadores primários* ou *não aprendidos*, que são estímulos promotores de reforço na ausência de condicionamento ou aprendizado prévio. São exemplos a comida para um indivíduo faminto, a água para uma pessoa sedenta, o aquecimento para alguém que está com frio e o contato sexual para alguém que esteve privado dessa prática. Outros estímulos se tornam

[1]Baseado em um caso descrito por Watson e Tharp (2014).

reforçadores devido a experiências de aprendizado particulares. Esses estímulos, chamados **reforçadores condicionados** ou *reforçadores secundários* ou *aprendidos*, não eram originalmente promotores de reforço, mas se tornaram reforçadores por serem pareados ou associados a outros reforçadores. Entre os exemplos estão o elogio, uma foto de um ente querido, livros que gostamos de ler, nossos programas de TV favoritos e as roupas que nos tornam elegantes. A maioria dos reforçadores que nos influenciam diariamente são condicionados.

Quando um estímulo se transforma em reforçador condicionado pela associação deliberada com outros reforçadores, estes são chamados **reforçadores *backup***. Considere o tipo de treino para golfinhos no *Sea World*. Desde cedo, o treinador pareia o som de um *clicker* manual ao fornecer um peixe a um golfinho. Um peixe é um reforçador *backup* e, após certo número de pareamentos, o som de clique se torna um reforçador condicionado. Por fim, ao ensinar um golfinho a realizar um truque, o som do *clicker* é apresentado como reforçador condicionado imediato e continua sendo pareado de modo intermitente com o peixe.

Nesse exemplo de treinamento de golfinhos, o reforçador *backup* – o peixe – era um reforçador incondicionado. Entretanto, os reforçadores *backup* para um reforçador condicionado também poderiam ser outros reforçadores condicionados. Para ilustrar, considere o programa de Erin. Os pontos que ela atribuiu a si mesma não eram reforçadores primários. Duvidamos que ela teria se esforçado muito apenas para obter os pontos pelo bem em si; eles eram reforçadores condicionados porque foram pareados com o reforçador *backup*, ou seja, a oportunidade de acessar as redes sociais. Nesse exemplo, o reforçador *backup* para os pontos era também um reforçador condicionado. Erin não nasceu com os estímulos fornecidos pelas redes sociais sendo reforçadores incondicionados para ela. Em vez disso, eles teriam se tornado reforçadores condicionados por serem pareados com outras coisas, como a atenção de amigos. Assim, os reforçadores *backup* que conferem sua força a um reforçador condicionado podem ser reforçadores incondicionados ou outros reforçadores condicionados.

Como é possível que os bebês parecem aprender novas palavras quando estas não são imediatamente seguidas por um reforçador observável? Uma parte da resposta está no reforço condicionado automático – um efeito de reforço produzido por uma resposta devido à semelhança dessa resposta com um reforçador condicionado (Skinner, 1957). Digamos que um dos pais diga: "Diga ma ma" para um bebê enquanto fornece reforços como cócegas, toques e alimentação. Após várias tentativas desse tipo, os sons "ma ma" se tornarão um reforçador condicionado. Mais tarde, quando estiver sozinho no berço, o bebê poderá começar a dizer "ma ma" devido ao reforço condicionado automático recebido ao reproduzir o mesmo som. De modo mais geral, as respostas vocais dos bebês podem aumentar em frequência porque os sons que essas respostas produzem se tornaram reforçadores condicionados e, portanto, fortalecem automaticamente suas respostas de produção. Estudos confirmaram essa função do reforço condicionado automático na aquisição inicial da linguagem (Smith *et al.*, 1996; Sundberg *et al.*, 1996). O reforço automático parece ser importante não apenas na aquisição da linguagem, mas também no fortalecimento de uma série de comportamentos práticos e artísticos (Skinner, 1957; Vaughan e Michael, 1982).

Uma categoria de estímulos que não são comumente reconhecidos como reforçadores condicionados inclui aqueles pareados com drogas viciantes. Tais reforçadores incluem coisas como o aroma ou o sabor de substâncias contidas na droga ou a visão de um instrumento usado no preparo ou administração da droga.

Questões para aprendizagem

1. Explique o que é um reforçador incondicionado. Dê dois exemplos.
2. Explique o que é um reforçador condicionado. Dê dois exemplos.
3. Explique o que é um reforçador *backup*. Dê dois exemplos.
4. Quais são os reforçadores *backup* no programa de Erin?
5. Descreva um comportamento-alvo que você gostaria de melhorar e que poderia ser passível de aplicação de um programa de pontos como o de Erin. O que você usaria como reforçadores *backup* para os pontos?
6. Como o reforço condicionado está envolvido em influenciar os bebês a balbuciarem sons em seu idioma nativo, mesmo quando não há adultos por perto para reforçar esse comportamento?

Fichas como reforçadores condicionados

Fichas são reforçadores condicionados que podem ser acumulados e trocados por reforçadores *backup*. Um programa de modificação de comportamento em que os indivíduos podem ganhar fichas por comportamentos específicos e trocá-las por reforçadores *backup* é chamado **sistema de fichas** (*token system*) ou **economia de fichas** (*token economy*). Pode-se implementar um sistema de fichas com um ou mais indivíduos. O termo *economia de fichas* refere-se a um sistema de fichas implementado com grupos maiores de indivíduos. Um professor do primeiro ano do Ensino Fundamental poderia implementar uma economia de fichas em que as crianças ganhariam carimbos com carinhas alegres por vários comportamentos, como por brincar em grupo durante o recreio. Ao final do dia, as crianças poderiam trocar seus carimbos por reforçadores *backup* para jogar ou ter mais 5 minutos para ouvir historinha em sala de aula. Qualquer coisa que puder ser acumulada pode ser usada como meio de troca em um sistema de fichas. Em alguns casos, as pessoas ganham fichas de plástico que podem ser guardadas até que estejam prontas para trocá-las por reforçadores *backup*. Em outras, o pagamento é feito com "dinheiro em papel", no qual estão escritos a quantidade ganha, o nome da pessoa, o nome do funcionário que fez o pagamento, a data e a tarefa realizada para ganhar a ficha. Essas informações são usadas para controlar o uso e facilitar a manutenção de registros. Em outros sistemas ou economias de fichas, ainda, como no programa de Erin, os indivíduos recebem pontos que são registrados em um gráfico, em uma caderneta ou em um bloco de notas (as economias de fichas serão discutidas com mais detalhes no Capítulo 24. Ver também Boerke *et al.*, 2021; Hackenberg, 2009, 2018).

A principal vantagem do uso de fichas ou outros reforçadores condicionados em um programa de modificação de comportamento está na possibilidade de distribuir as fichas mais rapidamente do que os reforçadores *backup*. Isso ajuda a preencher as lacunas entre o comportamento e os reforçadores mais potentes.

Relacionado ao conceito de reforço condicionado há o de *punição condicionada*. Assim como um estímulo que é pareado com reforço se torna reforçador em si, um estímulo pareado com punição se torna punitivo em si. "Não!" e "Pare com isso!" são exemplos de estímulos que se tornam punições condicionadas por serem frequentemente seguidos de punição quando o indivíduo continua se engajando no comportamento que os provocou. Além disso, as fichas de punição são tão possíveis como as de reforço. O sistema de desmerecimento usado com os militares é um exemplo de sistema de fichas punitivo. Todavia, existem três problemas associados ao uso de punição (conforme discutido no Capítulo 15).

Reforçadores condicionados simples *versus* generalizados

Um estímulo pode se tornar um reforçador condicionado devido aos pareamentos com um único reforçador *backup*. Na época em que os vendedores de sorvete chegavam à vizinhança e tocavam um sino para chamar a atenção das pessoas, aquele som se tornou um reforçador condicionado para as crianças daquele local. Após alguns pareamentos do sino com o recebimento de sorvete, a probabilidade de uma criança produzir sons semelhantes - tocar a campainha da bicicleta - aumentou, pelo menos por algum tempo (ver seção "Perda de valor de um reforçador condicionado"). Um reforçador condicionado que é pareado com um reforçador *backup* único é chamado reforçador condicionado simples. O som do sino do sorveteiro era um reforçador condicionado simples. Por sua vez, um estímulo pareado com mais de um tipo de reforçador *backup* chama-se **reforçador condicionado generalizado**. Um exemplo comum é o elogio. A mãe que expressa prazer com o comportamento do filho se dispõe a sorrir, abraçar ou brincar com a criança. Às vezes, uma guloseima, um brinquedo ou outras coisas de que a criança gosta podem acompanhar o elogio da mãe. Normalmente, o elogio é estabelecido como um reforçador condicionado generalizado durante a infância, mas continua sendo mantido como tal para adultos. Quando as pessoas nos elogiam, em geral são mais propensas a nos favorecerem de várias formas do que quando não nos elogiam. Portanto, somos propensos a nos engajarmos em comportamentos que são seguidos de elogio, mesmo na ausência de provação de qualquer reforçador específico. A Tabela 7.1 apresenta exemplos comuns de reforçadores condicionados simples e generalizados.

As fichas podem ser reforçadores condicionados simples ou generalizados. Exemplos do primeiro caso são fichas que só podem ser trocadas por um reforçador de apoio (ou *backup*)

Tabela 7.1 Exemplos de reforçadores condicionados e incondicionados.

Reforçadores condicionados simples	Reforçadores condicionados generalizados	Reforçadores incondicionados
Ouvir alguém dizer, em um restaurante, "Um garçom está vindo atender ao seu pedido"	Dinheiro	Comida
Um bilhete de metrô	Milhas aéreas	Água
Um vale-hambúrguer	Elogio	Sexo
	Um vale-presente para comida e bebidas em um restaurante	Conforto físico
		Sono
		Novidade

específico, como jujubas, enquanto exemplos do segundo caso são fichas que podem ser trocadas por mais de um tipo de reforçador de apoio, como jujubas ou brinquedos. Pesquisas indicam que fichas que são reforçadores condicionados generalizados são mais eficazes do que fichas que são reforçadores condicionados simples – provavelmente porque, pelo menos em parte, os reforçadores condicionados generalizados não dependem de apenas uma operação motivadora (Hackenberg, 2018; Russell *et al.*, 2018).

FATORES QUE INFLUENCIAM A EFETIVIDADE DO REFORÇO CONDICIONADO

Força dos reforçadores *backup*

O poder de um reforçador condicionado depende do poder do(s) reforçador(es) *backup* em que se baseia. Por exemplo, como passar tempo nas redes sociais era um forte reforçador *backup* para Erin, os pontos funcionaram como reforçadores condicionados efetivos.

O que confere aos cigarros seu poder de reforço é a droga viciante nicotina, um forte reforçador de apoio. Como os estímulos – o cheiro, o sabor e as sensações provenientes da fumaça do cigarro – são pareados com os efeitos reforçadores da nicotina na corrente sanguínea, eles se tornam fortes reforçadores condicionados, e, para os fumantes, os efeitos reforçadores condicionados dos estímulos associados à nicotina parecem ser comparáveis aos efeitos de reforço incondicionados da nicotina (Juliano *et al.*, 2006; Shahan *et al.*, 1999). Isso enfatiza o fato de que, ao tratar o tabagismo e outras adições, os terapeutas precisam prestar atenção aos efeitos que o reforço condicionado pode ter no tratamento.

Variedade de reforçadores *backup*

O poder de um reforçador condicionado depende, em parte, do número de reforçadores *backup* pareados. O dinheiro é um poderoso reforçador generalizado, devido aos seus pareamentos com muitos reforçadores *backup*, como comida, roupas, abrigo, transporte e entretenimento (Figura 7.1). Esse fator está relacionado a outro que o precede, no sentido de que, se muitos reforçadores *backup* diferentes estiverem disponíveis, então, em um dado momento, pelo menos um deles provavelmente será forte o bastante para manter o reforçador condicionado em uma alta potência para um indivíduo no programa.

Questões para aprendizagem

7. O que são fichas?
8. Explique, em uma ou duas frases, o que é economia de fichas.
9. O dinheiro é uma ficha? Justifique a sua resposta.
10. Dê dois exemplos de estímulos que são reforçadores condicionados, mas não são fichas. Explique por que eles são reforçadores e por que não são fichas.
11. Explique o que é uma punição condicionada. Dê dois exemplos.
12. Diferencie um reforçador condicionado simples de um reforçador condicionado generalizado. Explique por que um reforçador condicionado generalizado é mais efetivo do que um reforçador condicionado simples.
13. Uma ficha de metrô é um reforçador condicionado simples ou generalizado? Explique sua resposta.
14. Um cupom de supermercado é um reforçador condicionado simples ou generalizado? Explique sua resposta.
15. O elogio é um reforçador condicionado generalizado? Justifique sua resposta.
16. Os pontos do programa de Erin eram um reforçador condicionado generalizado? Justifique sua resposta.

Número de pareamentos com um reforçador *backup*

Um reforçador condicionado é mais forte se for pareado muitas vezes com um reforçador *backup*. A expressão "boa menina" ou "bom menino" dita

Figura 7.1 Por que o dinheiro é um reforçador condicionado generalizado?

a uma criança muito pequena imediatamente após um comportamento desejável é um reforçador condicionado mais forte se for pareada com um abraço de um dos pais muitas vezes, ao contrário do que ocorre se tiver sido pareada com um abraço de um dos pais uma única vez.

Perda de valor de um reforçador condicionado

Para permanecer efetivo, um reforçador condicionado deve ao menos ocasionalmente continuar sendo pareado a um reforçador *backup* conveniente. No exemplo da economia de fichas descrito anteriormente, se o professor descontinuasse os reforçadores *backup* das carinhas alegres, as crianças eventualmente deixariam de se engajar no comportamento pelo qual receberam tais recompensas.

ARMADILHAS DO REFORÇO CONDICIONADO

No Capítulo 6, introduzimos quatro tipos de armadilha que funcionam contra aqueles que têm pouco conhecimento sobre princípios comportamentais, e mostramos como elas se aplicam ao princípio do reforço positivo. Aqui, consideramos dois tipos de armadilhas relacionadas ao reforço condicionado.

Armadilha da aplicação errada acidental

As pessoas que não estão familiarizadas com o princípio do reforço condicionado podem, sem saber, aplicá-lo incorretamente de várias maneiras. Uma aplicação errônea é o pareamento inadvertido de reforço positivo com um estímulo verbal que visa suprimir algum comportamento indesejável. Um exemplo de aplicação incorreta é quando um adulto repreende uma criança que está motivada por atenção. A atenção que acompanha esses estímulos verbais negativos pode ser um reforçador positivo, tendo assim o efeito oposto ao pretendido. Desse modo, em algumas situações, repreensões e outros estímulos verbais negativos, como "Não!", podem funcionar como reforçadores condicionados, e o indivíduo se comportará de forma inadequada para obtê-los. Um exemplo extremo disso é o pai que repreende uma criança por mau comportamento e, depois, sentindo-se culpado pelo choro que se seguiu, imediatamente abraça a criança e lhe dá um agrado. O possível resultado desse procedimento impensado é que a repreensão pode se tornar um reforçador condicionado que manteria, e não eliminaria, o comportamento que a acompanha (nos próximos capítulos, discutiremos maneiras eficazes de diminuir comportamentos problemáticos que não tenham efeitos colaterais prejudiciais).

Armadilha da aplicação errada por conhecimento incompleto

Parar de parear um reforçador condicionado a um reforçador *backup* pode ter resultados infelizes para aqueles que não têm consciência de que isso fará um reforçador condicionado perder seu valor. Um exemplo é o professor que premia carimbos de carinhas alegres como fichas por bom comportamento, mas falha em usar reforçadores *backup* efetivos. O resultado é que os carimbos podem eventualmente perder qualquer poder reforçador que possam ter tido quando foram introduzidas pela primeira vez.

DIRETRIZES PARA A APLICAÇÃO EFETIVA DO REFORÇO CONDICIONADO

As diretrizes a seguir devem ser observadas ao aplicar-se o reforço condicionado:

1. Um reforçador condicionado deve ser um estímulo que possa ser controlado e administrado facilmente nas situações em que você planejar usá-lo. Por exemplo, pontos eram idealmente convenientes para o programa de Erin.
2. Tanto quanto possível, use os mesmos reforçadores condicionados que o indivíduo encontrará em seu ambiente natural. Por exemplo, em programas de treinamento, é desejável transferir o controle das fichas artificiais para a moeda de um ambiente natural, ou receber naturalmente elogios e atenção de outras pessoas.
3. Nos estágios iniciais do estabelecimento de um reforçador condicionado, deve-se apresentar um reforçador de apoio o mais rapidamente possível após a apresentação do reforçador condicionado. Posteriormente, deve ocorrer um afinamento do esquema, no qual (a) o intervalo entre o reforçador condicionado e o reforçador de apoio é aumentado gradualmente ou (b) a quantidade de comportamento necessária para cada ficha é aumentada gradualmente.
4. Usar reforçadores condicionados generalizados, sempre que possível. Ou seja, usar muitos tipos diferentes de reforçador *backup*, e não apenas um. Nesse sentido, pelo menos um dos reforçadores *backup* provavelmente será forte o bastante, em qualquer momento, para manter o poder do reforçador condicionado.
5. Quando o programa envolve mais de um indivíduo (como uma classe de alunos), evite a competição destrutiva por reforçadores condicionados e *backup*. Dar um reforço a uma pessoa em detrimento de outra pode evocar comportamento agressivo no segundo indivíduo ou extinguir seu comportamento desejável. Sendo assim, é recomendado evitar chamar atenção para o fato de um indivíduo estar ganhando mais reforço condicionado e *backup* do que o outro. Certamente, as pessoas diferem em suas habilidades, mas delinear programas em que os indivíduos ganham reforço suficiente para apresentarem seus próprios níveis de desempenho pode minimizar quaisquer dificuldades que essas diferenças possam causar.
6. Além das cinco regras anteriores, as mesmas regras devem ser seguidas para os reforçadores condicionados que se aplicam a qualquer reforçador positivo (ver Capítulo 6). Detalhes adicionais para o estabelecimento da economia de fichas são descritos no Capítulo 24.

Questões para aprendizagem

17. Liste três fatores que influenciam a efetividade dos reforçadores condicionados.
18. Discuta como o reforço condicionado está envolvido em uma dependência, como a da nicotina, e como dificulta que as pessoas abandonem o vício.
19. Explique o que faz um reforçador condicionado perder seu valor.
20. Descreva duas armadilhas de reforço condicionado. Dê um exemplo de cada.

RESUMO DO CAPÍTULO 7

Reforçadores incondicionados, como comida para uma pessoa faminta, são estímulos que reforçam sem aprendizado prévio. Reforçadores condicionados, como seu livro favorito, são estímulos que não eram originalmente reforçadores, mas que se tornaram reforçadores ao serem pareados ou associados a outros reforçadores. Estes últimos são chamados de reforçadores de apoio (ou reforçadores *backup*). As fichas, como o dinheiro, são reforçadores condicionados que podem ser acumulados e trocados por uma variedade de reforçadores de apoio. Um programa de modificação de comportamento no qual um ou mais indivíduos podem ganhar fichas e trocá-las por reforçadores de apoio é chamado de sistema de fichas ou economia de fichas

– geralmente um sistema de fichas implementado com mais de um indivíduo. Um reforçador condicionado que é pareado com um único reforçador de apoio é chamado de reforçador condicionado simples, e um estímulo que é pareado com mais de um tipo de reforçador de apoio é chamado de reforçador condicionado generalizado. Dinheiro e elogios são exemplos de reforçadores condicionados generalizados. Os fatores que influenciam a eficácia do reforço condicionado incluem (a) a força dos reforçadores de apoio – quanto mais forte, melhor; (b) a variedade de reforçadores de apoio – quanto maior a variedade, melhor; (c) o número de pareamentos com um reforçador de apoio – quanto mais, melhor; e (d) se os pareamentos de reforçadores condicionados e de apoio continuam pelo menos intermitentemente. Uma armadilha do reforço condicionado é o pareamento de um reforçador condicionado com um estímulo destinado a diminuir o comportamento problemático, como uma reprimenda. Isso pode fazer com que o último estímulo se torne um reforçador, pois oferece a atenção que o indivíduo não estaria recebendo de outra forma. Uma segunda armadilha é deixar de parear, pelo menos ocasionalmente, um reforçador condicionado a um reforçador de apoio, o que fará com que o reforçador condicionado perca seu valor.

Exercícios de aplicação

Exercício envolvendo outros

Qual é o provável reforçador e qual comportamento é fortalecido em cada uma das situações a seguir? Esses reforçadores são incondicionados ou condicionados? Justifique sua resposta em cada caso.

a) Um indivíduo caminha pelo parque, no outono, e admira as belas folhas coloridas da estação nas árvores.
b) Uma pessoa completa uma corrida de 4,5 km e experimenta o "barato" do corredor.
c) Um adolescente termina de cortar a grama e tem permissão para usar o carro da família.
d) Uma criança sedenta segura um copo de leite e toma vários goles.

Exercício de automodificação

Identifique um déficit comportamental seu que você gostaria de superar. Em seguida, descreva os detalhes de um sistema de fichas plausível que poderia ser aplicado por um amigo ou um parente para ajudá-lo a superar esse déficit.

Confira as respostas das Questões para aprendizagem do Capítulo 7

8 Minimização de um Comportamento com Extinção Operante

Objetivos de aprendizagem

Após ler este capítulo, o leitor será capaz de:

- Definir *extinção operante*
- Descrever oito fatores que influenciam a efetividade da extinção operante
- Explicar como os indivíduos que não têm consciência da extinção operante estão aptos a aplicá-la sem conhecimento ao comportamento de amigos, conhecidos, familiares e outros.

"Sobremesa! Sobremesa! Sobremesa!", gritou Gregory.

Como diminuir os gritos de Gregory

Quando Gregory, filho de um dos autores, tinha 3 anos, sua mãe e seu pai o deixaram com a avó enquanto faziam uma viagem de 4 dias. Na primeira noite após retornarem, Gregory e seus pais estavam jantando na mesa da sala de jantar. Depois de comer a comida em seu prato, Gregory ergueu o prato vazio e gritou: "Sobremesa! Sobremesa! Sobremesa!" Seus pais se entreolharam surpresos e ignoraram os gritos de Gregory. Gregory gritou "Sobremesa!" mais duas vezes e, então, colocou o prato no chão e sentou-se em silêncio. Depois de vários minutos de silêncio, sua mãe disse: "Gregory, você está sentado quietinho. Vou pegar sua sobremesa."

Durante uma conversa sobre o episódio com a avó de Gregory, que não ouvia muito bem, a avó explicou que havia oferecido a sobremesa ao menino toda vez que ele gritava alto o suficiente para que ela o ouvisse. Obviamente, ela reforçou o comportamento de gritos de Gregory. Seus pais ignoraram os gritos de sobremesa nos dois jantares seguintes e só lhe deram a sobremesa depois que ele ficava sentado em silêncio por vários minutos após comer a comida em seu prato. Depois de três jantares assim, Gregory não gritava mais para pedir a sobremesa.

EXTINÇÃO OPERANTE

O princípio da **extinção operante** determina que, se um indivíduo, em uma dada situação, exerce um comportamento previamente reforçado e esse comportamento não é seguido de um reforçador, então esse indivíduo tende menos a repetir o comportamento na próxima vez em que se encontrar em uma situação semelhante. Dito de outro modo, se houve aumento da frequência de uma resposta por meio de reforço, então a cessação completa do reforço dessa resposta acarretará a diminuição de sua frequência, o que ocorreu com os gritos de Gregory pedindo sobremesa. Observe que a extinção operante, assim como a extinção respondente, discutida no Capítulo 5, leva à diminuição de um comportamento; entretanto, também existem diferenças significativas entre elas. Especificamente, a extinção respondente é uma diminuição em uma CR para um CS devido ao fato de o CS não estar mais pareado com um US; já a extinção operante é uma diminuição em uma resposta operante devido ao fato de ela não ser mais seguida por um reforçador. Neste livro, quando usamos o termo "extinção", na ausência de qualificação, estamos nos referindo à extinção operante.

Assim como outros princípios de comportamento, poucas pessoas têm consciência da frequência com que são influenciadas pela extinção operante diariamente, em suas vidas. Alguns exemplos são mostrados na Tabela 8.1. Em cada um deles, os indivíduos simplesmente

Tabela 8.1 Exemplos de extinção operante após o comportamento indesejado.

Situação	Respostas	Consequências imediatas	Efeitos a longo prazo
Uma criança de 4 anos está deitada na cama, à noite, enquanto seus pais estão sentados na sala de estar conversando com as visitas	A criança começa a emitir ruídos altos, enquanto está deitada na cama	Os pais e as visitas ignoram a criança e continuam conversando tranquilamente	A criança será menos propensa a emitir ruídos em situações futuras semelhantes a essa
Um marido e uma esposa estão em pé, na cozinha, pouco depois de o marido voltar do trabalho para casa	O marido reclama do trânsito	A esposa continua preparando o jantar e não presta atenção aos comentários do marido sobre o trânsito	Futuramente, será menos provável que o marido faça esse tipo de reclamação
Uma criança da 3ª série, na sala de aula, acaba de terminar um trabalho e levanta a mão	A criança começa a estalar os dedos	O professor ignora a criança e responde às crianças que estão com a mão erguida sem estalar os dedos	Em uma situação semelhante, no futuro, a criança tenderá não mais a estalar os dedos
Em uma loja, cinco pessoas aguardam na fila do caixa para pagar as mercadorias	Um cliente agressivo, aos empurrões, abre passagem até o início da fila e exige atendimento	O balconista da loja diz friamente: "Por favor, volte para o final da fila", e continua atendendo o cliente da vez	Futuramente, em uma situação parecida, esse consumidor que abriu passagem aos empurrões tenderá a agir menos desse modo

estão realizando as atividades de suas rotinas. Talvez sejam necessárias várias repetições do comportamento sem ser previamente reforçado para que ocorra alguma diminuição evidente em sua frequência. Mesmo assim, o efeito persiste. Ao longo de alguns testes, os comportamentos que deixam de "valer a pena" diminuem gradativamente. Com certeza, isto é altamente desejável de um modo geral, porque a persistência em um comportamento inútil nos levará rapidamente ao desaparecimento da espécie. Em outras palavras, se algum comportamento inútil de um organismo qualquer não extinguisse haveria uma extinção da espécie.

Tenha em mente que a extinção operante é apenas uma das várias causas possíveis de minimização de comportamento operante. Suponha que os pais de uma criança que fala muitos palavrões decidam implementar um programa para diminuir o xingamento. Imagine que, no decorrer de vários dias, toda vez que a criança falar um palavrão, os pais gritem imediatamente: "Pare com isso!". Como resultado, o xingamento é eliminado. Nesse caso, esse comportamento diminuiu por ter sido seguido de uma *punição* (repreensão). Considere, agora, outra possibilidade. Suponha que, em vez de reprimirem a criança após os episódios de xingamento, os pais dissessem "Você acabou de perder R$ 0,25 da sua mesada", e que esse procedimento tenha eliminado o xingamento. Nesse caso, a remoção da mesada da criança contingente ao xingamento é referida como *punição de custo da resposta* (esta e a repreensão são discutidas no Capítulo 15).

O comportamento também pode ser minimizado por esquecimento. No *esquecimento*, um comportamento é enfraquecido em função do tempo decorrido desde a sua última ocorrência. Para ler mais sobre interrupções comportamentais de lembrança e esquecimento, ver Pear (2016a, Cap. 10) e White (2013). A extinção operante difere de cada um desses tipos no sentido de que ela enfraquece o comportamento devido à emissão sem reforço. Ver uma revisão da pesquisa sobre extinção operante em Lattal *et al.* (2013).

Uma alternativa à extinção operante para reduzir o comportamento indesejável em pessoas com deficiências de desenvolvimento é o *reforço não contingente*. Suponha que, em um centro de tratamento para crianças com deficiências de desenvolvimento, Bobby parece apresentar birras frequentes porque isso em geral faz com que um adulto lhe dê atenção. Um programa de reforço não contingente pode envolver dar a Bobby a atenção de um adulto uma vez a cada 30 segundos, independentemente do comportamento que esteja ocorrendo. Se esse procedimento fizer com que Bobby se satisfaça com a atenção do adulto como reforçador, então é menos provável que ele faça birra para obter atenção. Em vários estudos, esse tipo de tratamento demonstrou ser eficaz na redução do comportamento desafiador. Para revisões desses estudos, ver Smith (2021) e Tucker *et al.* (1998). Uma possível crítica a essa estratégia para diminuir o comportamento é que ela pode reduzir a motivação do cliente de participar das sessões, considerando que ele recebe um reforçador com frequência por fazer praticamente nada. Além disso, como atua de forma indiscriminada em qualquer comportamento que ocorra com uma frequência elevada, ela também pode reduzir comportamentos desejáveis.

FATORES QUE INFLUENCIAM A EFETIVIDADE DA EXTINÇÃO OPERANTE

Controle dos reforçadores para o comportamento a ser minimizado

Considere o caso de Sally, uma menina de 4 anos que desenvolveu um comportamento de chorar muito, especialmente quando deseja algo. Sua mãe decidiu ignorar esse comportamento, esperando assim eliminá-lo. Por três vezes, durante uma tarde, a mãe ignorou o comportamento da filha até que cessasse e, então, após um breve período sem choro, deu a Sally o item que ela desejava. As coisas pareciam estar indo cada vez melhor, até que o pai chegou em casa. Enquanto a mãe estava na cozinha, Sally se aproximou dela e, choramingando, pediu um pouco de pipoca. Embora a mãe tenha ignorado Sally completamente, o pai entrou na cozinha e disse: "Você não está ouvindo a Sally? Venha cá, Sally, eu vou te dar pipoca." Temos certeza de que você consegue prever o efeito que esse episódio teve sobre o comportamento de choro de Sally no futuro.

Questões para aprendizagem

1. Quais são as duas partes do princípio da extinção operante?
2. Dizer a alguém para parar de comer doces e, como resultado, a pessoa fazê-lo exemplifica a extinção operante? Explique por que, com base na definição de extinção operante.
3. Uma situação em que um pai/mãe ignora o comportamento do filho é um exemplo de extinção operante? Explique por que, com base na definição de extinção operante.
4. Suponha que, imediatamente após o filho xingar, os pais removam uma parte da sua mesada e, como resultado, a frequência de xingamentos diminui. Esse é um exemplo de extinção operante? Explique por quê.
5. Qual é a diferença entre esquecimento e extinção operante?
6. Explique a diferença, em termos de procedimento e resultados, entre perda de valor de um reforço condicionado (ver Capítulo 7) e extinção operante de um comportamento positivamente reforçado.
7. Descreva como o reforço não contingente pode ser usado para reduzir o comportamento desafiador. Qual é a possível limitação dessa abordagem?

Eliminar ou diminuir os reforçadores após um comportamento a ser minimizado é uma prática que tem sido usada como componente de um tratamento efetivo contra o *bullying*. Considerando que o *bullying* frequentemente é reforçado pela atenção em grupo (Salmivalli, 2002), Ross e Horner (2009) desenvolveram e testaram um programa que orientava os professores a instruírem alunos do ensino fundamental a não darem reforço após um comportamento *desrespeitoso*, como, por exemplo, choramingar por parte da vítima ou aplaudir e rir por parte dos espectadores. A palavra *bullying* não foi usada porque é um rótulo sintético para um comportamento (ver Capítulo 1) e devido à dificuldade de obter uma definição comportamental confiável dela. Após o treinamento, os professores ensinaram os alunos que eram alvo de desrespeito: (a) a reconhecer as situações de abuso; (b) a dizer "Pare!" e a erguer a mão em um gesto de parar; e (c) a se afastar. Os alunos também foram encorajados a seguir a mesma rotina, caso vissem outro aluno sendo "desrespeitado", e a etapa "c" envolveria ajudar a vítima a se afastar. O *bullying* ou comportamento desrespeitoso contra seis alunos de três escolas foi monitorado antes e após o programa, tendo sido constatado que o comportamento diminuiu em todos os casos. O suporte de espectadores em situações de *bullying* também aumentou. É preciso notar que esse tratamento foi parte de um programa escolar mais amplo chamado *Positive Behavior Support [Apoio ao comportamento Positivo]* (Horner *et al.*, 2005).

Os reforçadores apresentados por outras pessoas ou pelo ambiente podem desfazer nossos próprios esforços na aplicação da extinção operante. Infelizmente, muitas vezes é difícil convencer os outros disso, se as pessoas não estiverem familiarizadas com os princípios do reforço positivo e da extinção. Se os funcionários de um berçário ignorarem a birra de uma criança, e outro membro da equipe entrar e dizer: "Eu posso fazer essa criança parar de chorar. Veja, Tommy, eu tenho um doce", então Tommy provavelmente irá parar de chorar naquele momento. Entretanto, a longo prazo, a frequência das birras pode aumentar devido a essa ação reforçadora. Como Tommy parou de chorar temporariamente, contudo, provavelmente será difícil convercer aquele membro da equipe sobre a eficácia da extinção operante. Em casos assim, é necessário ou controlar o comportamento dos indivíduos que podem sabotar o processo ou realizar a extinção operante na sua ausência. É também importante, durante a aplicação da extinção, garantir que os reforçadores que você está tentando conter sejam aqueles que de fato estão mantendo o comportamento indesejado. Caso contrário, o comportamento indesejado provavelmente não irá diminuir, como mostra a Figura 8.1.

Combinar extinção com reforço positivo para um comportamento alternativo

A extinção operante é mais efetiva quando combinada com reforço positivo para algum comportamento alternativo desejável (Lerman e Iwata, 1996). Nota: isso é referido como reforço diferencial de comportamento alternativo, sendo discutido com mais detalhes no Capítulo 14. Portanto, não apenas o grito de Gregory ("Sobremesa! Sobremesa!") foi ignorado (extinção operante), mas um comportamento alternativo (sentar-se de forma silenciosa à mesa) foi reforçado. A combinação dos dois procedimentos provavelmente diminuiu a frequência do comportamento indesejado de modo bem mais rápido e, possivelmente, a um nível menor do que teria ocorrido se o procedimento de extinção tivesse sido realizado isoladamente.

É preciso ter cautela ao considerar a combinação da extinção do comportamento A com o reforço positivo para um comportamento alternativo B. Se, por algum motivo, o comportamento alternativo B sofrer extinção, o comportamento original A poderá ressurgir. Esse fenômeno é chamado *ressurgência* e foi

Figura 8.1 Exemplo extremo daquilo que frequentemente faz as tentativas de aplicar a extinção fracassarem. O reforçador real do comportamento deve ser sempre contido.

demonstrado em estudos com animais. Embora tenham sido feitas poucas pesquisas sobre ressurgência com seres humanos, há evidências de que ela ocorre com humanos. São necessárias mais pesquisas para determinar as condições exatas em que isso ocorre em humanos. Para pesquisas sobre esse tópico, ver Bolívar *et al.*, 2017; Kestner e Peterson, 2017; King e Hayes, 2016; Romano e St. Peter, 2017.

O uso da extinção operante às vezes é criticado sob a alegação de ser cruel privar as pessoas de atenção social em um momento de necessidade. Essa crítica geralmente considera que um indivíduo que esteja chorando, fazendo birra ou assumindo diversos outros comportamentos que comumente chamam atenção está passando por um "momento de necessidade". Em certos casos, isso até poderia ser uma crítica válida. O choro frequente pode indicar lesão, sofrimento emocional e outras formas de desconforto. Qualquer comportamento que você pense que deve ser minimizado precisa ser examinado atentamente quanto à conveniência de sua minimização. Se uma redução for desejável, frequentemente a extinção é o procedimento correto.

Contexto em que a extinção é realizada

Conforme indicado previamente, um motivo para mudar o contexto em que a extinção operante é conduzida é a minimização da possibilidade de outras pessoas reforçarem o comportamento que você está tentando diminuir. Outro motivo é que pode ser socialmente difícil ou até impossível realizar a extinção operante em certas situações. Seria imprudente que a mãe iniciasse a extinção da birra do filho em uma loja de departamentos. Os olhares desagradáveis dos outros clientes e dos funcionários diminuiriam as chances de a mãe conduzir efetivamente o procedimento. É importante considerar o contexto em que a extinção operante será conduzida, a fim de minimizar a influência de reforçadores alternativos sobre o comportamento indesejado a ser extinguido e maximizar as chances de o modificador do comportamento persistir no programa.

Uso de instruções ou regras

Embora um indivíduo possa não entender os reais princípios da extinção operante, ainda assim esta diminuirá o comportamento dele. Entretanto, será útil acelerar a minimização do comportamento se, inicialmente, fosse dito à pessoa algo como "Se você fizer X [o comportamento indesejado], então não haverá mais Y [o item reforçador]". Considere, por exemplo, o segundo caso apresentado na Tabela 8.1. Diariamente, ao chegar em casa do trabalho, o marido reclama excessivamente do trânsito. Sua esposa acrescentaria controle instrucional à extinção se dissesse algo como "George, o trânsito é o mesmo todo dia, e reclamar não resolverá isso. Adoro conversar com você sobre outras coisas. Mas toda vez que você chegar em casa e reclamar demais do trânsito, eu irei ignorá-lo". Isso faria a reclamação de George diminuir rapidamente, ainda que somente algumas vezes. Por outro lado, tenha em mente que esse procedimento é mais complexo do que uma simples extinção operante. O controle instrucional é discutido com mais detalhes no Capítulo 19.

Esquema de reforço antes da aplicação da extinção

Vamos voltar ao caso do comportamento de Sally. Antes de sua mãe decidir implantar a extinção operante, o que acontecia quando Sally chorava? Às vezes, nada, porque a mãe estava ocupada demais com outras coisas. Contudo, em outras ocasiões, frequentemente após cinco a seis episódios de choro, a mãe de Sally a acudia e lhe dava o que queria. Isso é típico de muitas situações de reforço em que o choro de Sally não era reforçado logo após cada episódio. Trata-se de um exemplo de *reforço intermitente* (discutido nos capítulos 10 e 14). Nesse ponto, é necessário mencionar os reforços contínuo e intermitente, por poderem influenciar a efetividade da extinção. O **reforço contínuo** consiste em um arranjo ou esquema em que cada episódio de uma resposta em particular é reforçado. O **reforço intermitente** é um arranjo ou esquema em que uma resposta é reforçada apenas às vezes ou intermitentemente, e não toda vez que ocorre.

A influência dos esquemas de reforço sobre a extinção operante subsequente pode ser facilmente imaginada quando pensamos em um pequeno problema com o qual possamos nos deparar. Suponha que você esteja escrevendo e a caneta de repente pare de funcionar. O que você faz? Provavelmente, você a agita para cima e para baixo algumas vezes, tentando escrever com ela um pouco mais. A caneta continua não funcionando, então você troca de caneta. Suponha, agora, que você esteja escrevendo com a segunda caneta e esta falha ocasionalmente. Você a agita algumas vezes e escreve mais um pouco e, outra vez, a caneta falha. Toda vez que você a agita, ela escreve um pouco mais. Suponha então que a segunda caneta pare de funcionar totalmente. Em qual situação você provavelmente persistiria por mais tempo agitando e tentando usar a caneta? Sem dúvida, na segunda situação, porque a caneta ocasionalmente voltaria a funcionar.

Quando um comportamento é sempre reforçado e, então, abruptamente deixa de ser, esse comportamento se extingue rapidamente. Quando um reforço intermitente mantém um comportamento (como uma caneta que volta a escrever depois de ser agitada algumas vezes), esse comportamento (agitar a caneta) tende a se extinguir devagar (Kazdin e Polster, 1973). Esse fenômeno aparentemente simples é, na verdade, complexo e depende, em parte, de como o comportamento é medido no decorrer da extinção (Lerman *et al.*, 1996; Nevin, 1988). Para os nossos propósitos, basta notar que, de modo geral, o comportamento que tem sido reforçado de maneira intermitente se extingue mais devagar do que um comportamento reforçado de modo contínuo. O comportamento que se extingue devagar é chamado de *resistente à extinção.*

Vamos, agora, olhar atentamente para o choro de Sally. Provavelmente, demorará mais para a extinção operante eliminar por completo a birra, se às vezes Sally receber o que quer e às vezes não o receber depois de chorar, do que se for totalmente ignorada. Em outras palavras, a extinção é mais rápida após um *reforço contínuo* do que após um *reforço intermitente.* Se você tentar extinguir um comportamento que tem sido reforçado de modo intermitente, deve estar preparado para uma extinção mais demorada.

Questões para aprendizagem

8. Se um comportamento mantido por reforço positivo não for reforçado ao menos de vez em quando, o que acontecerá com esse comportamento?
9. Por que a tentativa da mãe de extinguir o comportamento do filho de comer biscoitos fracassou?
10. Examine a Tabela 8.1. Qual dos exemplos envolveu reforço positivo para uma resposta alternativa? Para aqueles que não envolveram, indique como um reforço positivo para uma resposta alternativa poderia ser introduzido.
11. O que é ressurgência? Descreva um exemplo.
12. Por que é necessário considerar o contexto como um fator influenciador do seu programa de extinção operante?
13. Descreva um comportamento em particular que você gostaria de minimizar em uma criança com quem tem contato. O seu programa de extinção requer algum contexto especial? Por quê?
14. Defina *reforço contínuo*. Dê um exemplo que não tenha sido mencionado neste capítulo.
15. Defina *reforço intermitente*. Dê um exemplo que não tenha sido mencionado neste capítulo.
16. Qual é o efeito do reforço contínuo em comparação ao do reforço intermitente sobre a resistência à extinção de um comportamento operante?

Jorro de extinção: o comportamento sob extinção pode piorar antes de melhorar

Durante a extinção operante, o comportamento pode ser intensificado antes de começar a diminuir. Ou seja, as coisas podem piorar antes de melhorarem. Um aumento temporário na resposta durante a extinção em geral é referido como **jorro de extinção**. Suponha que, na sala de aula, uma criança levante a mão constantemente e estale os dedos para chamar atenção do professor. Um professor que acompanhe a frequência dessa ação por algum tempo e, então, introduza a extinção operante (*i. e.*, ignorar o comportamento) provavelmente observaria um aumento do estalar dos dedos durante os primeiros minutos de extinção, até o comportamento começar a ser dissipado. Por quê? A maioria de nós aprendeu que, se algo deixa de ter efeito, uma leve intensificação do comportamento pode ser suficiente para voltar a produzi-lo. Já comprovados na pesquisa básica, os jorros de extinção também foram relatados em pesquisa aplicada (Lerman e Iwata, 1995; Lerman *et al.*, 1999). Portanto, o jorro de extinção é algo que todos aqueles que tentam aplicar um procedimento de extinção operante devem conhecer. Um professor que tenha decidido introduzir a extinção após o estalar de dedos, e então observa uma intensificação desse comportamento durante os minutos subsequentes, pode concluir erroneamente que a extinção não funcionou, desistindo muito precocemente do programa. O efeito dessa ação seria reforçar o comportamento quando este piorar. A regra que se segue, neste caso, é a seguinte:

> Ao introduzir uma extinção operante, mantenha-a. As coisas geralmente pioram antes de melhorarem, mas espere, porque valerá a pena a longo prazo.

Entre as exceções a essa regra estão as situações em que um jorro de extinção pode ser prejudicial. Se você puder prever essa possibilidade, deve então seguir as etapas preventivas. Antes de implementar um programa de extinção para diminuir o comportamento de bater a cabeça de uma menina com dificuldade de desenvolvimento, Brian Iwata *et al.* colocaram um capacete na menina durante as sessões de extinção, para que assim ela não se machucasse durante um jorro de extinção (Iwata *et al.*, 1994). Alternativamente, se houver previsão de que um jorro de extinção poderia causar danos, então não use a extinção. Outras estratégias para minimizar comportamentos problemáticos são descritas nos capítulos posteriores.

Agressão induzida: a extinção pode produzir agressão que interfere no programa

Outra dificuldade da extinção operante é que o procedimento pode gerar agressão. Todos nós experimentamos isso. Provavelmente, todos nós temos o desejo de bater e chutar uma máquina que pega nosso dinheiro e não entrega o produto. Se considerarmos o exemplo do estalar de dedos, poderíamos primeiramente notar alguma agressão leve. Se um professor ignora o estalar dos dedos de uma criança, esta pode começar a fazê-lo mais e mais intensamente e, talvez, bater na carteira e gritar "Ei!". Esse aspecto da extinção operante, por vezes chamado *agressão induzida*, foi extensivamente estudado com animais em situações de laboratório (Pear, 2016a, pp. 291, 301), tendo sido também relatado na pesquisa aplicada (Lerman e Iwata, 1996; Lerman *et al.*, 1999). Em estudos sobre extinção operante de comportamento autolesivo, a agressão foi observada em quase metade dos casos em que a extinção foi a única intervenção adotada. No entanto, a prevalência da agressão foi substancialmente menor quando a extinção era implantada como parte de um pacote de tratamento incluindo reforço positivo para algum comportamento desejável. É importante minimizar a agressão não só por ser indesejável, mas também por poder levar à desistência muito precocemente. Isso poderia reforçar não apenas o comportamento indesejado em um esquema intermitente, mas a agressão também.

Outra opção seria conduzir um programa de extinção operante em um contexto no qual certa quantidade de agressão possa ser tolerada. Se os pais decidirem aplicar a extinção para diminuir o comportamento de fazer birra do filho pequeno, poderiam fazê-lo em casa, após a remoção de objetos quebráveis. Como outro exemplo, em um programa de extinção para minimizar comportamentos agressivos (arranhar, bater, chutar e morder) de um menino com grave falta de habilidade do desenvolvimento, Edward Carr *et al.* fizeram os professores usarem roupas de proteção – um espesso casaco de veludo e luvas de borracha (Carr *et al.*, 1980).

Recuperação espontânea: reaparecimento de um comportamento extinto após intervalo de tempo

Outra dificuldade da extinção operante é que um comportamento que desapareceu durante uma sessão de extinção pode reaparecer na próxima oportunidade, algum tempo depois. O reaparecimento de um comportamento extinto após um intervalo é chamado **recuperação espontânea**. Vamos reconsiderar o exemplo do estalo dos dedos. Suponha que o professor iniciou um programa de extinção quando o aluno voltou à escola, depois do almoço. Na primeira hora, ocorreram 10 episódios, os quais foram ignorados pelo professor e pelos outros alunos. Suponha ainda que, depois disso, não houve mais ocorrências no restante da tarde, e o professor considerou que o comportamento fora extinguido com sucesso. Na manhã seguinte, porém, ocorreram outros cinco episódios durante a primeira hora na escola. Isso seria a recuperação espontânea do estalar de dedos.

Em geral, a quantidade de comportamento que é recuperada espontaneamente após um intervalo de tempo é inferior à quantidade de comportamento manifestada durante a sessão de extinção anterior. Após várias sessões de extinção adicionais, a recuperação espontânea em geral não é um problema. Embora essas características da recuperação espontânea estejam bem estabelecidas na pesquisa básica (Pear, 2016a, p. 38), ainda não foram formalmente estudadas na pesquisa aplicada, havendo pouquíssimos relatos confiáveis de recuperação espontânea em aplicações de extinção operante (Lerman e Iwata, 1996). Recomendamos que o professor esteja preparado para continuar aplicando o programa de extinção, mesmo que ocorra recuperação espontânea.

Para fins de revisão, sugerimos que, se você quer que um comportamento operante ocorra com mais frequência, reforce-o, e se você quer que o comportamento operante ocorra com menor frequência, ignore-o. Contudo, esteja atento: há muito mais para reforçar positivamente e para a extinção positiva do que se possa imaginar em uma primeira análise.

ARMADILHAS DA EXTINÇÃO OPERANTE

No Capítulo 6, introduzimos quatro tipos de armadilha que podem funcionar contra os imprudentes. Aqui, consideramos dois tipos de armadilha relacionadas com a extinção.

Aplicação errada acidental

Como ocorre com muitas leis naturais, como a lei da gravidade e o princípio do reforço positivo, o princípio da extinção operante atua independentemente da consciência em relação a ele. Infelizmente, aqueles que não têm consciência da extinção operante são aptos a aplicá-la de modo acidental para o comportamento desejado de amigos, conhecidos, familiares e outros. A Tabela 8.2 apresenta alguns exemplos de como a extinção operante pode, a longo prazo, trabalhar para diminuir o comportamento desejável.

Armadilha da aplicação incorreta de conhecimento parcial

Mesmo quando algumas pessoas conhecedoras da modificação de comportamento a aplicam em uma tentativa de ajudar indivíduos com deficiência comportamental, outras pessoas com menos conhecimento sobre extinção operante podem desfazer o bom trabalho realizado pelas primeiras. Suponha que uma criança incluída em um programa para indivíduos com dificuldade de desenvolvimento tenha sido

Tabela 8.2 Exemplos de extinção operante subsequente ao comportamento desejável.

Situação	Respostas	Consequências imediatas	Efeitos a longo prazo
Dois instrutores estão conversando em uma aula de educação especial, e um aluno se aproxima	Em pé, o aluno aguarda pacientemente ao lado dos instrutores, por vários minutos. Finalmente, o aluno os interrompe	Os instrutores, pararam de conversar e ouviram o aluno que os interrompeu	No futuro, provavelmente, a criança não ficará em pé ao lado dos instrutores e aguardará pacientemente, e a interrupção tenderá a ocorrer mais
Você pede a um amigo para ligar para o seu celular, em determinada noite	Seu amigo liga para o seu número várias vezes	Cada vez que o celular toca, você ignora e continua lendo seu livro	Provavelmente, seu amigo lhe telefonará menos quando você pedir para ele fazer isso
Um homem transportando vários pacotes caminha na direção da porta de saída de uma loja de departamentos. Uma mulher que está parada em pé junto à porta vê o homem vindo em sua direção	A mulher abre a porta para o homem	O homem se apressa sem dizer nada	As chances de a mulher abrir a porta em situações semelhantes no futuro são menores
Uma bebê de 3 meses está deitada tranquilamente no berço, pouco antes da hora da alimentação	A bebê começa a balbuciar (o que, na empolgação, pode ser interpretado como "mamãe" ou "papai")	A mãe, atarefada com o preparo da mamadeira, ignora a criança. Mais tarde, ao pegar a bebê, ela está quieta novamente (ou, mais provavelmente, chorando)	A mãe acabou de perder uma oportunidade de reforçar o balbucio. Em vez disso, ela reforçou o comportamento de ficar deitada quieta (ou chorando). Por isso, os sons tenderão a ocorrer menos no futuro

reforçada com um ajudante para se vestir sozinha. Suponha ainda que esse ajudante tenha férias e, por isso, foi substituído por outro menos familiarizado com os princípios de reforço positivo e extinção. Confrontado por uma criança que se veste sozinha, enquanto muitas não conseguem, o novo ajudante provavelmente passará um tempo significativo ajudando essas crianças e dará pouca atenção à que se veste sozinha. É uma tendência comum conceder bastante atenção aos problemas e ignorar situações em que as coisas parecem estar indo bem. É fácil racionalizar essa atenção seletiva. "Afinal de contas", o ajudante pode alegar, "por que devo reforçar Johnny por fazer algo que ele já sabe?" Entretanto, para manter o comportamento já estabelecido da criança de se vestir sozinha, é necessário reforçá-lo ao menos ocasionalmente. As estratégias para manter um comportamento desejável e, assim, prevenir a extinção operante indesejada são descritas no Capítulo 18.

Armadilha da não aplicação

Um dos maiores perigos que um programa de extinção operante enfrenta é o reforço por parte de uma pessoa bem-intencionada que não entende o programa ou sua lógica. Esse obstáculo foi encontrado em um dos primeiros relatórios sobre a aplicação da extinção às birras de uma criança. C. D. Williams (1959) relatou o caso de um bebê de 21 meses que gritava e chorava se seus pais saíssem do quarto depois de colocá-lo para dormir à noite. Iniciou-se um programa no qual os pais saíam do quarto após as brincadeiras da hora de dormir e não voltavam a entrar, não importando o quanto o bebê gritasse e se enfurecesse. Na primeira vez em que foi colocado na cama sob esse procedimento de extinção, o bebê gritou por 45 minutos. Na décima noite, entretanto, ele não chorou mais, mas sorriu quando os pais saíram do quarto. Cerca de 1 semana depois, quando os pais estavam desfrutando de uma tão necessária noite livre, o bebê gritou e se agitou depois que a tia o colocou na cama. A tia reforçou o comportamento voltando ao quarto e permanecendo lá até que ele dormisse. Então, foi necessário extinguir o comportamento uma segunda vez, o que levou quase tanto tempo quanto na primeira vez. Ayllon e Michael (1959) observaram o efeito indesejável do reforço indesejado na extinção operante, que eles chamaram de *reforço clandestino*. Uma paciente de um hospital psiquiátrico produzia discursos psicóticos tão irritantes, chamados *delirantes*, que outros pacientes, em várias ocasiões, bateram nela em uma tentativa de mantê-la quieta. Para diminuir seus discursos psicóticos, os médicos instruíram as enfermeiras a ignorá-la e a prestar atenção apenas à conversa sensata. Como resultado, a proporção de seus discursos psicóticos diminuiu de 0,91 para 0,25. Mais tarde, no entanto, ela voltou para um nível alto novamente, provavelmente devido ao reforço clandestino de uma assistente social. Isso veio à tona quando a paciente comentou com uma das enfermeiras: "Bom, você não está me ouvindo. Vou ter de ir ver (a assistente social) de novo, porque ela me disse que, se ouvisse meu passado, poderia me ajudar."

DIRETRIZES PARA A APLICAÇÃO EFETIVA DA EXTINÇÃO OPERANTE

As regras a seguir são apresentadas como *checklist* para realizar efetivamente a extinção operante com o intuito de minimizar um comportamento em particular. Assim como as diretrizes para o reforço positivo mencionadas no Capítulo 6, considere que o usuário seja o pai, a mãe, o professor ou alguma outra pessoa que trabalhe com indivíduos com problemas de comportamento.

1. Definição do comportamento a ser minimizado.
   a) Ao escolher o comportamento, seja específico. Não espere que uma melhora significativa de caráter ocorra de uma vez. Por exemplo, não tente extinguir todo o comportamento problemático de Johnny em uma única aula. Em vez disso, escolha um comportamento em particular, como o estalar de dedos de Johnny.
   b) Lembre-se de que o comportamento frequentemente piora antes de melhorar, e que o comportamento agressivo às vezes é produzido durante o processo de extinção. Portanto, garanta que as circunstâncias sejam tais que você possa dar sequência ao seu procedimento de extinção. Por exemplo, tenha bastante cuidado no caso de o comportamento-alvo ser destrutivo para o indivíduo ou para os outros. Será perigoso para você persistir em seu programa de extinção, se o comportamento piorar? Você também deve considerar o contexto em que o comportamento-alvo

tende a ocorrer. Pode ser impraticável extinguir a birra de uma criança em um restaurante, devido às pressões sociais evidentes que você talvez não consiga resistir. Se a sua preocupação for minimizar um comportamento em particular e você não conseguir aplicar a extinção por causa dessas considerações, não se desespere. Nós descreveremos outros procedimentos para minimização de comportamento nos Capítulos 14, 15, 19, 20 e 22.

2. Considerações preliminares.
   a) Se possível, acompanhe a frequência com que o comportamento-alvo ocorre, antes de implantar o programa de extinção. Durante essa fase de registro, não tente negar o reforçador para o comportamento desejado.
   b) Tente identificar o que está reforçando o comportamento indesejado, para que possa deter o reforçador durante o tratamento. Se isso for impossível, então, do ponto de vista técnico, o programa não tem um componente de extinção. A história de reforço do comportamento indesejado talvez possa dar uma ideia de quanto tempo levará para a extinção ocorrer.
   c) Identifique algum comportamento alternativo desejável em que o indivíduo possa se engajar.
   d) Identifique reforçadores efetivos que podem ser usados pelo indivíduo para o comportamento alternativo desejável.
   e) Tente selecionar um contexto em que a extinção possa ser conduzida com sucesso.
   f) Garanta que todos os indivíduos relevantes saibam, antes de o programa começar, qual comportamento está sendo extinguido e qual está sendo reforçado. Certifique-se de que todos aqueles que entrarão em contato com o indivíduo tenham sido orientados a ignorar o comportamento indesejado e reforçar o comportamento alternativo desejado.
3. Implementação do plano.
   a) Fale para o indivíduo sobre o plano, antes de começar.
   b) Com relação ao reforço positivo para um comportamento alternativo desejável, certifique-se de seguir as regras descritas no Capítulo 6 para colocar o plano em prática.
   c) Após iniciar o programa, seja completamente consistente em reter o reforço após todas as situações de comportamento indesejado, e em reforçar todas as situações de comportamento desejável alternativo.
4. "Desmame" do indivíduo do programa (discutido em mais detalhes no Capítulo 18).
   a) Depois de o comportamento indesejado ser reduzido a zero, é possível que ocorram recaídas ocasionais, por isso você deve estar preparado
   b) Três possíveis fatores que podem levar à falha do seu procedimento de extinção são:
      - A atenção que você está negando após o comportamento indesejado não é o reforçador que mantinha esse comportamento
      - O comportamento indesejado está recebendo reforço intermitente de outra fonte
      - O comportamento alternativo desejado não foi suficientemente fortalecido
      - Verifique atentamente essas causas, caso esteja demorando para concluir o procedimento de extinção com êxito.
   c) Com relação ao reforço do comportamento alternativo desejável, tente seguir as regras descritas no Capítulo 6, para "desmamar" o indivíduo do programa.

Questões para aprendizagem 

17. O que é jorro de extinção? Dê um exemplo.
18. O que é recuperação espontânea? Dê um exemplo.
19. Descreva em uma frase cada um dos oito fatores gerais que influenciam a efetividade da extinção operante.
20. Dê dois exemplos de extinção operante. Para cada exemplo, identifique a situação, o comportamento, a consequência imediata e os efeitos prováveis a longo prazo, conforme foi feito nas Tabelas 8.1 e 8.2 (seus exemplos não devem ser retirados do texto).
21. Descreva brevemente um exemplo de uma armadilha de extinção operante. Qual tipo de armadilha é ilustrado pelo seu exemplo?
22. O que é reforço clandestino? Dê um exemplo.
23. A extinção operante não deve ser aplicada a certos comportamentos. Quais seriam esses tipos de comportamentos? Dê um exemplo.
24. Em que tipos de situação a extinção operante não deve ser aplicada? Dê um exemplo.
25. Quais são três possíveis motivos de falha de um programa de extinção operante?

RESUMO DO CAPÍTULO 8

O princípio da extinção operante afirma que, se um indivíduo, em determinada situação, emite um comportamento bastante reforçado e não seguido por um reforçador, é menos provável que essa pessoa emita esse comportamento quando se deparar com uma situação semelhante. Isso foi ilustrado no caso principal envolvendo Gregory; seus gritos por sobremesa foram eliminados quando não foram mais reforçados. A extinção operante diminui um comportamento usando um procedimento diferente da punição e do esquecimento. Para maximizar a eficácia da extinção operante, o modificador de comportamento deve: (1) controlar os reforçadores para que o comportamento seja extinto; (2) combinar a extinção de um comportamento com o reforço positivo de um comportamento alternativo desejável, tomando cuidado para que o comportamento alternativo não sofra extinção, o que poderia levar à ressurgência do comportamento original; (3) ajustar o ambiente no qual um procedimento de extinção é realizado para (a) minimizar a influência de reforçadores alternativos no comportamento indesejável a ser extinto e (b) maximizar as chances de o modificador de comportamento persistir no programa; (4) informar o indivíduo, cujo comportamento está sendo extinto, sobre as consequências para o comportamento indesejável e o comportamento alternativo desejável; (5) certificar-se de que o comportamento indesejável não está sendo reforçado de modo intermitente; (6) estar preparado para que o comportamento indesejável piore – jorro de respostas durante a extinção – antes de melhorar ou diminuir; (7) estar preparado para que o procedimento de extinção cause agressão como efeito colateral; e (8) estar preparado para o reaparecimento de um comportamento extinto após um intervalo, chamado de recuperação espontânea. A armadilha mais comum da extinção operante é a aplicação inadvertida da extinção de comportamentos desejáveis de amigos, familiares, conhecidos e outros.

Exercícios de aplicação

Exercício envolvendo outros

Escolha uma situação em que você pode observar um adulto interagir com uma ou mais crianças, por cerca de meia hora. Durante esse período, escreva quantas vezes o adulto presta atenção em comportamentos desejáveis das crianças, e quantas vezes ignora comportamentos desejáveis específicos. Isso lhe dará alguma ideia da frequência com que perdemos oportunidades de reforçar os comportamentos desejáveis daqueles que nos cercam.

Exercícios de automodificação

1. Pense em algo que você fez hoje e que não deu certo. Forneça uma descrição específica e completa da situação e do comportamento, seguindo os exemplos das Tabelas 8.1 e 8.2.
2. Selecione um de seus excessos comportamentais (talvez, um que você tenha listado no final do Capítulo 1). Destaque um programa de extinção operante completo que você (com um pouco de ajuda dos amigos) poderia aplicar para diminuir esse comportamento. Certifique-se de ter selecionado um comportamento em que o reforçador que o mantém possa ser retido. Garanta que seu plano siga as diretrizes fornecidas para a aplicação efetiva da extinção operante.

Confira as respostas das Questões para aprendizagem do Capítulo 8

9 Novo Comportamento com Modelagem

Objetivos de aprendizagem

Após ler este capítulo, o leitor será capaz de:

- Definir *modelagem*
- Discutir como a modelagem envolve sucessivas aplicações dos princípios de reforço e extinção
- Identificar cinco dimensões do comportamento ao longo das quais a modelagem pode ocorrer
- Descrever quatro fatores que influenciam a efetividade da modelagem como técnica de modificação de comportamento
- Explicar como a modelagem pode funcionar em detrimento daqueles que a desconhecem.

Frank, você correu hoje?

Aprimoramento dos exercícios de Frank[1]

Depois de se aposentar precocemente aos 55 anos, Frank decidiu fazer mudanças em sua vida. Contudo, ele não sabia ao certo por onde começar. Consciente de sua necessidade de mudar alguns hábitos, inscreveu-se em um curso de modificação de comportamento oferecido por uma faculdade comunitária local. Então, seguindo o conselho de seu médico, resolveu iniciar um programa de exercícios. Frank foi sedentário durante toda a vida adulta: voltava do trabalho para casa, pegava uma lata de cerveja e sentava na frente da televisão. Frank iniciou seu programa de exercícios prometendo à esposa que correria 400 metros por dia, mas, após algumas tentativas, acabou retomando a rotina do sofá. Ele achou que teria resultados muito bons muito rapidamente. Então, decidiu tentar um procedimento chamado modelagem, que havia estudado no curso de modificação de comportamento. Os três estágios a seguir resumem esse procedimento:

1. *Especificar o comportamento-alvo*. A meta de Frank era correr 400 metros por dia. Entretanto, por ser sedentário há muito tempo, a meta estava além de sua capacidade.
2. *Identificar uma resposta que pudesse ser usada como ponto de partida no trabalho rumo ao comportamento-alvo*. Frank decidiu que calçaria os tênis e daria uma volta (quase 30 metros) ao redor de sua casa. Embora faltasse muito para os 400 metros, era um começo.
3. *Reforçar o comportamento inicial; em seguida, reforçar estimativas cada vez mais próximas até, eventualmente, atingir o comportamento-alvo*. Frank decidiu usar a oportunidade de tomar cerveja como reforçador. Explicou seu programa para a esposa e pediu-lhe para lembrá-lo de que ele tinha que terminar o exercício para poder beber. Após ter caminhado 30 metros várias tardes sucessivas, Frank aumentou sua meta para 2 voltas (quase 60 metros). Após alguns dias, aumentou a distância para 4 voltas (cerca de 110 metros), depois para 6 voltas (quase 170 metros) e, posteriormente, para trechos cada vez maiores, até atingir uma distância aproximada de 400 metros e, então, percorrê-la correndo. Ao reforçar suas estimativas até sua meta, Frank alcançou o objetivo de correr 400 metros regularmente.

MODELAGEM

Nos Capítulos 6 e 7, descrevemos como o reforço positivo poderia ser usado para aumentar a frequência de um comportamento, desde que esse comportamento ocorresse ocasionalmente. E o que fazer se um comportamento desejado jamais viesse a ocorrer? Neste caso, é impossível aumentar sua frequência apenas esperando que ocorra para, então, reforçá-lo. Entretanto, um procedimento chamado *modelagem* pode ser usado para estabelecer um comportamento que o indivíduo nunca manifesta. O analista comportamental começa reforçando uma resposta que ocorre com uma frequência maior que zero e que, ao menos remotamente, assemelha-se ao comportamento-alvo. Frank foi reforçado primeiramente por uma única caminhada em torno de sua casa,

[1]Este caso é baseado em um relato de Watson e Tharp (1997).

porque esse comportamento se deu ocasionalmente e era remotamente próximo a um hábito que ele não tinha. Quando a resposta inicial ocorre com alta frequência, os analistas comportamentais param de reforçá-lo e começam a reforçar uma aproximação mais estreita do comportamento-alvo. Nesse sentido, o comportamento-alvo é eventualmente estabelecido reforçando sucessivas aproximações. A **modelagem**, portanto, pode ser definida como o desenvolvimento de um novo comportamento operante pelo reforço de sucessivas aproximações deste comportamento e pela extinção das aproximações anteriores, até que o novo comportamento ocorra. A modelagem também é chamada *método de aproximações sucessivas.*

Os comportamentos que um indivíduo adquire ao longo da vida se desenvolvem a partir de diversas fontes e influências. Às vezes, um comportamento novo se desenvolve quando um indivíduo manifesta algum comportamento inicial e o ambiente, então, reforça discretas variações nesse comportamento. Depois de um longo período, esse comportamento inicial pode ser modelado, para que a forma final seja diferente. A maioria dos pais usa a modelagem para ensinar os filhos a falar. Um bebê que está começando a balbuciar emite alguns sons que remotamente se aproximam de palavras na linguagem dos pais. Quando isso acontece, os pais geralmente reforçam o comportamento com abraços, beijos e sorrisos. Os sons "mmm" e "paa" recebem doses excepcionalmente grandes de reforço de pais que falam português. Em algum momento, a criança diz "ma-ma" e "pa-pa", o que é fortemente reforçado; e os "mmm" e "paa" anteriores são extintos. O mesmo ocorre quando a criança passa a dizer "mamãe" e "papai", extinguindo "ma-ma" e "pa-pa".

O mesmo processo acontece com outras palavras. Primeiro, a criança passa por um estágio em que são reforçadas as aproximações muito remotas de palavras do idioma dos pais. Então, a criança é reforçada a entrar no estágio "fala de bebê". Por fim, os pais e outras pessoas pedem para a criança pronunciar palavras de acordo com certos requisitos verbais. Uma criança que diz "a-a" em um estágio inicial, recebe um copo de água. Se essa criança estiver com sede, isso reforçará a resposta. Em um estágio posterior, somente ao falar "aga", em vez de "a-a" é que se oferece água. Por fim, a criança deve dizer "água" corretamente para receber o reforço.

Esse exemplo certamente supersimplifica a forma como uma criança aprende a falar. Mesmo assim, serve para ilustrar a importância da modelagem no processo pelo qual as crianças avançam do balbuciar à fala de bebê e à conversação mais bem desenvolvida. Outros processos que exercem papéis importantes no desenvolvimento normal da fala são discutidos em outros capítulos do livro.

Embora as crianças com desenvolvimento normal passem rapidamente pelo processo citado, isso não costuma acontecer com crianças pequenas com deficiência intelectual devido a condições como transtorno do espectro autista (TEA), síndrome do X frágil e síndrome de Down. Portanto, desenvolveu-se um procedimento que consiste nos seguintes estágios para acelerar o processo para essas crianças:

1. Um fonoaudiólogo que interaja com as crianças semanal ou diariamente para que elas emitam *balbucios canônicos* – definidos como balbucios em que os sons balbuciados têm consoantes e vogais alternadas, como "ba-ba", "di-di" e "bo-bo-ba".
2. Ensinar os pais a se empenharem no *mapeamento linguístico* do balbucio canônico de seus filhos – definido como o fornecimento de *feedback* que interpreta o balbucio da criança, como dizer "sim, é um balão" em resposta ao "ba-ba" da criança ao olhar para um balão.
3. Ensinar os pais a interagirem de maneira conversacional com o repertório crescente de sons verbais de seus filhos.

Observe que o processo apresentado oferece muitas oportunidades de modelagem verbal. Pesquisas mostram que o procedimento é eficaz no desenvolvimento de habilidades produtivas de linguagem em crianças com déficits intelectuais e que a realização da primeira etapa 5 dias por semana, durante 1 hora por dia, é mais eficaz do que realizá-la 1 hora por semana (Woynaroski *et al.*, 2014; Yoder *et al.*, 2015a; Yoder *et al.*, 2015b).

Existem cinco aspectos ou dimensões do comportamento que podem ser modelados: topografia, frequência, duração, latência e intensidade ou força. A *topografia* é a configuração espacial ou a forma de uma resposta em particular (*i. e.*, os movimentos específicos envolvidos). Desenhar uma palavra e escrevê-la são exemplos de uma mesma resposta produzida com duas topografias distintas. A modelagem da topografia ocorre ao ensinar uma criança a mudar de uma resposta imagética para uma escrita, a dizer "mamãe" em vez de "ma-ma", a aprender a patinar no gelo com passos cada vez mais longos, e a aprender os movimentos apropriados para se alimentar usando *hashi* (os "pauzinhos" que servem de talheres na cultura asiática). Stokes *et al.* (2010) usaram a topografia para melhorar as investidas de dois jogadores de futebol americano universitários. Em primeiro lugar, o técnico identificou os componentes de uma investida eficaz (cabeça para cima, abraçar as coxas do jogador que está com a bola etc.). Em seguida, em um exercício, um jogador tentou tomar a bola de outro, o qual tentava enganar ou correr ao redor do primeiro. Foram feitas 10 tentativas de investida. No decorrer dos treinos, se houvesse melhora na topografia da tomada de bola, o técnico reforçava o jogador com um adesivo colorido de capacete. A investida de ambos os jogadores melhorou no decorrer dos treinos e, consequentemente, nos jogos.

A frequência ou a duração de determinado comportamento é referida como a *quantidade* desse comportamento. A *frequência* de um comportamento é o número de vezes que ele ocorre em determinado período de tempo. São exemplos de modelagem de frequência o crescente número de passos ou distância que Frank alcançou em seu programa de exercícios e o número cada vez maior de repetições de uma tacada praticada por um jogador de golfe. A frequência de uma resposta também pode ser diminuída por modelagem. No programa de modificação de comportamento, um indivíduo com esclerose múltipla aprendeu a aumentar gradativamente o tempo entre as idas ao banheiro, diminuindo sua frequência (O'Neill e Gardner, 1983).

A *duração* de uma resposta é a extensão do tempo que ela persiste. São exemplos de modelagem de duração o prolongamento do tempo de estudo antes de se fazer um intervalo e o ajuste gradual do tempo que a massa de panqueca precisa ser batida até alcançar a consistência certa. A modelagem da duração foi usada por Athens *et al.* (2007) para aprimorar o comportamento acadêmico de estudantes com falta de habilidades no aprendizado.

Latência é o tempo entre a ocorrência de um estímulo e a resposta evocada por ele. Um termo comum para latência é *tempo de reação*. Em um programa de TV norte-americano, o tempo entre o estímulo verbal do apresentador até o participante apertar o botão é a latência desse participante para responder ao estímulo. Em uma corrida, o tempo entre o disparo de largada e a partida do corredor é a resposta de latência deste ao som da pistola. A modelagem da latência poderia permitir que o corredor reagisse mais rápido ou o participante do programa de TV demorasse menos para apertar o botão.

A *intensidade* ou força de uma resposta se refere ao efeito físico que a resposta produz sobre o ambiente. Considere um jovem fazendeiro cujo trabalho é bombear água de um poço usando uma bomba manual antiga. Quando o equipamento foi instalado, tinha sido recém-lubrificado e se movia facilmente para cima e para baixo quando o jovem aplicava certa quantidade de força à manivela, de modo que a água fluía. Suponha que a falta de lubrificação regular fez a bomba enferrujar aos poucos. Todo dia, o jovem aplica aproximadamente a mesma força do primeiro dia de uso. Quando a força diminui em decorrência da ferrugem na manivela, o jovem provavelmente aplicará um pouco mais de força e pensará que isso resolverá o problema. No decorrer de vários meses, o comportamento dele vai sendo gradativamente modelado, e ele passa a pressionar com bastante força já na primeira tentativa - um comportamento terminal muito diferente do inicial. Outros exemplos de modelagem da intensidade incluem aprender a dar apertos de mão mais firmes e aplicar a quantidade certa de força ao esfregar a pele para aliviar uma coceira sem se machucar. Um exemplo de modelagem da intensidade em um programa de modificação de comportamento envolveu ensinar uma jovem socialmente isolada, cuja fala era quase inaudível, a falar cada vez mais alto, até que estivesse falando com um tom de voz normal (Jackson e Wallace, 1974). A Tabela 9.1 apresenta um resumo das dimensões do comportamento.

A modelagem é tão comum no dia a dia que as pessoas raramente têm consciência dela. O procedimento de modelagem às vezes é aplicado de maneira sistemática, como no caso de Frank, e por vezes de modo não sistemático, como quando os pais modelam a pronúncia correta dos filhos. Em outros casos, ainda, a modelagem se dá a partir de consequências no ambiente natural, como no caso de uma cozinheira que aprimora gradualmente o método de virar panquecas.

A modelagem parece ser útil para modificar não apenas o comportamento externo, mas

Tabela 9.1 Dimensões do comportamento que podem ser modeladas.

Dimensão	Definição	Exemplo
Topografia	Movimento físico envolvido no comportamento	Extensão que se segue a um serviço em uma partida de tênis
Quantidade: frequência	Número de ocorrências do comportamento em determinado período de tempo	Número de pratos lavados em 5 minutos
Quantidade: duração	Quantidade contínua de tempo em que o comportamento persiste	Duração do tempo de bombear água
Latência	Tempo decorrido entre o estímulo controlador e o comportamento	Tempo entre a pergunta "Que horas são?" e a reação de olhar no relógio
Intensidade (força)	Quantidade de energia gasta com o comportamento	A força de um soco no pugilismo

também o comportamento interno no campo, chamado *biofeedback*, que envolve o uso de tecnologia para monitorar e modificar o funcionamento interno. R. W. Scott *et al.* (1973) demonstraram que a modelagem poderia ser usada para modificar a frequência cardíaca. Nesse estudo, o dispositivo que monitorava a frequência cardíaca foi conectado à parte de vídeo de um aparelho de TV a que o indivíduo assistia. Embora a parte sonora da TV estivesse ligada continuamente, a parte de vídeo aparecia somente quando a frequência cardíaca do indivíduo mudava em alguns batimentos por minuto em relação ao nível anterior. Quando a frequência cardíaca do indivíduo permanecia em um novo nível por três sessões consecutivas, a parte do vídeo era usada para reforçar uma nova alteração na frequência cardíaca. Em um caso que envolvia um paciente psiquiátrico que sofria de ansiedade crônica e manifestava uma frequência cardíaca moderadamente elevada, os pesquisadores modelaram várias reduções na frequência cardíaca do indivíduo. Desde esse estudo inicial, pesquisadores e profissionais têm usado a modelagem para modificar o funcionamento interno. Palomba *et al.* (2011) usaram a modelagem para ensinar indivíduos com hipertensão (pressão alta) a reduzir sua pressão arterial sob condições estressantes em um ambiente de laboratório. As condições estressantes eram a preparação e a apresentação de um breve discurso e a audição de uma história altamente emocional. Durante esses fatores estressantes, os sujeitos observaram luzes que indicavam que eles haviam atingido um nível-alvo de pressão arterial que era reduzido em uma quantidade definida cada vez que um critério-alvo era atingido.

Questões para aprendizagem

1. Identifique os três estágios básicos em qualquer procedimento de modelagem, conforme apresentado no início deste capítulo. Descreva-os com um exemplo (pode ser o caso de Frank ou um exemplo criado por você).
2. Defina *modelagem*.
3. Qual é a outra denominação para modelagem?
4. Explique como a modelagem envolve sucessivas aplicações dos princípios de reforço positivo e extinção operante.
5. Por que se preocupar com a modelagem? Por que não apenas aprender a usar o reforço positivo direto para intensificar um comportamento?
6. Em termos dos três estágios de um procedimento de modelagem, descreva como os pais poderiam modelar seus filhos para que dissessem uma palavra em particular.
7. Liste cinco dimensões de comportamento que podem ser modeladas. Dê dois exemplos de cada.
8. Descreva um comportamento seu que tenha sido modelado por consequências do ambiente natural e estabeleça várias das aproximações iniciais.
9. Descreva um exemplo de como a modelagem tem sido usada para modificar o funcionamento cardiovascular.

FATORES QUE INFLUENCIAM A EFETIVIDADE DA MODELAGEM

Especificação do comportamento-alvo

O primeiro estágio da modelagem consiste em identificar com clareza o comportamento-alvo. No caso de Frank, o comportamento-alvo era correr 400 metros por dia.

Com uma definição tão específica como esta, havia pouca possibilidade de que Frank ou sua esposa desenvolvessem expectativas diferentes com relação ao desempenho dele. Se diferentes pessoas trabalhando com um indivíduo têm expectativas distintas, ou se uma pessoa não mantém seu rendimento de uma sessão de treino ou de determinada situação para a próxima, então é provável que o progresso seja tardio. Estabelecer com precisão o comportamento-alvo aumenta as chances de reforço consistente de sucessivas aproximações desse comportamento. O comportamento-alvo deve ser estabelecido de tal modo que todas as características relevantes do comportamento (topografia, duração, frequência, latência e intensidade) sejam identificadas. Além disso, as condições sob as quais o comportamento se manifesta ou não devem ser determinadas, e quaisquer outras diretrizes que pareçam ser necessárias para fins de consistência deverão ser fornecidas.

Escolha do comportamento inicial

Como o comportamento-alvo não se manifesta de início, e devido à necessidade de reforçar algum comportamento que se aproxime dele, é preciso identificar um *comportamento inicial*, que deve ocorrer com frequência suficiente para ser reforçado dentro do tempo da sessão, além de se aproximar do comportamento-alvo. Dar uma volta ao redor de sua casa foi algo que Frank fez periodicamente. Essa foi a aproximação mais estreita à meta de correr 400 metros por dia.

Em um programa de modelagem, é fundamental saber não só para onde se está indo (o comportamento-alvo) como também o comportamento inicial do indivíduo. O propósito do programa de modelagem é conseguir sair de um e alcançar o outro por meio do reforço de sucessivas aproximações, do comportamento inicial até o comportamento-alvo. Em um estudo clássico, Isaacs *et al.* (1960) aplicaram a modelagem para redesenvolver o comportamento verbal em um homem com esquizofrenia catatônica, mudo havia 19 anos. Usando goma de mascar como reforçador, o pesquisador conduziu seu paciente ao longo das etapas da modelagem do movimento ocular na direção do chiclete, movimento facial, movimentos da boca, movimentos labiais, vocalizações, pronúncia e, enfim, fala compreensível.

Escolha das etapas da modelagem

Antes de iniciar o programa de modelagem, é útil destacar as sucessivas aproximações por meio das quais a pessoa irá se mover para alcançar o comportamento-alvo. Suponha que o comportamento-alvo em um programa de modelagem é que uma criança diga *papai*. Determinou-se que o comportamento inicial era a criança dizer "paa". A partir de então, seguiram-se as etapas: dizer "pa-pa", "pai", "pa-ee" e "papai". Para começar, o reforço somente é dado em algumas ocasiões, com a ocorrência do comportamento inicial ("paa"). Quando esse comportamento ocorre repetidamente, o instrutor segue para a etapa 2 ("pa-pa") e reforça essa aproximação várias vezes. Esse procedimento em etapas continua até a criança finalmente dizer "papai".

Quantas aproximações sucessivas devem acontecer? Em outras palavras, qual é a extensão de uma etapa razoável? Infelizmente, não há diretrizes específicas para identificar o tamanho ideal de uma etapa. Na tentativa de especificar as etapas desde um comportamento inicial até o comportamento-alvo, analistas comportamentais podem imaginar quais etapas seguiriam. Às vezes é útil observar outras pessoas que já conseguem realizar o comportamento-alvo e lhes pedir para executar uma aproximação inicial e algumas aproximações subsequentes. Independentemente das diretrizes ou suposições usadas, é importante tentar aderir a elas, ainda que flexíveis, caso o indivíduo não prossiga suficientemente rápido ou esteja aprendendo mais rápido do que o esperado. Algumas diretrizes para a movimentação ao longo do programa comportamental são descritas na seção a seguir.

Ritmo do movimento ao longo das etapas da modelagem

Quantas vezes cada aproximação deve ser reforçada antes de seguir para a próxima? Mais uma vez, não há diretrizes específicas para responder a essa pergunta. Entretanto, existem várias regras para reforçar aproximações sucessivas de uma resposta-alvo:

1. Reforçar uma aproximação várias vezes antes de prosseguir para a etapa subsequente. Ou seja, evitar o sub-reforço de uma etapa de modelagem. Está bem estabelecido que tentar ir para uma nova etapa antes da aproximação prévia pode resultar na sua perda, tampouco conseguindo alcançar a nova aproximação.
2. Evitar reforçar excessivas vezes, em qualquer etapa da modelagem. O ponto 1 alerta

contra ir rápido demais. Também é importante não progredir muito devagar. Se uma aproximação for reforçada por um tempo longo demais, a ponto de se tornar extremamente forte, novas aproximações tenderão a aparecer menos.

3. Se um comportamento for perdido porque você está se movendo rápido demais ou a etapa for grande demais, retorne à aproximação anterior em que você consiga captar o comportamento novamente. Você também pode precisar inserir uma ou duas etapas adicionais.

Essas diretrizes podem parecer confusas. Por um lado, é recomendável não passar rápido demais de uma aproximação a outra e, por outro, é aconselhável não seguir devagar demais. Infelizmente, os experimentos necessários para o fornecimento dessa informação ainda não foram realizados. O analista comportamental deve observar atentamente o comportamento e estar preparado para introduzir alterações no procedimento - modificar a extensão das etapas, desacelerar, acelerar ou voltar etapas - sempre que o comportamento não parecer estar se desenvolvendo adequadamente. A modelagem requer uma boa dose de prática e habilidade para ser executada com o máximo de efetividade.

Além disso, os computadores podem ser úteis para responder a perguntas fundamentais sobre quais procedimentos de modelagem são mais eficazes (Midgley *et al.*, 1989; Pear e Legris, 1987). Usando duas câmeras de vídeo que foram conectadas a um microcomputador programado para detectar a posição da cabeça de um pombo dentro de uma câmara de teste, Pear e Legris demonstraram que um computador pode modelar a direção para onde o pombo move a cabeça. Além de fornecer uma metodologia para estudar a modelagem, esses estudos sugerem que os computadores podem ser capazes de modelar alguns tipos de comportamento com a mesma eficácia que os humanos. Um dispositivo que modela os movimentos pode ajudar uma pessoa a recuperar o uso de um membro que tenha sido paralisado por um acidente vascular cerebral ou um acidente (Taub *et al.*, 1994). Esse dispositivo teria vantagem sobre um modelador humano por sua precisão, sua capacidade de proporcionar *feedback* extremamente rápido e sistemático e sua paciência.

Questões para aprendizagem

10. O que significa o termo *comportamento-alvo* em um programa de modelagem? Dê um exemplo.
11. Qual é o significado do termo *comportamento inicial* em um programa de modelagem? Dê um exemplo.
12. Como você sabe que alcançou um número suficiente de aproximações sucessivas ou que as etapas de modelagem têm o tamanho certo?
13. Por que é necessário evitar o sub-reforço em qualquer etapa de modelagem?
14. Por que é necessário evitar fornecer reforço com uma frequência exagerada em qualquer etapa da modelagem?
15. Descreva como a tecnologia de computador pode ser usada para modelar movimentos específicos dos membros de uma pessoa paralisada.
16. Descreva como a tecnologia da computação pode ser usada para estudar a modelagem com mais precisão do que a obtida com os procedimentos usuais de modelagem não computadorizados.

ARMADILHAS DE MODELAGEM

Aplicação errada acidental

Assim como para outros procedimentos e processos naturais, a modelagem opera independentemente de termos ou não consciência dela. Infelizmente, aqueles que não conhecem a modelagem podem aplicá-la acidentalmente e desenvolver comportamentos indesejáveis com amigos, conhecidos, familiares e outros. Ver Figura 9.1 para um exemplo disso.

Considere outro exemplo desse tipo de armadilha. Suponha que uma criança pequena recebe pouquíssima atenção dos familiares ao realizar um comportamento apropriado. Talvez, algum dia, essa criança sofra uma queda acidental e bata a cabeça de leve. Mesmo que a criança não se machuque, o pai ou a mãe podem vir correndo e fazer um grande alvoroço em torno do acidente. Por causa desse reforço - e porque em qualquer outra coisa que a criança faça ela raramente chama a atenção -, ela tenderá a bater a cabeça de leve no chão novamente. Durante as primeiras vezes em que isso ocorrer, o pai ou a mãe poderão continuar reforçando a resposta. No fim, porém, vendo que a criança não está de fato se machucando, eles poderão parar de reforçá-la. Como agora o comportamento foi submetido à extinção operante, sua *intensidade* poderá aumentar (ver Capítulo 8). Ou seja, a criança poderá começar a bater a cabeça com mais força, e o

Figura 9.1 Exemplo de aplicação errada da modelagem.

baque discretamente mais alto fará seus pais virem correndo novamente. Se esse processo continuar, chegará ao ponto de a criança bater a cabeça com força suficiente para se machucar seriamente. É extremamente difícil usar a extinção operante para eliminar esse tipo de comportamento violentamente autodestrutivo. Teria sido melhor jamais ter deixado tal comportamento se desenvolver.

Muitos comportamentos indesejáveis comumente observados em crianças com necessidades especiais – birras violentas, agitação constante, agressividade contra outras crianças, vômito voluntário – são produtos frequentes da aplicação inadvertida da modelagem. Talvez esses comportamentos possam ser eliminados por uma combinação de extinção operante do comportamento indesejado e reforço positivo do comportamento desejado. Infelizmente, esta costuma ser uma tarefa difícil, porque: o comportamento às vezes é tão danoso que sua ocorrência não pode ser permitida sequer uma única vez durante o período que a extinção é aplicada; e os adultos que ignoram os princípios comportamentais por vezes frustram, sem saber, os esforços daqueles que tentam conscientemente aplicar esses princípios.

No Capítulo 22, aborda-se como diagnosticar e tratar comportamentos problemáticos que podem ter se desenvolvido de modo acidental ao longo da modelagem. Assim como na Medicina, todavia, a melhor cura é a prevenção. O ideal seria que todas as pessoas responsáveis pelo cuidado de outros indivíduos fossem tão versadas nos princípios comportamentais que não haveria necessidade de se modelar o comportamento indesejado.

Falha de aplicação

Outro tipo de armadilha é a falha em aplicar a modelagem para o desenvolvimento de um comportamento desejável. Alguns pais podem não ser suficientemente respondentes aos primeiros balbucios dos filhos. Talvez, mantenham uma expectativa alta demais no começo e não reforcem nenhum tipo de aproximação à fala normal. Alguns pais parecem esperar que seu filho, ainda bebê, diga "Papai!" logo de cara, e não se impressionam quando a criança diz "pa-pa". Há também o problema oposto. Em vez de não darem reforço suficiente para o balbucio da criança, alguns pais o super-reforçam. Isso pode resultar em uma criança cuja fala não se desenvolve ("fala de bebê").

Explicação incorreta do comportamento

Se uma criança de determinada idade não aprendeu a falar ainda, algumas pessoas podem tentar explicar esse déficit rotulando-a como intelectualmente incapacitada. É possível que haja indivíduos com falta de habilidades intelectuais cuja condição não seja causada por distúrbio genético ou físico, mas simplesmente por jamais terem sido expostos a procedimentos de modelagem efetivos. Muitas variáveis podem impedir uma criança fisicamente normal de receber a modelagem necessária para estabelecer comportamentos normais. Em Drash e Tudor (1993) há uma excelente discussão sobre como os atrasos na aquisição das habilidades de linguagem em crianças pré-escolares sem distúrbios físicos ou genéticos podem ser responsáveis pelo comportamento tardio.

DIRETRIZES PARA A APLICAÇÃO EFETIVA DA MODELAGEM

1. Selecionar o comportamento-alvo:
   a) Escolha um comportamento específico (como trabalhar silenciosamente por 10 minutos), em vez de uma categoria geral (p. ex., "bom" comportamento em sala de aula). A modelagem é apropriada para modificar quantidade, latência e intensidade do comportamento, bem como para desenvolver um novo comportamento de uma topografia diferente. Se o comportamento-alvo é uma sequência complexa de atividades (como arrumar a cama) que pode ser desmembrada em etapas, e se o programa equivale a unir essas etapas em determinada ordem, então não se trata de um programa de modelagem. Em vez disso, o comportamento-alvo precisa ser desenvolvido por encadeamento (ver Capítulo 13).
   b) Se possível, selecione um comportamento que, depois de modelado, venha a ser controlado por reforçadores naturais.
2. Selecionar um reforçador apropriado (ver Tabela 6.2, no Capítulo 6).
3. Plano inicial:
   a) Elabore uma lista de aproximações sucessivas do comportamento-alvo, começando com o comportamento inicial. Para definir o comportamento inicial, encontre um comportamento do repertório do aprendiz que lembre mais estreitamente o comportamento-alvo e que ocorra ao menos uma vez durante um período de observação.
   b) Etapas iniciais ou aproximações sucessivas geralmente são "suposições educadas". Durante o programa, você poderá modificá-las conforme o desempenho do aprendiz.
4. Implementação do plano:
   a) Antes de começar, fale sobre o plano com o aprendiz.
   b) Comece o reforço imediatamente após cada ocorrência do comportamento inicial.
   c) Jamais passe para uma nova aproximação sem o aprendiz ter dominado a aproximação anterior.
   d) Se tiver dúvida sobre quando mover o aprendiz para uma nova aproximação, use a seguinte regra: passe à próxima etapa quando ele tiver realizado corretamente a etapa atual em 6 de um total de 10 tentativas, geralmente com 1 ou 2 tentativas menos perfeitas do que o desejado, e 1 ou 2 tentativas em que o comportamento foi superior à etapa vigente.
   e) Não dê reforços demais em nenhuma etapa e evite sub-reforçar qualquer etapa.
   f) Se o aprendiz parar de avançar, é possível que você tenha passado pelas etapas rápido demais, o tamanho das etapas pode não ser apropriado ou o reforçador é ineficaz:
   - Primeiro, cheque a eficácia do seu reforçador
   - Se o aprendiz ficar desatento ou exibir sinais de enfado, é possível que as etapas sejam pequenas demais
   - A desatenção ou o enfado também podem significar que você tem avançado

rápido demais. Se for esse o caso, retorne à etapa anterior por mais algumas tentativas e, então, tente novamente a etapa atual

- Se o aprendiz continuar tendo dificuldade, apesar do retreinamento nas etapas anteriores, adicione mais etapas no ponto de dificuldade.

Questões para aprendizagem

17. Dê um exemplo de armadilha de aplicação errada acidental no desenvolvimento de um comportamento indesejado. Descreva algumas etapas de modelagem no seu exemplo.
18. Dê um exemplo de armadilha em que a falha em aplicar a modelagem poderia causar um resultado indesejado.
19. Com base em sua própria experiência, dê um exemplo de um comportamento-alvo que seria desenvolvido por meio de um procedimento que não fosse a modelagem (ver Diretriz 1a).
20. Estabeleça uma regra para decidir quando mover o aprendiz para uma nova aproximação (ver Diretriz 4d).

RESUMO DO CAPÍTULO 9

A modelagem é o desenvolvimento de um novo comportamento operante por meio do reforço de aproximações sucessivas desse comportamento e da extinção de aproximações anteriores desse comportamento até que ocorra um novo comportamento. A modelagem consiste em três estágios, incluindo: (a) a especificação do comportamento-alvo, como Frank correr 400 metros todos os dias; (b) a identificação de um comportamento inicial, como Frank caminhar ao redor de sua casa uma vez; (c) o reforço do comportamento inicial e das aproximações cada vez mais perto do comportamento-alvo até que este ocorra, como Frank tomar uma cerveja por caminhar ao redor de sua casa uma vez, depois duas vezes e depois mais e mais até que ele tenha caminhado 400 metros para ganhar a cerveja. A modelagem pode ser usada para aumentar cinco dimensões do comportamento – topografia, frequência, duração, latência e intensidade –, uma dimensão de cada vez.

Os fatores que influenciam a eficácia da modelagem incluem: (1) identificar um comportamento-alvo específico, definindo claramente os detalhes das cinco dimensões relevantes; (2) escolher um comportamento inicial que ocorra com frequência suficiente para ser reforçado dentro do tempo da sessão e que seja uma aproximação do comportamento-alvo; (3) tentar planejar com antecedência um esboço das aproximações sucessivas plausíveis do comportamento inicial até o comportamento-alvo; (4) seguir várias regras práticas para passar pelas etapas de modelagem com sucesso.

As três armadilhas comuns da modelagem são: (a) aplicá-la inadvertidamente para desenvolver o comportamento indesejável de amigos, familiares, conhecidos e outros; (b) deixar de aplicá-la para desenvolver o comportamento desejável de outros; (c) usar rótulos, e não a falta de modelagem, para tentar explicar deficiências de comportamento.

Exercícios de aplicação

Exercício envolvendo outros

Imagine uma criança normal, entre 2 e 7 anos, com quem você tenha contato (p. ex., irmã, irmão ou vizinho). Especifique um comportamento-alvo verdadeiro dessa criança que você poderia tentar desenvolver usando um procedimento de modelagem. Identifique o ponto de partida que você definiria, bem como o reforçador e as aproximações sucessivas que você percorreria.

Exercícios de automodificação

1. Observe atentamente muitas de suas próprias habilidades – socializar, namorar, estudar etc. Identifique duas habilidades específicas que provavelmente foram modeladas por outros, consciente ou inconscientemente. Identifique dois comportamentos específicos que provavelmente foram modelados pelo ambiente. Para cada exemplo, identifique o reforçador e pelo menos três aproximações que você provavelmente tenha realizado durante o processo de modelagem.
2. Selecione um de seus déficits comportamentais, talvez um dos que você listou ao final do Capítulo 2. Destaque um programa completo de modelagem que, com pouca ajuda da parte de seus amigos, você poderia usar para superar esse déficit. Garanta que seu plano siga as diretrizes para uma aplicação eficaz da modelagem, discutidas neste capítulo.

Confira as respostas das Questões para aprendizagem do Capítulo 9

10 Desenvolvimento da Persistência Comportamental com Esquemas de Reforço

Objetivos de aprendizagem

Após ler este capítulo, o leitor será capaz de:

- Definir *reforço intermitente*
- Comparar reforço intermitente com reforço contínuo
- Definir *esquemas de razão, esquemas de intervalo, esquemas de duração* e *retenção limitada* e *esquemas concomitantes*
- Explicar como uma armadilha comum de reforço intermitente frequentemente aprisiona não só os não iniciados como também aqueles com algum conhecimento sobre modificação de comportamento.

Jan, vejamos quantos problemas de matemática você consegue resolver.

Melhora do ritmo de trabalho de Jan em sala de aula[1]

Jan era uma menina de 13 anos, estudante da 7ª série, com inteligência mediana. Durante as aulas de matemática, Jan era desatenta e cometia erros frequentes. Com o auxílio do professor, dois analistas de comportamento introduziram uma estratégia para melhorar o ritmo de trabalho de Jan. Um dos modificadores de comportamento atuou com Jan todos os dias, durante as aulas de matemática, fornecendo-lhe uma planilha com problemas de matemática. Durante os primeiros 2 dias, quando Jan resolveu corretamente dois problemas, o analista de comportamento respondeu com "Bom trabalho!", "Excelente trabalho!". No decorrer dos 2 dias subsequentes, quatro problemas teriam que ser solucionados antes de o elogio ser atribuído. Passados 2 dias, Jan teve que resolver corretamente oito problemas, para então ser elogiada. Nos dois últimos dias, nenhum elogio foi dado a Jan até que ela solucionasse 16 problemas. O esquema de elogios produziu efeito positivo sobre o ritmo de trabalho de Jan. Desde o início até o final do estudo, sua taxa de problemas corretamente solucionados triplicou, atingindo o nível máximo quando Jan foi elogiada após ter resolvido cada um dos 16 problemas. Além disso, ao final do estudo, Jan cumpria as tarefas em 100% do tempo.

ALGUMAS DEFINIÇÕES

Conforme mencionado no Capítulo 8, o **reforço intermitente** é um arranjo em que um comportamento é positivamente reforçado intermitentemente, em vez de sempre que ocorre. O comportamento de Jan de resolver problemas não era reforçado após cada solução de problema matemático. Em vez disso, Jan recebia reforço somente depois de um número fixo de soluções. Sob esse esquema de reforço, Jan trabalhou a um ritmo bastante estável.

A **taxa de resposta** se refere ao número de casos de um comportamento que ocorrem em um dado período de tempo. Neste livro, *taxa* e *frequência* são sinônimos, a menos que indicado de outra forma. Seguindo o uso comum de termos na modificação de comportamento, usaremos o termo "taxa" ao falar de esquemas de reforço (para discussões sobre os usos dos

[1]Este caso é baseado em um relato de Kirby e Shields (1972).

termos "taxa de resposta" e "frequência de resposta" na análise comportamental aplicada, ver Carr *et al.*, 2018; Merbitz *et al.*, 2016).

Um **esquema de reforço** é uma regra que especifica quais ocorrências de um dado comportamento, se houver alguma, serão reforçadas. O esquema de reforço mais simples é o ***reforço contínuo (CRF)***, em que cada caso de uma resposta particular é reforçado. Se Jan tivesse recebido reforço para cada problema resolvido, diríamos que ela estava em um esquema de CRF. No dia a dia, muitos comportamentos são reforçados em um esquema de CRF. Cada vez que você gira a torneira, seu comportamento é reforçado pela vazão da água. Cada vez que você insere e gira a chave na porta de entrada da sua casa ou apartamento, seu comportamento é reforçado pela abertura da porta.

O oposto do CRF é chamado extinção operante. Como discutido no Capítulo 8, sob um esquema de extinção, nenhum comportamento específico é reforçado. O efeito é que o comportamento eventualmente diminui a um nível muito baixo ou cessa completamente.

Entre esses dois extremos - CRF e extinção operante - está o reforço intermitente. Muitas atividades no ambiente natural não são reforçadas de maneira contínua. Nem sempre um aluno consegue tirar nota boa após ter estudado. É necessário trabalhar um mês inteiro para receber o salário. Experimentos sobre os efeitos de várias estratégias para reforçar positivamente comportamentos foram estudados com base no tópico sobre esquemas de reforço.

O número desses esquemas é ilimitado. Como cada um produz seu próprio padrão de comportamento característico, diferentes esquemas são convenientes para diferentes tipos de aplicações. Além disso, certos esquemas são mais práticos do que outros – p. ex., alguns requerem mais tempo ou esforço para aplicar.

Enquanto um comportamento está sendo condicionado ou aprendido, diz-se que está na **fase de aquisição**. Depois de o comportamento ser bem aprendido, diz-se que está na **fase de manutenção**. É melhor fornecer CRF durante a aquisição e, então, durante a manutenção, mudar para o reforço intermitente. Observe que isso se enquadra na categoria de afinamento do esquema, conforme descrito nos Capítulos 6 e 7. Os esquemas intermitentes de reforço proporcionam diversas vantagens, em comparação ao CRF, para a manutenção do comportamento: o reforçador permanece efetivo por mais tempo, porque a saciação acontece mais lentamente; o comportamento que foi reforçado de maneira intermitente tende a demorar mais para ser extinguido (ver Capítulo 8); os indivíduos trabalham de modo mais consistente sob determinados esquemas intermitentes; e o comportamento que foi reforçado de modo intermitente tende mais a persistir após ser transferido aos reforçadores no ambiente natural. Neste capítulo, discutimos quatro tipos de esquemas intermitentes para intensificar e manter o comportamento: esquemas de razão, esquemas de intervalo simples, esquemas com retenção limitada e esquemas de duração (a pesquisa básica sobre esses esquemas é descrita em Pear, 2016a; ver também Lattal, 2012; Nevin e Wacker, 2013).

Questões para aprendizagem 

1. Defina e dê um exemplo de *reforço intermitente*.
2. Defina e dê um exemplo de *taxa de resposta*.
3. Defina e dê um exemplo de *esquema de reforço*.
4. Defina *CRF* e dê um exemplo que não tenha sido mencionado neste capítulo.
5. Descreva quatro vantagens do reforço intermitente em comparação ao CRF para a manutenção do comportamento.

ESQUEMAS DE RAZÃO

Em um **esquema de razão fixa (FR)**, um reforçador ocorre toda vez que um número fixo de respostas de determinado tipo são emitidas. Os esquemas de reforço para Jan foram esquemas de FR. Lembre-se de que, no início do programa, Jan precisava resolver dois problemas de matemática para cada reforço (FR2). Mais tarde, Jan passou a ter que resolver quatro problemas por reforço (FR4). Enfim, Jan teve que fornecer 16 respostas corretas (FR16). Note que o esquema foi ampliado em suas etapas. Se as respostas de Jan tivessem sido estabelecidas imediatamente em FR16 sem os valores intermediários de FR, seu comportamento poderia ter piorado e aparecido como se estivesse sendo extinguido. Essa piora de resposta a partir da ampliação demasiadamente rápida do esquema de FR por vezes é chamada *distensão da razão*. A exigência de resposta ideal difere para indivíduos e tarefas distintos. Jan aumentou a taxa de resposta mesmo quando a FR subiu para 16. Outros estudantes poderiam ter mostrado uma diminuição antes de atingirem a FR16. De modo geral, quanto maior for a razão em que se espera que um indivíduo atue, mais importante será atingi-la de maneira gradual via exposição a razões menores. A tentativa e o erro são a única maneira de encontrar o valor de razão ideal que manterá uma alta taxa de resposta sem produzir distensão da razão.

Ao considerar os efeitos dos esquemas de reforço sobre a taxa de resposta, precisamos distinguir entre os procedimentos operantes livres e os procedimentos de tentativas distintas. Um *procedimento operante livre* é aquele em que o indivíduo é "livre" para responder em ritmos diferentes, no sentido de que não há restrições em respostas sucessivas. Se Jan tivesse recebido uma planilha contendo 12 problemas de matemática para resolver, poderia ter trabalhado a uma velocidade de um problema por minuto, ou a uma velocidade de três por minuto, ou ainda em outra velocidade qualquer. Em um *procedimento de tentativas distintas*, os indivíduos "não são livres" para responder no ritmo que escolherem, porque o ambiente impõe limites à disponibilidade de oportunidades de resposta. Se o pai/mãe disser a um filho adolescente "Você poderá usar o carro da família depois de lavar a louça de três refeições", isso então seria um procedimento de tentativas distintas. O adolescente não pode lavar a louça de três refeições na próxima hora, mas terá de esperar e lavar a louça após cada refeição. Quando falamos sobre os efeitos característicos dos esquemas de reforço sobre a taxa de resposta, estamos nos referindo a procedimentos operantes livres, exceto se houver outra especificação.

Ao serem introduzidos gradualmente, os esquemas FR produzem uma taxa alta e estável, seguida de uma pausa pós-reforço. A duração da pausa de pós-reforço depende do valor de FR – quanto maior o valor, mais longa será a pausa (Schlinger *et al.*, 2008). Os esquemas de FR também produzem alta resistência à extinção (ver Capítulo 8). Existem inúmeros exemplos de esquemas de FR no dia a dia. Se um técnico de futebol americano tivesse que dizer à equipe "Todos vocês devem fazer 20 abdominais antes do intervalo", isso seria um FR20. Outro exemplo é pagar a um funcionário de indústria por um número específico de partes concluídas, ou pagar para um capataz de fazenda por uma quantidade específica de frutos ou verduras colhidas (conhecido como *pagamento por tarefa* ou *empreitada*).

Uma análise dos registros mantidos pelo romancista Irving Wallace sugere que a escrita de romances segue um padrão de razão fixa (Wallace e Pear, 1977). Wallace normalmente parava de escrever logo após concluir cada capítulo de um livro em que estava trabalhando. Após uma breve pausa de cerca de 1 dia, ele voltava a escrever em uma frequência elevada, que mantinha até a conclusão do próximo capítulo. Além disso, pausas mais longas geralmente ocorriam após a conclusão de um rascunho de um manuscrito. Assim, pode-se argumentar de forma razoável que os capítulos concluídos e os rascunhos concluídos de manuscritos são reforços para a escrita de romances e que esses reforços ocorrem de acordo com os esquemas de FR. Claro, devemos reconhecer que escrever romances é um comportamento complexo e que outros fatores também estão envolvidos.

Com um **esquema de razão variável (VR)**, um reforçador ocorre após um número determinado de uma resposta em particular, sendo que esse número muda de modo imprevisível de um reforçador para outro. O número de respostas exigido para cada reforço em um esquema VR varia em torno de um valor médio, o qual é especificado na designação desse esquema VR. Suponha que, ao longo de vários meses, um vendedor porta a porta faça, em média, uma venda a cada 10 casas visitadas. Isso não significa que o vendedor faz uma venda exatamente em toda 10ª casa que visita. Algumas vezes, é possível que uma venda tenha sido feita após visitar cinco casas. E, às vezes, o vendedor tem de visitar mais de 10 casas para fazer uma venda. Decorridos vários meses, porém, uma média de 10 visitas é exigida para produzir reforço. Um esquema de VR que requer em média 10 respostas é abreviado como VR10. A VR, assim como a FR, produz uma alta taxa de resposta em estado estável. Entretanto, também produz uma pausa pós-reforço mínima ou nula (Schlinger *et al.*, 2008). O vendedor jamais pode prever exatamente quando uma venda ocorrerá, e é provável que continue visitando casas logo após uma venda. Três diferenças adicionais entre os efeitos dos esquemas de VR e de FR são: o esquema de VR pode ser ampliado mais abruptamente do que um esquema de FR, sem produzir distensão da razão; os valores de VR que podem manter as respostas são um pouco maiores do que os de FR; e VR produz maior resistência à extinção do que os esquemas FR de mesmo valor.

O ambiente natural contém muitos exemplos de esquemas VR. Convidar alguém para um encontro é um exemplo, porque até as pessoas mais populares têm que convidar um número imprevisível de pessoas diferentes para conseguir um encontro. As máquinas de caça-níqueis são programadas com esquemas VR: o jogador não tem como prever quantas vezes deverá jogar para conseguir ganhar uma recompensa. De modo similar, a pesca também é reforçada com base em um esquema VR: é preciso lançar a isca um número de vezes imprevisível para conseguir uma fisgada.

Os esquemas de razão – FR e VR – são usados quando se deseja gerar uma alta taxa de resposta e monitorar cada resposta. É necessário para contar as respostas a fim de saber quando fornecer reforço em um esquema de razão. O FR é mais comumente usado do que VR em programas comportamentais, por ser mais simples de administrar.

Um tipo de esquema de reforço que ganhou popularidade em contextos aplicados é a *razão progressiva* (PR; ver a edição de verão de 2008 do *Journal of Applied Behavior Analysis*). Um esquema PR é como um esquema FR; contudo, a exigência de razão aumenta uma quantidade específica após cada reforço. No início de cada sessão, a exigência de razão começa a voltar ao seu valor original. Após algumas sessões, ela atinge determinado nível – chamado *ponto de quebra* ou *ponto de interrupção* –, em que o indivíduo para totalmente de responder. O efeito típico de um esquema de PR é uma pausa cada vez maior após cada reforço sucessivo e uma pausa indefinidamente longa no ponto de quebra (Schlinger *et al.*, 2008). Uma aplicação da PR é para determinar a potência, o poder ou a efetividade de um reforçador em particular para determinado indivíduo. Quanto maior for o ponto de quebra do reforçador para um indivíduo, mais efetivo esse reforçador provavelmente será em um programa de tratamento destinado a esse indivíduo (Roane, 2008). Russell *et al.* (2018) descobriram que, para dois dos três indivíduos em seu estudo, um reforçador condicionado generalizado tinha um ponto de quebra mais alto em um esquema de PR do que os reforçadores específicos nos quais se baseava. Para uma discussão sobre os problemas com os esquemas de razão progressiva em ambientes aplicados, ver Poling, 2010.

Embora a discussão precedente seja pertinente aos esquemas de razão em um procedimento operante livre, os esquemas de razão também foram estudados em procedimentos de tentativas distintas. Um exemplo do uso de um esquema de razão em um procedimento de tentativas distintas envolve uma tarefa projetada para ensinar crianças com falta de habilidade do desenvolvimento a nomearem imagens de objetos. O procedimento envolve uma sequência minuciosamente delineada de tentativas, em que o professor às vezes fala o nome da imagem para a criança imitar, e às vezes pede à criança para nomear corretamente a imagem. As respostas corretas são reforçadas com um elogio e um agrado. As crianças respondem melhor e aprendem a nomear mais imagens quando as respostas corretas são reforçadas com um agrado em um esquema de razão, do que continuamente reforçadas com o mesmo agrado. No entanto, isso somente é válido quando o esquema de razão não requer um número muito grande de respostas corretas por reforço. Conforme a exigência aumenta, o

Questões para aprendizagem

6. Explique o que é um esquema FR. Descreva os detalhes de dois exemplos encontrados no dia a dia (pelo menos um que não tenha sido mencionado neste capítulo).
7. O que é um procedimento operante livre? Dê um exemplo.
8. O que é um procedimento de tentativas distintas? Dê um exemplo.
9. Quais são os três efeitos característicos de um esquema FR?
10. O que é a distensão da razão?
11. Descreva como os esquemas de FR podem estar envolvidos na escrita de um romance.
12. Explique o que é um esquema VR. Descreva os detalhes de dois exemplos encontrados no dia a dia (pelo menos um que não tenha sido mencionado neste capítulo). Os exemplos envolvem um procedimento operante livre ou um procedimento de tentativas distintas?
13. Descreva a semelhança, em termos de procedimento, entre um esquema VR e um esquema FR. Descreva a diferença de procedimento entre ambos.
14. Quais são os três efeitos característicos de um esquema VR?
15. Descreva com dois exemplos como FR ou VR poderiam ser aplicados em programas de treinamento. (Por *programa de treinamento*, referimo-nos a qualquer situação em que alguém deliberadamente use princípios comportamentais para intensificar e manter o comportamento de outra pessoa, como pais tentando influenciar o comportamento de um filho; um professor influenciando o comportamento dos alunos; um técnico influenciando o comportamento dos atletas; um empregador influenciando o comportamento de seus funcionários etc.) Os exemplos envolvem um procedimento operante livre ou um procedimento de tentativas distintas?
16. Explique o que é um esquema PR e como a PR tem sido usada principalmente em contextos aplicados.

desempenho inicialmente melhora, mas depois começa a mostrar distensão da razão (ver Stephens *et al.*, 1975).

ESQUEMAS DE INTERVALO SIMPLES

Em um **esquema de intervalo fixo (FI)**, um reforçador é apresentado em seguida à primeira ocorrência de uma resposta específica, decorrido um período de tempo fixo (Figura 10.1). A única exigência para que um reforçador ocorra é o indivíduo se engajar no comportamento depois que o reforço é disponibilizado, devido à passagem do tempo. O tamanho do esquema de FI é a quantidade de tempo necessária até o reforço ser disponibilizado.

Suponhamos que o seu programa favorito de TV comece às 19 horas, toda quinta-feira, e o seu gravador de vídeo digital esteja programado para gravar o *show* sempre que este for ao ar. Como é necessário um intervalo de uma semana para você receber o reforço de assistir seu programa de TV favorito, recorreríamos a um esquema do tipo *esquema FI de uma semana*. Observando a Figura 10.1, note que, apesar da necessidade de esperar certo intervalo de tempo para que o reforço ocorra, uma resposta deve ser fornecida algum tempo após o intervalo de tempo especificado. Note ainda que não há limite de quanto tempo após o término do intervalo uma resposta pode ocorrer para ser reforçada. Por fim, note que uma resposta que ocorra antes do término do intervalo especificado não produz nenhum efeito sobre a ocorrência do reforçador.

A maioria de nós conta com o relógio para nos dizer quando fazer as coisas que são reforçadas em um esquema de FI. Em geral, aguardamos até o reforçador estar disponível e, então, fornecemos uma resposta e o recebemos. Para as crianças que ainda não aprenderam a ver as horas, contudo, os efeitos típicos de um esquema FI são um pouco diferentes. Suponha que duas crianças pequenas que não sabem ver as horas brinquem juntas todas as manhãs. Após cerca de 2 horas do café da manhã, a mãe deixa preparado um lanche para ambas e, cerca de 2 horas depois, o almoço é servido. Conforme o tempo se aproxima do término de cada intervalo de 2 horas, as idas das crianças à cozinha começam a se tornar cada vez mais frequentes, e elas perguntam: "Está na hora de comer?" Por fim, passadas as 2 horas, a comida está pronta. Depois de comer, as crianças voltam a brincar e o tempo se arrasta bem lentamente até as idas à cozinha recomeçarem. O comportamento das crianças de ir à cozinha é característico do comportamento reforçado em esquema FI sem relógio ou conhecimento da hora. Nesses casos, os esquemas FI produzem: (a) uma pausa pós-reforço seguida por (b) uma resposta que aumenta gradualmente durante o intervalo até que o reforço ocorra. Note que a palavra *pausa* significa simplesmente que comportamento de interesse, como a ida até a cozinha, não ocorre. A duração da pausa pós-reforço depende do valor de FI – quanto maior o valor (*i. e.*, maior o intervalo de tempo entre os reforçadores), maior a pausa.

Ao julgar se um comportamento é reforçado em um esquema FI, você deve fazer duas perguntas: o reforço requer apenas uma resposta após um intervalo de tempo fixo?; responder durante o intervalo afeta alguma coisa? Se responder afirmativamente à primeira pergunta e negativamente à segunda, o seu exemplo é um FI. Considere uma turma universitária em que os alunos façam uma prova no mesmo dia da semana. O padrão de estudo dos alunos provavelmente é semelhante ao padrão característico de resposta em um esquema FI, no sentido de que pouco ou nada se estude imediatamente após uma prova, mas o estudo é intensificado com a proximidade do dia da avaliação. Por outro lado, considere as duas perguntas precedentes. Os alunos podem esperar até que 1 semana tenha se passado, fornecer "uma" resposta de estudo e então receber uma nota boa? Não, uma nota boa está relacionada com estudar durante 1 semana. Agir antes de esse período terminar afeta alguma coisa? Sim, contribui para uma nota boa. Portanto, esse não é um exemplo de FI, embora possa ser parecido.

Um emprego que paga por hora frequentemente é citado de modo equivocado como exemplo de esquema FI. Se refletirmos um

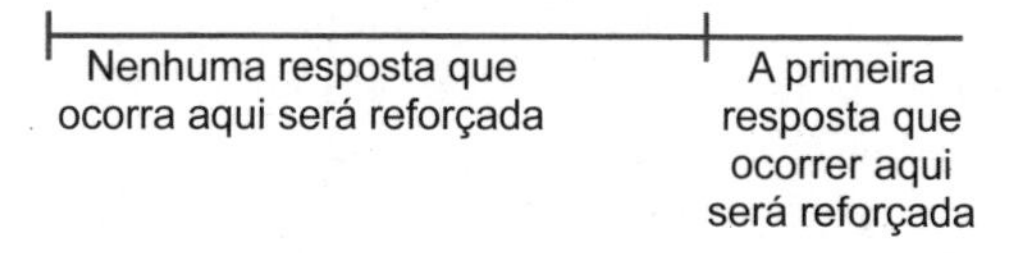

Figura 10.1 Diagrama de um esquema de intervalo fixo. A linha horizontal representa um período de tempo.

pouco, porém, veremos que está errado porque o pagamento por hora considera que o indivíduo trabalha integralmente no decorrer de cada hora. Entretanto, um esquema FI requer apenas uma resposta ao final do intervalo (ver Figura 10.1). Checar a conta bancária de alguém para ver se o empregador depositou o pagamento, todavia, é um exemplo de comportamento reforçado segundo um esquema FI. O depósito de um pagamento pelo patrão na conta bancária do funcionário somente ocorre após determinado período de tempo, e verificar a conta bancária antes do término desse período não faz o pagamento aparecer na conta com antecedência.

Em um **esquema de intervalo variável (VI)**, um reforçador é apresentado após a primeira ocorrência de uma resposta específica subsequentemente a um intervalo de tempo, e a duração desse intervalo muda de modo imprevisível de um reforçador para outro. Dito de forma mais simplificada, em um esquema VI, uma resposta é reforçada após intervalos de tempo imprevisíveis. Como as mensagens de voz ou *e-mails* surgem imprevisivelmente, checar essas caixas de entrada é exemplo de esquema VI.

A duração dos intervalos em um esquema VI varia em torno de um valor médio especificado na designação desse determinado esquema VI. Se é necessário se passarem em média 25 minutos para a disponibilização do reforço, o esquema é abreviado como VI25 minutos.

Questões para aprendizagem

17. O que é um esquema FI?
18. Quais são as duas perguntas a serem feitas ao julgar se um comportamento é reforçado segundo um esquema FI? Quais respostas a essas perguntas indicariam que o comportamento é reforçado segundo um esquema FI?
19. Suponha que um professor aplique uma prova toda sexta-feira. O comportamento de estudar desses alunos provavelmente seria parecido com o padrão característico de um esquema FI, no sentido de que o estudo seria intensificado gradualmente com a aproximação da sexta-feira, e os alunos mostrariam uma pausa no estudo (similar a uma pausa pós-reforço prolongada) após cada prova. Entretanto, não se trata de um exemplo de esquema FI para estudo. Explique por quê.
20. O que é um esquema VI?
21. Explique por que os esquemas de intervalo simples não são usados com frequência em programas de treinamento.

O VI produz uma taxa de respostas moderada estável e nenhuma (ou, no máximo, uma minúscula) pausa pós-reforço. Assim como os esquemas intermitentes discutidos anteriormente, o VI produz uma alta resistência à extinção em relação ao reforço contínuo. No entanto, o fornecimento de respostas é menor durante a extinção após VI do que após FR ou VR.

Os esquemas de intervalo simples não são usados com frequência em programas de modificação de comportamento, por vários motivos: FI produz pausas pós-reforço; embora VI não produza pausas pós-reforço longas, gera taxas de resposta menores do que aquelas geradas pelos esquemas de razão; e os esquemas de intervalo simples requerem monitoramento contínuo do comportamento após o término de cada intervalo, até que a resposta ocorra.

ESQUEMAS COM RETENÇÃO LIMITADA

Uma **retenção limitada (LH)** é um prazo para atender a exigência de resposta de um esquema de reforço. Uma retenção limitada pode ser adicionada a quaisquer esquemas de razão ou intervalo.

Razão fixa com retenção limitada

Suponha que um preparador físico diga a alguém que esteja se exercitando: "Se você fizer 30 abdominais, então poderá beber água." Este seria um esquema FR30. Suponha, agora, que esse instrutor diga à pessoa: "Se você fizer 30 abdominais em 2 minutos, então poderá beber água". Este seria um exemplo de esquema FR30 com retenção limitada de 2 minutos. A adição de uma retenção limitada a um esquema é indicada escrevendo a abreviação do esquema seguida de "/LH" e o valor da retenção limitada. O exemplo anterior seria escrito da seguinte maneira: FR30/LH 2 min. Como os esquemas de razão já criam altas taxas de resposta, é incomum adicionar uma retenção limitada aos esquemas de razão.

Intervalo fixo com retenção limitada

A maioria dos esquemas FI que você encontra no dia a dia estão associados a retenções limitadas (Figura 10.2), como, por exemplo, esperar por um ônibus coletivo. Os ônibus geralmente circulam segundo um esquema regular. Um indivíduo pode chegar no ponto de ônibus antecipadamente, pouco antes do horário ou no momento em que ele estiver passando – não faz

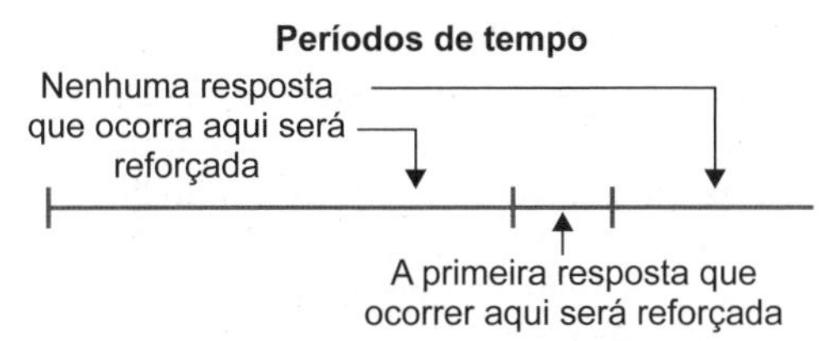

Figura 10.2 Diagrama de um esquema de intervalo fixo com retenção limitada. A linha horizontal representa um período de tempo.

diferença, porque esta pessoa irá pegar o ônibus. Por enquanto, isso é apenas um esquema FI simples. Entretanto, o ônibus esperará somente um tempo limitado – talvez, 1 minuto. Se o indivíduo não estiver no ponto de ônibus dentro desse período de tempo, o ônibus irá partir e a pessoa terá que aguardar o próximo.

Intervalo variável com retenção limitada

Assim como os esquemas FI, a maioria dos esquemas VI no dia a dia está associada a uma retenção limitada. Explicaremos como um VI/LH atua descrevendo uma estratégia efetiva para controlar o comportamento das crianças durante uma viagem de carro em família. Essa estratégia é baseada no *The Timer Game*,[2] também conhecido como *The Good Behavior Game* [O jogo do Bom Comportamento] (Donaldson *et al.*, 2021; Donaldson *et al.*, 2018; Galbraith e Normand, 2017; Groves e Austin, 2017; Joslyn *et al.*, 2020; Pennington e McComas, 2017; Tingstrom *et al.*, 2006). Quando os dois filhos de um dos autores eram crianças, as viagens de carro em família eram exasperantes. Com a mãe e o pai nos assentos da frente e os meninos no assento de trás, as brigas intermináveis entre as crianças tomavam quase o dia todo ("Você está no meu lugar", "Me dá isso", "Não toque em mim" etc.) Após várias viagens de carro desagradáveis, os pais decidiram experimentar uma variação do *The Timer Game*. Primeiro, compraram um *timer* que pudesse ser ajustado em valores de até 30 minutos e produzisse um som de sino quando o intervalo de tempo ajustado chegasse ao fim. No início da viagem, os pais anunciavam as regras aos filhos:

> O negócio é o seguinte, toda vez que o som de sino do *timer* tocar, se vocês estiverem se comportando bem, ganharão 5 minutos extras para assistir TV até tarde no quarto do hotel [um poderoso reforçador para os meninos, naqueles dias em que ainda não havia nos carros aparelhos de DVD ou *notebooks*]. Mas se vocês estiverem brigando, perderão estes 5 minutos. Jogaremos este jogo até chegarmos lá.

Então, o pai ou a mãe ajustava o *timer* para tocar a intervalos de 1 a 30 minutos, no decorrer de toda a viagem. Como, em média, o *timer* era ajustado a intervalos de 15 minutos, este foi um esquema VI15 min. Como os meninos tinham que estar comportados toda vez que o alarme tocasse, a retenção limitada era zero segundo, sendo este um esquema VI30 min/LH0 s. Os resultados foram milagrosos. Das brigas intermináveis, os meninos passaram a brincar sem brigar. Embora fosse exigido apenas um instante de brincadeira sem conflitos para ganhar um reforçador, os meninos jamais sabiam quando essa oportunidade aconteceria. Resultado: cooperaram de modo contínuo. Consulte Galbraith e Normand (2017) para ver um exemplo do jogo do bom comportamento sendo usado em um pátio de escola para incentivar as crianças a se exercitarem durante o recreio. Para saber mais sobre outros usos do jogo do cronômetro ou do jogo do bom comportamento para reduzir o comportamento disruptivo, ver Wiskow *et al.*, 2021. A respeito do uso do jogo do cronômetro ou do jogo do bom comportamento envolvendo equipes com o tamanho da equipe como a variável crítica, ver Donaldson *et al.*, 2021.

Uma boa aproximação de comportamento em um esquema VI/LH ocorre quando telefonamos para um amigo cuja linha está ocupada. Note que, uma vez que a linha está ocupada, não conseguiremos completar a ligação, não importa quantas vezes disquemos seu número, e não teremos meios de prever quanto tempo a linha estará ocupada. Entretanto, após terminar a ligação, nosso amigo poderá receber outra chamada. Em qualquer caso, se não ligarmos durante um dos períodos limitados em que a linha está livre, perdemos o reforço de falar com ele e devemos aguardar durante outro período de tempo imprevisível até termos, novamente, uma oportunidade de ganhar este reforço particular.

Os esquemas de intervalo com retenções limitadas produzem efeitos similares àqueles

[2]Este procedimento foi desenvolvido com base em um estudo de Wolf *et al.* (1970).

causados pelos esquemas de razão. Para pequenos FI, FI/LH produz efeitos similares àqueles produzidos pelos esquemas FR (Schoenfeld e Farmer, 1970). VI/LH produz efeitos semelhantes aos efeitos produzidos por esquemas VR. Assim, os esquemas de intervalo com retenções curtas por vezes são usados quando um professor quer produzir um comportamento do tipo razão, mas não consegue contar cada ocorrência deste comportamento, como quando o professor deseja monitorar o comportamento apenas periodicamente ou a intervalos irregulares.

Os esquemas de intervalo com retenções limitadas breves são comuns em programas de modificação de comportamento. Um professor talvez use uma variação do jogo do bom comportamento, como um esquema VI30 min/LH0 s para fazer os alunos permanecerem sentados. Ou seja, se as crianças estiverem trabalhando calmamente em seus lugares sempre que o alarme do *timer* soar, após um intervalo de tempo variável de 30 minutos, receberão algum agrado, como pontos que poderão ser acumulados em troca de tempo livre. Note que os esquemas de intervalo com retenções limitadas também são mais comuns na natureza do que os esquemas de intervalo sem retenções limitadas. Se você for a um mercado para comprar a sua fruta favorita mas ela ainda não está madura, seu comportamento não será reforçado pelo sabor da fruta, nem a espera demasiadamente prolongada após o amadurecimento da fruta reforçará seu comportamento.

Questões para aprendizagem

22. Explique o que é um esquema FR/LH. Descreva os detalhes de um exemplo do dia a dia que não tenha sido citado neste capítulo.
23. Explique o que é um esquema FI/LH. Descreva os detalhes de um exemplo do dia a dia que não tenha sido citado neste capítulo. (*Dica:* pense em comportamentos que ocorrem em determinados momentos fixos, como chegar para as refeições, partidas de avião e cozinhar.)
24. Descreva como um esquema FI/LH é semelhante, em termos de procedimento, a um esquema FI simples. Descreva as diferenças, também em termos de procedimento.
25. Explique o que é um esquema VI/LH. Descreva os detalhes de um exemplo que ocorre na vida cotidiana (que não esteja neste capítulo).
26. Descreva um exemplo de como VI/LH poderia ser aplicado em programas de treinamento.
27. Para cada uma das fotos da Figura 10.3, identifique o esquema de reforço que parece estar operando.

ESQUEMAS DE DURAÇÃO

Em um **esquema de duração fixa (FD)**, um reforçador somente está presente se um comportamento ocorrer de modo contínuo por um período de tempo fixo (Stevenson e Clayton, 1970; Figura 10.4). O valor do esquema FD é a quantidade de tempo em que o comportamento deve ser engajado de modo contínuo, para que o reforço aconteça (p. ex., se for 1 minuto, chamamos o esquema de esquema FD1 min). Alguns exemplos de esquemas de FD ocorrem no dia a dia. Um trabalhador que recebe pagamento por hora está em um esquema FD. Uma solda de fundição também pode ser um exemplo de comportamento em esquema FD. Para derreter a solda, é preciso segurar a ponta do soldador sobre a solda durante um período de tempo fixo contínuo. Se a ponta for retirada, a solda esfria rapidamente e a pessoa tem que reaplicar calor pelo mesmo período de tempo contínuo.

Em um **esquema de duração variável (VD)**, um reforçador somente é apresentado se um dado comportamento ocorrer de modo contínuo por determinado período de tempo fixo, e o intervalo de tempo de um reforçador para outro mudar imprevisivelmente. O intervalo médio é especificado na designação do esquema VD. Se a média for 1 minuto, o esquema é abreviado VD1 min. Um exemplo de esquema VD poderia ser esfregar dois gravetos para produzir fogo, porque a quantidade de tempo que demora para isto acontecer varia em função de fatores como tamanho, formato e ressecamento dos gravetos. Outro exemplo de esquema VD é aguardar até o trânsito estar livre, para atravessar uma rua movimentada.

Ambos os esquemas, FD e VD, produzem longos períodos de comportamento contínuo. O esquema FD, porém, produz uma pausa pós-reforço, ao contrário do esquema VD.

Os programas de modificação de comportamento usam esquemas de duração somente quando o comportamento-alvo pode ser medido de forma contínua e reforçado com base em sua duração. Entretanto, não se deve partir do princípio de que isto ocorre para qualquer comportamento-alvo. Uma ação que pode funcionar é apresentar um reforço contingente para uma criança que estuda piano a cada 1 hora de prática. Contudo, isso também pode reforçar apenas o comportamento de permanecer

Resposta: esperar a bagagem no aeroporto.
Reforço: pegar a bagagem.

Arranjo de contigência: após um intervalo de tempo imprevisível, a bagagem surge na esteira.

Resposta: encaixar peças em um tabuleiro de pinos.
Reforçador: conseguir encaixar todas as peças.

Arranjo de contigência: após um número fixo de respostas, todas as peças estarão encaixadas.

iStock © JerryPDX

Resposta: retirar as roupas da secadora.
Reforçador: roupas secas.

Arranjo de contigência: após um período de tempo fixo, ocorrerá a primeira resposta.

Resposta: assistir TV.
Reforçador: ver uma cena agradável.

Arranjo de contigência: as cenas agradáveis ocorrem de modo imprevísivel e têm curta duração.

Figura 10.3 Exemplos de pessoas respondendo a esquemas de reforço intermitente.

Período de tempo
A resposta deve ocorrer de modo contínuo no curso de todo o intervalo, para ser reforçada.

Figura 10.4 Diagrama de um esquema de duração fixa. A linha horizontal representa um período de tempo.

sentado na carteira ou diante do piano. Isso é particularmente válido no caso do estudo, pois os pais ou o professor têm dificuldade para observar se o comportamento desejado está ocorrendo, uma vez que a criança pode estar devaneando, enviando mensagens de texto ou lendo um livro, em vez de estudando de fato. É mais fácil monitorar a prática de piano, porque os pais ou o professor podem ouvir se a criança está fazendo a lição.

O contato visual é um comportamento comumente reforçado sob esquemas de duração, em programas de treinamento para crianças com falta de habilidades do desenvolvimento. Muitas dessas crianças não fazem contato visual com as outras pessoas, e qualquer tentativa de um adulto de iniciar esse comportamento faz a criança rapidamente desviar o olhar. É consenso que o contato visual é importante como pré-requisito para o desenvolvimento social adicional (Kleinke, 1986; Baron-Cohen, 1995).

As evidências mostram que, quando FR e FD parecem ser aplicáveis, dá-se preferência ao primeiro. Semb e Semb (1975) compararam dois métodos de atribuição de tarefas em cadernos de exercícios para crianças de ensino fundamental. Em um método, que eles chamaram de "atribuição de páginas fixas", as crianças foram instruídas a trabalhar até terminarem 15 páginas. No outro método, "atribuição de tempo fixo", as crianças foram instruídas a trabalhar até que o professor lhes dissesse para parar. A quantidade de tempo que as crianças precisavam trabalhar era igual à quantidade média de tempo que passaram trabalhando durante a condição de páginas fixas. Em ambos os métodos, cada criança que respondeu corretamente a pelo menos 18 das 20 questões selecionadas aleatoriamente do caderno recebeu tempo livre; caso contrário, as crianças tinham de refazer toda a tarefa. De modo geral, as crianças concluíram mais trabalhos e deram mais respostas corretas na condição de páginas fixas do que na condição de tempo fixo.

Questões para aprendizagem

28. Explique o que é um esquema FD. Descreva os detalhes de dois exemplos que ocorrem no dia a dia (pelo menos um exemplo que não tenha sido mencionado neste capítulo).
29. Suponha que, toda vez que você coloca uma fatia de pão na torradeira e abaixa a alavanca, demora 30 segundos para as torradas ficarem prontas. Esse é um exemplo de esquema FD? Por quê? Seria um esquema FD se: (a) a lingueta que mantém a alavanca abaixada não funcionasse ou se (b) o *timer* não funcionasse? Explique cada caso.
30. Explique por que FD talvez não seja um esquema muito bom para reforçar o comportamento de estudar.
31. Descreva dois exemplos de como FD poderia ser aplicada em programas de treinamento.
32. Explique o que é um esquema VD. Descreva um exemplo, que não esteja neste capítulo, de um esquema que ocorre na vida cotidiana.
33. Seria melhor reforçar uma criança por tirar o pó dos móveis da sala de estar por um período fixo ou por um número fixo de itens limpos? Explique sua resposta.

ESQUEMAS INTERMITENTES USADOS PARA INTENSIFICAR E MANTER COMPORTAMENTOS

A Tabela 10.1 apresenta seis esquemas intermitentes comumente usados, bem como seus efeitos característicos. Em resumo, os seis esquemas são: FR, VR, FI/LH, VI/LH, FD e VD. Os *esquemas de razão* (FR e VR) tornam o reforço contingente a determinado número de respostas concluídas; os *esquemas de intervalo com retenção limitada* (FI/LH e VI/LH) tornam o reforço contingente a uma resposta que ocorra dentro de um período de tempo limitado após a disponibilização do reforço; e os *esquemas de duração* (FD e VD) tornam o reforço contingente com uma resposta que é fornecida por determinado período de tempo contínuo.

EFEITOS DO REFORÇO INTERMITENTE EM ANIMAIS E EM SERES HUMANOS

Os efeitos dos vários esquemas de reforço foram trabalhados principalmente com animais. O clássico trabalho de referência sobre esse tópico, escrito por Ferster e Skinner (1957), trata principalmente de pombos que bicam em uma chave de resposta para obter reforço por alguns segundos na forma de acesso a grãos. Vários experimentos foram conduzidos para determinar

Tabela 10.1 Efeitos característicos e aplicações de seis esquemas de reforço intermitente comuns para intensificar e manter comportamentos.

Esquema	Fixo	Variável	Aplicação
Razão	Taxa alta e estável; breve pausa pós-reforço; altamente RTE	Taxa alta e estável; sem pausa pós-reforço; altamente RTE	Intensificar e manter a taxa de respostas específicas que podem ser facilmente contadas, como solucionar corretamente problemas de soma ou subtração, ou fazer repetições corretas de uma habilidade esportiva
Intervalo com retenção limitada	Taxa alta e estável (com intervalos pequenos); breve pausa pós-reforço; moderadamente RTE	Taxa alta e estável; sem pausa pós-reforço; altamente RTE	Aumentar e manter a duração ou a taxa de respostas de comportamentos, como o comportamento das crianças de se concentrar nas tarefas em sala de aula, o comportamento cooperativo das crianças em uma viagem de carro em família, ou boiar durante a aula de natação
Duração	Comportamento contínuo; moderadamente RTE	Comportamento contínuo; altamente RTE	Intensificar e manter comportamentos que podem ser monitorados de modo contínuo e que devem persistir ao longo de um período de tempo, como praticar piano

RTE: resistente à extinção.

se os seres humanos apresentam os mesmos padrões de resposta que outros animais quando expostos a esquemas básicos de reforço. Em um procedimento comum, um voluntário humano pressiona uma alavanca para produzir pontos que podem ser trocados por dinheiro ou algum outro item de reforço. Em muitos casos, no entanto, os humanos que respondem nessas condições não apresentam os padrões de comportamento descritos neste capítulo (Pear, 2016a, p. 69). Uma possível razão para essas diferenças entre humanos e animais tem a ver com o comportamento verbal complexo que os humanos normalmente foram condicionados a emitir e a responder – ou seja, os humanos conseguem verbalizar regras (descritas no Capítulo 19) que podem influenciá-los a mostrar padrões de comportamento diferentes dos que os animais mostram quando expostos a vários esquemas de reforço (Michael, 1987). Assim, os seres humanos podem fazer declarações para si mesmos sobre o esquema de reforço em vigor e responder a essas declarações, em vez de responder ao próprio esquema. As evidências para esse ponto de vista vêm de dados que indicam que os padrões mostrados por bebês pré-verbais são semelhantes aos mostrados por animais (Lowe *et al.*, 1983) e gradualmente se tornam menos semelhantes à medida que as crianças se tornam cada vez mais verbais (Bentall *et al.*, 1985). Além disso, as instruções podem influenciar fortemente a taxa e os padrões de resposta em vários esquemas de reforço (Otto *et al.*, 1999; Torgrud e Holborn, 1990).

ESQUEMAS CONCOMITANTES DE REFORÇO

Na maioria das situações, temos a opção de manifestar mais de um tipo de comportamento. Em casa, em uma noite em particular, por exemplo, um estudante poderia assistir a um programa de TV, assistir a um filme *online*, navegar na internet, enviar mensagens de texto, fazer a lição de casa ou conversar no telefone. Quando cada um de dois ou mais comportamentos é reforçado sob diferentes esquemas e ao mesmo tempo, os esquemas de reforço que estão exercendo efeito são chamados **esquemas concomitantes de reforço**. Considerando os esquemas concomitantes de reforço para esse mesmo estudante, em qual opção ele provavelmente irá se engajar? Em 1961, Richard Herrnstein propôs que a escolha é regida por uma equação chamada lei da igualação, que afirma que a taxa de resposta relativa ou o tempo dedicado a uma atividade é igual ou corresponde à taxa de reforço para essa atividade em relação à taxa de reforço para atividades alternativas disponíveis simultaneamente. Para ler um exemplo da aplicação da lei da correspondência às seleções de arremessos no beisebol profissional, ver Cox *et al.*, 2017.

Pesquisas indicaram que, além da taxa de reforço, os demais fatores que provavelmente influenciam a escolha de alguém diante de vários esquemas disponíveis são: os tipos de esquemas operantes; a iminência do reforço; a magnitude do reforço; e o esforço de resposta envolvido nas diferentes opções (Friman e Poling, 1995; Mazur, 1991; Myerson e Hale, 1984; Neef *et al.*, 1993; 1992; 1994). Foram feitas tentativas de estender ou modificar a lei da correspondência, para incorporar esses outros fatores influenciadores da escolha (p. ex., Baum, 2012). Para aplicações da lei da igualação, ver Luc *et al.*, 2021; McDowell, 2021.

O conhecimento das pesquisas sobre esquemas concomitantes é valioso ao delinear um programa de modificação de comportamento. Suponha que você esteja tentando minimizar um comportamento indesejado reforçando um comportamento alternativo desejável. Você deve garantir que o esquema de reforço para o comportamento alternativo desejável envolva mais de um reforçador imediato, reforços mais frequentes, reforços mais poderosos e menos esforço de resposta do que o necessário para o comportamento indesejado.

ARMADILHAS DE REFORÇO INTERMITENTE

Aplicação errada acidental

A armadilha mais comum de reforço intermitente frequentemente pega não só os desprevenidos como também aqueles com algum conhecimento sobre modificação de comportamento. Envolve o uso inconsistente de extinção. Em uma primeira tentativa, os pais podem ignorar as birras do filho. Entretanto, com a persistência da criança e em desespero, os pais finalmente cedem às exigências da criança. Desse modo, ela obtém reforço sob um esquema VR ou VD e isto leva a um comportamento de birra ainda mais persistente. Muitas vezes, pais e profissionais dizem que tiveram que ceder às exigências da criança porque a "extinção não estava funcionando". No entanto, o reforço intermitente resultante produz um comportamento que ocorre com uma frequência maior, sendo mais resistente à extinção do que um comportamento continuamente reforçado.

Armadilha da explicação imprecisa do comportamento

Os esquemas de reforço podem nos ajudar a entender o comportamento que tem sido frequentemente atribuído a estados motivacionais internos. Considere o jogador patológico. Como esse indivíduo está agindo contra seus próprios interesses, às vezes se diz que ele/ela tem um motivo interno baseado em masoquismo – uma necessidade de autopunição. No entanto, o jogador patológico pode ser vítima de um ajuste acidental a um esquema de VR elevada. Talvez, quando foi apresentado ao jogo pela primeira vez, esse indivíduo tenha ganhado várias somas grandes seguidas. Com o passar do tempo, entretanto, o jogador passou a ganhar apostas com menos frequência, e agora mantém o jogo em uma alta taxa de reforços muito pouco frequentes. Um ajuste semelhante a um esquema de VR elevada com uma baixa taxa de reforço também pode ser responsável por um comportamento desejável altamente persistente – como o de um estudante, empresário ou cientista dedicado.

DIRETRIZES PARA A APLICAÇÃO EFETIVA DE REFORÇO INTERMITENTE

Ao usar efetivamente os esquemas intermitentes na geração e manutenção de comportamentos desejados, é importante observar as seguintes regras:

1. *Escolher um esquema que seja apropriado para o comportamento que você deseja fortalecer e manter.*
2. *Escolher um esquema que seja conveniente para administrar.*
3. *Usar instrumentação e materiais apropriados para determinar com precisão e de forma conveniente quando o comportamento deve ser reforçado.* Por exemplo, se você estiver usando um esquema de razão, certifique-se de ter algum tipo de contador. De modo similar, se estiver usando um esquema de intervalo ou duração, certifique-se de ter um *timer* preciso que seja adequado ao seu esquema. Caso você esteja usando um esquema variável, tenha a certeza de ter se preparado para seguir uma sequência de números aleatórios que variam em torno da média escolhida por você.
4. A frequência do reforço inicialmente deve ser alta o bastante para manter o comporta-

mento desejado e, então, deverá ser gradualmente diminuída até que a quantidade desejada final de comportamento por reforço seja mantida. Lembre que a FR inicialmente era muito pequena e, agora, aumentou. Permaneça sempre em cada estágio tempo suficiente para garantir que o comportamento seja forte. Isto é semelhante ao procedimento de modelagem descrito no Capítulo 9. Se você aumentar a exigência de forma extremamente rápida, o comportamento irá deteriorar e você terá que retornar a um estágio mais inicial e recapturá-lo.

5. *Em uma linguagem que a pessoa consiga entender, informe-a acerca do esquema que você está usando.* Alguns estudos (Pouthas *et al.*, 1990; Shimoff *et al.*, 1986; Wearden, 1988) indicam que as pessoas apresentam melhor desempenho quando seguem regras específicas, relacionadas com o esquema em efeito (ver discussão sobre comportamento governado por regras no Capítulo 19).

Questões para aprendizagem

34. Quem escreveu a obra clássica de referência sobre esquemas de reforço e qual é o título desse livro?
35. Qual pode ser a causa para as falhas na obtenção dos efeitos de esquema na pesquisa básica com seres humanos que são normalmente encontrados na pesquisa básica com animais?
36. O que são esquemas concomitantes de reforço? Descreva um exemplo.
37. Se um indivíduo tem a opção de se engajar em dois ou mais comportamentos que são reforçados em diferentes esquemas e por reforçadores distintos, quais são os quatro fatores que, combinados, tendem a determinar a resposta que a pessoa fornecerá?
38. Descreva como o reforço intermitente trabalha contra aqueles que ignoram seus efeitos. Dê um exemplo.
39. Nomeie seis esquemas de reforço comumente usados para desenvolver persistência comportamental (*i. e.*, aqueles descritos na Tabela 10.1).
40. Em geral, quais esquemas tendem a produzir maior resistência à extinção (RTE): os esquemas fixos ou os variáveis? (Ver Tabela 10.1.)
41. Descreva brevemente como os esquemas de reforço podem nos ajudar a entender o comportamento que tem sido frequentemente atribuído a estados motivacionais internos.

RESUMO DO CAPÍTULO 10

Um esquema de reforço é uma regra que especifica quais ocorrências de determinado comportamento, se houver, serão reforçadas. Um esquema de reforço contínuo (CRF) é aquele em que cada caso de determinada resposta é reforçado. Um esquema de reforço intermitente é aquele em que um comportamento é reforçado apenas ocasionalmente, e não toda vez que o comportamento ocorre. Os esquemas intermitentes têm quatro vantagens em relação ao CRF, incluindo: (a) saciação mais lenta do reforçador com o indivíduo reforçado; (b) maior resistência à extinção do comportamento reforçado; (c) padrões de trabalho mais consistentes por parte do indivíduo reforçado; (d) maior probabilidade de o comportamento reforçado persistir quando transferido para reforçadores no ambiente natural.

Há seis esquemas intermitentes comumente usados para aumentar e manter o comportamento. Em um esquema de razão fixa (FR), um reforçador ocorre sempre que se atinge um número fixo de determinada resposta. Em um esquema de razão variável (VR), um reforçador ocorre após determinado número de uma resposta específica, e o número varia de um reforçador para o outro. Com um esquema de intervalo fixo com retenção limitada (FI/LH), um reforçador é apresentado para a primeira ocorrência de determinada resposta após um intervalo fixo de tempo, desde que a resposta ocorra dentro de um tempo fixo após o intervalo fixo ter passado. Com um esquema de intervalo variável com retenção limitada (VI/LH), ele funciona como um esquema FI/LH, com a exceção de que a primeira ocorrência de uma determinada resposta é reforçada após um período variável e dentro da LH. Com um esquema de duração fixa (FD), um reforçador é apresentado somente se um comportamento ocorrer continuamente por um período fixo. Com um esquema de duração variável, um reforçador é apresentado somente se um comportamento ocorrer continuamente por um período fixo e o intervalo de tempo entre um reforçador e outro muda de forma imprevisível. Esquemas simultâneos de reforço ocorrem quando cada um de dois ou mais comportamentos é reforçado em esquemas diferentes ao mesmo tempo.

Uma armadilha comum do reforço intermitente ocorre quando se está tentando extinguir um comportamento problemático, mas acaba-se reforçando o comportamento de modo intermitente, tornando-o mais persistente. Foram descritas cinco diretrizes para o uso eficaz do reforço intermitente para manter comportamentos desejados.

Exercícios de aplicação

Exercício envolvendo outros

Admita que os comportamentos a seguir foram estabelecidos:

1. Lavar a louça do colega de quarto ou do cônjuge.
2. O filho ajuda na limpeza da casa.
3. O estudante que resolve problemas matemáticos.

Agora, você deve manter esses comportamentos. Seguindo as diretrizes para o uso efetivo de reforço intermitente, descreva detalhadamente os melhores esquemas de reforço e como eles podem ser aplicados em cada um desses comportamentos.

Exercício de automodificação

Suponha que você tenha recebido a tarefa de ler um livro de 200 páginas nos próximos dias. Selecione um reforçador que lhe seja apropriado e identifique o melhor esquema para dispensá-lo. Descreva os motivos que levaram às suas seleções (efeitos característicos, facilidade de aplicação etc.) e destaque a maneira como você poderia implementar o programa e concluí-lo com êxito.

Confira as respostas das Questões para aprendizagem do Capítulo 10

11 Resposta na Hora e no Lugar Certos: Discriminação do Estímulo Operante e Generalização de Estímulo

Objetivos de aprendizagem

Após ler este capítulo, o leitor será capaz de:

- Definir *controle de estímulo, estímulo discriminativo* e *treinamento de discriminação de estímulo operante*
- Comparar e contrastar a discriminação de estímulo operante com a generalização de estímulo operante
- Discutir as características da classe de estímulos com elemento comum, conceitos, comportamento conceitual e classe de equivalência de estímulos
- Descrever quatro fatores que influenciam a efetividade do treinamento de discriminação de estímulo operante
- Explicar como o desconhecimento do treinamento de discriminação de estímulo operante pode levar os pais ou outros cuidadores a desenvolverem comportamento indesejável nos indivíduos que estão sob seus cuidados.

Darcy, atenda o telefone somente quando ele estiver tocando.

Ensinar Darcy quando atender o telefone

Darcy, a irmã de um dos autores, era uma criança na época em que existiam apenas os tradicionais telefones fixos. Quando tinha 3 anos, ela pegava o telefone quando estava silencioso e fingia falar com alguém. Sua mãe elaborou um plano para ensiná-la a pegar o telefone somente quando tocasse. Inicialmente, ele era colocado em um local onde Darcy não conseguia alcançá-lo. Depois, assim que tocava – uma ligação feita por sua avó para fins de treinamento –, sua mãe o colocava na frente de Darcy e dizia: "O telefone está tocando. Agora você deve atendê-lo." Darcy pegava o aparelho e falava com a avó. Após alguns minutos, a avó dizia: "Agora desligue o telefone. Falo com você mais tarde." Quando Darcy desligava, sua mãe dizia: "Agora lembre-se de que não atendemos o telefone quando ele não está tocando. Só atendemos quando está tocando." O telefone foi deixado onde Darcy pudesse alcançá-lo. Se Darcy atendesse o telefone quando não estivesse tocando, sua mãe imediatamente o pegava, desligava e repetia a declaração anterior. Durante os dias seguintes, a avó ligou várias vezes, e o processo anterior se repetiu. Ao final da semana, Darcy alcançou a meta de atender o telefone somente quando ele estava tocando.

APRENDER A RESPONDER NA HORA E NO LUGAR CERTOS

Conforme visto nos capítulos anteriores, o comportamento operante é fortemente afetado por suas consequências. O comportamento que é reforçado se intensifica; o que não é, diminui. Entretanto, qualquer comportamento é valioso somente se ocorrer nos momentos certos e nas situações apropriadas. Por exemplo, em um cruzamento, é desejável parar o carro quando o farol está vermelho, e não quando está verde. Executar um duplo carpado perfeito terá como consequência marcar pontos valiosos na rotina de ginástica, mas provavelmente não produzirá o mesmo o efeito em sua primeira entrevista de trabalho. Conforme adquirimos novos comportamentos operantes, também aprendemos a produzi-los no momento e no lugar certos. Como aprendemos a fazer isso?

Para compreender o processo, devemos primeiro reconhecer que há sempre outras pessoas, lugares ou coisas ao nosso redor quando o comportamento operante é reforçado ou extinguido. Quando Johnny brinca fora de casa com seus amigos, risadas e atenção provavelmente reforçam seu comportamento de xingamento. Quando ele está sentado à mesa de jantar, na casa dos avós, em um domingo, os xingamentos não tendem a serem reforçados e podem até ser punidos. Após várias experiências desse tipo, as pessoas e coisas que estão à nossa volta durante o reforço e a extinção contribuem para controlar o comportamento. A ação de Johnny xingar se torna altamente provável na presença de outras crianças, e bastante improvável com os avós.

Qualquer situação em que o comportamento operante ocorra pode ser analisada em termos de três conjuntos de eventos: os estímulos que já estavam presentes antes da ocorrência do comportamento, chamados *antecedentes*, como a presença dos amigos ou dos avós, momentos antes de Johnny falar palavrão; o comportamento em si, o xingamento de Johnny; e as consequências do comportamento, a aprovação dos amigos de Johnny ou a desaprovação de seus avós. Conforme exposto no Capítulo 1, *estímulos* influenciam os receptores dos sentidos do indivíduo e, portanto, podem afetar seu comportamento. Objetos visuais, como livros, roupas, móveis, luzes, pessoas, animais de estimação e árvores, são potenciais estímulos, assim como todos os tipos de sons, cheiros, sabores e contatos físicos com o corpo. Qualquer estímulo pode ser um antecedente ou uma consequência de um comportamento. Identificar os antecedentes e as consequências de um comportamento às vezes é referido como *avaliação ABC* (do inglês, *antecedents* [antecedentes], *behavior* [comportamento], *consequences* [consequências]).

Quando um comportamento é reforçado na presença de um estímulo particular, esse estímulo antecedente passa a exercer controle sobre a ocorrência de tal comportamento. No programa de Darcy, ela foi reforçada por pegar o telefone quando tocava, mas não foi reforçada por pegá-lo quando não tocava. Dizemos que o estímulo provocado pelo telefone tocando exerceu controle sobre o comportamento de atender o telefone. Quando um comportamento específico tende a ocorrer mais na presença de um estímulo particular do que de outros, dizemos que ele está sob o controle daquele estímulo.

Usamos o termo **controle de estímulo** para nos referirmos ao grau de correlação entre a ocorrência de um antecedente particular e de uma resposta subsequente. *Controle de estímulo bom* ou *efetivo* se referem a uma forte correlação existente entre um estímulo particular e uma resposta particular. Suponha que você tenha acabado de inserir dinheiro em uma máquina automática de doces e esteja procurando sua barra de chocolate favorita. Então, você vê o nome da barra ao lado de um botão e o aperta. O sinal produziu um bom controle de estímulo sobre o seu comportamento de pressionar o botão. De modo similar, ao final do programa descrito no estudo de caso deste capítulo, o toque do telefone exerceu um bom controle de estímulo sobre o comportamento de Darcy de atender o telefone.

Embora alguns estímulos sejam preditores de modo consistente que um comportamento em particular será reforçado, há outros que preveem da mesma maneira o contrário. Um sinal "em manutenção" em uma máquina automática de doces é um preditor de que o comportamento de inserir dinheiro na máquina não será reforçado. Um copo vazio é preditor de que levá-lo até os lábios não resultará em bebida. Com a experiência, aprendemos a conter a execução de certos comportamentos na presença de certos estímulos, porque aprendemos que tais comportamentos não serão reforçados. Assim, existem dois tipos de estímulo de controle, os quais são descritos a seguir.

CONTROLE DE ESTÍMULOS DO COMPORTAMENTO OPERANTE: S^Ds E S^Δs

Um **estímulo discriminativo** ou $\mathbf{S^D}$ (pronuncia-se "ésse-dê") é um estímulo em cuja presença uma resposta operante será reforçada. Resumidamente, um S^D é um preditor de que uma resposta particular será recompensada. Um **estímulo de extinção** ou S^Δ (pronuncia-se "ésse-delta") é um estímulo na presença do qual uma resposta operante não será reforçada. "Δ" ou "delta" é o "D" em grego antigo e, também de modo resumido, um S^Δ é um preditor de que uma resposta particular *não* será reforçada. Um S^Δ poderia ser chamado *estímulo discriminativo para a disponibilidade de reforço para a* *resposta*, e um S^{Δ} é um *um estímulo de extinção para a não disponibilidade de reforço para a resposta* (*i. e.*, extinção).

No exemplo de Johnny, o estímulo fornecido pelas outras crianças era um S^D para a resposta de xingar, porque as risadas e a atenção reforçavam essa resposta. Já o estímulo fornecido pelos avós de Johnny era um S^{Δ} para a resposta, porque esta não era reforçada em sua presença. É possível fazer um diagrama para essa situação da seguinte maneira:

1. Caso de reforço positivo

S^D	Resposta	Reforçador
(outras crianças)	(xingamento)	(aprovação das crianças)

2. Caso de extinção

S^{Δ}	Resposta	Reforçador
(avós)	(xingamento)	(nenhuma atenção positiva)

Um estímulo pode ser simultaneamente um S^D para uma resposta e um S^{Δ} para outra. Por exemplo, se você estivesse jantando com amigos e alguém lhe pedisse "Por favor, passe a pimenta", essa afirmativa seria um S^D para sua resposta de passar a pimenta, e também seria um S^{Δ} para você passar o sal.

DISCRIMINAÇÃO DE ESTÍMULO OPERANTE

O **treinamento de discriminação de estímulo operante** se refere ao *procedimento* de reforçar uma resposta na presença de um S^D e de extingui-la na presença de um S^{Δ}. Após um treinamento de discriminação de estímulo suficiente, os *efeitos* podem ser descritos como: (1) **bom controle de estímulo** – forte correlação entre a ocorrência de um estímulo particular e uma resposta particular; ou (2) **boa discriminação de estímulo** – uma forte correlação entre a ocorrência de uma resposta a um S^D, mas não a um S^{Δ}. No exemplo do xingamento de Johnny descrito anteriormente, ocorreu um bom controle de estímulos porque ele xingava na presença de outras crianças. A boa discriminação de estímulos ocorreu porque Johnny xingava quando estava com outras crianças, mas não quando estava com a vovó e o vovô.

Questões para aprendizagem

1. O que é um estímulo? Dê dois exemplos que não tenham sido citados neste capítulo.
2. O que é uma avaliação ABC?
3. Defina *controle de estímulo*.
4. O que é um bom controle de estímulo? Descreva um exemplo que não tenha sido mencionado neste capítulo.
5. Defina *S^D* e forneça um exemplo não citado neste capítulo. Identifique o S^D e a resposta neste exemplo.
6. Defina *S^{Δ}* e dê um exemplo que não foi mencionado neste capítulo. Identifique o S^{Δ} e a resposta neste exemplo.
7. Qual é a diferença entre estímulo e estímulo discriminativo?
8. Assim como o diagrama do exemplo do xingamento, faça um diagrama do S^D, S^{Δ}, resposta e consequências para o caso de Darcy.
9. Descreva um exemplo, não extraído deste capítulo, de um estímulo que seja um S^D para um comportamento e um S^{Δ} para outro comportamento.

GENERALIZAÇÃO DE ESTÍMULO OPERANTE

A **generalização de estímulo operante** se refere ao *procedimento* de reforçar uma resposta na presença de um estímulo ou situação, e ao *efeito* de a resposta se tornar mais provável não somente na presença desse estímulo ou situação, mas também em presença de outro estímulo ou situação. Isso significa que, em vez de discriminar entre dois estímulos e responder de maneira diferente a eles, um indivíduo responde do mesmo modo a dois estímulos distintos. Assim, a generalização de estímulo é o oposto da sua discriminação. Existem vários motivos para a ocorrência dessa generalização de estímulo.

Generalização de estímulo não aprendida decorrente de similaridade física

Pessoas e animais tendem a manifestar um comportamento em uma nova situação, se esta for semelhante àquela em que aprenderam o comportamento. Considere um caso comum a muitos pais: um bebê aprende a dizer "au-au" a uma criatura grande, peluda e quadrúpede, com orelhas flexíveis e um latido amistoso. Posteriormente, o bebê avista um tipo diferente de cachorro grande e diz "au-au". Imagine como seria a vida se você não pudesse executar uma habilidade recém-aprendida em uma situação nova que diferisse da situação em que você originalmente a aprendeu. Você teria que aprender a cozinhar em cada cozinha nova que entrasse; teria que reaprender a esquiar em cada nova ladeira; teria que reaprender a dançar a cada música nova que ouvisse. Felizmente, quanto mais fisicamente parecidos forem dois estímulos, maior será a generalização que ocorrerá entre eles.

Generalização de estímulo aprendida envolvendo similaridade física limitada

Digamos que uma criança aprenda a dizer *cachorro* quando vê um pastor-alemão. A criança também diria de forma espontânea *cachorro* quando visse um chihuahua? Provavelmente não. Embora um pastor-alemão e um chihuahua tenham semelhanças físicas limitadas, eles são diferentes em muitos aspectos. A generalização do estímulo provavelmente não ocorrerá até que a criança tenha sido submetida a exposição suficiente a diferentes tipos de cães para aprender o conceito de *cachorro*. Um nome técnico para o conceito é *classe de estímulo*.

Uma **classe de estímulo de elemento comum** é um conjunto de estímulos que compartilham, todos, ao menos uma característica comum. Os carros em geral têm quatro rodas, janelas e uma direção. Quando uma criança aprende a dizer *carro* ao ver um automóvel, ela provavelmente apresentará generalização de estímulo não aprendida e conseguirá identificar outros carros. Entretanto, para outros conceitos, os membros compartilham apenas características físicas comuns, sendo necessário algum conhecimento para haver generalização de estímulo. Para ensinar a uma criança o conceito de "vermelho", você poderia reforçar a resposta *vermelho* a inúmeros objetos distintos pintados dessa cor, e extinguir essa resposta aos objetos que não forem vermelhos. Eventualmente, a criança aprenderá a reconhecer um lápis e um automóvel vermelhos como sendo ambos dessa cor, mesmo que eles sejam muito distintos em outros aspectos. Em outro exemplo, para ensinar o conceito de umidade, você reforçaria a resposta *úmido* a diversos objetos úmidos diferentes, extinguiria essa resposta e reforçaria a resposta *seco* aos objetos que estão secos.

Quando um indivíduo emite uma resposta apropriada a todos os membros de uma classe de estímulos de elemento comum e não a emite a estímulos que não pertencem a essa classe, dizemos que o indivíduo está generalizando todos os membros de um conceito ou de uma classe de estímulos de elemento comum. Quando um indivíduo responde desse modo, como no conceito de *vermelho*, dizemos que ele está exibindo *comportamento conceitual*.

É importante observar que os animais, embora não apresentem linguagem no sentido tradicional, podem ter comportamento conceitual, conforme definido anteriormente. Os pombos conseguem aprender rapidamente uma surpreendente gama de conceitos. Apresentando *slides* para essas aves e reforçando o comportamento de bicar nos que exemplificam um conceito em particular, bem como suspendendo o reforço das bicadas naqueles que não são exemplares do conceito, pesquisadores ensinaram a pombos conceitos como "pessoa" e "árvore", além de certos conceitos numéricos, como 16 *versus* 20 (Herrnstein e deVilliers, 1980; Herrnstein *et al.*, 1976; Honig e Stewart, 1988; Lubow, 1974; Vaughan e Herrnstein, 1987). A prova de que os pombos aprenderam um conceito como *peixe* é que eles respondem corretamente a exemplos desse conceito que nunca haviam visto antes. Nenhum de seus ancestrais jamais respondeu ao peixe como um conceito porque não havia nenhuma razão evolutiva para que o fizessem. Além disso, descobriu-se que animais relativamente não sociais, como os ursos-negros, podem aprender com facilidade conceitos abstratos, como "animal" em comparação com "não animal", mostrando que a complexidade social não é um pré-requisito para a aprendizagem de conceitos abstratos (Vonk e Galvan, 2014).

Generalização de estímulo aprendida apesar da ausência de similaridade física

Suponha que tenham lhe mostrado alguns itens, como uma cenoura, uma calculadora, um lápis, um bife e um copo de leite. Então, foi pedido que você identificasse os itens alimentícios. É evidente que você conseguiria fazer isto. Nesse caso, você demonstraria comportamento conceitual sobre o conceito alimento, ainda que não exista nenhuma similaridade física entre uma cenoura, um bife e o leite.

Uma **classe de equivalência de estímulo** é um conjunto de estímulos completamente diferentes (*i. e.*, não têm nenhum elemento de estímulo comum) que um indivíduo aprendeu a agrupar, a agrupar por correspondência ou a responder igualmente. As *classes de equivalência de estímulo* por vezes são referidas simplesmente como *classes de equivalência*, embora o primeiro termo seja preferido devido ao potencial de confusão deste último com o significado matemático do termo *classe de equivalência*.

Pesquisadores do comportamento estudam a formação das classes de equivalência de estímulo durante o treino de pareamento ao modelo. Considere o experimento a seguir, para ensinar a classe de equivalência de estímulo de 3, ∴ e III a uma criança pequena. Na fase I, a criança recebe ensaios com o Painel de treinamento 1 (Figura 11.1). Empregando modelação e reforço apropriados, a criança é ensinada a parear 3 com ∴, até mesmo quando as posições de ∴, IV e 7 sejam aleatoriamente alternadas ao longo das tentativas. Então, a fase II é conduzida de modo semelhante, porém com o Painel de treinamento 2, e a criança é ensinada a parear ∴ com III. Agora, é aplicado um teste para ver se ela aprendeu a classe de equivalência de estímulo. O Painel de teste é mostrado para a criança e lhe pedem para parear III com 4, 6 ou 3. Nesse experimento, a criança provavelmente irá parear III com 3. O III e o 3 se tornaram membros de uma classe de equivalência de estímulo, ainda que esses dois estímulos jamais tenham sido previamente pareados. Os membros dessa classe de equivalência de estímulo são funcionalmente equivalentes no sentido de que todos controlam o mesmo comportamento. Ver exemplos do uso de procedimentos de equivalência de estímulo para trabalhar com estudantes universitários nas referências de Critchfield e Fienup, 2010; Wlaker e Rehfeldt, 2012; Walker *et al.*, 2010. Ver revisões sobre pesquisas em aprendizado de discriminação, controle de estímulo e formação de classe de estímulo nas referências de McIlvane, 2013, e Urcuioli, 2013.

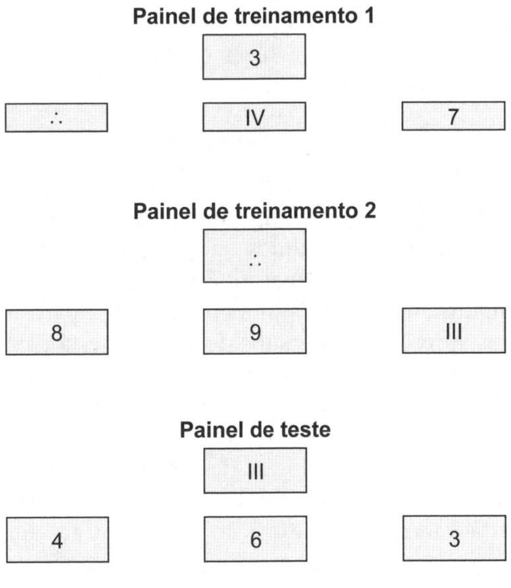

Painel de treinamento 1

3

∴ IV 7

Painel de treinamento 2

∴

8 9 III

Painel de teste

III

4 6 3

Figura 11.1 Exibições visuais em um experimento de equivalência de estímulo.

Conforme envelhecemos, adquirimos muitas classes de equivalência de estímulo em que todos os membros de uma classe controlam a mesma resposta, mas que são fisicamente diferentes – não há elemento em comum. Quando um novo comportamento se torna condicionado a um membro de uma classe de equivalência de estímulo, tendemos a generalizar esse comportamento aos outros membros dessa classe, porque aprendemos previamente a responder do mesmo modo a todos os membros. Na linguagem cotidiana, diríamos que os membros de uma classe de equivalência de estímulo significam a mesma coisa ou compartilham um significado comum, como quando aprendemos as diferentes representações para o número 3, as diferentes palavras para nomear utensílios para comer, e que a palavra *mamífero* indica animais como vacas, baleias e morcegos, enquanto a palavra *fruta* indica vegetais como maçãs, peras e morangos. Assim como as classes de estímulo de elemento comum, uma classe de equivalência de estímulo também é um *conceito*.

Em resumo, se uma resposta que foi reforçada a um dado estímulo ocorre diante de um

Questões para aprendizagem

10. Descreva o procedimento de treinamento de discriminação de estímulo operante. Dê um exemplo que não tenha sido citado neste capítulo.
11. Estabeleça dois efeitos do treinamento de discriminação de estímulo operante.
12. Defina *generalização de estímulo operante*. Dê um exemplo que não tenha sido mencionado neste capítulo.
13. Estabeleça, em uma única frase, a diferença entre um caso de discriminação de estímulo operante e um caso de generalização de estímulo operante.
14. O que queremos dizer com *classe de estímulo de elemento comum*? E com *comportamento conceitual*? Descreva um exemplo de cada que não tenha sido mencionado neste capítulo.
15. Descreva como você poderia ensinar o conceito de "honesto" a uma criança. O seu programa ensinaria uma criança a ser honesta? Por quê?
16. O que queremos dizer com *classe de equivalência de estímulo*? Descreva um exemplo que não tenha sido descrito neste capítulo.
17. Qual é a principal diferença entre a generalização de estímulo envolvendo classes de estímulo de elemento comum e a generalização de estímulo envolvendo classes de equivalência de estímulo?

estímulo diferente devido à generalização não aprendida, o aprendizado de uma classe de estímulo de elemento comum ou o aprendizado de uma classe de equivalência de estímulo, dizemos que houve a *generalização de estímulo*. Note, porém, que nem todos os casos de generalização de estímulo são desejáveis. Uma criança poderia aprender a dizer "au-au" ao ver um cachorro peludo e posteriormente dizê-lo ao ver um gato peludo. Nesse e em milhares de outros casos, é necessário ensinar discriminações conforme as descritas na próxima seção. As estratégias para aprimorar a generalização são discutidas com mais detalhes no Capítulo 18. Ver também Spradlin *et al.*, 2021.

FATORES QUE INFLUENCIAM A EFETIVIDADE DO TREINAMENTO DE DISCRIMINAÇÃO DE ESTÍMULO OPERANTE

Escolha de S^Ds distintos

Se for importante desenvolver o controle de estímulo de um comportamento específico, você deverá identificar S^Ds que sejam distintos. No caso de Darcy, o som do telefone tocando foi um estímulo distinto que fez com que ela o atendesse. Citando outro exemplo, para lembrar aos roedores de unha crônicos da solução para o seu problema, eles passaram a usar munhequeiras não removíveis, e isso se mostrou uma prática eficiente (Koritzky e Yechiam, 2011).

Ao considerar um estímulo a ser ajustado como S^D para o comportamento de outro indivíduo, você poderia fazer a si mesmo as seguintes perguntas:

1. O estímulo é diferente de outros estímulos ao longo de mais de uma dimensão? Ou seja, difere quanto a localização, tamanho, cor e modalidade sensorial – visão, audição, toque?
2. O estímulo pode ser apresentado apenas ou principalmente nas ocasiões em que a resposta desejada deve ocorrer, para evitar confusão com a ocorrência do estímulo em outras ocasiões?
3. Há uma grande possibilidade de a pessoa atender o estímulo?
4. Há quaisquer respostas indesejáveis que poderiam ser controladas pelo estímulo?

A observação atenta dessas perguntas aumentará as chances de que o seu treinamento de discriminação de estímulo seja efetivo.

Minimização de possibilidades de erro

Durante o treinamento de discriminação de estímulo, uma resposta a um S^Δ ou uma falha em responder a um S^D é referida como um *erro*. Darcy aprendeu a pegar o fone quando o telefone tocava, mas não quando não tocava. As respostas de pegar o fone se estiver silencioso ou de falhar em pegá-lo quando o telefone toca, conforme definido anteriormente, são erros. O controle de estímulo pode ser desenvolvido de forma mais efetiva quando o modificador do comportamento minimiza a possibilidade de erros. Inicialmente, a mãe de Darcy tirou o telefone do alcance se ele não estava tocando. Depois, adicionou comandos verbais, incluindo "Agora, lembre-se, nós não pegamos o telefone quando não está tocando. Nós só o atendemos quando toca". Então, assim que o telefone tocava, a mãe imediatamente colocava o telefone na frente de Darcy e dizia "O telefone está tocando. Agora você deve atendê-lo".

Nesse ponto, você poderia dizer: "Mas, frequentemente, desejamos ensinar as pessoas a responderem a preditores sutis. Por que, então, deveríamos maximizar sinais característicos?" No Capítulo 12, discutimos técnicas para introduzir gradualmente discriminações envolvendo preditores sutis. Por enquanto, é importante ter em mente que os esforços para escolher sinais característicos e minimizar erros levarão ao desenvolvimento de um controle de estímulo efetivo mais rápido e com menos frustração do que tentar desenvolver discriminações envolvendo preditores sutis.

Maximização do número de tentativas

Em geral, são necessárias tentativas reforçadas para desenvolver comportamentos consistentes. Isso vale para todos que estão adquirindo uma nova discriminação. Suponha que, após alguns meses de casamento, um dos parceiros apresente pistas sutis de que não está com vontade de fazer amor. O que esse parceiro deve perceber é que a outra pessoa pode não ter aprendido a responder às suas pistas sutis. Após várias ocorrências de respostas corretas aos S^Ds (as pistas sutis de que o parceiro não está interessado) e extinção para respostas aos S^Δs (não responder a essas pistas), esses S^Ds e S^Δs passarão a controlar a resposta em tentativas subsequentes.

Regras de uso: descrição de contingências

No Capítulo 6, abordou-se reforço contingente *versus* reforço não contingente. Em geral, uma *contingência* é um arranjo do tipo *se–então*. *Se* você pressionar o botão no bebedouro, *então* a água será liberada. Dizemos que a água é contingente com à resposta de apertar o botão. Esse seria um exemplo de uma contingência de dois termos (comportamento–consequência). Se descrevêssemos ambos, antecedentes e consequências de um comportamento, então estaríamos identificando uma contingência de três termos (Skinner, 1969).

O desenvolvimento de um controle de estímulo muitas vezes envolve tentativa e erro com contingências de três termos – várias tentativas de reforço positivo para um comportamento na presença de um S^D e várias tentativas desse comportamento na ausência de reforço na presença de um S^{Δ}. Há dois tipos de contingências de três termos (ou tríplices) – o **comportamento modelado por contingências** e o **comportamento governado por regras**. O comportamento de Johnny ficou sob o controle das outras crianças como S^D, e veio a não ocorrer na presença dos avós como S^{Δ}. O comportamento que se desenvolve em razão de suas consequências imediatas por meio de tentativa e erro é chamado **comportamento modelado por contingência**. A ação de Johnny ilustra um comportamento modelado por contingência.

O **comportamento governado por regras** é um comportamento controlado pela declaração de uma regra. Depois que a mãe de Darcy disse: "O telefone está tocando. Agora você deve atendê-lo", Darcy atendia o telefone toda vez que ele tocava. O comportamento dela de atender o telefone ilustra o *comportamento governado por regras*. Uma **regra**, em uma perspectiva comportamental, descreve uma situação em que um *comportamento* levará a uma *consequência*.

Quando você deseja desenvolver um bom controle de estímulo sobre um comportamento privado, deve fornecer sempre ao indivíduo uma regra ou um conjunto de regras que indiquem quais comportamentos em quais situações levarão a quais consequências. Devido às nossas histórias de condicionamento para seguir instruções, a adição de um conjunto de regras para um programa de discriminação de estímulo pode levar ao controle de estímulo instantâneo. Se um pai tivesse que dizer ao filho de 16 anos "Você pode usar o carro da família todo sábado à noite, mas somente se cortar a grama toda sexta-feira", então o filho provavelmente cumpriria a regra na primeira oportunidade que tivesse. O uso de regras é discutido com mais detalhes no Capítulo 19.

ARMADILHAS DE TREINAMENTO DE DISCRIMINAÇÃO DE ESTÍMULO OPERANTE

Aplicação errada acidental

Qualquer método efetivo pode ser acidentalmente aplicado de maneira errada, e o treinamento de discriminação de estímulo não é uma exceção. Uma armadilha comum é não reforçar as respostas aos S^Ds e, acidentalmente, reforçar as respostas aos S^{Δ}s. Episódios comportamentais dos tipos descritos a seguir são comuns em muitos lares onde vivem crianças pequenas. Terri, uma menina de 3 anos, está brincando com o controle remoto da TV, mudando os canais e aumentando e diminuindo o volume de modo irritante. Sua mãe diz calmamente: "Terri, por favor, pare de mexer no controle remoto", mas a menina não a atende. Alguns minutos depois, a mãe volta a falar, dessa vez em um tom um pouco mais alto e menos polido: "Terri, largue o controle remoto." A criança, no entanto, não para, uma vez que isso atua como um reforçador para ela. Após 1 ou 2 minutos, a mãe fala em voz alta e em um tom ameaçador: "Terri, pela última vez, largue o controle remoto, se não...". Ela finalmente larga o aparelho e a mãe lhe diz: "Agora, está melhor, Terri. A mamãe gosta que você faça o que ela lhe diz para fazer; por que você não fez isso na primeira vez que eu pedi?" Provavelmente, é evidente para você que a mãe apenas reforçou o comportamento da menina de responder a sua ameaça de terceiro nível. A discriminação que Terri está aprendendo é esperar até a mãe ficar realmente brava e ameaçá-la, para então atender ao que ela pede. Se você sente que deve dizer algo muitas vezes a alguém para que essa pessoa lhe responda, ou que ninguém a escuta, ou ainda que os outros não estão agindo certo na hora e no lugar certos, você deveria avaliar atentamente as suas interações com esses indivíduos quanto à ocorrência de casos de aplicação errada de treinamento de discriminação de estímulo.

DIRETRIZES PARA TREINAMENTO DE DISCRIMINAÇÃO DE ESTÍMULO OPERANTE EFETIVO

1. *Escolha S^Ds diferentes e pelo menos um S^Δ.* Em outras palavras, especifique as condições em que o comportamento deve ou não ocorrer.
2. *Selecione um reforçador apropriado.* Ver Capítulo 6.
3. *Desenvolva a discriminação.*
   a) Obtenha várias respostas reforçadas na presença de S^D.
   - Especifique claramente em uma regra a sequência S^D–resposta desejável–reforçador. Identifique os S^Ds de que o comportamento será reforçado *versus* os preditores de que o comportamento não será reforçado. Use as instruções, quando for apropriado, para ensinar à pessoa a agir de determinada maneira, sob um conjunto de circunstâncias e não sob outro
   - Inicialmente, mantenha as regras constantes – não as mude arbitrariamente
   - Mantenha as regras em um local visível. Releia-as regularmente
   - Reconheça que não haverá desenvolvimento de controle de estímulo sobre o comportamento se o indivíduo não atender aos S^Ds; portanto, use induções (discutidas com mais detalhes no Capítulo 12) para enfatizá-los
   - Ensine o indivíduo a agir em um momento específico, apresentando comandos (*prompts*) para o desempenho correto pouco antes da ocorrência da ação.

   b) Quando o S^D for apresentado, torne sua mudança evidente e siga as regras para extinção do comportamento de interesse. Entre os estímulos capazes de adquirir controle sobre o comportamento estão a localização do lugar de treinamento; as características físicas e a localização de móveis, equipamento e pessoas presentes na sala de treinamento; o horário do treinamento e a sequência de eventos que o precedem e o acompanham. Qualquer alteração em um desses estímulos pode desorganizar o controle de estímulo.
4. Desmamar o indivíduo do programa (discutido mais detalhadamente no Capítulo 18).
   a) Se o comportamento ocorrer no lugar e na hora certa, a uma velocidade desejável durante mais ou menos 12 oportunidades, e se não ocorrer em presença de situações S^Δ, poderia ser possível eliminar gradualmente reforçadores programados e manter o comportamento com reforçadores naturais. Recorde-se, do Capítulo 6, que o afinamento do esquema é uma parte importante do desmame do indivíduo do programa.
   b) Procure outros reforçadores naturais no ambiente, os quais poderiam manter o comportamento, uma vez que este esteja acontecendo na presença de S^D e não na presença de S^Δ.
   c) Após o término do programa, planeje avaliações periódicas do comportamento, a fim de garantir que seja ocasionalmente reforçado e que a frequência desejada esteja sendo mantida na presença dos S^Ds.

Questões para aprendizagem

18. Descreva um estímulo que você gostaria de estabelecer como S^D para um comportamento seu ou de um amigo, e descreva esse comportamento. Em seguida, para esse estímulo, responda às quatro perguntas que você fez a si mesmo na seção "Escolha de S^Ds distintos".
19. O que queremos dizer com *erro* no treinamento de discriminação de estímulo operante?
20. Em geral, o que é contingência? Descreva um exemplo que não tenha sido citado neste capítulo.
21. O que é uma contingência de três termos de reforço? Descreva um exemplo não mencionado neste capítulo.
22. A partir de uma perspectiva comportamental, o que é regra?
23. Com exemplos não citados neste capítulo, faça a distinção entre comportamento governado por regra e comportamento modelado por contingência.
24. Após o treinamento de Darcy, seu comportamento de atender o telefone era governado por regras ou modelado por contingências? Explique.
25. Descreva um exemplo de como o desconhecimento do treinamento de discriminação de estímulo operante pode levar os pais ou outros cuidadores a desenvolverem um comportamento indesejável em uma criança ou adulto submetido aos cuidados deles.

RESUMO DO CAPÍTULO 11

Qualquer situação em que ocorra comportamento operante pode ser analisada em termos de três conjuntos de eventos: (a) os estímulos antecedentes que estão presentes imediatamente antes da ocorrência do comportamento; (b) o próprio comportamento; (c) as consequências imediatas do comportamento. Um estímulo na presença do qual uma resposta será reforçada é um estímulo discriminativo ou S^D. Um estímulo na presença do qual uma resposta não será reforçada é um estímulo de extinção ou S^Δ.

A generalização do estímulo operante refere-se ao procedimento de reforçar uma resposta na presença de um estímulo e o efeito da resposta se tornando mais provável, não apenas na presença desse estímulo, mas também na presença de outro estímulo. Quando há uma semelhança física limitada entre dois ou mais membros de uma classe de estímulo de elemento comum, uma criança pode não apresentar generalização de estímulo não aprendida entre os dois estímulos. A generalização de estímulo aprendida ocorre quando a criança aprendeu a reconhecer a semelhança física limitada entre uma classe de estímulo de elemento comum. Nos casos em que apresentamos generalização de estímulo aprendida entre itens que são completamente diferentes, esses itens são membros de uma classe de equivalência de estímulo.

Identificamos os quatro fatores a seguir que determinam a eficácia da discriminação de estímulos: (1) escolha de S^Ds e S^Δs distintos; (2) minimização das oportunidades de erro; (3) maximização do número de tentativas; e (4) fornecimento de uma regra ou regras que descrevam as contingências. Uma armadilha comum da discriminação de estímulos é deixar de responder aos S^Ds e reforçar acidentalmente as respostas aos S^Δs.

Exercícios de aplicação

Exercícios envolvendo outros

1. Identifique cinco situações em que você apresentou um S^D que controlou o comportamento de outra pessoa. Identifique de forma clara as situações gerais, os S^D controladores, os comportamentos controlados e os reforçadores.
2. Descreva cinco situações em que você apresentou um S^Δ a outra pessoa. Identifique de forma clara as situações gerais, os S^Δ, os comportamentos para os quais seus estímulos eram S^Δ e as consequências. Indique se os S^Δ controlaram apropriadamente os comportamentos.

Exercícios de automodificação

1. Descreva uma situação recente em que você tenha feito generalização de um modo desejável. Identifique com clareza o comportamento, a situação em que o comportamento inicialmente foi reforçado (a situação do treinamento) e a situação para a qual o comportamento foi generalizado (situação-alvo).
2. Descreva uma situação recente em que você tenha generalizado de uma forma indesejável. Mais uma vez, identifique o comportamento, a situação de treinamento e a situação-alvo.
3. Escolha um comportamento seu que seja exagerado e que você talvez gostaria de minimizar. Monitore atentamente as situações em que o comportamento ocorre e não ocorre, ao longo de um período de 2 a 3 dias. Identifique claramente alguns S^D controladores e alguns S^D para o comportamento.

Confira as respostas das Questões para aprendizagem do Capítulo 11

12 Modificação do Controle de Estímulo de um Comportamento por Meio do Desvanecimento

Objetivos de aprendizagem

Após ler este capítulo, o leitor será capaz de:

- Definir *desvanecimento*
- Identificar as dimensões dos estímulos ao longo dos quais pode ocorrer desvanecimento
- Descrever os fatores que influenciam a efetividade do desvanecimento
- Distinguir entre desvanecimento e modelagem
- Explicar como o desvanecimento atua em detrimento daqueles que o desconhecem.

Peter, qual é o seu nome?

Ensino do próprio nome a Peter[1]

Peter, diagnosticado com transtorno do espectro autista (TEA), tinha um extensivo repertório de mimetismo vocal. Ele repetia muitas palavras ditas pelas outras pessoas, mas apresentava poucos comportamentos verbais de outros tipos. Era capaz de imitar muitas palavras, mesmo quando inapropriado. Ao lhe perguntarem "Qual é o seu nome?", ele respondia "Nome". Por vezes, Peter repetia a pergunta inteira: "Qual é o seu nome?" Esse era um problema de controle de estímulo em que as perguntas (estímulos) evocavam respostas de mimetização em vez das respostas apropriadas.

Verônica, uma estudante universitária, ensinou Peter a responder apropriadamente à pergunta "Qual é o seu nome?", conforme descrito a seguir. Primeiro, Verônica identificou um reforçador efetivo. Como Peter tinha sido ensinado a trabalhar em troca de fichas de plástico que podiam ser trocadas por guloseimas, como balas e pipoca, Verônica decidiu usar as fichas como reforçadores.

Peter sentou junto a uma pequena mesa, em um local silencioso, e Verônica sentou-se na frente dele. Sussurando suavemente, Verônica perguntou: "Qual é o seu nome?". E, então, bem alto e rapidamente, antes que Peter pudesse responder, ela gritou "PETER!". Ele imitou a palavra "Peter" e Verônica reforçou isso com um "Bom menino!" e uma ficha. Você pode estar se perguntando como isso poderia representar algum progresso, porque o menino continuava apenas imitando. Entretanto, ao longo de várias tentativas, Verônica começou a perguntar "Qual é o seu nome?" em voz mais alta e, em seguida, a fornecer a resposta "Peter" em voz mais baixa. A cada tentativa, ela continuava reforçando a resposta correta – "Peter". Eventualmente, Verônica perguntou em voz alta "Qual é o seu nome?" e simplesmente mexeu os lábios, sem pronunciar, "Peter". Mesmo assim, o menino respondeu com a resposta correta, "Peter". Após várias tentativas, Verônica parou de mexer a boca com a resposta correta, mas Peter continuava respondendo corretamente à pergunta "Qual é o seu nome?".

1 Esse caso foi adaptado de Martin *et al.* (1968).

DESVANECIMENTO

Desvanecimento é a mudança gradual, ao longo de sucessivas tentativas, de um estímulo antecedente que controla uma resposta, de modo que essa resposta eventualmente ocorra para um estímulo parcialmente alterado ou para um estímulo antecedente completamente novo. Peter primeiramente diria seu nome apenas quando dissessem seu nome para ele. Por meio de um processo de desvanecimento, o controle de estímulo sobre a resposta "Peter" foi gradualmente transferido do estímulo antecedente "Peter" para o estímulo antecedente "Qual é o seu nome?". Alguém poderia então perguntar se Peter sabia que estava dizendo o próprio nome. Uma forma de expressar essa pergunta a partir de uma perspectiva mais comportamental seria: Peter teria respondido consistentemente de forma correta a outras perguntas envolvendo seu nome? Ele teria respondido consistentemente "Peter" se lhe mostrassem seu próprio reflexo em um espelho e perguntasse "Quem é esse aí?". Provavelmente, não. Entretanto, ensiná-lo a responder apropriadamente à pergunta "Qual é o seu nome?" foi um ponto de partida importante para ensiná-lo a responder a outras perguntas envolvendo seu nome e seu conhecimento de estar dizendo o próprio nome.

O desvanecimento está envolvido em muitas situações do dia a dia em que uma pessoa ensina um comportamento a outra pessoa. Os pais tendem a diminuir a ajuda e o suporte quando um filho está aprendendo a caminhar ou a andar de bicicleta. Um instrutor de dança poderia usar cada vez menos força para conduzir uma aluna ao longo dos passos de uma nova dança. E um instrutor de condução, conforme um adolescente progride na autoescola, fornecerá cada vez menos dicas relacionadas às regras de trânsito.

Em qualquer situação em que um estímulo exerça forte controle sobre uma resposta, o desvanecimento pode ser um procedimento útil para transferir o controle dessa resposta a outro estímulo qualquer. O *treinamento de discriminação sem erro* consiste em usar um procedimento de desvanecimento para estabelecer uma discriminação de estímulo de modo que não ocorram erros. A descoberta e o desenvolvimento de técnicas de desvanecimento levou a algumas alterações na perspectiva dos educadores a respeito do processo de aprendizado. Houve um tempo em que se acreditava que as pessoas tinham que cometer erros enquanto aprendiam, para assim saberem o que *não* fazer. Entretanto, pode haver transferência de discriminação na ausência de erros, a qual também propicia ao menos três vantagens, em comparação aos procedimentos envolvendo tentativa e erro. Primeiramente, erros consomem um tempo valioso. Em segundo lugar, quando um erro ocorre uma vez, tende a ocorrer muitas vezes, ainda que esteja sendo extinguido. Lembre-se do exposto no Capítulo 8 que, durante a extinção, as coisas podem piorar antes de melhorarem. Em terceiro lugar, o não reforço que ocorre quando os erros estão sendo extinguidos muitas vezes produz efeitos colaterais emocionais, como birras, comportamento agressivo e tentativas de escapar da situação.

Os procedimentos de desvanecimento podem ser usados em muitas situações de aprendizado, tanto com crianças muito pequenas como com indivíduos portadores de incapacitação do desenvolvimento (ver Akers *et al.*, 2016; Groff *et al.*, 2011; Gruber e Poulson, 2016). Ao ensinar uma criança pequena a nomear uma blusa, você poderia seguir estas etapas:

1. *Apontar para sua blusa e dizer "blusa"*. Continue fazendo isso até a criança consistentemente imitar "blusa" algumas vezes, e então reforçar imediatamente cada resposta correta.
2. *Quando a criança imitar consistentemente "blusa", inserir a pergunta e, ao mesmo tempo, desvanecer gradualmente a palavra "blusa"*. Ou seja, você poderá dizer "O que é isto? Blusa", enquanto aponta para a blusa. Em resposta, a criança geralmente imita "blusa". Após várias tentativas, diminui gradualmente a intensidade da palavra "blusa" até zero, de modo que a criança eventualmente responda com ela ao estímulo de vê-lo apontar para uma blusa e perguntar "O que é isto?". Novamente, cada resposta apropriada deve ser reforçada.

Procedimentos de desvanecimento de roteiro têm sido usados para ensinar crianças com transtorno do espectro autista (TEA) a iniciarem interações com outras pessoas. Reagon e Higbee (2009) ensinaram os pais de crianças com TEA a usarem desvanecimento de roteiro na promoção de iniciações verbais de brincadeira pelos filhos. Com uma criança que gostava de brincar com carrinhos, a mãe primeiro a ensinou a imitar "Mãe, vamos brincar de carrinho"; e então elas iam brincar. Depois que a criança imitasse a frase inteira, o roteiro "sumia", passando de "Mãe, vamos brincar de carrinho" para "Mãe, vamos brincar", e então para "Mãe", até que nada mais fosse dito. Seguindo o desvanecimento de roteiro, a criança continuou a dizer a frase completa, chegando a fazer a iniciação verbal com outros itens.

O desvanecimento também pode ser usado para ensinar traçados, copiar e desenhar numerais, letras do alfabeto e formas — círculos, linhas, quadrados e triângulos. Para ensinar uma criança a traçar um círculo, a professora poderia começar usando muitas folhas de papel contendo, cada uma, um círculo pontilhado. A professora coloca um lápis na mão da criança, diz "Trace o círculo" e então guia a mão da criança de modo que o lápis trace o círculo conectando os pontos. Imediatamente em seguida, a criança recebe um reforçador. Após várias tentativas, a professora para de fazer pressão sobre a mão da criança e controla o traçado feito pela criança:

1. Segurando levemente a mão da criança durante várias repetições.
2. Tocando com as pontas dos dedos a parte posterior da mão da criança, durante várias tentativas.
3. Apontando para o item a ser traçado.
4. Enfim, apenas fornecendo a instrução "Trace o círculo". (As etapas 1, 2 e 3 são sempre acompanhadas dessa instrução.)

Uma vez que a professora tenha ensinado a criança a traçar, poderá então ensiná-la a desenhar ou copiar, parando de usar o pontilhado que guia o traçado. Ela poderia usar uma folha em que houvesse vários círculos pontilhados. Esses círculos progrediriam de um círculo fortemente pontilhado no lado esquerdo da folha a um círculo fracamente pontilhado no lado direito da folha. A professora aponta para os círculos mais fortemente pontilhados e instrui a criança: "Trace o círculo aqui". A resposta desejada é reforçada e o procedimento é repetido com os círculos mais fracamente pontilhados. Nas etapas subsequentes, os pontos podem sumir completamente, para que a criança desenhe um círculo mesmo assim. Então, é uma simples questão de fazer a instrução "Desenhe um círculo" sumir à medida que a resposta recém-adquirida surge. A instrução "Copie um círculo", dada enquanto a professora aponta para um círculo, também pode desaparecer ao passo que a criança começa a responder. Aprender a copiar muitos formatos diferentes dessa maneira eventualmente tornará a criança capaz de copiar formatos que ela ainda não conhece.

DIMENSÕES DOS ESTÍMULOS PARA DESVANECIMENTO

Em geral, **dimensão de um estímulo** é qualquer característica de um estímulo que pode ser medida em algum *continuum*. Conforme ilustrado pelos exemplos anteriores, o desvanecimento ocorre ao longo das dimensões dos estímulos, como a altura da voz na pergunta feita por Verônica a Peter, a pressão exercida pela mão da professora conduzindo a mão da criança, e a nitidez dos pontos que a criança traçará. Até agora, falamos sobre o desvanecimento ao longo de dimensões de estímulo bastante específicas, mas ele também pode ocorrer ao longo de mudanças em um contexto ou situação geral. Em um programa de um dos autores envolvendo crianças com TEA, a expectativa era que um grupo de crianças respondesse apropriadamente em um contexto de sala de aula (Martin *et al.*, 1968). Entretanto, as crianças eram muito desordeiras, sobretudo em grupo, e não poderiam ser colocadas diretamente naquele contexto. Por isso, o comportamento desejado para cada criança foi obtido em uma situação individual que, então, foi desvanecida no contexto de sala de aula.

As sessões de treinamento iniciais foram conduzidas em um local pequeno, no qual havia várias cadeiras e carteiras. A cada dia, dois ou três estudantes universitários trabalhavam individualmente com duas ou três crianças, em uma base 1:1. Os procedimentos envolveram eliminação de birras por extinção e reforço do comportamento de permanecer sentado prestando atenção, demonstrar comunicação verbal apropriada, desenhar e copiar, além de mostrar outros comportamentos desejáveis. As carteiras foram colocadas, uma a uma, contra a parede, de modo a dificultar tentativas de sair da situação.

Em 1 semana, as crianças aprenderam a permanecer sentadas tranquilamente, prestar atenção nos estudantes universitários e imitar palavras. O controle do estímulo foi estabelecido entre a situação de treinamento geral e a atenção das crianças. Entretanto, a meta era ensiná-las a agirem apropriadamente em uma situação regular de sala de aula, com um professor. Se tal situação tivesse sido alterada após a 1ª semana, sem dúvida muita desatenção e comportamento desordeiro teriam ocorrido. Ao longo de um período de 4 semanas, o treinamento passou gradativamente de um local pequeno, com três crianças e três estudantes universitários, para uma sala de aula, com sete estudantes e um professor.

Uma dimensão foi a estrutura física da sala. As crianças foram deslocadas do ambiente pequeno para a sala de aula regular. Isso foi feito, primeiramente, colocando as três carteiras contra a parede, exatamente como havia sido feito na sala pequena. As três carteiras ocupadas pelos estudantes universitários também foram movidas, e o restante da sala de aula ficou vazio. Ao longo de vários dias, as carteiras foram gradualmente afastadas da parede e movidas para o centro da sala, até que, por fim, as três carteiras foram colocadas lado a lado. Carteiras e móveis foram adicionados, um a um, até que as crianças estivessem, enfim, sentadas, em uma sala de aula convencionalmente mobiliada.

A segunda dimensão foi o número de crianças por professor. O desvanecimento ao longo dessa dimensão foi conduzido ao mesmo tempo que era conduzido o desvanecimento ao longo da primeira dimensão. A princípio, um estudante universitário trabalhou com uma criança por várias sessões. Ele passava então a trabalhar com duas crianças, alternando perguntas entre elas, durante várias sessões. Desse modo, a razão criança-professor foi gradativamente aumentada, até que apenas um professor estivesse trabalhando com sete crianças na configuração de sala de aula.

FATORES QUE INFLUENCIAM A EFETIVIDADE DO DESVANECIMENTO

Estímulo-alvo final

O *estímulo-alvo final* deve ser escolhido com cuidado. É importante selecioná-lo para que a ocorrência da resposta a esse estímulo tenda a ser mantida no ambiente natural. Alguns programas de desvanecimento cometem o erro de parar com um estímulo que não inclui algum aspecto da situação que o indivíduo encontrará com frequência no ambiente natural. No caso de Peter, teria sido fácil para Verônica pular o treinamento da segunda para a última etapa, em que ela perguntou em voz alta "Qual é o seu nome?" e, em seguida, mexeu com os lábios a palavra "Peter". No entanto, quando outras pessoas abordassem Peter em seu ambiente natural e perguntassem "Qual é o seu nome?", é improvável que elas fizessem como Verônica. Por isso, ela foi até a última etapa do programa, em que Peter respondeu corretamente à pergunta "Qual é o seu nome?" totalmente por si só.

Questões para aprendizagem

1. Defina *desvanecimento* e dê um exemplo.
2. Defina *treinamento de discriminação sem erro*.
3. Por que estabelecer uma discriminação de estímulo sem erros é vantajoso?
4. O que significa dimensão de um estímulo? Descreva um exemplo.
5. Identifique três dimensões de estímulo ao longo das quais tenha ocorrido desvanecimento nos exemplos citados nas duas primeiras seções deste capítulo.
6. Descreva um exemplo deste capítulo em que a situação de treinamento permaneceu constante, porém, uma dimensão de estímulo específica tenha desvanecido.
7. Descreva um exemplo, retirado deste capítulo, em que a situação de treinamento geral tenha desvanecido.
8. Descreva como alguém poderia usar o desvanecimento para ensinar um animal de estimação a realizar um truque.
9. Imagine que você tenha um filho de 18 meses que imita a palavra *fatia*. Descreva em detalhes como você poderia usar o desvanecimento para ensinar seu filho a identificar corretamente uma fatia de batata quando você apontar para uma fatia e perguntar "O que é isso?".

Estímulo de partida: comando

No início de um programa de desvanecimento, é importante selecionar um *estímulo de partida* que evoque de modo confiável o comportamento desejado. Na tarefa de ensinar a Peter o seu próprio nome, Verônica sabia que ele imitava a última palavra de uma pergunta quando ela era pronunciada em voz alta. Por isso, o estímulo de partida com Peter foi a pergunta "Qual é o seu nome?", dita de maneira bastante suave e seguida rapidamente da palavra "Peter!" gritada, que o incentivava a fornecer a resposta correta. Um comando (*prompt*) é um estímulo antecedente suplementar fornecido para aumentar a probabilidade de que um comportamento desejado venha a ocorrer, mas não se trata do estímulo-alvo para controlar o comportamento.

Comportamentos do instrutor como comandos

É útil distinguir os vários tipos de comportamento do instrutor que podem ser usados como comandos. Os *comandos físicos* (também chamados *orientação física*) consistem na orientação do aprendizado por meio do toque. Os pais frequentemente usam orientação física para ajudar os filhos a aprenderem comportamentos novos. Um exemplo é segurarem as mãos dos filhos enquanto os ensinam a andar. Para dançarinos iniciantes, aprendizes de artes marciais e jogadores de golfe amadores, a orientação manual muitas vezes é útil. Para uma revisão dos tratamentos comportamentais de distúrbios alimentares pediátricos usando procedimentos de orientação física, ver Rubio *et al.* (2021).

Os *comandos gestuais* são movimentos que um professor faz, como dar uma dica ou fazer sinais direcionados ao aprendiz sem tocá-lo(a). Um professor pode estender a mão com a palma voltada para baixo, como forma de comando para as crianças falarem baixo. Os *comandos-modelo* ocorrem quando o comportamento correto é demonstrado. Um técnico de natação poderia representar o modelo dos movimentos de braço do nado livre para nadadores jovens. Um instrutor de golfe poderia representar o modelo de como segurar um taco de golfe para um grupo de jogadores de golfe iniciantes. O modelo é discutido com mais detalhes no Capítulo 20. Os *comandos verbais* são deixas ou dicas faladas. Um instrutor de trânsito poderia usar incentivos verbais para dizer a um aluno para "olhar por cima do ombro esquerdo antes de sair com o carro". Os pais frequentemente usam incentivos verbais ao ensinarem os filhos a se vestirem sozinhos (p. ex., "Agora, puxe o suéter sobre a cabeça").

O uso da orientação física levanta uma possível questão ética. Suponha que, em um programa para pessoas com deficiências de desenvolvimento, um professor decida usar a orientação física. Suponha, ainda, que um indivíduo nesse programa resista a ser orientado. A orientação física nesse caso seria vista, portanto, como intrusiva ou restritiva. Entretanto, conforme indicado na discussão sobre diretrizes éticas no Capítulo 29, devem-se escolher as intervenções menos intrusivas e restritivas possíveis. O professor que estiver aplicando a orientação física nesse caso deve se certificar de que o procedimento atenda às diretrizes éticas e aos padrões de acreditação apropriados. Essa questão é discutida mais detalhadamente no Capítulo 29.

Alterações ambientais como deixas

As *deixas ambientais* consistem em alterações do ambiente físico que ocorrem de modo a evocar o comportamento desejado. Alguém que tente se alimentar de maneira saudável poderia deixar uma tigela de frutas frescas mais acessível e manter a comida menos saudável guardada no armário, longe de sua vista. Em outro exemplo, um estudante poderia garantir que em seu ambiente de estudos somente houvesse objetos e materiais necessários a isso. Consulte Jimenez-Gomez *et al.* (2021) para ler um estudo que utilizou o Octopus Watch® a fim de estimular crianças com desenvolvimento típico a completarem uma rotina matinal de maneira independente e crianças com TEA a participarem de atividades lúdicas.

Do ponto de vista técnico, todas as categorias de comando são partes do ambiente para um aprendiz. Entretanto, para distinguir entre comandos de comportamento do instrutor e outros aspectos do ambiente físico, definimos cada categoria deles conforme descrito anteriormente.

Sinalização extraestímulo versus *sinalização intraestímulo*

Os comandos de comportamento do instrutor e as deixas ambientais podem ser subdivididos em sinalizações extraestímulo e intraestímulo. Uma *sinalização extraestímulo* é algo adicionado ao ambiente para tornar mais provável uma resposta correta. Suponha que os pais de uma criança queriam ensiná-la a dispor uma faca, um garfo e uma colher apropriadamente ao sentar-se à mesa para o jantar. Uma opção seria os pais apontarem o local correto de cada utensílio ao nomeá-lo e colocá-lo na mesa. Apontar seria um comando de comportamento de instrutor extraestímulo, o qual seria desvanecido no decorrer das tentativas. Alternativamente, os pais poderiam desenhar uma faca, um garfo e uma colher em suas devidas posições em um descanso sobre a mesa, e pedir à criança para dispor os utensílios apropriadamente. Os desenhos seriam uma deixa ambiental extraestímulo e poderiam ser gradualmente apagados no decorrer das tentativas. Uma *sinalização intraestímulo* é uma variação de S^D ou S^Δ para tornar suas características mais notáveis e, dessa forma, mais fáceis de discriminar. No exemplo da disposição de talheres à mesa, o treinamento poderia ser iniciado com um garfo e uma faca normais, em suas posições usuais, usando uma colher de madeira grande como item de treinamento. Isso seria um incentivo ambiental intraestímulo. O foco inicial seria ensinar a criança a colocar a colher na posição correta. Ao longo das tentativas, o tamanho da colher poderia diminuir até o normal. Esse processo, então, poderia ser repetido com a faca e o garfo até a criança dispor os itens corretamente na mesa. Um incentivo intraestímulo também poderia envolver o comportamento do professor. Um professor que tentasse ensinar uma criança a responder apropriadamente a duas palavras pronunciadas de modo semelhante, como lápis e lapiseira (ambas com o som "lápis"), poderia inicialmente exagerar as diferenças existentes entre o som das palavras ao pedir um lápis ("LÁPIS!") ou uma lapiseira ("lapisEIRA!") e, então, diminuir gradualmente os sons até sua altura e intensidade normais. Os diferentes tipos de comando são listados na Tabela 12.1. Vários estudos indicaram que o desvanecimento de sinalização intraestímulo é mais efetivo do que o desvanecimento de sinalização extraestímulo em crianças com incapacidade de desenvolvimento (Schreibman, 1975; Witt e Wacker, 1981; Wolfe e Cuvo, 1978).

Um analista comportamental pode fornecer qualquer um ou todos os tipos de comando para garantir a resposta correta. Suponha que um professor queira desenvolver um controle de estímulo apropriado por meio da instrução "Toque a sua cabeça" sobre a resposta de um aprendiz de tocar a própria cabeça. O analista comportamental poderia iniciar o treinamento dizendo "Toque a sua cabeça. Levante a mão e coloque-a na sua cabeça, assim", e então tocaria

Tabela 12.1 Tipos de comando.

Comandos de comportamento do instrutor
Orientação física: auxiliar fisicamente o aprendiz *Gestos*: apontar ou mover *Modelo*: demonstrar o comportamento correto *Verbal*: usar palavras como dicas ou preditores, fornecer instruções
Deixas ambientais
Ambiental: rearranjo das adjacências físicas
Sinalizações extraestímulo *versus* intraestímulo
Extraestímulo: adição de outro estímulo para tornar mais provável uma resposta correta *Intraestímulo*: tornar S^D ou S^Δ mais notável e fácil de discriminar

a própria cabeça. Nesse exemplo, "Levante a mão e coloque-a na sua cabeça, assim" é um comando verbal, e a ação do professor de colocar a mão em sua própria cabeça funciona como um comando-modelo. Selecionar vários tipos de comando que, juntos, produzam de modo confiável a resposta desejada minimizará os erros e maximizará o êxito do programa de desvanecimento.

Etapas do desvanecimento

Quando a resposta desejada está ocorrendo de modo confiável para os comandos dados no início do programa de treinamento, então é possível removê-los gradualmente, no decorrer das tentativas. Os quatro métodos de remoção gradual dos comandos são: (a) diminuição da assistência; (b) aumento da assistência; (c) orientação graduada; e (d) adiamento. Os exemplos neste capítulo ilustram a diminuição da assistência, na qual um estímulo inicial que evoca a resposta é gradualmente removido ou alterado até que a resposta seja evocada pelo estímulo-alvo final. A assistência crescente adota a abordagem oposta. O professor começa com o estímulo-alvo final e introduz comandos somente se o aluno não responder adequadamente a ele. O nível dos comandos aumenta de modo gradual durante uma tentativa em que o aluno não conseguiu responder no nível anterior, até que, por fim, responda ao comando. A orientação graduada é semelhante ao método de diminuição da assistência, exceto pelo fato de que a orientação física do professor é ajustada gradativamente momento a momento em uma tentativa, conforme necessário, e depois é desvanecida ao longo das tentativas. O professor pode segurar a mão do aluno com firmeza no início da tentativa e reduzir gradualmente a força na mão do aluno à medida que a tentativa avança. Com o adiamento, o estímulo-alvo final e o estímulo inicial são apresentados juntos no início; depois, em vez de mudar o estímulo inicial, o intervalo de tempo entre o estímulo-alvo final e o estímulo inicial é gradualmente aumentado até que o indivíduo esteja respondendo apenas ao estímulo-alvo final. Muitos estudos indicaram pouca ou nenhuma diferença na eficácia desses diferentes métodos de remoção de comandos. Para revisões, ver Cengher *et al.*, 2018, e Demchak, 1990.

Assim como com as etapas de modelagem (ver Capítulo 9), as etapas pelas quais os comandos são eliminados devem ser escolhidas com atenção. De modo similar à modelagem, o uso efetivo do desvanecimento envolve um pouco de arte. É muito importante monitorar de perto o desempenho do aprendiz, a fim de determinar a velocidade com a qual o desvanecimento deve ser conduzido. Ele não deve ser rápido demais nem demasiadamente lento. Se o aprendiz começar a cometer erros, é possível que os comandos tenham desvanecido rápido demais no decorrer de um número muito pequeno de etapas. Portanto, é necessário recuar até o comportamento estar novamente bem estabelecido, para então dar continuidade ao desvanecimento. Entretanto, se um número exagerado de etapas forem introduzidas ou um número excessivo de comandos forem fornecidos ao longo de determinado número de tentativas, o aprendiz talvez se torne excessivamente dependente deles. Considere o exemplo em que uma criança é ensinada a tocar sua cabeça quando lhe pedem para fazer isso. Se o professor continuar fornecendo o comando de tocar a própria cabeça no decorrer de um número excessivo de tentativas, a criança pode se tornar dependente disso e atender bem menos à instrução "Toque na sua cabeça".

DESVANECIMENTO *VERSUS* MODELAGEM

É preciso ter cuidado para não confundir desvanecimento com modelagem. Ambos são procedimentos de mudança gradativa. Assim, o desvanecimento envolve a mudança gradual de um estímulo, enquanto a resposta permanece a mesma; a modelagem envolve a mudança gradativa de uma resposta enquanto o estímulo permanece inalterado.

ARMADILHAS DE DESVANECIMENTO

Aplicação errada acidental

Assim como outros procedimentos e princípios comportamentais podem ser aplicados sem conhecimento por indivíduos que não estão familiarizados com o assunto, o desvanecimento também. Todavia, parece ser mais difícil fazer uso errado acidental do desvanecimento, porque a necessidade de mudança gradual nos S^Ds raramente se dá ao acaso.

O caso de uma criança que batia a cabeça em superfícies duras pode ser um exemplo dos efeitos do uso incorreto do desvanecimento. Suponha que a criança começasse a chamar atenção inicialmente batendo a cabeça em superfícies macias, como a grama. A princípio, seu comportamento poderia fazer com que os adultos corressem para verificar se ela havia se machucado. Quando, eventualmente, eles aprenderam que esse comportamento não resultava em nenhuma lesão, pararam de dar atenção a ela. A criança pode, então, progredir para bater a cabeça com a mesma força, porém contra superfícies mais duras, como carpetes de madeira. Por um instante, isso aumentou a atenção deflagrada junto aos adultos, mas tal quantidade eventualmente diminuiu quando os adultos aprenderam que a criança não se machucava desse modo. Somente quando a criança atingiu o grau máximo e passou a bater a cabeça contra superfícies como o chão duro ou até mesmo de concreto, causando lesões reais e sérias, os adultos passaram a lhe dar atenção contínua. Vale notar que, ao longo desse exemplo, houve uma mudança gradual no estímulo (o tipo de superfície), o que evocou o comportamento indesejado, até que este foi evocado pelo estímulo mais indesejável possível.

DIRETRIZES PARA A APLICAÇÃO EFETIVA DO DESVANECIMENTO

1. *Escolha o estímulo-alvo final.* Especifique muito claramente os estímulos na presença dos quais o comportamento-alvo eventualmente deve ocorrer.
2. Selecione um reforçador apropriado (ver Capítulo 6).
3. Escolha o estímulo de partida e as etapas de desvanecimento:
   a) Especifique claramente as condições sob as quais o comportamento desejado agora ocorre - ou seja, quais pessoas, palavras, orientação física etc. atualmente se fazem necessários para evocar o comportamento desejado.
   b) Especifique os comandos que evocarão o comportamento desejado.
   c) Especifique claramente as dimensões (como cor, pessoas e tamanho do ambiente) que você irá fazer "sumir" para atingir o controle de estímulo-alvo final.
   d) Determine as etapas específicas do desvanecimento a serem percorridas e as regras de progressão de uma etapa à outra.
4. Coloque o plano em ação:
   a) Apresente o estímulo de partida e reforce o comportamento correto.

b) Ao longo das tentativas, o desvanecimento das deixas deve ser muito gradual para que a quantidade de erros seja a mínima possível. Entretanto, se ocorrer um erro, retroceda para a etapa anterior por várias tentativas e forneça incentivos adicionais.
c) Quando o controle do estímulo-alvo final for obtido, revise as diretrizes descritas nos capítulos anteriores, para "desmamar" o aprendiz do programa. Esse assunto é discutido com mais detalhes no Capítulo 18.

Questões para aprendizagem

10. O que quer dizer *estímulo-alvo final*? Dê um exemplo.
11. O que quer dizer *estímulo de partida*? Dê um exemplo.
12. Defina *comando*. Descreva um exemplo que não tenha sido mencionado neste capítulo.
13. Defina as quatro categorias principais de comandos de comportamento de instrutor. Dê um exemplo de cada.
14. Descreva um exemplo plausível em que o uso da orientação física em um programa de ensino poderia exigir aprovação ética. Por que a aprovação ética seria necessária?
15. Defina *deixa ambiental*. Dê um exemplo que não tenha sido descrito neste capítulo.
16. Defina *sinalização intraestímulo*. Dê um exemplo que não conste neste capítulo. O seu exemplo envolve um comando de comportamento do instrutor ou uma deixa ambiental?
17. Defina *sinalização extraestímulo*. Dê um exemplo que não conste neste capítulo. O seu exemplo envolve um comando de comportamento do instrutor ou uma deixa ambiental?
18. Quais dos procedimentos de remoção de comandos se encaixam na definição de desvanecimento dada no início deste capítulo e quais não se encaixam? Explique.
19. Quantas tentativas reforçadas devem ocorrer em determinada etapa do desvanecimento para que os estímulos dessa etapa sejam alterados? (*Dica:* quais sugestões foram feitas nos exemplos descritos neste capítulo?)
20. Diferencie desvanecimento de modelagem.

RESUMO DO CAPÍTULO 12

O desvanecimento é uma mudança gradual ao longo de tentativas sucessivas de um estímulo antecedente que controla uma resposta de modo que a resposta por fim ocorra frente a um estímulo antecedente parcialmente alterado ou completamente novo. Um instrutor de dança pode usar cada vez menos pressão com as mãos para orientar um aluno em um novo passo de dança até que ele consiga executar o passo sem orientação. O treinamento de discriminação sem erros ou aprendizado sem erros é o uso de um procedimento de desvanecimento para estabelecer uma discriminação de estímulos sem erros. Ele tem três vantagens em relação aos procedimentos de tentativa e erro: (a) os erros consomem um tempo valioso; (b) se um erro ocorre uma vez, ele tende a ocorrer muitas vezes; e (c) o não reforço que ocorre após os erros geralmente produz efeitos colaterais emocionais.

Normalmente, o desvanecimento ocorre ao longo de uma dimensão de um estímulo, que é uma característica que pode ser medida em um contínuo. Um comando é um estímulo antecedente suplementar fornecido para aumentar a probabilidade de ocorrência de um comportamento desejado. Os diferentes tipos de comando incluem orientação física, gestos, modelagem, verbal e ambiental. Uma sinalização extraestímulo é algo que é adicionado ao ambiente para aumentar a probabilidade de uma resposta correta. Uma sinalização intraestímulo é uma variação do S^D ou do S^Δ para tornar suas características mais perceptíveis e, portanto, mais fáceis de discriminar.

Os fatores que influenciam a eficácia do desvanecimento incluem: (1) a seleção de um estímulo-alvo final, de modo que a ocorrência da resposta a esse estímulo provavelmente seja mantida no ambiente natural; (2) a seleção de um estímulo ou comando inicial que evoque, de forma confiável, o comportamento desejado; e (3) o desvanecimento gradual do estímulo e comandos iniciais ao longo das tentativas até que a resposta ao estímulo-alvo ocorra de forma consistente.

A diferença entre desvanecimento e modelagem é que o desvanecimento envolve a mudança gradual de um estímulo antecedente enquanto a resposta permanece a mesma, ao passo que a modelagem envolve a mudança gradual de uma resposta enquanto o estímulo antecedente permanece o mesmo. Uma armadilha do desvanecimento é mudar gradualmente, sem saber, as pistas antecedentes que controlam uma resposta até que ela ocorra diante de um estímulo indesejável.

Exercícios de aplicação

Exercícios envolvendo outros

1. Suponha que uma criança de 3 anos já tenha aprendido a falar um pouco e você deseja ensiná-la responder à pergunta "Onde você mora?". Destaque um programa de desvanecimento que você poderia usar para ensinar a responder a essa pergunta. Indique o que você usaria como reforçador, o número de tentativas que estabeleceria para cada etapa de desvanecimento e assim por diante.
2. Você quer instruir uma criança com incapacidade grave de desenvolvimento ou uma criança normal que ainda é muito pequena a comer usando uma colher. Nomeie e descreva as categorias de comandos que você usaria. Descreva como cada um deles seria desvanecido.

Exercício de automodificação

Suponha que você deteste certas verduras que pertencem à família do repolho – como o brócolis; contudo, pesquisas científicas o convenceram de que você pode diminuir suas chances de desenvolver cardiopatia e câncer se comer mais dessas verduras. Destaque um programa de desvanecimento que você poderia usar para aumentar a quantidade de brócolis ou outros vegetais desse tipo em sua alimentação. (*Dica:* seu programa não deve – ao menos a longo prazo – aumentar a ingestão de gordura, porque isso anularia seu propósito.)

Confira as respostas das Questões para aprendizagem do Capítulo 12

13 Obtenção de Nova Sequência de Comportamentos com o Encadeamento Comportamental

Objetivos de aprendizagem

Após ler este capítulo, o leitor será capaz de:

- Definir *cadeia comportamental*
- Diferenciar uma cadeia comportamental de uma sequência de comportamentos
- Comparar os três métodos principais de encadeamento
- Comparar encadeamento com desvanecimento e modelagem
- Descrever os fatores que influenciam a efetividade do encadeamento
- Fazer uma análise de tarefa
- Explicar como o encadeamento pode prejudicar aqueles que o desconhecem.

Steve, a sua rotina de treino de tacadas é inconsistente.

Ensinamento a Steve sobre como seguir uma rotina de treino de tacadas consistente[1]

Steve era um jovem jogador de golfe profissional, então na *Canadian PGA Tour*, que jogava bem, mas ainda não ganhara um torneio profissional devido, em parte, às suas tacadas inconsistentes. Steve sabia que os jogadores de golfe profissionais tinham uma rotina de treino de tacadas mais consistente do que a dos jogadores amadores habilidosos, os quais, por sua vez, tinham uma rotina de treino mais consistente que a dos jogadores amadores menos habilidosos. Steve sabia que seu treino de tacadas não era consistente. Ele nem sempre checava a inclinação do gramado do campo de golfe a partir de ambos os lados da bola, antes de dar a tacada. Quando uma tacada era especialmente importante, Steve se posicionava junto à bola por um período de tempo maior do que o usual, antes de golpeá-la na direção do buraco. Também ocorreram outras inconsistências de uma tacada para outra, durante uma rodada competitiva. Steve concluiu que sua rotina inconsistente de treinos de tacada poderia estar contribuindo para as jogadas inconsistentes.

O primeiro passo para estabelecer uma sequência consistente de respostas durante seu treino foi elaborar uma lista de etapas que Steve queria seguir em cada ocasião.

1. Ao se aproximar da bola, esquecer dos pontos e se concentrar somente na tacada.
2. Ir para trás do buraco, olhar de volta para a bola e checar a inclinação do gramado, a fim de estimar a velocidade e o trajeto da tacada.
3. Mover-se atrás da bola, olhar na direção do buraco e verificar a inclinação novamente.
4. Em pé, atrás da bola, escolher um ponto para alvo, simular o golpe duas vezes e visualizar a bola rolando no buraco.
5. Mover-se ao lado da bola, ajustar o taco de golfe atrás dela e mirar o ponto desejado.
6. Posicionar os pés em paralelo à linha de tacada. Segurar o taco da maneira usual e dizer "Golpear de leve".
7. Olhar para o buraco, olhar para a bola, olhar para o alvo, olhar novamente para a bola e dar a tacada.

(*continua*)

[1]Este exemplo é baseado em uma consulta com G. Martin (1999).

(*Continuação*) Ensinamento a Steve sobre como seguir uma rotina de treino de tacadas consistente

O procedimento envolvia 10 tentativas. Steve seguiu todas as sete etapas, enquanto praticava uma tacada curta em um campo de golfe de treinamento. O motivo que o levou a praticar a rotina de tacadas curtas em vez das longas foi seu desejo de que cada sequência fosse acompanhada pelo reforço de dar a tacada. Em cada tentativa, um amigo checava as etapas, conforme iam sendo executadas. Caso Steve pulasse uma delas, seu amigo o fazia executá-la novamente antes de seguir para a próxima. Após completar 10 tentativas, Steve e seu amigo jogaram uma rodada de treino, na qual Steve teve que completar a rotina de treino de tacadas em toda tacada. Subsequentemente, durante as rodadas do torneio, Steve pediu ao carregador de tacos para lembrá-lo de seguir sua rotina de treino de tacadas. Passadas 3 semanas, Steve venceu seu primeiro evento no torneio. Embora vários fatores sem dúvida tenham contribuído para sua vitória, Steve sentia que um deles foi o aprimoramento de suas tacadas, resultante da rotina de treino mais consistente.

ENCADEAMENTO COMPORTAMENTAL

Uma **cadeia comportamental**, também chamada **cadeia de estímulo-resposta**, é uma sequência consistente de estímulos e respostas que ocorrem em estreita proximidade entre si ao longo do tempo, e na qual a última resposta é normalmente seguida de um reforçador. Em uma cadeia comportamental, cada resposta produz um estímulo que é um S^D para a resposta seguinte — e, como será discutido adiante, um reforçador condicionado para a resposta anterior. Ao aprender a seguir uma rotina de treino de tacada consistente, Steve adquiriu uma cadeia comportamental. O primeiro estímulo (S^D_1) para toda a sequência foi a visão de sua bola na grama de golfe, enquanto caminhava em sua direção. A resposta (R_1) a esse estímulo foi: "Eu me concentrarei somente nesta tacada". Essa afirmação foi o estímulo (*prompt*) (S^D_2) para ir para trás do buraco, olhar de volta para a bola e checar a inclinação do gramado, a fim de estimar a velocidade e o trajeto da tacada (R_2). Os estímulos visuais resultantes (e, talvez, certos estímulos internos que poderíamos chamar "imagem da tacada e velocidade da tacada") foram a deixa (*prompt*) (S^D_3) para andar atrás da bola e olhar na direção do buraco, para observar a inclinação do gramado a partir daquele ângulo (R_3). Nesse sentido, cada resposta produziu o estímulo para a resposta seguinte, até que toda a cadeia fosse completada e Steve foi reforçado ao fazer a tacada.. O motivo para chamar essa sequência de *cadeia de estímulo-resposta* pode ser visualizado ao representá-lo por escrito, da seguinte forma:

$$S^D_1 \rightarrow R_1 \rightarrow S^D_2 \rightarrow R_2 \rightarrow S^D_3 \rightarrow R_3 ... S^D_7 \rightarrow R_7 \rightarrow S^+$$

As conexões estímulo-resposta são os "elos" que mantêm a cadeia unida: como se diz; "Uma corrente é tão forte quanto seu elo mais fraco". Do mesmo modo, se uma resposta qualquer for tão fraca a ponto de falhar em ser evocada pelo S^D que a precede, o restante da cadeia não ocorrerá. A cadeia será quebrada no ponto do seu elo mais fraco. A única forma de reparar a cadeia é fortalecer a conexão estímulo-resposta mais fraca usando um procedimento de treinamento efetivo.

O símbolo S^+ no extremo direito do diagrama simboliza o reforçador positivo que se segue à última resposta na cadeia. O reforçador no final de uma cadeia mantém os estímulos em forma de S^D efetivos para as respostas que os sucedem — e será descrito adiante, na forma de reforçadores condicionados para as respostas que os precedem.

Nem todas as sequências de comportamento são cadeias comportamentais

Muitas sequências de comportamento que você realiza no dia a dia são cadeias comportamentais: tocar um instrumento musical, escovar os dentes, amarrar o cadarço do sapato e preparar um sanduíche. Entretanto, nem todas as sequências de comportamento são cadeias de comportamento. Estudar para uma prova, fazer a prova e comparecer na próxima aula para ganhar nota representam uma sequência de

Questões para aprendizagem

1. Descreva brevemente o procedimento de treinamento usado para ensinar Steve a realizar uma rotina de treino de tacadas consistente.
2. Descreva ou defina *cadeia comportamental*, e dê um exemplo que não tenha sido mencionado neste capítulo.
3. Na sua opinião, por que a *cadeia* comportamental foi assim denominada?
4. Diferencie entre uma sequência de comportamento que é uma cadeia e outra que não é uma cadeia.
5. Descreva um exemplo de uma sequência de comportamentos (não citada neste capítulo) que não seja uma cadeia. Explique por que não é uma.

comportamentos executada por um estudante universitário. Essa sequência, todavia, consiste em várias atividades — como ler, memorizar, escrever — com numerosas interrupções da ação — estudar, depois dormir e então ir assistir à aula. Não é feita de uma série consistente de estímulos e respostas que ocorrem em estreita proximidade e para a qual cada estímulo exceto o último é um S^D para a resposta seguinte.

MÉTODOS PARA ENSINAR A CADEIA COMPORTAMENTAL

Os três métodos principais para ensinar uma cadeia comportamental são o método da apresentação de tarefa total; o método do encadeamento para trás (*backward chaining*); e o método do encadeamento para frente (*forward chaining*). Com o **método da apresentação de tarefa total** (**TTP**, do inglês *total-task presentation*), um indivíduo passa por todas as etapas, desde o início até o fim da cadeia, em cada tentativa, e continua com as tentativas de tarefa total até que a cadeia seja aprendida (Figura 13.1). O comando é fornecido a cada etapa, conforme a necessidade, e um reforçador se segue à conclusão correta da etapa final. Usando essa estratégia, Steve aprendeu a seguir uma rotina de treino de tacadas consistente. Em outro exemplo, Hoerner e Keilitz (1975) usaram a apresentação de tarefa total para ensinar adolescentes com deficiências do desenvolvimento a escovarem os dentes.

Com o método do **encadeamento para trás** (**BC**, do inglês *backward chaining*), a última etapa é ensinada primeiro, então a etapa anterior à última é ensinada e conectada à última, para então a terceira etapa em relação à última ser ensinada e conectada às duas últimas etapas, e assim por diante, avançando retrogradamente para o início da cadeia (Figura 13.1). O encadeamento para trás tem sido usado em numerosos programas, inclusive no ensino de comportamentos como vestir-se, arrumar-se, trabalhar e comunicar-se verbalmente com indivíduos com deficiências do desenvolvimento (p. ex., Martin *et al.*, 1971). Para ensinar Craig, um menino com essa condição, a vestir a calça, por exemplo, o instrutor dividiu a tarefa nas sete etapas ilustradas na Figura 13.2. O instrutor então conduziu uma avaliação inicial para determinar o tipo de comando necessário para Craig realizar cada etapa corretamente. O treino começou pela última etapa (7). O instrutor de Craig o ajudou a colocar a calça, exceto na resposta da etapa 7. Várias tentativas de treino foram então conduzidas para ensinar Craig a fornecer a resposta da etapa 7. Como ilustra a Figura 13.2, ao longo das tentativas, os comandos foram desaparecendo até que Craig conseguisse fechar o zíper da calça sozinho. Quando o menino aprendeu isso, seu instrutor passou à etapa 6 e o ensinou a terminar a partir daí. Quando Craig executou as duas últimas etapas sem cometer erros, passou-se

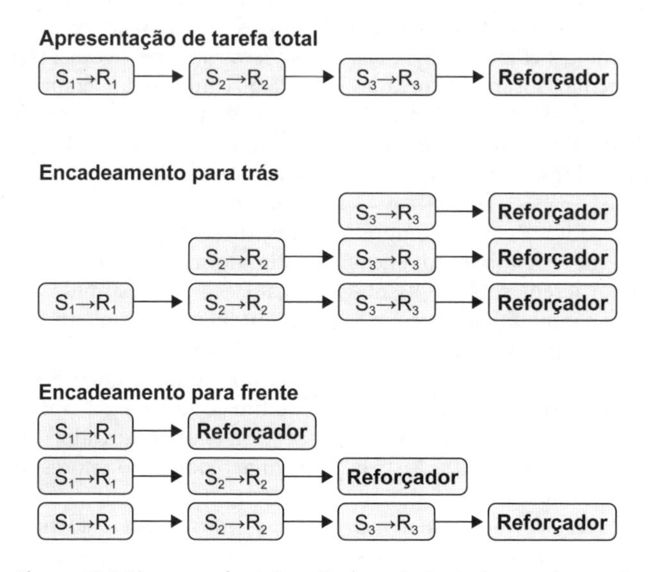

Figura 13.1 Diagrama dos três métodos principais de encadeamento.

Tarefa: Vestir a calça
Cliente: Craig
Reforçadores: Elogio e guloseima

Sistema de pontuação
3 = sem comandos
2 = comando verbal
1 = comandos gestuais/miméticos
0 = ajuda física

S^D	Respostas	Parâmetro	Tentativas									
1. "Coloque a calça"	Retirar a calça da gaveta da cômoda	2										
2. Calça nas mãos	Segurar a calça verticalmente, com a parte de trás voltada para a frente do cliente	1										
3. Segurar a calça verticalmente	Colocar uma perna na calça	1										
4. Uma perna na calça	Colocar a outra perna na calça	1										
5. Ambas as pernas na calça	Erguer a calça até a cintura	2									2	3
6. Erguer a calça até a cintura	Abotoar o fecho da calça	0					0	1	2	3	3	3
7. Abotoar o fecho da calça	Fechar o zíper da calça	0	0	1	2	3	3	3	3	3	3	3

Figura 13.2 Análise simples de tarefa e planilha de dados para ensinar uma pessoa com deficiências do desenvolvimento a vestir a calça.

para a etapa 5. Com a calça abaixada à altura dos tornozelos, ensinaram Craig a puxá-la para cima (etapa 5) e isso atuou como S^D para o menino realizar a etapa 6, o que forneceu o S^D para realizar a etapa 7. Em cada tentativa, Craig completava todas as etapas previamente aprendidas. O treino seguiu desse modo, uma etapa de cada vez, até Craig conseguir realizar todas elas. Ao longo do treino, as etapas individuais executadas corretamente foram reforçadas com elogio, e a conclusão da etapa 7 em cada tentativa foi seguida do fornecimento de uma guloseima como reforçador incondicionado ou primário (ver Capítulo 7).

Estudantes de modificação de comportamento frequentemente estranham o encadeamento para trás ao lerem sobre o assunto pela primeira vez, aparentemente porque o nome sugere que, por esse método, o indivíduo aprende a realizar a cadeia de trás para frente. Esse não é o caso. Há uma ótima lógica teórica para o uso do encadeamento para trás. Considere o exemplo de Craig. Começando pela etapa 7, a resposta de "fechar o zíper" era reforçada quando o fecho estava abotoado acima do zíper. Portanto, a visão do fecho abotoado se tornou um S^D para a etapa 7, que é fechar o zíper. Além disso, a visão do fecho abotoado foi pareada com os reforçadores (elogio e guloseima) que Craig recebeu após fechar o zíper. Sendo assim, com base no princípio do reforço condicionado, a visão do fecho abotoado também se tornou um reforçador condicionado para qualquer coisa que o precedesse. Após várias tentativas na etapa 7, o instrutor de Craig seguiu para a etapa 6. O comportamento de abotoar o fecho produziu o estímulo da visão do fecho abotoado, que se tornou um reforçador condicionado imediato à execução da etapa 6. Assim, ao usar o encadeamento para trás, o reforço da última etapa na presença do estímulo apropriado, ao longo das tentativas, estabelece esse estímulo como um S^D para a última etapa e também como um reforçador condicionado para a etapa imediatamente precedente à última. Quando a etapa que antecede a última é adicionada, o S^D nessa etapa também se torna um reforçador condicionado. Dessa forma, o poder do reforçador positivo apresentado no final da cadeia é transferido para cada S^D, conforme este é adicionado à cadeia. Nesse sentido, o encadeamento para trás tem uma vantagem teórica de ter sempre um reforçador condicionado acumulado para fortalecer cada nova reposta adicionada à sequência. Nas cadeias ensinadas por apresentação de tarefa total e encadeamento para frente, cada estímulo subsequente ao primeiro também acaba funcionando como um S^D para a próxima resposta e como reforçador condicionado para a resposta anterior. No encadeamento para trás, todavia, essas duas funções são desenvolvidas de maneira bastante sistemática.

O **método do encadeamento para frente** (**FC**, do inglês *forward chaining*) ensina primeiro a etapa inicial da sequência para ensinar e unir a primeira e a segunda etapas, e então juntando as três primeiras etapas, e assim por diante, até toda a cadeia ter sido adquirida (ver Figura 13.1). Mahoney *et al.* (1971) usaram o encadeamento para frente para treinar crianças com desenvolvimento típico e crianças com deficiências do desenvolvimento. Os componentes da cadeia incluíram andar até o banheiro, abaixar a calça, sentar ou ficar em pé de frente para o vaso sanitário conforme apropriado, urinar e puxar a calça para cima. O treino começou com a primeira etapa e, depois que uma etapa era dominada, a próxima etapa era introduzida. Cada etapa era reforçada até a etapa seguinte ser introduzida.

Ao menos em parte, como o encadeamento para trás parece uma inversão da ordem natural das coisas, o encadeamento para frente e a apresentação de tarefa total são usados com mais frequência nas situações cotidianas, por indivíduos não treinados em modificação de comportamento. Entre os numerosos exemplos que podem ser citados para ilustrar o encadeamento para frente, considere o modo como uma criança poderia ser ensinada a pronunciar uma palavra como *leite*. A criança primeiramente poderia ser ensinada a dizer "le", então "lei" e, por fim, "leite". Uma variação de um procedimento de encadeamento para frente similar foi usada para ensinar crianças com transtorno do espectro autista (TEA) a repetir palavras (Tarbox *et al.*, 2009).

Os três métodos principais de encadeamento são resumidos na Tabela 13.1. Qual método é o mais efetivo? Estudos (p. ex., Ash e Holding, 1990; Hur e Osborne, 1993; Slocom e Tiger, 2011; Smith, 1999; Spooner e Spooner, 1984; Walls *et al.*, 1981; Weiss, 1978) compararam os encadeamentos para frente e para trás com diferentes categorias de indivíduos e comportamentos. De modo geral, não foi encontrada nenhuma diferença clara em termos de efetividade entre esses dois procedimentos. Em um estudo rigorosamente controlado, Slocom e Tiger (2011) constataram que os encadeamentos para frente e para trás apresentaram quase a mesma efetividade no ensino de crianças com dificuldades de aprendizado e deficiências do

Tabela 13.1 Destaque dos três métodos principais de encadeamento.

Para todos os métodos
Fazer uma análise da tarefa
Apresentação de tarefa total
O aprendiz experimenta cada etapa de cada tentativa, de tal modo que todas as etapas não dominadas são ensinadas ao mesmo tempo O instrutor fornece comandos e elogio por todas as etapas não dominadas Um reforçador é apresentado em seguida à última etapa O treino prossegue nesse sentido, até todas as etapas serem dominadas
Encadeamento para frente
A começar pela primeira, a etapa deve ser dominada antes de seguir para a próxima O instrutor fornece comandos e um reforçador para a etapa que está sendo ensinada Em cada tentativa, todas as etapas previamente dominadas são exigidas Nesse sentido, uma etapa é aprendida de cada vez, avançando rumo à última
Encadeamento para trás
Começando pela última etapa, é preciso dominá-la antes de seguir para a etapa imediatamente anterior O instrutor fornece comandos para a etapa que está sendo ensinada Em cada tentativa, todas as etapas previamente dominadas são exigidas e a última etapa é seguida do reforçador Nesse sentido, uma etapa é aprendida de cada vez, avançando retrogradamente para a primeira

desenvolvimento a realizarem cadeias motoras arbitrárias específicas (p. ex., tocar a cabeça, bater palmas, tocar o nariz) de diferentes extensões. Além disso, nenhum procedimento teve maior preferência pelas crianças.

Vários estudos demonstraram que a apresentação de tarefa total é pelo menos tão boa, se não ainda melhor, do que o encadeamento para trás ou para frente para ensinar tarefas a indivíduos com deficiências do desenvolvimento (Martin *et al.*, 1981; Spooner, 1984; Yu *et al.*, 1980). Além disso, Bellamy *et al.* (1979) sugeriram que a apresentação de tarefa total oferecia três vantagens práticas, em comparação aos formatos de encadeamento para a aprendizagem desses mesmos indíviduos. A apresentação de tarefa total requer que o instrutor dedique menos tempo na montagem parcial ou desmontagem para a preparação da tarefa de treino; enfoca simultaneamente a topografia da resposta ao ensino e a sequência de respostas, e assim, de maneira intuitiva, deve produzir resultados com maior rapidez; além disso, também parece maximizar a independência do aprendiz precocemente no decorrer do treinamento, sobretudo se o aprendiz conhece as etapas.

Há uma exceção à recomendação anterior de que a TTP seja usada para ensinar cadeias a pessoas com deficiências do desenvolvimento. Um aspecto que diferencia as crianças com deficiências do desenvolvimento das crianças com desenvolvimento típico é que as primeiras geralmente não brincam com brinquedos. Uma estratégia para esse problema é usar o reforço para estabelecer um comportamento em relação aos brinquedos que se assemelhe ao comportamento de brincar de uma criança com desenvolvimento típico e, então, desvanecer o reforçador programado, deixando o reforçador natural – brincar com um brinquedo – para manter o comportamento. Isso é chamado de *armadilha comportamental* (discutido no Capítulo 18). Entretanto, seria desejável colocar o comportamento de brincar sob o controle do reforço natural desde o início do treinamento, já que a brincadeira deve ser reforçadora por si só. Muitas atividades de brincadeira envolvendo brinquedos podem ser vistas como cadeias comportamentais, nas quais o elo mais "divertido" ocorre no final da cadeia. Brincar com uma locomotiva de brinquedo envolve: (a) conectar os trilhos até que se tenha um trecho de trilhos unidos; (b) colocar a locomotiva de brinquedo nos trilhos; e (c) empurrar a locomotiva ao longo dos trilhos. Ao começar pela parte mais agradável da cadeia, o encadeamento para trás poderia fazer com que a brincadeira da criança com o trem entrasse em contato mais rapidamente com o reforço natural. Edwards *et al.* (2018) usaram esse método de forma eficaz com três crianças com deficiências do desenvolvimento.

Qual é o método de escolha para indivíduos que *não têm* deficiências do desenvolvimento? A TTP é provavelmente o método de escolha para tarefas com um pequeno número de etapas que podem ser concluídas em um curto período – alguns minutos ou menos. Há muitos exemplos de tarefas desse tipo em esportes, como a sequência pré-tacada para Steve ou o saque flutuante por cima no vôlei (p. ex., Velentzas *et al.*, 2011). No entanto, para tarefas mais complexas, é provável que o encadeamento para trás ou o encadeamento para a frente sejam mais eficazes. Ao ensinar uma sequência complexa de bombardeio em mergulho a pilotos, Bailey *et al.* (1980) descobriram que o encadeamento para trás era mais eficaz do que a TTP. Em um experimento para ensinar alunos de introdução à psicologia a executar uma tarefa musical em um teclado, na qual eles recebiam pontos por erros de melodia e de tempo, o encadeamento para trás e o encadeamento para a frente foram mais eficazes do que a TTP, e o encadeamento para a frente foi mais eficaz do que o encadeamento para trás na maioria das medidas (Ash e Holding, 1990). Além disso, usar o encadeamento para trás para ensinar determinadas tarefas pode ser mais prático.

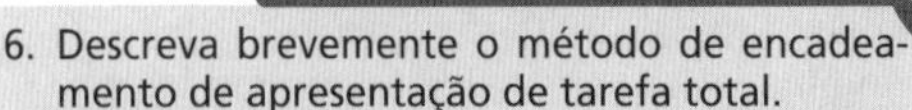

6. Descreva brevemente o método de encadeamento de apresentação de tarefa total.
7. Descreva brevemente o método de encadeamento para trás.
8. Descreva brevemente o método de encadeamento para frente.
9. Descreva como cada um dos três métodos de encadeamento principais poderia ser usado para ensinar uma pessoa a arrumar a cama.
10. Em uma cadeia, um dado estímulo é S^D e também um reforçador condicionado. Como isso é possível? Explique com um exemplo.
11. Qual dos principais métodos de encadeamento é recomendado pelos autores para o ensino de indivíduos com deficiências do desenvolvimento? Por quais motivos?
12. Por que seria desejável colocar o comportamento de brincar com brinquedos sob controle de contingências naturais o mais rápido possível?

Ao dar instruções de direção, por exemplo, é altamente recomendável ensinar o uso do freio antes de ensinar o uso do acelerador.

COMPARAÇÃO DE ENCADEAMENTO COM DESVANECIMENTO E MODELAGEM

Encadeamento, desvanecimento e modelagem comportamental por vezes são denominados procedimentos de *modificação gradativa*, uma vez que cada um deles envolve o avanço gradual por uma série de etapas para produzir um novo comportamento (modelagem), um novo controle de estímulo sobre um comportamento (desvanecimento) ou uma nova sequência de etapas de estímulo-resposta (encadeamento). É importante conhecer claramente as distinções entre esses três procedimentos de modificação gradativa. A Tabela 13.2 resume algumas similaridades e diferenças dos três procedimentos, ao serem tipicamente aplicados.

FATORES QUE INFLUENCIAM A EFETIVIDADE DO ENCADEAMENTO COMPORTAMENTAL

Análise de tarefa

Para obter a máxima eficácia do encadeamento comportamental, a sequência de comportamentos deve ser dividida em componentes gerenciáveis que sejam adequados para o aluno, e a ordem correta dos componentes deve ser mantida. A divisão de uma tarefa em etapas menores ou respostas componentes para facilitar o treinamento é chamada **análise de tarefa**. Alguns exemplos de habilidades complexas que passaram por análises de tarefa são as de manutenção residencial (Williams e Cuvo, 1986), cuidados menstruais (Richman *et al.*, 1984), tênis (Buzas e Ayllon, 1981), defesa ofensiva em um time de futebol americano juvenil (Komaki e Barnett, 1977), lazer (Schleien *et al.*, 1981) e caminhar com segurança em meio ao trânsito (Page *et al.*, 1976).

Assim como na seleção das etapas de modelagem (discutida no Capítulo 9), a seleção das etapas ou componentes do encadeamento é algo subjetiva. Os componentes devem ser simples o suficiente para serem aprendidos sem grande dificuldade. Se você quer que uma criança aprenda a escovar os dentes corretamente, seria um erro considerar que a tarefa deva ser aprendida colocando a pasta dental na escova, escovando os dentes e enxaguando. Para a criança dominar a cadeia, cada um desses componentes deve ser subdividido em componentes menores. Os componentes também devem ser selecionados de modo a propiciar um estímulo nítido que sinalize a conclusão de cada um deles. Esses estímulos então se tornarão reforçadores condicionados para as respostas que os precedem, bem como S^Ds para as respostas subsequentes na cadeia. Para ensinar

Tabela 13.2 Similaridades e diferenças entre modelagem, desvanecimento e encadeamento.

Aspectos	Modelagem	Desvanecimento	Encadeamento
Comportamento-alvo	Novo comportamento ao longo de uma dimensão física, como topografia, quantidade ou intensidade	Novo controle de estímulo de um comportamento em particular	Nova sequência consistente de estímulos e respostas
Ambiente de treinamento	Muitas vezes, envolve um ambiente não estruturado em que o aprendiz tem oportunidade de emitir diversos comportamentos	Envolve tipicamente um ambiente estruturado, porque os estímulos devem ser precisamente controlados	Envolve tipicamente um ambiente estruturado, porque os estímulos devem ser precisamente controlados
Outras considerações sobre procedimento	Envolve sucessivas aplicações de reforço e extinção	Envolve aplicações sucessivas de reforço; caso use extinção, o desvanecimento não ocorre de modo ideal	Frequentemente, envolve comandos (*prompts*) verbais e físicos, e/ou orientação combinada com desvanecimento e/ou modelagem em algumas etapas

a lavar corretamente as mãos, você poderia selecionar como um dos componentes a ação de colocar água na pia. Seria importante especificar um nível de água na pia, talvez, até fazer uma marca. Isso fornecerá um estímulo bastante claro que estabeleça o fim desse componente, que poderia ser definido como controlar a vazão até a água atingir o nível desejado.

Depois de completar a análise de tarefa, você deve rever cada um dos estímulos de controle ou S^D para cada resposta na sequência. Cada S^D deve ser claramente distinto dos demais. O erro e a confusão do aprendiz aumentam quando estímulos semelhantes controlam respostas diferentes. Se houver dois estímulos de controle bastante parecidos na sua análise de tarefa e, aparentemente, não houver nada que possa ser feito a respeito disso, considere então a possibilidade de codificar artificialmente um dos estímulos, de modo a tornar a aquisição da cadeia mais fácil.

Possibilidade de uso independente de *prompts* pelo aprendiz

Assim como Steve, muitos indivíduos podem usar *prompts* de maneira independente, para orientar o domínio de uma cadeia de comportamentos. Para indivíduos conseguirem ler, uma *análise de tarefa escrita* poderia servir efetivamente de *prompts* para que eles completassem as cadeias comportamentais (p. ex., Cuvo *et al.*, 1992). Se os aprendizes não conseguirem ler, uma série de *comandos de imagem* poderia orientá-los. Thierman e Martin (1989) prepararam um álbum de imagens para orientar adultos com grave incapacidade intelectual a completarem cadeias comportamentais que melhoraram a qualidade da limpeza doméstica. Os aprendizes foram ensinados a olhar a imagem de uma etapa apropriada, executar essa etapa e, então, afixar um ponto adesivo de automonitoramento para indicar que a etapa foi concluída. A estratégia se mostrou efetiva. Outra estratégia que envolve o uso independente de *prompts* para guiar a conclusão de cadeias comportamentais envolve recitar *autoinstruções*. Indivíduos com deficiências do desenvolvimento têm sido ensinados a recitarem autoinstruções que servem de comando para a conclusão correta de tarefas (Salend *et al.*, 1989), a resolução correta de problemas de matemática (Albion e Salzburg, 1982) e o reconhecimento correto de letras e do alfabeto (Whitman *et al.*, 1987).

Tentativa de modelagem preliminar

Em alguns casos, como o de pessoas com deficiências do desenvolvimento ou crianças pequenas, pode ser desejável moldar a sequência inteira enquanto é feita a descrição verbal do desempenho de cada etapa (p. ex., Griffen *et al.*, 1992). As diretrizes de modelagem são descritas no Capítulo 20. Se uma única amostra de tarefa de treinamento estiver disponível, esta deve ser desmontada após a tentativa de modelagem e seus componentes deverão ser reagrupados para que o aprendiz realize a tarefa. De outro modo, o aprendiz pode ser ensinado usando amostras alternativas da tarefa.

Treinamento da cadeia comportamental

O treinamento deve começar com uma solicitação para iniciar o trabalho e completar a(s) etapa(s) da tarefa. A(s) etapa(s) a ser(em) iniciada(s) depende(m) do método utilizado, seja apresentação de tarefa total, encadeamento para trás ou encadeamento para frente. Se em qualquer etapa o aprendiz parar de responder ou parecer distraído, você deverá primeiramente fornecer um comando, como "Qual é a próxima?" ou "Continue". Se o aprendiz der uma resposta incorreta ou não responder em uma dada etapa qualquer dentro de um período de tempo razoável, prossiga na correção do erro. Forneça a instrução ou orientação física necessária para ajudar o aprendiz a realizar a etapa corretamente. Corrigido o erro, siga para a próxima etapa. Ao longo de tentativas sucessivas, essa assistência extra deve ser desvanecida o mais rápido possível. Não forneça assistência a ponto de criar uma dependência no aluno, ou seja, tenha cuidado para não reforçar os erros ou fazer com que o aprendiz espere por sua ajuda em etapas específicas.

Fornecimento de abundantes reforços sociais e de outros tipos

Às vezes, um reforçador natural que se segue à conclusão de uma cadeia será suficiente para mantê-la. Foi o que aconteceu no caso de Steve. Ao ensinar cadeias comportamentais a indivíduos com deficiências do desenvolvimento ou crianças pequenas, todavia, muitas vezes é desejável elogiar imediatamente após a conclusão correta de cada etapa durante o treinamento (p. ex., Koop *et al.*, 1980). Além disso, é desejável também fornecer um reforçador primário ou incondicionado como uma guloseima

Questões para aprendizagem

13. Faça a distinção entre os tipos de comportamento-alvo normalmente estabelecidos por modelagem, desvanecimento e encadeamento.
14. Suponha que você queira ensinar alguém a trocar o pneu de um carro. Você usaria modelagem ou encadeamento? Justifique sua escolha.
15. O que se entende pelo termo *análise de tarefa*? Descreva uma análise de tarefa plausível e adequada para ensinar uma criança de 3 anos a amarrar os sapatos.
16. Descreva brevemente 3 estratégias para ajudar os indivíduos a usar *prompts* de maneira independente para orientar o domínio de uma cadeia comportamental.

contingente à conclusão bem-sucedida da última etapa na cadeia. Conforme o aprendiz se torna mais habilidoso na execução das etapas, elogios e outros reforçadores podem ser gradualmente eliminados. Estratégias adicionais para manter cadeias comportamentais dominadas são descritas no Capítulo 18.

ARMADILHAS DE ENCADEAMENTO COMPORTAMENTAL

Aplicação errada acidental

Assim como o comportamento supersticioso pode se desenvolver por meio de reforço acidental, como discutido no Capítulo 6, cadeias com componentes indesejados podem se desenvolver sem que alguém perceba que isso está acontecendo. Uma cadeia comportamental que tem pelo menos um componente não funcional é chamada **cadeia acidental.**

Um tipo comum de encadeamento acidental indesejado ocorre quando uma resposta inapropriada e não funcional precede uma ou mais respostas apropriadas que são reforçadas. Ambas as respostas – inapropriadas e apropriadas – são então fortalecidas. Um exemplo desse tipo de encadeamento é o hábito de dizer "tipo" ou "hum" durante uma conversa. Um exemplo um pouco mais sério é fazer caretas antes de cada declaração.

Outros exemplos de armadilha de aplicação errada acidental envolvem problemas de autocontrole que atormentam muitas pessoas. As cadeias comportamentais indesejadas que caracterizam problemas desse tipo não são cadeias acidentais, porque todos os componentes são funcionais na produção de reforço. Entretanto, são inadvertidas no sentido de que um ou mais componentes da cadeia são indesejáveis. Considere o problema da reação exagerada. Embora haja muitas razões que levem à reação exagerada, uma das causas mais frequentes pode ser o desenvolvimento não intencional de cadeias comportamentais indesejadas. Algumas pessoas com sobrepeso comem muito rápido (Spiegel *et al.*, 1991). Um exame da sequência comportamental envolvida sugere a seguinte cadeia: encher o garfo de comida, colocar a comida na boca, colocar mais comida no garfo enquanto mastiga a comida, deglutir a comida enquanto leva a próxima garfada à boca, e assim por diante. Essa cadeia comportamental pode ser dividida sucessivamente estendendo-a e introduzindo intervalos (Stuart, 1967). Uma cadeia mais desejável poderia ser a seguinte: encher o garfo de comida, colocar a comida na boca, deixar o talher no prato, mastigar a comida, deglutir, aguardar 3 segundos, encher o garfo novamente e assim por diante. Em outras palavras, na cadeia indesejável, a pessoa fica pronta para consumir a próxima porção de comida antes de terminar de ingerir a que está na boca. Uma cadeia mais desejável separa esses componentes e introduz breves intervalos. Posteriormente, esses intervalos poderão desaparecer sem que o indivíduo volte a comer rapidamente como antes.

Outra cadeia de comportamento indesejável manifestada por algumas pessoas consiste em assistir TV até a exibição dos comerciais, ir para a cozinha durante o intervalo, pegar um lanche e voltar a assistir ao programa, o que, aliado ao sabor da comida, reforça o comportamento de pegar um lanche. O ponto é que os comportamentos indesejáveis frequentemente são componentes de cadeias comportamentais desenvolvidas de modo não intencional. Vários procedimentos podem resolver esses problemas de autocontrole e serão discutidos com mais detalhes no Capítulo 25.

Aplicação errada por conhecimento parcial

Alguns procedimentos de modificação de comportamento aparentemente eficazes podem promover um encadeamento indesejável, se o modificador do comportamento for descuidado. Isso é ilustrado por um projeto conduzido por Olenick e Pear (1980), cujo objetivo era ensinar nomes de imagens a crianças com deficiências do desenvolvimento. As crianças receberam um questionário em que havia uma imagem para ser nomeada e a pergunta: "O que é isto?" As respostas corretas eram reforçadas. Se as crianças errassem, recebiam um teste de imitação em que o instrutor apresentava a pergunta e, imediatamente em seguida, demonstrava o modelo de resposta (p. ex., "O que é isto? Gato"). Olenick e Pear observaram que algumas crianças cometiam um grande número de erros mesmo quando parecia que conseguiriam nomear corretamente as imagens. Os pesquisadores sugeriram que, nesses casos, havia ocorrido o desenvolvimento de uma cadeia em que os erros nos questionários eram reforçados pelos testes de imitação, porque uma resposta mais fácil (imitação) era reforçada nesses testes. Olenick e Pear resolveram esse problema diminuindo a frequência de reforço para as respostas corretas nos testes de imitação e, ao mesmo tempo, mantendo uma alta frequência de reforço para as respostas corretas nos questionários.

Armadilha da explicação imprecisa do comportamento

A teoria de que os estímulos em uma cadeia funcionam como reforçadores condicionados para as respostas precedentes e como S^Ds para a resposta subsequente atraiu muitos analistas de comportamento devido à sua simplicidade elegante. Entretanto, pesquisas básicas com animais mostraram que essa teoria é uma simplificação exagerada (p. ex., ver Fantino, 2008). Os estímulos anteriores em uma longa cadeia comportamental assumem outra função além de serem reforçadores condicionados e S^Ds. À medida que a distância temporal (*i. e.*, a distância no tempo) dos estímulos em uma cadeia comportamental a partir do reforçador primário aumenta, mais a característica de serem S^Ds diminui e mais eles começam a assumir a propriedade de S^{Δ}s (ver Capítulo 7). Isso ocorre porque, à medida que aumenta a distância no tempo entre os reforçadores condicionados e os S^Ds e o reforço primário, mais eles se tornam associados à ausência do reforço primário. Em outras palavras, ao considerar a força de um S^D com base no reforçador condicionado que o segue, também é preciso considerar sua fraqueza como um S^D – ou, mais tecnicamente, seu potencial inibitório – em função de sua distância no tempo do reforço primário. Essa função inibitória pode compensar qualquer vantagem que o encadeamento para trás possa ter no fornecimento de reforço condicionado, o que pode ser o motivo pelo qual os estudos aplicados normalmente não encontraram superioridade do encadeamento para trás em relação ao encadeamento para a frente (p. ex., Ash e Holding, 1990; Batra e Batra, 2005/2006; Hur e Osborne, 1993; Slocom e Tiger, 2011; Walls *et al.*, 1981).

DIRETRIZES PARA A APLICAÇÃO EFETIVA DO ENCADEAMENTO COMPORTAMENTAL

Observe as regras a seguir ao ensinar cadeias comportamentais.

1. *Fazer uma análise de tarefa.* Identifique as unidades da cadeia que são simples o bastante para o indivíduo aprender sem grande dificuldade.
2. *Considerar estratégias* (p. ex., imagens) para o uso independente de *prompts* pelos aprendizes.
3. Se necessário, fazer uma tentativa de modelagem preliminar.
4. Decidir sobre o método de encadeamento (apresentação de tarefa total, encadeamento para trás ou encadeamento para frente) e ensinar as unidades na sequência apropriada.
5. Para acelerar o aprendizado, usar um procedimento de desvanecimento para diminuir a ajuda extra de que o aprendiz pode precisar para realizar algumas etapas.
6. Ao usar o encadeamento para trás ou o para frente, garantir que em cada tentativa o indivíduo execute todo o conjunto de componentes aprendidos até aquele momento.
7. No início do treinamento, usar reforço amplo para o desempenho correto em etapas individuais. Diminuir gradualmente esse reforço à medida que o aprendiz se tornar mais habilidoso.
8. Garantir que o reforço fornecido ao final da cadeia esteja em conformidade com as diretrizes para a aplicação efetiva de reforço positivo fornecidas no Capítulo 6. Quanto mais efetivo for esse reforço terminal, mais estável será a cadeia de respostas. Entretanto, isso não significa que, uma vez desenvolvida uma cadeia, esta deve ser reforçada toda vez que ocorrer, a fim de que seja mantida. Depois que uma cadeia foi ensinada, é possível vê-la como uma resposta única que pode ser submetida a qualquer esquema de reforço intermitente.

Questões para aprendizagem

17. O que é uma cadeia acidental?
18. Descreva um exemplo de cadeia que não tenha sido citado neste capítulo. Identifique claramente o componente supersticioso.
19. Dê um exemplo de armadilha de aplicação errada acidental de encadeamento que não seja uma cadeia acidental. Explique como essa armadilha poderia ser evitada.
20. Explique como a teoria de que os estímulos em uma cadeia comportamental são reforçadores condicionados para as respostas anteriores e S^Ds para as respostas posteriores é uma simplificação exagerada.

RESUMO DO CAPÍTULO 13

Uma cadeia comportamental é uma sequência consistente de estímulos e respostas que ocorrem próximos uns dos outros no tempo e na qual a última resposta costuma ser seguida por um reforçador. Uma sequência de comportamento com intervalos entre as respostas, como estudar para uma prova, depois completar a prova e, por fim, obter uma nota, não é uma cadeia comportamental.

Com o método de apresentação de tarefa total, o indivíduo tenta todas as etapas do início ao fim da cadeia em cada tentativa e continua com tentativas de tarefa total até que a cadeia seja dominada. Com o método de encadeamento para trás, a última etapa é ensinada primeiro e, em seguida, a penúltima etapa é ensinada e vinculada à última etapa, depois a antepenúltima etapa é ensinada e vinculada às duas últimas etapas, e assim por diante, até que toda a cadeia seja dominada. Com o método de encadeamento para a frente, a etapa inicial é ensinada primeiro, depois a primeira e a segunda etapas são ensinadas e vinculadas entre si, depois as três primeiras etapas são ensinadas e vinculadas entre si, e assim por diante, até que toda a cadeia seja dominada. Ao ensinar cadeias a pessoas com deficiências do desenvolvimento, recomenda-se o método de apresentação de tarefa total.

A modelagem, o desvanecimento e o encadeamento de comportamentos são às vezes chamados de procedimentos de modificação gradual, pois cada um deles envolve o progresso gradual por meio de uma série de etapas para produzir um novo comportamento (modelagem), ou um novo controle de estímulo sobre um comportamento (desvanecimento), ou uma nova sequência de etapas de estímulo-resposta (encadeamento). Os fatores que influenciam a eficácia do encadeamento comportamental incluem: (a) a adequação da análise da tarefa; (b) a possibilidade de uso independente de comandos pelo aluno; (c) o uso ou não de um comando de modelagem preliminar; (d) o treinamento da cadeia comportamental; e (e) o fornecimento de abundantes reforçadores sociais e de outros tipos. Uma armadilha comum do encadeamento é o desenvolvimento de uma cadeia acidental na qual pelo menos um componente é supersticioso e não funcional. Outra armadilha é que, em algumas cadeias, todos os componentes estão envolvidos na produção de um reforçador, mas todos são indesejáveis.

Exercícios de aplicação

Exercícios envolvendo outros

1. Descreva como você poderia usar o encadeamento para ensinar uma criança a amarrar o cadarço do sapato.
2. Descreva como você poderia usar o encadeamento para ensinar uma criança a dar um nó.
3. Descreva como você poderia usar o encadeamento para ensinar uma criança a fazer um laço.
4. Aplique seus programas de encadeamento nos exemplos acima, e veja como funcionam.

Exercício de automodificação

Identifique um déficit de comportamento seu que possa ser respondente a um procedimento de encadeamento. Descreva em detalhes como você poderia usar as diretrizes de uso efetivo do encadeamento para superar esse déficit.

Confira as respostas das Questões para aprendizagem do Capítulo 13

14 Procedimentos de Reforço Diferencial para Minimizar o Comportamento

Objetivos de aprendizagem

Após ler este capítulo, o leitor será capaz de:

- Definir *reforço diferencial*
- Comparar e contrastar o reforço diferencial de: frequências baixas, resposta zero, comportamento incompatível e comportamento alternativo
- Explicar como o reforço diferencial pode funcionar em detrimento daqueles que não o conhecem.

Tommy, converse um pouco menos, por favor!

Minimização do falatório de Tommy[1]

Tommy, um menino de 11 anos com deficiências do desenvolvimento, foi considerado por sua professora o aluno mais desordeiro da classe. Engajava-se frequentemente em conversas inapropriadas e outras interrupções durante a aula. O comportamento era problemático não tanto por sua natureza, mas devido à alta frequência com que se manifestava. Foi implantado um programa para reduzir suas interrupções a um nível menos incômodo. O comportamento indesejável – "conversar" – recebeu a seguinte definição comportamental: "conversar com a professora ou com os colegas de classe sem a permissão do primeiro; conversar, cantar ou cantarolar sozinho; e fazer declarações não relacionadas com a discussão conduzida na aula." Um assistente se posicionou no fundo da sala de aula e gravou o falatório de Tommy durante uma sessão de 50 minutos, diariamente. Um segundo espectador treinado também gravou o falatório de Tommy, para garantir a exatidão das observações.

Na fase 1, a linha de base, o comportamento foi registrado em 10 sessões. Tommy conversava, em média, a cada 9 minutos ou cerca de 0,11 episódio por minuto. Na fase 2, o tratamento, foi dito a Tommy qual era a definição de "conversar" e lhe passaram a instrução de que seriam concedidos 5 minutos de tempo livre ao final do dia, somente se ele tivesse conversado até 3 vezes ao final das sessões de 50 minutos. Ao término de cada sessão, a professora dizia a Tommy se ele havia cumprido a exigência, mas nunca lhe dizia o número de conversas gravadas. Esse procedimento de reforço diferencial foi efetivo. Durante a fase de tratamento, que durou 15 sessões, Tommy atingiu a média de 1 conversa a cada 54 minutos ou 0,02 por minuto. Além disso, ele jamais excedeu o limite máximo de 3 conversas por sessão.

Na terceira fase, a de acompanhamento, o esquema de reforço diferencial foi removido e disseram a Tommy que ele não teria mais tempo livre por conversar menos. No decorrer das oito sessões desta fase, a frequência de conversa aumentou e atingiu uma média de 1 a cada 33 minutos ou 0,03 por minuto. Embora esta frequência tenha sido maior do que a observada durante o procedimento de tratamento, ainda era significativamente menor do que a frequência observada durante a linha de base. Assim, o tratamento produziu um efeito benéfico que persistiu após o seu término.

[1]Este caso é baseado em Deitz e Repp (1973).

MINIMIZAÇÃO DE COMPORTAMENTO OPERANTE

Os *procedimentos de reforço diferencial* são esquemas que reforçam frequências de resposta específicas. Podem ser usados para reforçar frequências de resposta altas ou baixas. Entretanto, eles raramente são usados para produzir altas taxas de resposta, pois isso pode ser feito de forma mais eficiente com esquemas de razão. Este capítulo descreve procedimentos de reforço diferencial para diminuição de frequências de resposta.

Os procedimentos apresentados nos capítulos anteriores e que podem ser usados para intensificar e manter o comportamento operante incluem reforço positivo, modelagem, desvanecimento, encadeamento, treinamento de discriminação de estímulo e os esquemas de reforço descritos no Capítulo 10. Os procedimentos que podem ser usados para minimizar o comportamento operante incluem extinção operante (descrito no Capítulo 8), punição (descrito no Capítulo 15) e os procedimentos de controle antecedente (descritos nos capítulos 19 a 21), bem como os procedimentos de reforço diferencial descritos neste capítulo.

REFORÇO DIFERENCIAL DE FREQUÊNCIAS BAIXAS

O **reforço diferencial de frequências baixas (DRL**, do inglês *differential reinforciment of low rates*) é um esquema em que um reforçador é apresentado *apenas* se uma resposta particular ocorrer com baixa frequência. Um tipo de esquema DRL, chamado **DRL de resposta limitada**, estabelece um número máximo de respostas durante determinado intervalo de tempo para que um reforçador ocorra. Esse foi o tipo de esquema usado com Tommy. Nesse caso, um intervalo (50 minutos) foi estipulado e um reforçador ocorria ao seu final, se tivessem ocorrido até três conversas.

O número máximo de respostas em um DRL de resposta limitada para que o reforço ocorra pode ser especificado para toda uma sessão ou para intervalos separados ao longo de uma sessão. Um exemplo deste último seria dividir a sessão de 50 minutos de Tommy em três intervalos, cada um de 16 minutos, e dar ao menino um reforço no final de cada intervalo em que ocorresse no máximo uma conversa.

O DRL de resposta limitada é útil quando são sustentadas duas condições: uma parte do comportamento é tolerável, mas menos do que isso é melhor. Austin e Bevan (2011) usaram um DRL de resposta limitada (à qual chamaram "DRL de sessão completa") para que três crianças do ensino fundamental reduzissem a níveis aceitáveis as frequências com que o professor lhes pedia para prestarem atenção. No caso de Tommy, a professora acreditou que três conversas por sessão não seriam tão inconvenientes e ela não queria impor uma exigência tão rigorosa a ele. Assim, Tommy ganharia 5 minutos de tempo livre por conversar no máximo 3 vezes durante uma dada sessão.

Um segundo tipo de DRL, chamado **DRL de resposta espaçada**, requer que um comportamento específico não ocorra durante um intervalo específico e, uma vez terminado esse intervalo, uma ocorrência desse comportamento deve então estar presente para que um reforçador ocorra. Em outras palavras, as ocorrências de um comportamento específico devem ser espaçadas ao longo do tempo. O DRL de resposta espaçada é útil quando o comportamento a ser minimizado é realmente desejado, desde que não ocorra com uma frequência alta demais. Um aluno que sempre fale as respostas corretas em voz alta priva os colegas de classe da chance de responder às perguntas do professor. Naturalmente, não queremos eliminar o comportamento desse aluno. Entretanto, caberia diminuir sua atitude de falar em voz alta, o que poderia ser feito aplicando ao comportamento o seguinte tipo de esquema DRL: qualquer resposta-alvo que ocorresse 15 minutos após a resposta-alvo anterior seria imediatamente reforçada; qualquer resposta que ocorresse em até 15 minutos após a resposta-alvo anterior não seria reforçada. Note que a ocorrência de uma resposta-alvo antes de o intervalo terminar faria a contagem do tempo do intervalo ser reiniciada. Esse procedimento é chamado *DRL de resposta espaçada 1/esquema de 15 minutos.* Ele requer que as respostas sejam fornecidas para que o reforço ocorra.

Lennox *et al.* (1987) usaram um DRL de resposta espaçada para diminuir a velocidade de alimentação de três indivíduos com deficiências profundas do desenvolvimento que comiam suas refeições em uma velocidade tão rápida que era considerada insalubre. Outro uso de DRL de resposta espaçada é tratar um estudante que fala rápido demais. São feitas perguntas como "Como você está?" ou "Onde você vive?", cujas respostas-padrão são reforçadas - mas somente se englobarem um período de tempo mínimo do qual a duração é determinada por aquilo que o professor considera uma velocidade de fala normalmente aceitável. Assim, a sequência de responder-esperar-responder é reforçada desde que a espera seja longa o suficiente.

Questões para aprendizagem

1. Qual é a diferença de usar os esquemas de reforço do Capítulo 10, em comparação aos procedimentos de reforço diferencial descritos neste capítulo?
2. Descreva brevemente, ponto por ponto, como o comportamento de Tommy de conversar em sala de aula foi minimizado.
3. Explique brevemente o que é o esquema DRL. Dê um exemplo do seu dia a dia e que não tenha sido mencionado neste capítulo.
4. Defina *DRL de resposta limitada*. Dê um exemplo.
5. Defina *DRL de resposta espaçada*. Dê um exemplo.
6. Em termos de procedimento, como um DRL de resposta espaçada se assemelha e difere de um esquema de intervalo fixo?
7. Qual é a diferença de procedimento entre um DRL de resposta espaçada e um esquema de intervalo fixo?
8. Descreva um exemplo, com certo grau de detalhamento, que não tenha sido mencionado neste capítulo, de como o DRL poderia ser útil no tratamento de um problema comportamental. Indique qual tipo de DRL deve ser usado.

REFORÇO DIFERENCIAL DE RESPOSTA ZERO

A professora de Tommy estava disposta a tolerar certa quantidade de conversa. Considere, porém, o caso de Gerry, um menino de 9 anos que arranhava e esfregava a pele tão intensamente que chegava a produzir feridas por todo o corpo. Por causa desse problema, ele passava a maior parte de seu tempo em hospitais e nunca ia à escola. Um procedimento de DRL teria sido inadequado, porque nada havia de tolerável no comportamento de Gerry de arranhar e esfregar a pele. O procedimento correto nesse caso, é o **reforço diferencial de resposta zero** (**DRO**, do inglês *diffential reinforcement of zero responding*). No DRO, um reforçador é apresentado *somente* quando uma resposta específica *não* ocorre durante um período de tempo específico. Note que uma resposta-alvo fornecida antes do término desse intervalo faz a contagem de tempo ser reiniciada. Trabalhando com enfermeiros no hospital, pesquisadores (Cowdery *et al*., 1990) começaram com um esquema *DRO de 2 minutos*. Se o comportamento de se arranhar ocorresse durante esse intervalo, a contagem de tempo era reiniciada. Entretanto, se os arranhões não ocorressem, Gerry recebia fichas que posteriormente poderia trocar por acesso a TV, lanches, *videogames* e brinquedos. Ao longo de vários dias, o intervalo de DRO foi prolongado para 4 minutos, depois para 8, 15 e, eventualmente, para 30 minutos. Embora o DRO inicialmente tenha sido aplicado em sessões breves, foi subsequentemente estendido para o dia inteiro. No fim, Gerry foi liberado do hospital e seus pais continuaram fazendo o procedimento em casa.

Do ponto de vista técnico, ao receber reforço no DRO de 30 minutos, Gerry teria recebido uma ficha por fazer qualquer outra coisa que não fosse se arranhar. Por esse motivo, um DRO às vezes é referido como *reforço diferencial de outra resposta*. No entanto, temos certeza de que os modificadores de comportamento teriam intervindo se Gerry, por exemplo, começasse a quebrar as janelas, em vez de se coçar. Os esquemas de DRO têm sido usados para minimizar vários comportamentos-alvo, como comportamentos inadequados em sala de aula (Repp *et al*., 1976); chupar o dedo (Knight e McKenzie, 1974); furar a pele (Toussaint e Tiger, 2012); tiques motores e vocais (*i. e*., movimentos ou vocalizações repetitivas, rápidas, repentinas), como os que ocorrem na síndrome de Tourette (Capriotti *et al*., 2012; Himle *et al*., 2008); comportamento autolesivo (Mazaleski *et al*., 1993) e latidos excessivos de cães sozinhos em casa (Protopopova *et al*., 2016). Para uma análise da pesquisa sobre DRO de 2011 a 2016, ver Jessel e Ingvarsson, 2016.

Se um comportamento indesejado ocorrer com frequência e por intervalos prolongados, seria prudente começar com um DRO de curta duração. Um DRO de 5 minutos pode ser usado para eliminar um comportamento birrento: toda vez que uma birra ocorresse, o cronômetro seria zerado e a duração da birra calculada. O reforço ocorreria quando se passassem 5 minutos corridos sem nenhuma birra. Quando a não ocorrência do comportamento estiver sob bom controle dessa contingência, deve-se iniciar o afinamento do esquema; ou seja, o esquema deve ser aumentado para um DRO de 10 minutos. O intervalo do DRO deve continuar sendo aumentado dessa maneira até que o comportamento esteja ocorrendo muito raramente ou não ocorra mais; e uma quantidade mínima de reforço esteja sendo fornecida para sua não ocorrência.

REFORÇO DIFERENCIAL DE COMPORTAMENTO INCOMPATÍVEL

Ao aplicar um DRO, algum comportamento está ocorrendo quando o reforçador é recebido. Ainda que Gerry não se arranhasse, estava fazendo alguma coisa quando se passaram os 30 minutos de intervalo e ele recebeu uma ficha. Independentemente do comportamento manifestado, ele seria reforçado quando da ocorrência do reforçador. Em vez de deixar o comportamento à mercê do acaso ou de fatores desconhecidos, poderia ser determinada uma resposta incompatível a ser reforçada ao eliminar uma resposta-alvo em particular. Por resposta incompatível queremos dizer uma resposta que não pode ser emitida ao mesmo tempo que a resposta-alvo. Por exemplo, sentar e ficar em pé são comportamentos incompatíveis. Quando decidimos minimizar uma resposta-alvo suspendendo os reforçadores para ela e reforçando um resposta incompatível, o esquema é referido como **reforço diferencial de comportamento incompatível** (**DRI**, do inglês *differential reinforcement of incompatible*). Suponha que você seja professor do ensino fundamental e deseje que um aluno com transtorno de déficit de atenção e hiperatividade pare de correr na sala de aula. Uma possibilidade seria submeter o comportamento a um esquema DRO. Entretanto, este poderia ser substituído por um comportamento incompatível igualmente indesejado. Para evitar isso, você poderia usar o DRI, em vez do DRO, especificando o comportamento incompatível que será reforçado. Você poderia reforçar o comportamento de permanecer sentado em silêncio. Uma escolha ainda melhor seria realizar tarefas escolares, porque esse comportamento é mais útil para a criança. Em outro exemplo, Allen e Stokes (1987) aplicaram com êxito o DRI que as crianças ficassem tranquilas na poltrona do dentista. Na Tabela 14.1 há outros exemplos de potenciais comportamentos incompatíveis para comportamentos-alvo.

Questões para aprendizagem 

9. Explique o que é o esquema DRO. Dê um exemplo que ocorra no dia a dia.
10. Descreva um exemplo razoavelmente detalhado, que não tenha sido descrito neste capítulo, de como o DRO poderia ser útil no tratamento de um problema comportamental.
11. Qual é o significado de "zero" em DRO? Explique.
12. Explique o que é um esquema DRI e dê um exemplo que não conste neste capítulo.
13. Por que um esquema DRI pode ser escolhido no lugar de um esquema DRO?

REFORÇO DIFERENCIAL DE COMPORTAMENTO ALTERNATIVO

O **reforço diferencial de comportamento alternativo** (**DRA**, do inglês *differential reinforcement of alternative behavior*) é um procedimento que envolve a extinção de um comportamento problemático aliada ao reforço de um comportamento topograficamente distinto, mas não necessariamente incompatível com o comportamento problemático (Vollmer e Iwata, 1992; Vollmer *et al.*, 1999). Considere o caso de Kyle, um menino de 4 anos com grave atraso no desenvolvimento. Durante as sessões do treinamento, Kyle costumava ser agressivo e tentava bater, arranhar ou chutar o terapeuta. Para minimizar esse comportamento, Vollmer *et al.* implementaram um DRA. Durante as sessões do treinamento, reforçaram a obediência com a realização das diversas tarefas requisitadas e ignoraram o comportamento agressivo. Note que isso era um DRA, em vez de um DRI, em que Kyle era fisicamente capaz de ser complacente e ainda mostrar agressão. O DRA, mesmo assim, foi efetivo em diminuir o comportamento agressivo de Kyle, bem como para aumentar sua obediência.

Tabela 14.1 Exemplos de comportamentos incompatíveis para comportamentos-alvo.

Comportamentos-alvo a serem minimizados	Comportamentos-alvo a serem intensificados
Dirigir após o consumo excessivo de álcool	Pegar um táxi ou pedir para um amigo dirigir
Roer as unhas	Manter as mãos abaixo dos ombros
Passar muito tempo no Facebook	Passar mais tempo estudando
Chegar atrasado nas aulas	Chegar pontualmente nas aulas

O uso de DRA para eliminar um comportamento indesejado é essencialmente aquilo que recomendamos no Capítulo 8, quando dissemos que a extinção é "mais efetiva quando combinada com reforço positivo para algum comportamento alternativo desejável". De fato, o DRA (e os outros esquemas discutidos neste capítulo) provavelmente será muito efetivo se for usado o reforçador que estava mantendo o comportamento indesejável. As técnicas de identificação desse reforçador são descritas no Capítulo 22. A escolha do esquema para reforço do comportamento alternativo deve ser baseada nas considerações discutidas no Capítulo 10.

Antes de encerrar esta sessão, devemos destacar que há certa dúvida quanto ao DRI e ao DRA serem realmente mais efetivos do que a extinção simples na minimização ou na eliminação do comportamento indesejado (ver Johnston, 2006). Até essa questão ser esclarecida, no entanto, continuamos mantendo as recomendações precedentes como sendo o melhor curso a seguir. Além disso, embora DRI e DRA tenham a desvantagem de serem mais complicados de administrar do que a extinção simples, ambos proporcionam a vantagem de desenvolver um comportamento desejável novo ou de fortalecer um comportamento desejável antigo.

No Capítulo 8, destacamos que, em um fenômeno chamado *ressurgência*, quando determinado comportamento foi extinto e um comportamento alternativo foi reforçado, o comportamento extinto ressurgirá se o comportamento alternativo for extinto. Se a extinção continuar, ambos os comportamentos diminuirão; entretanto, mesmo que seja apenas temporária, a ressurgência do comportamento anteriormente extinto geralmente não é algo desejado (ver Lattal e St. Peter Pipkin, 2009). Como todos os esquemas de reforço diferencial discutidos anteriormente envolvem a extinção de um ou mais comportamentos indesejáveis, devemos esperar que esses comportamentos reapareçam se o comportamento que está sendo reforçado por qualquer um desses esquemas de reforço diferencial for extinto.

ARMADILHAS DOS PROCEDIMENTOS DE REFORÇO DIFERENCIAL PARA MINIMIZAÇÃO DO COMPORTAMENTO

Aplicação errada acidental

Uma armadilha característica do DRL é a tendência a reforçar sem saber um comportamento desejado submetido a esse esquema, e assim fazer com que esse comportamento ocorra a uma baixa frequência, em vez de reforçá-lo em um esquema que o manteria em uma frequência alta. Conhecer essa armadilha pode nos ajudar a analisar como surgem aqueles que não atingem o potencial máximo em nossa sociedade. Considere o que acontece quando uma criança começa a apresentar bom desempenho escolar. Primeiro, o professor fica impressionado e reforça entusiasticamente o comportamento. No entanto, conforme a frequência do comportamento aumenta, o professor vai se tornando gradualmente menos impressionado. Para o professor, "é evidente que se trata de uma criança brilhante" e, desse modo, a sua expectativa é de ela apresente uma elevada frequência de bom comportamento. Por isso, a frequência de reforço diminui gradualmente, talvez chegando a zero. No fim, a criança aprende que há mais reforço quando o desempenho é baixo, porque seu professor fica mais impressionado com seu bom comportamento quando ocorre somente algumas vezes do que quando ocorre com frequência. Algumas crianças somente mostram *flashes* de brilhantismo na escola, em vez de usarem todo o seu potencial. Para evitar esse tipo de esquema DRL involuntário, os professores devem definir o comportamento que querem manter em alta frequência e reforçá-lo em um esquema apropriado. Outras armadilhas de DRO e DRI são similares às armadilhas já discutidas para reforço (Capítulo 6) e extinção (Capítulo 8).

Armadilha da explicação imprecisa do comportamento

Pode-se pensar que os 5 minutos de brincadeira livre que aconteciam perto do final do dia funcionavam como um reforçador para diminuir as conversas de Tommy muito mais cedo. Entretanto, lembre-se do Capítulo 6, em que os efeitos diretos do reforço funcionam apenas em intervalos muito curtos. Portanto, a melhora de Tommy não pode ser atribuída ao efeito direto da brincadeira livre próximo do final do dia letivo como um reforçador para o comportamento de trabalhar em silêncio na sala de aula muito mais cedo. Ao contrário, quando Tommy estava trabalhando em silêncio no início do dia, a consequência imediata provavelmente era o elogio e a atenção da professora, que deve ter dito: "Você está indo muito bem, Tommy; continue assim e você ganhará mais 5 minutos de brincadeira livre. Pense no quanto você vai se divertir." O elogio pode ter sido um reforçador para o desempenho melhorado de Tommy. Além disso, imediatamente após alguns minutos de trabalho em silêncio, Tommy pode ter dito a si mesmo o quanto iria se divertir durante o tempo extra de brincadeira. Essa repetição de uma regra – conforme discutido anteriormente e explicado mais detalhadamente no Capítulo 19 – pode ter ajudado a preencher a lacuna de tempo entre a ocorrência do comportamento desejável durante a sessão de 50 minutos e o tempo extra de brincadeira que ocorreu de forma muito atrasada. O fato de Tommy ter dito a regra acabou sendo reforçado pela ocorrência da brincadeira livre porque ela confirmou a regra, e a confirmação de uma regra é, normalmente, um reforçador.

DIRETRIZES PARA A APLICAÇÃO EFETIVA DE REFORÇO DIFERENCIAL NA MINIMIZAÇÃO DO COMPORTAMENTO

1. *Decida qual tipo de esquema deveria ser usado para diminuir o comportamento-alvo.* Use DRL se houver algo no comportamento-alvo que seja tolerável, porém, quanto menos, melhor. Use DRL de resposta espaçada se o comportamento for desejável enquanto não ocorrer de forma rápida ou frequente demais. Use DRO se o comportamento tiver que ser eliminado e não houver perigo de que o procedimento de DRO venha a resultar no reforço de um comportamento alternativo indesejado. Use DRI ou DRA se o comportamento deve ser eliminado e há perigo de o DRO fortalecer o comportamento alternativo indesejado.
2. *Decida qual reforçador será usado.* Em geral, o procedimento será mais efetivo se o reforçador for aquele que mantém o comportamento que você quer minimizar, e se o reforçador puder ser suspendido para esse comportamento (ver Capítulo 22).
3. Tendo escolhido o procedimento a ser usado e um reforçador, proceda do seguinte modo:
   a) Se um esquema DRL de resposta limitada for usado:
      - Registre como parâmetro o número de respostas-alvo por sessão, durante várias sessões (ou mais), para obter um valor inicial para o esquema DRL que garanta reforço frequente
      - Diminua gradualmente as respostas permitidas no DRL, de modo que o reforço ocorra de forma suficientemente frequente no decorrer do procedimento, a fim de garantir que o aluno consiga progredir adequadamente
      - Aumente gradativamente a extensão do intervalo, a fim de diminuir a frequência de resposta para menos do que foi obtido no passo anterior.
   b) Se um esquema DRL de resposta espaçada for usado:
      - Registre os dados iniciais ao longo de várias sessões (ou mais), determine a média do tempo decorrido entre as respostas e use essa média como valor de partida do esquema DRL
      - Aumente gradualmente o valor do esquema DRL de modo que o reforço ocorra com a devida frequência ao longo do procedimento, a fim de garantir que o estudante faça um progresso adequado.
   c) Se usar DRO:
      - Registre como parâmetro o número de respostas-alvo por sessão, durante várias sessões (ou mais), para obter um valor inicial para DRO
      - Use os valores de partida do DRO que são aproximadamente iguais ao valor médio entre os casos de comportamentos-alvo durante a avaliação inicial
      - Aumente gradualmente a extensão do intervalo de modo que o reforço ocorra com a devida frequência, a fim de garantir que o estudante alcance o progresso adequado.
   d) Se usar DRI:
      - Escolha um comportamento apropriado para fortalecer que seja incompatível com o comportamento a ser eliminado
      - Tome os dados iniciais do comportamento apropriado no decorrer de várias sessões (ou mais) para determinar qual deve ser a frequência apropriada do comportamento para elevá-lo a um nível em que substitua o comportamento inapropriado
      - Selecione um esquema de reforço conveniente para intensificar o comportamento apropriado (ver Capítulo 10)

- Ao mesmo tempo que o comportamento incompatível é fortalecido, aplique as diretrizes para extinção do comportamento problemático, conforme descrito no Capítulo 8
- Aumente gradualmente a exigência do esquema para o comportamento apropriado, de modo que este continue substituindo o comportamento inadequado, conforme a frequência do reforço diminui.

e) Se usar DRA, siga todas as diretrizes listadas para DRI, exceto que o comportamento a ser fortalecido não tem que ser incompatível com o comportamento a ser eliminado.

4. Se possível, informe à pessoa de modo que ela consiga entender o procedimento que você está executando.

Questões para aprendizagem

14. Qual é a diferença entre DRI e DRA?
15. O que acontece se a frequência de reforço em DRL, DRO, DRI ou DRA for baixa demais ou diminuir demasiadamente rápido?
16. Descreva uma armadilha de DRL para pessoas que desconhecem seus efeitos. Dê um exemplo.
17. Que consequência imediata poderia explicar a eficácia da contingência de reforço tardio aplicada às conversas de Tommy?
18. Descreva como o fato de dizer uma regra para si mesmo pode ter influenciado a diminuição das conversas de Tommy.

RESUMO DO CAPÍTULO 14

O Capítulo 10 descreveu esquemas de reforço para aumentar e manter as taxas de respostas operantes. Este capítulo descreve esquemas de reforço diferencial para diminuir as taxas de respostas operantes. O reforço diferencial de frequências baixas de resposta limitada (DRL) é um esquema no qual um reforçador é apresentado somente se determinada resposta ocorrer em uma taxa baixa. Um DRL de resposta espaçada exige que determinado comportamento não ocorra durante um intervalo especificado, e, após esse intervalo, uma ocorrência desse comportamento deve ocorrer para que um reforçador seja apresentado. Um reforço diferencial de resposta zero (DRO é um esquema no qual um reforçador é apresentado somente se uma resposta específica não ocorrer durante um período específico. Um reforço diferencial de comportamento incompatível (DRI) é um esquema no qual os reforçadores são suspensos para um comportamento específico e um comportamento incompatível é reforçado. Um reforço diferencial de comportamento alternativo (DRA) é um esquema que envolve a extinção de um comportamento problemático combinado com o reforço de um comportamento que é topograficamente diferente, mas não necessariamente incompatível com o comportamento problemático. Uma armadilha exclusiva do DRL é a tendência de se reforçar inadvertidamente um comportamento desejável em um DRL, fazendo com que o comportamento ocorra em uma taxa menor que a desejada.

Exercícios de aplicação

Exercícios envolvendo outros

1. Para cada um dos dois tipos de esquemas DRL citados neste capítulo, descreva uma possível aplicação em programas de treinamento de crianças com deficiências do desenvolvimento. Descreva em detalhes como você programaria e administraria o DRL nessas situações.
2. Descreva duas possíveis aplicações do DRO em programas de educação na primeira infância. Descreva em detalhes como você programaria e administraria o DRO nessas situações.

Exercício de automodificação

Descreva detalhes de como você poderia usar um dos procedimentos de reforço diferencial descritos neste capítulo para diminuir um de seus próprios comportamentos que você gostaria que ocorresse com menos frequência.

Confira as respostas das Questões para aprendizagem do Capítulo 14

15 Minimização de um Comportamento com Punição

Objetivos de aprendizagem

Após ler este capítulo, o leitor será capaz de:

- Definir *punição e punidor*
- Distinguir entre quatro tipos diferentes de punidor
- Descrever os fatores que influenciam a efetividade da punição
- Discutir os efeitos colaterais potencialmente danosos da punição
- Avaliar a ética do uso da punição, em oposição a outros métodos, para minimizar o comportamento indesejado
- Explicar como a punição pode prejudicar aqueles que não a conhecem.

Ben, não seja tão agressivo.

Eliminação da agressividade de Ben[1]

Ben, um menino de 7 anos com atraso no desenvolvimento, fazia parte de um programa da escola pública para crianças gravemente perturbadas. A equipe escolar notou um aumento na frequência com que ele batia nas outras crianças e nos membros da equipe. De fato, durante as observações iniciais feitas ao longo de um período aproximado de 3 semanas, a frequência dos golpes de Ben chegou, em média, a 30 por dia. A equipe decidiu avaliar se o exercício de contenção atenuaria o comportamento de Ben. Precauções foram tomadas para garantir que o exercício exigido não fosse prejudicial à saúde de Ben e que fosse eticamente aceitável. Os procedimentos foram explicados com clareza aos pais, e o consentimento deles foi obtido para que Ben participasse do programa. Os procedimentos também foram revisados e aprovados pelo conselho de ética do distrito escolar em que o programa foi conduzido.

O programa ocorreu na escola de Ben, ao longo do período letivo. No dia em que o exercício de contenção foi introduzido, ao primeiro golpe desferido por Ben, o membro da equipe mais próximo disse: "Ben, não bata. Fique em pé e sente 10 vezes." O membro da equipe então segurou a mão de Ben e a ergueu sobre a cabeça dele para incentivá-lo a se levantar e, em seguida, empurrou a parte superior do corpo dele para frente, para fazê-lo sentar, enquanto dizia: "Fique em pé, sente." Apesar de Ben demonstrar certa resistência verbal ao exercício em algumas ocasiões, o incentivo (*prompt*) físico somente se fez necessário durante as primeiras tentativas de treinamento. Nos dias subsequentes, apenas avisos verbais foram necessários. A frequência de golpes de Ben caiu de 30 para 11 no primeiro dia do programa, 10 no segundo dia, um no terceiro dia, chegando a zero ou um posteriormente. Decorridas 2 semanas da implantação do procedimento, a equipe parou de aplicar exercício de contenção, para ver o que aconteceria com os golpes de Ben. A frequência de golpes permaneceu baixa durante 4 dias e, voltou a aumentar no decorrer dos 4 dias subsequentes. A equipe reinstituiu o exercício de contenção e observou uma queda imediata na frequência de golpes, a qual se aproximou de zero. Ben conseguia correr e interagir com as outras crianças, e já não mostrava a agressividade problemática de seu comportamento anterior.

[1]Este exemplo é baseado em um artigo de Luce *et al.* (1980).

PRINCÍPIO DA PUNIÇÃO

Um **punidor** é uma consequência imediata de um comportamento operante que acarreta a diminuição da frequência desse comportamento. Os punidores às vezes são referidos como *estímulos aversivos*, ou apenas *aversivos*. Uma vez determinado que um evento funcione como punidor para um comportamento em particular de um indivíduo em determinada situação, esse evento pode ser usado para diminuir outros comportamentos operantes desse indivíduo em outras situações. Associado ao conceito de punidor está o **princípio da punição**: em determinada situação, se alguém emite um comportamento operante que é imediatamente seguido de um punidor, então essa pessoa será menos propensa a emitir esse comportamento novamente na próxima vez que se encontrar em uma situação similar. No caso de Ben, o exercício contingente era um punidor para seu comportamento de bater.

Note que o significado técnico da palavra *punição* para os modificadores de comportamento é bastante específico e difere de três modos do significado dessa palavra: (1) ocorre imediatamente após o comportamento problemático; (2) não é uma forma de sanção moral, vingança nem retribuição; e (3) não é usado para impedir que outros se engajem no comportamento-alvo. Considere um uso comum da palavra *punição*: mandar alguém para a prisão por ter cometido um crime. Entretanto, ir para a prisão não tende a ser uma consequência *imediata* do um crime. Do mesmo modo, muitos indivíduos acreditam que a prisão é ou deveria ser uma forma de *retribuição* àquele que a *merece*. Além disso, mandar alguém para a prisão é visto frequentemente como uma *dissuasão* para outros potenciais malfeitores. Por outro lado, para os analistas comportamentais, a palavra *punição* não significa nada disso. É um termo técnico que se refere à aplicação de uma consequência imediata que se segue a um comportamento específico de um indivíduo, em determinada situação, com efeito de diminuir a probabilidade de futuras ocorrências de engajamento desse indivíduo nesse comportamento específico, nessa situação específica. Isso não nega que algumas consequências do sistema legal possam funcionar como punição nesse sentido técnico, como ocorre quando alguém recebe uma multa de trânsito por alta velocidade. Entretanto, as consequências legais para crimes muitas vezes não funcionam como punição no sentido técnico e, em geral, não são consideradas dessa forma limitada pelos legisladores, oficiais da lei, membros de profissões legislativas e ou público em geral.

Assim como o reforço positivo, a punição afeta o nosso aprendizado por toda a vida. A consequência imediata de tocar um fogão quente nos ensina a não fazer isso novamente. No início da vida, a dor causada por algumas quedas serviram para nos ensinar a melhorar o equilíbrio. No entanto, é importante reconhecer que há certa controvérsia quanto ao uso deliberado da punição, no campo da modificação de comportamento. Esse assunto é retomado adiante, neste mesmo capítulo, após a discussão sobre os diferentes tipos de punições e os fatores que influenciam os efeitos da punição na supressão de comportamento.

Questões para aprendizagem

1. Descreva brevemente como o comportamento agressivo de Ben foi reduzido.
2. De que forma o controle de estímulo foi uma parte importante da contingência de punição para Ben?
3. O que é um punidor? Descreva um exemplo que você tenha vivenciado. Identifique a resposta e o punidor.
4. Estabeleça o princípio da punição.
5. Qual a diferença entre o significado da palavra *punição* para analistas comportamentais e para a maioria das pessoas?

TIPOS DE PUNIÇÃO

Muitos tipos de eventos, quando transmitidos como consequências imediatas de comportamento, ajustam-se à definição de punidor aqui apresentada. A maioria desses eventos pode ser classificada nas seguintes categorias: punidor físico; reprimenda; intervalo; e custo de resposta (ver Lerman e Toole, 2021; Van Houten, 1983). Embora essas categorias apresentem certa sobreposição, constituem uma forma conveniente de organizar os procedimentos de punição. Consideremos agora cada categoria, individualmente.

Punidor físico

Os *punidores físicos* mais comuns ativam os receptores de dor, chamados *nociceptores*. Trata-se de terminações nervosas localizadas ao longo do corpo, as quais detectam pressão, estiramento e alterações de temperatura intensas o suficiente para potencialmente causar dano tecidual, e que, uma vez ativadas, são experimentadas como dor. Os estímulos que ativam esses receptores são palmadas, tapas, beliscões, puxões de cabelo, frio ou calor extremos, sons altos demais e choques elétricos. Estímulos desse tipo são chamados *punidores incondicionados*, que são estímulos que punem sem aprendizado prévio. Certamente, existem outros estímulos, por exemplo, cheiros e sabores desagradáveis, que não envolvem nociceptores, mas que podem causar desconforto sem aprendizado prévio. Estes também são incluídos como punidores físicos.

Reprimenda

Uma *reprimenda* é um estímulo negativo forte imediatamente contingente ao comportamento. Um exemplo seria os pais dizerem "Não! Isto não foi bom" imediatamente após o filho manifestar um comportamento indesejado. As reprimendas frequentemente também incluem olhar fixo e, às vezes, apertar o braço. Um estímulo que é punidor como resultado de ter sido pareado com outro punidor é chamado *punidor condicionado*. É provável que o componente verbal de uma reprimenda seja um punidor condicionado. É possível que outros componentes, como apertar o braço, sejam punidores incondicionados. Há casos em que a efetividade das reprimendas aumentou pareando-as com outros punidores. Dorsey *et al.* (1980) parearam reprimendas com um borrifo de água para suprimir o comportamento autolesivo em indivíduos com deficiências do desenvolvimento. A adição do borrifo de água (um punidor) fez com que as reprimendas se tornassem eficazes não apenas no ambiente original, mas também em um ambiente em que o borrifo não havia sido usado.

Intervalo

Um *intervalo (timeout)* é um período imediatamente após um comportamento em particular, durante o qual um indivíduo perde a oportunidade de receber reforços. Há dois tipos de intervalo: (a) exclusivo e (b) não exclusivo. Um *intervalo exclusivo* consiste em remover um indivíduo, por um breve período, de uma situação reforçadora, imediatamente após um comportamento indesejável. Muitas vezes, um local especial, chamado *sala de intervalo*, é usado para esse propósito. Trata-se de um local desprovido de tudo que possa servir de reforçador, podendo ser acolchoado para prevenir autolesões. A permanência na sala de intervalo não deve ser por muito tempo – cerca de 4 a 5 minutos geralmente são bastante efetivos (Brantner e Doherty, 1983; Donaldson e Vollmer, 2011; Fabiano *et al.*, 2004). Do mesmo modo, considerações éticas – como ponderar se os fins justificam os meios; ver Capítulo 29 – e considerações práticas – como evitar intervalos prolongados que afastem o indivíduo do ambiente de aprendizado – também devem ser contempladas na determinação da duração de um intervalo. Um *intervalo não exclusivo* consiste em introduzir na situação, imediatamente após um comportamento indesejável, um estímulo associado com reforço reduzido. Foxx e Shapiro (1978) relataram um exemplo: crianças em sala de aula usavam uma fita que era removida por um breve período quando a criança não se comportava corretamente. Quando não usava a fita, a criança não tinha permissão para participar das atividades em sala de aula e era ignorada pelo professor.

Em uma revisão das tendências da pesquisa sobre o intervalo (*timeout*), Warzak *et al.* (2012) analisaram 26 anos de resumos publicados sobre a pesquisa sobre o intervalo. Eles concluíram que eram necessárias mais pesquisas para: (a) avaliar a eficácia relativa do intervalo exclusivo em relação ao intervalo não exclusivo; (b) examinar a melhor forma de ensinar as crianças a obedecerem ao intervalo quando ele é aplicado a elas; e (c) examinar a melhor forma de ensinar os pais e a equipe de tratamento a implementar o intervalo de forma eficaz e dentro de diretrizes éticas aceitáveis.

Custo de resposta

O *custo de resposta* envolve a remoção de uma quantidade específica de reforçador imediatamente após um comportamento indesejável (Reynolds e Kelley, 1997). O custo de resposta às vezes é usado em programas de modificação de comportamento em que os aprendizes ganham fichas como reforçadores (ver Capítulo 24; ver também Kazdin, 1977). Trabalhando em um contexto de sala de aula, Sullivan e O'Leary (1990) mostraram que a perda de fichas – cada ficha poderia ser trocada por 1 minuto de intervalo – pelo comportamento de não fazer a tarefa diminuiu. Capriotti *et al.* (2012) demonstraram que a perda de fichas era um punidor de custo de resposta efetivo para diminuir tiques em crianças com síndrome de Tourette. Johnson e Dixon (2009) mostraram que, em um experimento envolvendo dois jogadores patológicos, o engajamento nas apostas que envolviam cadeias de resposta (ver Capítulo 13) com fichas de pôquer atreladas a certos componentes das cadeias diminuiu a resposta nesses componentes. Note que o custo de resposta difere de um intervalo, no sentido de que, ao administrar o custo de reposta, o indivíduo não perde temporariamente a oportunidade de ganhar reforçadores.

O custo de resposta também não deve ser confundido com extinção operante (ver Capítulo 8). Em um procedimento de extinção operante, um reforçador é suspendido em seguida a uma resposta previamente reforçada. Em custo de resposta, um reforçador é afastado em seguida a uma resposta indesejada. São exemplos de custo de resposta no dia a dia: multas da biblioteca, multas de trânsito e taxas por saques de conta bancária sem saldo. Entretanto, esses punidores não são tipicamente aplicados imediatamente após o comportamento ofensivo. Assim como distinguimos entre efeito de ação direta e efeito de ação indireta de reforço positivo (Capítulo 6), fazemos uma distinção similar com relação à punição. O *efeito de ação direta* da punição é a frequência diminuída de uma resposta devido às suas consequências punitivas imediatas. O *efeito de ação indireta* da punição é o enfraquecimento de uma resposta que é seguida de um punidor, ainda que este seja tardio. Suponha que uma pessoa passe por um cruzamento em alta velocidade, seja capturada pelo radar e, 1 semana depois, receba uma multa por correio. Embora esse procedimento possa reduzir o comportamento dessa pessoa de conduzir em alta velocidade, envolve mais do que o princípio da punição. Os punidores tardios podem influenciar o comportamento por causa das instruções acerca do comportamento que leva ao punidor. Autoafirmativas, imagens ou punidores condicionados imediatos podem se interpor ao comportamento e ao punidor de apoio tardio. É um erro oferecer punição na forma de uma explicação demasiadamente simplista de uma diminuição no comportamento, quando o punidor não se segue imediatamente ao comportamento indesejado. Explicações do efeito de ação indireta do punidor são discutidas no Capítulo 19.

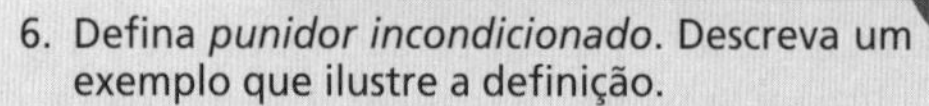

6. Defina *punidor incondicionado*. Descreva um exemplo que ilustre a definição.
7. Descreva ou defina quatro tipos diferentes de punidores. Forneça um exemplo de cada.
8. Em qual das quatro categorias de punição você classificaria o tipo de punição usado no caso de Ben? Justifique.
9. Defina *punidor condicionado*. Dê em exemplo que não apareça neste capítulo.
10. Diferencie um intervalo (*timeout*) exclusivo e um intervalo não exclusivo.
11. Identifique três áreas em que são necessárias mais pesquisas sobre o uso do intervalo com crianças.
12. Qual é o exemplo de punição de custo de resposta comumente aplicado pelos pais a seus filhos?
13. Descreva os procedimentos para extinção, custo de resposta e intervalo exclusivo.
14. Diferencie efeitos de ação direta e efeitos de ação indireta da punição. Dê um exemplo de cada.
15. Quais são os três motivos que poderiam explicar a efetividade de um punidor tardio para diminuir um comportamento?

FATORES QUE INFLUENCIAM A EFETIVIDADE DA PUNIÇÃO

Condições para uma resposta alternativa desejada

Para diminuir uma resposta indesejada, geralmente é considerado maximamente efetivo aumentar alguma resposta alternativa desejada que irá competir com o comportamento indesejado a ser eliminado (Thompson *et al.*, 1999; ver uma perspectiva alternativa em Johnston, 2006). Pesquisas indicam que adicionar punição – especificamente na forma de custo de resposta a uma resposta indesejável – diminuirá ainda mais a frequência da resposta indesejável; no entanto, se, por algum motivo, a resposta desejável for extinta, a resposta indesejável mostrará a mesma quantidade de ressurgência que ocorreria se a punição da resposta indesejável não tivesse sido usada (Kestner *et al.*, 2018).

Você deveria tentar identificar os S^Ds que controlam o comportamento desejado e apresentá-los para aumentar a probabilidade de que o comportamento desejado ocorra. Para manter o comportamento desejado, você também deve ter reforçadores positivos efetivos que possam ser apresentados em um esquema efetivo (Figura 15.1).

Figura 15.1 Exemplo de reforço de um comportamento alternativo desejado.

Causa do comportamento indesejado

Para maximizar a oportunidade para que o comportamento alternativo desejado ocorra, qualquer um que tente executar um procedimento de punição também deve minimizar as causas do comportamento indesejado. Isso implica duas coisas: primeiro, a pessoa deve tentar identificar e eliminar os S^Ds atuais para o comportamento indesejável. Segundo, a pessoa deve tentar identificar e eliminar os reforçadores existentes que estão mantendo o comportamento indesejável. A identificação dos antecedentes e das consequências de um comportamento é chamada de avaliação funcional (discutida no Capítulo 22).

É importante enfatizar que, muitas vezes, a punição pode não ter necessariamente que eliminar ou minimizar um comportamento indesejado. Minimizar as causas do comportamento indesejado e, ao mesmo tempo, maximizar as condições para o comportamento alternativo desejado podem fazer com que o comportamento desejado concorra tão fortemente com o comportamento indesejado que este acabe sendo significativamente reduzido ou totalmente suprimido.

Estímulo punitivo

Se a punição for usada, é importante garantir que o punidor seja efetivo. Em geral, quanto mais intenso ou forte é o estímulo punitivo, mais efetivo este será em diminuir o comportamento indesejado. Entretanto, a intensidade que o punidor precisa ter para ser efetivo depende do êxito em minimizar as causas do comportamento indesejado e, ao mesmo tempo, em maximizar as condições para comportamento alternativo desejado. Até mesmo um punidor leve, como uma reprimenda, pode ser efetivo se o reforçador para um comportamento indesejado for retido em seguida às ocorrências do comportamento, e se um comportamento alternativo desejado for reforçado com um reforçador forte. Thompson *et al.* (1999) avaliaram os efeitos de reprimendas e breves restrições manuais como punidores contingentes com o comportamento autolesivo de quatro indivíduos que haviam sido diagnosticados com atraso no desenvolvimento. Em todos os casos, os punidores leves produziram maior supressão da resposta quando o acesso a um reforçador para um comportamento alternativo desejado – manipulação de objetos de lazer – estava disponível.

O exercício contingente acabou sendo um punidor conveniente para Ben. Era altamente efetivo, poderia ser apresentado imediatamente após um comportamento indesejado e de tal modo que não fosse pareado de nenhuma maneira com um reforço positivo. O cuidado e a atenção que a equipe teve ao escolher a tarefa de exercício real foram evidentemente compensados. A equipe escolheu a tarefa que poderia ser incentivada pela voz de comando de um de seus membros, poderia ser conduzida em diversos contextos e parecia cansar Ben rapidamente sem provocar nenhum estresse desnecessário.

Em vez de selecionar apenas um punidor, pode ser mais efetivo selecionar alguns que variem ao longo das sucessivas ocorrências do comportamento indesejado. Charlop *et al.* (1988) aplicaram uma reprimenda, restrição física, intervalo ou barulho alto como punidores que se seguiam à agressão e à autoestimulação por crianças com atraso no desenvolvimento. Em algumas sessões, apenas um punidor era aplicado. Em outras, os punidores variavam, mas apenas um era administrado de cada vez. As crianças mostraram menos agressividade e autoestimulação durante as sessões em que o professor variou os punidores.

Regras para punição

Você pode recordar, do exposto no Capítulo 11, que um S^{D} é um estímulo em cuja presença uma resposta será reforçada. De modo similar, um S^{Dp} é um estímulo em cuja presença uma resposta será punida.[2] As crianças aprendem rápido que pedir algo aos pais quando estes estão de mau humor muitas vezes leva a uma reprimenda. Os comportamentos parentais característicos de "estar de mau humor" constituem um deles. Pesquisas sobre os efeitos dos S^{D}s demonstraram que, na presença de um deles, se um punidor for consistentemente aplicado em seguida a uma resposta, então essa resposta tenderá menos a ocorrer quando o S^{Dp} for encontrado (p. ex., O'Donnell *et al.*, 2000).

Estudantes iniciantes de análise comportamental costumam confundir S^{Dp} com S^{Δ}. Suponha que, para cada vez que o filho xingar, os pais reduzam R$ 0,25 de sua mesada e, por causa dessa contingência de custo de resposta, os xingamentos diminuam. Nesse exemplo, a presença dos pais seria um S^{Dp} para o xingamento. Se, por outro lado, os pais simplesmente ignorassem a criança quando ela xingasse e o xingamento diminuísse devido a essa contingência de extinção operante, então a visão dos pais seria um S^{Δ} para o xingamento. Em ambos os cenários, a presença dos pais eliminaria o xingamento. Entretanto, as causas da mudança de comportamento são diferentes.

Conforme a nossa descrição para reforço positivo e extinção, a adição de regras a um procedimento de punição muitas vezes ajuda a diminuir o comportamento indesejado e aumenta o comportamento alternativo desejado mais rapidamente (p. ex., Bierman *et al.*, 1987). Do mesmo modo, conforme destacado no Capítulo 6, é muito importante enfatizar o *comportamento* e não *quem* o manifesta. O uso apropriado de regras é discutido no Capítulo 19.

Transmissão do punidor

Para aumentar a efetividade da punição ao transmiti-la, várias diretrizes devem ser seguidas:

[2] Agradecemos a Jennifer O'Donnell (2001) por apresentar o símbolo S^{Dp}.

1. *O punidor deve ser apresentado imediatamente após o comportamento indesejado.* Se o punidor for tardio, é possível que um comportamento mais desejável ocorra antes que o punidor seja usado, e esse comportamento pode ser suprimido em uma extensão bem maior que o comportamento indesejado. O exemplo clássico disso é a mãe que pede ao marido, depois que este chega em casa vindo do trabalho, para punir o filho que se comportou mal durante o dia. Esse pedido é duplamente desastroso. Primeiro, a criança recebe o punidor podendo estar engajada em um bom comportamento. E, em segundo lugar, o pai é punido por chegar em casa vindo do trabalho. Não queremos dizer que a punição tardia seja completamente inefetiva. Conforme destacamos no Capítulo 19, a maioria dos seres humanos prefere unir a deixar amplas lacunas de tempo entre o comportamento e suas consequências. Mesmo assim, a punição imediata é mais efetiva do que a tardia.
2. *O punidor deve ser apresentado em seguida a cada ocorrência de comportamento indesejado.* A punição ocasional não é tão efetiva quanto a punição após cada ocorrência de comportamento indesejado (p. ex., Kircher *et al.*, 1971; Lerman *et al.*, 1997). Se os modificadores do comportamento não forem capazes de detectar a maioria das ocorrências do comportamento a ser punido, devem ter sérias dúvidas acerca do valor da implementação de um procedimento punitivo, em razão de dois motivos: (1) as ocasiões em que um modificador do comportamento é incapaz de detectar ocorrências do comportamento indesejado podem ser ocasiões em que o comportamento indesejado é positivamente reforçado, o que manteria sua força; e (2) os procedimentos de punição têm efeitos colaterais negativos e pode não ser ético implementar um procedimento que talvez seja inefetivo, quando esse procedimento também tem efeitos colaterais negativos.
3. *A transmissão do punidor não deve ser pareada com reforço positivo.* Esse requerimento muitas vezes apresenta dificuldades quando o punidor é transmitido por um adulto e o indivíduo punido recebe pouquíssima atenção desse adulto. Se uma criança recebeu muita atenção afetuosa de um adulto durante um período de tempo anterior à

ocorrência do comportamento indesejado e esse adulto imediatamente aplica uma reprimenda verbal subsequente ao comportamento indesejado, é provável que essa reprimenda seja punitiva. Entretanto, se a reprimenda é apenas a atenção do adulto que a criança tem recebido por um longo período, essa atenção pode reforçar o comportamento indesejado.

4. *A pessoa que administra o punidor deve permanecer calma ao fazer isso*. Raiva e frustração da parte da pessoa que administra o punidor podem reforçar o comportamento indesejado ou alterar de modo inadequado a consistência ou intensidade do punidor. Uma abordagem calma e prática ajuda a garantir que um programa de punição venha a ser seguido de maneira consistente e apropriada. Isso também deixa claro para o recebedor que a punição não está sendo administrada em função da raiva nem por outros motivos inapropriados. Revisões de pesquisas sobre os fatores que afetam a efetividade da punição podem ser encontradas nas referências de Hineline e Rosales-Ruiz, 2013; Lerman e Toole, 2021; Lerman e Vorndran, 2002.

Questões para aprendizagem

16. Quando se faz um bom trabalho e os dois primeiros fatores que influenciam a efetividade da punição são atendidos, é possível que não seja necessário aplicar punição. Discuta.
17. Quais são as duas condições em que um punidor leve pode ser efetivo?
18. Quais etapas você poderia seguir para determinar experimentalmente se uma reprimenda verbal é um punidor para uma criança em particular?
19. Compare S^D com S^{Dp}. Dê um exemplo de cada com base em sua própria experiência.
20. Compare S^Δ com S^{Dp}. Dê um exemplo de cada com base em sua própria experiência.
21. Quais são as quatro diretrizes relacionadas com a aplicação de um punidor?
22. Se os analistas comportamentais forem incapazes de detectar a maioria das ocorrências de um comportamento a ser punido, então devem ter sérias dúvidas acerca do valor da implementação de um procedimento punitivo:
    a) Forneça dois motivos que sustentem essa afirmação.
    b) Quais meios alternativos de minimizar o comportamento estão disponíveis para o modificador de comportamento (ver Capítulos 8 e 14)?

EXEMPLOS DE PUNIÇÃO TERAPÊUTICA

Periódicos sobre comportamento descrevem inúmeros relatos do uso de punição como estratégia de tratamento – por vezes referida como *punição terapêutica* – com indivíduos que apresentam graves dificuldades comportamentais. Esses exemplos são descritos aqui.

Uma punição terapêutica possivelmente salva-vidas é o tratamento de Sandra, um bebê de 6 meses que foi internado no hospital devido à dificuldade em ganhar peso (Sajwaj *et al.*, 1974). Ela estava abaixo do peso e subnutrida, e a morte era uma possibilidade real. Observações preliminares indicaram que, poucos minutos após receber leite, Sandra começava a ruminar – ou trazia o leite de volta à boca e o deglutia novamente. Isso se estendia por cerca de 20 a 40 minutos. Como uma parte do leite regurgitado saía pela sua boca, a bebê aparentemente perdia a maior parte do leite que ingeria. Sajwaj *et al.* decidiram administrar limonada como punidor para o comportamento ruminante de Sandra. Durante o tratamento, sua boca era então enchida com limonada imediatamente depois que os membros da equipe detectavam os vigorosos movimentos linguais que seguramente precediam a ruminação. Após 16 alimentações com punição de limonada, a ruminação diminuiu a um nível muito baixo. Para garantir que a melhora observada era devida ao programa de tratamento, Sajwaj *et al.* suspenderam o uso da limonada durante duas alimentações. O resultado foi um drástico aumento na ruminação. Em seguida a um tratamento adicional, Sandra foi liberada para os pais adotivos, que mantiveram o tratamento até que esse se tornasse desnecessário.

Outro exemplo envolve um caso grave de bruxismo – um constante ranger de dentes. Gerri, uma adolescente de 16 anos com profunda incapacidade intelectual, rangia os dentes praticamente desde que a dentição permanente surgiu. Seus dentes estavam seriamente desgastados e ela corria o risco de perdê-los. Analistas comportamentais foram consultados (Blount *et al.*, 1982). Após considerar uma variedade de procedimentos de reforço e rejeitá-los por diversos motivos, decidiram escolher um procedimento de punição por indução de dor leve. Toda vez que Gerri rangia audivelmente os dentes, um membro da equipe encostava um cubo de gelo em sua face por alguns segundos. Com isso, o ranger de dentes de

Gerri diminuiu consideravelmente nos primeiros dias de tratamento e, decorridos 2 meses da implantação do procedimento, seu bruxismo desapareceu quase completamente.

Tom, um adolescente de 15 anos com profunda incapacidade intelectual, sofria de síndrome de *pica,* ou alotriofagia (comer guloseimas ou substâncias não nutritivas). Tom tendia a comer qualquer coisa que conseguisse pegar com as mãos, incluindo bitucas de cigarro, objetos plásticos, chumaços de cabelo, lascas de tinta, sujeira, areia e pedaços de papel. A síndrome foi associada ao envenenamento com chumbo, bloqueio intestinal, perfuração intestinal e parasitas intestinais. Para tratar a síndrome de Tom, Jhonson *et al.* (1994) o ensinaram a comer somente itens colocados sobre um descanso de plástico amarelo brilhante. Cada vez que Tom colaborasse, experimentaria o reforço natural do sabor agradável dos itens colocados no descanso e seria entusiasticamente elogiado pela equipe na instituição onde vivia. A ingestão de itens que não estavam no descanso era imediatamente seguida de um punidor – a face de Tom era lavada com um pano úmido frio por 15 segundos. O procedimento eliminou efetivamente a síndrome de Tom.

Alguns indivíduos com incapacidade intelectual ou transtorno do espectro autista (TEA) se engajam repetidamente em comportamentos autolesivos – danificando a visão por cortarem os olhos, a audição por baterem as mãos contra as orelhas, causando dano tecidual e sangramento por baterem na cabeça com objetos duros ou rasgarem a carne, e tornando-se desnutridos por induzirem vômito após a ingestão de comida – que os colocam em situação de grande perigo de incapacitação ou até de suicídio. Estudos demonstram que esses comportamentos podem ser suprimidos com punição indutora de dor (Favell *et al.*, 1982; Linscheid *et al.*, 1990; Linscheid *et al.*, 1994). Uma vez suprimido o comportamento autolesivo, o reforço positivo é então usado para manter o comportamento alternativo desejado, mas isso não pode ser feito sem que o comportamento autolesivo tenha sido controlado.

Os exemplos anteriores envolvem punidores indutores de dor. Há também relatos de punição terapêutica com crianças envolvendo punidores de custo de resposta, intervalo e reprimenda. Em uma sala de aula da pré-escola, as crianças poderiam ganhar fichas (estrelas) para vários comportamentos desejados e, ao final de cada sessão, essas fichas poderiam ser trocadas por diversos reforçadores (Conyers *et al.*, 2004). Em algumas sessões, não havia consequências pelo comportamento desordeiro, mas em outras o comportamento desordeiro era seguido da perda das fichas (punição de custo de resposta). O procedimento de custo de resposta foi efetivo para minimizar o comportamento desordeiro. Em outro exemplo, Mathews *et al.* (1987) ensinaram mães a usar uma reprimenda combinada a um intervalo para minimizar os comportamentos perigosos de seus filhos de 1 ano. A mãe deveria elogiar o filho por brincar apropriadamente, dizer "Não" e colocar a criança em um cercado por um breve período imediatamente contingente na ocorrência de um comportamento perigoso. A intervenção diminuiu efetivamente o comportamento perigoso para todas as crianças.

Como esses e outros exemplos ilustram, as aplicações de punição pelos pais, professores e outros parecem se dar na melhor das intenções para aqueles que a recebem. Mesmo assim, devido aos efeitos colaterais potencialmente perigosos da punição, é consideravelmente controverso se os analistas comportamentais devem delinear e implementar programas de punição terapêutica. Antes de discutir essa controvérsia, vamos rever os potenciais efeitos colaterais danosos da punição.

POTENCIAIS EFEITOS COLATERAIS DA PUNIÇÃO

Comportamento agressivo. A punição, em especial a punição física, tende a eliciar um comportamento agressivo. Experimentos realizados com animais mostram que estímulos dolorosos os fazem atacar outros animais – ainda que estes não tenham nada a ver com infringir tais estímulos (Azrin, 1967). Um revisão de 20 anos de estudos de punição física com crianças constatou que a punição física estava associada a níveis mais altos de agressão contra pais, irmãos e colegas (Durrant e Ensom, 2012). Entretanto, esse efeito colateral não foi relatado para as reprimendas, intervalo nem custo de resposta.

Comportamento emocional. A punição, sobretudo a punição física, pode produzir efeitos colaterais emocionais, como choro e medo generalizado.

Esses efeitos colaterais não só são desagradáveis para todos os envolvidos como também interferem frequentemente no comportamento desejado – especialmente, se tiver natureza complexa.

Comportamento de fuga e esquiva. A punição pode fazer uma situação e as pessoas associadas ao estímulo aversivo se tornarem punidores condicionados. Se ao ensinar uma criança a ler, você a punir sempre que ela cometer um erro, qualquer coisa associada a essa situação – como palavras impressas, livros, a pessoa que aplica a punição, o tipo de local em que a punição ocorre – tenderão a se tornar punitivos. A criança pode então tentar fugir ou evitar esses estímulos (ver Capítulo 16). Portanto, em vez de ajudar o indivíduo a aprender, a punição pode fazê-lo se afastar de tudo que tenha a ver com a situação de aprendizado.

O punidor não precisa ser particularmente forte para ter os efeitos indesejados que acabamos de mencionar. Uma professora usava uma cadeira de intervalo como punidor para os alunos da classe da primeira série. Por alguma razão desconhecida – talvez, isso tenha tido a ver com o fato de a cadeira ser preta e a professora ter dito às crianças desordeiras para ficarem sentadas na "cadeira preta" – a cadeira se tornou assustadora para alguns alunos. Anos depois, os antigos alunos que vieram visitar a professora mencionaram o quanto tinham medo da "cadeira preta", ainda que nada de ruim jamais tenha lhes acontecido quando sentavam nela. Quando a professora descobriu o problema associado à cadeira, modificou seu procedimento. A cadeira já não é preta e, agora, ela a chama "cadeira tranquilizadora". Demonstra periodicamente suas boas qualidades aos alunos sentando, ela mesma, na cadeira quando sente necessidade de se acalmar![3]

Nenhum comportamento novo. A punição não estabelece nenhum comportamento novo, apenas suprime um comportamento antigo. Em outras palavras, a punição não ensina ao indivíduo o que fazer – na melhor das possibilidades, ensina apenas o que *não* fazer. Por exemplo, a principal característica definidora de pessoas com dificuldade de desenvolvimento é que lhes falta algum comportamento que a maioria das pessoas tem. A ênfase primária para esses indivíduos, então, deve ser estabelecer um novo comportamento, em vez de meramente eliminar um comportamento antigo. E, para isso, o reforço se faz necessário.

[3]Agradecemos a Fran Falzarano por este exemplo.

Modelo de punição. Crianças costumam imitar ou ter como modelo os adultos. Se os adultos aplicam punição às crianças, elas estão aptas a fazer o mesmo com os outros. Dessa forma, ao punir crianças, podemos inadvertidamente servir de modelo para elas seguirem, apresentando estímulos aversivos a outras pessoas (Bandura, 1965, 1969). Crianças que aprenderam um jogo em que eram multadas pelo comportamento incorreto passaram a multar as outras crianças para as quais haviam ensinado o jogo (Gelfand *et al.*, 1974).

Uso excessivo de punição. Como a punição frequentemente resulta na rápida supressão do comportamento indesejado, o usuário pode ser tentado a se apoiar firmemente na punição e negligenciar o uso do reforço positivo para o comportamento desejado. No entanto, o comportamento indesejado pode retornar após uma supressão apenas temporária, ou algum outro comportamento indesejado pode ocorrer. A pessoa que administra a punição pode então recorrer a doses progressivamente maiores, criando assim um círculo vicioso com efeitos desastrosos.

Questões para aprendizagem

23. Em duas ou três sentenças, descreva o caso da terapia com limonada aplicada a Sandra, ou a terapia do cubo de gelo usada com Gerri.
24. O que é síndrome de pica? Quais fatores influenciadores da efetividade da punição Johnson *et al.* (1994) incorporaram ao tratamento da síndrome?
25. Descreva brevemente o procedimento que Mathews *et al.* ensinaram às mães para diminuir os comportamentos perigosos de seus filhos. O componente intervalo foi exclusivo ou não exclusivo? Justifique.
26. Cite seis potenciais efeitos colaterais danosos da aplicação de punição.

A PUNIÇÃO DEVE SER USADA?

O uso deliberado de punição física, especialmente com crianças ou indivíduos com atraso no desenvolvimento, sempre foi controverso, até mesmo antes do advento da modificação de comportamento. Contudo, a controvérsia se intensificou durante os anos 1980 e 1990. Como revisto por Feldman (1990) e Vause *et al.* (2009), dois posicionamentos opostos emergiram. De um lado, o posicionamento do direito ao tratamento efetivo, segundo o qual o direito de um cliente a um tratamento efetivo poderia, em alguns casos, determinar o uso de procedimentos de punição de ação mais rápida, em vez de procedimentos de ação mais lenta envolvendo reforço positivo de comportamento alternativo (ver Van Houten *et al.*, 1988). Por outro lado, segundo o posicionamento livre de dano, os métodos não aversivos para eliminação de comportamento inaceitável estão sempre disponíveis e são ao menos tão efetivos quanto a punição e, portanto, usar punição indutora de dor nunca é justificável (ver Guess *et al.*, 1986). Durante os anos 1980 e 1990, os defensores deste último posicionamento descreveram uma variedade de alternativas à punição para o tratamento de comportamentos desafiadores. Carr e Durand (1985) observaram que algumas crianças com deficiências do desenvolvimento emitiam comportamento autolesivo para conseguirem atenção do cuidador. Esses pesquisadores desenvolveram um procedimento chamado *treino de comunicação funcional (TCF)*, em que as crianças aprendiam uma resposta comunicativa simples – p. ex., tocar um sino – como alternativa ao autoabuso para conseguir atenção da equipe. O comportamento autolesivo foi efetivamente eliminado. Outro exemplo dessa abordagem foi relatado por Kuhn *et al.* (2010), que ensinaram duas crianças com deficiências do desenvolvimento a usarem uma resposta de comunicação vocal – p. ex., "Com licença" –, em vez de uma variedade de comportamentos problemáticos – p. ex., agitar a cabeça, lançar objetos –, para chamar a atenção da equipe. Também ensinaram às crianças a discriminar quando a equipe estava "ocupada" – p. ex., conversando ao telefone – ou "não ocupada" – p. ex., lendo uma revista –, e a solicitarem atenção primariamente quando a equipe "não estava ocupada". Mesmo assim, algumas pesquisas indicaram que o treino de comunicação funcional combinado com punição de um comportamento problemático é mais efetivo do que o treino de comunicação funcional isolado (Hagopian *et al.*, 1998; Hanley *et al.*, 2005). No entanto, Greer *et al.* (2016) descreveram procedimentos para manter a eficácia do TCF e, ao mesmo tempo, minimizar a necessidade de procedimentos de punição. Para uma revisão do TCF, ver Ghaemmaghami *et al.* (2021).

Em outro exemplo de alternativas à punição, Horner *et al.* (1990) descreveram uma abordagem denominada *suporte comportamental positivo* (SCP), a qual enfatizava abordagens não aversivas para tratar indivíduos que exibiam comportamento desafiador. O SCP reuniu simpatizantes e, hoje, inclui uma organização que realiza uma conferência anual e produz o *Journal of Positive Behavior Interventions*, além de outras publicações. Ver uma discussão sobre SCP em Anderson e Freeman, 2000; Bambara e Kern, 2021; Carr e Sidener, 2002; Filter, 2007; Johnston *et al.*, 2006.

Um efeito importante da controvérsia é que o uso de punição física com crianças tem se tornado cada vez mais inaceitável – 128 nações tornaram ilegal a punição corporal de crianças nas escolas; nos EUA, o Distrito de Colúmbia e 28 estados também proibiram a punição corporal nas escolas (Gershoff, 2017). Associações como a American Association on Intellectual and Developmental Disabilities e a Association of Behavior Analysis International também têm políticas muito específicas que recomendam limites para o uso de castigos físicos severos (ver seus respectivos *sites*).

Agora, vamos reconsiderar a questão sobre a punição de qualquer tipo ter que ser ou não deliberadamente usada. Mas, antes disso, vamos reenfatizar um aspecto ressaltado anteriormente neste capítulo: não estamos falando sobre o conceito de punição como retribuição, dissuasão de outros ou uma consequência tardia do comportamento ruim. Do mesmo modo, não estamos falando sobre uma punição física grave, como dar bofetadas e palmadas, as quais não devem ser usadas. Em vez disso, estamos falando sobre apresentar consistentemente algum tipo de punição física leve como os punidores terapêuticos: reprimendas, custo de resposta e intervalo imediatamente em seguida a um comportamento problemático, mediante total consideração dos fatores que influenciam a efetividade da punição e seus potenciais efeitos colaterais. Como a punição pode ter efeitos colaterais potencialmente danosos, *recomendamos que os analistas comportamentais considerem o delineamento de programas de punição somente quando:*

- O comportamento for muito mal-adaptativo, e for a melhor das intenções trazer à tona uma rápida mudança de comportamento
- Etapas claras são seguidas com o objetivo de maximizar as condições para uma resposta alternativa desejável e minimizar as causas

da resposta a ser punida, antes de recorrer à punição

- O cliente, ou seus pais, ou seu tutor fornece o consentimento informado (ver Capítulo 29)
- A intervenção atende aos padrões éticos (ver Capítulo 29)
- A punição é aplicada em conformidade com diretrizes claras.

ARMADILHAS DE PUNIÇÃO

Aplicação errada acidental

Aqueles que desconhecem aquilo que estão fazendo muito frequentemente aplicam punição. Um exemplo comum é criticar ou ridicularizar uma pessoa por um comportamento inadequado. A crítica e o ridículo são punitivos, e provavelmente irão suprimir futuras ocorrências desse comportamento. Mesmo assim, o comportamento inadequado que é criticado e ridicularizado pode se aproximar de um comportamento mais apropriado. Suprimir o comportamento inadequado poderia destruir a oportunidade do indivíduo de conseguir um comportamento mais desejado por meio do uso da modelagem. Na linguagem cotidiana, o indivíduo é desencorajado e desiste de tentar desenvolver um comportamento adequado. Além disso, como a pessoa pode tentar fugir ou evitar aquele que administrou a crítica e o ridículo (ver Capítulo 16), essa pessoa perderá significativamente a potencial efetividade do reforço.

Outro exemplo de alguém que aplica punição sem saber é aquele indivíduo que diz "Estava bom, mas...". Suponha que um adolescente ajude a mãe com a louça e a mãe replica: "Obrigada pela ajuda, mas não seja tão lento na próxima vez." Estamos certos de que, com base na discussão a seguir, você é capaz de descrever uma forma muito mais efetiva e agradável de a mãe reagir.

Aplicação errada por conhecimento parcial

Às vezes, um indivíduo pensará que está aplicando uma punição, mas na verdade está aplicando um reforçador. Um adulto pode dizer "Não! Pare com isso!" para a criança que está engajada em um comportamento indesejado. Essa criança pode cessar imediatamente o comportamento indesejado e o adulto poderia concluir que a reprimenda foi um punidor efetivo. No entanto, alguém que rastreie a frequência do comportamento indesejado poderia descobrir que a reprimenda não foi um punidor, e sim um reforçador. A criança pode ter parado temporariamente de manifestar o comportamento, porque, tendo ganhado a atenção do adulto, pode então se engajar em outro comportamento que também chamará a atenção do adulto. Estudos indicam que as reprimendas podem funcionar como reforçadores positivos e que, a longo prazo, a frequência do comportamento indesejado que evocou a reprimenda tende, portanto, a aumentar (p. ex., Madsen *et al.*, 1970). Isso não significa que as reprimendas nunca são punitivas. Como foi dito em nossa discussão prévia, as reprimendas podem ser efetivas como punidores. As situações em que elas são mais efetivas, porém, parecem ser aquelas nas quais são frequentemente suportadas por outro punidor, as causas do comportamento indesejável foram minimizadas e as condições para um comportamento alternativo desejado foram maximizadas (Van Houten e Doleys, 1983).

Armadilha da explicação imprecisa do comportamento

A questão das palmadas dadas pelos pais tem sido matéria de primeira página de muitos jornais, entre os quais *New York Times* e *USA Today*. A imprensa popular reproduziu um estudo conduzido por Afifi *et al.* (2012), publicado no *Pediatrics*, o periódico oficial da American Academy of Pediatrics. Os pesquisadores relataram, em uma amostra representativa da população adulta dos EUA, para a qual foi questionado se haviam passado por uma experiência de punição física grave – p. ex., empurrão, agarramento, sacudida, socos, golpes – quando criança. Da amostra, 5,9% responderam "às vezes", e esses indivíduos eram 2 a 7% mais propensos a experimentarem algum tipo de perturbação mental (transtornos do humor, transtornos de ansiedade, abuso/dependência de álcool ou drogas ou transtornos de personalidade graves), em comparação aos indivíduos que relataram não terem experimentado punição física grave durante a infância. Entretanto, nós nos antecipamos em apontar que a discussão sobre o uso de punição pelos pais não necessariamente implica punição corporal. Ver uma revisão sobre punição corporal por pais em Gershoff (2002). Em vez disso, a punição pode envolver intervalo, custo de resposta ou reprimendas. Além disso, queremos reenfatizar que qualquer discussão sobre punição deve ser feita com total consideração da abordagem comportamental da punição usada neste capítulo. Nesse sentido, existem situações em que a aplicação de punição pelos pais provavelmente se dá tendo em vista a melhor das intenções para seus filhos, como no caso de uma criança que frequentemente sai correndo por uma rua movimentada, coloca objetos metálicos em tomadas elétricas ou come lascas de tinta das paredes. Entretanto, antes de aplicar uma punição, os pais devem adquirir conhecimento acerca dos fatores que influenciam a sua efetividade.

Uma excelente fonte de consulta para os pais é o livro de Cipani (2017b), que descreve mitos sobre punição, os princípios básicos da punição e diretrizes para o uso responsável pelos pais.

DIRETRIZES PARA A APLICAÇÃO EFETIVA DA PUNIÇÃO

As regras para o uso efetivo da punição são provavelmente violadas com maior frequência do que aquelas para outros princípios. Portanto, é preciso ter cuidado extra ao delinear um programa de modificação de comportamento envolvendo punição. As condições em que isso será aplicado devem ser claramente descritas, escritas e seguidas de modo consistente:

1. *Selecionar uma resposta.* A punição é mais efetiva com um comportamento específico, como saltar a partir do braço da cadeira, do que com uma categoria de comportamento geral (como destruir os móveis).
2. Maximizar as condições para uma resposta alternativa desejável (não punitiva):
   a) Selecionar um comportamento alternativo desejado que concorra com o comportamento a ser punido, de modo que o comportamento alternativo possa ser reforçado. Se possível, selecionar um comportamento que o ambiente natural venha a manter após o término do programa de reforço.
   b) Fornecer incentivos (*prompts*) fortes para aumentar a probabilidade de que o comportamento alternativo desejado ocorra.
   c) Reforçar o comportamento desejado com um reforçador poderoso, em um esquema apropriado.
3. Minimizar as causas da resposta a ser punida:
   a) Tentar identificar e eliminar tanto quanto possível os S^Ds para o comportamento indesejado, logo no início do programa de treinamento.
   b) Tentar eliminar qualquer reforço possível para o comportamento indesejado.
4. Selecionar um punidor efetivo:
   a) Escolher um punidor efetivo que possa ser apresentado imediatamente em seguida ao comportamento indesejado.
   b) O punidor deve ser um que não venha a ser pareado com um reforço positivo em seguida ao comportamento indesejado.
   c) Selecionar um punidor que possa ser apresentado em seguida a toda ocorrência do comportamento indesejado.
5. Apresentar S^Ds claros:
   a) Falar sobre o plano ao aprendiz, antes de começar.
   b) Fornecer um "aviso" ou "lembrete" claro – p. ex., "Espere a mamãe antes de atravessar a rua".
6. Aplicar o punidor:
   a) Apresentar o punidor *imediatamente* em seguida à resposta a ser minimizada.
   b) Apresentar o punidor em seguida a *toda* ocorrência da resposta a ser diminuída.
   c) Tomar cuidado para não parear a punição pelo comportamento indesejado com o reforço por esse comportamento.
   d) Administrar o punidor de forma calma e prática.
7. *Coletar dados.* Em todos os programas envolvendo punição, deve ser feita uma cuidadosa coleta de dados referentes aos efeitos do programa.

Questões para aprendizagem

27. Descreva brevemente o posicionamento de direito ao tratamento efetivo e o posicionamento livre de dano, com relação ao uso deliberado de procedimentos de tratamento punitivos.
28. Descreva um exemplo de treino de comunicação funcional.
29. Liste seis condições que deveriam ser atendidas para os analistas comportamentais delinearem programas de punição.
30. Em vista das controvérsias referentes ao uso da punição, você concorda com a forma como a punição foi usada com Ben? Justifique a sua resposta.
31. Dê um exemplo de como a punição é aplicada por pessoas leigas que a estão aplicando.
32. Na sua opinião, os pais devem usar punição? Discuta.

RESUMO DO CAPÍTULO 15

Um punidor é uma consequência imediata de um comportamento operante que faz com que esse comportamento diminua de frequência. O princípio da punição afirma que, se alguém emite um comportamento operante que é imediatamente seguido por um agente punidor, então é menos provável que essa pessoa volte a emitir esse comportamento quando se deparar com uma situação semelhante. Há quatro tipos principais de punidores. Os punidores físicos ativam os receptores de dor. As repreendas são fortes estímulos verbais negativos. Um intervalo é um período durante o qual o indivíduo perde a oportunidade de ganhar reforçadores. Há dois tipos de intervalo: exclusivo e não exclusivo. O custo de resposta é a remoção de uma quantidade específica de um reforçador.

A punição é mais eficaz quando: (1) um comportamento alternativo desejável é reforçado; (2) as causas do comportamento indesejável são minimizadas; (3) um punidor eficaz é usado; (4) os antecedentes, incluindo as regras estabelecidas para o comportamento indesejável e o comportamento alternativo desejável, são claramente apresentados; e (5) o punidor é aplicado de forma eficaz, o que inclui apresentação imediata após o comportamento indesejável, apresentação após cada ocorrência do comportamento indesejável, ausência de pareamento do punidor com o reforço positivo e o fato de que a pessoa que aplica o punidor permanece calma enquanto o faz.

Entre os cinco possíveis efeitos colaterais prejudiciais da punição estão o fato de a pessoa que está sendo punida apresentar (1) comportamento agressivo, (2) comportamento emocional, (3) comportamento de fuga e esquiva, (4) nenhum comportamento novo e (5) modelagem da punição. Um sexto efeito colateral prejudicial é que a pessoa que aplica a punição pode fazer uso excessivo dela. Foram descritas duas visões opostas sobre o uso da punição – o posicionamento do direito ao tratamento efetivo e o posicionamento da liberdade de danos. Duas armadilhas comuns da punição são: (a) algumas pessoas aplicam a punição sem saber que estão aplicando-a; e (b) algumas pessoas acham que estão aplicando a punição, mas na verdade estão aplicando o reforço a um comportamento indesejável.

Exercícios de aplicação

Exercícios envolvendo outros

1. Considere o comportamento de excesso de velocidade (dirigir um carro acima do limite de velocidade) em nossa cultura:
   a) Destaque brevemente o reforço atual e as contingências punitivas com relação à condução em alta velocidade.
   b) Compare as atuais contingências punitivas por dirigir em alta velocidade com as "Diretrizes para a aplicação efetiva da punição". Identifique as diretrizes que as instâncias reguladoras tipicamente ignoram.
2. Considere o comportamento de jogar lixo nas vias públicas, na área onde você vive. Com relação a esse comportamento, responda às perguntas que você respondeu para o comportamento de dirigir em alta velocidade no Exercício 1.

Exercício de automodificação

Escolha um comportamento seu que você gostaria de minimizar. Descreva em detalhes um programa de punição que, com a ajuda de um amigo, provavelmente diminuiria esse comportamento. Torne o programa o mais realista possível, mas sem aplicá-lo. O seu programa de punição deve ser consistente com todas as diretrizes de aplicação efetiva de punição.

Confira as respostas das Questões para aprendizagem do Capítulo 15

16 Estabelecer o Comportamento pelo Condicionamento de Fuga e Esquiva

Objetivos de aprendizagem

Após ler este capítulo, o leitor será capaz de:

- Definir *condicionamento de fuga* e *condicionamento de esquiva*
- Comparar e contrastar condicionamento de fuga, condicionamento de esquiva, punição e reforço positivo, em termos de antecedentes e consequências envolvidas em cada um
- Identificar e produzir exemplos de condicionamento de fuga e de esquiva no dia a dia
- Explicar como os condicionamentos de fuga e esquiva podem ser desvantajosos para aqueles que os desconhecem.

Joanne, isso é ruim para você!

Cura da má postura de Joanne[1]

Joanne, uma atendente no Anna State Hospital, era uma atendente modelo. Ela trabalhava duro, era pontual e querida pelos pacientes. Infelizmente, enquanto trabalhava, Joanne constantemente se posicionava mal. Embora não seja um problema grave, a má postura na equipe do hospital representava um modelo inapropriado para os pacientes psiquiátricos, cuja má postura frequentemente desestimulava a aceitabilidade social quando eles retornavam à comunidade. Além disso, muitos especialistas acreditam que uma boa postura beneficia a saúde.

Felizmente, para Joanne, alguns psicólogos do hospital estavam conduzindo uma pesquisa sobre engenharia comportamental – o uso de um aparelho para controlar contingências objetivando a mudança de comportamento. Joanne concordou em participar do experimento, que envolvia uma corda elástica especialmente projetada presa em seu dorso, por baixo da blusa. A corda elástica tinha sensores conectados por fio a um pequeno dispositivo programável contendo um gerador de som e um clicador. Um colarinho que Joanne usava por baixo da blusa e que se ajustava confortavelmente ao sutiã sustentava o dispositivo programável. Assim, todo o aparato ficava completamente disfarçado.

O procedimento do experimento tinha três componentes. No primeiro, quando Joanne assumia a má postura, a corda elástica esticada ativava os sensores que faziam o dispositivo produzir um som de clique e, após 3 segundos, um som aversivo mais alto. Esta era uma ocorrência de punição pela má postura. No segundo componente, se Joanne se posicionasse corretamente enquanto o som tocava, este era desligado. No terceiro componente, quando o som do clicador tocava, se Joanne estivesse com boa postura durante os 3 minutos subsequentes, o som aversivo não ocorreria, e se ela continuasse mantendo a boa postura, evitaria o clique e o som aversivo juntos. Os resultados foram drásticos. Antes de Joanne usar o aparelho, a postura dela era ruim em quase 60% do tempo, mas depois que passou a usar o aparato, a má postura ocorria em apenas 1% do tempo. Quando Joanne removeu o aparelho, a má postura foi retomada para aproximadamente 11%, porém a clara demonstração dos efeitos do aparelho lhe deu esperança de que era possível acabar com seu hábito de posicionar-se incorretamente.

[1] Este caso é baseado em Azrin *et al.* (1968).

Três princípios comportamentais foram usados no caso de Joanne: punição, condicionamento de fuga e condicionamento de esquiva. A punição foi descrita no Capítulo 15; condicionamentos de fuga e esquiva estão descritos a seguir.

CONDICIONAMENTO DE FUGA (REFORÇO NEGATIVO)

O princípio de *condicionamento de fuga* estabelece que a remoção de um *estímulo aversivo* imediatamente após a ocorrência de um comportamento aumentará a probabilidade deste. No segundo componente do tratamento usado com Joanne, a remoção do som alto em seguida à resposta de posicionar-se corretamente era um procedimento de fuga que aumentava a probabilidade de Joanne se posicionar de maneira correta como uma resposta de fuga na presença do som.

O condicionamento de fuga é como a punição no que se refere ao uso de estímulo aversivo. Apesar disso, eles diferem quanto ao procedimento em termos de antecedentes e das consequências do comportamento. Com relação à punição, conforme ilustrado pelo primeiro componente do procedimento de tratamento usado com Joanne, o estímulo aversivo (o som alto) está ausente antes da resposta (sua má postura); em vez disso, a punição é apresentada após a resposta. Quanto ao condicionamento de fuga, de acordo com o segundo componente do tratamento de Joanne, o estímulo aversivo (o som alto) deve estar presente antes da resposta de fuga, enquanto é removido imediatamente em seguida à resposta de fuga. Em termos de resultados, o procedimento de punição *diminui* a probabilidade de a resposta-alvo (má postura) acontecer enquanto o procedimento de condicionamento de fuga *aumenta* essa probabilidade.

Conforme abordado no Capítulo 6, o condicionamento de fuga também é chamado *reforço negativo* (Skinner, 1953). A palavra *reforço* indica que ele é análogo ao reforço positivo, no sentido de que ambos fortalecem as respostas. A palavra *negativo* indica que o efeito de fortalecimento ocorre porque a resposta leva à remoção de um estímulo aversivo.

O condicionamento de fuga é comum no dia a dia. Na presença de luz intensa, aprendemos a "fugir" dessa claridade fechando ou apertando os olhos. Quando um local é frio demais, fugimos do frio vestindo um suéter extra. Quando está quente demais, "fugimos" do calor ligando um ventilador ou ar-condicionado. Se uma equipe de funcionários de manutenção está reparando a rua do lado de fora da sua sala, você poderia fechar a janela para "fugir" do barulho. Ver na Tabela 16.1 outros exemplos de condicionamento de fuga.

Questões para aprendizagem 

1. Defina *condicionamento de fuga*. Descreva como isso foi usado com Joanne.
2. Qual é a semelhança entre condicionamento de fuga e punição? E quais são as diferenças? Em que diferem os efeitos de cada um?
3. Descreva dois exemplos de condicionamento de fuga observados no seu dia a dia (um exemplo que não tenha sido mencionado neste capítulo).
4. Qual é o outro nome atribuído ao condicionamento de fuga? Porque é assim chamado?
5. Quais são os dois procedimentos que diferenciam o reforço negativo do reforço positivo? Quais são as semelhanças entre seus efeitos?

No Capítulo 8, descrevemos o princípio da extinção operante, segundo o qual se qualquer indivíduo, em determinada situação, emite um comportamento previamente reforçado e esse comportamento não é seguido de um reforçador, então essa pessoa será menos propensa a fazer a mesma coisa novamente da próxima vez que se deparar com um situação similar. A extinção também pode ocorrer em seguida ao condicionamento de fuga ou reforço negativo, que é chamado de *extinção de fuga*. Depois que Joanne aprendeu a se posicionar corretamente para fugir do som alto, se o aparelho tivesse sido ajustado para que a boa postura não fosse mais seguida da remoção do som alto, então Joanne provavelmente voltaria a se posicionar incorretamente na presença do som. LaRue *et al.* (2011) usaram a extinção de fuga para tratar problemas alimentares de cinco crianças. Em alguns casos de crianças com transtornos alimentares, quando os pais tentavam alimentar o filho usando uma colher, a criança poderia manifestar o comportamento de recusa – p. ex., chorar, bater na colher. Nessas situações, se os pais interromperem a alimentação ou adiarem exercícios de mordida, então estão fortalecendo o comportamento da criança de recusar alimento por meio do condicionamento de fuga. Nesses cinco casos, LaRue *et al.* ensinaram os pais a usarem a extinção de fuga. O pai deveria segurar uma colher nos lábios da criança até a boca da criança abrir, e a comida era colocada lá dentro. Se ela

Tabela 16.1 Exemplos de condicionamento de fuga.

Situação aversiva	Resposta de fuga do indivíduo	Remoção da situação aversiva	Efeito a longo prazo
1. Uma criança vê um adulto com um saco de balas. A criança começa a gritar: "Bala, bala, bala"	Para acabar com a gritaria, o adulto dá uma bala à criança que grita	A criança para de gritar	Futuramente, o adulto tenderá a ceder a uma criança que grita, para "fugir" da situação, e é mais provável que a criança grite mais para ganhar uma bala, um reforço positivo
2. Um professor apresenta *prompts* a cada 30 segundos a uma criança com deficiência do desenvolvimento	A criança começa a embirrar	O professor concede à criança um intervalo do programa de treinamento	A criança se torna propensa a embirrar diante dos *prompts* frequentes que lhe são apresentados pelo professor
3. Em uma criança que ainda não fala, os calçados colocados pelo cuidador são muito apertados e estão comprimindo os dedos de seu pé	A criança faz um barulho alto na presença de um adulto e aponta para os dedos de seu pé	O adulto remove os calçados e, talvez, coloca calçados maiores	A criança provavelmente fará algum barulho alto e apontará para os pés (ou outras áreas doloridas) mais rapidamente, no futuro
4. Um corredor experimenta a sensação de lábios doloridos durante a corrida	O corredor aplica protetor labial nos lábios	A sensação dolorosa desaparece	É mais provável que o corredor use protetor labial ao correr, para hidratar os lábios
5. Um zelador de zoológico encontra um monte de esterco no chão da jaula de um macaco	O zelador do zoológico se afasta sem limpar o chão da jaula	O zelador do zoológico foge do odor aversivo	Futuramente, o zelador do zoológico provavelmente se afastará do esterco acumulado no chão da jaula do macaco

cuspisse a comida em vez de degluti-la, então o procedimento era imediatamente repetido. O procedimento de extinção de fuga foi efetivo com todas as cinco crianças. Para outro exemplo de aplicação do condicionamento de fuga, ver Kirkwood *et al.* (2021). Para uma revisão da pesquisa que indica que a extinção da fuga pode não acrescentar benefícios substanciais à eficácia da intervenção, ver Chazin *et al.* (2022).

CONDICIONAMENTO DE ESQUIVA

O condicionamento de fuga tem a desvantagem da necessidade de que o estímulo aversivo esteja presente para que a resposta desejada ocorra. No procedimento de fuga usado com Joanne, o som alto era ligado antes de ela se posicionar corretamente. Portanto, o condicionamento de fuga geralmente não é uma contingência final para a manutenção do comportamento, e sim um treino preparatório para o condicionamento de esquiva. Por isso, após ter demonstrado o comportamento de fuga, Joanne foi influenciada pelo condicionamento de esquiva.

O **princípio do condicionamento de esquiva** diz que, se um comportamento previne a ocorrência de um estímulo aversivo, então isso resultará em aumento da frequência desse comportamento. Durante o procedimento de esquiva usado com Joanne, a boa postura preveniu a ocorrência do som alto. Note que tanto o condicionamento de fuga quanto o de esquiva envolvem o uso de um estímulo aversivo. E, com ambos, a probabilidade de um comportamento aumenta. Entretanto, uma diferença entre os condicionamentos de fuga e de esquiva é que uma resposta de fuga remove um estímulo aversivo que já havia ocorrido, enquanto uma resposta de esquiva previne a ocorrência de um estímulo aversivo. Ter isso em mente ajudará você a distinguir as ocorrências de fuga *versus* as ocorrências de esquiva. Suponha que você esteja andando pelo corredor de um *shopping* e alguém que você não gosta dê um passo a sua frente e comece a falar. Você dá a desculpa de estar atrasado para um compromisso e ter que ir embora, e se afasta. Essa é uma ocorrência de condicionamento de fuga, porque o estímulo aversivo estava lá, e você respondeu para fugir dele. Agora, suponha que, no dia seguinte, você está caminhando no *shopping* de novo e vê aquela pessoa que você não gosta saindo de uma loja, a certa distância, porém sem ter lhe visto. Então, você entra em uma loja para passar o tempo e evitar a pessoa. Essa é uma ocorrência de condicionamento de esquiva.

Uma segunda diferença entre os condicionamentos de fuga e de esquiva é que este último muitas vezes envolve um **estímulo de aviso,** também chamado *estímulo aversivo condicionado* ou *pré-aversivo*, que é um estímulo sinalizador de um estímulo aversivo futuro. No exemplo do *shopping*, a visão da pessoa que você não gosta a certa distância foi um estímulo de aviso e você entrou em uma loja para evitá-la. O estalo do aparelho quando Joanne se posicionaria incorretamente era um estímulo de aviso – sinalizava que o som ocorreria após 3 segundos. Joanne rapidamente aprendeu a se posicionar ao som do clicador, para evitar o antecedente do estímulo aversivo, o som alto. Esse tipo de condicionamento de esquiva, que inclui um sinal de aviso que permite ao indivíduo discriminar um estímulo aversivo futuro, é chamado *condicionamento de esquiva discriminada* ou *sinalizada*.

Nem todos os tipos de condicionamento de esquiva envolvem um estímulo de aviso. Um tipo que não envolve é conhecido como *esquiva de Sidman* (assim nomeado em homenagem a Murray Sidman, que estudou extensivamente esse tipo de esquiva com organismos inferiores; p. ex., Sidman, 1953). Em um experimento típico de condicionamento de esquiva de Sidman com um rato de laboratório, um breve choque elétrico era apresentado a cada 30 segundos sem um estímulo de aviso antecedente. Se o rato apresentasse uma resposta determinada, o choque era adiado por 30 segundos. Sob essas condições, o rato aprendeu a dar a resposta determinada regularmente e ficou relativamente livre de choques. O condicionamento de esquiva de Sidman também é chamado *condicionamento de esquiva não discriminada, não sinalizada* ou *operante livre*.

A esquiva de Sidman foi demonstrada em seres humanos (Hefferline *et al.*, 1959) e parece estar por trás de alguns comportamentos preventivos cotidianos. Muitos carros antigos não tinham luz de advertência para indicar quando o reservatório de fluido do limpador de para-brisa estava quase vazio. Para evitar o esgotamento do fluido do limpador de para-brisa, muitos motoristas desses carros reabasteciam regularmente o reservatório antes que ele ficasse vazio. Entretanto, conforme discutido no Capítulo 19, no caso dos seres humanos, esse comportamento também pode ser explicado como um comportamento governado por regras. Ainda há discussões sobre como a esquiva de Sidman pode ser explicada de forma mais geral quando o comportamento governado por regras não está envolvido, como no caso de animais que não possuem comportamento verbal (ver Baum, 2012).

Assim como o condicionamento de fuga, o condicionamento de esquiva também é comum no dia a dia. Estudantes aprendem a fornecer respostas corretas nos testes para evitar notas ruins. O nosso sistema legal é baseado em grande parte no condicionamento de esquiva. Por exemplo, pagamos nossos impostos para evitar a cadeia. Colocamos dinheiro nos parquímetros para evitar uma multa. Pagamos nossas multas de estacionamento para evitar uma ordem judicial. Pesquisadores demonstraram a efetividade dos procedimentos de condicionamento de esquiva para motoristas. Em um estudo, Clayton e Helms (2009) monitoraram o uso de cinto de segurança por motoristas que passavam por uma saída de mão única de um *campus* universitário. Na condição inicial, um estudante posicionado na saída segurava uma placa dizendo "Tenha um bom dia!" e outro registrava se o motorista estava usando cinto de segurança. Em uma segunda fase do estudo, o estudante segurava uma placa que dizia "Use o cinto de segurança – eu me importo!" ou "Use o cinto ou pague", implicando uma multa em dinheiro para quem não usasse o cinto. O uso de cinto de segurança aumentou em 20% na condição "Use o cinto ou pague", em comparação ao aumento de 14% observado na condição "Use o cinto de segurança – eu me importo!".

Em outro estudo, um total de 101 caminhoneiros que viviam nos EUA e no Canadá concordaram em ter um dispositivo instalado em seus veículos, o qual tocava uma campainha e impedia o condutor de mudar de marcha por até 8 segundos, a menos que o cinto de segurança estivesse afivelado. O motorista poderia se esquivar do retardo e a campainha afivelando o cinto de segurança antes de sair do estacionamento. Uma vez que os 8 segundos e a campainha começassem a correr, os motoristas poderiam fugir do retardo remanescente afivelando o cinto. Esse procedimento aumentou o uso de cinto de segurança para 84% dos motoristas (Van Houten *et al.*, 2010).

Analistas comportamentais têm discutido a explicação para a resposta de esquiva. O aumento nas respostas positivamente reforçadas, respostas de fuga e a diminuição nas respostas de punição são explicados pelas consequências do estímulo imediato. Entretanto, a consequência de uma resposta de esquiva é a não ocorrência de um estímulo. Como a não ocorrência de alguma coisa pode causar um comportamento? Por tenderem a não gostar de paradoxos como esse, eles fizeram a seguinte pergunta: existem consequências imediatas que, talvez, sejam facilmente negligenciadas pelo observador casual, mas que mesmo assim podem manter as respostas de esquiva?

Aparentemente, existem diversas possibilidades. Uma delas, no condicionamento de esquiva discriminada, é que a resposta de esquiva seja fortalecida por terminar imediatamente o estímulo de aviso. Lembre-se de que, no caso de Joanne, o som alto era o estímulo aversivo antecedente. Como o clique estava pareado ao som, ele se tornou um estímulo aversivo. Quando Joanne se posicionava corretamente na ocorrência do clique, o resultado imediato era cessá-lo. Embora a boa postura de Joanne fosse uma resposta de esquiva relacionada com o som, era também uma resposta de fuga em relação ao clique. Esse caso nos permite explicar o primeiro exemplo de condicionamento de esquiva descrito na Tabela 16.2.

Uma segunda explicação possível sobre o condicionamento de esquiva discriminada é que, em alguns casos, a resposta de esquiva permite que uma pessoa escape imediatamente de sentimentos de ansiedade. Isso é ilustrado pelo segundo exemplo descrito na Tabela 16.2. A possibilidade de que as respostas de esquiva ocorram por nos permitirem fugir da ansiedade é discutida com mais detalhes no Capítulo 17.

Uma terceira explicação possível é que, em certos casos, a resposta de esquiva permite que uma pessoa fuja imediatamente de pensamentos desagradáveis. Isso poderia explicar a resposta de esquiva descrita no terceiro exemplo na Tabela 16.2. Ou, talvez, a explicação para esse exemplo possa envolver o controle governado por regra sobre o comportamento, discutido no Capítulo 19. Embora essas explicações sejam plausíveis, são especulativas. É possível ver por que os analistas comportamentais hesitam quanto ao modo de explicar a resposta de esquiva em termos de consequências imediatas do estímulo. Ver na referência de Hineline e Rosales-Ruiz, 2013, uma revisão da pesquisa sobre condicionamento de fuga e esquiva.

Tabela 16.2 Exemplos de condicionamento de esquiva.

Situação	Estímulo de aviso	Resposta de esquiva	Consequência imediata	Consequência aversiva evitada
1. Enquanto dirige, você excede o limite de velocidade	Você vê uma viatura da polícia logo à frente	Você imediatamente entra em uma rua lateral	Você não vê mais a viatura da polícia	Você evita a multa por alta velocidade
2. Uma criança brincando no jardim da frente ouve o cachorro do vizinho latir (o latido alto do cachorro a havia assustado antes)	A criança se sente ansiosa	A criança vai para dentro de sua casa	A criança se sente menos ansiosa	A criança evita ouvir o latido alto
3. Um dos autores está prestes a sair do escritório e ir para casa	Ele lembra que seu filho está praticando bateria em casa	Ele telefona para sua casa e pede ao filho para interromper a prática	Cessam os pensamentos de se deparar com o som alto da bateria	Ele evita experimentar o som extremamente alto da bateria ao entrar em casa

Questões para aprendizagem

6. Defina *condicionamento de esquiva*. Descreva como isso foi usado com Joanne.
7. Dê outro nome para estímulo de aviso.
8. Qual é o nome do tipo de condicionamento de esquiva que envolve um estímulo de aviso?
9. Qual é a diferença entre um estímulo de aviso e um S^{Dp}, definido no Capítulo 15?
10. O que é condicionamento de esquiva de Sidman?
11. Explique como a aplicação de protetor solar ou repelente de insetos pode ser um exemplo de esquiva de Sidman. Dê outro exemplo da vida cotidiana. (*Dica*: alguns aplicativos básicos de computador têm temporizadores instalados que se encaixam na definição de condicionamento de esquiva de Sidman.)
12. Quais são as duas diferenças de procedimento entre condicionamento de fuga e condicionamento de esquiva?
13. Descreva dois exemplos de condicionamento de esquiva no dia a dia (um dos exemplos não deve ser extraído deste capítulo).
14. Descreva três tipos de consequência imediata que poderiam manter as respostas de esquiva.

ARMADILHAS DOS CONDICIONAMENTOS DE FUGA E ESQUIVA

Aplicação errada acidental

Inconscientemente, as pessoas fortalecem, com frequência, o comportamento indesejado dos outros ao permitirem que esse comportamento leve à fuga ou à esquiva de estímulos aversivos. Isso é ilustrado no exemplo 2 da Tabela 16.1. Addison e Lerman (2009) observaram essa armadilha ao estudarem três professores da educação especial que conduziram sessões de treinamento com crianças com transtorno do espectro autista (TEA). Esses professores tinham aprendido que, se uma criança apresentasse comportamento problemático durante uma tentativa de ensino, eles deveriam ignorar tal comportamento e continuar incentivando a sequência. Entretanto, foi observado pelos pesquisadores que, em seguida a um comportamento problemático de uma criança, o professor muitas vezes interrompia todas as instruções e comandos durante pelo menos 10 segundos.

As observações de interações familiares feitas por Snyder *et al.* (1997) indicaram que os pais de crianças rotuladas como antissociais frequentemente fortaleciam o comportamento agressivo nos filhos ao cederem diante da manifestação desse comportamento. Os pais inconscientemente podem estabelecer um comportamento verbal inapropriado com uma criança que desesperadamente promete "Serei bom e não farei isso de novo" para fugir ou evitar punição por alguma infração da autoridade dos pais. Quando esse tipo de apelo é bem-sucedido, esse comportamento é fortalecido e, assim, intensificado quanto à frequência sob circunstâncias similares, porém, o comportamento indesejável que os pais pretendem minimizar pode ter sido afetado muito pouco, ou até mesmo não ter sido afetado. O comportamento verbal que pouco tem a ver com a realidade pode ser intensificado, enquanto a resposta-alvo indesejada pode persistir na força.

Outro exemplo desse tipo de armadilha às vezes pode ser observado quando prisioneiros aprendem a fazer declarações verbais "certas" para obter liberdade condicional antecipada. Os conselhos de liberdade condicional muitas vezes têm dificuldade para determinar quando apenas o comportamento verbal dos prisioneiros foi modificado, e não seus comportamentos antissociais. Pedidos de desculpas, confissões e o "olhar de culpado" característico dos transgressores podem ser traçados para contingências semelhantes. Mentir ou representar erroneamente os fatos é uma forma de evitar punição, se alguém conseguir fugir fazendo isso. Outros exemplos de comportamento indesejado mantido por condicionamento de fuga são apresentados no Capítulo 22.

Uma segunda variedade de armadilha de aplicação errada acidental é o estabelecimento inadvertido de estímulos aversivos condicionados aos quais um indivíduo então responde de modo a fugir ou evitá-los. Se um técnico grita, critica e ridiculariza os atletas, eles podem mostrar habilidades melhoradas primariamente para evitar ou fugir da ira do treinador. Durante o processo, contudo, o técnico se torna um estímulo aversivo condicionado para os atletas, por isso, eles agora tendem a evitá-lo. Se a tática do técnico se tornar aversiva demais, tudo que estiver associado com o esporte se tornará aversivo, e alguns membros da equipe poderão até mesmo abandoná-lo completamente.

Uma terceira variedade desse tipo de armadilha é que, em algumas situações, uma pessoa pode ser acidentalmente influenciada pelos condicionamentos de fuga e esquiva a reforçar positivamente o comportamento indesejado de outras pessoas. Um exemplo relacionado ao condicionamento de fuga é o primeiro caso descrito na Tabela 16.1. Um exemplo relacionado ao condicionamento de esquiva é o reforço de uma ameaça, porque previne o comportamento mais aversivo que poderia se seguir, como quando os pais dão uma bala ao filho por este ameaçar chorar caso não venha a recebê-la.

DIRETRIZES PARA APLICAÇÃO EFETIVA DOS CONDICIONAMENTOS DE FUGA E DE ESQUIVA

Qualquer pessoa que aplique os condicionamentos de fuga e de esquiva deve observar as seguintes regras:

1. *Fornecer uma opção para escolher entre manter o comportamento em um procedimento de fuga ou de esquiva (este último é preferido).* Existem dois motivos para isso. Primeiro, no condicionamento de fuga, o estímulo aversivo antecedente somente ocorre quando a resposta-alvo falha. Segundo, no condicionamento de fuga, uma resposta-alvo não ocorre na ausência de um estímulo aversivo antecedente, enquanto no condicionamento de esquiva a resposta diminui muito lentamente quando o estímulo aversivo antecedente não mais acontece no futuro.
2. *O comportamento-alvo deve ser estabelecido pelo condicionamento de fuga antes de ser colocado em um procedimento de esquiva.* No caso apresentado no início deste capítulo, Joanne aprendeu a fugir do barulho alto antes de aprender como evitá-lo.
3. *Durante o condicionamento de esquiva, um estímulo de aviso deve sinalizar o estímulo aversivo iminente.* Isso melhora o condicionamento por fornecer um aviso de que a falha em responder resultará em estimulação aversiva. Um exemplo é a palavra "VIOLAÇÃO" impressa no indicador de tempo de um parquímetro, mostrando que o motorista pode receber uma multa de estacionamento se mais dinheiro não for colocado no parquímetro ou na estação. O clicador exerceu uma função similar para Joanne, indicando que o som alto ocorreria após 3 segundos se ela não assumisse uma postura boa. Se Joanne se posicionasse corretamente durante os 3 segundos, poderia evitar o som alto. De modo similar, pagar no parquímetro ou na estação remove o sinal VIOLAÇÃO e previne a multa.
4. *Os condicionamentos de fuga e de esquiva, assim como a punição, devem ser usados com cautela.* Como esses procedimentos envolvem estímulos aversivos, podem resultar em efeitos colaterais danosos, como agressão, medo e tendência a evitar ou fugir de qualquer pessoa ou coisa associada ao procedimento.
5. *O reforço positivo para a resposta-alvo deve ser usado em conjunto com os condicionamentos de fuga e esquiva.* Isso não só ajudará a fortalecer o comportamento desejado como também tenderá a contrapor os efeitos colaterais indesejados. O procedimento usado com Joanne provavelmente teria funcionado ainda melhor se um reforço positivo pela boa postura tivesse sido adicionado. Isso não foi feito porque os pesquisadores focavam apenas os procedimentos de fuga e esquiva.
6. *Assim como todos os procedimentos descritos neste texto, devem ser esclarecidas ao indivíduo interessado as contingências no efeito.* Novamente, assim como em todos esses procedimentos, entretanto, as instruções são dispensáveis para que os condicionamentos de fuga e esquiva funcionem.

Questões para aprendizagem

15. Descreva brevemente um exemplo de como as pessoas, inconscientemente, fortalecem o comportamento indesejado de outras ao permitirem que tal comportamento leve à fuga ou à esquiva de estímulos aversivos.
16. Descreva um exemplo do estabelecimento inadvertido de estímulos aversivos condicionados, os quais fazem um indivíduo esquivar ou fugir desses estímulos.
17. Explique com um exemplo seu por que um indivíduo poderia inconscientemente fornecer um reforço positivo para o comportamento indesejado de outro indivíduo. (*Dica*: veja o primeiro exemplo da Tabela 16.1.) Identifique com clareza os princípios comportamentais envolvidos.
18. Explique como o condicionamento de fuga poderia influenciar um adulto a reforçar inconscientemente de maneira positiva o isolamento social extremo de uma criança.

RESUMO DO CAPÍTULO 16

O princípio do condicionamento de fuga, também chamado de reforçamento negativo, afirma que a remoção de estímulos aversivos imediatamente após a ocorrência de um comportamento aumentará a probabilidade de esse comportamento ocorrer. Muitos de nossos comportamentos cotidianos são influenciados pelo condicionamento de fuga. O princípio do condicionamento de esquiva afirma que, se um comportamento evitar a ocorrência de um estímulo aversivo, então o resultado será o aumento da frequência desse comportamento. O condicionamento de esquiva geralmente envolve um estímulo de aviso. As respostas de esquiva podem ocorrer porque nos permitem escapar de um estímulo de aviso, da ansiedade ou de pensamentos desagradáveis. Uma armadilha do condicionamento de fuga é que ele pode levar a pessoa a reforçar um comportamento indesejável. Outra armadilha é o estabelecimento inadvertido de estímulos aversivos condicionados aos quais o indivíduo responderá para fugir ou se esquivar deles.

Exercícios de aplicação

Exercício envolvendo outros

O comportamento de esquiva bem-sucedido implica que um indivíduo provavelmente tenha sido condicionado a responder a um sinal de aviso, de forma a evitar a ocorrência de um estímulo aversivo antecedente. Isso significa que o comportamento de esquiva poderia persistir mesmo que o ambiente fosse modificado, de modo que o estímulo aversivo antecedente não mais fosse apresentado independentemente do comportamento do indivíduo. Descreva um exemplo que você tenha observado em alguém, que não seja você mesmo, que ilustre esse efeito.

Exercício de automodificação

Construa uma tabela similar à Tabela 16.1 em que sejam descritos cinco exemplos de condicionamento de fuga que tenham influenciado o seu comportamento. Apresente cada exemplo em termos de categorias de situação aversiva, resposta de fuga, remoção de estímulo aversivo e prováveis efeitos a longo prazo sobre a resposta de fuga.

Confira as respostas das Questões para aprendizagem do Capítulo 16

17 Condicionamentos Respondente e Operante Juntos

Objetivos de aprendizagem

Após ler este capítulo, o leitor será capaz de:

- Descrever as diferenças entre as respostas operantes e respondentes
- Descrever as diferenças entre o condicionamento e a extinção operante e respondente
- Discutir as interações operante-respondente que ocorrem no curso normal do dia a dia
- Identificar os componentes respondente e operante das emoções
- Identificar os componentes respondente e operante do pensamento.

Preciso terminar meu trabalho de conclusão de curso!

Responder para cumprir os prazos

Janice, estudante na Universidade de Manitoba, recebeu, no início de um curso que ela estava frequentando, a tarefa de fazer um trabalho que deveria ser entregue no meio do ano letivo. Uma semana antes da entrega do trabalho, Janice ainda não havia se dedicado a ele. Cinco dias antes da data da entrega, começou a ficar um pouco preocupada. Entretanto, quando seus amigos a chamaram para ir a um bar, Janice pensou: "Que se dane, ainda tenho 5 dias". No bar, ela disse aos amigos: "Não me chamem para nada nos próximos 4 dias. Tenho que terminar um trabalho importante." Embora Janice tenha começado o trabalho no dia seguinte, a cada dia que passava ela se sentia cada vez mais nervosa em relação às chances de terminar o trabalho a tempo. Após trabalhar até tarde por três noites seguidas, Janice finalmente concluiu o trabalho e sentiu como se um grande peso tivesse sido tirado de seus ombros.

COMPARAÇÃO DOS CONDICIONAMENTOS RESPONDENTE E OPERANTE

Conforme temos visto, os princípios dos condicionamentos respondente e operante formam a base da modificação de comportamento. No Capítulo 5, descrevemos os princípios e procedimentos do condicionamento respondente. Nos Capítulos 6 a 16, descrevemos os princípios e procedimentos do condicionamento operante. Antes de continuarmos com o caso de Janice e outros casos, analisaremos brevemente um exemplo de condicionamento respondente e, em seguida, compararemos o condicionamento respondente e o operante. No Capítulo 5, descrevemos o caso de Susan, uma jovem patinadora artística que desenvolveu o medo do salto duplo *axel*. A Figura 17.1 apresenta um diagrama do condicionamento respondente do medo de Susan. Como ilustrado por esse caso e conforme afirmamos no Capítulo 5, os comportamentos respondentes são eliciados por estímulos prévios e não são afetados por suas consequências. Entre os exemplos estão o sentimento de ansiedade antes de um exame final, a salivação ao sentir o cheiro da comida ou o rubor quando alguém apontar seu zíper aberto.

Os comportamentos operantes, por outro lado, são aqueles que influenciam o ambiente a produzir consequências e que são afetados, por sua vez, por elas. Alguns exemplos são ligar o celular ou pedir que alguém lhe passe o saleiro. Antes de seguir com a leitura deste capítulo, sugerimos que estude atentamente a Tabela 17.1, que resume algumas das principais diferenças entre os condicionamentos respondente e operante.

Questões para aprendizagem

1. Dê um exemplo de condicionamento respondente que não seja extraído deste capítulo.
2. Descreva três diferenças entre comportamento operante e comportamento respondente (Tabela 17.1).
3. Descreva os procedimentos de condicionamento e os resultados do condicionamento para o condicionamento operante (somente reforço positivo) e para o condicionamento respondente.
4. Descreva o procedimento de extinção e os resultados da extinção para o condicionamento operante e o condicionamento respondente.

INTERAÇÕES OPERANTE-RESPONDENTE

Determinada experiência tende a incluir ambos os condicionamentos, respondente e operante, ao mesmo tempo. Assim como a maioria das pessoas, Janice provavelmente tinha história de punição por falha em cumprir prazos. A punição elicia sentimentos de ansiedade, uma reação respondente. Como consequência de pareamentos anteriores com punição, os estímulos associados com a perda de um prazo provavelmente eram estímulos condicionados (CS) eliciadores de ansiedade como resposta condicionada (CR) em Janice. Como fazer o trabalho de final de semestre se encaixa nesse contexto? As respostas relevantes – buscar referências, ler material de apoio, fazer anotações, fichamento e finalmente redigir o trabalho – são respostas operantes. Conforme essas respostas ocorriam e Janice começava a ver que conseguiria cumprir o prazo, a ansiedade foi diminuindo. Assim, foram os estímulos associados com o prazo que provavelmente fizeram Janice se sentir ansiosa (resposta eliciada). À medida que essas respostas ocorriam e Janice começou a perceber que cumpriria o prazo, a ansiedade diminuiu. Embora outros fatores, sem dúvida, tenham influenciado o comportamento de Janice, a análise precedente ilustra como ambos os condicionamentos podem ter ocorrido ao mesmo

Exemplo de condicionamento respondente

Vários pareamentos { NS (aproximação da posição de partida para o duplo *axel*)
US (queda ruim) → UR (medo)

Resultado: CS (aproximação da posição de partida para o duplo *axel*) → CR (medo)

Figura 17.1 Condicionamento respondente do medo em uma patinadora artística. NS: estímulo neutro; US: estímulo incondicionado; UR: resposta incondicionada; CS: estímulo condicionado; CR: resposta condicionada. (Adaptada de Martin, 2019.)

Tabela 17.1 Comparação dos condicionamentos operante e respondente.

	Operante	Respondente
Tipo de comportamento	• Controlado por consequências • Referido como comportamento voluntário • Em geral, envolve músculos esqueléticos • Emitido por um indivíduo	• Respostas automáticas a estímulos prévios • Referido como reflexo ou involuntário • Em geral, envolve músculo liso e glândulas que controlam o nosso trato gastrintestinal e os vasos sanguíneos • Eliciado por estímulos prévios
Procedimento de condicionamento	• Na presença de um estímulo, uma resposta é seguida de um reforçador*	• Pareamento de um estímulo neutro com um estímulo eliciador antes de uma resposta
Resultados do condicionamento	• Maior probabilidade de ocorrer resposta a um estímulo prévio, agora denominado S^D	• Maior probabilidade de ocorrer resposta ao estímulo neutro, agora denominado CS
Procedimento de extinção	• Uma resposta não é mais seguida de um reforçador	• O CS não é mais pareado com o US
Resultados de extinção	• Menor probabilidade de ocorrer resposta ao S^D anterior	• O CS perde a habilidade de eliciar a CR

*O reforço positivo é apenas um dos procedimentos de condicionamento operante. Outros, como visto nos capítulos anteriores, são condicionamento de fuga, condicionamento de esquiva e punição. (Adaptada de Martin, 2019.)

tempo e interagido. Isso está de acordo com a forte conexão entre emoções e motivação, ou MOs, discutida no Capítulo 6.

Outro exemplo de sequência de comportamento envolvendo os dois condicionamentos é o de uma criança pequena que corre para um animal de estimação, um cachorro grande. Sem jamais ter tido qualquer motivo para temer cães, a criança não mostra nenhum medo agora. Suponha, contudo, que ao brincar o cachorro pule sobre a criança e a derrube. De modo bastante natural, a criança então começa a chorar por causa da dor e da surpresa causada por esse tratamento rude. Com relação a essa sequência comportamental, ilustrada na Figura 17.2, considere primeiro de que modo isso representa um caso de condicionamento respondente. Um estímulo - **ver um cachorro grande** - que antes não era um CS para uma resposta específica - chorar - passou a ser um CS porque foi associado a um US - **ser derrubado de repente** - que provocou essa resposta.

Vamos considerar agora de que modo a sequência comportamental envolveu uma ocorrência de condicionamento operante. A resposta operante da criança se aproximando do cachorro foi seguida de um punidor – a criança ter sido derrubada. De acordo com o princípio de punição, a criança tenderá a se afastar de cachorros grandes no futuro. Além disso, a visão de um cachorro grande provavelmente atua como punidor condicionado por causa do pareamento com a queda.

Um dos resultados dessa interação dos condicionamentos operante e respondente é que provavelmente fará a criança evitar cachorros de grande porte futuramente ou fugir – no sentido técnico descrito no Capítulo 16. Ou seja, se a criança avistar um cachorro grande por perto, isso provavelmente será um CS eliciador de ansiedade. Se a criança fugir, a ansiedade provavelmente diminuirá. Portanto, fugir de cachorros grandes provavelmente será mantido por um reforço negativo ou condicionamento de fuga em que a criança escapará tanto da visão do cachorro – um estímulo aversivo condicionado – como do sentimento de ansiedade.

Os dois condicionamentos também ocorrem em sequências comportamentais envolvendo reforçadores positivos. Conforme é possível ver na sequência comportamental ilustrada na Figura 17.3, o som do sino se tornará um CS para uma resposta respondente, e um S^D para uma resposta operante.

No caso principal do Capítulo 5, focamos o comportamento respondente. Nos casos principais apresentados nos Capítulos 6 a 17, nos concentramos no comportamento operante. Entretanto, cada um dos indivíduos descritos nesses casos provavelmente passou pelas

Sequência comportamental

Visão de um cachorro ·························►

A criança se aproxima do cachorro → A criança é derrubada → A criança chora (e mostra o sofrimento emocional chamado "ansiedade" ou "medo")

Condicionamento respondente

Pareamento { NS (visão de um cachorro)
US (ser derrubado) → UR ("ansiedade")

Resultado: CS (visão do cachorro) tende a eliciar a CR de "ansiedade"

Condicionamento operante

S (visão do cachorro) → R (a criança se aproxima do cachorro) → Punidor (a criança é derrubada)

Resultado 1: R tende a não ocorrer novamente

Resultado 2: a visão do cachorro tende a ser um punidor condicionado (por causa do pareamento com a queda)

(A visão de um cachorro pode ter se tornado um punidor ao menos em parte, porque agora passará a eliciar ansiedade, conforme o esquema)

Figura 17.2 Sequência comportamental que envolve ambos os condicionamentos, respondente e operante, e que leva ao desenvolvimento de um estímulo como punidor condicionado. NS: estímulo neutro; US: estímulo incondicionado; UR: resposta incondicionada; CS: estímulo condicionado; CR: resposta condicionada; S: estímulo; R: resposta.

Sequência comportamental

O carrinho de sorvete se aproxima com o sino tocando sem parar ········►

A criança corre para a rua e compra um sorvete → A criança morde o sorvete → A criança saliva enquanto o sorvete está em sua boca

Condicionamento respondente

Pareamento { NS (som do sino)
US (o sorvete na boca) → UR (salivação)

Resultado: CS (sino) tende a eliciar CR (salivação)

Condicionamento operante

S^D (som do sino) → R (a criança corre para a rua e compra sorvete) → reforçador (sorvete na boca)

Resultado 1: R tende a ocorrer novamente na próxima apresentação de S^D

Resultado 2: o som do sino tende a ser um reforçador condicionado (por causa dos pareamentos apropriados com o sorvete)

Figura 17.3 Sequência comportamental incluindo ambos os condicionamentos, operante e respondente, e que leva ao desenvolvimento de um estímulo como reforçador condicionado. NS: estímulo neutro; US: estímulo incondicionado; UR: resposta incondicionada; CS: estímulo condicionado; CR: resposta condicionada; S: estímulo; R: resposta.

Questões para aprendizagem

5. Explique por que a aproximação de um prazo tende a funcionar como CS eliciando ansiedade como CR.
6. Descreva como os condicionamentos respondente e operante interagiram para influenciar Janice a concluir o trabalho dentro do prazo.
7. Descreva uma sequência comportamental que envolva um estímulo aversivo e inclua os condicionamentos respondente e operante. Faça um diagrama dos componentes de ambos.
8. Descreva uma sequência comportamental que envolva um reforçador positivo e inclua os condicionamentos respondente e operante. Faça um diagrama dos componentes de ambos.

experiências dos condicionamentos respondente e operante nessas situações. Embora nós, como analistas comportamentais, escolhamos enfocar um ou outro, não devemos perder de vista o fato de ambos estarem envolvidos na maioria das situações, e que as explicações comportamentais completas às vezes requerem a consideração de ambos (ver Pear e Eldridge, 1984). Uma área em que é necessário considerar os dois condicionamentos é o estudo das emoções.

COMPONENTES RESPONDENTE E OPERANTE DAS EMOÇÕES

As emoções exercem papel importante em nossas vidas. Pesquisadores em emoção reconhecem que existem vários componentes em qualquer emoção. Existe um componente do sentimento interno, particular e subjetivo; e um componente manifesto, público e objetivo (Damasio, 2000; Hoeksma *et al.*, 2004; Scherer, 2000). Para compreender totalmente esse tópico, examinamos o papel dos condicionamentos respondente e operante em quatro áreas: (a) a reação que alguém sente durante a experiência de uma emoção, como o frio na barriga antes de uma entrevista de emprego importante; (b) o modo como alguém aprende a externalizar ou disfarçar uma emoção, como abraçar um amigo para mostrar afeição ou apertar as mãos de alguém com força para esconder o nervosismo; (c) como alguém se torna consciente e descreve as emoções de uma pessoa, como dizer a si mesmo ou aos outros "Estou nervoso", em vez de dizer "Estou com raiva"; e (d) algumas causas das emoções.

Componente respondente: nossas emoções

O componente respondente das emoções envolve primariamente as três classes principais de respondedores discutidas no Capítulo 5: reflexos do sistema digestivo, sistema circulatório e sistema respiratório. Estes são controlados pela parte correspondente ao sistema nervoso referida como *sistema nervoso autônomo*.

O que acontece dentro de você em um momento de temor? As suas glândulas suprarrenais secretam adrenalina na sua corrente sanguínea, e isso estimula fisicamente e mobiliza o seu corpo para a ação. A sua frequência cardíaca aumenta drasticamente – sistema circulatório. Ao mesmo tempo, você respira mais rápido, fornecendo um suprimento aumentado de oxigênio para o sangue – sistema respiratório. O oxigênio aumenta em todo o corpo, elevando a frequência cardíaca e fornecendo mais dessa substância aos seus músculos. Você poderá começar a transpirar, e isso atua como um mecanismo de resfriamento preparando para um débito energético aumentado do corpo. Ao mesmo tempo que essas alterações ocorrem, você pode desenvolver uma sensação de náusea no estômago – sistema digestivo. Os vasos sanguíneos do estômago e dos intestinos sofrem constrição e o processo de digestão é interrompido, desviando o sangue dos órgãos internos para os músculos. Sua boca fica ressecada, quando a ação das glândulas salivares é dificultada. É possível até que você perca temporariamente o controle sobre o intestino ou a bexiga, uma reação que, para os nossos ancestrais primitivos, estimulava o corpo a se preparar para a fuga e tendia a distrair os perseguidores. As reações internas preparam o corpo para fugir ou lutar. Elas tiveram valor de sobrevida em nossa história evolutiva, mas nem sempre são úteis na sociedade moderna.

O sistema nervoso autônomo não está envolvido em todos os comportamentos respondentes: alguns são parte de reflexos esqueléticos – também chamados reflexos motores. Alguns reflexos esqueléticos que foram identificados em recém-nascidos com desenvolvimento normal são o reflexo de sucção, que envolve sucção em resposta à estimulação da área ao redor da boca; reflexo de agarrar, que envolve espremer um objeto colocado na palma da mão; o reflexo de Moro, que envolve um olhar assustado e lançar os braços para os lados em resposta à retirada momentânea do suporte; reflexo de susto, envolvendo arremessar os braços para os lados em resposta a um barulho alto; reflexo de passada, que envolve um movimento de dar passos em resposta ao contato dos pés com uma superfície rígida; reflexo de natação, que envolve movimentos natatórios ao ser colocado na posição pronada na água; reflexo de piscamento, que envolve piscar em resposta ao toque nos olhos ou à luz brilhante; reflexo de tosse, envolvendo tossir com a estimulação das vias respiratórias para os pulmões; reflexo de ânsia, que envolve a ânsia ao toque da garganta ou da parte posterior da boca; reflexo de espirro, que envolve espirrar com a irritação da passagem nasal; e reflexo de bocejar, que envolve bocejar diante da diminuição da entrada de oxigênio (Feldman e Chaves-Gnecco, 2018; Woody *et al.*, 2022). Todos esses reflexos, com exceção dos últimos cinco, normalmente desaparecem dentro de alguns meses. Os últimos cinco persistem ao longo da vida inteira do indivíduo.

Os reflexos esqueléticos podem não ser tão facilmente condicionados por condicionamento respondente quanto os reflexos autônomos. Quase todos os órgãos e glândulas controlados pelo sistema nervoso autônomo são suscetíveis ao condicionamento respondente (Airapetyantz e Bykov, 1966). Além disso, é o sistema nervoso autônomo que parece estar primariamente envolvido no componente do sentimento das emoções.

Os pesquisadores de emoção distinguem as emoções em primárias e secundárias. A lista de emoções primárias desenvolvida por eles inclui tipicamente medo, raiva, alegria, felicidade, tristeza, interesse, antecipação e excitação. A lista de emoções secundárias tipicamente inclui inveja, ciúme, ansiedade, culpa, vergonha, alívio, esperança, depressão, orgulho, amor, gratidão e compaixão (Lazarus, 2007). As emoções secundárias se desenvolvem após as emoções primárias e, segundo alguns pesquisadores, surgem a partir destas (Plutchik, 2001; Walsh, 2012, pp. 120-121).

Vimos que o sentimento de medo no caso de Susan, conforme ilustrado na Figura 17.1, foi influenciado pelo condicionamento respondente. Uma quantidade significativa de pesquisas se concentraram em demonstrar que o condicionamento respondente pode produzir sentimentos de medo e ansiedade a estímulos específicos (ver Craske *et al.*, 2006; Mineka e Oehlberg, 2008; Mineka e Zinbarg, 2006).

Mesmo assim, o condicionamento respondente também influencia os sentimentos associados com outras emoções. Em uma reunião familiar os membros da família podem vivenciar muitos momentos felizes. Algumas semanas depois, ao verem as fotos tiradas na reunião, as imagens tenderão a ser CS eliciadores de sentimentos de “felicidade”. Contudo, existem mais emoções do que as respostas autônomas que sentimos. Vamos ver como o condicionamento operante também está envolvido.

Componente operante: nossas ações

Quando você passa pela experiência de um evento causador de emoção, seu corpo responde com uma reação fisiológica imediata e a expressão facial que a acompanha – o componente respondente. O que acontece em seguida depende das suas experiências de aprendizado operante. Em uma situação que cause raiva, uma pessoa poderia cerrar os punhos e xingar (Figura 17.4), enquanto outra pessoa passando pela mesma situação poderia contar até 10 e se afastar. Como o componente operante das emoções depende da história de condicionamento de cada indivíduo, essas exibições secundárias de emoção variam de pessoa para pessoa e de uma cultura para outra. Torcedores em um evento esportivo na América do Norte tendem a mostrar sua insatisfação em um jogo vaiando, enquanto torcedores europeus fazem isso assobiando. Aprendemos a exibir de modo operante as nossas emoções segundo os modelos e reforços recebidos no passado.

Outro componente operante: nossa consciência e nossas descrições

O condicionamento operante também está envolvido quando somos ensinados a termos consciência e a descrever as nossas emoções.

Figura 17.4 A retenção de reforçadores após uma resposta reforçadora prévia pode provocar raiva. Quais são alguns dos componentes operantes e respondentes da raiva?

À medida que crescemos, as pessoas ao nosso redor nos ensinam a rotular as nossas emoções. Dependendo do nosso comportamento, mães e pais fazem perguntas como: "Por que você está tão bravo?" ou "Você não está se divertindo?", ou ainda "Como você está se sentindo?". A partir dessas experiências, aprendemos sobre "estar com raiva", "sentir-se feliz" e "sentir-se triste". Por volta dos 9 anos, a maioria das crianças aprendeu a reconhecer um amplo número de expressões emocionais em si mesmas e nos outros (Izard, 1991). Mesmo assim, muitas emoções não são facilmente descritas ou definidas. Podemos explicar essa dificuldade até certo ponto, considerando as múltiplas fontes de controle sobre a denominação das nossas emoções. Suponha que você veja o irmão de uma menina pegar o trem de brinquedo dela e a menina sair correndo atrás dele gritando. Você pode concluir que a menina está brava. No dia seguinte, ao sair de casa, você vê a mesma menina gritando e correndo atrás do irmão. Novamente, você poderia concluir que ela está brava. Entretanto, na segunda ocorrência, as crianças poderiam simplesmente estar se divertindo brincando de pega-pega. Por isso, ao rotular emoções, muitas vezes não conhecemos os eventos causadores de emoção, os sentimentos internos ou os comportamentos operantes relevantes. Isso contribui para as inconsistências na forma como falamos sobre as emoções.

Algumas causas de emoções

A apresentação e a retirada de reforçadores e de estímulos aversivos produzem quatro emoções principais. A apresentação de reforçadores produz a emoção chamada *alegria*. Tirar nota "10" em uma prova, receber um elogio, receber seu salário e assistir a um filme engraçado são coisas que envolvem a apresentação de reforçadores positivos. Manter ou retirar reforçadores produz a emoção chamada *raiva*. Todos já passaram pela experiência de eventos que causam raiva, como colocar dinheiro em uma máquina que não fornece o produto comprado, usar uma caneta que para de funcionar no meio da escrita e encontrar a bilheteria fechada justamente antes que você possa comprar um ingresso. A apresentação de estímulos aversivos produz a emoção chamada *ansiedade*. Aproximar-se de estranhos com aparência assustadora em um local escuro, ver um carro vindo diretamente na sua direção em alta velocidade ou ouvir um cachorro latir bem atrás de você são estímulos que provavelmente o farão se sentir ansioso. Por fim, a retirada dos estímulos aversivos produz uma emoção chamada *alívio*. Quando uma mulher recebe os resultados de um exame de um nódulo que surgiu na mama ou quando um homem recebe os resultados de um exame da próstata aumentada, ambos provavelmente se sentem aliviados ao saberem que os resultados não indicam câncer.

As emoções podem ocorrer em um *continuum* que vai de muito brando a muito forte. A apresentação de reforçadores pode fazer as emoções variarem de um prazer leve até o êxtase. A retirada de reforçadores pode fazer as emoções variarem de uma leve perturbação até a raiva. A apresentação de eventos aversivos pode fazer as emoções variarem de uma discreta apreensão a um terror absoluto. E os efeitos da retirada de estímulos aversivos poderiam variar de um leve alívio a um alívio tão intenso que chega ao colapso emocional. Outras emoções poderiam representar uma mistura de algumas dessas emoções básicas (ver Martin e Osborne, 1993; Mason e Capitanio, 2012; Plutchik, 2001).

Em resumo, muitas de nossas emoções são causadas pela apresentação ou remoção de reforçadores ou estímulos aversivos. As nossas emoções contêm três componentes importantes: (a) a reação autônoma que você sente durante a experiência de uma emoção, tipicamente acompanhada de sinais visíveis, como carrancas ou sorrisos, a qual é influenciada pelo condicionamento respondente; (b) o modo como você aprende a expressar uma emoção abertamente, como gritar ou pular, o qual é influenciado pelo condicionamento operante; e (c) o modo como você toma consciência e descreve as suas emoções, que também é influenciado pelo

Questões para aprendizagem

9. Descreva várias atividades fisiológicas que ocorrem em um momento de medo intenso.
10. Descreva três reflexos incondicionados demonstrados por recém-nascidos que normalmente não desaparecem conforme a criança cresce.
11. Descreva os procedimentos que são as principais causas de cada uma das seguintes emoções: alegria, raiva, ansiedade e alívio.
12. Resuma, cada um em uma frase, três componentes importantes que mascaram as nossas emoções, e nomeie o tipo de condicionamento envolvido em cada componente.

condicionamento operante. Nos Capítulos 26 e 27, discutiremos exemplos de como os condicionamentos respondente e operante têm sido usados para modificar emoções problemáticas.

COMPONENTES RESPONDENTE E OPERANTE DO PENSAMENTO

Assim como as emoções, grande parte daquilo que chamamos "pensamento" na linguagem cotidiana envolve os condicionamentos respondente e operante.

Componente respondente: nossa imaginação

Experimente o exercício a seguir. Feche os olhos e se imagine olhando para a bandeira do seu país. É possível que você consiga formar uma imagem nítida da bandeira. Portanto, um tipo de pensamento parece consistir na imaginação em resposta às palavras - uma imaginação tão vívida que às vezes parece a coisa real. Isso provavelmente se dá por meio do condicionamento respondente. Se você realmente olhar para a bandeira do seu país, a visão dela elicia atividade no sistema visual de modo bastante parecido como a comida eliciou salivação nos cães de Pavlov. Se você cresceu em um país cujo idioma principal é o inglês, experimentou várias situações em que as palavras "*our flag*"(nossa bandeira) eram pareadas com olhar realmente para a bandeira. Portanto, ao fechar os olhos e imaginar a bandeira, as palavras provavelmente eliciam atividade na parte visual do seu cérebro e você então experimenta o comportamento de "ver" a bandeira. Isso tem sido referido como *visão condicionada* (Skinner, 1953; Figura 17.5).

Em um sentido mais amplo, poderíamos pensar em sentido condicionado. Ou seja, do mesmo modo como adquirimos a visão condicionada por meio da experiência, também adquirimos audição, olfato e sensação condicionados. Considere o exemplo descrito por Martin e Osborne (1993), em que um indivíduo passa pela experiência de numerosos encontros sexuais apaixonados com um parceiro que sempre usava um perfume bem marcante. Um dia, quando alguém usando o mesmo perfume passou por perto desse indivíduo, imediatamente veio à sua imaginação a visão daquela pessoa (visão condicionada), uma sensação de "formigamento" por todo o corpo (sensação condicionada), chegando a imaginar que ouvira a voz dela (audição condicionada). Esse tipo de situação também faz parte daquilo que acontece durante a fantasia (Malott e Whaley, 1983). Experimentar uma fantasia, ler ou ouvir uma história é, em algum sentido, estar lá. É como se você pudesse ver o que as pessoas na história veem, sentir o que elas sentem e ouvir o que elas ouvem. Conseguimos fazer isso graças às numerosas ocorrências de sensação condicionada. As nossas longas histórias de associação de palavras com visões, sons, cheiros e sensações nos permitem experimentar as cenas descritas pelas palavras do autor. As ações internas que ocorrem quando pensamos são reais - nós realmente estamos vendo, sentindo ou ouvindo quando respondemos às palavras (Malott e Whaley, 1983; Pear, 2016a, pp. 7, 32-33, 102-104). Isso não significa dizer que todo mundo experimenta as mesmas respostas sensoriais condicionadas, as quais são exclusivas a cada indivíduo.

Componente operante: nossa autofala

A imaginação ou visão condicionada constitui um tipo de pensamento. Outro tipo de pensamento é o comportamento verbal autodirigido ou autofala. Conforme indicamos nos capítulos anteriores, as outras pessoas nos ensinam comportamento verbal por meio do condicionamento operante. Aprendemos a falar em razão das consequências efetivas de fazer isso. Quando crianças, aprendemos a pedir coisas como nossos pratos favoritos ou assistir a nossos desenhos animados prediletos. Também

Procedimento para visão condicionada

Muitos pareamentos { NS → (as palavras "*our flag*")
US (bandeira de verdade para a qual a pessoa olha) → UR ("ver" a bandeira)

Resultado do procedimento

CS (as palavras "*our flag*") → CR ("ver" a bandeira)

Figura 17.5 Exemplo de visão condicionada (ou imaginação condicionada). NS: estímulo neutro; US: estímulo incondicionado; UR: resposta incondicionada; CS: estímulo condicionado; CR: resposta condicionada.

aprendemos a dizer coisas que agradam nossos pais e outros adultos. Grande parte do nosso pensamento é comportamento verbal privado. Aprendemos a pensar alto quando crianças, porque isso nos ajuda a realizar tarefas de forma mais eficiente (Roberts, 1979). Quando as crianças vão pela primeira vez à escola, muitas vezes falam as regras em voz alta para si mesmas, tentando se ajustar às tarefas difíceis (Roberts e Tharp, 1980). Entretanto, ao atingirem 5 a 6 anos, também começam a se engajar na fala subvocal, no sentido de que falar consigo mesmas passa a ocorrer abaixo do volume de fala comum (Vygotsky, 1978).

Aprendemos a falar sozinhos silenciosamente em uma fase muito precoce da vida, em grande parte por encontrarmos punidores ao pensarmos em voz alta (Skinner, 1957). Os professores muitas vezes pedem aos estudantes para pensar em silêncio, porque pensar em voz alta atrapalha os outros na sala. As reações angustiadas dos outros nos ensinam a guardar certos pensamentos conosco. Quando se é apresentado a alguém, a primeira reação poderia ser: "Nossa! Que vestido horrível!", mas você provavelmente não diria isso em voz alta. Em vez disso, você apenas "diria isso a si mesmo" ou "pensaria isso". Sermos capazes de apenas pensar no que poderíamos dizer em voz alta nos ajuda a nos protegermos de punições sociais. Dois outros motivos para a autofala encoberta ou silenciosa são o fato de que ela exige menos esforço e pode ocorrer mais rapidamente do que a autofala manifesta. Ver Skinner (1957) para uma discussão sobre a autofala encoberta e o comportamento verbal manifesto.

PENSAMENTOS E SENTIMENTOS PRIVADOS: INTERAÇÕES MAIS RESPONDENTES-OPERANTES

Grande parte daquilo que chamamos "pensamento" e "sentimento" na vida cotidiana acontece em um nível que não é observável pelos outros. Como especificado no Capítulo 1, referimo-nos a esse tipo de atividade como *comportamento encoberto* ou *privado*. Embora o comportamento privado seja mais difícil de "alcançar", analistas comportamentais consideram que, em outros aspectos, esse comportamento é igual ao comportamento público; ou seja, que os princípios e procedimentos dos condicionamentos operante e respondente se aplicam ao comportamento privado.

Muitas vezes, um caso a que nos referiríamos como sendo de comportamento privado inclui os componentes respondente e operante do pensamento e das emoções. Considere o exemplo a seguir descrito por Martin e Osborne (1993). Um dos autores cresceu em uma fazenda localizada na área rural de uma pequena cidade em Manitoba, Canadá. Ele frequentava a escola da cidade e, para ele, era muito importante ser aceito pelas crianças. Wilf, uma dessas crianças, costumava caçoar dele sobre como era ser um caipira. "Ei, pessoal", dizia Wilf, "Aí vem Garry, o caipira. Ei, Garry, você tem cocô de vaca nas botas?" Agora imagine que é sábado à tarde e Garry está indo para a matinê no Roxy Theatre na cidade com seus amigos. Isso é muito importante porque eles não tinham TV na fazenda. Garry diz a si mesmo: "Será que Wilf estará lá?" (pensamento operante). Ele pode imaginar Wilf nitidamente (visão condicionada) e consegue imaginá-lo caçoando dele por ser um caipira (pensamento operante e audição condicionada). Os pensamentos sobre a experiência aversiva eliciam sentimentos desagradáveis (uma resposta reflexa). Garry reage prestando especial atenção em sua aparência (uma resposta operante), na esperança de que, com uma aparência semelhante à das crianças da cidade, Wilf não tenha nada a dizer.

Considere alguns exemplos adicionais de comportamento privado que envolvem os componentes respondente e operante do pensamento e das emoções. Imagine um atacante de futebol americano pronto para ir atrás de um zagueiro, pouco antes de a bola ser pega. O atacante pensa: "Estou em cima dele! Esse cara já era!". Esse tipo de autofala (pensamento operante) tende a ajudar o atacante a se sentir agressivo (uma emoção respondente). Alternativamente, considere um velocista que pensa "explodir" enquanto aguarda em posição na pista pelo som do disparo de largada, ou uma patinadora artística que diz a si mesma durante o programa "Graciosidade, sentir a música", para ajudar a criar a disposição adequada para a música e para a coreografia. Em casos como esse, a autofala operante serve como CS para eliciar certos sentimentos - o componente respondente das emoções.

Diversas técnicas comportamentais são baseadas substancialmente na imaginação. Uma dessas técnicas, a chamada sensibilização encoberta (Cautela, 1966), é essencialmente uma forma de terapia de aversão em que um reforçador problemático é pareado repetidamente com um estímulo aversivo. Lembre-se do exposto no Capítulo 5, que a terapia de aversão se baseia no contracondicionamento – assume-se que o reforçador problemático se tornará menos reforçador, porque eliciará uma resposta similar àquela eliciada pelo estímulo aversivo. Na sensibilização encoberta, o cliente imagina ambos, o reforçador problemático e o estímulo aversivo. Esse procedimento é assim nomeado porque o pareamento dos estímulos ocorre somente na imaginação do cliente – em outras palavras, é encoberto – e o resultado previsto desse processo de pareamento encoberto é que o reforçador indesejado se torna aversivo – o cliente se torna sensibilizado a ele. O procedimento tem sido usado com clientes que desejam parar de fumar (Irey, 1972). Em determinada tentativa, o cliente poderia ser instruído a se imaginar vividamente acendendo um cigarro após jantar em um restaurante, tragando e, então, subitamente se sentindo tão violentamente mal que acaba vomitando sobre as mãos, as roupas, a toalha e nas outras pessoas que estão à mesa. Ele continua vomitando e, então, quando seu estômago está vazio, ele faz força para vomitar enquanto as outras pessoas presentes no restaurante o encaram com aversão. Resumindo, a cena é tornada extremamente realista e aversiva. Quando o cliente sente o grau máximo de aversão, é instruído a se imaginar jogando o cigarro fora e imediatamente começando a se sentir melhor. A cena termina com ele se limpando no banheiro, sem os cigarros e sentindo um tremendo alívio. As pesquisas sobre sensibilização encoberta podem ser encontradas em Cautela e Kearney (1993).

Ao contrário da impressão transmitida por alguns textos introdutórios de Psicologia, analistas comportamentais não ignoram aquilo que acontece dentro da pessoa. Embora seja verdade que a maioria dos estudos sobre modificação de comportamento tenha se voltado para o comportamento observável, muitos analistas comportamentais lidam com o comportamento privado em termos de princípios de condicionamento operante e respondente. Nos Capítulos 26 e 27 são descritas estratégias comportamentais destinadas ao enfrentamento de pensamentos e sentimentos problemáticos. Para uma discussão sobre o papel dos eventos privados em ciência do comportamento, ver *Behavior Analyst*, 2011, 2.

Questões para aprendizagem 

13. Dê um exemplo de pensamento respondente envolvendo imaginário visual que não tenha sido mencionado neste capítulo.
14. Dê um exemplo de pensamento operante que não tenha sido mencionado neste capítulo.
15. Quando modificadores do comportamento falam sobre comportamento privado ou encoberto, a que estão se referindo?
16. Qual é a consideração básica feita pelos autores deste livro sobre os comportamentos público e privado?
17. Dê um exemplo, não fornecido neste capítulo, que ilustre o modo como o pensamento operante poderia funcionar como CS para eliciar o componente respondente de uma emoção.
18. Qual é a justificativa para a sensibilização encoberta?
19. Descreva em detalhes um exemplo plausível de sensibilização encoberta.
20. Discuta se os analistas comportamentais negam a existência e a importância dos pensamentos e dos sentimentos.

RESUMO DO CAPÍTULO 17

Os comportamentos respondentes são provocados por estímulos anteriores e não são afetados por suas consequências. Os comportamentos operantes alteram o ambiente para produzir consequências e são afetados por elas. É provável que qualquer experiência inclua tanto o condicionamento operante quanto o respondente ocorrendo de forma simultânea. No caso de Janice, a aproximação de um prazo tornou-se um CS que causava ansiedade como um CR devido ao condicionamento respondente anterior. A conclusão do trabalho de final de semestre por Janice foi influenciada pelo condicionamento operante, uma vez que permitiu que ela escapasse da ansiedade – o reforço negativo.

Nossas emoções são influenciadas pelos condicionamentos operante e respondente e têm três componentes importantes: (a) a reação autonômica que você sente durante a experiência de uma emoção, que é influenciada pelo condicionamento respondente; (b) a maneira como você aprende a expressar uma emoção abertamente, que é influenciada pelo condicionamento operante; e (c) a maneira como você toma consciência e descreve suas emoções, que é influenciada pelo condicionamento operante.

Há quatro causas principais das emoções: (1) a apresentação de reforçadores, que resulta em felicidade ou alegria; (2) a retirada ou retenção de reforçadores, que produz raiva; (3) a apresentação de estímulos aversivos, que causa ansiedade; e (4) a retirada de estímulos aversivos, que traz alívio. Nosso pensamento é influenciado pelos condicionamentos operante e respondente. O pensamento em palavras – a autofala privada – é influenciado pelo condicionamento operante. O pensamento em imagens – a visão condicionada – é influenciado pelo condicionamento respondente.

Exercícios de aplicação

A. Exercício envolvendo outros

Escolha uma emoção e observe as manifestações operantes dessa emoção em duas pessoas que você conhece. Os componentes operantes dessa emoção são semelhantes ou diferentes?

B. Exercício de automodificação

Considere uma emoção que você vivencia com frequência. Descreva como vivenciar essa emoção inclui tanto respostas respondentes quanto operantes.

Confira as respostas das Questões para aprendizagem do Capítulo 17

18 Comportamento Duradouro e em Novos Contextos: Programação da Generalidade da Mudança de Comportamento

Objetivos de aprendizagem

Após ler este capítulo, o leitor será capaz de:

- Identificar três diferentes tipos de generalidade
- Descrever quatro diretrizes para programar a generalização de estímulos operante
- Descrever três diretrizes para programar a generalização da resposta operante
- Descrever três diretrizes para programar a manutenção do comportamento operante
- Discutir a programação da generalidade do comportamento respondente
- Explicar como a generalidade pode ser prejudicial àqueles que a desconhecem.

Meu teste oral é em 2 semanas. Como devo me preparar?

Como ajudar Carol a ter êxito na apresentação em sala de aula[1]

Carol, no último ano do bacharelado em Psicologia, tinha que fazer uma apresentação oral de sua tese. Ela já havia preparado um esboço detalhado de sua apresentação de 15 minutos e cronometrado o tempo do ensaio na frente do espelho de seu quarto. Entretanto, como Carol havia recebido uma nota baixa na apresentação de sua proposta de tese, ela estava muito apreensiva com a possibilidade de receber outra nota ruim.

Após refletir um pouco, Carol, que fizera previamente um curso de Psicologia do Esporte, decidiu usar uma estratégia comumente empregada por atletas ao se preparar para uma competição importante. A estratégia envolveu imaginar os aspectos que seriam encontrados no local da competição. Um jogador de golfe pode imaginar todos os 18 buracos de um campo de torneio de golfe. Presumindo que a jogadora de golfe está familiarizada com o campo, ela poderia fingir que joga em cada buraco. Ela deveria visualizar as árvores, armadilhas na areia e assim por diante, para então acertar, na *driving range*, a tacada naquele campo. Os atletas têm usado esse tipo de estratégia de simulação para aumentar as chances de que o desempenho bem-sucedido durante o treino seja aplicado no local da competição. Carol reservou a sala de aula onde sua apresentação ocorreria para ensaiar. Antes de cada leitura, ela sentava em uma cadeira da sala e visualizava os outros alunos e o instrutor que estariam no dia da apresentação. Carol imaginava o instrutor chamando seu nome e anunciando o título de sua apresentação. Em seguida, ela foi até o púlpito, ficou de frente para a plateia de mentira, imaginou-se fazendo contato visual com o instrutor e começou sua apresentação. Enquanto ensaiava, Carol se virava para a plateia imaginária, usava adequadamente o *laser pointer*, falava a uma velocidade razoável e imaginava meneios de cabeça da parte dos colegas. Ao dizer "Obrigada!" no fim da apresentação, imaginou os aplausos entusiasmados da plateia.

Durante as 2 semanas que antecederam a apresentação, Carol ensaiou mais três vezes. Ao final do terceiro ensaio, sua confiança havia aumentado consideravelmente. No dia da apresentação, Carol se comportou de maneira bastante semelhante ao modo como se comportara no último ensaio, recebendo o aplauso entusiasmado da plateia e conquistando uma nota alta.

[1]Este caso é baseado no relato de uma aluna de um dos autores.

GENERALIDADE

Na discussão de casos como o de Carol, nos preocupamos com a situação de *treino* – o contexto em que o comportamento inicialmente é fortalecido; e (b) a situação-*alvo* – o contexto em que desejamos que o comportamento ocorra. Para Carol, a situação de treino aconteceu na sala de aula vazia. A situação-alvo foi a sala de aula com o instrutor e os outros alunos. Diz-se que uma modificação de comportamento tem *generalidade* na medida em que ocorre:

1. *Generalização de estímulo*: o comportamento treinado é transferido da situação de treino para a situação-alvo, que em geral é o ambiente natural
2. *Generalização de resposta*: o treino leva ao desenvolvimento do novo comportamento que ainda não foi especificamente treinado
3. *Manutenção do comportamento*: o comportamento treinado persiste na situação-alvo com o passar do tempo (Baer *et al.*, 1968).

Como a programação de generalidade é algo diferente para os comportamentos operante e respondente, devemos considerar cada um isoladamente.

PROGRAMAÇÃO DE GENERALIDADE DE COMPORTAMENTO OPERANTE

A programação de generalidade da mudança de comportamento operante inclui estratégias de programação para generalização de estímulo, generalização de resposta e manutenção do comportamento.

Programação de generalização de estímulo operante

Conforme discutido no Capítulo 11, a *generalização de estímulo* se refere ao *procedimento* de reforçar uma resposta em presença de um S^D, e com o *efeito* da resposta se tornando mais provável na presença de outro S^D. Quanto mais similares forem as situações de treino e alvo, maior generalização de estímulo haverá entre elas. Existem quatro estratégias principais de programação de generalização do estímulo operante.

Treinar a situação-alvo

O primeiro esforço do analista comportamental para tentar programar a generalização de estímulo operante deve ser tornar os estágios finais da situação de treino similares à situação-alvo, no maior número de formas possível. A melhor maneira de fazer isso é treinar a própria situação-alvo. No caso principal deste capítulo, Carol conseguiu praticar a fala estando mais próxima da situação-alvo, ou seja, praticando na sala de aula onde a apresentação aconteceria e imaginando a plateia e as condições em que ocorreria.

Como outro exemplo, considere um estudo conduzido por Welch e Pear (1980), no qual objetos, imagens dos objetos e fotografias dos objetos foram comparados como estímulos de treinamento para respostas de nomeação para quatro crianças com graves deficiências do desenvolvimento em uma sala de treinamento especial. Constatou-se que três das quatro crianças apresentaram uma generalização consideravelmente maior para os objetos em seu ambiente natural quando foram treinadas com os objetos, e não com as imagens ou fotografias dos objetos. A quarta criança, que também era a mais proficiente em termos linguísticos, apresentou uma generalização substancial, a despeito do tipo de estímulo de treinamento utilizado. Um estudo de acompanhamento realizado por Salmon *et al.* (1986) indica que o treinamento com objetos também produz mais generalização para objetos não treinados na mesma classe de estímulo do que o treinamento com figuras. Os resultados sugerem que os pais e professores de crianças com deficiências graves do desenvolvimento devem usar objetos como estímulos de treinamento sempre que possível, sempre que se desejar a generalização para esses objetos.

Variar as condições do treino

Se os comportamentos forem trazidos sob o controle de uma ampla variedade de estímulos durante o treino, então a probabilidade de alguns desses estímulos estarem presentes na situação-alvo aumenta e, portanto, a probabilidade de generalização. Um jogador de golfe que pratique tacadas leves quando está frio, ventando, calor, na calmaria ou com barulho, tende a fazer mais tacadas leves durante uma competição real se uma ou mais dessas condições estirem presentes.

Programar estímulos comuns

Uma terceira tática consiste em programar estímulos comuns, deliberadamente, por meio do desenvolvimento do comportamento a estímulos específicos presentes nos contextos do treino, para então garantir que tais estímulos estejam nos contextos-alvo. Walker e Buckley (1972) descreveram um programa em que os comportamentos social e acadêmico em sala de aula eram ensinados às crianças em uma aula de reforço. O uso dos mesmos materiais acadêmicos em ambas as salas de aula garantiu a generalização do estímulo para a sala de aula acadêmica regular.

Uma estratégia útil para a programação de estímulos comuns é trazer o comportamento desejado sob o controle de instruções ou regras que um indivíduo pode ensaiar em situações novas (Guevremont *et al.*, 1986; Lima e Abreu-Rodrigues, 2010; Stokes e Osnes, 1989). Quando isso ocorre, diz-se que o indivíduo está usando estímulo verbal automediado. Martin (2019) descreveu como uma jovem patinadora artística usou estímulo verbal automediado para transferir o desempenho habilidoso na patinação a partir dos treinos para as competições. A jovem patinadora conseguia aterrissar do salto duplo *axel* corretamente durante os treinos, mas perdia com frequência nas competições porque se apressava com a excitação do momento. Para solucionar esse problema, ela passou a dizer a palavra *calma* – bem devagar e de forma alongada – pouco antes de pisar com o pé que usava para decolar, como impulso controlador da velocidade da decolagem. Usar essa palavra-chave de maneira consistente nos treinos e, então, nas competições melhorou seu desempenho. O controle do comportamento com regras é discutido com mais detalhes no Capítulo 19.

Treinar um número suficiente de exemplares

Como discutido no Capítulo 11, uma classe de estímulo de elemento comum é um conjunto de estímulos que compartilham algumas características comuns. Tal classe (cachorros) tende a ter muitos membros (muitas raças de cachorros), os quais são frequentemente referidos como *exemplares* dessa classe. Uma tática de generalização considerada por Stokes e Baer (1977) como sendo uma das generalidades de programação mais valiosas é chamada *treino múltiplos exemplares*. Se uma criança é ensinada a dizer "cachorro" ao ver vários tipos de cães, então provavelmente irá generalizar e se referir a qualquer tipo de cachorro como cachorro. Outro exemplo é ensinar crianças com transtorno do espectro autista (TEA) a compartilhar itens desejados dentro de uma dada categoria (arte) e descobrir que a criança compartilhará outros itens da mesma categoria. Portanto, as crianças ensinadas a compartilhar giz de cera e canetinhas serão mais propensas a compartilharem lápis colorido (Marzullo-Kerth *et al.*, 2011).

Horner *et al.* descreveram uma variação de exemplares de estímulo suficientes de treinamento, a qual referiram como *programação de caso comum* (Horner, 2005; Horner *et al.*, 1982). Com essa abordagem, o professor começa identificando a gama de situações de estímulo relevante, ao qual se espera que o aprendiz responda, bem como as variações de resposta que poderiam ser requeridas. Então, durante o treino, o comportamento do aprendiz e as variações aceitáveis são trazidas sob o controle de amostras da gama de estímulos relevantes. Sprague e Horner (1984) usaram essa abordagem para ensinar adolescentes com deficiências do desenvolvimento a usarem máquinas automáticas de venda introduzindo-os a uma variedade de máquinas diferentes, bem como às respostas requeridas para usá-las. Essa abordagem foi efetiva para produzir generalização e habilitar os aprendizes a posteriormente operar qualquer máquina de vendas com que deparassem.

Questões para aprendizagem

1. Ao discutir a programação de generalidade de comportamento, o que queremos dizer com situação de treino *versus* situação-alvo?
2. Quando se diz que uma modificação de comportamento tem generalidade?
3. Descreva brevemente como a apresentação de Carol demonstrou generalidade comportamental.
4. Defina *generalização de estímulo operante*. Dê um exemplo que não esteja neste capítulo.
5. Liste quatro táticas de programação de generalização de estímulo operante. Dê um exemplo de cada.
6. Que regra para programar a generalização de estímulos é exemplificada pelo estudo em que nomes de objetos e imagens foram ensinados a crianças com deficiências do desenvolvimento? Explique.
7. Como o ensino de uma regra poderia facilitar a generalização de estímulo operante? Estabeleça o fator geral de programação para generalização que parece ser operante. Ilustre-o com um exemplo.
8. Descreva um exemplo de mediador autogerado de generalização envolvendo a patinadora artística.
9. Descreva a estratégia de generalização referida como *programação de caso comum*. Descreva um exemplo.

Programação de generalização de resposta operante

A *generalização de resposta operante* se refere ao *procedimento* de reforçar uma resposta em presença de um estímulo, e o *efeito* de outra resposta se tornando mais provável na presença daquele estímulo, ou de outros similares.

DeRiso e Ludwig (2012) descreveram um exemplo de generalização de resposta operante em um contexto aplicado. Aos funcionários de um restaurante foi exibido um pôster contendo instruções de como deveriam ser realizadas as tarefas de limpeza e reabastecimento nas áreas de jantar e da cozinha. Quando eles realizassem essas tarefas, seriam reforçados pela visão de um visto ao lado de seus nomes em um gráfico de *feedback* de desempenho. Isso resultou em substancial intensificação dos comportamentos-alvo. A limpeza e o reabastecimento do banheiro não foram estabelecidos como alvos nesse estudo. Mesmo assim, esses comportamentos também aumentaram quando os comportamentos-alvo aumentaram (DeRiso e Luwig, 2012).

A generalização da resposta ocorre por vários motivos. Primeiro, quanto mais fisicamente similares forem duas respostas, mais generalização de resposta não aprendida ocorrerá entre elas. Quando se aprende um arremesso direto em raquetebol, existe a chance de conseguir realizar um arremesso direto em *squash* ou tênis. As respostas envolvidas são parecidas.

Em segundo lugar, a generalização da resposta aprendida pode ocorrer se respostas amplamente diferentes compartilharem uma característica comum. Uma criança que aprendeu a adicionar a letra *s* ao final das palavras para mais de um objeto ou evento pode apresentar generalização de resposta mesmo que a adição do *s* esteja gramaticalmente incorreta – dizer "pãos" em vez de "pães" ao olhar a imagem de dois pães.

Em terceiro lugar, um indivíduo poderia mostrar generalização de resposta por ter aprendido respostas funcionalmente equivalentes a um estímulo. Se lhe pedirem para acender uma fogueira em um acampamento, você pode usar um fósforo ou um isqueiro, ou então acender um graveto a partir de um fogo já existente. Em outro exemplo, uma criança que aprende a "ser honesta" poderia dizer a verdade, devolver objetos esquecidos ou derrubados por outras pessoas, e se abster de copiar as respostas de outros alunos. Todas essas respostas "honestas" são funcionalmente equivalentes no sentido de que tendem a conquistar elogios dos indivíduos próximos à criança.

Tem havido menos interesse da literatura sobre programação de generalização da resposta do que sobre programação de generalização do estímulo. Mesmo assim, há algumas estratégias para programação de generalização de resposta, três das quais são descritas a seguir.

Treinar exemplares suficientes de resposta

Uma estratégia de programação de generalização de resposta é similar àquela de treinar exemplares suficientes de estímulo. Isso é referido como *treinar exemplares suficientes de resposta* (Stokes e Baer, 1977). Guess *et al.* (1968) ensinaram uma menina com deficiências do desenvolvimento a usar corretamente substantivos no plural na fala empregando essa técnica. Com incentivo (*prompt*) e reforço, os pesquisadores primeiro a ensinaram a nomear corretamente objetos no singular e no plural quando lhe apresentassem um objeto (p. ex., xícara) e dois objetos (p. ex., xícaras). Eles seguiram por esse caminho até que, após ensinarem certo número de exemplares de termos corretos no singular e no plural, a menina nomeava corretamente objetos novos no plural, mesmo quando eram ensinados apenas os nomes deles no singular. Portanto, a menina apresentou generalização de resposta. Em outro exemplo, no estudo descrito previamente sobre ensinar crianças com TEA a compartilhar, foram ensinados vários exemplares a cada criança para serem usados no início do compartilhamento. Como resultado, as crianças também responderam com respostas de compartilhamento verbal que não foram previamente ensinadas. Uma criança ensinada a dizer "Quer experimentar isso?" e "Experimenta isso" ao oferecer itens para compartilhar, como canetas coloridas, ocasionalmente dizia "Você gostaria de desenhar?", que não lhe fora ensinado previamente (Marzullo-Kerth *et al.*, 2011).

Variar as respostas aceitáveis durante o treino

Outra estratégia consiste em variar as respostas consideradas aceitáveis durante o treino. No desenvolvimento da criatividade, Goetz e Baer (1973) reforçaram crianças da educação infantil durante a montagem de blocos para qualquer resposta que fosse diferente das respostas anteriores de montagem de blocos. Essa tática levou à intensificação da montagem criativa com blocos pelas crianças. Desde o estudo de Goetz e Baer, outros (p. ex., Esch *et al.*, 2009; Miller e Neuringer, 2000) demonstraram que a variabilidade do reforço em crianças pode levar a novas respostas, que então são disponibilizadas para reforço caso se mostrem potencialmente úteis e criativas. Além disso, estudos demonstraram que apenas reforçar o comportamento segundo esquemas de reforço intermitente pode levar ao aumento da generalização da resposta e, potencialmente, à criatividade (ver Lee *et al.*, 2007).

Usar instruções de alta probabilidade para aumentar a obediência a instruções de baixa probabilidade

Considere o problema de superar a falta de obediência. Obediência com instruções pode incluir uma variedade de respostas funcionalmente equivalentes ou parecidas. Para aumentar a probabilidade de uma criança cumprir instruções que normalmente não cumpriria, chamadas de *instruções de baixa probabilidade*, geralmente é eficaz começar dando repetidamente instruções que a criança provavelmente seguirá, chamadas de *instruções de alta probabilidade*, e reforçar o cumprimento dessas instruções. Isso faz a obediência começar. Se as instruções que a criança tende menos a seguir forem fornecidas logo em seguida, há um aumento significativo da probabilidade de essa criança vir a segui-las. Em outras palavras, uma vez que o comportamento de obediência começa, fica cada vez mais fácil mantê-lo e até mesmo aumentá-lo com instruções que a criança provavelmente não teria seguido se um modificador de comportamento tivesse começado com elas (p. ex., King *et al.*, 2021; Nevin e Wacker, 2013; Rosales *et al.*, 2021; ver Lipschultz e Wilder, 2017 para uma revisão).

Questões para aprendizagem

10. Defina generalização de resposta.
11. Descreva um exemplo de generalização de resposta não aprendida que não tenha sido apresentado neste capítulo.
12. Descreva um exemplo de generalização de resposta aprendida que ocorre quando diferentes respostas compartilham uma característica comum.
13. Descreva um exemplo de generalização de resposta aprendida decorrente de respostas funcionalmente equivalentes.
14. Liste três táticas de programação de generalização de resposta operante. Descreva um exemplo de cada.
15. Qual é o significado do termo *instruções de baixa probabilidade*? Descreva um exemplo.

Programação da manutenção do comportamento operante ou desmame do indivíduo do programa

É relativamente fácil programar a generalização de estímulo para um novo contexto ou a generalização de resposta para novos comportamentos, mas é mais difícil fazer uma mudança comportamental terapêutica durar nesses novos contextos ou com os novos comportamentos. A manutenção do comportamento depende do fato de o comportamento continuar a ser reforçado, o que, por sua vez, depende de como ocorre o desmame do indivíduo do programa. Existem quatro abordagens gerais para o problema de conseguir manter um comportamento.

Retenção comportamental: permitir que as contingências naturais do reforço tenham efeito

Retenção comportamental é uma contingência em que um comportamento desenvolvido por reforçadores programados é "aprisionado" ou mantido por reforçadores naturais (Baer e Wolf, 1970; Kohler e Greenwood, 1986). Essa abordagem pode ser uma forma efetiva de programar a manutenção do comportamento, o que requer que o analista comportamental identifique realisticamente as contingências presentes no ambiente natural e, então, ajuste o comportamento-alvo de modo a ser aprisionado por elas. Conversar é um exemplo evidente de comportamento fortemente reforçado na maioria dos ambientes sociais. Depois que a fala é estabelecida em uma situação de treino, pode continuar inalterada no ambiente natural, devido às contingências naturais que a reforçam lá. De fato, muitas vezes parece necessário apenas estabelecer imitação vocal e algumas respostas de nomeação de objetos para as contingências naturais de reforço assumirem e desenvolverem o comportamento de fala funcional.

A retenção comportamental poderia estar envolvida no enfrentamento da timidez de uma criança. Brincar com outras crianças é um comportamento que poderia ser gradualmente modelado em uma criança tímida. Depois que o comportamento está estabelecido, contudo, o analista provavelmente não terá que se preocupar em reforçá-lo ainda mais. As outras crianças cuidarão disso no decorrer da brincadeira. Ler é um comportamento que, uma vez estabelecido, é nitidamente "aprisionado" devido aos numerosos reforçadores disponibilizados ao indivíduo que consegue ler. A atividade física é outro exemplo de comportamento que, uma vez estabelecido, pode ser mantido devido aos benefícios positivos que os praticantes obtêm a partir dele, desde que usufruam desses benefícios. Ver Figura 18.1 para outro exemplo de retenção comportamental.

A retenção comportamental é importante, na perspectiva ética ou moral. Um dos principais indicadores de validade social – *i. e.*, a importância para a sociedade – de um tratamento comportamental específico é a extensão em que os comportamentos desejáveis estabelecidos pelo tratamento são mantidos

Figura 18.1 Exemplo de retenção comportamental.

no ambiente natural (Kennedy, 2002a, 2002b, 2005; ver também Carter e Wheeler, 2019; e Capítulos 24 e 29).

Mudar o comportamento das pessoas no ambiente natural

A segunda abordagem ao problema de obter uma generalidade duradoura é, em geral, mais difícil do que a primeira. Envolve modificar o comportamento das pessoas envolvidas na situação-alvo, de modo que elas mantenham um comportamento de aprendiz generalizado a partir de uma situação de treino. Para seguir essa abordagem, é necessário trabalhar com pessoas – pais, professores, vizinhos, entre outros – que estejam em contato com o comportamento-alvo *na situação-alvo*. O analista comportamental deve ensinar esses indivíduos a como reforçar o comportamento do aprendiz, se desejado, ou como extingui-lo, se indesejado. O analista também deve ocasionalmente reforçar o comportamento apropriado desses indivíduos – ao menos até que haja contato com o comportamento-alvo melhorado do aprendiz, que então idealmente reforçará a aplicação continuada dos procedimentos apropriados.

Rice *et al.* (2009) descreveram um exemplo dessa abordagem para alcançar uma generalidade duradoura. Esses pesquisadores trabalharam com o gerente e os funcionários de um supermercado para aprimorar o serviço ao consumidor. Primeiro, o gerente foi ensinado a seguir um roteiro para ensinar os funcionários a cumprimentar corretamente os clientes e se despedir adequadamente – agradecendo aos clientes pelas compras realizadas. O pesquisador então treinou o gerente para atentar a uma saudação ou despedida correta e, discretamente, abordar o funcionário e elogiá-lo – p. ex., "Bom trabalho" ou "Prestou um ótimo serviço ao cliente". As saudações e despedidas feitas corretamente pelos funcionários aumentaram bastante em seguida ao treinamento, e os dados indicaram que o gerente continuava mantendo o comportamento desejado da equipe após 48 semanas do treinamento inicial.

Usar esquemas intermitentes de reforço na situação-alvo

Depois que um comportamento é generalizado a uma situação-alvo, pode ser desejável reforçar o comportamento deliberadamente na situação-alvo em esquema intermitente, durante pelo menos alguns reforços. O esquema intermitente deve tornar o comportamento mais persistente na situação-alvo e, assim, aumentar a probabilidade de o comportamento durar até poder ser controlado pelos reforçadores naturais. Um exemplo dessa abordagem foi descrito no Capítulo 10, envolvendo o uso do jogo do bom comportamento para manter um comportamento desejável nos filhos do autor, durante as viagens em família. Em um esquema de intervalo variável com retenção limitada (VI/LH), o alarme do cronômetro tocaria e, se os meninos estivessem brincando calmamente no banco de trás do carro, ganhariam tempo extra para assistir TV à noite quando chegassem ao hotel. Os esquemas VI/LH podem ser usados de maneira efetiva para manter vários comportamentos desejados, em diversas situações (ver também Galbraith e Normand, 2017). Em muitas situações, tornar o reforçador mais intermitente é um método de afinamento do esquema.

Dar o controle ao indivíduo

Uma área junto à modificação de comportamento está voltada para ajudar os indivíduos a aplicarem as técnicas ao seus próprios comportamentos. Essa área, também chamada *automanejo*, *automodificação* ou *autocontrole comportamental*, produziu inúmeros livros contendo procedimentos do tipo "como fazer", fáceis de seguir, que ajudam as pessoas a lidarem com o próprio comportamento. Essa área é discutida de forma mais abrangente no Capítulo 25. Dar ao indivíduo o controle para manter o comportamento na situação-alvo é algo que pode ser feito de uma entre duas maneiras principais. Primeiro, é possível ensinar um indivíduo a avaliar e registrar as ocorrências de seu próprio comportamento generalizado e aplicar um procedimento de reforço específico a esse comportamento. Em segundo lugar, como sugerem Stokes e Baer (1977), é possível ensinar um indivíduo a fazer um comportamento desejado e, então, contar isso a alguém, para *recrutar reforços*. Hildebrand *et al.* (1990) ensinaram funcionários com deficiências do desenvolvimento a cumprir uma meta de produtividade e então chamarem a atenção dos membros da equipe para o bom trabalho prestado. Isso aumentou o reforço para os funcionários da equipe que, por sua vez, ajudaram a manter o maior nível de produtividade dos trabalhadores.

Questões para aprendizagem

16. Defina *retenção comportamental*. Descreva um exemplo.
17. Descreva brevemente quatro táticas para programação de manutenção de comportamento operante. Dê um exemplo de cada.
18. Suponha que o gerente de um restaurante *fast food* local tenha incentivado a equipe a demonstrar frequentemente comportamentos desejados de atendimento ao cliente. Descreva os detalhes de um esquema VI/LH plausível que o gerente poderia usar para tornar os comportamentos desejados de atendimento frequentes.
19. O que significa "recrutar reforços"? Ilustre com um exemplo que não tenha sido apresentado neste capítulo.

PROGRAMAÇÃO DA GENERALIDADE DO COMPORTAMENTO RESPONDENTE

No condicionamento respondente, sendo pareado com outro estímulo, um estímulo neutro elicia a resposta para o estímulo. Nesse sentido, é estabelecido um reflexo condicionado em que o primeiro estímulo neutro se torna um estímulo condicionado (CS) que elicia a mesma resposta ao estímulo com o qual foi pareado. Todavia, não é só CS que elicia uma resposta, mas os estímulos similares a ele também podem eliciar a resposta. Se a imagem de um rosto for pareada a um choque elétrico que elicie uma resposta de medo – piscar agitado dos olhos e arrepio na pele –, então as imagens desse rosto também eliciarão uma resposta de medo. Além disso, imagens de faces parecidas com aquela também eliciarão a resposta de medo, embora não tão fortemente quanto as imagens da face original (Haddad *et al.*, 2012).

Como indicado anteriormente, a programação para generalidade de comportamento operante envolve estratégias para trazer à tona a generalização de estímulo, generalização de resposta e manutenção do comportamento. Ao lidar com um comportamento respondente, a generalização de estímulo também é importante. Ao extinguir uma fobia não é desejável minimizar o medo apenas a um único estímulo específico (Figura 18.2). Para muitos tratamentos envolvendo condicionamento respondente, contudo, nos preocupamos típica e primariamente com a manutenção do reflexo condicionado ao longo do tempo. Para saber o que leva a isso, vamos rever exemplos de condicionamento respondente do Capítulo 5. Nesse capítulo, os resultados de um programa de condicionamento respondente para constipação intestinal eram um reflexo condicionado que em dado momento do dia se tornara um CS, causando movimento intestinal como resposta condicionada (CR). Em cada caso, era desejável evacuar ao acordar de manhã. Teria sido desejável que a generalização do estímulo ocorresse de modo que a evacuação fosse provocada em outros momentos do dia? Não, isso seria inconveniente. Foi importante programar a generalização da resposta de modo que várias evacuações fossem provocadas pelo CS em vários momentos do dia? Não, isso não teria sido adaptativo.

Vamos considerar outro exemplo descrito no Capítulo 5 em que, após o condicionamento, a pressão na bexiga de uma criança se tornava, durante a noite, um CS que a fazia despertar (CR), de modo que a fizesse ir ao banheiro e urinar, em vez de molhar a cama. Teria sido desejável que ocorresse generalização de estímulo de tal modo que apenas uma pequena quantidade de pressão fizesse a criança acordar? Não – a quantidade de pressão pouco antes do aparecimento da vontade de urinar era o CS ideal, e isso é o que foi treinado. Foi preciso programar a generalização da resposta de despertar? Não, enquanto o despertar acontecesse no momento certo, o modo como isso acontecia não era importante. Conforme ilustram esses exemplos, a programação da generalização de estímulo e de resposta muitas vezes não é interessante em programas de manejo comportamental envolvendo reflexos condicionados.

É importante, porém, que os reflexos condicionados desejados sejam mantidos ao longo do tempo. Se um CS é apresentado sem pareamentos adicionais com um estímulo incondicionado (US), o CS perderá sua habilidade de eliciar a CR. Portanto, em programas envolvendo condicionamento respondente, por vezes é necessário parear periodicamente o CS com o US, de modo que o CS continue eliciando a CR desejada com o passar do tempo.

ARMADILHAS DE GENERALIDADE

Aplicação errada acidental

Um comportamento aprendido em uma situação em que é apropriado pode mostrar generalização de estímulo para uma situação em que não seja apropriado. Um exemplo disso muitas vezes pode ser visto em saudações e

Figura 18.2 Exemplo de falha em programar generalização de estímulo de um comportamento respondente.

demonstrações de afeto entre indivíduos com deficiências do desenvolvimento. Com certeza, é altamente desejável que esses comportamentos ocorram em circunstâncias apropriadas, mas quando alguém vai até outro totalmente desconhecido e o abraça, os resultados podem ser menos do que favoráveis. A solução para esse problema é ensinar o indivíduo a discriminar situações em que diferentes formas de saudação e expressões de afeto seja apropriadas, e as situação em que são inapropriadas.

Outro exemplo de generalização de estímulo inapropriada de um comportamento desejado pode ser a competitividade entre pessoas. Esse tipo de comportamento advém, em parte, do forte reforço dado pela vitória nos esportes, em nossa cultura.

Uma segunda variedade de armadilha tipo 1 é a generalização de estímulo de um comportamento indesejado a partir da situação em que esse comportamento se desenvolveu em uma nova situação para a qual também é indesejado. Suponha que avós superprotetores, ao cuidarem de um neto que está aprendendo a andar, dispensam muita atenção toda vez que a criança cai. Como resultado, a frequência das quedas aumenta. Quando a criança volta para os pais, as quedas também poderiam generalizar na presença deles.

Uma terceira variedade de armadilha tipo 1 envolve generalização de resposta – o fortalecimento de uma resposta indesejada que pode levar ao aumento de respostas indesejadas similares. Podemos observar um exemplo quando uma criança é reforçada por dizer um palavrão, talvez por um adulto que se diverte com esse comportamento "fofo", e essa criança, em seguida, começa a dizer mais variações do palavrão.

Falha na aplicação

Conforme estabelecido no Capítulo 6, alguns procedimentos comportamentais *não* são aplicados por serem complexos e exigirem conhecimento especializado ou treinamento. Isso pode ser o motivo pelo qual alguns indivíduos falham na programação de uma generalização desejada. Um exemplo disso pode ser visto nos hábitos de estudantes que deixam para estudar na última hora, na noite anterior ao dia de uma prova. Eles memorizam certas respostas-chave para determinadas perguntas. A falha se dá justamente em não submeter seus conhecimentos ao controle de um estímulo que seja maior do que apenas uma ou duas questões. Muitas pessoas têm tido a mesma experiência no aprendizado de um segundo idioma. Ambos os autores deste livro estudaram um segundo idioma durante o ensino médio, mas ao final desse período ainda não conseguiam conversar em tal idioma. Tinham algum repertório para responder perguntas nas provas, traduzir artigos em inglês para o segundo idioma e traduzir artigos no segundo idioma para o inglês; contudo, esses repertórios não tinham sido submetidos ao controle de estímulo de um contexto típico de conversação simples.

Outro exemplo da falta de programação para generalização de estímulo de comportamentos desejados pode ser visto na interação entre alguns pais e seus filhos. Em diversas situações sociais, alguns pais não apresentam os mesmos estímulos aos filhos, ou fornecem as mesmas contingências de reforço que apresentam na hora das refeições, em casa. Consequentemente, as crianças não generalizam os modos à mesa e o bom comportamento que ocorre em casa para outro cenário social. Não é incomum ouvir os pais lamentarem: "Pensei que tinha ensinado você a se comportar direito à mesa." Esperamos que, após ler este livro e fazer os exercícios, esses mesmos pais façam um trabalho bem melhor de programação de generalização de estímulo. Caso contrário, seremos nós que diremos: "Pensávamos que tínhamos ensinado a vocês como serem bons modificadores de comportamento!"

As armadilhas de programação da manutenção da modificação de comportamento referentes aos esquemas de reforço foram descritas nos Capítulos 10 e 14.

DIRETRIZES PARA PROGRAMAÇÃO DE GENERALIDADE DE COMPORTAMENTO OPERANTE

A fim de garantir a generalização de estímulo e de resposta da situação de treino para o ambiente cotidiano, e para assegurar a manutenção do comportamento, o analista comportamental deve observar o mais atentamente possível as seguintes regras:

1. Escolher comportamentos-alvo que sejam claramente úteis ao aprendiz, porque são comportamentos que tendem a ser mais reforçados no ambiente cotidiano.
2. Ensinar o comportamento-alvo em uma situação que seja a mais parecida possível com o ambiente em que você quer que o comportamento ocorra.
3. Variar as condições de treino ao máximo para que haja a transferência para outras situações, e para reforçar várias formas do comportamento desejável.
4. Estabelecer o comportamento-alvo sucessivamente, no máximo de situações que for conveniente, começando com a mais fácil e avançando para a mais difícil.
5. Programar estímulos comuns, como as regras, que possam facilitar a transferência para novos ambientes.
6. Variar as respostas aceitáveis nos cenários de treino.
7. Diminuir gradualmente a frequência de reforço na situação de treino, até se tornar inferior ao que ocorre no ambiente natural.
8. Ao mudar para uma nova situação, aumentar a frequência de reforço, para compensar a tendência do aprendiz a discriminar a situação nova em relação à situação de treino.
9. *Garantir reforço suficiente para manter o comportamento-alvo no ambiente cotidiano.* Essa regra exige atenção especialmente

diligente nos estágios iniciais da transferência do comportamento-alvo da situação de treino para o ambiente cotidiano. Adicione reforço conforme a necessidade, inclusive do indivíduo para pais, professores ou outros responsáveis pela manutenção do comportamento-alvo no ambiente natural, e então diminua esse reforço de modo lento o bastante para prevenir a deterioração do comportamento-alvo.

Questões para aprendizagem

20. Explique brevemente por que as considerações referentes à generalidade do comportamento respondente diferem daquelas referentes ao comportamento operante.
21. Dê dois exemplos de aplicação errada acidental envolvendo generalização de estímulo: (a) um exemplo envolvendo generalização de um comportamento desejado para uma situação inapropriada e (b) um exemplo envolvendo generalização de um comportamento indesejado.
22. Dê um exemplo de aplicação errada acidental envolvendo generalização de resposta.
23. Descreva a armadilha de falha de aplicação. Descreva um exemplo relacionado com falha de programação para generalização desejável.

RESUMO DO CAPÍTULO 18

Diz-se que um comportamento tem generalidade se ocorrer em contextos novos (generalização de estímulo), se levar a novos comportamentos que não tenham sido treinados (generalização de resposta) e se persistir ao longo do tempo (manutenção do comportamento). As quatro estratégias principais para programar a generalização de estímulos operante são: (1) treinar a situação-alvo; (2) variar as condições de treinamento; (3) programar estímulos comuns, que são introduzidos na situação de treinamento e depois levados para a situação-alvo; e (4) treinar exemplares suficientes dos estímulos-alvo.

Com relação à generalização da resposta operante, a generalização da resposta não aprendida pode ocorrer se uma resposta treinada for fisicamente semelhante a uma resposta não treinada. A generalização de resposta aprendida pode ocorrer se uma resposta treinada for muito diferente, mas compartilhar características comuns com uma resposta não treinada. Um indivíduo pode apresentar generalização de resposta porque aprendeu respostas funcionalmente equivalentes a um estímulo. Três maneiras de programar a generalização de respostas são: (1) treinar exemplares suficientes de respostas; (2) variar as respostas aceitáveis durante o treinamento; e (3) usar instruções de alta probabilidade para aumentar a obediência a instruções de baixa frequência.

A manutenção do comportamento operante depende do fato de o comportamento continuar a ser reforçado. As quatro estratégias para a manutenção do comportamento são: (1) usar a armadilha comportamental, isto é, permitir que os reforçadores naturais assumam a manutenção do comportamento-alvo; (2) mudar o comportamento das pessoas no ambiente natural para que elas ocasionalmente reforcem o comportamento-alvo; (3) usar o reforço intermitente do comportamento-alvo no ambiente natural; e (4) ensinar os indivíduos a aplicarem o reforço em seu próprio comportamento.

A generalidade do comportamento respondente também foi discutida. Em programas que envolvem o condicionamento respondente, às vezes é necessário parear periodicamente o CS com o US para que o CS continue a provocar a CR ao longo do tempo.

Exercícios de aplicação

Exercício envolvendo outros

Escolha um dos casos descritos nos capítulos anteriores em que não tenha havido nenhum esforço de programação de generalidade. Destaque um programa plausível específico para produzir generalidade nesse caso.

Exercícios de automodificação

1. Descreva uma situação recente em que você tenha generalizado de maneira desejada. Identifique claramente o comportamento, a situação de treino em que o comportamento foi inicialmente reforçado e a situação de teste para a qual o comportamento foi generalizado.
2. Descreva uma situação recente em que você tenha generalizado de maneira indesejada; em outras palavras, o resultado foi indesejado. Novamente, identifique o comportamento, a situação de treino e a situação de teste.
3. Considere o déficit de comportamento para o qual você destacou um programa de modelagem, ao final do Capítulo 9. Considerando que o seu programa venha a ser bem-sucedido, discuta o que você poderia fazer para programar a generalidade. (Ver os fatores influenciadores da efetividade da generalidade, que foram discutidos neste capítulo.)

Confira as respostas das Questões para aprendizagem do Capítulo 18

Parte 3

Como se Beneficiar de Procedimentos Operantes de Controle Antecedente

Nosso comportamento operante na presença de variados estímulos antecedentes – pessoas, lugares, palavras, cheiros, sons etc. – foi reforçado, punido ou extinto; portanto, esses estímulos exercem controle sobre nosso comportamento sempre que ocorrem. No Capítulo 11, nos referimos ao controle por estímulos antecedentes como uma *contingência de três termos:* $S^D \rightarrow R \rightarrow S^R$ – em que o primeiro termo é um estímulo discriminativo, o segundo termo é uma resposta controlada por esse estímulo, e o terceiro termo é uma consequência da emissão dessa resposta na presença desse estímulo discriminativo. Normalmente, o terceiro termo é um reforçador, embora possa ser um punidor ou não trazer consequência, como quando a extinção está ocorrendo. De qualquer forma, deve ter havido um reforçador na terceira posição em algum momento para que o comportamento tenha sido condicionado.

Anteriormente, falamos pouco sobre o primeiro termo e simplesmente presumimos que ele poderia ser qualquer estímulo arbitrário. Na Parte 3, examinaremos mais de perto as muitas e variadas possibilidades para o primeiro termo e até mesmo consideraremos os casos em que é conveniente falar de um antecedente para o primeiro termo, ou seja, uma *contingência de quatro termos*.

19 Controle Antecedente: Regras e Metas

Objetivos de aprendizagem

Após ler este capítulo, o leitor será capaz de:

- Diferenciar comportamento governado por regra de comportamento modelado por contingência
- Descrever quatro situações em que as regras são especialmente úteis
- Descrever três razões pelas quais seguimos regras que identificam consequências tardias
- Descrever cinco condições que afetam a probabilidade do comportamento de seguir regras
- Discutir como as metas são aproveitadas no comportamento governado por regras
- Listar oito condições que resumem os estabelecimentos de metas eficaz e ineficaz.

E se eu não patinar bem?

Como ajudar Maria a patinar[1]

Maria, uma patinadora artística de 13 anos, estava em pé ao lado do psicólogo esportivo e do técnico, fora da pista de gelo, esperando sua vez de fazer sua breve apresentação em uma competição. Mostrando sinais de extremo nervosismo, Maria se voltou para o psicólogo e expressou suas preocupações: "Espero que eu não caia em nenhum dos meus saltos. Espero que eu não fique em último lugar. E se eu não patinar bem?"

O psicólogo podia ver que o pensamento negativo de Maria a estava deixando ansiosa, e que isso provavelmente iria interferir em seu desempenho. No entanto, não havia tempo para seguir com um programa de modificação de comportamento extensivo. O psicólogo esportivo disse a Maria: "Quero que você repita o que eu disser e se concentre ao repetir: 'eu finalizei todos os meus saltos no treino e posso finalizá-los aqui também'." Maria repetiu as palavras. "Se eu der um passo de cada vez, e se eu me concentrar nas coisas que faço corretamente nos treinos, patinarei bem aqui." Mais uma vez, Maria repetiu as palavras. "Eu irei sorrir, irei me divertir e brincar com os juízes." Depois que Maria repetiu a última frase, seu psicólogo lhe disse para respirar profundamente, dizendo "relaxe" ao respirar. A combinação de falas positivas e respiração profunda ajudou Maria a se sentir consideravelmente mais calma e mais confiante. A patinadora que a antecedeu terminou a apresentação dela. Então, Maria entrou na pista de gelo, patinou até a posição de partida e fez uma boa apresentação.

[1]Este caso é baseado em Martin e Toogood (1997).

CONTROLE ANTECEDENTE DE COMPORTAMENTO OPERANTE

Antes de projetar um extensivo programa de modificação de comportamento envolvendo procedimentos como modelagem e encadeamento, é importante fazer a pergunta: "Posso aproveitar as formas existentes de controle de estímulo?" O psicólogo esportivo de Maria não optou por um longo processo de modelagem. Em vez disso, aproveitou o histórico de Maria de reforço de resposta a instruções. Tratamentos que enfocam a manipulação dos estímulos antecedentes – também chamados apenas de *antecedentes* – caem nas categorias de regras, metas, modelagem, orientação física, indução situacional e motivação. São discutidas regras e metas neste capítulo, e modelagem, orientação física, indução situacional e motivação serão abordadas nos dois capítulos seguintes. Ver em Smith, 2021, uma discussão adicional sobre as intervenções de antecedentes para comportamento problemático.

REGRAS

Na terminologia comportamental, uma *regra* é um estímulo verbal que descreve uma *situação* na qual *determinado comportamento* levará a *determinada consequência de reforço ou punição*. Para bebês, as regras não têm significado. Conforme fomos crescendo, aprendemos que segui-las muitas vezes levava a recompensas (p. ex., "Se você comer a salada, poderá comer a sobremesa") ou nos permitia evitar punições (p. ex., "Se você não ficar quieto, eu o colocarei de castigo no quarto"). Assim, uma regra pode funcionar como um S^D – um estímulo de que a emissão do comportamento especificado pela regra levará ao reforçador identificado na regra ou que o não cumprimento da regra levará a um punidor (Skinner, 1969; Tarbox *et al.*, 2011; Vaughan, 1989). O Capítulo 21 descreve como as regras também podem funcionar como operações motivadoras.

Por vezes, as regras claramente identificam reforçadores ou punidores associados a elas. Em outros casos, as regras especificam um comportamento e as consequências são implícitas. Se um pai disser a uma criança com uma voz empolgada: "Uau! Olhe aquilo!", então olhar na direção indicada provavelmente fará com que a criança veja algo interessante. Os reforçadores também são implícitos para as regras estabelecidas na forma de conselho. "Você deveria receber uma boa educação" sugere que fazer isso resultará em consequências favoráveis, como conseguir um emprego que pague bem. Em compensação, as regras dadas na forma de comando ou ameaça sugerem que a desobediência será punida. "Não toque o vaso" dá a entender que tocar o objeto acarretará uma consequência aversiva, como uma repreensão.

As regras que não identificam todos os aspectos de uma contingência de reforço são referidas como *regras parciais*. Os exemplos de regras parciais no parágrafo anterior enfocaram o comportamento. Outras identificam o antecedente (p. ex., placa de zona escolar), enquanto o comportamento (dirigir devagar) e a consequência (evitar atropelar uma criança ou levar uma multa) estão implícitos. Em outros casos, as regras parciais identificam as consequências (p. ex., "98% de compensação"), enquanto o antecedente ("neste cassino") e o comportamento (colocar dinheiro nos caça-níqueis) estão implicados. Devido às nossas diversificadas experiências de aprendizado, as regras parciais também controlam nosso comportamento.

As regras também são classificadas de acordo com a fonte do reforçamento ou da punição por seguir ou não a regra. Se a fonte for o emissor da regra, a regra é chamada de *aquiescência* (*ply*). Um exemplo seria um pai dizendo a uma criança: "Não toque nesse vaso", o que implica que a criança receberá uma punição do pai por tocar no vaso. Se a fonte for externa ao emissor da regra, a regra é chamada de *rastreamento* (*track*). Um exemplo seria um pai dizendo: "Não toque nesse fogão, ou você vai se queimar." Se a regra afeta a força de reforço ou punição da fonte, ela é chamada de *aumentativa*. Um exemplo seria um de seus amigos dizendo: "Você precisa experimentar esse sorvete, é delicioso!" Como resultado de receber essa regra de seu amigo, algo que inicialmente não era um reforçador para você pode agora se tornar um, pelo menos temporariamente. Para uma análise desse esquema de classificação de regras, ver Kissi *et al.*, 2017.

Comportamento modelado por contingência *versus* comportamento governado por regra

Ao ir à igreja com os pais, Bobby cochicha comentários engraçados à irmã. Ela o ignora e a mãe o olha com firmeza. No futuro, Bobby tenderá a cochichar menos na igreja, mesmo que ninguém verbalize "Não cochiche quando estiver na igreja, caso contrário a mamãe o olhará severamente". Suponha, agora, que Bobby sussurre comentários engraçados aos colegas do time, enquanto o treinador tenta explicar como executar uma jogada no hóquei. Os colegas de equipe de Bobby riem, e seu cochicho é reforçado nesse ambiente, embora ninguém tenha ensinado a ele a regra "Se eu cochichar comentários engraçados para meus colegas de equipe enquanto o técnico estiver falando, eles rirão". Nesses exemplos, os cochichos ilustram um *comportamento modelado por contingência* – comportamento que se desenvolve por causa de suas consequências imediatas, e não por uma afirmativa ou regra específica. Suponha que, no início do próximo treino, o técnico de Bobby diga "Bobby, se você ouvir atentamente e não ficar cochichando enquanto eu falo, teremos 5 minutos de treino livre no final do período". Durante o treino, Bobby se lembra da regra, passa o treino sem cochichar e, por fim, ganha o reforçador. Nesse exemplo, ouvir com atenção sem cochichar enquanto o treinador está falando é um *comportamento governado por regra* – comportamento controlado pela afirmação de uma regra.

O comportamento modelado por contingência envolve consequências imediatas. No começo, os cochichos de Bobby foram influenciados pelos foram colegas do time, na forma de S^D, havendo reforço imediato para cochichar. Seus cochichos na igreja diminuíram na presença de sua irmã, que o ignorava, e do olhar firme dos pais como S^{Dp}s. O comportamento governado por regras, por sua vez, muitas vezes envolve consequências tardias e frequentemente leva à mudança de comportamento imediata. Quando o treinador de Bobby impôs-lhe a regra de não cochichar nos treinos, seu comportamento melhorou imediatamente. Não foram necessárias algumas ocorrências para evidenciar o controle do estímulo, ainda que o reforçador tenha sido adiado até o final do treino.

O conhecimento do comportamento governado por regras nos permite explicar mais completamente aplicações que apresentamos anteriormente, as quais envolviam efeitos indiretos de reforçadores. No caso de Tommy (Capítulo 14), foi dito a ele que teria 5 minutos de tempo livre para brincar ao final do dia escolar, desde que não conversasse mais do que 3 vezes durante os 50 minutos de aula. Esse não é um exemplo de efeitos diretos de reforço, porque o reforçador (tempo extra para brincar) ocorreu muito depois do comportamento desejado (trabalhar silenciosamente e não conversar). Pelo contrário, foi provavelmente porque Tommy ensaiou uma regra – p. ex., "Se eu não conversar, irei me divertir muito durante o tempo extra para brincar" – que ele se comportou durante a aula.

Muitas vezes, o comportamento que é inicialmente fortalecido pelo efeito direto do reforço pode se tornar, posteriormente, um comportamento governado por regra. Uma criança que acabou de limpar o quarto e ouviu o elogio "Boa menina que limpou o quarto!" pode tender a se engajar nesse comportamento com maior frequência. O elogio é um reforçador, neste caso. Entretanto, a criança também recebeu uma regra ("se eu limpo meu quarto, sou uma boa menina") que tende a exercer um controle governado por regras sobre o comportamento de limpeza, além do efeito reforçador do elogio.

Quando as regras são especialmente úteis

Neste livro, afirmamos que os programas de modificação de comportamento devem sempre incluir instruções na forma de regras, mesmo com indivíduos cujas habilidades verbais sejam limitadas. Também no Capítulo 29, discutiremos os motivos éticos pelos quais os programas de modificação de comportamento devem ser claramente explicados a todos os clientes. No entanto, incluir regras em um programa de modificação de comportamento nas situações a seguir, envolvendo pessoas verbais, é especialmente efetivo (Baldwin e Baldwin, 2000; Skinner, 1969, 1974).

Quando se deseja uma rápida mudança de comportamento

O uso correto de regras muitas vezes pode produzir mudança de comportamento bem mais rapidamente do que a modelagem ou o encadeamento. Isso pressupõe que o indivíduo já tenha aprendido a seguir pelo menos instruções simples. O psicólogo esportivo que ajudou Maria na competição de patinação artística lhe deu uma regra básica: "Se eu me concentrar nas coisas que eu penso quando patino bem durante

Questões para aprendizagem

1. Defina *regra* na terminologia comportamental. Dê um exemplo não apresentado neste capítulo.
2. Descreva um exemplo de uma regra que tenha sido estabelecida pela patinadora artística momentos antes da competição.
3. Um professor se queixa para um amigo: "Quando digo às crianças para ficarem nas carteiras e trabalharem, elas nunca me escutam." Descreva as contingências que provavelmente estão operando com relação à regra aplicada pelo professor às crianças na sala de aula.
4. Descreva o exemplo de uma regra parcial não apresentado neste capítulo. Quais aspectos da contingência a sua regra parcial identifica? Quais são as partes faltantes implicadas pela regra parcial?
5. Descreva um exemplo de uma aquiescência, um rastreamento e uma aumentativa não apresentados neste capítulo. Diga por que cada exemplo se encaixa na definição do tipo de regra que ilustra.
6. Defina *comportamento modelado por contingência*. Dê um exemplo que não foi dado neste capítulo.
7. Defina *comportamento governado por regra*. Dê um exemplo não citado neste capítulo.
8. Descreva duas diferenças comuns entre os comportamentos governado por regra e modelado por contingência.
9. Dê um exemplo de efeito indireto de um reforçador para o seu comportamento.

o treino, então executarei minha apresentação exatamente como nos treinos." Repetir essa regra imediatamente ajudou Maria a se concentrar nos S^Ds que normalmente a permitiam aterrizar nos saltos.

Quando as consequências de um comportamento são tardias

Suponha que os pais querem encorajar o filho a estudar por 1 hora, todas as noites, durante 1 semana. Um reforçador conveniente poderia ser permitir que o filho ficasse até tarde assistindo a um filme, no fim de semana. Entretanto, há uma longa espera entre assistir a um filme na noite de sexta-feira e estudar por 1 hora na segunda-feira. Adicionando a regra "Se você estudar durante 1 hora todas as noites durante esta semana, poderá assistir a um filme na noite de sexta-feira", os pais aumentam as chances de o reforçador tardio ter efeito sobre o comportamento desejado.

Quando os reforçadores naturais são altamente intermitentes

Suponha que os vendedores de uma loja de departamentos estejam trabalhando em sistema de comissão, em um momento em que as vendas estão baixas. Realizar a uma venda é imediatamente reforçado, porque está associado com receber um extra por isso. No entanto, os vendedores devem se aproximar de muitos consumidores para que uma venda seja efetivada. Em outras palavras, o esquema de reforço é muito insuficiente, então é possível que haja distensão da razão (Capítulo 10). O gerente da loja poderia estimular os funcionários repetindo "Sejam persistentes! O próximo consumidor pode significar uma venda".

Quando o comportamento levará à punição imediata e grave

As regras podem ajudar a educar e disciplinar as pessoas. Ainda que possa ser surpreendente, alguns estudantes não têm consciência de que é inaceitável copiar partes de um livro, palavra por palavra, em um trabalho de conclusão de curso. Aos estudantes deve ser ensinada a regra "Copiar uma fonte sem creditá-la é plágio e pode acarretar graves penalidades acadêmicas". Em outro exemplo, dirigir sob influência de álcool ou maconha é causa de graves acidentes de trânsito e pode levar a punições graves para os indivíduos condenados por esse crime. No entanto, poucos em um grupo que consome álcool ou fuma maconha se certificam de que um de seus membros seja um "motorista da rodada" (MR) que não consome álcool ou fuma maconha durante a noite. Em uma tentativa de incentivar os "motoristas da rodada" em um bar popular entre os estudantes da Florida State University, Kazbour e Bailey (2010), colocaram o seguinte anúncio no jornal local, na rádio local e em pôsteres afixados perto do bar: "MOTORISTAS DA RODADA GANHAM COMBUSTÍVEL GRÁTIS E OS PASSAGEIROS GANHAM PIZZA DE GRAÇA NO [nome do bar], NAS NOITES DE QUINTA E SEXTA-FEIRA, ATÉ 21 DE NOVEMBRO!" O número de clientes entre meia-noite e 2 h da manhã aumentou em média 12%, em comparação com os dias quando o programa não estava ativo.

Por que seguimos regras que identificam consequências tardias

É fácil entender por que as pessoas aprendem a seguir regras que descrevem consequências de ação direta. Seguir a regra "Experimente este novo sabor de sorvete; acho que você vai gostar" será reforçado imediatamente pelo sabor do sorvete. A falha em seguir a regra "Afaste-se da fogueira ou poderá se queimar" pode levar a um punidor imediato. Entretanto, por que seguimos regras que identificam consequências muito tardias? Existem várias possibilidades.

Primeiro, embora o reforçador identificado em uma regra possa ser tardio para um indivíduo, outras pessoas poderiam fornecer outras consequências imediatas se o indivíduo seguir ou não a regra. No exemplo dos pais que fornecem a regra "Se você estudar por 1 hora todas as noites durante esta semana, poderá assistir a um filme na sexta-feira à noite", os pais também poderiam dizer, imediatamente após o filho ter estudado na noite de segunda-feira: "Continue assim e você poderá aproveitar até tarde na sexta-feira."

Em segundo lugar, um indivíduo poderia seguir uma regra e, então, imediatamente fazer autoafirmações de reforço. No caso das conversas de Tommy durante a aula, após aderir à regra de trabalhar em silêncio com no máximo três conversas durante a aula, Tommy provavelmente pensou em como ele aproveitaria o tempo extra para brincar ao final do dia. Isso poderia ser considerado uma forma de "autoafirmação" (discutida no Capítulo 25). Como alternativa, o não cumprimento de uma regra pode levar a declarações negativas sobre si mesmo, o que pode ser considerado uma forma de "autopunição".

Uma terceira possibilidade é que as interações operantes-respondentes (Capítulo 17) nos dão uma história de reforço, por isso seguir regras é automaticamente fortalecido e a falha em segui-las é automaticamente punida. Quando você cumpre uma regra, seus sentimentos de ansiedade diminuem e seu comportamento de seguir regras é mantido pelo condicionamento de fuga. Na linguagem do dia a dia, a repetição do prazo faz você sentir ansiedade, mas responder à regra de cumprir o prazo faz você se sentir melhor (Malott, 1989).

Regras efetivas e inefetivas

Dissemos que uma regra é um S^D. Comportar-se adequadamente levará a um reforçador, fuga ou esquiva de um estímulo aversivo. Entretanto, nem todas as regras são criadas igualmente. Algumas tendem a ser mais seguidas do que outras. Há cinco condições que afetam a probabilidade do comportamento de seguir regras.

Descrição específica versus *descrição vaga do comportamento*

Uma regra que descreve o comportamento de maneira específica é mais propensa a ser seguida do que uma regra que descreva vagamente o comportamento. Dizer a si mesmo que você precisa estudar este livro para conseguir uma nota melhor no curso de modificação de comportamento é menos efetivo do que dizer a si mesmo: "Para cada 20 questões que eu conseguir responder, poderei passar 1 hora conversando com meus amigos." É importante observar que esse é um exemplo de autorreforço, que muitos teóricos comportamentais acreditam ser impossível, devido a dificuldades lógicas com o conceito de autorreforço. Para ler pesquisas e uma revisão deste tópico, ver Capítulo 25; ver também Catania (1975, 2011); Goldiamond (1976a, b); Mace *et al.* (2001).

Descrição específica versus descrição *vaga das circunstâncias*

Uma regra que descreve circunstâncias específicas em que o comportamento deve ocorrer tende a ser mais seguida do que uma regra que descreva vagamente, ou não descreva, essas circunstâncias. Dizer a uma criança pequena "Lembre-se de dizer 'por favor'" é menos efetivo do que dizer "Lembre-se de dizer 'por favor' ao pedir alguma coisa".

Consequências prováveis versus consequências *improváveis*

As regras tendem a serem seguidas quando identificam um comportamento cujas consequências são altamente prováveis, ainda que possam ser tardias. Suponha que os pais digam a um filha adolescente: "Corte a grama na segunda-feira e você receberá R$ 20,00 no sábado". Partindo do princípio de que os pais sempre seguem esse tipo de regra, é altamente provável que o adolescente corte a grama na segunda-feira e receba R$ 20,00 no sábado seguinte. Por outro lado, as regras tendem a ser inefetivas quando descrevem resultados de baixa probabilidade, ainda que eles sejam imediatos quando ocorrem (Malott, 1989, 1992). Para ilustrar esse ponto, a maioria das pessoas sabe que usar capacete ao andar de bicicleta poderia prevenir lesões cerebrais causadas por um acidente grave. Então, por que muitas pessoas andam de bicicleta sem usar capacete? Um motivo é que a regra de usar capacete ao andar de bicicleta envolve consequências de baixa probabilidade. Sem jamais terem se acidentado gravemente, muitos ciclistas pensam que um acidente capaz de causar lesão cerebral é improvável. Antes de pegar a bicicleta, todos os ciclistas devem ser estimulados a repetir: "Se eu usar meu capacete, diminuirei a possibilidade de sofrer uma lesão grave." No entanto, para que uma regra seja efetiva quando descreve consequências improváveis ou infrequentes, seria necessário que fosse complementada com outras estratégias de controle do comportamento, como a modelagem (Capítulo 20), o automonitoramento (Capítulo 25) ou o contrato comportamental (Capítulo 25).

Consequências dimensionáveis versus *consequências pequenas apesar de cumulativamente significativas*

Regras que descrevem consequências dimensionáveis tendem a ser efetivas. No exemplo do corte da grama que acabamos de mencionar, o pagamento de R$ 20,00 era uma consequência dimensionável para o adolescente. Entretanto, uma regra tende a ser menos efetiva se a consequência for pequena após cada ocorrência de obediência à regra. Suponha que alguém decida: "Vou parar de comer doces" e "Vou começar a me exercitar 3 vezes por semana". Por que regras desse tipo costumam ser inefetivas? Uma razão é que as consequências favoráveis de uma única ocorrência de obediência a uma regra são pequenas demais para serem perceptíveis, tornando-se significativas apenas quando acumuladas (Malott, 1989, 1992). (Outras possibilidades são discutidas no Capítulo 25.) Isto é, não é o excesso de gordura corporal decorrente de uma única sobremesa a mais que é um problema; é o aumento gradual da gordura corporal que ocorre quando você come a sobremesa a mais em muitas ocasiões. Do mesmo modo, fazer exercício físico apenas uma vez não produzirá benefício observável a longo prazo. É o acúmulo dos benefícios da atividade física de modo consistente que se fará visível. Regras que descrevem pequenas consequências que são prejudiciais ou benéficas somente após se acumularem e, portanto, somente após um longo período de espera, tendem a ser inefetivas, a menos que sejam complementadas por algumas das estratégias de autocontrole descritas no Capítulo 25.

Prazos versus *ausência de prazos*

Uma regra que estabelece um prazo para um comportamento tem maior probabilidade de ser seguida do que uma regra sem prazo para o comportamento. Suponha que um professor da pré-escola diga a uma criança: "Se você guardar todos os brinquedos, trarei uma guloseima para você na semana que vem." É provável que a criança guarde os brinquedos por esse reforçador tardio? E se o professor dissesse: "Se você guardar todos os brinquedos *agora*, trarei uma guloseima para você na semana que vem"? Especificar "agora" faria diferença? Surpreendentemente, faria. Braam e Malott (1990) constataram que estabelecer regras para uma criança de 4 anos apresentar um comportamento sem prazo e com um reforço tardio de 1 semana foi relativamente inefetivo, enquanto impor regras para a criança apresentar o comportamento *com um prazo* e com o reforço tardio de 1 semana foi bastante efetivo. Aprendemos muito precocemente que cumprir prazos tende a ser reforçado, e que falhar em cumpri-los leva a consequências aversivas.

Em resumo, regras que descrevem *circunstâncias específicas* e *prazos* para um *comportamento específico* que levará a *resultados dimensionáveis* e *prováveis* muitas vezes são efetivas até mesmo quando os resultados são tardios. Por outro lado, regras que descrevem de maneira vaga um comportamento e as circunstâncias para esse comportamento, sem identificar um prazo para ele ser manifestado e que levam a consequências pequenas ou improváveis, frequentemente são inefetivas.

As regras podem ser prejudiciais?

As regras são benéficas de várias maneiras:

a. Elas nos permitem aprender e ensinar rapidamente um novo comportamento que levaria muito mais tempo para ser aprendido se tivéssemos que depender apenas da modelagem de contingências.
b. Elas nos permitem que aprendamos e ensinemos novos comportamentos, evitando eventos aversivos – e até mesmo mortais. Entretanto, as regras têm um lado sombrio. Em algumas circunstâncias, o comportamento governado por regras pode se tornar tão forte que os indivíduos não conseguem se adaptar quando as circunstâncias que deram origem à regra mudam. Isso é chamado de *insensibilidade à contingência.* Uma pessoa que aprendeu as regras de direção de seu país pode ter dificuldades para dirigir em um país diferente, como, por exemplo, saber em que lado da estrada deve dirigir. Outro exemplo é um cientista ou profissional que domina as regras de uma teoria e pode ter problemas para aprender uma nova teoria, mesmo que ela explique melhor os dados do que a teoria antiga. É interessante notar que as pesquisas sugerem que os indivíduos com depressão têm mais dificuldade de se adaptar a novas contingências quando as regras apropriadas para contingências anteriores não se aplicam mais. Para estudos sobre insensibilidade à contingência, ver Fox e Kyonka, 2017; Harte *et al.*, 2017.

Diretrizes para o uso efetivo das regras

A seguir, são listadas algumas diretrizes gerais para o uso efetivo das regras:

1. *As regras devem estar dentro da capacidade de compreensão do indivíduo a quem são aplicadas.*
2. *As regras devem identificar claramente:*
   a) As circunstâncias em que o comportamento deve ocorrer.

b) O comportamento específico em que o indivíduo deve se engajar.
c) Um prazo para realizar o comportamento.
d) As consequências específicas envolvidas no cumprimento da regra.
e) As consequências específicas do não cumprimento da regra.

3. *As regras devem descrever resultados prováveis e dimensionáveis, em vez de resultados improváveis e pequenos.* (Regras que descrevem consequências improváveis e/ou pequenas poderiam necessitar de complementação com alguns dos procedimentos descritos no Capítulo 25.)
4. *Regras complexas devem ser quebradas em etapas fáceis de seguir.*
5. *Regras complexas devem ser transmitidas de uma maneira agradável, cordial e não emotiva.*
6. *O desvanecimento das regras deve ser usado sempre que necessário, para permitir que outros estímulos que estejam presentes assumam o controle do comportamento.*

Questões para aprendizagem

10. Descreva brevemente quatro situações em que a adição de regras a um programa de modificação de comportamento poderia ser especialmente útil. Dê um exemplo de cada.
11. Descreva por meio de exemplos três explicações para aquilo que poderia nos levar a seguir regras que identificam consequências muito tardias.
12. Qual seria uma explicação para o comportamento daqueles que falham em usar capacete ao andar de bicicleta, mesmo sabendo que usá-lo pode prevenir lesões cerebrais causadas por um acidente?
13. Qual seria uma explicação para a relativa ineficácia de regras como "Vou parar de comer sobremesas"?
14. Em uma frase, identifique cinco características de regras que frequentemente são efetivas em controlar o comportamento, mesmo quando os resultados são tardios.

METAS

Uma *meta* é um nível de desempenho ou um resultado que um indivíduo ou um grupo de pessoas tenta alcançar (para uma análise abrangente da literatura sobre o uso do estabelecimento de metas para obter mudanças de comportamento, ver Nowack, 2017. Para uma discussão sobre os processos neurológicos envolvidos no estabelecimento de metas e mudança de comportamento, ver Berkman, 2018). O *estabelecimento da meta* é o processo de criar metas para si próprio ou para uma ou mais pessoas diferentes. Um exemplo seria um vendedor que estipula um número de vendas por semana. Em contextos industriais e organizacionais, os programas de estabelecimento de metas levaram a melhor desempenho em áreas como produtividade, carregamento de caminhões, comportamento de segurança, atendimento ao cliente e digitação (Latham e Arshoff, 2013; Locke e Latham, 2002; Pritchard *et al.*, 2013; Saari, 2013; Schmidt, 2013). O estabelecimento de metas tem sido usado para intensificar a atividade física em crianças pré-escolares obesas (Hustyi *et al.*, 2011) e a segurança no manuseio de instrumentos cortantes em unidades cirúrgicas (Cunningham e Austin, 2007). Tem sido usado também para promover comportamento saudável (Shilts *et al.*, 2013) e o desenvolvimento pessoal (Travers, 2013). Em esportes, programas de estabelecimento de metas têm levado a melhoras no atletismo, basquete, tênis, futebol americano e arco e flecha (Gould, 2021; Ward, 2011; Williams, 2013).

Metas são motivacionais (ver Capítulo 21). Da perspectiva comportamental, uma meta atua como motivação para alcançar algum objetivo específico desejado. Se um jogador de basquete diz "Vou ao ginásio e praticarei lances livres até conseguir acertar 10 arremessos seguidos", esse jogador identificou as circunstâncias (o ginásio), o comportamento (praticar lances livres) e o reforçador ou objetivo desejado (acertar 10 arremessos seguidos), mais o reforçador implícito (marcar um percentual maior de pontos por lances livres nas partidas). As metas são usadas com frequência para influenciar os indivíduos a melhorarem o desempenho. Isso pode ocorrer quando os reforçadores são tardios ou quando eles são imediatos e altamente intermitentes.

As circunstâncias em que alguém poderia aplicar o estabelecimento de metas são diferentes daquelas para regras. É possível aproveitar o controle de estímulo usando regras para promover mudança de comportamento instantânea. O psicólogo esportivo estava preocupado em ajudar Maria "na hora", em vez de dar a ela um objetivo a longo prazo. O estabelecimento de metas, por sua vez, é usado com frequência para influenciar os indivíduos a trabalharem para alcançar algum objetivo, durante um período de tempo ou durante algumas oportunidades de prática. Não se espera que o jogador de basquete alcance imediatamente a meta de acertar 10 lances livres seguidos. Mesmo assim, estabelecer uma meta prática tende a levar mais rapidamente ao aprimoramento do desempenho do que ocorreria se o jogador apenas praticasse lances livres sem ter nenhuma meta.

Estabelecimento de metas: eficácia e ineficácia

A eficácia do estabelecimento de metas é bem determinada (Gould, 2021; Locke e Latham, 2013). Podemos distinguir dois tipos de meta: (a) metas para comportamento e (b) metas para os produtos ou resultados do comportamento. Alguns exemplos do primeiro tipo são consumir uma dieta mais saudável e se exercitar mais. Um exemplo do segundo é emagrecer 5 quilos. Apesar das fortes evidências empíricas sobre a eficácia do estabelecimento de metas, é necessário muito cuidado ao usá-lo. Se não forem utilizadas adequadamente, as metas podem ter o efeito oposto – ou seja, podem ser prejudiciais – ao que se pretendia. Isso pode acontecer se um cliente não atingir as metas estabelecidas para ele ou por ele. Em tais situações, o cliente pode ter problemas de autoestima altamente negativos ou consequências afetivas, motivacionais e comportamentais negativas. Ao usar o estabelecimento de metas, é extremamente importante que o modificador de comportamento se certifique de que o cliente não apenas possa atingir as metas definidas, mas que de fato as atinja. Essa precaução deve ter precedência sempre que entrar em conflito com as condições descritas a seguir para o estabelecimento eficaz de metas. Para uma discussão abrangente sobre os possíveis efeitos prejudiciais do estabelecimento de metas, ver Höpfner e Keith (2021).

Metas específicas são mais eficazes do que metas vagas

Em vez da meta abrangente de se relacionar melhor, um casal poderia concordar em dispor de 1 hora de qualidade para ficarem juntos ou dizerem diariamente um ao outro pelo menos três coisas que apreciam em seu relacionamento. De modo semelhante, dizer que você quer economizar 5% do seu salário é mais efetivo do que apenas dizer que vai economizar algum dinheiro.

Metas relacionadas com aprendizado de habilidades específicas devem incluir critérios de domínio

Um critério de domínio é uma diretriz específica para desempenhar uma habilidade de tal modo que, se a diretriz for atendida, a habilidade é dominada. Isso significa que um indivíduo que atendeu a um critério de domínio para determinada habilidade a aprendeu suficientemente bem para desempenhá-la corretamente quando solicitado ou quando for necessário. Entre os exemplos de critérios de domínio para habilidades esportivas estariam acertar seis jogadas seguidas no golfe, bater 10 devoluções seguidas abaixo da linha no tênis ou acertar 10 lances livres seguidos no basquete. São exemplos de critérios de domínio para habilidades acadêmicas recitar a tabela periódica ou um soneto de Shakespeare três vezes seguidas, sem cometer nenhum erro. Ao ser confrontado com uma tarefa complexa, em geral é eficiente estabelecer metas de aprendizado antes de estabelecer metas de desempenho. Se a meta final de alguém é começar um empreendimento, seria mais efetivo iniciar com a meta de dominar o conhecimento necessário para começar o próprio negócio (Baum, 2013; Saari, 2013; Seijts *et al.*, 2013).

Metas devem identificar as circunstâncias em que o comportamento desejável ou meta deve ocorrer

Para um lutador, praticar a derrubada (*takedown*) é uma meta. A meta de praticar a derrubada pelo braço até conseguir três vezes seguidas acrescenta uma dimensão quantitativa, mas ainda não indica as circunstâncias em que o comportamento deve ocorrer. Praticar a derrubada com o braço até conseguir três vezes seguidas contra um oponente que ofereça resistência moderada identifica as circunstâncias em torno do desempenho. De maneira similar, a meta de realizar uma palestra para 30 desconhecidos é diferente da meta de dar a mesma palestra para dois amigos.

Metas realistas e desafiadoras são mais eficazes do que metas do tipo "fazer o melhor que puder"

A frase "faça o melhor que puder" é dita com frequência por treinadores a atletas jovens pouco antes de uma competição; por pais aos filhos que estão prestes a se apresentar em um concerto; por professores aos alunos antes da prova; e por patrões aos funcionários. Estudos, porém, demonstraram que as metas desse tipo não são tão efetivas quanto as metas específicas. Talvez, metas do tipo "fazer o melhor que puder" sejam inefetivas por serem vagas. Ou, talvez, os indivíduos que são instruídos a simplesmente fazerem o melhor que puderem estabelecem metas relativamente fáceis e, como sugeriram Locke e Latham (2002, 2013), metas difíceis ou desafiadoras podem produzir um desempenho melhor. De uma perspectiva comportamental, um instrutor que identifique uma meta específica para um aprendiz tende a fornecer mais reforço de maneira consistente para atingir a meta, em comparação com um instrutor que simplesmente estabelece uma meta do tipo "fazer o melhor que puder" para o aprendiz. A causa disso é que o instrutor e o aprendiz podem discordar quanto a esse "melhor".

Metas públicas são mais eficazes do que metas privadas

Considere o experimento a seguir, com três grupos de universitários que receberam a mesma apostila para estudar. O primeiro grupo de estudantes participou de um programa não confidencial de estabelecimento de metas. Cada aluno estabeleceu uma meta relacionada com a quantidade de tempo que dedicaria ao estudo e a pontuação que esperava conseguir na prova que seria aplicada ao final do programa. Esses alunos anunciaram suas metas aos demais membros do grupo. O segundo grupo de estudantes praticou o estabelecimento de metas privadas. Esses alunos agiram do mesmo modo que os alunos do primeiro grupo, exceto por não contarem suas metas a ninguém. Ao terceiro grupo de estudantes, o grupo-controle, não foi solicitado estabelecer nenhuma. Esses estudantes simplesmente receberam o material para estudar pela mesma quantidade de tempo que o primeiro grupo, sabendo que deveriam fazer uma prova ao final do experimento. Os resultados foram: o primeiro grupo alcançou uma pontuação média na prova final 17% maior do que a alcançada pelos outros dois grupos, que apresentaram mais ou menos o mesmo nível de desempenho (Hayes *et al.*, 1985). Resultados similares sobre os efeitos de metas públicas *versus* metas privadas foram obtidos por Seigts *et al.* (1997). Hayes *et al.* teorizaram que o estabelecimento de uma meta pública resulta em um padrão público em relação ao qual o desempenho pode ser avaliado e que isso também implica consequências sociais para a realização ou não de uma meta (Klein *et al.*, 2013, p. 75).

Embora as metas públicas sejam mais propensas a serem alcançadas do que as metas confidenciais, o componente público deve ser praticado com cautela. Suponha que você recomende o estabelecimento de meta como parte de um programa de modificação de comportamento, para ajudar alguém a praticar atividades físicas regularmente. Se você recomendar que o praticante compartilhe as metas com outra pessoa, esta deve ser alguém que incentive o praticante com lembretes gentis quando as metas não forem alcançadas, e que o encoraje quando o progresso for satisfatório. Essa pessoa não deve ser alguém que faça o praticante se sentir culpado por não alcançar as metas. (Ver Capítulo 29.)

Estabelecimento de metas é mais eficaz com prazos

Cada um de nós tem uma história de reforço positivo pelo cumprimento de prazo e por encontrar consequências aversivas pelo não cumprimento deles. Aproveitar essas histórias aumenta a efetividade do estabelecimento de metas. Suponha que você tenha estabelecido uma meta para si mesmo de, no próximo ano, enviar *e-mails* para amigos e parentes com mais frequência. É mais provável que você atinja essa meta se decidir que até 1º de fevereiro enviará *e-mails* para um número específico de pessoas; depois, que até 1º de março enviará *e-mails* para outras tantas pessoas, e assim por diante.

Estabelecimento de metas com feedback sobre o progresso é mais eficaz do que estabelecimento de metas sozinho

É mais provável que metas sejam atingidas se o *feedback* indicar o grau de progresso em direção à meta (Ashford e De Stobbeleir, 2013). Uma forma de fornecer *feedback* é fazer um gráfico do progresso que está sendo feito. As pessoas que registram seu progresso em direção a uma meta provavelmente verão as melhorias no gráfico como um reforço. Outra maneira de fornecer *feedback* é dividir uma meta a longo prazo em várias metas a curto prazo e reconhecer toda vez que uma delas é alcançada. Suponha que um casal decida refazer a pintura da casa inteira. As metas a curto prazo poderiam incluir a pintura do quarto no final de

1 mês, seguida da pintura da sala de estar no final de outro, e assim por diante, valorizando cada cômodo em que a pintura é concluída.

Estabelecimento de metas é mais eficaz quando os indivíduos estão comprometidos

As metas tendem a ser efetivas somente quando os indivíduos envolvidos estão comprometidos com elas. Embora existam, na literatura, vários problemas para definir e medir o grau de comprometimento com metas (Klein *et al.*, 2013), quando dizemos *comprometimento* nos referimos a declarações ou ações feitas pelo aprendiz que indiquem que a meta é importante, que ele irá trabalhar para alcançá-la e que reconhece os benefícios de fazer isto. Uma forma de fazer o aprendiz se comprometer é deixá-lo participar do processo de estabelecimento de metas. Pesquisas indicam que metas autosselecionadas são tão efetivas quanto as impostas (Fellner e Sulzer-Azaroff, 1984). Do mesmo modo, é preciso lembrar os indivíduos com frequência do compromisso com suas metas (Watson e Tharp, 2014).

Diretrizes para o estabelecimento de metas

Muitas pessoas fazem resoluções de Ano Novo. Contudo, esse não é necessariamente o melhor momento para estabelecer metas, devido às atividades festivas. Além disso, é improvável que os estímulos presentes em 1º de janeiro sejam os mesmos estímulos presentes durante o restante do ano. Do mesmo modo, se o estabelecimento de metas for feito somente no dia de Ano Novo, então ocorrerá somente uma vez por ano, enquanto o estabelecimento de metas é mais efetivo quando pode ser praticado várias vezes ao longo do ano. Além disso, há formas claras de estabelecer metas que são mais efetivas do que as resoluções de Ano Novo. Se as metas forem vagas ou do tipo "fazer o melhor que puder", sem prazos nem cronogramas para serem atingidas, e sem nenhum mecanismo de *feedback* para monitorar o progresso, provavelmente não terão efeito significativo sobre o comportamento. Por outro lado, ao praticar o estabelecimento de metas em conformidade com as diretrizes a seguir, elas tendem a ser mais propensas a serem efetivas na modificação de comportamento:

1. *Estabelecer metas específicas, realistas e desafiadoras.* Metas irrealisticamente altas parecem ser melhores do que metas muito baixas (p. ex., ver Roose e Williams, 2018).
2. *Identificar os comportamentos específicos e as circunstâncias em que esses comportamentos devem ocorrer para que as metas sejam alcançadas.*
3. *Ser claro quanto às consequências específicas que podem advir do cumprimento da meta.*
4. *Dividir metas a longo prazo em várias metas a curto prazo.*
5. *Se uma meta for complexa, criar um plano de ação para cumpri-la.*
6. *Estabelecer prazos para cumprir a meta.*
7. *Garantir que os indivíduos envolvidos estejam comprometidos com as metas.*
8. *Encorajar o aprendiz a compartilhar as metas com alguém que o apoie amigavelmente.*
9. *Delinear um sistema de monitoramento do progresso rumo às metas.*
10. *Fornecer* feedback *positivo conforme o progresso na direção das metas é alcançado.*

Ver Figura 19.1 para um fluxograma do processo de estabelecimento de metas. Observe que a natureza autocorretiva do processo reflete a natureza autocorretiva da própria modificação de comportamento. Se, durante ou após o monitoramento, for constatado que um programa não está produzindo resultados satisfatórios, ele será alterado. O processo de monitoramento e mudança, se necessário, continua até que o programa esteja produzindo resultados satisfatórios.

Questões para aprendizagem 

15. Em termos gerais, o que queremos dizer com *meta*?
16. Sob uma perspectiva comportamental, o que é meta?
17. Resumidamente, liste seis a oito condições que resumem o estabelecimento de metas efetivo *versus* inefetivo.
18. O que é um critério de domínio? Descreva um exemplo não mencionado neste capítulo.
19. Do ponto de vista comportamental, por que metas realistas e desafiadoras poderiam ser mais efetivas do que metas do tipo "fazer o melhor que puder"?
20. De uma perspectiva comportamental, por que as metas públicas podem ser mais efetivas do que as metas privadas?
21. O que os autores querem dizer com *comprometimento*, no contexto do estabelecimento de metas?

RESUMO DO CAPÍTULO 19

Como nosso comportamento operante na presença de vários estímulos antecedentes foi

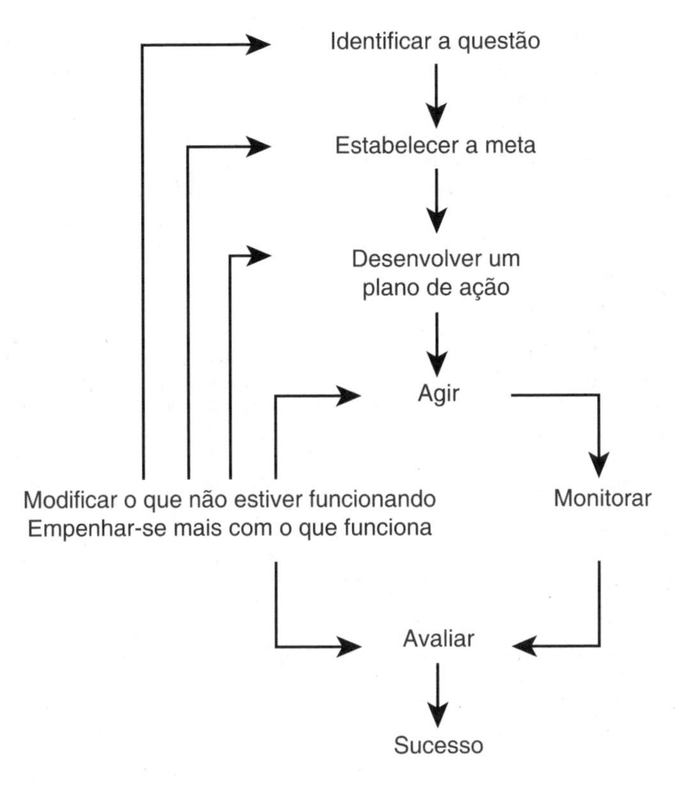

Figura 19.1 Processo de estabelecimento de metas em formato de fluxograma. (Fonte: Grant, 2012. Reproduzida com autorização de Publishers Licensing Services Limited [plsclear@pls.org.uk]).

reforçado, punido ou extinto, esses estímulos exercem controle sobre nosso comportamento sempre que ocorrem. Muitos programas de tratamento comportamental tiram vantagem das formas existentes de controle de estímulos. Este capítulo se concentrou em duas categorias de controle de estímulos: regras e metas. Uma regra é uma declaração de que, em determinada situação, um comportamento operante específico será reforçado, punido ou extinto. O comportamento governado por regras é controlado pela declaração de uma regra ou regras, e estas geralmente envolvem consequências tardias e levam à mudança imediata do comportamento. Por outro lado, o comportamento modelado por contingências envolve consequências imediatas e geralmente é desenvolvido de forma gradual por meio do contato direto com as contingências.

As regras são especialmente úteis quando: (1) se deseja uma mudança rápida de comportamento; (2) as consequências para um comportamento são tardias; (3) os reforçadores naturais para um comportamento são altamente intermitentes; e (4) um comportamento levará a uma punição imediata e severa. Aprendemos a seguir uma regra com consequências tardias porque nosso histórico de reforço operante nos ensinou que há consequências imediatas para o cumprimento de regras. As regras que descrevem circunstâncias específicas e prazos para comportamentos específicos que levam a resultados consideráveis e prováveis costumam ser eficazes mesmo quando os resultados são tardios. Por outro lado, as regras que descrevem vagamente um comportamento e as circunstâncias para ele, que não identificam um prazo para o comportamento e que levam a consequências pequenas ou improváveis para o comportamento costumam ser ineficazes. Embora a aprendizagem de regras tenha certas vantagens sobre a modelagem de contingências, as regras podem levar à insensibilidade às contingências. Um indivíduo pode continuar respondendo a uma regra mesmo quando a contingência na qual a regra se baseia tiver mudado.

Uma meta é um nível de desempenho ou resultado que um indivíduo ou grupo tenta alcançar. As metas têm probabilidade de serem eficazes se: (1) forem específicas; (2) incluírem critérios de domínio; (3) identificarem as circunstâncias em que o comportamento ou resultado desejado deve ocorrer; (4) forem desafiadoras, e não metas do tipo "faça o melhor que puder"; (5) forem públicas, e não privadas; (6) incluírem prazos; (7) incluírem *feedback* sobre o progresso; e (8) se o indivíduo estiver comprometido com elas.

Exercícios de aplicação

Exercícios envolvendo outros

1. Escolha um comportamento que os pais poderiam desejar modificar em um filho, de tal modo que não haja nenhum reforçador natural imediato evidente para esse comportamento. Descreva como os pais, seguindo as diretrizes para o uso efetivo das regras, poderiam aproveitar um comportamento governado por regras para trazer à tona um resultado desejado.
2. Considere uma prática esportiva com a qual você esteja familiarizado. Descreva como um treinador poderia usar o estabelecimento de metas para influenciar o comportamento desejável em um atleta. Indique como o treinador seguiria as diretrizes para estabelecimento de metas.

Exercícios de automodificação

1. Considere as diretrizes para o uso efetivo de regras. Considere agora um comportamento que você poderia realizar fisicamente. Identifique uma regra relacionada a esse comportamento e estruture as contingências de acordo com as diretrizes para o uso efetivo das regras.
2. Identifique um comportamento seu que provavelmente foi modelado por contingência. Pode ser algo como andar de bicicleta, equilibrar-se em um só pé, comer com *hashi* ou virar panquecas. Crie uma medida do quão bem você desempenha tal comportamento. Em seguida, usando essa medida, registre seu desempenho neste comportamento em várias ocorrências. Então, escreva um conjunto de regras para desempenhar o comportamento e, novamente, realize e registre o comportamento em várias ocorrências, seguindo cuidadosamente as regras. De acordo com sua medida, como a adição das regras afetou seu desempenho? Interprete seus achados.

Confira as respostas das Questões para aprendizagem do Capítulo 19

20 Controle Antecedente: Modelação, Orientação Física e Incentivo Situacional

Objetivos de aprendizagem

Após ler este capítulo, o leitor será capaz de:

- Definir *modelação, orientação física* e *incentivo situacional*
- Descrever os fatores que influenciam a efetividade da modelação
- Descrever os quatro componentes do treinamento de habilidades comportamentais
- Resumir as diretrizes para o uso da modelação, da orientação física e do incentivo situacional.

James, sinta as solas dos seus pés!

Uma intervenção atenta para agressão[1]

James, um homem de 27 anos com incapacidade intelectual leve, alternou por muitos anos entre um abrigo e um hospital psiquiátrico. Preferia viver no primeiro, mas seu comportamento agressivo resultava em internações regulares no hospital psiquiátrico. Como último recurso, após passar 12 meses internado e sem conseguir controlar significativamente os ataques verbais e físicos, James concordou em experimentar uma estratégia de autocontrole baseada na atenção plena (*mindfulness*). A atenção plena (Capítulo 26) envolve tornar-se consciente de sensações, pensamentos, sentimentos e comportamento observável, momento a momento.

Por meio de um procedimento chamado "Solas dos Pés", James aprendeu a desviar sua atenção de tudo que lhe causasse raiva concentrando-se nas solas dos seus pés. Fazer isso permitia que James se acalmasse, sorrisse e se afastasse da situação que lhe causava raiva. Para ensinar James essa estratégia, o terapeuta usou *role-playing*. Durante as sessões de terapia, James podia ficar em pé ou sentado, mas sempre com os pés totalmente apoiados no chão. O terapeuta, então, pedia a James que se lembrasse de um incidente em que ele foi verbal ou fisicamente agressivo com uma pessoa que o deixou irritado. Quando James mostrava sinais de raiva, como respiração ofegante, o terapeuta dizia: "Sinta as solas dos seus pés. Devagar, movimente os dedos dos pés e sinta suas meias. Você consegue senti-las? Agora, mova os calcanhares contra a parte de trás dos sapatos e sinta-os friccionar. Mantenha a respiração lenta e preste atenção nas solas dos pés até se acalmar. Agora, sorria e se afaste da situação, como estou fazendo."

Então, o terapeuta e James se afastavam um do outro, sorrindo. O terapeuta fez esse treinamento em sessões de *role-playing* com duração de 30 minutos, 2 vezes por semana, durante 5 dias, seguido de tarefas práticas como lição de casa, para a próxima semana. James foi instruído a aplicar o procedimento para controlar seu comportamento agressivo em situações reais. O procedimento foi efetivo. Antes do tratamento, James passava, em média, por cerca de 10 ocorrências de ataques verbais sérios e 15 de agressões físicas por mês. Após o tratamento, James passou 6 meses sem apresentar comportamento agressivo no hospital psiquiátrico. Ele foi autorizado a voltar para a casa coletiva, onde morou sem comportamento agressivo durante o acompanhamento de 1 ano.

[1]Este caso é baseado em um relato de Singh *et al*. (2003).

APROVEITAMENTO DO CONTROLE DE ESTÍMULO EXISTENTE

Conforme indicado no capítulo anterior, os programas de modificação de comportamento devem incluir instruções na forma de regras que podem ser facilmente seguidas. Entretanto, as instruções às vezes não bastam e se torna necessário introduzir outros tipos de estímulo antecedentes. Este capítulo descreve três estratégias adicionais para aproveitar formas existentes de controle de estímulo: modelação, orientação física e indução situacional.

MODELAÇÃO

A **modelação** é um procedimento pelo qual uma amostra de um dado comportamento é apresentada a um indivíduo para induzi-lo a se engajar em um comportamento similar. Assim como as regras, a modelação pode ser poderosa. Convença-se disso pondo em prática os experimentos a seguir:

1. Por um dia inteiro, fale somente sussurrando e observe a frequência com que as pessoas ao seu redor também sussurram.
2. Boceje várias vezes na presença de outras pessoas e observe a frequência com que elas bocejam.
3. Fique em pé na esquina de uma rua, onde haja trânsito intenso de pedestres, e olhe para o céu por 30 minutos. Observe quantas pessoas param e olham para o céu.

Em cada caso, compare os dados obtidos com os dados reunidos em circunstâncias comparáveis, quando não há um modelo do comportamento.

Assim como as regras, as pessoas em geral usam modelos com tanta frequência que poucas os veem como um procedimento de modificação de comportamento. Os pais usam a modelação para ensinar polidez, cuidado, diálogo e muitos outros comportamentos aos filhos. Quando um cachorro passa por entre os pais e uma criança de 2 anos, os pais olham o animal e dizem: "Veja o cachorro. Você consegue dizer 'cachorro'?" Ao mostrar para uma criança como preparar um sanduíche, os pais podem dizer: "Faça isto assim", enquanto modelam o comportamento desejado. O modelo afeta o comportamento de indivíduos de todas as idades, não só de crianças pequenas. Quando os jovens adolescentes que estão ingressando no Ensino Médio observam o modo como os estudantes veteranos se vestem e falam, eles logo estão se vestindo do mesmo modo e usando as mesmas expressões. Todos nós, no nosso dia a dia, temos oportunidades de observar as ações dos outros e frequentemente imitamos os comportamentos deles.

O que determina se imitaremos o comportamento de um modelo? Embora existam várias explicações possíveis, está claro que a nossa história de reforços e punições por imitar os outros é um fator importante. Há vários processos pelos quais o comportamento imitativo pode ser aprendido. Primeiro, um indivíduo é frequentemente reforçado após emitir um comportamento semelhante ao que outro indivíduo emitiu. As ações de outras pessoas tendem a se tornar S^Ds para a realização de ações semelhantes. À medida que outras pessoas nos reforçam, suas ações adquirem propriedades de reforço condicionado. Recebemos reforço condicionado quando realizamos as mesmas ações. Uma criança que observa alguém abrir uma porta para sair recebe o reforço de sair depois de realizar a mesma ação. Uma segunda possibilidade é que, depois de aprendermos a imitar respostas simples, conseguimos imitar comportamentos mais complexos, se eles forem compostos de respostas mais simples. Quando uma criança aprende a imitar "ja", "ca" e "ré" como sílabas simples ou como unidades de várias palavras, ela consegue imitar a palavra *jacaré* ao ouvi-la pela primeira vez (Skinner, 1957). Uma terceira possibilidade é que imitamos porque, quando bebês, nossos pais e outras pessoas nos imitavam, criando uma associação entre o nosso comportamento e o comportamento semelhante nelas. Essa possibilidade é particularmente convincente para explicar como conseguimos imitar comportamentos quando nosso próprio comportamento correspondente não é visível para nós, como expressões faciais quando não há um espelho presente. Uma quarta possibilidade é que o comportamento imitativo não é apenas um conjunto de relações estímulo-resposta separadas, mas é, em si, uma classe operante de respostas. Em outras palavras, é possível que, quando uma criança é reforçada por imitar alguns comportamentos, ela então tenderá a imitar outros comportamentos, mesmo que eles não contenham elementos em comum com os comportamentos imitativos que foram reforçados. Isso é chamado de *imitação generalizada*. Para interpretações mais detalhadas da aprendizagem vicariante, observacional ou imitativa a partir de uma abordagem comportamental, ver Pear, 2016a, pp. 91-95; ou Taylor e DeQuinzio, 2012. Além disso, como cada um de nós vivencia experiências diferentes, as variáveis específicas que determinam quem imitamos variam um pouco de indivíduo para indivíduo.

Vários fatores gerais influenciam a efetividade dos modelos como técnica de modificação de comportamento para a maioria das pessoas (Bandura, 1986, pp. 53-55). As regras descritas a seguir aproveitam esses fatores.

Fazer com que colegas sejam modelos

As pessoas imitam aqueles que são como elas em vários aspectos – idade, condição socioeconômica, aparência física. Amigos e colegas tendem a serem mais imitados do que desconhecidos ou indivíduos com quem não se convive regularmente. Portanto, sempre que possível, use colegas como modelos em seu programa de modificação de comportamento. Considere o caso de uma criança pequena isolada que raramente interage com as outras. É possível fazer essa criança observar as demais em diversas atividades em grupo (Prendeville *et al.*, 2006). O grupo deve estar respondendo ao modelo de uma maneira reforçadora, oferecendo à criança isolada material de brincar, falando ou sorrindo. Para garantir que a modelação ocorra sob circunstâncias ideais e de uma forma conveniente, pode ser necessário instruir algumas crianças a servirem de modelos e instruir as demais a se comportarem de uma maneira visivelmente reforçadora em relação aos modelos. Outra abordagem que tem se mostrado promissora é aquela que encoraja irmãos sem dificuldades de desenvolvimento a servirem de modelos para o comportamento de brincar com crianças com transtorno do espectro autista (TEA) (Brooke e Ingersoll, 2012).

Devido à força da modelação, não surpreende que, no início da história da modificação de comportamento, pesquisadores e profissionais do comportamento tenham percebido que a modelação poderia ser usada como um componente dos programas de modificação de comportamento (Baer *et al.*, 1967; Bandura, 1965, 1969). As primeiras aplicações da modelação envolviam alguém – um adulto, colega, irmão ou outro modelo apropriado – demonstrando pessoalmente um comportamento desejado. Os modificadores de comportamento logo perceberam, no entanto, que a *modelação em vídeo* – isto é, a exibição de vídeos gravados de alguém realizando o comportamento desejado – poderia ser um substituto viável para um modelo ao vivo (Ganz *et al.*, 2011). A modelação em vídeo tem algumas vantagens em relação à modelação presencial. Com um vídeo, o modelo é sempre apresentado de forma perfeitamente controlada, uma apresentação em vídeo está sempre disponível quando um modelo ao vivo adequado pode não estar e os vídeos podem ser vistos em uma ampla variedade de plataformas – *tablets*, *smartphones*, *desktops* etc. Além disso, com a modelação em vídeo, o aprendiz pode ser usado como um modelo de seu próprio comportamento desejável. Além disso, no que é chamado de modelação em vídeo com ponto de vista (ou *point-of-view video modeling*), é possível apresentar um episódio de modelação do ponto de vista do aprendiz. Com a automodelação em vídeo e a modelação em vídeo com ponto de vista, pode-se esperar que o aprendiz preste mais atenção aos estímulos relevantes no episódio de modelação. Pesquisas indicam que a modelação em vídeo para ensinar habilidades sociais a crianças com TEA é tão eficaz quanto a modelação mediada por colegas (Wang *et al.*, 2011).

Todos os tipos de modelação em vídeo têm sido usados com eficácia, embora não haja estudos suficientes para afirmar de modo conclusivo se algum método específico de modelação em vídeo é mais eficaz ou eficiente e, em caso afirmativo, sob quais condições. Exemplos de respostas-alvo ensinadas por meio de modelação em vídeo incluem precisão das técnicas de escalada de atletas novatos (Walker *et al.*, 2020), habilidades sociais e vocacionais para indivíduos com transtornos do desenvolvimento e TEA (Rayner *et al.*, 2009), comportamentos lúdicos (MacDonald *et al.*, 2009), comportamento de jardinagem para adolescentes com TEA (Kim, 2017), comportamento de segurança contra incêndios para crianças pequenas com TEA (Morgan, 2017) e habilidades linguísticas (Plavnick e Ferreri, 2011). A modelação em vídeo também tem sido usada para treinar equipes que trabalham com indivíduos com transtornos do desenvolvimento e TEA (Delli Bovi *et al.*, 2017).

Fazer com que o comportamento-modelo seja visto para ser efetivo

Suponha que você deseja melhorar suas habilidades de argumentação. Você é mais propenso a imitar as estratégias de amigos que consistentemente transmitem seus pontos de vista ou amigos que frequentemente não argumentam muito bem? Com certeza, é mais provável que você imite alguém cujo comportamento produz consequências desejadas (Bandura, 1986, p. 53). Até mesmo com crianças, os colegas mais proficientes na obtenção de consequências para vários comportamentos tendem a ser mais imitados (Schunk, 1987). Portanto, para aproveitar esse fator ao usar modelos em seu programa de modificação de comportamento, faça com que o aprendiz observe o modelo emitindo o comportamento desejado e recebendo reforço.

Psicólogos sociais sabem há muito tempo que pessoas de prestígio em posição social elevada tendem a ser mais imitadas do que indivíduos com menos prestígio ou de condições social inferior (Asch, 1948; Henrich e Gil-White, 2001). Os indivíduos em posição social elevada frequentemente emitem comportamentos efetivos. Portanto, um adolescente de *status* elevado tende a ser imitado pelos colegas que frequentemente o observam receber muito reforço positivo.

Usar múltiplos modelos

Sarah, de 35 anos, corretora de imóveis e estudante em período parcial, costumava beber cerveja regularmente na companhia de outras seis mulheres, em um bar local, nas tardes de sexta-feira. Todas estavam fazendo um curso de modificação de comportamento, mas Sarah não sabia que seu próprio comportamento de beber estava sendo estudado. Ao longo de várias sessões iniciais, foi estabelecido que Sarah invariavelmente bebia cerca de 2 litros de cerveja em 1 hora. Então, as fases experimentais do estudo foram iniciadas. Durante a primeira fase experimental, uma das outras mulheres foi um modelo de frequência de consumo de bebida alcoólica que era a metade da frequência com que Sarah bebia. O comportamento de Sarah não foi afetado. Durante a segunda fase experimental, seu comportamento de beber também não foi afetado quando duas das outras mulheres definiram um modelo de consumo de bebida alcoólica com frequência equivalente à metade da frequência com que elas bebiam. Entretanto, na terceira fase experimental, quando quatro mulheres estabeleceram o modelo de tomar bebida alcoólica com frequência equivalente à metade da frequência com que Sarah bebia, o comportamento de beber dela foi reduzido à metade (DeRicco e Niemann, 1980). Esse estudo ilustra que o número de pessoas que são modelo de certo comportamento é um fator que determina se esse comportamento será imitado. Além disso, um aumento no número de modelos é, por definição, um aumento no número de exemplares de estímulo que, conforme discutido no Capítulo 18, aumenta a generalização de estímulo do comportamento (Pierce e Schreibman, 1997).

Treinamento de habilidades comportamentais

Os modelos são mais efetivos quando combinados com outras estratégias comportamentais de ensino. A combinação de *instruções*, *modelação*, *ensaio comportamental* ou *role-playing* e reforço para ensinar uma série de habilidades é chamada **treinamento de habilidades comportamentais (THC)**. É importante observar que o THC não é um novo princípio ou procedimento. É um conjunto de princípios e procedimentos reunidos em um pacote de máxima eficácia para ensinar qualquer habilidade ou conjunto de habilidades desejado. No caso principal deste capítulo, usou-se o *role-playing* com James para ensiná-lo a se concentrar nas solas dos pés como uma alternativa à agressão. O THC tem sido usado para melhorar o desempenho em diversas áreas. Alguns exemplos incluem a aquisição de habilidades nos esportes (Tai e Miltenberger, 2017), ensinar pais de crianças com TEA a aumentar a variedade da dieta (Seiverling *et al.*, 2012) e a aprimorar as habilidades sociais de seus filhos (Dogan *et al.*, 2017), treinar equipes para deambular corretamente crianças com múltiplas deficiências físicas sob seus cuidados (Nabeyama e Sturmey, 2010), ensinar crianças do jardim de infância a reagir durante simulações e treinamentos de segurança (Dickson e Vargo, 2017), melhorar as habilidades de entrevista de estudantes universitários (Stocco *et al.*, 2017), ensinar estudantes universitários a servir cerveja com precisão (Hankla *et al.*, 2018), ensinar habilidades de prevenção de envenenamento a crianças com TEA (Petit-Frere e Miltenberger,

2021) e ensinar adolescentes do sexo masculino em um abrigo institucional a responderem adequadamente às instruções da equipe (Brogan *et al.*, 2021).

Diretrizes para o uso da modelação

A seguir, são listadas diretrizes para o uso efetivo da modelação. Talvez não seja possível seguir todas as diretrizes em todas as situações. Entretanto, quanto mais elas forem seguidas, mais efetivo será o uso do modelo:

1. Selecionar modelos que sejam amigos ou colegas do aprendiz, e que sejam vistos por este como indivíduos competentes, com *status* ou prestígio.
2. Usar mais de um modelo.
3. A complexidade do comportamento-modelo deve ser conveniente para o nível comportamental do aprendiz.
4. Combinar a modelação com instruções, ensaio comportamental ou *role-playing* e *feedback* (THC).
5. Se o comportamento for complexo, então a modelação deverá começar com aproximações muito fáceis até as mais difíceis para o aprendiz.
6. Para intensificar a generalização de estímulo, as cenas de modelação devem ser o mais realistas possível.
7. Usar o desvanecimento conforme a necessidade, para que outros estímulos diferentes do modelo possam assumir o controle sobre o comportamento desejado.

Questões para aprendizagem

1. Defina *modelação*. Como isso foi incorporado às sessões de terapia de James?
2. Descreva quatro processos pelos quais o comportamento imitativo pode ser aprendido. Dê um exemplo de cada um deles.
3. Descreva duas situações recentes em que você tenha sido influenciado por um modelo. Para cada caso, descreva quais dos quatro fatores influenciadores da efetividade da modelação estavam presentes.
4. Liste os quatro componentes do THC.
5. Descreva as etapas específicas do THC que você poderia usar para superar o comportamento de retraimento de uma criança da educação infantil que nunca interage com outras crianças. Identifique os princípios básicos e o procedimento aplicados em seu programa.
6. Defina ou descreva *ensaio comportamental* ou *role-playing*. Dê um exemplo.

ORIENTAÇÃO FÍSICA

A *orientação física* é a aplicação de contato físico para induzir um indivíduo a acompanhar os movimentos de um comportamento desejado. Alguns exemplos são um instrutor de dança conduzindo um aprendiz em um novo passo de dança, e os pais segurando a mão de uma criança enquanto a ensinam a atravessar a rua com segurança. A orientação física é apenas um componente de um procedimento de ensino. Ambos, o instrutor de dança e um instrutor de golfe, usarão instrução, modelação e reforço por respostas corretas ou aproximações destas. Do mesmo modo, os pais que ensinam a criança a atravessar a rua em segurança usarão regras, como "Olhe para os dois lados", e modelação – olhar para os dois lados de maneira exagerada.

A orientação física é usada com frequência como um auxilio para ensinar indivíduos a seguirem instruções ou imitarem um comportamento-modelo, de modo que a instrução ou modelo possa então ser usado sem orientação física para estabelecer outros comportamentos. Em um procedimento para ensinar uma criança a seguir instruções, ela é colocada em uma cadeira oposta ao professor. No início da tentativa, o professor diz "Johnny, fique em pé" e, em seguida, guia a criança em seus pés. O reforço então é imediatamente apresentado, como se a própria criança tivesse realizado a resposta sozinha. Novamente, o reforço imediato é apresentado. O processo é repetido ao longo das tentativas, enquanto a orientação física vai sendo desvanecida (ver Kazdin e Ericson, 1975). Depois que Johnny aprendeu esse conjunto de instruções, outro conjunto – "Venha aqui" e "Vá para lá" – é ensinado empregando um procedimento similar. A orientação física vai sendo cada vez menor e menos requerida para ensinar as sucessivas instruções até, eventualmente, instruções bastante complexas serem ensinadas com pouca ou nenhuma orientação física.

Como no ensino de instruções, o professor que usa orientação física começa com algumas imitações simples – tocar a cabeça da pessoa, bater as mãos de alguém, bater com mãos na mesa, ficar em pé e sentar –, adicionando novas imitações conforme as anteriores vão sendo aprendidas. No início de cada tentativa, o professor diz "Faça isso", enquanto apresenta um modelo de resposta e guia a criança a realizá-la. As respostas corretas são reforçadas e a orientação física é desvanecida ao longo das tentativas. Isso facilita o desenvolvimento da **imitação generalizada**, por meio da qual um indivíduo, depois de aprender a imitar vários comportamentos, talvez com um pouco de modelagem, desvanecimento, orientação física e reforço, aprende a imitar uma nova resposta na primeira tentativa sem reforço (Baer *et al.*, 1967; Ledford e Wolery, 2011). A orientação física também pode ser usada como uma transição para outros tipos de incentivo (*prompt*). Uma criança pode ser solicitada a apontar para a imagem de um cachorro entre outras três figuras dispostas sobre uma mesa. O professor pode usar vários *prompts*, como apontar para a imagem correta ou mostrar para a criança uma figura idêntica à figura correta. Se a criança não responder corretamente a um desses *prompts*, o professor pode calmamente pegar a mão da criança e movê-la até a figura correta. Ao longo das tentativas, o professor pede a ela para apontar para diferentes figuras e desvanece a orientação física, de modo que a criança responda corretamente a comandos não físicos. Eventualmente, a criança aprende a responder às figuras corretas sem o *prompt* (Carp *et al.*, 2012).

Outra aplicação comum da orientação física consiste em ajudar os indivíduos a superar medos. Ajudar um indivíduo que tem medo de água envolve conduzi-lo gradualmente pela mão até a parte rasa de uma piscina de natação e fornecer suporte enquanto o indivíduo flutua. Os aspectos de uma situação que menos provocam medo devem ser introduzidos primeiro, enquanto aqueles que mais assustam são adicionados mais tarde e de forma gradual. Não se deve jamais tentar forçar um indivíduo a fazer mais do que aquilo que ele se sente confortável em fazer. Quanto mais medo o indivíduo tiver, mais gradual deverá ser o processo. No caso de um indivíduo com muito medo, alguém pode tentar passar várias sessões apenas sentando-se com ele na beirada da piscina. O uso da modelação e de outros procedimentos para ajudar um cliente a superar medos extremos é discutido no Capítulo 27.

Questões para aprendizagem

7. O que significa *orientação física*? Em que ela difere dos comandos gestuais (ver Capítulo 12)?
8. Identifique um comportamento que você tenha sido influenciado a realizar por causa de orientação física. Descreva como a orientação física estava envolvida.
9. O que é imitação generalizada? Descreva um exemplo.

Diretrizes para o uso de orientação física

Algumas diretrizes para o uso efetivo da orientação física são listadas a seguir:

1. *Garantir que o aprendiz esteja confortável e relaxado ao ser tocado e guiado.* Um pouco de relaxamento inicial pode ser necessário para conseguir isso.
2. *Determinar os estímulos que você quer que controlem o comportamento e garantir que estejam claramente presentes durante a orientação física.*
3. *Considerar usar regras durante a orientação física, para que elas possam eventualmente controlar o comportamento.* Por exemplo, ao ensinar um jogador de golfe novato destro a virar corretamente o ombro durante uma jogada, o instrutor poderia dizer "Ombro esquerdo até o queixo, ombro direito até o queixo", enquanto guia o novato ao longo dos movimentos para trás e para baixo.
4. *O reforço deve ser dado imediatamente após a conclusão bem-sucedida da resposta guiada.*
5. *A orientação física deve ser sequenciada gradualmente, do comportamento mais fácil ao mais difícil.*
6. *Usar o desvanecimento de modo a permitir que os outros estímulos assumam o controle do comportamento.*

INCENTIVO SITUACIONAL

Devido em grande parte às nossas histórias similares de reforço e punição, numerosas situações e ocasiões controlam comportamentos similares em muitos de nós. Certos edifícios públicos, como igrejas, museus e bibliotecas, tendem a reprimir a conversação. Festas tendem a evocar socialização e comportamento jovial. As melodias cativantes incentivam o sussurrar e o cantarolar. As risadas de uma plateia induzem muitas pessoas a assistir a seriados de TV.

O termo **incentivo situacional** se refere à influência de um comportamento usando situações e ocasiões que já exercem controle sobre esse comportamento. Técnicas desse tipo sem dúvida precedem a história registrada. Rituais envolvendo canto e dança provavelmente serviam para fortalecer o sentido de comunidade em tempos antigos, do mesmo modo como ocorre hoje em muitas culturas. Os monastérios e conventos promovem o comportamento espiritual, proporcionando um ambiente propício à leitura de textos religiosos e à meditação. Os supermercados e as lojas de departamentos exibem os produtos ou fotos dos produtos de forma proeminente e atraente para induzir a compra. Os restaurantes luxuosos proporcionam ambientes relaxantes com música suave e lenta para induzir a fruição de uma refeição completa, ao passo que, em outros restaurantes, pode-se tocar música agitada para induzir uma alimentação rápida, de modo que as mesas fiquem disponíveis mais rapidamente (Karapetsa *et al.*, 2015). As atividades realizadas durante as refeições e na presença de música sempre foram importantes para o funcionamento e o bem-estar humano. Preparar refeições e comer acompanhado (Kniffin *et al.*, 2015) e fazer e ouvir música juntos (Groarke e Hogan, 2016; Kniffin *et al.*, 2017) continuam sendo formas importantes de induzir a união e a comunidade.

O incentivo situacional tem sido usado de vários modos imaginativos e efetivos em programas de modificação de comportamento, para ajudar a aumentar/diminuir comportamentos-alvo, ou trazê-los sob o controle de estímulo apropriado. Os exemplos podem ser discutidos sob quatro categorias: (a) rearranjo das adjacências existentes; (b) transferência da atividade para um local novo; (c) posicionamento de pessoas; e (d) mudança do momento da atividade.

Reorganização das adjacências existentes

Um exemplo de reorganização das adjacências existentes consiste em alterar os itens no quarto de alguém, com o intuito de promover um comportamento de estudo melhor e mais persistente. Um estudante poderia acender mais luzes, usar lâmpadas que proporcionem iluminação mais intensa, tirar materiais irrelevantes da mesa de trabalho, afastar a cama o mais longe possível da mesa de trabalho ou não a virar de frente para a cama. Ainda melhor, a cama não deve estar no mesmo quarto que a mesa de trabalho, porque a cama atua como S^D para o sono. Para impedir que os comportamentos de não estudo sejam condicionados aos novos estímulos, o estudante deve se engajar apenas no comportamento de estudo no ambiente rearranjado. Outros exemplos de rearranjo das adjacências incluem colocar salgadinhos na prateleira intermediária, em vez de nas prateleiras altas ou baixas de uma loja, para aumentar as vendas desse produto (Sigurdsson *et al.*, 2009); usar pulseiras não removíveis como lembrete para parar de roer as unhas (Koritzky e Yechiam, 2011); colocar lixeiras nas salas de aula de um *campus* universitário para aumentar a reciclagem de garrafas plásticas (O'Connor *et al.*, 2010); e o uso de fotografias de atividades lúdicas para aumentar o número de atividades recreativas concluídas por crianças com TEA (Akers *et al.*, 2016).

Deslocamento da atividade para um novo local

Mudar o local de uma atividade desejável que seja inadequado é uma técnica para aumentar a ocorrência dessa atividade. Considere o exemplo de um estudante (Figura 20.1). Um estudante que use essa abordagem deve selecionar um lugar próprio ao estudo e que tenha estímulos não associados com o envio de mensagens de texto para amigos, ficar nas mídias sociais ou qualquer outro comportamento que não seja estudar. Um espaço reservado na biblioteca de uma universidade é ideal para isto, embora outras áreas bem iluminadas e silenciosas, com espaço de trabalho adequado, sejam convenientes. Para deficiências graves de estudo, o comportamento que incorpora boas habilidades de estudo deve primeiro ser submetido à modelagem e depois incluído em um esquema de curta duração ou de baixa frequência na área de estudo especial. O esquema deve então ser gradualmente reduzido, para que o comportamento eventualmente venha a ser mantido no nível desejado. O reforço apropriado deve ser arranjado para que ocorra imediatamente após o requerimento do esquema ser atendido. Um estudante que costume devanear ou se engajar em outro comportamento que não o estudo no local apropriado deve estudar de forma um pouco mais produtiva e então sair imediatamente, para que o devaneio não se torne condicionado aos estímulos presentes no local de estudo.

Realocação de pessoas

Como exemplo dessa terceira categoria de indução situacional, os professores geralmente mudam a disposição dos lugares dos alunos para realocar aqueles cuja proximidade causa interrupções. Isso geralmente é muito mais fácil do que elaborar e executar programas de

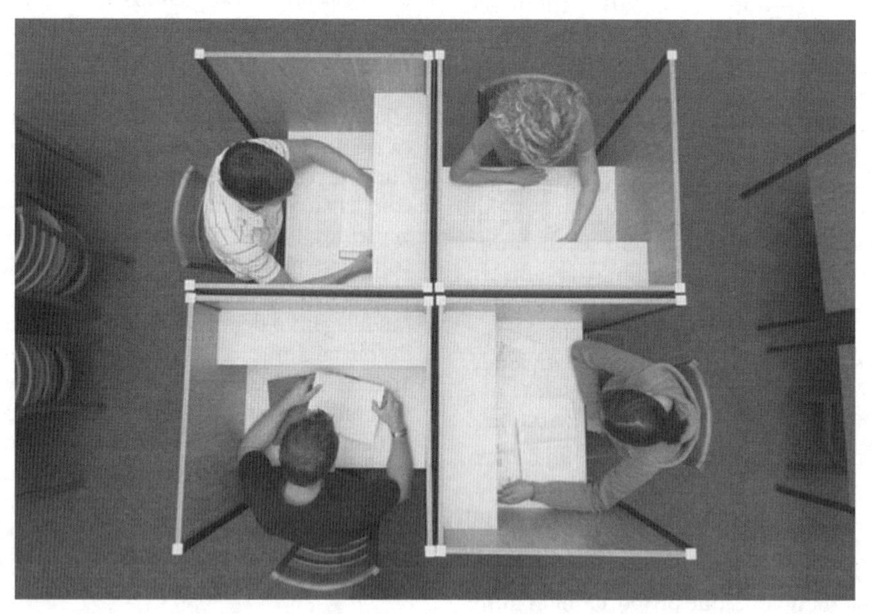

Figura 20.1 Exemplos de incentivo situacional.

reforço ou punição para eliminar interações indesejáveis. Bicard *et al.* (2012) descobriram que o comportamento disruptivo de alunos do quinto ano ocorria mais de 3 vezes menos quando os professores organizavam os lugares em que os alunos se sentavam do que quando os alunos escolhiam seus próprios lugares. A realocação de pessoas também pode ser usada para aproximar pessoas. Marcar e ir a encontros românticos pode ser um problema para estudantes universitários. Para lidar com esse problema, os terapeutas costumam recomendar que os clientes participem de diferentes grupos de atividades para aumentar seus contatos sem intenção romântica com outras pessoas que possam ser candidatas a namorar.

A mudança de uma atividade para um novo local também tem sido usada para limitar a ocorrência do comportamento problemático. McGowan e Behar (2013) abordaram esses indivíduos para identificar seus pensamentos de preocupação e um local específico onde pudessem ir todo dia para se engajarem nas preocupações. Eles escolhiam um momento e um lugar, pelo menos 3 horas antes da hora de dormir, para que as preocupações não interferissem no sono. A cada dia, esses indivíduos deveriam ir para o lugar escolhido e então se engajar o mais intensamente possível em suas preocupações, durante 30 minutos. Eles também tentavam adiar para esse momento as preocupações espontâneas que ocorriam ao longo do dia, concentrando-se nas experiências daquele momento. O procedimento produziu diminuições significativas na preocupação e na ansiedade dos participantes.

Mudança do momento da atividade

A categoria final de incentivo situacional envolve tirar vantagem do fato de certos estímulos e tendências de comportamento mudarem previsivelmente com o passar do tempo. Casais podem achar sexo de manhã melhor do que à noite. Mudar o momento de uma atividade tem sido usado de forma efetiva em programas de controle de peso. Pessoas que cozinham para suas famílias às vezes adquirem excesso de peso por "beliscarem" enquanto preparam as refeições. Em vez de renunciar ao jantar com a família, uma solução parcial para esse problema é fazer a preparação pouco depois de ter consumido a refeição anterior, enquanto a vontade de comer é fraca (LeBow, 1989, 2013).

Diretrizes para o uso do incentivo situacional

O incentivo situacional abrange um amplo conjunto de procedimentos. Seu uso, portanto, é consideravelmente menos direto que outros métodos discutidos neste capítulo. Em resumo, exige-se uma porção significativa de imaginação para que o procedimento seja eficaz. Nós sugerimos as diretrizes a seguir:

1. *Identificar claramente o comportamento desejado a ser fortalecido e, quando apropriado, o comportamento indesejado a ser minimizado.*
2. *Fazer o* brainstorm *de todos os possíveis arranjos ambientais na presença dos quais o comportamento desejado tenha ocorrido no passado ou provavelmente venha a ocorrer.* Lembre-se: as situações e os estímulos de controle podem ser qualquer coisa – pessoas, lugares, eventos ou objetos.
3. *A partir da lista de estímulos que controlaram o comportamento-alvo no passado, identificar aqueles que poderiam ser facilmente introduzidos para controlar o comportamento-alvo.*
4. *Arranjar para o aprendiz ser exposto aos estímulos que controlam o comportamento-alvo na forma desejada, e de modo a evitar locais e disposições que não exerçam tal controle.*
5. *Garantir que o comportamento indesejado nunca ocorra na presença de situações introduzidas para fortalecer o comportamento desejado.*
6. *Quando o comportamento desejado ocorrer na presença da nova disposição, garantir que seja reforçado.*
7. *Usar o desvanecimento para trazer o comportamento sob o controle de estímulo desejado.*

Questões para aprendizagem

10. O que queremos dizer com o termo *incentivo situacional*?
11. Descreva cada uma das quatro categorias de incentivo situacional.
12. Dê um exemplo de sua própria experiência de cada uma das quatro categorias de incentivo situacional.
13. Para cada um dos exemplos a seguir, identifique a categoria de incentivo situacional em que o exemplo poderia ser melhor incluído e explique por quê:
    a) Na tarde de sábado, um aficionado por exercícios não parece ter energia suficiente para levantar pesos. Para aumentar a probabilidade de levantar os pesos, ele coloca os pesos no centro da sala de exercícios e sintoniza um evento esportivo na TV.
    b) Diz-se que o renomado escritor Victor Hugo controlava seus hábitos de trabalho fazendo um assistente levar suas roupas e somente trazê-las de volta ao final do dia (Wallace, 1971, pp. 68-69).
    c) Para parar de beber, um alcoólatra se reúne com membros do Alcoólicos Anônimos e para de ver os antigos colegas de bebedeira.
    d) Um sedentário decide correr 1.600 metros todas as noites. Infelizmente, a estrada para o inferno, ou, talvez, para um ataque cardíaco, está cheia de boas intenções. Ficar acordado até tarde da noite, ver um bom programa na TV, tomar vinho no jantar e

outros deleites têm um preço. Decorridos 3 meses, o sedentário continua com sobrepeso e fora de forma, porque perdeu muitas noites de corrida. O sedentário aceitou o conselho de um amigo para mudar a rotina e começou a correr imediatamente ao chegar em casa e antes de jantar.

e) Após muitas interrupções enquanto trabalhavam neste livro, os autores começaram a trabalhar sozinhos em suas respectivas casas em vez de juntos na universidade.

14. De acordo com as diretrizes propostas para o uso de regras, modelos e orientação física:
    a) Qual princípio comportamental é usado com todos os três procedimentos?
    b) Quais são os outros dois procedimentos comportamentais que provavelmente são usados com todos os três procedimentos?

RESUMO DO CAPÍTULO 20

Uma estratégia para tirar proveito das formas existentes de controle de estímulo é a modelação – fornecer uma amostra de um comportamento a um indivíduo para induzi-lo a realizar um comportamento semelhante. As estratégias para conseguir isso incluem: (a) pedir a colegas que sejam modelos; (b) fazer com que o comportamento-modelo seja visto como eficaz ao produzir consequências desejáveis; (c) usar vários modelos; e (d) combinar a modelação com instruções, ensaio comportamental ou *role-playing* e *feedback* para executar o comportamento desejado. A combinação de instruções, modelação, ensaio comportamental ou *role-playing* e reforço é chamada de *treinamento de habilidades comportamentais* (*THC*).

Outra categoria de controle antecedente para produzir um comportamento desejável é a orientação física. As estratégias de orientação física incluem: (a) pedir permissão para tocar a pessoa; (b) contato físico apropriado e cuidadoso para conduzir a pessoa ao comportamento desejado; e (c) uma declaração clara do que se espera que a pessoa faça.

Uma terceira categoria de controle antecedente é a indução situacional, a influência de um comportamento por meio de situações e ocasiões que já exercem controle sobre aquele comportamento. As estratégias de indução situacional incluem (a) reorganizar as adjacências existentes; (b) transferir uma atividade para um novo local com maior probabilidade de produzir a atividade desejada; (c) realocar pessoas para aumentar o comportamento desejado; e (c) mudar o horário de uma atividade.

Exercícios de aplicação

Exercício envolvendo outros

Destaque um programa que os pais poderiam seguir para ensinar uma criança de 2 anos a responder de maneira consistente à instrução "Traga seus sapatos, por favor". Indique como o seu programa poderia usar regras, modelação, ensaio comportamental ou *role-playing* e orientação física, e como esse programa segue as diretrizes para a aplicação efetiva de cada um.

Exercício de automodificação

Selecione dois de seus comportamentos a partir da lista a seguir:

1. Lavar a louça ou colocar a louça na máquina de lavar louça imediatamente após a refeição.
2. Levantar quando o alarme toca.
3. Dizer bom dia e sorrir para as pessoas em sua casa.
4. Limpar o quarto 2 vezes por semana.
5. Praticar exercícios diariamente.
6. Intensificar o estudo.

Descreva como você poderia influenciar cada um dos dois comportamentos combinando, para cada um deles, pelo menos quatro das seguintes táticas: regras, modelação, ensaio comportamental ou *role-playing*, orientação física, rearranjo das adjacências, deslocamento da atividade para um novo local, reposicionamento de pessoas e alteração do momento da atividade. Dê sugestões que sejam altamente plausíveis com relação à situação.

Confira as respostas das Questões para aprendizagem do Capítulo 20

21 Controle Antecedente: Motivação

Objetivos de aprendizagem

Após ler este capítulo, o leitor será capaz de:

- Criticar o modo como a motivação muitas vezes é vista, tradicionalmente
- Descrever uma perspectiva comportamental da motivação
- Distinguir entre uma operação motivadora estabelecedora (MEO) e uma operação motivadora abolidora (MAO)
- Distinguir entre operações motivadoras incondicionadas e condicionadas (UMOs e CMOs).
- Explicar como o uso de operações motivadoras no delineamento de programas de modificação de comportamento aumenta sua efetividade.

Ok, equipe! Assim é como vocês podem ganhar o Eagle Effort Award.

Programa de motivação do treinador Dawson[1]

"Vamos ter um pouco de concentração aqui. Vocês devem evitar ao máximo perder os arremessos nos exercícios!", gritava Jim Dawson no treino de basquete. Jim era treinador do time de basquete Clinton Junior High, em Columbus, Ohio. Ele estava preocupado com o desempenho dos jogadores durante uma série de exercícios que usava para abrir cada treino. Com a ajuda do Professor Daryl Siedentop, da Ohio State University, Dawson trabalhou em um sistema motivacional no qual os jogadores poderiam ganhar pontos por desempenho nos exercícios de arremesso, salto-arremesso e lançamentos livres nos treinos diários. Além disso, os atletas poderiam ganhar pontos se fossem "jogadores de equipe", fazendo comentários favoráveis para os colegas do time. Se Dawson notasse falta de "vontade" ou "atitude negativa", os jogadores perdiam os pontos. Estudantes voluntários na função de gerente da equipe registravam os pontos. Esse sistema motivacional foi explicado em detalhes para os jogadores, antecipadamente. Ao fim do treino, o treinador parabenizava os atletas que tivessem conquistado um número significativo de pontos, bem como os jogadores que haviam conquistado mais pontos que no treino anterior. Além disso, os atletas que ganhassem uma um grande número de pontos teriam seus nomes expostos em um quadro "Eagle Effort", que ficava no corredor de acesso ao ginásio. Esses jogadores também eram honrados com o *Eagle Effort Award* em um jantar realizado após o fim da temporada. De modo geral, o programa foi altamente efetivo. O desempenho nos arremessos de bandeja melhorou de 68 para 80%. A média do desempenho nos exercícios de salto e arremesso melhorou de 37 para 51%. Os lançamentos livres nos treinos melhoraram de 59 para 67%. Entretanto, a melhora mais significativa foi na categoria "jogador de equipe". O número de comentários favoráveis feitos entre os colegas de time aumentou de tal maneira que os "gerentes" não conseguiram monitorá-los. A princípio, embora a maioria dos comentários favoráveis soasse "falsa", de acordo com Dawson, ao longo da temporada eles foram se tornando cada vez mais sinceros. No final da temporada, os jogadores estavam demonstrando uma atitude positiva de forma notável. Nas palavras do treinador Dawson: "Nos tornamos mais unidos do que eu jamais poderia ter imaginado."

[1]Este exemplo é baseado em um relato de Siedentop (1978).

VISÃO TRADICIONAL DE MOTIVAÇÃO

Considere o comportamento de Jenny e Jack, estudantes da 3ª série. Jenny faz sua lição de casa com frequência, trabalha duro nas diversas atividades em sala de aula, ouve atentamente o professor e é educada com as outras crianças. De acordo com o professor de Jenny, ela "é uma boa aluna *porque* é altamente motivada". Jack, em contrapartida, é o oposto. Ele raramente faz sua lição de casa, faz bagunça enquanto o professor está falando e não parece se esforçar. O professor de Jack acredita que lhe falta motivação. Conforme ilustram esses exemplos, muitas pessoas têm um conceito de motivação que corresponde a "*alguma coisa*" dentro de nós e que nos leva a agir. Muitos textos introdutórios de Psicologia descrevem a motivação como o estudo dos impulsos internos, necessidades e desejos que levam às nossas ações.

Um problema teórico ou lógico com a visão tradicional de motivação é envolver um raciocínio circular. Por que Jenny trabalha com afinco? Porque ela está altamente motivada. Como sabemos que ela está altamente motivada? Porque ela trabalha com afinco. Somando-se a essa circularidade, o conceito de motivação como uma causa interna de comportamento tem diversos problemas práticos. Primeiro, a sugestão de que as causas do comportamento estão dentro de nós, em vez de no ambiente, pode influenciar alguns a ignorarem os princípios de modificação de comportamento descritos nos capítulos iniciais deste livro, bem como a enorme quantidade de dados demonstrando que a aplicação desses princípios pode modificar efetivamente o comportamento. Em segundo lugar, o conceito de motivação como uma causa interna do comportamento pode levar alguns a culparem o indivíduo pelo desempenho abaixo do padrão, atribuindo a isso falta de motivação ou preguiça, em vez de ajudar o indivíduo a melhorar seu desempenho. Em terceiro lugar, conceituar a motivação como uma causa interna de comportamento pode levar algumas pessoas a se culparem por "falhas" comportamentais, em vez de examinar potenciais estratégias de automanejo (ver Capítulo 25).

Questões para aprendizagem

1. Como pessoas que não são estudiosas do comportamento nem modificadoras do comportamento conceituam a motivação? Ilustre com um exemplo.
2. Qual é o problema conceitual da visão tradicional de motivação? Ilustre com um exemplo.
3. Descreva três problemas práticos com o conceito de motivação como causa interna do comportamento.

PERSPECTIVA COMPORTAMENTAL DE MOTIVAÇÃO

As tradicionais teorias psicológicas da motivação abordam os "processos do querer" postulando impulsos interiores. Entretanto, em vez de tomarem essa abordagem, os psicólogos comportamentais adotaram o conceito de operação motivadora, adaptado pelo estudioso pioneiro do comportamento Jack Michael (1982, 1993, 2000, 2007) de Keller e Schoenfeld (1950). O conceito de operação motivadora foi pincelado no Capítulo 6, mas agora vamos discuti-lo com mais detalhes. Ver em Sundberg, 2004, uma discussão aprofundada sobre a história do tratamento da motivação em análise comportamental aplicada.

Uma *operação motivadora (MO)* é um evento que altera temporariamente a efetividade de um reforçador ou punidor – um efeito alterador de valor, e influencia o comportamento que normalmente leva a este reforçador ou punidor – efeito alterador de comportamento Laraway *et al.*, 2003). Em termos simples, uma MO muda temporariamente o que você quer e lhe diz como obtê-lo. Na Introdução da Parte 3, fizemos alusão a uma contingência de quatro termos que complementaria a contingência de três termos de que falamos no Capítulo 11. Uma MO pode ser considerada como o termo principal nessa contingência de quatro termos, que pode ser diagramada da seguinte forma: $MO \rightarrow S^D \rightarrow R \rightarrow S^R$, em que o primeiro termo é a operação motivadora, o segundo é um estímulo discriminativo, o terceiro é uma resposta controlada por esse estímulo discriminativo e o quarto é uma consequência da emissão dessa resposta que normalmente altera a MO de alguma forma.

Há dois tipos principais de MO: operações motivadoras estabelecedoras (MEOs) e operações motivadoras abolidoras (MAOs), e ambos os tipos podem ser incondicionados (U) ou condicionados (C), resultando em quatro subcategorias: UMEOs, CMEOs, UMAOs e CMAOs (Figura 21.1).

Começamos com a definição e exemplos de MEOs. Uma MEO é um evento ou operação que aumenta temporariamente a eficácia de

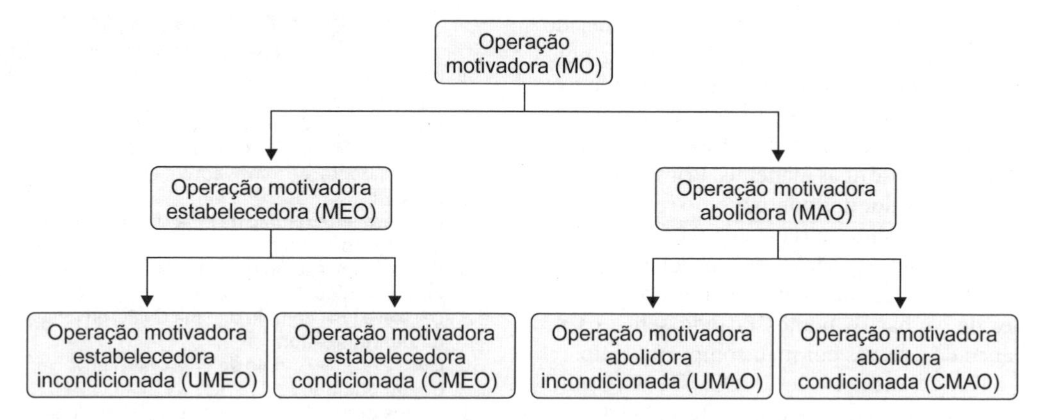

Figura 21.1 Tipos de operação motivadora.

um reforçador ou punidor – o efeito alterador de valor aumenta a probabilidade de comportamentos que levam a esse reforçador ou diminui a probabilidade de comportamentos que levam a esse punidor – o efeito alterador de comportamento. Com uma UMEO, o efeito alterador de valor é inato, e o efeito alterador de comportamento é aprendido. Um exemplo de uma UMEO que envolve um reforçador é a privação de alimentos. Quando estamos privados de comida, a comida é um reforçador poderoso, e é provável que realizemos vários comportamentos de busca de comida. Um exemplo de uma UMEO que envolve um punidor é a temperatura em um cômodo. No inverno, no hemisfério norte, a frieza de um cômodo sem aquecimento é um punidor, que se torna mais punitivo com o aumento da temperatura fria, de modo que o comportamento de entrar em um cômodo frio usando poucas roupas diminui.

Com uma CMEO, tanto os efeitos alteradores de valor quanto os alteradores de comportamento são aprendidos. Um exemplo de uma CMEO envolvendo um reforçador foi a descrição do programa de pontos feita pelo treinador Dawson, que aumentou o valor reforçador dos pontos e os comportamentos de treino para ganhar pontos. Agora, considere um exemplo de uma CMEO envolvendo um punidor. Suponha que nos treinos da liga infantil de beisebol, um treinador tipicamente exigiu que um jogador ficasse sentado sozinho no banco por 5 minutos, como contingente de tempo de intervalo por xingar, jogar o bastão e outros comportamentos ruins. Suponha também que em um treino em particular, o treinador anunciou que os jogadores ganhariam pontos por bom desempenho e que os cinco jogadores que marcassem mais pontos seriam premiados com um ingresso para um dos principais jogos da liga de beisebol. Esse anúncio foi uma CMEO de duas maneiras. Primeiro, transformou os pontos em um reforçador para os jogadores. Segundo, aumentou a eficácia do tempo de intervalo como punidor porque os jogadores não podiam ganhar pontos se estivessem sentados no banco de reservas por mau comportamento.

Uma *operação motivadora abolidora* (MAO) é um evento ou operação que temporariamente diminui a efetividade de um reforçador ou punidor, e que diminui a probabilidade de comportamentos que normalmente levam a este reforçador ou aumenta a probabilidade de comportamentos que em geral levam ao punidor. Com uma UMAO, o efeito alterador de valor é inato, e o efeito alterador de comportamento é aprendido. Um exemplo de UMAO envolvendo um reforçador é a saciedade alimentar. Logo após comer uma refeição substanciosa, a comida temporariamente perde sua eficácia como reforçador, e é menos provável que realizemos comportamentos de busca por comida. Agora, considere um exemplo de uma UMAO envolvendo um punidor. Durante o inverno, um cômodo sem aquecimento é um punidor. Aumentar a temperatura do cômodo é uma UMAO para o efeito punitivo do cômodo frio e aumenta a probabilidade de entrar nesse cômodo.

Com uma CMAO, tanto os efeitos alteradores de valor quanto os alteradores de comportamento são aprendidos. Digamos que, em um dos treinos da liga infantil de beisebol descritos anteriormente, o treinador tenha anunciado que os jogadores ainda poderiam ganhar pontos, mas que eles não poderiam mais ser trocados por um ingresso para assistir a um jogo de beisebol da liga principal. Esse anúncio seria uma CMAO de duas maneiras. Primeiro, ele diminuiria o valor dos pontos como reforçadores. Segundo, ele diminuiria a eficácia do tempo de intervalo como punição, pois os jogadores não se importariam mais em perder as oportunidades de ganhar os pontos ficando sentados no banco de reservas por mau comportamento.

Para ver exemplos de UMEO, UMAO, CMEO e CMAO para reforçadores, ver Tabela 21.1.

A ingestão ou injeção de drogas também funciona como uma operação motivadora (Pear, 2016a, p. 247). As anfetaminas funcionam como uma UMAO para diminuir a eficácia reforçadora da comida; os afrodisíacos funcionam como uma UMEO para aumentar a eficácia reforçadora da estimulação sexual. Neste livro, no entanto, nos concentramos nas variáveis motivacionais que estão localizadas no ambiente externo do indivíduo.

Questões para aprendizagem

4. Defina *operação motivadora (MO)*. Em termos simples, o que é uma MO?
5. Diga os termos completos das seguintes abreviações: UMEO, UMAO, CMEO, CMAO.
6. Defina operação motivadora estabelecedora (MEO).
7. Descreva um exemplo de uma UMEO envolvendo um reforçador.
8. Descreva um exemplo de uma UMEO envolvendo um punidor.
9. Descreva um exemplo de uma CMEO envolvendo um reforçador.
10. Descreva um exemplo de uma CMEO envolvendo um punidor.
11. Defina operação motivadora abolidora (MAO).
12. Descreva um exemplo de uma UMAO envolvendo um reforçador.
13. Descreva um exemplo de uma UMAO envolvendo um punidor.
14. Descreva um exemplo de uma CMAO envolvendo um reforçador.
15. Descreva um exemplo de uma CMAO envolvendo um punidor.
16. Os efeitos alteradores de valor e alteradores de comportamento são inatos ou aprendidos para UMEOs, UMAOs, CMEOs e CMAOs?
17. Descreva um exemplo que ilustre como uma droga pode funcionar como MO. Que subtipo de MO seria esse (ver Figura 21.1)? Justifique sua resposta.

CMEO e S^Ds

Ao considerar o controle de estímulo sobre o comportamento, é fácil confundir o conceito de estímulo discriminativo, ou S^D, e o conceito de CMEO. O conhecimento de ambos é importante para que seja possível usá-los de forma confiável e efetiva como uma variável antecedente para influenciar o comportamento. Um S^D é um estímulo que indica que uma resposta será reforçada. Para influenciar o comportamento de um indivíduo por meio da apresentação de um S^D, esse indivíduo deve ter sido privado do reforçador associado com a resposta ao S^D. *Na linguagem do dia a dia, um S^D lhe diz o que fazer para conseguir aquilo que você já quer.* Suponha que uma família esteja acampando durante uma fria noite de outono. Os pais podem dizer para uma criança que está tremendo: "Traga o seu saco de dormir para mais perto da fogueira e você se sentirá mais aquecido." Essa afirmação seria um S^D para a criança mover o

Tabela 21.1 Exemplos de operações motivadoras (MOs) para reforçadores.

Tipo de MO	Exemplo	Efeito alterador de valor (I = Inato; A = Aprendido)	Efeito alterador de comportamento (aprendido)
UMEO	Privação de alimentos	A comida é mais reforçadora (I)	Aumento da busca por alimentos na geladeira (A)
UMAO	Saciedade alimentar	A comida é menos reforçadora (I)	Diminuição da busca por alimentos na geladeira (A)
CMEO	Os pais dão pontos à criança por manter o quarto arrumado, os quais podem ser trocados por sobremesas extras	Os pontos agora são reforçadores condicionados (A)	A criança mantém o quarto limpo para ganhar pontos (A)
CMAO	A criança não pode mais trocar pontos por sobremesas extras	Os pontos não são mais reforçadores condicionados (A)	A criança deixa de manter o quarto arrumado para ganhar pontos (A)

saco de dormir para mais perto da fogueira. O aquecimento evidentemente era um reforçador para a criança que tremia. Uma CMEO é um motivador que momentaneamente aumenta o valor de um reforçador condicionado e a probabilidade do comportamento que, no passado, tenha levado a esse reforçador. *Na linguagem cotidiana, uma CMEO o faz querer algo e lhe diz o que fazer para consegui-lo.* Suponha que os pais digam à filha adolescente: "Toda vez que você corta a grama, ganha três pontos, e toda vez que apara os arbustos, ganha dois pontos. Quando acumular 20 pontos, poderá usar o carro da família por um fim de semana." Nesse exemplo, a regra estabelecida pelos pais é uma CMEO. A regra estabeleceu pontos como reforçadores condicionados e disse à adolescente como consegui-los.

CMAO e S^{Δ}s

A distinção entre S^{Δ} e a operação motivadora abolidora condicionada (CMAO) é análoga à distinção entre S^{D} e CMEO. Um S^{Δ} é um estímulo que indica que uma resposta não será reforçada. Também se considera que o indivíduo tem sido privado daquele reforçador. Suponha que, no passado, enquanto faziam compras com o filho, os pais compravam doces quando a criança berrava "Quero doce". Suponha que, no início de uma ida às compras, esses mesmos pais digam ao filho "Não vamos comprar doce quando você gritar". Se os pais aderirem a essa regra, essa instrução seria um S^{Δ} para os gritos. Em contraste, uma CMAO é um estímulo que momentaneamente diminui o valor de um reforçador condicionado e também diminui a probabilidade do comportamento que levou àquele reforçador no passado. Suponha que Charlie tenha parado em um mercado onde os clientes que faziam compras recebiam cupons que poderiam ser trocados por ingressos de cinema. Certo dia, o mercado anunciou que, futuramente, os cupons seriam trocados apenas por CD de música *country*. Charlie, que não é fã deste gênero de música, passou a comprar em outra loja. O anúncio da loja foi uma CMAO para Charlie, diminuindo o valor dos cupons e minimizando o comportamento que tinha levado à obtenção daqueles cupons.

> **Questões para aprendizagem**
>
> 18. Suponha que uma equipe de futebol americano estivesse treinando há 1 hora, sob condições de sol quente e sem água. O treinador diz para um dos jogadores: "Aqui estão as chaves do meu carro. Pegue as garrafas de água que estão no bagageiro." Este pedido seria classificado como S^{D} ou CMEO para pegar a água? Justifique a sua resposta.
> 19. Suponha que uma pianista estabeleça como meta praticar para uma apresentação: "Antes de poder parar de praticar, terei que tocar esta composição 10 vezes seguidas, sem cometer nenhum erro." Esta meta é melhor conceitualizada como S^{D} ou CMEO? Justifique a sua resposta.

APLICAÇÕES DE OPERAÇÕES MOTIVADORAS

Ensino de mandos para crianças com transtorno do espectro autista

Um sucesso considerável tem sido alcançado por programas de intervenção de linguagem para crianças em desenvolvimento normal e crianças com TEA e outras incapacitações do desenvolvimento, por meio da combinação de intervenções comportamentais intensivas com a análise de Skinner (1957) do comportamento verbal (Carr e Miguel, 2013; Sundberg e Michael, 2001; Sundberg e Partington, 1998; Verbeke *et al.*, 2009). Skinner estava interessado em estudar o comportamento verbal de falantes individuais, em vez das práticas gramaticais de uma comunidade verbal. Ele definiu *comportamento verbal* como o comportamento reforçado pela mediação de outra pessoa, quando a pessoa que fornece o reforço foi especificamente treinada para fornecê-lo. O comportamento verbal é contrastado com o comportamento não verbal, que é aquele reforçado pelo contato com o ambiente físico. Skinner distinguiu os vários tipos de resposta verbal básica, quatro das quais eram ecoicas, tatos, mandos e intraverbais. Uma resposta **ecoica** é uma resposta imitativa vocal desenvolvida e mantida por reforço social. Se os pais dizem "Diga 'água'", e a criança diz "água" e recebe um elogio, a resposta "água" da criança é ecoica. Um **tato** é uma resposta de nomeação desenvolvida e mantida por reforço social. Se os pais apontam para um copo de água e perguntam "o que é isto?" e a criança responde "água" e recebe um elogio, a resposta da criança "água" é um tato. Um **mando** é uma resposta verbal controlada por uma operação motivadora e reforçada pelo reforçador correspondente ou pela remoção do estímulo aversivo correspondente. Se uma criança está com sede e pede "água" para os pais, a resposta "água" da criança é um mando. A mesma palavra falada, *água*, é uma resposta verbal diferente – ecoica, tato ou mando – dependendo de suas variáveis controladoras. De acordo com a análise de Skinner (1957) do comportamento verbal, a resposta "suco" de uma criança à pergunta dos pais "O que você quer?" se encaixa na definição de **intraverbal**, pois é uma resposta verbal sob o controle de um estímulo verbal precedente, sem correspondência ponto a ponto entre o estímulo e a resposta. No entanto, a resposta "suco" da criança é, pelo menos em parte, um mando, porque está sob o controle de um estado de privação específico. Assim, pode ocorrer uma sobreposição entre as diferentes categorias de comportamento verbal. Ao treinar mandos, pode ser necessário começar com algum treinamento intraverbal. Idealmente, a criança acabará aprendendo a fazer solicitações sem precisar de um estímulo verbal antecedente para fazer a solicitação. Nesse ponto, a criança emitirá mandos puros.

Observações sugerem que um mando é o primeiro tipo de comportamento verbal adquirido por uma criança (Bijou e Baer, 1965; Skinner, 1957). Portanto, é natural começar com mandos ao treinar o comportamento verbal. As MO têm sido usadas de modo efetivo em programas de treino de mando para crianças com TEA e deficiências do desenvolvimento (Sundberg e Michael, 2001). O treino estruturado de mando tipicamente começa ensinado uma criança a emitir mando por um reforçador (como uma comida específica ou um brinquedo favorito), com alto valor motivacional. Para ensinar a criança a emitir mando por suco, os pais podem dar a ela um gole de suco na primeira tentativa. A seguir, totalmente à vista da criança, os pais podem esconder o suco embaixo da mesa e falar: "O que você quer? Diga 'suco'." Se a criança responder corretamente, receberá outro gole de suco.

Nesse momento, conforme você provavelmente deve ter discernido, a criança está mostrando comportamento ecoico. Em tentativas subsequentes, com o suco escondido, os pais apenas dizem "O que você quer?" e reforçam o pedido de suco. Após certa quantidade desse tipo de treino, a criança tenderá a generalizar o comportamento de dizer "suco" a outras situações em que se sentir motivada por suco. Sundberg e Partington (1998) e Sundberg (2004) descreveram estratégias adicionais para usar MO no treino de mandos, e Rajaraman e Hanley (2021) descreveram contingências que envolvem o cumprimento de mandos.

Pesquisadores têm usado CMEO para ensinar crianças com TEA a emitirem mandos por informação. Naquilo que foi referido como CMEO de esconde-esconde, uma criança e um experimentador brincaram com os mesmos brinquedos, e o brinquedo que a criança pareceu preferir foi escondido quando ela não estava olhando (Roy-Wsiaki *et al.*, 2010). O experimentador então diria "Escondi uma coisa" e a criança seria incentivada a dizer "o quê?". O experimentador então dizia o nome do item e o dava à criança. No decorrer de várias tentativas, o incentivo (*prompt*) era desvanecido e a criança continuava a perguntar apropriadamente "O quê?" quando o experimentador dizia "Eu escondi uma coisa". Do mesmo modo, a criança generalizou o uso do mando "O quê?" ao longo do tempo, em cenários distintos, e para uma nova atividade. Procedimentos similares têm sido usados para ensinar crianças com TEA a emitirem corretamente o mando "onde" (Marion *et al.*, 2012) e "qual" (Marion *et al.*, 2012).

Motivação do comportamento adequado de sono

Um método para motivar o comportamento adequado de sono em crianças pequenas é estabelecer uma cadeia comportamental que leve ao sono como um reforçador positivo (Delemere e Dounavi, 2018). A cadeia envolve a preparação para a hora de dormir, incluindo tomar banho, vestir-se para dormir, contar histórias, os pais saírem do quarto e, em seguida, dormir. No entanto, o sono pode não ser um reforçador forte, o que faz com que a criança se levante e tenha de ser colocada de volta na cama. Uma solução para esse problema é iniciar a cadeia após a hora de dormir desejada para a criança. Isso proporciona uma MO para o sono. Ao longo de um período de dias, dependendo da criança, a hora de ir para a cama vai esvanecendo até que a criança acabe indo para a cama no horário desejado. Para obter informações sobre como treinar crianças pequenas para dormir, ver Wirth, 2014.

Motivação para o uso de cinto de segurança entre motoristas idosos

Pleasant Oaks é uma comunidade residencial de idosos localizada em Virgínia, EUA. Os acidentes automobilísticos são a principal causa de morte por acidentes entre indivíduos na faixa etária de 65 a 74 anos. Embora as lesões, internações hospitalares e mortes sejam significativamente menos frequentes entre motoristas que usam cinto de segurança, 30% dos motoristas e passageiros que entram e saem de Pleasant Oaks não usam o equipamento. Brian, Amanda e Daniel Cox, do University of Virginia Health Sciences Center, decidiram implementar um procedimento simples para estimular mais residentes daquela comunidade a usarem cinto de segurança. Nos semáforos localizados nas saídas ao redor de Pleasant Oaks, esses pesquisadores colocaram a mensagem "USE O CINTO DE SEGURANÇA E FIQUE A SALVO" em quadros de alumínio com letreiros de vinil. Como sentir-se seguro é uma questão importante para idosos, os pesquisadores hipotetizaram que os sinais funcionariam como CMEO para aumentar o valor reforçador do uso do cinto de segurança e, portanto, intensificariam o comportamento de usar o cinto. Após a instalação dos quadros sinalizadores, o percentual de idosos usando cinto de segurança aumentou de 70 para 94%. Decorridos 6 meses da instalação dos sinais, 88% dos idosos continuaram usando devidamente os cintos de segurança (Cox *et al.*, 2000). Ver na referência de Clayton e Helms, 2009, uma descrição do uso de CMEO para aumentar o uso de cinto de segurança por motoristas em um *campus* universitário de tamanho médio; e em VanHouten *et al.*, 2010, para aumentar o uso de cinto de segurança por caminhoneiros dos EUA e do Canadá.

Minimização do comportamento autolesivo mantido por atenção

As MO frequentemente são manipuladas para diminuir o comportamento problemático, em geral impedindo que ele interfira em um programa em curso ou como primeiro passo no sentido de usar outros procedimentos – p. ex., extinção – para diminuir ainda mais tal comportamento (ver Simó-Pinatella *et al.*, 2013). Isso é ilustrado pelo caso a seguir. Brenda era uma mulher de 42 anos com profunda deficiência intelectual, que vivia em uma moradia pública destinada a pessoas com deficiências do desenvolvimento. Tinha um longo histórico de comportamento autolesivo (CAL), incluindo golpear e bater fortemente na cabeça. As observações indicaram que seu CAL era mantido pelas reações da equipe que tinham significado bom. Após uma ocorrência de CAL, um membro da equipe diria "Brenda, não faça isso, porque você irá se machucar." Para tratar o CAL de Brenda, Timothy Vollmer *et al.* introduziram um programa que incluía uma MAO por atenção da equipe. Durante as sessões de tratamento, foi organizado um esquema de reforço não contingente que inicialmente fornecia atenção a cada 10 segundos. Isso saciou a atenção em Brenda, e seu CAL, que fora reforçado pela atenção, caiu imediatamente para um nível baixíssimo. A extinção também era parte do tratamento, no sentido de que o CAL já não era seguido de atenção. Ao longo de várias sessões, a frequência de atenção não contingente diminuiu gradualmente em relação à frequência inicial de seis ocorrências por minuto, para uma frequência final de uma ocorrência a cada 5 minutos. O CAL permaneceu em um nível muito baixo. Resultados similares foram obtidos com dois outros indivíduos (Vollmer *et al.*, 1993). A fim de manipular as MO para que diminuam o comportamento problemático, é necessário identificar as MO que o controlam e determinar exatamente como se dá esse controle (Simó-Pinatella *et al.*, 2013). Isso é discutido adicionalmente no Capítulo 25. Ver em Simó-Pinatella *et al.*, 2013, uma revisão sobre MO manipuladas durante intervenções para tratamento de comportamentos problemáticos de participantes em idade escolar com atraso no desenvolvimento intelectual.

OPERAÇÕES MOTIVADORAS E MODIFICAÇÃO DE COMPORTAMENTO

Neste capítulo, discutimos uma variável antecedente - MO - que altera temporariamente a efetividade das consequências como reforçadores ou punidores, e assim altera temporariamente a ocorrência do comportamento influenciado por tais consequências. A consideração das MO no delineamento de programas de modificação de comportamento intensifica a efetividade desses programas. Deve-se observar que há controvérsias quanto à utilidade do conceito de MO conforme descrito neste capítulo. Foram propostas outras formas de conceituar os efeitos motivacionais sobre o comportamento (Laraway *et al.*, 2014; Lotfizadeh *et al.*, 2014; Nosik e Carr, 2015; Whelan e Barnes-Holmes, 2010).

Questões para aprendizagem

20. Defina *ecoico*. Descreva um exemplo não mencionado no livro.
21. Defina *tato*. Descreva um exemplo não mencionado no livro.
22. Defina *mando*. Descreva um exemplo não mencionado no livro.
23. Usando um exemplo, descreva como uma operação motivadora poderia ser incorporada em um treino de mando com uma criança.
24. Distinga entre um mando e um intraverbal. Ilustre cada um com um exemplo que não esteja neste capítulo.
25. Como uma CMEO foi usada para motivar o uso de cinto de segurança entre motoristas idosos?
26. Como uma MAO foi aplicada para diminuir o comportamento autolesivo de uma mulher com profundo atraso no desenvolvimento intelectual?

RESUMO DO CAPÍTULO 21

Muitas pessoas conceituam a motivação como *algo* dentro de nós que causa nossas ações. Um problema conceitual dessa abordagem é que ela envolve um raciocínio circular. Essa abordagem também tem três problemas práticos. De uma perspectiva comportamental, uma operação motivadora (MO) é um evento ou operação que (a) altera temporariamente a eficácia de um reforçador ou punidor – um efeito alterador de valor – e (b) influencia o comportamento que normalmente leva a esse reforçador ou punidor – um efeito alterador de comportamento. Em termos simples, uma MO muda temporariamente o que você quer e lhe diz como obtê-lo.

Uma operação motivadora estabelecedora (MEO) é um evento ou operação que aumenta temporariamente a eficácia de um reforçador ou punidor – um efeito alterador de valor – ou aumenta a probabilidade de comportamentos que levam a esse reforçador e diminui a probabilidade de comportamentos que levam a esse punidor – um efeito alterador de comportamento. Com uma operação motivadora estabelecedora incondicionada (UMEO), o efeito alterador de valor é inato, e o efeito alterador de comportamento é aprendido. Um exemplo de uma UMEO para um reforçador é a privação de alimentos, que aumenta o valor reforçador dos alimentos e leva ao comportamento de busca por alimentos. Com uma operação motivadora estabelecedora condicionada (CMEO), tanto os efeitos alteradores de valor quanto os alteradores de comportamento são aprendidos. Um exemplo de uma CMEO para um reforçador é quando os pais dão pontos (que podem ser trocados por sobremesas extras) aos filhos pela arrumação do quarto. Os pontos se tornam reforçadores condicionados, e a arrumação do quarto pela criança aumenta.

Uma operação motivadora abolidora (MAO) é um evento ou operação que diminui temporariamente a eficácia de um reforçador ou punidor e reduz a probabilidade de comportamentos que normalmente levam a esse reforçador ou aumenta os comportamentos que normalmente levam a esse punidor. Com uma operação motivadora abolidora incondicionada (UMAO), o efeito alterador de valor é inato, e o efeito alterador de comportamento é aprendido. Um exemplo de UMAO para um reforçador é a saciedade alimentar, que diminui o valor reforçador da comida e reduz o comportamento de busca por comida. Com uma operação motivadora abolidora condicionada (CMAO), tanto o efeito alterador de valor quanto o alterador de comportamento são aprendidos. Um exemplo de uma CMAO para um reforçador seria se os pais, no exemplo anterior, continuassem a dar pontos à criança pela arrumação do quarto, mas não permitissem mais que ela trocasse os pontos por uma sobremesa extra. Os pontos perderiam seu valor como reforçador, e a arrumação do quarto diminuiria.

As CMEOs são diferentes dos S^Ds. Um S^D lhe diz o que fazer para conseguir o que quer, e uma CMEO faz você querer algo e lhe diz o que fazer para conseguir. As CMAOs são diferentes dos S^Δs. Um S^Δ lhe diz que a emissão de determinado comportamento não levará a algo que você deseja, e uma CMAO influencia alguém a não querer mais determinada consequência e diminui o comportamento que levaria a essa consequência.

Foram descritos vários exemplos de uso de operações motivadoras para aumentar o comportamento desejável e diminuir o comportamento indesejável. Um mando é uma resposta verbal em que alguém diz o nome de algo de que foi privado e que atualmente deseja. Se uma criança estiver com sede, isso pode funcionar como uma CMEO para que ela peça "água". Como outro exemplo, pesquisadores demonstraram que placas como "Use o cinto, fique seguro" funcionavam como uma CMEO para influenciar os motoristas a usarem o cinto de segurança. Outro exemplo: a equipe de uma instituição para pessoas com deficiência intelectual profunda observou que um dos moradores praticava autolesão para chamar a atenção da equipe. Um programa de atenção frequente e não contingente por parte da equipe funcionou como uma CMAO para os efeitos reforçadores da atenção da equipe e levou à diminuição das autolesões.

Exercícios de aplicação

Exercício de automodificação

Suponha que você queira aumentar a frequência de seu comportamento de estudo. Diversas estratégias poderiam ajudar a motivar você a dominar as respostas das questões de estudo deste livro:

- Estabelecer as datas começando agora e terminando com a prova final do curso, eliminando cada dia que passa
- Combinar com um amigo para estudar, regularmente
- Assinar um contrato com um amigo ou parente, estipulando que você receberá certos reforçadores se cumprir determinados objetivos de estudo
- Reorganizar seu ambiente de estudo de modo a apresentar dicas para estudar e eliminar preditores para comportamentos incompatíveis.

Escolha três estratégias e descreva brevemente cada uma delas. Indique se cada estratégia envolve apresentação de um S^D, S^Δ, CMEO ou CMAO. Em cada caso, justifique a sua resposta.

Confira as respostas das Questões para aprendizagem do Capítulo 21

Parte 4

Como Desenvolver Programas Comportamentais Eficazes

As partes anteriores deste livro trataram dos princípios e procedimentos básicos da modificação de comportamento. Nos quatro capítulos desta parte, analisaremos como esses princípios e procedimentos podem ser combinados para (a) identificar as causas dos comportamentos problemáticos, (b) elaborar intervenções eficazes para melhorar o comportamento, (c) implementar com eficácia sistemas de fichas em programas comportamentais, (d) incorporar o reforço condicionado na forma de sistemas de fichas às intervenções comportamentais e (e) aplicar os princípios e procedimentos básicos ao problema do autocontrole – também chamado autorregulação ou autogerenciamento.

22 Avaliação Funcional de Causas de Comportamento Problemático

Objetivos de aprendizagem

Após ler este capítulo, o leitor será capaz de:

- Descrever três tipos de avaliação funcional usados para identificar as causas de comportamentos problemáticos
- Distinguir entre dois tipos de análise funcional
- Descrever as características, implicações para o tratamento e limitações dos três tipos de avaliação funcional
- Discutir as sete principais causas comportamentais de comportamentos problemáticos
- Resumir as diretrizes para a realização de uma avaliação funcional do comportamento problemático.

Susie, não se machuque.

Diminuição do comportamento autolesivo de Susie[1]

Susie, uma criança de 5 anos com deficiências do desenvolvimento, foi encaminhada para tratar a alta frequência de seu comportamento autolesivo (CAL) – bater a cabeça e dar tapas no próprio rosto. Seria o CAL uma forma de Susie obter reforço positivo na forma de atenção dos adultos? Seria uma forma de Susie escapar das exigências de realizar várias tarefas? Ou estaria seu CAL se autorreforçando devido às sensações internas que produzia?

Para responder a essas perguntas, Brian Iwata *et al.* realizaram um procedimento chamado *análise funcional*. Eles examinaram o CAL de Susie em quatro condições de 15 minutos em uma sala de terapia. Em uma *condição de atenção*, para verificar se o CAL estava sendo mantido pela atenção dispensada pelo adulto, vários brinquedos foram colocados na sala, e Susie e um modificador de comportamento foram juntos para a sala. O modificador de comportamento sentou-se em uma cadeira e fingiu estar trabalhando em uma papelada, interagindo com Susie apenas brevemente após cada ocorrência de CAL. Cada vez que Susie praticava um CAL, o modificador de comportamento se aproximava dela dizendo: "Não faça isso! Você vai se machucar", interrompendo, assim, o CAL de Susie de forma delicada. Em uma *condição de demanda*, para ver se o CAL era mantido pela evitação das demandas, o modificador de comportamento e Susie foram juntos para a sala. O modificador de comportamento solicitava a Susie a cada 30 segundos que completasse um quebra-cabeça que ela considerava difícil. Em uma *condição de estar só*, para verificar se o CAL era uma forma de autorreforço, Susie ficou em uma sala vazia sozinha e foi observada por uma janela unidirecional. Em uma *condição de controle*, para verificar se o CAL de Susie ocorria na ausência das outras três condições, Susie e o modificador de comportamento estavam juntos na sala, com diversos brinquedos, e o modificador de comportamento reforçava o comportamento de brincar de Susie e ignorava seu CAL. Ao longo de várias sessões, Susie frequentemente praticava CAL na condição de demanda, mas raramente nas outras três condições.

Munidos dos resultados desse procedimento de análise funcional, Iwata *et al.* elaboraram um programa no qual o CAL de Susie foi tratado com sucesso, reforçando-se o comportamento desejável quando Susie era solicitada a realizar tarefas que considerava difíceis. Como esse tratamento foi bem-sucedido, inferimos que Iwata *et al.* identificaram corretamente a causa do CAL por meio da análise funcional.

[1] Essa história é baseada em um caso descrito por Iwata *et al.* (1990).

PROCEDIMENTOS DE AVALIAÇÃO FUNCIONAL

Avaliação funcional se refere a três abordagens usadas para identificar as causas - ou seja, os antecedentes e consequências - de comportamentos problemáticos específicos. Há três tipos de avaliação funcional: (a) *análise funcional*; (b) *entrevista e/ou avaliação por questionário*; e (c) *avaliação observacional*. Nesta seção, consideramos essas três abordagens para identificar variáveis que estão controlando os comportamentos problemáticos específicos e discutimos como o conhecimento destas variáveis pode ajudar a delinear programas de tratamento efetivos.

Análise funcional de comportamento problemático

É importante distinguir entre *avaliação funcional* e *análise funcional*. A **análise funcional** consiste na manipulação sistemática de eventos ambientais para testar experimentalmente seus papéis como antecedentes ou consequências no controle ou manutenção de comportamentos problemáticos específicos.

Neste procedimento - também chamado *avaliação funcional experimental* - o modificador de comportamento avalia diretamente os efeitos de possíveis variáveis de controle sobre o comportamento problemático. Nos primórdios da modificação de comportamento, as causas do comportamento problemático eram consideradas sem importância. Essa suposição se baseava em muitos estudos de pesquisa básica que mostravam que as contingências atuais têm um efeito maior sobre o comportamento de um organismo do que a história do organismo (Ferster e Skinner, 1957). Isso contrariava a teoria freudiana, que enfatizava o efeito das experiências infantis de um indivíduo sobre seu comportamento adulto (Kline, 1984).

Em 1982, Brian Iwata *et al.* publicaram um artigo que se tornou tão influente que acabou sendo reimpresso em 1994 (Iwata *et al.*, 1982/1994), e ainda continua sendo amplamente citado. Esses pesquisadores adotaram uma abordagem analítica funcional para identificar as causas do CAL em crianças com deficiências de desenvolvimento. O CAL de nove crianças foi registrado enquanto cada uma delas era exposta individualmente às condições de atenção, demanda, estar só e controle, de forma semelhante à usada no estudo de Susie por Iwata *et al.*, o caso principal deste capítulo. Os resultados indicaram que: (a) para quatro crianças, o CAL foi mais alto durante a condição de estar só - o que indica que, para essas crianças, o *feedback* sensorial do CAL estava reforçando-o; (b) para duas crianças, o CAL foi mais alto durante a condição de demanda - o que sugere que, para essas crianças, o CAL estava reforçando negativamente porque proporcionava uma fuga das demandas; e (c) para três crianças, o CAL foi alto em todas as condições de estímulo - o que significa que, para essas crianças, diversas variáveis diferentes estavam mantendo o CAL. Embora nenhum dado sobre tratamento tenha sido incluído no estudo de Iwata *et al.* de 1982,[2] o estudo forneceu uma base importante para estudos analíticos funcionais posteriores. Ver Wiggins e Roscoe (2020) para ver um estudo detalhado de um método eficiente para selecionar tarefas para a condição de demanda de uma análise funcional.

Na análise do comportamento, o termo análise funcional do comportamento tem um significado restrito e um significado amplo. Em seu sentido restrito, a análise funcional refere-se à descoberta dos antecedentes e das consequências que controlam determinado comportamento operante de um indivíduo. Em seu significado mais amplo, a análise funcional é a descoberta de uma relação funcional entre duas variáveis - uma *variável independente* (VI) e uma *variável dependente* (VD). Todos os princípios discutidos na Parte 2 deste livro são relações funcionais entre VIs e VDs. Normalmente, quando os modificadores de comportamento realizam uma análise funcional de um comportamento operante problemático, eles estão realizando uma análise funcional nos dois sentidos do termo: (a) no primeiro sentido, eles estão demonstrando que determinado comportamento operante de um indivíduo leva a um reforçador positivo ou a escapar de um reforçador negativo; (b) no segundo sentido, eles estão demonstrando que as consequências para o comportamento operante (VI) aumentam ou mantêm o comportamento operante (VD).

Deve-se observar também que a análise funcional de comportamentos problemáticos

[2]Os autores afirmaram que todas as crianças do estudo receberam tratamento para seu CAL após a conclusão do estudo.

difere dos métodos usados por psicólogos e psiquiatras tradicionais, que geralmente se concentram na forma ou na topografia do comportamento, e não na causa. A abordagem da análise funcional é vantajosa, uma vez que identifica as variáveis de controle de um comportamento problemático, enquanto a topografia de um comportamento normalmente não nos diz nada sobre sua causa. Assim, dois indivíduos podem apresentar um comportamento autolesivo semelhante, mas as causas subjacentes podem ser completamente diferentes. Por outro lado, dois indivíduos podem apresentar comportamentos completamente diferentes e, ainda assim, a causa pode ser a mesma em ambos os casos. No caso do primeiro grupo de indivíduos, o tratamento analítico-comportamental seria diferente, embora as topografias dos comportamentos problemáticos sejam as mesmas; já no segundo grupo de indivíduos, o tratamento analítico-comportamental seria semelhante, embora as topografias dos comportamentos problemáticos sejam diferentes. Para uma discussão mais aprofundada sobre esses pontos referentes à história e aos significados da análise funcional, ver Nohelty *et al.*, 2021; Schlinger e Normand, 2013.

Implicações de uma análise funcional para o tratamento

Os resultados de Iwata *et al.* (1982/1994) indicaram que, embora a forma de CAL possa ser similar de um indivíduo para outro, a função pode ser muito diferente. Este achado implicou que o *tratamento para um problema de comportamento operante deveria ser baseado na função do comportamento, e não em sua forma.* Suponha que as quatro condições de Iwata *et al.* tivessem sido conduzidas com cada uma das duas crianças que mostraram CAL, com cinco sessões por condição por criança. Suponha ainda que os resultados do delineamento multielementos com as duas crianças fossem aqueles mostrados na Figura 22.1. Como os resultados com a criança A indicam que seu comportamento problemático é mantido pela atenção dos adultos, o tratamento recomendado seria a retirada da atenção para o comportamento problemático e o fornecimento de atenção para um comportamento desejável. Os resultados da criança B mostrados na Figura 22.1 indicam que o comportamento problemático desta criança é mantido pela fuga das demandas; o tratamento recomendado seria incluir períodos mais numerosos ou mais longos de ausência de demanda ao trabalhar com esta criança e persistir com uma demanda se o comportamento problemático ocorresse logo após uma demanda – extinção do comportamento de fuga.

A análise funcional tem sido usada em contextos diferentes, com diferentes tipos de comportamento problemático e com diferentes tipos de indivíduo (p. ex., ver Cipani 2017a; Hodges *et al.*, 2020; Steege *et al.*, 2019; Sturmey, 2007). Ela é frequentemente chamada de "padrão-ouro" da avaliação funcional, pois é o mais próximo que se pode chegar de uma prova de que as variáveis de controle de um comportamento problemático foram identificadas corretamente. Para ver uma aplicação da análise funcional para identificar os antecedentes e as consequências responsáveis pela desobediência de um menino de 4 anos com atraso de linguagem e uma menina de 6 anos com transtorno do espectro autista (TEA), ver Majdalany *et al.* (2017). Para uma aplicação de análise funcional e tratamento operante de possessividade com a comida em um cão de estimação, ver Mehrkam *et al.* (2020). Para ler o *Practitioner's Guide to Functional Behavioral Assessment*, ver Hadaway e Brue (2016) e Henry *et al.* (2021).

Limitações da análise funcional

Embora a análise funcional possa demonstrar de maneira convincente as variáveis controladoras de comportamentos problemáticos, há algumas limitações. *Primeiro, a quantidade de tempo requerida para conduzir uma análise funcional pode impor uma tensão significativa sobre a equipe disponível.* Em um resumo de 152 análises funcionais, Iwata *et al.* (1994) relataram que a duração das avaliações de clientes individuais variou de 8 a 66 sessões ou de 2 a 16,5 horas (Iwata *et al.*, 1994), muito tempo para uma equipe treinada retirar do tempo destinado às suas outras obrigações. Para reduzir o tempo requerido para uma análise funcional, os pesquisadores constataram que apenas uma ou duas repetições de algumas condições e uma diminuição na duração da sessão para 5 minutos frequentemente podem promover resultados significativos (Griffith *et al.*, 2021; Tincani *et al.*, 1999). Outra forma de diminuir a quantidade de tempo requerido em uma análise funcional consiste em usar a condição isolada como fase

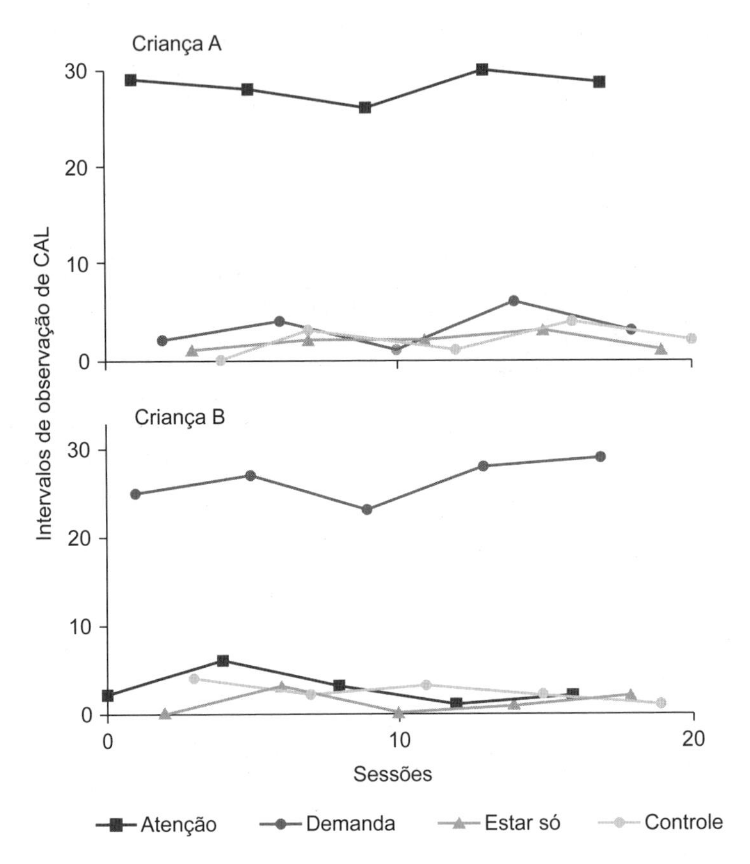

Figura 22.1 Dados hipotéticos do comportamento autolesivo (CAL) de duas crianças, cada uma observada em quatro condições.

de triagem quando houver suspeita de reforço sensorial. Caso o comportamento problemático não diminua ao longo de várias sessões da condição isolada, isto é uma forte indicação, embora imperfeita, de que o comportamento problemático está sendo mantido por reforço sensorial, e testes adicionais podem não ser necessários (Querim *et al.*, 2013).

Uma segunda limitação da análise funcional é que ela não pode ser aplicada de imediato a comportamentos perigosos ou extremamente problemáticos. Com relação a essa limitação, alguns comportamentos perigosos ou extremamente desordenados muitas vezes são precedidos de precursores mais favoráveis ou menos prejudiciais. Um exemplo seria uma criança gritar antes de se tornar agressiva. Em alguns casos, se uma análise funcional destes precursores é conduzida e os resultados forem usados para tratar e eliminar estes precursores, os comportamentos mais graves serão eliminados também (Fritz *et al.*, 2013).

Uma terceira limitação de uma análise funcional é que alguns problemas de comportamento ocorrem em frequências inferiores a uma por dia ou por semana. As análises funcionais desses comportamentos de baixa frequência requerem muito tempo antes que se possa obter dados suficientes para tirar conclusões válidas. Com relação a essa limitação, aumentar drasticamente a duração de uma análise funcional é inviável e poderia ser considerado antiético, devido à grande quantidade de tempo que o cliente gastaria em uma avaliação em vez de um procedimento terapêutico. Entretanto, foi constatado que a espera para que o comportamento problemático ocorra e a iniciação de uma análise funcional exatamente no momento de sua ocorrência pode resultar em uma análise funcional que forneça resultados significativos (Tarbox *et al.*, 2004). Como, por definição, o comportamento problemático ocorre de modo infrequente, as sessões requeridas para a análise funcional também seriam infrequentes. Portanto, embora a análise funcional tenha limitações, seus benefícios provados levaram os pesquisadores a constantemente tentar superá-las.

Entrevista e/ou questionário de avaliação funcional

Outra forma de identificar os antecedentes e as consequências que controlam o comportamento problemático é entrevistar o cliente ou pessoas que estejam familiarizadas com o cliente. Quando verbal, o cliente pode ser capaz de dizer o motivo que leva ao seu engajamento em um comportamento particular. Se o cliente não for verbal, as pessoas familiarizadas com ele podem ser capazes de fornecer a informação necessária. Uma forma de descobrir a causa do comportamento problemático é administrar um questionário em que o cliente ou as pessoas que lhe são familiares são interrogadas com uma série de perguntas relevantes. Alguns exemplos de questionários desenvolvidos para este propósito são o *Questions About Behavioral Function* (QABF; Matson e Vollmer, 1995), *The Motivation Assessment Scale* (MAS; Durand e Crimmins, 1988), e o *Functional Analysis Screening Tool* (FAST; Iwata *et al.*, 2013).

Infelizmente, nenhum dos questionários de avaliação funcional desenvolvidos apresentou boa confiabilidade ou validade, em comparação com a condução de uma análise funcional (Iwata *et al.*, 2013; Iwata *et al.*, 2000; Sturmey, 1994). Isto é válido até mesmo para o FAST, um questionário desenvolvido por Iwata *et al.* baseado explicitamente na metodologia de análise funcional. Isto não significa que os questionários devam ser dispensados como inúteis. Iwata *et al.* estabeleceram que questionários como o QABF, MAS e FAST podem ter ao menos três utilidades: (1) proporcionarem uma forma rápida e consistente de reunir informação; (2) a informação fornecida por estes questionários pode servir de base para a obtenção de informação de acompanhamento; e (3) quando há grande concordância entre vários informantes em um questionário, é possível economizar tempo conduzindo uma análise funcional por meio da exclusão de alguns potenciais reforçadores do comportamento problemático. Apesar de suas limitações, devido a seus atributos de economia de tempo, os questionários costumam ser o principal método de avaliação funcional utilizado por muitos médicos e educadores (Desrochers *et al.*, 1997; Ellison *et al.*, 1999; Knoster, 2000; Van Acker *et al.*, 2005).

Avaliações funcionais observacionais

Outra forma de tentar identificar as variáveis que mantêm um comportamento problemático é fazer uma avaliação observacional ou descritiva. Nesta avaliação, alguém cuidadosamente observa e descreve os antecedentes e as consequências imediatas do comportamento problemático em seus contextos naturais. A partir destas descrições, alguém pode inferir que os estímulos antecedentes, variáveis motivacionais e consequências estão controlando o comportamento problemático. Em seguida, um plano de tratamento é elaborado e implementado com base nestas inferências. Para exemplos de comportamento problemático em contexto natural, ver Tabela 6.3, no Capítulo 6.

Entretanto, como as entrevistas e questionários, a avaliação observacional não é tão precisa quanto a análise funcional para identificar as causas do comportamento problemático. Uma dificuldade é o fato de o comportamento problemático geralmente resultar em alguém prestando atenção nele – mesmo se ele não for reforçado por atenção. Portanto, é fácil concluir

Questões para aprendizagem

1. Descreva brevemente as quatro condições no delineamento multielementos usado por Iwata *et al.* (1990) na análise funcional que conduziram sobre o CAL de Susie.
2. A que se refere o termo *avaliação funcional*?
3. Defina análise funcional.
4. Indique os dois significados do termo *análise funcional*.
5. Descreva um princípio comportamental diferente do condicionamento respondente que se enquadre no segundo sentido da análise funcional. Diga como ele se encaixa no segundo sentido, mas não no primeiro.
6. Discuta como e por que a abordagem analítica funcional dos modificadores de comportamento difere da abordagem de muitos psicólogos e psiquiatras tradicionais. Dê um exemplo.
7. Discuta brevemente, com exemplos, o que os resultados da pesquisa de Iwata *et al.* sugerem para o tratamento do comportamento autolesivo grave.
8. Descreva três limitações de análise funcional.
9. Descreva brevemente como cada uma das três limitações da análise funcional foi abordada na tentativa de superar estas mesmas limitações.

que o reforço para o comportamento é a atenção, o que muitas vezes não é o caso. Para discussão adicional e exemplos de avaliação observacional, ver Iwata *et al.*, 2000.

Avaliações combinadas de entrevistas e/ou questionários com avaliações observacionais

Alguns estudos combinaram dados de entrevistas e/ou questionários com observação direta. McLay *et al.* (2017) usaram (a) um questionário para os pais chamado "ferramenta de tratamento de avaliação do sono", (b) diários de sono preenchidos pelos pais e (c) câmeras infravermelhas para descobrir as variáveis responsáveis pelos problemas de sono de duas crianças com TEA. Os tratamentos baseados nessas avaliações melhoraram os problemas de sono das crianças.

Outra abordagem para a avaliação funcional: testagem de hipóteses

Na mesma época em que Iwata *et al.* estavam desenvolvendo sua abordagem *experimental* para a identificação das causas do comportamento problemático de crianças com distúrbios do desenvolvimento, incluindo TEA, outros modificadores de comportamento estavam desenvolvendo uma abordagem um pouco diferente, chamada de **abordagem da testagem de hipóteses**.

Essa abordagem envolve as seguintes etapas:

1. Coletar dados sobre o comportamento problemático – o que inclui questionários, entrevistas e observações diretas.
2. Formular hipóteses sobre as variáveis que controlam o comportamento problemático.
3. Testar as hipóteses de maneira experimental.
4. Implementar um plano de intervenção.
5. Avaliar os efeitos da intervenção.

Carr e Durand (1985) foram os primeiros a usar essa abordagem. Eles observaram que os comportamentos problemáticos de crianças com distúrbios de desenvolvimento tendem a ocorrer quando as crianças estão recebendo pouca quantidade de reforço ou quando são solicitadas a realizar tarefas que são difíceis para elas. Esses pesquisadores descobriram que uma solução eficaz para esses problemas era ensinar as crianças a solicitarem a atenção dos adultos quando o reforço não fosse frequente e a pedirem a ajuda dos adultos quando lhes era solicitada a realização de tarefas difíceis. Observe que a etapa 3 é uma análise funcional, visto que envolve a manipulação de variáveis ambientais para determinar como essas variáveis estão relacionadas ao comportamento problemático. Como a análise funcional de Iwata *et al.* (1982/1994), ela é considerada o "padrão-ouro" da avaliação funcional, pois é o mais próximo que se pode chegar de provar que as variáveis de controle do comportamento problemático foram corretamente identificadas.

Dunlap *et al.* (1993, 2018) estenderam a abordagem da testagem de hipóteses às salas de aula de crianças com distúrbios emocionais. Como exemplo dessa abordagem, considere o caso de Desi, um menino de 10 anos com distúrbio emocional. Desi apresentava os seguintes comportamentos indesejáveis: não respondia ou respondia negativamente às falas dos funcionários e professores; fazia barulho e adotava outros comportamentos inadequados ou não relacionados à tarefa em um ambiente acadêmico. A observação do comportamento de Desi em vários ambientes levou a três categorias de hipóteses. Para simplificar, consideraremos apenas uma categoria – elogios. A observação e as entrevistas levaram à hipótese de que o comportamento indesejável de Desi se devia, em parte, ao fato de ele não receber elogios suficientes. Entretanto, também parecia que aumentar a quantidade de elogios que Desi recebia não era eficaz. Ao contrário, parecia que, para diminuir o comportamento indesejável de Desi, o elogio tinha de ser específico a alguma ação que ele realizava – por exemplo, "Bom trabalho na organização de seu trabalho", em vez de "Você é um bom ajudante". Assim, os pesquisadores formularam a seguinte hipótese: "O comportamento indesejável de Desi será reduzido quando a quantidade de elogios específicos for aumentada." Em seguida, eles testaram e confirmaram essa hipótese em um esquema ABAB, em que "A" era um "elogio altamente específico" e "B" era um "elogio pouco específico" (ver Capítulo 4). Duas outras categorias de hipóteses que foram testadas para Desi envolviam ele avaliar a adequação de suas verbalizações e o fato de a equipe ignorar seu comportamento indesejável. Os pesquisadores também confirmaram as hipóteses com base nessas variáveis.

Esse estudo é importante porque envolveu a primeira análise funcional a ser realizada com indivíduos que não tinham TEA ou deficiências de desenvolvimento. Assim como o artigo de Iwata *et al.* De 1982/1994, o artigo de Dunlap et al. de 1993 tornou-se um clássico e foi republicado (Dunlap *et al.*, 1993, 2018). Com a sua republicação, incluiu-se um comentário dos dois primeiros autores que explicava melhor a abordagem da testagem de hipóteses da avaliação funcional para o comportamento problemático (Dunlap e Kern, 2018).

São necessárias algumas comparações entre os estudos de Iwata *et al.* (1982/1994) e Dunlap *et al.* (1993, 2018). Primeiro, em relação às semelhanças, observe que ambas as abordagens de avaliação funcional envolveram análise funcional. Em termos de diferenças, observe que os alunos de Dunlap *et al.* (1993, 2018) eram mais velhos e estavam mais dentro da faixa normal de funcionamento intelectual. Isso significa que eles conseguiam se comunicar com mais frequência, o que é importante para dar e receber informações sobre seus comportamentos problemáticos. Isso também significa que as intervenções podem ser mais flexíveis e complexas. Observe, também, que a abordagem da testagem de hipóteses de Dunlap *et al.* (1993, 2018) se concentra no manejo do comportamento problemático, e não em seu tratamento.

Questões para aprendizagem

10. Para quais duas causas de comportamentos problemáticos de crianças Carr e Durand (1985) usaram pela primeira vez a abordagem da testagem de hipóteses?
11. Faça uma breve comparação entre a abordagem de Iwata *et al.* (1982/1994) e a de Dunlap *et al.* (1993, 2018) para a avaliação funcional.
12. Para quais tipos de clientes a abordagem da testagem de hipóteses pode ser (a) mais aplicável e (b) menos aplicável?

PRINCIPAIS CAUSAS DE COMPORTAMENTOS PROBLEMÁTICOS OPERANTES

Tendo visto os métodos de detectar as causas de comportamentos problemáticos, examinaremos agora as principais causas dos comportamentos problemáticos, bem como exemplos de tratamentos indicados para cada causa. Estas causas podem ser divididas em duas categorias: operante e respondente. As causas de comportamento problemático operante podem ser adicionalmente subdivididas seis subcategorias mostradas na Tabela 22.1. No que se refere à tabela, consideramos primeiro as subcategorias de comportamento problemático operante.

Comportamentos problemáticos mantidos por reforço social positivo

Conforme vimos nas seções "Armadilhas" dos capítulos anteriores, os excessos comportamentais muitas vezes são desenvolvidos e mantidos pela atenção. A subcategoria A na Tabela 22.1 representa esses casos. Os indicadores de que o comportamento é mantido pela atenção incluem: quando a atenção se segue confiavelmente ao comportamento; quando o indivíduo olha ou se aproxima de um cuidador pouco antes de se engajar no comportamento; e quando o indivíduo sorri pouco antes de se engajar no comportamento. A atenção também pode funcionar como um S^D para o comportamento problemático (p. ex., Bergen *et al.*, 2002). Se uma análise funcional indicar que o comportamento problemático é mantido pela atenção, recomenda-se um tratamento que envolva a extinção do comportamento problemático combinada com o reforço do comportamento alternativo desejável, conforme ilustrado pelo estudo a seguir.

Caso de alta frequência de declarações delirantes

Travis e Sturmey (2010) conduziram uma análise funcional e tratamento de declarações delirantes emitidas por um homem com múltiplas incapacidades. O sr. Jones, um homem de 26 anos que sofrera uma lesão cerebral traumática, vivia em uma instituição forense de internação. Ele se engajava em declarações delirantes frequentes que evidentemente eram falsas e fora

Tabela 22.1 Causas de comportamento problemático operante.

	Social	Sensorial interno	Sensorial externo
Reforço positivo	A	B	C
Reforço negativo*	D	E	F

*Condicionamento de fuga e/ou esquiva.

de contexto. A alta frequência das declarações delirantes do sr. Jones fazia seus colegas caçoarem constantemente dele e o impedia de participar de várias atividades na comunidade. Um modificador de comportamento da equipe de atendimento direto, sob a supervisão de Travis e Sturmey, realizou uma análise funcional das declarações delirantes do Sr. Jones. Foram realizadas quatro sessões de 12 minutos, em dias alternados e durante 1 semana, em uma sala privativa com uma janela unidirecional. Em uma *condição de atenção*, o sr. Jones e o modificador de comportamento tinham uma conversa. Quando o sr. Jones fazia uma declaração delirante, o modificador de comportamento lhe dispensava cerca de 10 segundos de atenção, na forma de comentários desaprovadores – p. ex., "Isto não é um assunto apropriado para o momento". Em uma *condição de demanda*, o modificador de comportamento apresentava ao sr. Jones uma tarefa vocacional que envolvia reunir e contar pentes e colocá-los em sacos plásticos. Quando o sr. Jones emitia uma declaração delirante, o modificador de comportamento suspendia a tarefa por 10 segundos. Em uma *condição de estar só*, o Sr. Jones estava sozinho no quarto. Durante uma *condição controle*, o sr. Jones recebia acesso a materiais de leitura recomendados, o modificador de comportamento dispensava atenção de maneira não contingente a cada 30 segundos, e não havia consequências para as declarações delirantes ou não delirantes.

Os resultados indicaram que o sr. Jones emitiu um número bem maior de declarações delirantes na condição de atenção do que nas condições de estar só, demanda ou controle. Com base na análise funcional, as sessões de tratamento envolveram uma combinação de atenção para comentários apropriados e extinção de declarações delirantes. Mais especificamente, as declarações não delirantes contextualmente apropriadas eram acompanhadas de um comentário do modificador de comportamento, dizendo ao sr. Jones que ele havia dito algo que parecia bom. E, então, ele pedia ao sr. Jones para elaborar isto que dissera. Se o sr. Jones fazia uma declaração delirante, o modificador de comportamento o ignorava por cerca de 10 segundos. Durante o tratamento, o número de declarações delirantes caiu a um nível muito baixo. Além disso, as observações de acompanhamento aos 6 meses, bem como em 1, 2 e 4 anos, indicaram que, com o treinamento de novos modificadores de comportamento para manter o reforço e a intervenção de extinção, os resultados do tratamento positivo foram mantidos.

Comportamentos problemáticos mantidos por reforço autoestimulante interno

Alguns comportamentos são reforçados pela estimulação sensorial que produzem internamente. Isto é denominado *reforço sensorial interno* ou *autoestimulação*, e se diz que é *autorreforçador*. A subcategoria B na Tabela 22.1 representa esses casos. Outra denominação para o reforço sensorial interno é *reforço automático*, porque o próprio comportamento em si é considerado automaticamente reforçador, sem produzir nenhuma consequência que possa ser controlada ou detectada por outra pessoa (ver Iwata *et al.*, 1990, p. 12). Massagear o couro cabeludo de alguém produz uma agradável sensação de formigamento. Infelizmente, para alguns indivíduos, este tipo de consequência também poderia manter comportamentos extremamente autoestimulatórios que podem até ser autolesivos. Os reforçadores que mantêm este tipo de comportamento podem consistir em *feedback* sensorial ou perceptivo, incluindo sensações vestibulares, padrões visuais, sons repetitivos e sensações táteis ou cinestésicas (Guess e Carr, 1991; Lovaas *et al.*, 1987). Um indicador de que o comportamento é autorreforçador é esse comportamento continuar sem interrupção a uma frequência estável, ainda que sem exercer efeito evidente sobre outros indivíduos ou no ambiente externo. Se parecer que o CAL é mantido por reforço sensorial interno, então um importante componente do tratamento poderia ser o enriquecimento do ambiente do indivíduo, para minimizar a privação de estimulação sensorial (isso é uma operação motivadora abolidora [MAO]; ver Capítulo 21). Alternativamente, a extinção de um comportamento autoestimulante por meio da alteração das consequências sensoriais produzidas pelo comportamento também poderia ser efetiva, conforme ilustrado pelo caso a seguir.

Arranhão no rosto

Um caso, descrito por Rincover e Devaney (1982), ilustra um comportamento problemático mantido por estimulação sensorial interna.

Sarah, uma menina de 4 anos e meio com deficiência intelectual, arranhava constantemente o próprio rosto com as unhas. Embora suas unhas fossem cortadas tão curtas a ponto de não poder arranhar sua pele, a ação de arranhar de Sarah resultava em irritações e abrasões cutâneas. A menina se arranhava quando sorria, quando se aborrecia, ao interagir com os outros, quando estava sozinha e se lhe faziam demandas. Nitidamente, o comportamento parecia ser mantido por reforço de autoestimulação interna e não por atenção ou fuga das demandas. O tratamento, portanto, consistia na extinção dos arranhões por meio da eliminação das sensações táteis que os arranhões produziam. Todos os dias, suas mãos eram cobertas com luvas de borracha fina que, embora não a impedissem de arranhar, eliminavam a estimulação sensorial interna e a impediam de danificar a pele. O resultado foi uma diminuição imediata e substancial nos arranhões, que cessaram em 4 dias. Durante as sessões de acompanhamento, as luvas eram removidas, primeiramente apenas por 10 minutos ao dia e, subsequentemente, por intervalos cada vez maiores, até finalmente se tornarem desnecessárias.

Comportamentos problemáticos mantidos por reforço sensorial externo

Visões e sons de reforço de um ambiente externo não social poderiam manter algum comportamento problemático. A subcategoria C na Tabela 22.1 representa esses casos. Uma criança que atira brinquedos talvez goste do barulho alto produzido quando os brinquedos tocam o chão. Jogar coisas no vaso sanitário e dar descarga repetidas vezes ou deixar a água da torneira correr até a pia transbordar podem ser comportamentos mantidos pelas visões que produzem. Isto é chamado reforço sensorial externo, para distinção do reforço sensorial interno discutido anteriormente. Para ter uma indicação de que um comportamento problemático particular está sendo mantido por reforço sensorial externo, observe se o indivíduo continua emitindo o comportamento sem diminuição no decorrer de numerosas ocasiões, mesmo que aparentemente não tenha consequências sociais. Se uma avaliação funcional indica que o comportamento é mantido por reforço sensorial externo, então um componente do programa de tratamento poderia envolver reforço sensorial externo de um comportamento desejável alternativo. Isto é ilustrado pelo caso a seguir.

Despejar joias no vaso sanitário e dar descarga

Um caso tratado por um dos autores envolveu uma criança com deficiência intelectual, chamada Mary. Ocasionalmente, ao longo do dia, e sempre que a mãe estava ocupada na cozinha, Mary ia ao quarto da mãe, tirava uma joia de dentro do porta-joias, levava-a para o banheiro, jogava dentro do vaso e dava descarga. A criança então contava para a mãe o que tinha feito. Para fins de avaliação e tratamento, as joias da mãe foram substituídas por bijuterias. Uma avaliação observacional sugeriu duas possíveis explicações do comportamento problemático. Primeiro, a aparição da joia rodando em volta do vaso sanitário antes de desaparecer pode ter funcionado como reforçador sensorial externo. Em segundo lugar, a sequência inteira de atividades pode ter sido uma cadeia comportamental que era reforçada pela atenção materna depois que Mary emitia a sequência de etapas e, então, contava à mãe o que tinha feito. O procedimento de tratamento usado considerou ambas as possibilidades. Mary recebeu vários *prompts* durante os quais a mãe pegava a mão dela, incentivava-a a tirar uma joia do porta-joias e a guiava para que levasse a joia até a cozinha, para então jogá-la dentro de uma jarra que estava sobre a mesa. O autor pensou que o som de tilintar da joia batendo no fundo da jarra poderia servir de reforço sensorial para substituir a visão da joia desaparecendo no vaso sanitário. Além disso, a nova sequência de cadeia comportamental era reforçada com elogio e alguma guloseima ocasional. Para aumentar ainda mais a probabilidade de esta nova sequência ocorrer, a mãe tirou uma foto de Mary colocando a joia dentro da jarra sobre a mesa da cozinha, e expôs a foto ao lado do porta-joias que estava no quarto. Durante as 3 semanas que se seguiram às tentativas de comandos, Mary continuou, de forma intermitente, a levar as joias para a cozinha e a receber elogios e guloseimas ocasionais por isso. Ela não jogou mais nenhuma joia no vaso sanitário, nem uma única vez sequer. Eventualmente, a menina parou de brincar com as joias da mãe.

Questões para aprendizagem

13. Quais são os três indicadores de que um comportamento problemático provavelmente esteja sendo mantido pela atenção social que a ele se segue?
14. Quais foram os resultados da análise funcional das causas das declarações delirantes excessivas emitidas pelo sr. Jones? Qual foi o tratamento para as declarações delirantes, com base nos resultados da análise funcional?
15. Qual é um indicador de que um comportamento problemático está sendo mantido por reforço autoestimulante?
16. Descreva como Rincover e Devaney aplicaram a extinção a um problema que parecia ser mantido por reforço autoestimulante.
17. Qual é um indicador de que um comportamento problemático está sendo reforçado por estimulação sensorial externa não social? Dê um exemplo que ilustre este indicador.
18. Quais foram as duas explicações plausíveis para o comportamento da criança de jogar joias no vaso sanitário e dar descarga? Como o procedimento de tratamento considerou ambas as possibilidades?

Comportamentos problemáticos mantidos por fuga das demandas

Alguns comportamentos problemáticos são reforçados negativamente pela fuga das demandas. A subcategoria D na Tabela 22.1 representa esses casos (ver também Capítulo 16). Quando são solicitadas a responderem a perguntas difíceis, algumas crianças se engajam em birras que são mantidas pela retirada da solicitação. Um forte indicador de que um comportamento problemático está incluído nesta subcategoria é que o indivíduo se engaja no comportamento somente quando certos tipos de demanda ou pedidos são feitos. Se uma avaliação funcional sustenta este tipo de interpretação, pode ser viável persistir com os pedidos ou demandas até as birras diminuírem e passar a ocorrer complacência, conforme ilustrado com o CAL de Susie. Alternativamente, com indivíduos não verbais, como descrito no Capítulo 16, é possível ensinar o indivíduo alguma outra forma, como tocando com os dedos, para indicar que uma tarefa é aversiva. Nesse sentido, o comportamento problemático pode ser substituído por uma resposta adaptativa que tenha uma função igual ou similar à do comportamento problemático, mas que seja mais aceitável (Mace *et al.*, 1993).

Comportamentos problemáticos mantidos por fuga de sensações internas

Lembre-se do caso de Sarah, que arranhava o rosto, descrito anteriormente. Os resultados do programa de tratamento sugeriram que Sarah arranhava o rosto porque se sentia bem, um exemplo de reforço sensorial interno. Por outro lado, alguns comportamentos problemáticos podem ser mantidos pela fuga de sensações internas. A subcategoria E da Tabela 22.1 representa esses casos. Ao caminhar pela floresta, uma pessoa é frequentemente picada por mosquitos, o que causa coceira, de modo que, se coçar as áreas picadas alivia a coceira, pode ocorrer excesso de coceira quando se caminha pela floresta. Stickney e Miltenberger (1999) e Stickney *et al.* (1999) forneceram evidência de que, em certos casos, a compulsão alimentar pode ser mantida por levar à diminuição de respostas emocionais desagradáveis. Casos deste tipo deveriam ser tratados por um modificador de comportamento devidamente treinado (ver Capítulo 27).

Comportamentos problemáticos mantidos por fuga de estímulos sensoriais externos aversivos

Muitos de nossos comportamentos diários são mantidos por fuga de estímulos sensoriais externos aversivos. Entre os exemplos, estão manter os olhos semicerrados diante de uma luz brilhante ou tapar as orelhas para escapar de um som alto. Alguns comportamentos problemáticos também podem ser mantidos por fuga de sensações causadas por estímulos externos. A subcategoria F na Tabela 22.1 representa esses casos. Uma criança poderia remover repetidamente um calçado que estivesse apertando demais os dedos do seu pé. Ou um indivíduo acostumado a usar roupas soltas, mas que é obrigado a usar roupas formais no trabalho, pode afrouxar o botão do colarinho e o nó da gravata com frequência. Se houver a possibilidade de que a fuga de um estímulo sensorial externo esteja mantendo um comportamento indesejável, providenciar a extinção da fuga pode ser um componente eficaz do tratamento.Um componente de tratamento como este tem sido aplicado no tratamento de transtornos alimentares em crianças, nos casos em que a criança frequentemente cospe o alimento e não come o suficiente. Foi demonstrado que o reforço negativo na forma de fuga da alimentação é uma das variáveis de manutenção para este tipo de transtorno alimentar em crianças (Piazza *et al.*, 2003), e também foi demonstrado que a extinção da fuga é um componente efetivo do tratamento da recusa em comer, seja por si só (Piazza *et al.*, 2003) ou combinado a outros componentes do tratamento (Bachmeyer *et al.*, 2009; Piazza *et al.*, 2003).

COMPORTAMENTOS PROBLEMÁTICOS RESPONDENTES OU ELICIADOS

Alguns comportamentos problemáticos são respondentes ou eliciados (ver Capítulo 5), em vez de serem controlados por suas consequências. As emoções têm componentes eliciados (ver Capítulos 5 e 17). A raiva e a agressão podem ser eliciadas por estímulos aversivos (ver Capítulo 15) ou por meio da suspensão de um reforçador em seguida a uma resposta previamente reforçada (ver Capítulo 8). Como outro exemplo, se um estímulo previamente neutro ocorreu em estreita associação com um evento aversivo, esse estímulo pode chegar a eliciar ansiedade. Várias listas de checagem comportamentais foram publicadas para a condução de avaliações com questionários dos estímulos condicionados (CS) que eliciam os componentes respondedores das emoções. São exemplos o *Fear Survey Schedule* (Cautela *et al.*, 1972) e o *Fear Survey for Children* (Morris e Kratochwill, 1983). Uma avaliação funcional descritiva também poderia ser conduzida para determinar os estímulos ou circunstâncias específicos que poderiam eliciar componentes respondentes de emoções (Emmelkamp *et al.*, 1992). Os dois indicadores principais de que um comportamento problemático é eliciado são sua ocorrência consistente em determinada situação ou em presença de certos estímulos, e o fato de jamais ser seguido por qualquer consequência reforçadora claramente identificável. Outro indicador, como sugerido pelo termo "eliciado", é que o comportamento parece ser involuntário (*i. e.*, a pessoa parece ser incapaz de inibi-lo). Se um comportamento problemático parece ser eliciado, o tratamento poderia incluir estabelecer uma ou mais respostas que lhe sejam concorrentes, de modo que a ocorrência destas respostas impeça a ocorrência da resposta indesejável (ver Capítulo 5), conforme ilustrado pelo exemplo a seguir.

Abordagem de condicionamento respondente na diminuição de reação raivosa

Joel, como relatado em um estudo de caso conduzido por Schloss *et al.* (1989), um homem de 26 anos com leve deficiência intelectual, foi recentemente dispensado de um trabalho como lavador de pratos por causa de suas explosões de ira. Uma avaliação baseada em um questionário aplicado à mãe de Joel, além de avaliações observacionais feitas com Joel, levou à identificação de três categorias de CS para componentes respondentes de emoções. Os CS incluíam "piadas" (anedotas humorísticas ditas a Joel), "críticas" (sobretudo sobre as deficiências na conduta ou na aparência de Joel) e "conversas sobre sexo" (discussões de encontros, casamento etc.). Com cada categoria foi estabelecida uma hierarquia de eventos provocativos que variavam de eventos causadores de raiva mínima a eventos que causavam a ira mais intensa. Os componentes respondentes da raiva de Joel incluíam respiração rápida, expressões faciais de raiva e tremores. Os componentes operantes da raiva de Joel também foram monitorados, incluindo falar alto e evitar contato visual com a pessoa cujos comentários eliciavam a raiva de Joel. O tratamento enfocou primariamente o contracondicionamento. Joel primeiro foi ensinado a relaxar usando um processo chamado relaxamento muscular profundo (descrito também no Capítulo 27). Então, enquanto estava em estado de relaxamento, um CS para raiva de uma das categorias era apresentado. Uma "piada" era descrita para Joel e lhe pediam para imaginá-la enquanto permanecia relaxado. Ao longo de várias sessões, foram introduzidos cada vez mais CSs para raiva, subindo gradualmente na hierarquia de cada categoria, desde as situações que causavam menos raiva até as que causavam mais raiva. Conforme descrito no Capítulo 27, este procedimento é chamado *dessensibilização sistemática.* Além dos procedimentos baseados na clínica, Joel era solicitado a ouvir uma gravação em fita cassete em casa que induzisse relaxamento muscular e também a praticar exercícios de relaxamento quando se deparasse com os CS para raiva no dia a dia. As respostas associadas com raiva caíram a níveis muito baixos para cada categoria durante as sessões de treinamento, e esse resultado benéfico foi generalizado para contextos naturais.

CAUSAS MÉDICAS DE COMPORTAMENTOS PROBLEMÁTICOS

Muitas vezes, as variáveis controladoras que são o alvo da preocupação dos modificadores de comportamento existem no ambiente do indivíduo. Às vezes, porém, um comportamento que parece problemático pode ter uma causa médica. Um indivíduo não verbal pode bater a própria cabeça contra objetos duros para diminuir a dor oriunda de uma infecção na orelha (subcategoria E na Tabela 22.1). Uma causa médica pode ser indicada, se o problema emergir de forma repentina e aparentemente não estiver relacionado com nenhuma alteração no ambiente do indivíduo.

Para encorajar os modificadores de comportamento a reunirem toda a informação possível sobre as causas de comportamentos problemáticos, Jon Bailey e David Pyles desenvolveram o conceito de *diagnósticos comportamentais* (Bailey e Pyles, 1989; Pyles e Bailey, 1990). Com esta abordagem de avaliação comportamental, o modificador de comportamento diagnostica o problema após examinar os antecedentes, consequências e variáveis médicas e nutricionais como potenciais causas. Com base no diagnóstico, o modificador de comportamento desenvolve um plano de tratamento, testa o plano sob condições controladas e, se os resultados alcançarem êxito, põe o plano de tratamento em prática.

Com o modelo diagnóstico comportamental, os exemplos de dados que podem ser coletados durante a fase diagnóstica incluem: variáveis de saúde/médicas, variáveis nutricionais (p. ex., ingestão calórica ou alergias alimentares) e, claro, informação sobre os tipos de antecedente e consequência do comportamento ilustrados neste capítulo. O conceito de diagnóstico comportamental é mais amplo do que o de avaliação funcional. Consistente com esta visão mais ampla, as variáveis que influenciam o comportamento problemático de muitos indivíduos são listadas na Tabela 22.2. Ver em Demchak e Bossert, 1996, as variáveis que comumente atuam como antecedentes ou consequências do comportamento problemático em indivíduos com deficiências do desenvolvimento.

Se houver qualquer possibilidade de que se trate de um comportamento com causa médica, então um profissional da assistência médica apropriado deve ser consultado, antes de tratar o problema. Isto não significa que as técnicas comportamentais não podem ser efetivas se o problema tiver causa médica – ao contrário, frequentemente podem. Por exemplo, a hiperatividade muitas vezes é tratada com uma combinação de procedimentos comportamentais e médicos (Barkley, 2005) (ver no Capítulo 2 uma discussão sobre as abordagens comportamentais de problemas médicos).

Tabela 22.2 Fatores a serem considerados na avaliação das causas do comportamento problemático.

Contexto geral
Baixo nível geral de reforço
Condições que causam desconforto (p. ex., calor, barulho, superlotação)
Presença ou ausência de pessoas particulares
Variáveis organísmicas
Condição de saúde (p. ex., gripe, cefaleia, alergias)
Estado motivacional (p. ex., fome, sede)
Estado emocional (p. ex., raiva, ciúme)
Estados corporais temporários (p. ex., fadiga, cólicas menstruais)
Variáveis de tarefa
Grau de dificuldade muito grande
Ritmo inapropriado (rápido demais, lento demais)
Falta de variedade
Falta de escolha
Falta de importância percebida
Antecedentes específicos
Mudança súbita nas adjacências imediatas
Introdução de novas tarefas
Demandas excessivas
Instruções indefinidas
Remoção de reforçadores visíveis
Retenção de reforçadores em seguida a respostas previamente reforçadas
Apresentação de estímulos aversivos
Instrução para esperar
Observação de outra pessoa sendo reforçada
Consequências específicas – o comportamento problemático leva a:
Fugir das demandas
Atenção da parte dos outros
Simpatia
Seguir o caminho de alguém
Reforçadores tangíveis
Feedback sensorial interno
Feedback sensorial externo

DIRETRIZES PARA CONDUZIR UMA AVALIAÇÃO FUNCIONAL

A seguir, é apresentado um resumo de diretrizes para a condução de uma avaliação funcional:

1. *Definir o comportamento problemático em termos comportamentais.*
2. *Identificar os eventos antecedentes que consistentemente precedem o comportamento problemático.*
3. *Identificar as consequências que se seguem imediatamente, ainda que possivelmente de modo intermitente, ao comportamento problemático.*
4. *Como sugerido pelo diagnóstico comportamental, considerar as variáveis de saúde/médicas/pessoais que possam contribuir para o problema.*
5. *Com base nas diretrizes 2, 3 e 4, formar hipóteses sobre* (a) os eventos consequentes que mantêm o comportamento problemático, (b) os eventos antecedentes que o eliciam ou evocam, e/ou (c) as variáveis de saúde/médicas/pessoais que o exacerbam.
6. *Coletar dados sobre o comportamento, seus antecedentes e consequências em seu contexto natural, e as variáveis de saúde/médicas/pessoais, para determinar quais hipóteses na diretriz 5 provavelmente estão corretas.*
7. *Se possível, fazer uma análise funcional testando diretamente a hipótese desenvolvida na diretriz 5.* Certificar-se de reconhecer os aspectos éticos especiais de uma análise funcional. De modo específico, reconhecer que, em uma análise funcional, você não trata o comportamento, mas tenta deliberadamente produzi-lo e, se conseguir ter êxito, provavelmente até reforçá-lo. As sessões de análise funcional devem, portanto, ser o mais breves e menos numerosas possível. Todos os procedimentos usados na análise funcional devem ser aprovados por uma equipe médica qualificada e conduzidos por ou sob supervisão direta de um modificador de comportamento qualificado. Se houver qualquer possibilidade de autolesão, a equipe médica deve estar acessível para fornecer tratamento médico imediato. Por fim, o cliente deve ser beneficiado pela análise funcional ao receber tratamento, conforme descrito no Capítulo 23.

Questões para aprendizagem

19. Qual é um forte indicador de que um comportamento problemático está sendo mantido como uma forma de fugir de demandas? Como isso foi ilustrado com Susie no início deste capítulo?
20. Descreva duas estratégias alternativas que os adultos poderiam seguir para lidar com uma criança não verbal tentando escapar de demandas gritando.
21. Descreva como fugir de sensações internas poderia ser a causa de alguns casos de compulsão alimentar.
22. Descreva um exemplo de como fugir de estímulos sensoriais externos aversivos poderia produzir um comportamento indesejável.
23. Em uma frase para cada uma, descreva as seis principais causas dos comportamentos problemáticos operantes descritos neste capítulo.
24. Quais são os dois indicadores principais de que um comportamento problemático é eliciado por estímulos prévios *versus* mantido por consequências reforçadoras? Dê um exemplo que ilustre estes indicadores.
25. O que é o diagnóstico comportamental? Em que sentido este termo é mais amplo do que a avaliação funcional?

RESUMO DO CAPÍTULO 22

O termo *avaliação funcional* refere-se a três abordagens que tentam identificar os antecedentes e as consequências dos comportamentos problemáticos: (a) uma análise funcional, (b) uma entrevista e/ou avaliação por questionário e (c) uma avaliação observacional. Uma *análise funcional* é a manipulação sistemática de eventos ambientais para testar experimentalmente seu papel como antecedentes ou consequências no controle ou na manutenção de comportamentos problemáticos específicos. Uma análise funcional de um comportamento problemático operante pode incluir: (a) uma condição de atenção para verificar se o comportamento problemático é mantido pelo reforço social; (b) uma condição de demanda para verificar se o comportamento problemático é mantido pela fuga das demandas; (c) uma condição de estar só para verificar se o comportamento problemático é mantido pelo autorreforço sensorial interno; e (d) uma condição de controle para verificar se o comportamento problemático ocorre na ausência das outras três condições. Seguindo uma análise funcional, o tratamento de um comportamento problemático operante deve se basear em sua função na produção de consequências em situações específicas. Essa abordagem à análise funcional foi desenvolvida de forma mais ampla por Brian Iwata *et al.*

Outra abordagem para a análise funcional é chamada de *abordagem da testagem de hipóteses*. Essa estratégia consiste nas seguintes etapas:

1. Coletar dados sobre o comportamento problemático – o que inclui questionários, entrevistas e observações diretas.
2. Formular hipóteses sobre as variáveis que controlam o comportamento problemático.
3. Testar as hipóteses de maneira experimental.
4. Implementar um plano de intervenção.
5. Avaliar os efeitos da intervenção.

Observe que a terceira etapa envolve uma análise funcional. A análise funcional é considerada o padrão-ouro da avaliação funcional. Ela é o mais próximo que se pode chegar de estabelecerem empiricamente as causas do comportamento problemático. A abordagem da testagem de hipóteses para a análise funcional foi desenvolvida de forma mais abrangente por Glen Dunlap, Lee Kern *et al.*

As duas abordagens da análise funcional são muito semelhantes. Uma diferença importante é que, com a abordagem de Iwata *et al.*, as hipóteses disponíveis se concentram em três possíveis causas específicas: comportamento problemático baseado na fuga das demandas, comportamento problemático baseado na autoestimulação como reforço e atenção como reforço do comportamento problemático. Ela é mais aplicável a clientes com deficiências intelectuais. Com a abordagem de Dunlap *et al.*, há mais flexibilidade nas hipóteses que são testadas, de modo que ela é mais adequada para indivíduos cujo funcionamento intelectual está dentro da faixa normal de inteligência.

Três limitações da análise funcional são: (a) ela pode exigir muito tempo para ser implementada; (b) não pode ser aplicada a comportamentos perigosos; e (c) alguns comportamentos problemáticos ocorrem em frequências tão baixas que uma análise funcional exige muito tempo para se chegar a uma conclusão válida. Além de realizar uma análise funcional, as causas de um comportamento problemático podem ser determinadas por meio de uma entrevista e/ou avaliação por questionário de pessoas familiarizadas com o cliente ou por uma avaliação observacional do comportamento problemático conforme ele ocorre em seus contextos naturais. Entretanto, embora os questionários e a observação possam fornecer hipóteses, nenhuma dessas duas estratégias é tão confiável quanto uma análise funcional para determinar as causas dos comportamentos problemáticos.

As seis principais causas de comportamentos problemáticos operantes são: (a) reforço social positivo; (b) autoestimulação interna ou reforço sensorial interno; (c) reforço sensorial externo; (d) fuga de demandas; (e) fuga de sensações internas; e (f) fuga de estímulos sensoriais externos aversivos. Os comportamentos problemáticos também podem ser comportamentos respondentes ou ser causados por uma condição médica. A identificação dessas causas, juntamente às causas identificadas pela avaliação funcional, faz parte de um campo maior de diagnósticos comportamentais.

Exercícios de aplicação

Exercício envolvendo outros

Identifique um excesso comportamental de alguém que você conheça bem. (Não identifique a pessoa.) Tente identificar o controle de estímulo e as consequências mantenedoras deste comportamento. Com base na sua avaliação funcional, na sua opinião, qual seria o melhor procedimento de tratamento para diminuir ou eliminar o comportamento?

Exercício de automodificação

Identifique um de seus próprios excessos comportamentais. Tente identificar o controle de estímulo e as consequências mantenedoras deste comportamento. Com base na sua avaliação funcional, na sua opinião, qual seria o melhor procedimento de tratamento para diminuir ou eliminar o comportamento?

Confira as respostas das Questões para aprendizagem do Capítulo 22

23 Planejamento, Aplicação e Avaliação de um Programa Comportamental

Objetivos de aprendizagem

Após ler este capítulo, o leitor será capaz de:

- Decidir se você deveria delinear um programa para resolver um comportamento problemático
- Descrever considerações para selecionar e implementar um procedimento de avaliação funcional
- Avaliar os resultados de um programa de modificação de comportamento
- Resumir etapas que ajudem a garantir que os resultados de um programa bem-sucedido sejam mantidos.

"Quero que você fique aqui dentro!", disse Cindy com uma voz assustada, "Tem um cachorro lá fora".

Superação do medo de cachorro de Cindy[1]

Cindy, uma menina de 5 anos, desenvolveu fobia a cachorros devido a várias experiências de ser perseguida por um cachorro. Como esse medo fez com que ela e sua família evitassem visitas a amigos que tinham cães e limitou o tempo que ela passa ao ar livre quando há algum cachorro por perto, seus pais a levaram a um modificador de comportamento. O tratamento consistia em uma combinação de modelação, modelagem e desvanecimento. O tratamento foi iniciado com Cindy imitando o modificador de comportamento, que acariciava um pequeno cachorro que permanecia quieto enquanto o segurava. Cindy também recebeu elogios e adesivos que poderiam ser trocados por reforçadores de apoio. Ao longo de oito sessões, Cindy foi sendo gradualmente exposta (a) ao pequeno cachorro em uma coleira e, então, quando ele estava solto, (b) a um cachorro de porte médio, (c) a um cachorro hiperativo pequeno e (d) a um cachorro de porte maior. As sessões 9 a 12 foram conduzidas em um parque para cães. Primeiro, a Cindy demonstrou hesitação e pediu ao pai que a pegasse no colo quando um cachorro saltou sobre ela. Entretanto, por volta da 13ª sessão, Cindy conseguiu andar pelo parque, aproximando-se e acariciando vários cachorros.

Este capítulo fornece diretrizes que devem ser seguidas ao se elaborar, aplicar e avaliar um programa comportamental. Considera o conhecimento dos princípios e procedimentos apresentados nos capítulos anteriores. O cliente pode ser qualquer pessoa com transtorno do espectro autista (TEA) ou atraso no desenvolvimento intelectual; um paciente com problemas psiquiátricos; uma criança ou adolescente não obediente; uma criança ou adolescente em desenvolvimento típico; ou um adulto normal – em casa, na sala de aula ou na comunidade. A situação é tal que, você, como modificador de comportamento, seria amplamente responsável pela condução de uma intervenção ou programa de tratamento. Muitas diretrizes serão aqui ilustradas com referência ao caso de Cindy.

DECIDIR DELINEAR UM PROGRAMA SEGUINDO UM ENCAMINHAMENTO

Os problemas comportamentais têm várias causas, apresentam-se de várias formas e tipos e diferem amplamente quanto ao grau de complexidade e gravidade. O fato de um problema ter sido encaminhado a você para tratamento/modificação nem sempre é motivo suficiente para prosseguir com o delineamento e a implementação de um programa. Para decidir se e onde começar, é útil responder às questões listadas a seguir, seja durante a entrevista ou na fase de entrada da avaliação comportamental (ver Capítulo 3):

[1]Este exemplo se baseia no artigo de May *et al.* (2013).

1. O encaminhamento do problema foi feito primariamente para o benefício do cliente? Caso o problema tenha sido encaminhado por outros, é necessário determinar se o cumprimento da meta beneficiaria o cliente, como evidentemente foi para Cindy. Se a realização da meta for para o benefício de outros, deverá ser ao menos neutra para o cliente. As considerações éticas (ver Capítulo 29) podem exigir que certos encaminhamentos parem por aqui.
2. O problema é importante para o cliente ou para os outros? Você poderia fazer duas perguntas para avaliar a importância do problema: resolvê-lo levará a uma menor aversividade e/ou a um reforço mais positivo para o cliente ou para os outros? Resolver o problema será como originar direta ou indiretamente outros comportamentos desejados? Se a resposta a uma destas perguntas for não, você deve reconsiderar o seu envolvimento com o problema. Resolver o problema de Cindy não só a levou a apreciar a interação com os cães como aumentou a probabilidade de ela e de seus familiares visitarem as casas de amigos e parentes que têm cães.
3. O problema e a meta podem ser especificados de tal modo que você esteja lidando com um comportamento específico ou com um conjunto de comportamentos que podem ser medidos de alguma forma? Muitos encaminhamentos são vagos, subjetivos e gerais, tais como "Chris é um estudante fraco", " Meu filho está me enlouquecendo", "Eu realmente sou uma pessoa desorganizada". Se o problema inicialmente é vago, você deve especificar um ou mais comportamentos componentes que definam o problema e que possam ser medidos ou acessados de maneira objetiva. Nesses casos, porém, é importante perguntar se lidar com o(s) comportamento(s) componente(s) resolverá o problema geral aos olhos do agente encaminhador. Caso seja impossível concordar com o agente quanto aos comportamentos componentes que definem o problema, provavelmente você deve parar por aqui. Se houver consenso, isso deve ser especificado por escrito. Os comportamentos-alvo específicos para Cindy incluíram coisas como caminhar tranquilamente pelo parque de cães e acariciá-los.
4. Você eliminou a possibilidade de o problema envolver complicações que necessitariam de encaminhamento a outro especialista? Em outras palavras, você é a pessoa apropriada para lidar com o problema? O problema apresenta complicações médicas, ramificações psicológicas graves, como perigo de suicídio ou automutilação, ou um diagnóstico *DSM-5-TR* (discutido no Capítulo 1) que você não esteja qualificado a tratar? Caso a resposta seja afirmativa, então o especialista apropriado deve ser consultado. Você deveria tratar o problema apenas do modo recomendado pelo especialista. No caso de Cindy, antes do tratamento, seu pai havia indicado que ela não tinha nenhum problema médico e que não estava tomando nenhuma medicação. Ver Deangelis, 2018, para uma discussão detalhada sobre como os psicólogos clínicos podem determinar se um caso está além de suas habilidades e o que devem fazer nessa situação.
5. O problema é do tipo que parece facilmente tratável? Para responder a esta questão, considere o seguinte: se o problema é minimizar um comportamento indesejado, este vem ocorrendo há pouco tempo, sob um estreito controle de estímulo e na ausência de reforço intermitente? Um problema com essas características provavelmente é mais fácil de resolver do que um comportamento indesejado que venha ocorrendo há muito tempo, sob controle de muitas situações e com uma história de reforço intermitente. Além disso, identifique o comportamento desejado que pode substituir o comportamento indesejado. Se o problema é ensinar um novo comportamento, avalie se o cliente tem as habilidades de pré-requisito. Se houver mais de um problema, classifique-os por ordem de acordo com suas prioridades para o tratamento, e começar pelo problema classificado como sendo de maior prioridade. No caso de Cindy, os pais indicaram que sua fobia de cachorros havia se desenvolvido entre os 3 e os 5 anos, que é um longo intervalo de tempo. Entretanto, no início da terapia, a própria Cindy expressou o desejo de conseguir acariciar um cachorro, e o modificador de comportamento estava confiante de que a fobia poderia ser controlada ou eliminada.
6. Se a modificação de comportamento desejada é conseguida, é possível generalizá-la e mantê-la no ambiente natural do indivíduo? Para responder essa pergunta, considere como o treino que você elaborou pode ser desvanecido no ambiente natural do indivíduo. Considere também se esse ambiente tem as contingências que manterão o comportamento melhorado, se você consegue

influenciar pessoas nesse ambiente a ajudarem a manter o comportamento melhorado e se o cliente consegue aprender um programa de autocontrole (discutido no Capítulo 25) que ajudará o comportamento melhorado a persistir. No caso de Cindy, o modificador de comportamento programou a generalização conduzindo os últimos estágios da terapia com diversos cães em um parque.

7. Você consegue identificar indivíduos importantes (parentes, amigos e professores) no ambiente natural do cliente, os quais possam ajudar a registrar observações e a administrar estímulos controladores antecedentes e reforçadores? Ao delinear programas para crianças, considere se os pais podem implementá-lo com sucesso e mantê-lo. Não faz muito sentido aceitar um encaminhamento de uma criança se você tiver apenas 1 hora por semana para trabalhar em um programa que exige 2 horas por dia para ser realizado. Mesmo que entes queridos não sejam necessários para implementar um programa, a disponibilidade deles pode ser extremamente valiosa para a programação da generalidade. Considere o problema de desenvolvimento de programas comportamentais eficazes para perda de peso em crianças (LeBow, 1991). Israel *et al.* (1985) submeteram dois grupos de crianças com sobrepeso - com idade entre 8 e 12 anos - a um programa comportamental, intensivo e multicomponente de redução de peso com 8 semanas de duração. Os pais de um dos grupos também participaram de um curso breve sobre habilidades de manejo comportamental infantil. Ao final das 8 semanas do programa de tratamento, ambos os grupos de crianças haviam perdido aproximadamente a mesma quantidade de peso. No entanto, após um acompanhamento de 1 ano, a manutenção do nível de peso alcançado foi superior para as crianças cujos pais foram apresentados aos procedimentos de manejo comportamental infantil. Da mesma forma, estudos mostraram que o apoio dos pais e cônjuges está altamente correlacionado com o estabelecimento e a manutenção de uma atividade física saudável (Biddle *et al.*, 2021).

8. Se houver indivíduos que possam dificultar o programa, você é capaz de identificar meios para minimizar a potencial interferência dessas pessoas? Faz pouco sentido delinear um programa que provavelmente venha a ser sabotado por algumas pessoas que reforcem o comportamento indesejado que você tenta extinguir.

Com base em suas tentativas de responder a essas oito perguntas, suas qualificações de treinamento, horários diários e disponibilidade de tempo são adequados para que você participe do programa? Somente aceite encaminhamento para os quais tenha sido devidamente treinado e tenha tempo para conduzir um programa efetivo. Ser a pessoa adequada para lidar com um problema específico pode ser influenciado, em parte, pelo fato de você viver em um ambiente urbano ou rural. Rodrigue *et al.* (1996) identificaram dificuldades associadas à oferta de serviços de terapia comportamental em áreas rurais. Embora as regiões rurais tenham uma quantidade desproporcional de populações em risco que são custosas de atender - por exemplo, idosos, crianças, minorias -, elas geralmente não oferecem a gama completa de serviços de saúde mental necessários e são caracterizadas por menor disponibilidade e acessibilidade a serviços especializados. Embora você possa não ser a pessoa ideal para tratar o problema, pode ser a melhor pessoa disponível. Antes de aceitar a responsabilidade de elaborar um programa nesse caso, você deve consultar a literatura relevante sobre o tipo de problema e o ambiente para o qual foi solicitado a fornecer cuidados. Por exemplo, um estudo de Perri *et al.* (2008) é um excelente modelo para fornecer programas de gerenciamento de peso para comunidades rurais. Você também deve consultar as diretrizes éticas para serviços humanos da sua organização profissional (ver Capítulo 29). Deangelis (2018, p. 34) destacou que, mesmo em regiões rurais, oportunidades em forma de *webinars* e cursos *online* estão disponíveis para a obtenção de conhecimento apropriado sobre áreas de assunto desconhecidas.

Quando um modificador de comportamento entra pela primeira vez nos cenários em que as intervenções são solicitadas, como uma moradia conjunta destinada a indivíduos com atraso no desenvolvimento, a residência onde mora uma criança com problema, ou uma sala de aula, os problemas comportamentais e o número e complexidade das influências potencialmente disruptivas frequentemente são assombrosos. É melhor começar pequeno para alcançar êxito pouco a pouco do que tentar demais e arriscar fracassar gloriosamente. Uma avaliação atenta do encaminhamento inicial, quanto às questões e às considerações anteriores, muitas vezes pode contribuir bastante para o sucesso de um programa comportamental.

Questões para aprendizagem

1. Como um modificador de comportamento avalia a importância de um problema?
2. O que um modificador de comportamento faz ao receber um problema vago, como uma "agressão"? Ilustre com um exemplo.
3. Como um modificador de comportamento avalia a facilidade com que um problema poderia ser resolvido?
4. Como um modificador de comportamento avalia a facilidade com que a modificação comportamental desejada poderia ser generalizada e mantida no ambiente natural do cliente?
5. Considere que você seja um modificador de comportamento. Liste quatro possíveis condições sob as quais você não trataria um problema de comportamento que tivesse sido encaminhado a você.
6. Como Israel *et al.* demonstraram que utilizar entes queridos em um programa poderia melhorar a generalidade?
7. Como modificador de comportamento, de que maneira o ambiente geográfico pode afetar sua decisão de aceitar um encaminhamento?

SELEÇÃO E IMPLEMENTAÇÃO DE UM PROCEDIMENTO DE AVALIAÇÃO PRÉ-PROGRAMA

Suponha que você tenha decidido tratar um problema que tenham lhe encaminhado. Você deve seguir as etapas de implementação de um procedimento de avaliação pré-programa, conforme introduzido no Capítulo 3:

1. Para uma análise inicial confiável, defina o problema em termos comportamentais precisos.
2. Selecione um procedimento inicial apropriado (ver Capítulos 3 e 22) que lhe permita:
   a) Monitorar o comportamento problemático.
   b) Identificar o controle de estímulo vigente de comportamento problemático.
   c) Identificar as consequências que mantêm o comportamento problemático.
   d) Monitorar variáveis médicas/de saúde/pessoais relevantes.
   e) Identificar um comportamento alternativo desejado.
3. Faça o delineamento dos procedimentos de registro que permitirão gravar a quantidade de tempo dedicada ao projeto pelos profissionais – professores ou equipe de funcionários da residência. Isto o ajudará a realizar uma análise de custo-efetividade.
4. Garanta que os observadores tenham recebido treinamento apropriado para identificação dos aspectos essenciais de comportamento, aplicando os procedimentos de registro e representando graficamente os dados.
5. Se houver a probabilidade de prolongamento da linha de base, selecione um procedimento para aumentar e manter a intensidade do comportamento de registro dos dados das pessoas que estão coletando as informações.
6. Após começar a coleta dos dados, analise-os cuidadosamente para selecionar uma estratégia apropriada de tratamento ou intervenção e decidir quando terminar a análise e iniciar a intervenção.

Revisamos as diretrizes para avaliação comportamental nos Capítulos 3 e 22, e não as repetiremos aqui. Entretanto, como modificador de comportamento, você deve responder a seis perguntas durante a fase de avaliação pré-tratamento:

1. Quais horários diários o(s) mediador(es) podem agendar para este projeto? Se um professor tem cerca de 10 minutos por dia antes do almoço para dedicar ao projeto, não faz sentido projetar planilhas de dados de tempo-amostragem que exijam que o professor avalie o comportamento ao longo do dia, nem reunir dados que o professor jamais terá tempo de examinar.

2. As outras pessoas que participam da situação ajudarão ou dificultarão a coleta de dados? Não faz sentido elaborar um procedimento de linha de base para registrar a duração dos acessos de raiva de uma criança em uma situação doméstica se um avô, irmão ou outro parente vai dar um doce para que a criança pare os acessos. Parentes e amigos devidamente instruídos muitas vezes podem ser extremamente úteis, seja registrando diretamente os dados, seja lembrando outras pessoas de fazerem isso. Se a ajuda de outras pessoas for utilizada, então uma boa prática consiste em colocar planilhas de dados e um resumo dos procedimentos de registro em um local onde todos os envolvidos no projeto possam vê-los.

3. As adjacências dificultarão a sua avaliação? Se você desejar determinar um parâmetro para a frequência e curso temporal de comportamento de uma criança de fazer marcas na parede ao longo do dia, e a casa tiver muitos cômodos por onde a criança perambula, pode ser difícil detectar imediatamente as ocorrências

de comportamento. Evidentemente, isso não é ideal para os procedimentos de avaliação. Se você quer acessar as habilidades básicas de se vestir sozinha de uma criança apresentando itens de vestuário acompanhados de instruções apropriadas enquanto o programa de TV favorito da criança está passando ao fundo, a sua avaliação provavelmente será imprecisa.

4. Qual é a frequência de comportamento problemático? Trata-se de um problema que ocorre muitas vezes todos os dias ou é um problema que ocorre uma vez em algumas semanas? Em certos casos, a resposta a essa pergunta pode influenciá-lo a deixar o projeto. Um comportamento problemático que ocorra raramente pode ser extremamente difícil de tratar, se você tiver disponibilidade de tempo limitada para o projeto. Com certeza, a frequência de comportamento determinará o tipo de procedimento de registro a ser selecionado (descrito no Capítulo 3).

5. Com que rapidez o comportamento deve mudar? O comportamento requer atenção imediata devido ao seu perigo inerente ou o comportamento é tal que uma mudança imediata é meramente conveniente para os interessados? Se o comportamento estiver ocorrendo há muitos meses e for possível tolerá-lo por mais alguns dias ou semanas, você deverá ser mais diligente ao projetar um sistema de registro de dados detalhado para acessar confiavelmente os parâmetros de desempenho.

6. O problema apresentado é um déficit de comportamento ou pode ser reformulado como tal? Mesmo que o problema seja um excesso comportamental a ser diminuído, você deve tentar identificar um comportamento alternativo desejado para aumentar. No caso de Cindy, o modificador de comportamento usou um esquema de entrevista para transtornos de ansiedade e uma lista de checagem de comportamentos da criança como parte de uma detalhada avaliação pré-programa, a qual indicou a existência de uma fobia a cães e comprovou ausência de outros problemas comportamentais e emocionais significativos. A análise inicial também permitiu detectar o medo da menina de cachorros, durante a primeira sessão.

Questões para aprendizagem

8. Quais são as cinco variáveis que um procedimento inicial apropriado deve permitir que você monitore ou identifique?
9. Quais são as seis perguntas que um modificador de comportamento deve responder durante a fase de avaliação pré-tratamento?

ESTRATÉGIAS DE DELINEAMENTO DE PROGRAMA

Alguns modificadores de comportamento são habilidosos para delinear programas efetivos – ou seja, identificam os detalhes do programa que são essenciais para o seu êxito e que produzem resultados desejados rápidos. Não há diretrizes específicas para se transformar nesse tipo de modificador. Assim como também não há conjuntos rigorosos de diretrizes aos quais se deva aderir para cada programa. Muitos comportamentos podem ser controlados de forma bem-sucedida com um rearranjo mínimo das contingências existentes, enquanto outros exigem criatividade. As diretrizes a seguir o ajudarão a delinear um programa efetivo, na maioria dos casos:

1. Identifique as metas para os comportamentos-alvo, bem como para sua quantidade desejada e controle de estímulo. Então, responda às perguntas a seguir:
   a) A descrição é precisa?
   b) O que fundamentou a escolha da meta para o cliente? Como isso é benéfico para ele?
   c) O cliente recebeu todas as informações possíveis sobre a meta?
   d) Etapas foram seguidas para aumentar o comprometimento do cliente com a realização da meta? (O comprometimento foi discutido no Capítulo 19 e é discutido mais adiante neste capítulo.)
   e) Quais são os potenciais efeitos colaterais da realização da meta para o cliente e para os demais?
   f) As respostas das questões anteriores sugerem que você deveria prosseguir? Se a resposta for sim, então continue.
2. Identifique os indivíduos – amigos, parentes, professores e outros – que poderiam ajudar a administrar os estímulos controladores e reforçadores. Identifique também os indivíduos que poderiam dificultar o programa.
3. Examine a possibilidade de aproveitar o controle antecedente existente. É possível usar:
   a) Regras? (Ver Capítulo 19.)
   b) Determinação de metas? (Ver Capítulo 19.)

c) Modelo? (Ver Capítulo 20.)
d) Orientação física? (Ver Capítulo 20.)
e) Indução situacional – rearranjo das adjacências, deslocamento da atividade para um novo local, reposicionamento de pessoas, ou mudança do horário da atividade? (Ver Capítulo 20.)
f) Operações motivadoras? (Ver Capítulo 21.)

4. Se você estiver desenvolvendo um novo comportamento, irá usar modelagem, desvanecimento ou encadeamento? Qual operação motivadora estabelecedora (MEO) você usará? (Ver Capítulo 21.)
5. Se você está mudando o controle de estímulo de um comportamento existente (ver Capítulo 11), pode selecionar os S^Ds de controle, de modo que:
   a) Sejam diferentes dos outros estímulos em mais de uma dimensão?
   b) Sejam encontrados principalmente em situações nas quais o controle de estímulo desejado deve ocorrer?
   c) Elicitem ou evoquem o comportamento participativo?
   d) Não evoquem ou elicitem comportamento indesejado?
6. Se você está diminuindo um excesso comportamental:
   a) Você pode usar um dos procedimentos de avaliação funcional para determinar a causa do comportamento problemático? (Ver Capítulo 22.)
   b) Pode remover os S^Ds para o comportamento problemático? (Ver Capítulo 11.)
   c) Pode reter os reforçadores que estão mantendo o comportamento-problema ou apresentar operação motivadora abolidora (MAO) para estes reforçadores? (Ver Capítulo 14.)
   d) Pode aplicar reforço diferencial de frequências baixas (DRL) para diminuir a frequência de comportamento a um valor baixo, porém aceitável. (Ver Capítulo 14.)
   e) Pode aplicar reforço diferencial de resposta zero (DRO), reforço diferencial de comportamento incompatível (DRI) ou reforço diferencial de comportamento alternativo (DRA)? (Ver Capítulo 14, e note que cada um destes irá incorporar a extinção de comportamento-problema, assumindo que você pode identificar e reter os reforçadores de manutenção para ele.)
   f) Deve usar punição? Lembre-se de que a punição é aceitável – se for o caso – apenas como último recurso e sob supervisão profissional apropriada, com aprovação ética adequada? (Ver Capítulo 15).
7. Especifique os detalhes do sistema de reforço respondendo às seguintes questões:
   a) Quando você selecionará os reforçadores? (Ver Capítulo 6.)
   b) Quais reforçadores você usará? Você pode usar os mesmos reforçadores que atualmente estão mantendo um comportamento-problema? (Ver Capítulo 22.)
   c) Como e por quem a efetividade do reforçador será continuamente monitorada?
   d) Como e por quem os reforçadores serão armazenados e dispensados?
   e) Se você usar um sistema de fichas ou uma economia baseada em fichas, quais são os detalhes da implementação deste sistema? (Ver Capítulos 7 e 24.)
8. Descreva como você irá programar a generalidade da mudança de comportamento (Capítulo 18):
   a) Programando a generalização de estímulo (ver Capítulo 18). Você pode:
      (i) Treinar na situação de teste?
      (ii) Variar as condições de treino?
      (iii) Programar estímulos comuns?
      (iv) Treinar número suficiente de exemplares?
      (v) Estabelecer uma classe de equivalência de estímulo?
   b) Programando a generalização de resposta (ver Capítulo 18). Você pode:
      (i) Treinar número suficiente de exemplares?
      (ii) Variar as respostas aceitáveis durante o treino?
      (iii) Usar as instruções comportamentais de alta probabilidade para aumentar a baixa probabilidade de respostas de uma classe de respostas?
   c) Programando a manutenção de comportamento – generalidade ao longo do tempo (ver Capítulo 18). Você pode:
      (i) Usar contingências naturais de reforço?
      (ii) Treinar as pessoas no ambiente natural?
      (iii) Usar esquemas de reforço no ambiente de treinamento?
      (iv) Você pode usar o afinamento do esquema para transferir o comportamento para contingências naturais?
      (v) Dar o controle ao indivíduo?

Questões para aprendizagem

10. Você está prestes a elaborar um programa de tratamento. Depois de definir o comportamento-alvo e identificar seu nível desejado de ocorrência e controle de estímulo, quais seis perguntas você deve responder antes de prosseguir com o projeto?
11. Se você está pensando em tirar proveito do controle antecedente, quais seis categorias você deve considerar?
12. Se você está diminuindo um excesso comportamental, quais cinco perguntas você deve fazer?
13. Liste cinco considerações para a programação da generalização de estímulos.
14. Liste três considerações para a programação da generalização de respostas.
15. Liste cinco considerações para a programação da manutenção do comportamento.

CONSIDERAÇÕES PRELIMINARES PARA IMPLEMENTAÇÃO

1. Especifique o ambiente de treinamento. Quais rearranjos ambientais serão necessários para maximizar o comportamento desejado, minimizar erros e comportamentos concorrentes e maximizar o registro adequado e o gerenciamento de estímulos pelos mediadores que irão executar diretamente o programa?
2. Especifique os detalhes dos procedimentos de registro diário e representação em gráficos.
3. Colete os materiais necessários – reforçadores, planilhas de dados, gráficos etc.
4. Faça listas de checagem de regras e responsabilidades para todos os participantes do programa – equipe, professores, pais, colegas, estudantes, o cliente, entre outros (Figura 23.1).
5. Especifique as datas para revisões dos dados e do programa e identifique quais irão servir.
6. Identifique algumas contingências que reforçarão os modificadores de comportamento e mediadores – além do *feedback* relacionado com as revisões de dados e do programa.
7. Revise o custo em potencial do programa, conforme projetado – custo dos materiais, tempo do professor, tempo de consultoria profissional etc. – e julgue o mérito de cada um *versus* custo. Redesenhe, se for necessário ou desejado, com base nesta revisão.
8. Assine um contrato comportamental. Um **contrato comportamental** é um acordo por escrito que estabelece claramente quais comportamentos de quais indivíduos produzirão quais reforçadores e quem administrará estes reforçadores. O contrato comportamental foi descrito inicialmente como estratégia para agendamento da troca de reforçadores entre dois ou mais indivíduos, como entre um professor e seus alunos (Homme *et al.*, 1969), ou entre pais

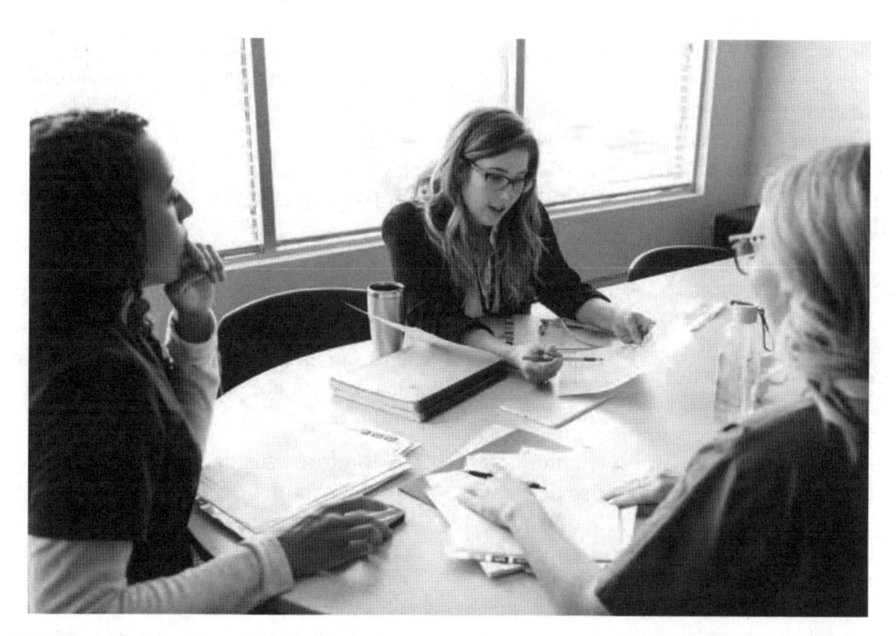

Figura 23.1 A modificação de comportamento deposita grande importância da responsabilização de todos os envolvidos.

e filhos (Dardig e Heward, 1976; DeRisi e Burtz, 1975; Miller e Kelley, 1994), ou entre alunos com TEA e seus pares (Alwahbi e Hua, 2021). Os contratos de tratamento estabelecidos entre modificadores de comportamento e clientes também são recomendados, para garantir que o modificador seja responsável pelo cliente (Sulzer-Azaroff e Reese, 1982). Um **contrato de tratamento** consiste em um acordo por escrito firmado entre o cliente e o modificador de comportamento, destacando claramente os objetivos e métodos do tratamento, a estrutura do serviço prestado e as contingências para remuneração que podem ser acessíveis ao modificador de comportamento. Quando o acordo é assinado, cliente e modificador de comportamento então asseguram as proteções básicas de seus direitos. Recomendamos que os modificadores de comportamento preparem esse acordo por escrito com o(s) indivíduo(s) apropriado(s) antes de implementar um programa.

IMPLEMENTE O PROGRAMA

A implementação do seu programa exige muita consideração. Você pode fazer isso em duas partes.

1. Primeiro, é necessário que você tenha certeza de que aqueles que conduzem o programa – os mediadores – sabem e concordam com seus papéis e responsabilidades. Isso pode envolver uma discussão detalhada, treinamento e uma sessão de revisão com os mediadores. Também pode envolver modelação e demonstração da sua parte, talvez *role-playing* da parte dos mediadores, dependendo da complexidade dos programas, e finalmente monitoramento e *feedback*, quando o programa estiver implementado. Isso garante que pais, professores e/ou outros sejam incentivados a seguir o programa e receber reforço por fazer isso (Hrydowy e Martin, 1994).
2. O segundo aspecto de implementação do programa é começá-lo com o cliente de tal modo que aumente o *compromisso* dele com o programa. É muito importante que o contato inicial do cliente com o programa seja altamente reforçador, para aumentar a probabilidade de contatos adicionais. As questões a considerar incluem as cinco seguintes: o cliente conhece totalmente e concorda com as metas do programa? O cliente está ciente de como o programa irá beneficiá-lo? O mediador passou tempo suficiente com o cliente e interagiu de modo a conquistar sua confiança e segurança (ver Capítulo 3)? O programa foi projetado de tal modo que o cliente tenda a experimentar sucesso rapidamente? O cliente encontrará os reforçadores no início do programa? Uma resposta afirmativa a cada uma destas cinco perguntas aumenta significativamente as chances de o programa alcançar êxito. Uma resposta afirmativa a estas perguntas ocorreu no caso de Cindy. Cindy encontrava reforço positivo frequente no decorrer de todas as sessões de treino, as sessões inicialmente eram conduzidas pelo modificador de comportamento, enquanto os pais observavam e, por fim, envolviam-se em fornecer o modelo de cada tarefa e reforçar o comportamento apropriado de Cindy, e ela alcançou êxito precocemente no programa; e a generalização bem-sucedida foi tanto programada como alcançada.

Questões para aprendizagem

16. O que é o contrato comportamental?
17. O que é um contrato de tratamento? O que esse contrato deve destacar claramente?
18. Quais são os dois passos para a implementação de um programa?
19. Quais são as cinco questões que devem ser respondidas afirmativamente para aumentar o comprometimento do cliente com o programa?

MANUTENÇÃO E AVALIAÇÃO DO PROGRAMA

O seu programa está tendo um efeito satisfatório? Esta nem sempre é uma pergunta fácil de responder. Assim como nem sempre é fácil decidir o que fazer se o programa não está tendo efeito satisfatório. Sugerimos rever as diretrizes a seguir para acessar um programa que foi implantado.

1. Monitore seus dados para determinar se os comportamentos registrados estão mudando na direção desejada.
2. Consulte as pessoas que devem lidar com o problema e determine se elas estão satisfeitas com o progresso.
3. Consulte periódicos sobre comportamento, modificadores de comportamento ou outros

profissionais com experiência em usar procedimentos similares na abordagem de problemas semelhantes, para determinar se os seus resultados estão razoáveis na mudança comportamental durante o período em que o programa tem sido aplicado.

4. Com base nas diretrizes 1, 2 e 3, se os resultados forem satisfatórios, prossiga diretamente para a diretriz 8.
5. Com base nas diretrizes 1, 2 e 3, se os resultados forem insatisfatórios, responda às questões a seguir e faça os ajustes apropriados para toda resposta afirmativa:
   a) Os reforçadores que estão sendo usados perderam a efetividade – em outras palavras, ocorreu MAO com relação aos reforçadores em uso?
   b) Respostas concorrentes estão sendo reforçadas?
   c) Os procedimentos estão sendo aplicados de modo incorreto?
   d) A interferência externa está atrapalhando o programa?
   e) Existem variáveis subjetivas – atitudes negativas da equipe ou do cliente, falta entusiasmo da parte do professor ou do cliente, e assim por diante – que poderiam afetar o programa?
6. Se nenhuma das respostas a essas cinco perguntas for *sim*, veja se há necessidade de adicionar ou remover mais etapas de programação. Os dados podem mostrar taxas de erro excessivas, e isso poderia sugerir a necessidade de etapas de programação adicionais. Ou podem mostrar taxas de resposta correta muito altas, as quais indicariam que o programa é fácil demais e que está ocorrendo saciação dos reforçadores intrínsecos ou "tédio". Adicionar, remover ou modificar etapas se faz necessário.
7. Se agora os resultados estiverem satisfatórios, prossiga para a diretriz 8; caso contrário, consulte um colega ou considere refazer o delineamento de algum aspecto essencial do programa, ou refazer uma análise funcional para indicar os antecedentes e as consequências que controlam o comportamento-alvo.
8. Decida como você promoverá a manutenção apropriada do programa, até o objetivo comportamental ser alcançado (ver Capítulo 18).
9. Após a realização da meta comportamental, destaque um arranjo apropriado para avaliar o desempenho durante o acompanhamento e para avaliar a validade social (ver Capítulo 4).
10. Após o acompanhamento ter sido bem-sucedido, determine os custos em termos de tempo e finanças para as alterações de comportamento ocorridas (chamada *análise de custo-efetividade*).
11. Quando possível e apropriado, analise seus dados e comunique seus procedimentos e resultados a outros modificadores de comportamento e profissionais interessados. Tenha certeza de ocultar a identidade do cliente.

No caso de Cindy, após 13 sessões de tratamento semanal, seu pai relatou que ela não tinha mais medo dos cachorros que encontrava fora das sessões. Nos 7 meses pós-tratamento, ao ser contatado, o pai de Cindy indicou que, embora a filha não tivesse contato regular com cães, não demonstrava mais medo quando ela os encontrava.

Questões para aprendizagem 

20. Depois que um programa é implementado, quais são as três coisas que devem ser feitas para determinar se resultados satisfatórios estão sendo produzidos? (Ver as diretrizes 1, 2 e 3.)
21. Descreva em detalhes as etapas que devem ser seguidas, caso um programa não esteja produzindo resultados satisfatórios. (Ver as diretrizes 5, 6 e 7.)
22. Se um programa está produzindo resultados satisfatórios, quais são as duas coisas que devem ser feitas antes de concluí-lo com êxito? (Ver as diretrizes 8 e 9.)

RESUMO DO CAPÍTULO 23

Este capítulo pressupõe que o leitor tenha conhecimento dos princípios e procedimentos dos capítulos anteriores e fornece diretrizes que devem ser seguidas ao elaborar, aplicar e avaliar um programa comportamental. Ao decidir se deve elaborar um programa após um encaminhamento, certifique-se de que: (1) o tratamento do problema seja primordialmente para o benefício do cliente; (2) o problema seja importante para o cliente ou para outros; (3) o problema e o objetivo envolvam comportamentos que possam ser medidos de alguma forma; (4) você tenha eliminado a possibilidade de que o problema envolva complicações que exigiriam encaminhamento para outro especialista; (5) o problema pareça ser manejável; (6) a mudança de comportamento desejada possa ser generalizada e mantida no ambiente natural; (7) você possa identificar pessoas importantes – parentes, amigos, professores – no ambiente do cliente que possam ajudar a registrar observações e gerenciar estímulos controladores e reforçadores; e (8) se houver indivíduos que possam prejudicar o programa, você consiga identificar maneiras de minimizar a possível interferência deles.

Se você decidir tratar um problema que lhe foi encaminhado, então tome medidas para implementar um procedimento de avaliação pré-programa, incluindo: (1) definir o problema precisamente em termos comportamentais; (2) selecionar um procedimento de linha de base apropriado; (3) elaborar procedimentos para registrar o tempo a ser dedicado ao projeto por você e por outros profissionais; (4) garantir que os observadores e registradores de dados estejam adequadamente treinados; (5) se a linha de base for longa, selecionar um procedimento para manter o registro das informações pelos registradores de dados; e (6) após coletar os dados da linha de base, analisá-los para selecionar uma estratégia de tratamento e decidir quando terminar a linha de base e iniciar a fase de tratamento.

As estratégias de elaboração do programa incluem: (1) identificar o comportamento-alvo e seu controle de estímulo desejado; (2) identificar os indivíduos que possam ajudar a administrar o programa e aqueles que possam dificultá-lo; (3) examinar a possibilidade de tirar proveito do controle antecedente existente; (4) se você estiver desenvolvendo um novo comportamento, decidir se usará modelagem, desvanecimento ou encadeamento; (5) se você estiver mudando o controle de estímulos de um comportamento, selecionar os S^Ds apropriados; (6) se você estiver diminuindo um comportamento, selecionar o procedimento mais apropriado; (7) especificar os detalhes do procedimento de reforço; e (8) descrever como você programará a generalidade da mudança comportamental.

Os procedimentos preliminares de implementação incluem: (1) especificar o ambiente de treinamento; (2) especificar os procedimentos de registro e representação em gráficos; (3) coletar os materiais necessários; (4) listar as regras e responsabilidades de todos os envolvidos no programa; (5) especificar as datas para revisão dos dados e do programa e quem participará dele; (6) identificar contingências para reforçar os modificadores de comportamento; (7) revisar o custo potencial do programa e reformulá-lo, se necessário; e (8) assinar um contrato de tratamento comportamental com o cliente.

A implementação do programa inclui: (1) certificar-se de que os mediadores o executem conforme o planejado; e (2) assegurar que o contato inicial do cliente com o programa seja altamente reforçador. Também revisamos os passos para a manutenção e a avaliação do programa.

Exercícios de aplicação

Exercício envolvendo outros

Suponha que você seja um modificador de comportamento. A mãe de uma criança de 4 anos pede que você delineie um programa para modificar o comportamento desobediente da criança. Apresente detalhes realistas, porém hipotéticos, de comportamento problemático e conduza-o por cada um dos seguintes estágios de programação:

1. Decidir se você deve delinear um programa para tratar o problema.
2. Selecionar e implementar um procedimento de avaliação funcional.
3. Desenvolver estratégias de delineamento e implementação do programa.
4. Estabelecer a manutenção e avaliação do programa.

(Nota: o problema terá que ser complexo para que você o conduza por todas as etapas em cada um desses estágios.)

Confira as respostas das Questões para aprendizagem do Capítulo 23

24 Economia Baseada em Fichas

Objetivos de aprendizagem

Após ler este capítulo, o leitor será capaz de:
- Destacar as etapas para estabelecer e administrar uma economia de fichas
- Resumir as etapas para retirada gradual de uma economia de fichas, para programar a generalidade para o ambiente
- Descrever o que é manejo de contingências
- Delinear questões de pesquisa relacionadas com economias de fichas
- Discutir considerações éticas no delineamento e administração da economia de fichas.

Quem quer caminhar hoje?

O programa de reforço com fichas de John[1]

John, um homem de 67 anos com incapacidade intelectual moderada, frequentava um centro de convivência diário para adultos. Ele e outros quatro frequentadores foram identificados como obesos ou com sobrepeso. Aprovou-se um programa que permitiu a um pesquisador investigar um programa de reforço com fichas para aumentar a caminhada diária dos cinco indivíduos. Primeiro, os participantes confirmaram que não tinham problemas de saúde e concordaram em participar de um programa de caminhada. Foram usados cones para marcar uma volta de 50 m em um corredor externo coberto. Todas as manhãs, durante uma fase de linha de base, o pesquisador perguntava: "Quem quer caminhar hoje?" Os participantes que responderam seguiam o pesquisador até a área de caminhada e começavam a caminhar. O pesquisador permanecia no início da área de caminhada e anunciava o número da volta cada vez que um participante passava. Não houve outras consequências durante a fase de linha de base, e cada sessão durou 1 hora ou até que os participantes parassem de caminhar. Após uma das sessões de linha de base, o pesquisador entrevistou cada participante para identificar os itens comestíveis e tangíveis de sua preferência. John indicou que gostava de barras de Nutella®, um livro, Uno®, Gatorade® e refrigerante *diet*.

Durante a fase de reforço com fichas do programa, o pesquisador disse a John e aos outros participantes: "Aqui está uma sacola de fichas. Depois de cada volta que vocês derem, eu lhes darei uma ficha e vocês poderão colocá-la na sua sacola de fichas. Vocês podem trocar suas fichas depois de 1 hora de caminhada." O pesquisador deu uma ficha após a primeira volta. Além disso, ele combinou a entrega de fichas com elogios. Após o término da hora de caminhada, os participantes trocaram suas fichas.

John deu uma média de aproximadamente 15 voltas por sessão durante a linha de base e aproximadamente 25 voltas por sessão durante a fase de reforço com fichas. Esses resultados foram replicados durante uma segunda fase de linha de base e uma segunda fase de reforço com fichas. Resultados semelhantes foram obtidos com os outros participantes. Os participantes também consideraram o programa de caminhada agradável e indicaram que continuariam a caminhar como uma atividade.

ECONOMIA DE FICHAS

Um programa comportamental em que os indivíduos podem ganhar fichas por vários comportamentos desejáveis e trocar as fichas conseguidas por reforçadores *backup* é chamado *economia baseada em fichas*. A nossa sociedade moderna, em que as pessoas realizam uma variedade de trabalhos para ganhar dinheiro que é trocado por itens diversos, como comida, roupas, abrigo, transporte, luxos e acesso a atividades de lazer, é uma economia baseada em fichas complexa. Um sistema em que as pessoas compram tíquetes de ônibus ou de metrô para trocar por acesso ao trânsito público é uma economia baseada em fichas mais

[1]Este caso se baseia em Krentz *et al.* (2016).

simples. As economias baseadas em fichas também são usadas como ferramentas educacionais e terapêuticas em programas de modificação de comportamento. De acordo com Hackenberg (2009, p. 280), "as economias baseadas em fichas estão entre os programas mais antigos e mais bem-sucedidos em toda a psicologia aplicada". Embora uma economia baseada em fichas possa ser ajustada para um único indivíduo, o termo "economias baseadas em fichas" geralmente se refere aos sistemas de fichas grupais, e é com esse sentido que o termo é empregado neste capítulo.

O uso de reforçadores propicia duas vantagens principais. A primeira delas é o fato de as fichas poderem ser dadas imediatamente após a ocorrência de um comportamento desejável e trocadas posteriormente por um reforçador *backup*. Assim, eles *superam* longos atrasos entre a resposta-alvo e o reforçador de apoio, o que é especialmente importante quando é impraticável ou impossível entregar o reforçador de apoio imediatamente após o comportamento desejado. A segunda vantagem é que as fichas que são pareadas com muitos reforçadores *backup* diferentes são reforçadores condicionados generalizados que independem de uma operação motivadora específica para sua potência. Isso facilita a administração de reforçadores consistentes e efetivos ao lidar com um grupo de indivíduos que poderiam estar em estados motivacionais distintos.

As economias baseadas em fichas como componentes de programas comportamentais têm sido usadas em diversos contextos – enfermarias psiquiátricas, centros de tratamento e salas de aula para indivíduos com dificuldade de desenvolvimento e transtorno do espectro autista (TEA), salas de aula para crianças e adolescentes com transtorno de déficit de atenção e hiperatividade (TDAH), contextos normais de sala de aula que variam desde a Educação Infantil até o Ensino Superior, instituições para crianças com problemas, prisões, quartéis, enfermarias de tratamento de viciados em drogas ou alcoólatras, clínicas de repouso e centros de convalescentes (p. ex., Boniecki e Moore, 2003; Corrigan, 1995; Dickerson *et al.*, 2005; Ferreri, 2013; Filcheck *et al.*, 2004; Hackenberg, 2009; Higgins *et al.*, 2007; Liberman, 2000; Matson e Boisjoli, 2009). Uma economia de fichas também foi usada para manter o desempenho da equipe em uma comunidade experimental de estudantes universitários gerida sob uma perspectiva comportamental (Johnson *et al.*, 1991).

Técnicas usadas em economias de fichas têm sido estendidas a vários contextos de comunidade, para diminuir a produção de lixo e a poluição sonora, bem como aumentar a reciclagem de lixo, a conservação da energia, o uso de transporte público, a integração racial, os comportamentos envolvidos em conseguir um emprego e os comportamentos de autoajuda nos indivíduos menos favorecidos pelo sistema econômico. Diversas famílias têm usado as economias de fichas para regular o comportamento das crianças e tratar problemas conjugais. Em diversos contextos de trabalho, as economias baseadas em fichas têm sido usadas para aumentar o comportamento seguro, diminuir o absenteísmo e aumentar o desempenho no trabalho (Reitman *et al.*, 2021; Kazdin, 1977, 1985).

Neste capítulo, descrevemos as etapas típicas empregadas para estabelecer e administrar a economia baseada em fichas.

Ilustramos muitas das etapas fazendo referência ao *Achievement Place*, um lar coletivo para jovens pré-delinquentes que foram encaminhados pelos tribunais por cometerem pequenos delitos. O *Achievement Place* foi inaugurado em Lawrence, Kansas, em 1967, e serviu de cenário para pesquisas comportamentais nos 27 anos seguintes (Fixsen e Blase, 1993; Phillips, 1968). Um programa de fichas muito eficaz chamado Modelo de Ensino à Família (TFM, do inglês *Teaching-Family Mode*) foi desenvolvido lá. Os principais recursos do TFM são:

1. Economia baseada em fichas, em que os participantes ganham pontos por comportamentos sociais apropriados, desempenho acadêmico e habilidades do dia. Os participantes podem trocar seus pontos por lanches ou privilégios, como televisão, *hobbies*, *games*, mesada e permissão para participar de atividades longe de casa.
2. Sistema de autogoverno em que os participantes desenvolvem regras do dia a dia e ajudam no manejo do programa.
3. Avaliação contínua do desempenho dos participantes.

O TFM foi expandido a uma variedade de contextos, como casas, escolas e a comunidade em geral, nos EUA e no Canadá, e para uma variedade de indivíduos, como crianças emocionalmente perturbadas, indivíduos com TEA ou distúrbio de desenvolvimento e jovens sob tratamento de acolhimento familiar. Apesar da necessidade de pesquisas adicionais para o desenvolvimento de estratégias para manutenção a longo prazo dos benefícios alcançados pelos participantes dos programas TFM, o modelo tem se mostrado ser efetivo para o tratamento de vários problemas (Bernfeld, 2006; Bernfeld *et al.*, 2006; Farmer *et al.*, 2017; Fixsen *et al.*, 2007; Underwood *et al.*, 2008).

Com relação à generalidade do programa de TFM, pesquisas mostram que ele é eficaz para gerenciar o comportamento de jovens pré-delinquentes quando eles estão no programa (p. ex., Kirigin *et al.*, 1982). Vários estudos, entretanto, tentaram demonstrar que não há diferença entre a taxa de reincidência de pré-delinquentes que passaram por programas TFM e aqueles que passaram por programas tradicionais (p. ex., Fonagy *et al.*, 2002; Kirigin *et al.*, 1982; Wilson e Herrnstein, 1985). No entanto, Kingsley (2006) argumentou que esses estudos tinham falhas metodológicas e estatísticas. Além disso, ele citou vários estudos que indicam que o TFM reduz de forma significativa a reincidência (p. ex., Friman *et al.*, 1996; Larzelere *et al.*, 2001; Larzelere *et al.*, 2004; Lipsey e Wilson, 1998; Thompson *et al.*, 1996). Além disso, um estudo subsequente em lares coletivos para jovens que comparava os que usavam o TFM com os que não usavam constatou que "o TFM estava associado a uma melhoria contínua após a saída e a resultados significativamente melhores até 8 meses após a saída" (Farmer *et al.*, 2017).

ETAPAS PARA ESTABELECIMENTO E MANEJO DA ECONOMIA DE FICHAS

Decidir sobre os comportamentos-alvo

Os comportamentos-alvo são determinados em grande parte pelo tipo de indivíduos envolvidos, pelos objetivos de curto e longo alcance a serem alcançados, e por problemas comportamentais específicos que interferem na realização desses objetivos. Se você é um professor em uma sala de aula, os seus comportamentos-alvo para os alunos poderiam incluir aspectos específicos de leitura, escrita, matemática ou interação social construtiva. Seus comportamentos-alvo devem ser claramente definidos, de modo que os alunos saibam quais comportamentos são esperados deles e, assim, você possa reforçá-los de maneira confiável quando ocorrerem. Portanto, um de seus comportamentos-alvo poderia ser permanecer sentado em silêncio enquanto o professor estiver dando instruções. Um comportamento-alvo mais avançado poderia ser concluir corretamente 10 problemas de adição.

No *Achievement Place*, os comportamentos-alvo foram selecionados nas áreas social, de autoajuda e acadêmica que eram consideradas importantes para os jovens, tanto durante sua permanência no *Achievement Place* como nos ambientes futuros, quando eles saíssem do grupo. Foram identificados comportamentos desejáveis e indesejáveis. Dois exemplos de comportamentos desejáveis eram lavar a louça (que merecia até 1.000 pontos por refeição) e fazer a lição de casa (que merecia até 500 pontos por dia). Dois exemplos de comportamentos indesejáveis eram a desobediência (que custava de 100 a 1.000 pontos por incidente) e o uso equivocado do idioma (que custava de 20 a 50 pontos por resposta).

Questões para aprendizagem

1. O que são fichas?
2. O que é uma economia baseada em fichas?
3. Quais são as duas vantagens principais do uso de fichas como reforçadores?
4. Liste pelo menos cinco contextos em que as economias baseadas em fichas têm sido usadas.
5. Liste pelo menos cinco comportamentos que as economias baseadas em fichas têm sido designadas a desenvolver.
6. O que a pesquisa diz sobre a eficácia dos lares coletivos que usam programas TFM em comparação com os lares coletivos que usam programas mais tradicionais?

Definir parâmetros e manter os dados nos comportamentos-alvo

Como foi feito com John, o caso principal deste capítulo, os dados da linha de base sobre os comportamentos-alvo específicos devem ser obtidos antes de se iniciar uma economia de fichas. Talvez, o seu grupo já esteja apresentando um nível de desempenho satisfatório e os benefícios a serem alcançados a partir do estabelecimento de uma economia baseada em fichas não justifiquem o tempo, o esforço nem o custo envolvido. Depois de o programa ter sido iniciado, continuar a coletar dados sobre os comportamentos-alvo e compará-los com os dados basais lhe permitirá determinar a efetividade do programa.

Selecionar o tipo de ficha a ser usado

As fichas podem ser dinheiro de brinquedo, marcações em um gráfico fixado na parede, fichas de pôquer, adesivos ou selos, ou outras possibilidades que atendam às necessidades da sua economia baseada em fichas. De modo geral, as fichas devem ser atraentes, leves, portáteis, fáceis de manipular e, claro, não facilmente falsificáveis (Figura 24.1). Se forem usados dispensadores automáticos de reforço *backup*, garanta que as fichas operem esses dispositivos. Certifique-se também de que você tenha um suprimento adequado de fichas. Stainback *et al.* (1973) recomendaram cerca de 100 fichas por criança ao instituir uma economia de fichas em sala de aula.

Certifique-se de que os acessórios para a manipulação e armazenagem das fichas estejam disponíveis. As crianças em idade escolar precisarão de recipientes para guardar as fichas que ganharem. No *Achievement Place*, os pontos ganhos são registrados em cartões-índice medindo aproximadamente 7,5 × 12,5 cm, os quais os jovens levam consigo. Nesse sentido, os pontos poderiam ser distribuídos ou retirados imediatamente em seguida ao comportamento desejável ou indesejável.

Selecionar reforçadores *backup*

Os métodos para selecionar reforçadores *backup* são essencialmente os mesmos métodos para a seleção dos reforçadores descritos no Capítulo 7. Tenha em mente que uma economia baseada em fichas aumenta a variedade de reforçadores que podem ser usados, porque os reforçadores não são limitados àqueles que podem ser distribuídos imediatamente depois de uma resposta desejada.

Ao considerar os reforçadores normalmente disponibilizados, seja extremamente cauteloso para evitar problemas éticos. Legislaturas decretaram leis afirmando os direitos de pacientes com doença mental ou incapacidades e residentes de centros de tratamento ao acesso a refeições, leitos confortáveis, TV e assim por diante. Além disso, decisões judiciais confirmaram esses direitos civis. Portanto, nunca planeje um programa que possa envolver a privação de indivíduos de algo que, legal e moralmente, é o seu direito.

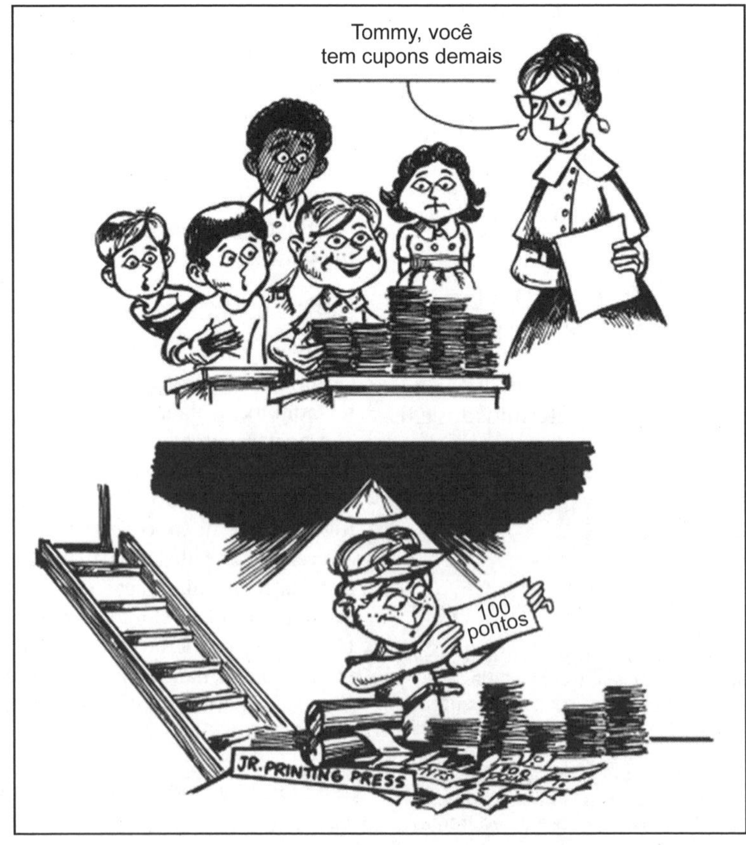

Figura 24.1 As fichas não devem ser facilmente falsificadas.

No *Achievement Place*, os reforçadores *backup* eram itens e atividades naturalmente disponibilizadas na casa do grupo, e que pareciam ser importantes para os jovens. O acesso deles aos reforçadores *backup*, referidos como *privilégios*, ocorriam semanalmente. Ao final de cada semana, os jovens poderiam trocar os pontos acumulados nesse período por privilégios na semana seguinte. A permissão para ficar acordado até mais tarde por 1 semana poderia ser comprada por 1.000 pontos, enquanto o acesso a jogos por 1 semana custava 500 pontos.

Possíveis punidores por custo de resposta

O uso de fichas também permite o uso de multas como punidores para comportamentos inapropriados (ver Jowett Hirst *et al.*, 2016; Sullivan e O'Leary, 1990). Como com todas as formas de punição, devem ser usadas com parcimônia e somente para comportamentos claramente definidos (ver Capítulo 15).

Se multas forem usadas em uma economia baseada em fichas, talvez haja necessidade de adicionar contingências de treinamento que ensinem os indivíduos a aceitar multas de uma maneira relativamente não emocional e não agressiva. Phillips *et al.* (1973) descreveram essas contingências para a economia de fichas no *Achievement Place*. Nessa economia, as contingências relacionadas com multas ensinaram aos jovens uma importante habilidade social: como aceitar repreensões legais.

Administrar os reforçadores *backup*

Após estabelecer os reforçadores *backup* que você usará e como irá obtê-los, considere o método para distribuí-los. Um depósito ou um representante para armazenar e distribuir reforçadores *backup* é um aspecto essencial da maioria das economias baseadas em fichas. Em uma economia pequena baseada em fichas, como uma sala de aula, o depósito pode ser simples, como uma caixa colocada na mesa do professor. Em um modelo maior, o depósito também é muito maior, ocupando talvez um ou mais cômodos. Seja qual for o tamanho do depósito, um método preciso de manter os registros das aquisições deve ser criado de modo a possibilitar a manutenção de um inventário adequado, em especial, de itens de alta demanda.

É preciso determinar a frequência com que os reforçadores *backup* serão disponibilizados para aquisição. No início, a frequência deve ser alta para, então, ser gradativamente diminuída. Para crianças em idade escolar, Stainback *et al.* (1973) recomendaram que o momento da armazenagem fosse realizado 1 vez por dia, durante os primeiros 3 ou 4 dias, e então fosse gradualmente diminuído até ser realizado apenas 1 vez por semana.

Também é necessário decidir qual será o preço da ficha de cada reforçador *backup*. Além do custo monetário, que é a consideração mais evidente na atribuição de valores às fichas dos reforçadores *backup*, dois outros fatores devem ser considerados. Um deles é o suprimento e a demanda. Ou seja, o preço deve ser maior para os itens cuja demanda exceda o suprimento, e menor para os itens cujo suprimento exceda a demanda. Isso ajudará a manter um suprimento adequado de reforçadores efetivos e a promover a utilização ótima do poder reforçador de cada reforçador *backup*. O outro fator a considerar é o valor terapêutico do reforçador *backup*. Um indivíduo deve ser pouco cobrado por um reforçador *backup* que lhe seja benéfico. Isso ajudará a induzi-lo a participar do reforçador. De um indivíduo cujas habilidades sociais precisem melhorar poderiam ser cobradas poucas fichas para a participação em uma festa, uma vez que esse evento poderia ajudar a melhorar o desenvolvimento dos comportamentos sociais apropriados.

Questões para aprendizagem 

7. Liste e descreva brevemente as cinco etapas iniciais envolvidas no estabelecimento e administração de uma economia baseada em fichas.
8. Identifique quatro comportamentos-alvo para os jovens do *Achievement Place*: dois comportamentos desejáveis e dois indesejáveis.
9. Quais são as seis características que uma ficha deve ter?
10. Qual é o número recomendado de fichas por criança que um professor deve ter em mãos ao iniciar uma economia de fichas em sala de aula?
11. Liste dois reforçadores *backup* usados no *Achievement Place*.
12. Explique como uma "multa" em uma economia baseada em fichas se ajusta à definição de punição por custo de resposta (Capítulo 15).
13. O que é um depósito em economia de fichas? Dê exemplos.
14. Com qual frequência o tempo de armazenagem deve ser mantido em uma economia baseada em fichas para crianças em idade escolar?
15. Quais são as três considerações para decidir o preço da ficha de cada reforçador *backup*?

Identificar a ajuda disponível

Em uma economia pequena baseada em fichas, como uma sala de aula, a ajuda de outros indivíduos talvez não seja essencial, mas com certeza é útil sobretudo nos estágios iniciais do programa. Em uma economia baseada em fichas ampla, como uma instituição psiquiátrica, esse tipo de ajuda é essencial.

Tal ajuda poderia ser obtida com o apoio de várias fontes: pessoas já designadas para trabalhar como indivíduos de interesse – auxiliares de enfermagem, assistentes de ensino; voluntários; indivíduos com comportamento avançado dentro da instituição – alunos mais velhos designados para ajudar alunos mais jovens; e membros da própria economia baseada em fichas. Em certos casos, os indivíduos são ensinados a distribuir fichas a si mesmos, de modo contingente com o próprio comportamento adequado.

Depois que uma economia baseada em fichas começa a funcionar regularmente, um número maior de seus membros se torna capaz de assumir a responsabilidade de ajudar a alcançar suas metas. Experimentos realizados no *Achievement Place* revelaram que alguns jovens podiam supervisionar outros com eficiência na execução de tarefas domésticas rotineiras (ver Fixsen e Blase, 1993). O "gerente de colegas", ou simplesmente "gerente", como era chamado o jovem supervisor, tinha autoridade tanto para conceder quanto para retirar fichas pelo desempenho dos colegas. Entre os vários métodos estudados para a seleção de gerentes, as eleições democráticas se mostraram melhores em termos de desempenho dos jovens e de sua efetividade no cumprimento das tarefas (Fixsen *et al.*, 1973; Phillips *et al.*, 1973; Wolf *et al.*, 1987). Em outro experimento conduzido no *Achievement Place*, alguns jovens ganharam fichas por atuarem como terapeutas para seus pares com problemas de fala. Os jovens desempenharam essa função com notável efetividade, apesar de terem pouca supervisão de adulto e nenhum treinamento específico (Bailey *et al.*, 1971).

Em alguns cursos de faculdades e universidades que usam o PSI (incluindo CAPSI), os alunos que dominaram uma atribuição acessam o desempenho de outros alunos na mesma atribuição e fornecem *feedback* imediato sobre o desempenho deles. Outro método usado em classes PSI de faculdades e universidades consiste em aplicar aos estudantes um teste sobre várias das primeiras sessões do material do curso, no início do trimestre. Cada aluno que demonstra a habilidade de dominar prontamente o material do curso é designado responsável por um pequeno grupo de estudantes, dos quais será o tutor e supervisor ao longo de todo o restante do curso (Johnson e Ruskin, 1977).

Treinar e monitorar a equipe e os assistentes

Os comportamentos-alvo da equipe e dos assistentes que administram uma economia baseada em fichas também devem ser identificados. É importante decidir quem irá administrar as fichas e para quais comportamentos. É preciso ter cuidado para garantir que as fichas sejam sempre distribuídas de maneira positiva e conspícua, imediatamente em seguida à resposta desejada. Uma aprovação amigável deve ser concedida com as fichas. Além disso, deve ser dito ao indivíduo que recebe as fichas, pelo menos nos primeiros estágios, por que ele as está recebendo.

A equipe e os assistentes também devem receber reforços frequentes por comportamento apropriado, enquanto seus comportamentos inadequados deverão ser corrigidos, se for de interesse que a economia baseada em fichas funcione efetivamente. A importância do treinamento da equipe se tornou clara para Montrose Wolf *et al.*, quando eles falharam em sua tentativa de replicar o primeiro *Achievement Place* bem-sucedido (Wolf *et al.*, 1995). Em sua tentativa de replicação falha, um casal deveria administrar uma nova casa do grupo. O casal não recebeu treinamento adequado sobre os comportamentos específicos envolvidos na administração de uma economia baseada em fichas. Depois da primeira replicação fracassada e para favorecer subsequentes replicações bem-sucedidas, os desenvolvedores do programa estabeleceram a Teaching-Family Association (TFA; Wolf *et al.*, 1995). A TFA (www.teaching-family.org), entre as suas muitas funções, facilita o desenvolvimento de cada novo grupo TFM, especificando os comportamentos desejáveis do casal gestor, monitorando-os e ensinando as habilidades necessárias para garantir o sucesso da convivência coletiva no lar (Wolf *et al.*, 1995).

Lidar com potenciais problemas

No delineamento de uma economia baseada em fichas, assim como em qualquer procedimento complexo, é prudente fazer o planejamento considerando os potenciais problemas. Alguns problemas que surgem são: confusão, especialmente durante os primeiros dias após a iniciação da economia baseada em fichas; falta de equipe e assistentes; tentativas dos indivíduos de conseguirem fichas que não ganharam ou reforçadores *backup* para os quais não tenham fichas suficientes; indivíduos que brincam com as fichas e as manipulam sem cuidado; e falha em comprar reforçadores *backup*. É possível administrar esses e outros problemas que surjam adotando um planejamento preliminar cuidadoso.

No entanto, conforme indicam as falhas iniciais em estender o TFM, o planejamento cuidadoso nem sempre basta para prevenir a ocorrência de problemas. Os desenvolvedores do *Achievement Place* atribuíram o enfrentamento de problemas de replicação ao desenvolvimento e uso de questionários de *feedback* subjetivos fornecidos aos consumidores do programa e à equipe *online*. Esse material ajudou os desenvolvedores a identificarem e resolverem problemas não previstos (Wolf *et al.*, 1995).

Questões para aprendizagem

16. Identifique quatro fontes de potencial ajuda para administrar uma economia baseada em fichas.
17. Quais são as duas formas de ajuda obtidas para gerenciar os cursos PSI?
18. Como as fichas deveriam ser distribuídas?
19. Descreva cinco potenciais problemas que podem ocorrer no início de uma economia baseada em fichas.

Preparar um manual

O estágio final a ser concluído antes de implementar a economia baseada em fichas consiste em preparar um manual ou um conjunto de regras por escrito que descrevam exatamente como a economia baseada em fichas irá funcionar. Esse manual deve explicar em detalhes quais comportamentos serão reforçados, como serão reforçados com fichas e reforçadores *backup*, os momentos em que as fichas e os reforçadores *backup* serão disponibilizados os dados a serem registrados, como e quando esse registro será feito e as responsabilidades e os deveres de cada membro da equipe e de cada assistente. Cada regra deve ser razoável e aceitável para todos os envolvidos. Cada pessoa que distribui fichas deve receber uma cópia do manual ou uma versão clara e precisa das partes pertinentes as suas responsabilidades e deveres específicos. Se o indivíduo não for capaz de ler com fluência, mas consegue compreender linguagem falada, deverá ser fornecida uma explicação clara das partes relevantes do manual.

O manual deve incluir procedimentos definidos para avaliar se as regras estão sendo seguidas de maneira adequada, bem como os procedimentos que assegurem isso. O manual deve incluir ainda métodos para a arbitragem de disputas relacionadas com regras, assim como deve ser concedida a oportunidade de participar dos procedimentos de arbitragem, até onde seja maximamente praticável e consistente com as metas da economia de fichas.

Para superar a dificuldade de replicar o *Achievement Place*, os pesquisadores desenvolveram manuais de treinamento explícitos e detalhados para que o casal de gerentes soubesse exatamente o que fazer em uma ampla gama de circunstâncias (Braukmann e Blase, 1979; Phillips *et al.*, 1974). Esses manuais forneceram um bom modelo para estabelecer e operar economias de fichas em uma série de ambientes.

PROGRAMAÇÃO DA GENERALIDADE PARA O AMBIENTE NATURAL

Embora as economias baseadas em fichas às vezes sejam consideradas apenas uma forma de administrar um comportamento problemático em um contexto institucional ou escolar, sua função mais importante é ajudar os indivíduos a se ajustarem ao ambiente natural. Kazdin (1985) resumiu uma ampla quantidade de dados indicando que as economias baseadas em fichas são efetivas com populações diversificadas e que os ganhos alcançados com essas economias muitas vezes são mantidos por anos após o término do programa. Entretanto, como é o reforço social que prevalece no ambiente natural, esse modelo de economia deve ser delineado de tal modo que os reforços sociais substituam gradualmente o reforço das fichas.

Há duas maneiras gerais de usar o afinamento do esquema para afastar os indivíduos das fichas. O primeiro método envolve a eliminação gradual das fichas, (a) tornando o esquema de entrega de fichas cada vez mais intermitente; diminuir o número de comportamentos que podem gerar fichas; ou aumentar o atraso entre o comportamento-alvo e a distribuição de fichas. O segundo método consiste em diminuir o valor das fichas. Para tanto, a quantidade de reforço *backup* que um dado número de fichas pode comprar é diminuída de modo gradual, ou o intervalo entre a aquisição de fichas e a compra de reforçadores *backup* é aumentado, também de forma gradativa. Ainda está indeterminado qual método ou combinação de métodos produz os melhores resultados (ver McGrath, 2018). Além disso, todas as considerações envolvidas na programação de generalidade (discutidas no Capítulo 18) devem ser revistas.

Transferir gradualmente o controle aos indivíduos para que possam planejar e administrar seus próprios reforços é outro passo na preparação deles para o ambiente natural. Indivíduos capazes de avaliar o próprio comportamento, tomar decisões racionais sobre as mudanças necessárias e fazer efetivamente essas mudanças estão em boa posição para lidar com praticamente qualquer ambiente. Os métodos para estabelecer essas habilidades são discutidos no Capítulo 25.

MANEJO DE CONTINGÊNCIAS

O *sistema de manejo de contingências* (CMS) é outro tipo de sistema de fichas. Um CMS é usado principalmente com indivíduos que têm um transtorno por uso de substâncias ou que se envolvem em comportamentos de risco. Em um CMS, os indivíduos recebem fichas na forma de pontos, cupons ou dinheiro para diminuir o consumo de uma substância nociva. Periodicamente – diária, semanal ou mensalmente –, os indivíduos se apresentavam para o teste. Se tivessem reduzido o consumo da substância nociva em uma quantidade combinada – geralmente conforme especificado em um contrato comportamental –, eles recebiam a quantidade acordada de fichas pelo nível alcançado. Os recursos financeiros fornecidos para as pessoas que estão sendo tratadas geralmente vêm de uma agência governamental, embora as próprias pessoas possam fornecer um pequeno depósito, que seria reembolsado se elas diminuíssem a substância nociva até a quantidade acordada. Isso é chamado de *contrato de depósito*. Para ler um exemplo de um CMS para reduzir o uso de substâncias e o comportamento sexual de risco em adolescentes, ver Letourneau *et al.*, 2017.

Questões para aprendizagem

20. Descreva resumidamente um CMS.
21. Descreva como um CMS difere de outros tipos de economia de fichas.

CONSIDERAÇÕES ÉTICAS

As economias baseadas em fichas envolvem a aplicação sistemática de técnicas de modificação de comportamento em uma escala relativamente ampla. As possibilidades de abusar das técnicas, ainda que de modo não intencional, são então magnificadas, sendo necessário adotar precauções para evitar esse tipo de situação. Uma dessas medidas preventivas consiste em tornar o sistema completamente transparente, desde que a abertura esteja sujeita à aprovação dos indivíduos do programa ou seus defensores. Uma importante fonte de controle ético para o TFM são os rigorosos padrões da TFA e os procedimentos para programas de certificação que reivindicam o uso do TFM. As considerações éticas envolvendo todos os programas de modificação de comportamento são extensivamente discutidas no Capítulo 29.

RESUMO DAS CONSIDERAÇÕES RELEVANTES PARA O DELINEAMENTO DE UMA ECONOMIA DE FICHAS

1. Rever a literatura pertinente.
2. Identificar comportamentos-alvo:
   a) Listar objetivos de curto e longo alcance.
   b) Arranjar os objetivos em ordem de prioridade.
   c) Selecionar os objetivos mais importantes para os indivíduos e que são pré-requisitos para objetivos posteriores.
   d) Identificar vários objetivos prioritários por onde começar, enfatizando aqueles que podem ser alcançados rapidamente.
   e) Determinar vários comportamentos-alvo para cada um dos objetivos de partida.
3. Obter uma linha de base dos comportamentos-alvo.
4. Selecionar o tipo mais apropriado de fichas. Devem ser atraentes, leves, portáteis, duráveis, fáceis de manipular e difíceis de falsificar.
5. Selecionar reforçadores *backup*:
   a) Usar reforçadores que sejam efetivos com a população de interesse.
   b) Usar o princípio de Premack ou o modelo de privação de resposta (ver Capítulo 6).

c) Coletar informação verbal de indivíduos envolvidos com o programa, referentes aos seus reforçadores.
d) Fornecer aos indivíduos do programa catálogos que os ajudem a identificar os reforçadores.
e) Perguntar aos indivíduos do programa o que gostam de fazer em seu tempo livre.
f) Identificar reforçadores naturais que possam ser programados.
g) Considerar ética e leis referentes aos reforçadores.
h) Delinear um depósito apropriado para guardar, exibir e dispensar reforçadores *backup*.

6. Identificar aqueles que estão disponíveis para ajudar a administrar o programa:
   a) Equipe.
   b) Voluntários.
   c) Residentes da instituição.
   d) Membros da economia de fichas.
7. Decidir acerca de procedimentos de implementação específicos.
   a) Delinear planilhas de dados apropriadas e determinar quem irá obter os dados, e também como e quando será feito o registro.
   b) Decidir quem administrará o reforço, como será administrado e para quais comportamentos será fornecido.
   c) Decidir o número de fichas que podem ser obtidas por dia.
   d) Estabelecer os procedimentos e determinar o valor da ficha dos reforçadores *backup*.
   e) Ter cautela com as contingências de punição. Usá-las com moderação: somente para comportamentos claramente definidos e apenas quando for eticamente justificável.
   f) Garantir que os deveres da equipe e dos assistentes sejam claramente definidos e que um esquema de monitoramento e reforço desejável seja implementado.
   g) Fazer o planejamento considerando potenciais problemas.
8. Preparar um manual de economia baseada em fichas destinado aos indivíduos envolvidos no programa, à equipe e aos assistentes.
9. Instituir a economia baseada em fichas.
10. Planejar estratégias para a obtenção de generalidade para o ambiente natural.
11. Monitorar e praticar as diretrizes éticas relevantes em cada etapa.

Questões para aprendizagem

22. Descreva dois métodos para "desmamar" os indivíduos das fichas ao transferir o comportamento para o ambiente natural.
23. Se alguém decide "desmamar" um indivíduo das fichas eliminando-as gradualmente, quais são as três formas de realizar isso?
24. Se alguém decide "desmamar" um indivíduo das fichas diminuindo gradativamente o valor delas, quais são as duas formas pelas quais isto poderia ser feito?
25. Qual seria uma medida preventiva para ajudar a garantir altos padrões éticos em uma economia baseada em fichas?

PESQUISAS SOBRE ECONOMIAS DE FICHAS

Embora as economias de fichas pareçam simples, elas levantam muitas questões não resolvidas sobre como funcionam melhor. O motivo é que há muitos componentes dinâmicos em uma economia de fichas. Além disso, esses componentes geralmente não são pouco relatados na descrição das economias de ficha na literatura comportamental. Portanto, é difícil dizer qual tipo de economia de fichas funciona melhor ou fazer recomendações específicas e precisas sobre qual tipo de economia de fichas usar em cada situação (Hackenberg, 2018; Ivy *et al.*, 2017).

A Tabela 24.1 mostra sete áreas principais de uma economia de fichas que precisam de pesquisas. As áreas de pesquisa 1 a 4 são componentes que precisam ser decididos e/ou implementados antes de se iniciar uma economia de fichas. As áreas de pesquisa 5 a 7 são os componentes de uma economia de fichas em funcionamento ativo. Nesta seção, examinaremos brevemente cada uma das áreas de pesquisa

Tabela 24.1 Áreas de pesquisa da economia de fichas.

1. Tipo de comportamentos-alvo
2. Tipo de fichas a serem usadas
3. Variedade de reforçadores de apoio
4. Procedimento de treinamento com fichas
5. Esquema de entrega de fichas
6. Esquema de tempo de armazenamento
7. Esquema de troca de fichas-reforçadores de apoio

mostradas na Tabela 24.1. A palavra "deve/devem", conforme usada a seguir, significa "deve, para se obterem melhores resultados a curto e longo prazos".

Com relação à área de pesquisa 1, alguns dos exemplos de perguntas de pesquisa a serem feitas são: Que tipos de comportamentos-alvo são mais adequados para uma economia de fichas? O comportamento-alvo deve ser definido de forma ampla ou restrita? Quantos comportamentos diferentes devem ser visados de cada vez?

Com relação à área de pesquisa 2, pouco se sabe sobre qual tipo de ficha funciona melhor para quais tipos de indivíduos e quais tipos de comportamento. Uma ideia interessante que tem sido pesquisada é fornecer fichas a indivíduos com base em seus interesses específicos. Peças de determinado quebra-cabeça foram usadas como fichas para uma criança que gostava de resolver quebra-cabeças (Carnett *et al.*, 2014). Os efeitos do tipo de ficha podem ser uma área promissora para pesquisa.

Com relação à área de pesquisa 3, pesquisas sugerem que é mais eficaz usar uma ampla gama de tipos diferentes de reforçadores de apoio do que uma pequena variedade de apenas alguns tipos de reforçadores de apoio (DeFulio *et al.*, 2014; Moher *et al.*, 2008; Russell *et al.*, 2018). No entanto, são necessárias pesquisas para determinar o número e a variedade ideais de reforçadores de apoio.

Com relação à área de pesquisa 4, há uma escolha importante a ser feita: as instruções devem ser usadas para estabelecer as fichas como reforçadores condicionados, ou deve-se usar um processo de modelagem ou pareamento? Obviamente, a opção de usar instruções só é possível se o indivíduo puder entender a fala humana. Esse não foi o caso quando as fichas foram estudadas pela primeira vez na pesquisa básica. Os primeiros sujeitos a serem estudados foram chimpanzés (Cowles, 1937; Wolfe, 1936).

Outros sistemas de fichas foram estudados com vários animais diferentes, inclusive ratos e pombos (p. ex., Bullock e Hackenberg, 2015; DeFulio *et al.*, 2014; Smith e Jacobs, 2015). Por exemplo, ratos foram treinados para obter esferas de rolamento que podiam ser depositadas em uma fenda para obter comida. Pombos foram treinados para bicar uma tecla de resposta para acender luzes em uma sequência de luzes. Quando o pombo acende determinado número de luzes, ele pode bicar uma tecla diferente para desligar as luzes e obter um reforçador de apoio.

Com seres humanos que entendem a fala, não é necessário passar por um procedimento elaborado de treinamento com fichas para ensiná-los a responder por fichas e trocá-las por reforçadores de apoio. Tudo indica que as economias de fichas desenvolvidas por meio de instruções são tão eficazes quanto as que utilizam o treinamento-padrão com fichas.

Entretanto, são necessárias pesquisas para determinar se esses dois métodos são equivalentes quanto à eficácia das economias de fichas que estabelecem. Pesquisas mostram que o comportamento governado por regras não é o mesmo que o comportamento modelado por contingências, pois as regras podem tender a se sobrepor às contingências (Fox e Kyonka, 2017; Fox e Pietras, 2013).

A área de pesquisa 5 é o esquema de reforço por meio do qual as fichas são entregues. Tudo indica que o esquema de reforço para a entrega de fichas tem o mesmo efeito que o esquema de reforço pelo qual outros reforçadores são entregues (conforme descrito no Capítulo 10; Hackenberg, 2018 , pp. 12-15). A apresentação de fichas em um esquema de intervalo fixo (FI) resulta em uma taxa alta e constante de resposta seguida de uma pausa após o recebimento de uma ficha. A apresentação de fichas em um esquema de intervalo variável (VI) resulta em uma taxa alta e constante de respostas com pouca ou nenhuma pausa após o reforço. A apresentação de fichas em um esquema de intervalo fixo (FI) resulta em uma longa pausa após o recebimento de cada ficha, seguida de uma aceleração gradual da resposta até o recebimento da próxima ficha. A apresentação de fichas em um esquema de razão variável (VI) resulta em uma taxa moderada e constante de resposta com pouca ou nenhuma pausa após o recebimento de cada ficha. Esses resultados sugerem que, se os outros fatores forem iguais, as fichas devem ser apresentadas em um esquema de razão variável (VR). No entanto, são necessárias mais pesquisas para que se possa chegar a uma conclusão definitiva a esse respeito.

A área de pesquisa 6 é o esquema no qual a oportunidade de obter reforço de apoio está disponível. Há muitas questões de pesquisa a serem consideradas a esse respeito. O tempo de armazenamento deve estar disponível em um esquema de tempo fixo (FT) ou em um esquema de tempo variável (VT)? O tempo de armazenamento deve depender do fato de o indivíduo ter conquistado determinado número de fichas? Há também a questão de como o esquema do tempo de armazenamento interage com o esquema de recebimento de fichas.

A área de pesquisa 7 diz respeito ao custo de cada reforçador de apoio. É evidente que a motivação para ganhar fichas será baixa se o custo dos reforçadores de apoio for muito alto ou muito baixo. Portanto, são necessárias pesquisas para descobrir como determinar os custos ideais dos reforçadores de apoio. Também são necessárias pesquisas para determinar como as áreas de pesquisa 1, 2 e 3 interagem entre si e com as áreas de pesquisa 4, 5, 6 e 7.

A discussão anterior diz respeito ao ganho de fichas como reforço em uma economia de fichas. No entanto, também foram realizados estudos sobre a retirada de fichas como punição. Em geral, isso tem sido estudado com o uso de duas condições experimentais. Uma delas – a condição de ganho de fichas – é a condição-padrão da economia de fichas em que os indivíduos ganham fichas, e o valor do reforço de apoio que podem obter depende do número de fichas que ganharam. Na outra condição – uma condição de perda de fichas –, os indivíduos recebem fichas e as perdem após respostas incorretas, e a quantidade de reforço de apoio que podem obter depende de quantas fichas lhes restam. Até o momento, os estudos indicam que ambas as condições são igualmente eficazes em termos de comportamentos desenvolvidos, mas que a condição de perda de fichas tende a ser preferida em relação à condição de ganho de fichas (Donaldson *et al.*, 2014). O motivo desse fato não é conhecido.

Questões para aprendizagem

26. Liste sete áreas em que são necessárias pesquisas sobre economias de fichas (ver Tabela 24.1).
27. Para cada uma das sete áreas de pesquisa listadas na Tabela 24.1, descreva um exemplo de pergunta de pesquisa.

RESUMO DO CAPÍTULO 24

Um programa comportamental no qual grupos de indivíduos podem ganhar fichas por uma série de comportamentos desejáveis e podem trocar as fichas ganhas por reforçadores de apoio é chamado de economia de fichas. Neste capítulo, descrevemos as etapas normalmente usadas para configurar e manejar uma economia de fichas. Essas etapas incluem: (1) decidir sobre os comportamentos-alvo; (2) estabelecer linhas de base e manter dados sobre os comportamentos-alvo; (3) selecionar o tipo de ficha a ser usada; (4) selecionar reforçadores de apoio; (5) administrar os reforçadores de apoio; (6) identificar a ajuda disponível; (7) treinar e monitorar equipe e ajudantes; (8) lidar com possíveis problemas; e (9) preparar um manual.

Depois que a economia de fichas for bem-sucedida, geralmente é necessário usar o afinamento do esquema para transferir os comportamentos-alvo para reforçadores no ambiente natural e, assim, desmamar os participantes das fichas. O primeiro método de afinamento do esquema é eliminar as fichas de forma gradual. Para isso, deve-se: (a) tornar o esquema de entrega de fichas mais intermitente; (b) diminuir o número de comportamentos que rendem fichas; ou (c) aumentar o intervalo entre o comportamento-alvo e a entrega da ficha. O segundo método de afinamento do esquema é diminuir o valor das fichas gradualmente. Para isso, deve-se: (a) diminuir a quantidade de reforço de apoio que uma ficha pode comprar; ou (b) aumentar o intervalo entre a aquisição de fichas e a compra de reforços de apoio.

Os sistemas de manejo de contingências (CMSs) são uma categoria de economia de fichas em que os indivíduos obtêm fichas na forma de pontos, cupons ou dinheiro para diminuir o consumo de substâncias nocivas, conforme especificado em seu contrato de contingência. Alguns CMSs usam um contrato de depósito. Os indivíduos fornecem um pequeno depósito, que é reembolsado quando testes mostram que o consumo da substância nociva diminuiu até a quantidade acordada em seu contrato.

As considerações éticas na elaboração e na aplicação de economias de fichas são importantes. Como acontece com todas as tecnologias poderosas, há possibilidade de abusos, que devem ser evitados. Uma precaução importante é garantir que o sistema seja totalmente aberto ao escrutínio público, desde que essa abertura seja aprovada pelos indivíduos no programa ou por seus defensores.

Além disso, foram discutidas áreas importantes de pesquisa para o estudo das economias de fichas, incluindo tipos de comportamentos reforçados, tipos de fichas usadas, variedade de reforçadores de apoio, procedimento de treinamento com fichas, esquema de entrega de fichas, esquema de tempo de armazenamento e esquema de troca de fichas. Mais pesquisas nessas áreas levariam à melhor compreensão das melhores práticas para o desenvolvimento e o uso de economias de fichas.

Exercícios de aplicação

Exercício envolvendo outros

1. Para um grupo de indivíduos a sua escolha, identifique cinco metas plausíveis para uma economia baseada em fichas.
2. Defina precisamente dois comportamentos-alvo para cada uma das cinco metas listadas no Exercício 1.
3. Descreva as coisas que você poderia fazer para identificar reforçadores *backup* para o grupo de indivíduos que você escolheu no Exercício 1.

Confira as respostas das Questões para aprendizagem do Capítulo 24

25 Auxílio no Desenvolvimento de Autocontrole[1]

Objetivos de aprendizagem

Após ler este capítulo, o leitor será capaz de:

- Discutir as causas de problemas de autocontrole
- Explicar o modelo comportamental de desenvolvimento de autocontrole.

Eu preciso controlar o excesso de petiscos e perder peso.

Programa de autocontrole do consumo excessivo de alimentos de Al[2]

Al e Mary acabaram de comer *donut* e tomar um café na lanchonete do *campus*. "Acho que vou pedir outro *donut*", disse Al. "Eles parecem deliciosos! Não tenho força de vontade para resistir." Enquanto olhava para a barriga saliente de Al, Mary respondeu: "Parece que você não tem força de vontade há algum tempo." "Sim", respondeu Al, "não consigo controlar meu excesso de petiscos. Você aprendeu alguma coisa naquele curso de modificação comportamental que está fazendo que possa me ajudar a ter mais força de vontade?" "De força de vontade eu não sei", disse Mary, "mas eu ficaria feliz em te ajudar com um programa para controlar o excesso de petiscos". Al comprometeu-se a seguir as sugestões de Mary.

Com orientações de Mary, o primeiro passo de Al foi estabelecer uma meta de perder 1 quilo por semana durante 15 semanas, totalizando uma perda de 15 quilos. Em segundo lugar, ele concordou em examinar as circunstâncias em que normalmente comia petiscos. Isso levou a uma descoberta surpreendente – a maioria das vezes que Al comia petiscos era imediatamente seguida por algum evento reforçador:

- Um pedaço de *donut* e, depois, um gole de café
- Um doce para beliscar no carro e o semáforo ficar verde.

Al comia enquanto bebia café, bebia cerveja, conversava com amigos, falava ao telefone – em outras palavras, enquanto se envolvia com uma variedade de reforçadores no ambiente natural. Al concordou em comer apenas em horários específicos, comer sozinho sempre que possível e não assistir à TV, enviar mensagens de texto, entre outros, enquanto comia. Em terceiro lugar, quando encontrava outras pessoas, ele comia algumas cenouras antes de ir à cafeteria para diminuir sua motivação para petiscar doces. Em quarto lugar, ele assinou um contrato comportamental com Mary para comparecer a uma pesagem semanal, e, se não atingisse sua meta semanal de uma perda de pelo menos 1 kg, ele pagaria o café de Mary todos os dias na semana seguinte. Ao longo das 15 semanas seguintes, Al perdeu um total de 14 kg, muito próximo de sua meta.

Observação: embora muitas autoridades na área de sobrepeso e obesidade (p. ex., Jensen *et al.*, 2013; Kelley *et al.*, 2016; Swanson e Primack, 2017; Teixeira *et al.*, 2015; Williamson, 2017) recomendem que a modificação comportamental seja o primeiro passo no tratamento do sobrepeso e da obesidade, existem problemas significativos associados às dietas para perda de peso. Recaída e oscilação de peso são problemas sérios para muitas pessoas, e pouco se sabe sobre como combater efetivamente esses problemas (Lean e Hankey, 2018; Montani *et al.*, 2015; Phelan *et al.*, 2003). Recomendamos fortemente que qualquer pessoa com problemas contínuos para controlar seu peso, ou que oscile entre ganho e perda de peso significativos, busque ajuda profissional.

[1]O material contido neste capítulo foi descrito por Martin e Osborne (1993) e parafraseado com autorização.
[2]Este caso é baseado em Martin e Osborne (1993).

Muitos problemas de autocontrole envolvem autodisciplina – aprender a diminuir comportamentos excessivos que proporcionam gratificação imediata, como comer, beber, assistir à TV e enviar mensagens de texto em excesso. Outros problemas de autocontrole que requerem mudança comportamental na direção oposta são respostas que precisam ser intensificadas, como estudar, praticar exercício, ser assertivo e executar as tarefas domésticas. Muitas pessoas falam como se uma força mágica atuando junto a nós – chamada *força de vontade* – fosse a responsável pela superação desses problemas.

As pessoas acreditam nisso, em parte, porque outras pessoas dizem coisas como "Se você tivesse mais força de vontade, poderia se livrar desse hábito ruim" ou "Se você tivesse mais força de vontade, poderia melhorar". A maioria de nós já ouviu esse tipo de conselho muitas vezes. Mas, infelizmente, não é um conselho útil, porque a pessoa que o dá tipicamente é negligente em nos dizer como conseguir mais dessa força de vontade. É mais proveitoso olhar o modo como os problemas de autocontrole surgem a partir das diferenças entre as consequências efetivas *versus* inefetivas de um comportamento. É a partir deste ponto que prosseguiremos com um modelo de autocontrole. Por fim, descrevemos como a maioria dos **programas de autocontrole** avança ao longo de cinco etapas básicas. Esses programas também são denominados **automanejo** ou **automodificação** – uma estratégia para usar os princípios da modificação comportamental para mudar ou controlar o próprio comportamento.

CAUSAS DOS PROBLEMAS DE AUTOCONTROLE

- "Simplesmente, *não consigo* resistir a mais uma sobremesa"
- "Eu tenho *mesmo* que entrar em um programa de exercícios"
- "Tenho que entregar meu trabalho de conclusão de curso, tenho uma prova enorme para estudar e devo terminar a minha tarefa de laboratório. Por que não estou estudando?"

Alguma das situações anteriores situações lhe soa familiar? Se você é como a maioria das pessoas, provavelmente já disse coisas parecidas muitas vezes. São essas as ocasiões em que somos tentados a dizer que não temos força de vontade o suficiente. Vejamos como esses problemas podem ser explicados examinando o quanto as consequências imediatamente significativas, tardias, cumulativamente significativas e improváveis afetam ou falham em afetar o nosso comportamento.

Problemas de excessos comportamentais

Um tipo de problema de autocontrole consiste nos excessos comportamentais – exagerar ao fazer alguma coisa. São exemplos comer excessivamente, passar muito tempo assistindo à TV e tomar café demais. Todos os excessos comportamentais deste tipo levam a reforçadores imediatos – p. ex., comida saborosa, programas agradáveis). Ainda que os excessos eventualmente possam levar a consequências negativas, estas muitas vezes são inefetivas.

Reforçador imediato versus *punidor tardio para um comportamento problemático*

Suponha que um adolescente queira sair com os amigos, mas ainda tenha lição de casa a fazer. Quando seus pais lhe perguntam sobre a tarefa, o adolescente mente e tem permissão para sair com os amigos. Mentir então é imediatamente reforçado. A mentira somente é descoberta mais tarde e a consequente punição – p. ex., ficar de castigo, falhar em cumprir a tarefa – é bastante adiada em relação ao momento em que se deu a ação de mentir. Se um comportamento leva a reforçadores imediatos, porém a punidores tardios, os reforçadores imediatos frequentemente vencem. Muitos problemas de autocontrole surgem desse fato (Brigham, 1989a, 1989b). A atenção e a risada dos amigos depois que alguém toma de uma vez uma garrafa de cerveja podem superar as consequências da punição tardia de uma ressaca. As consequências reforçadoras imediatas de um comportamento sexual com o cônjuge de um amigo podem superar a mágoa e a angústia emocional tardias que advêm quando o amigo descobre tudo e a amizade acaba.

Reforçador imediato versus *punidor cumulativamente significativo para um comportamento problemático*

Considere o problema de comer excessivamente, resultando em obesidade e problemas de saúde. Comer uma sobremesa extra é imediatamente reforçado pelo sabor. Apesar de os efeitos negativos – excesso de açúcar, gordura e colesterol – da sobremesa extra serem imediatos, são pequenos demais para terem efeito perceptível. Em vez disso, é o acúmulo do comer em excesso que acarreta problemas (p. ex., Ogden, 2010; Pi-Sunyer, 2009). Considere o problema do tabagismo. Apesar de os compostos químicos prejudiciais serem imediatamente depositados nos pulmões do fumante a cada tragada, o efeito prejudicial de um único cigarro é tão pequeno para contrapor os imediatos efeitos reforçadores da nicotina. Esta não só é um reforçador positivo em si como também uma operação motivadora estabelecedora (MEO) para outros reforçadores (ver Donny *et al.*, 2011). Em vez disso, são os efeitos acumulados de centenas de cigarros que eventualmente resultam em doenças graves, como doença pulmonar obstrutiva crônica (DPOC), doença cardíaca e câncer. O álcool é um exemplo de substância que pode ser imediatamente reforçada, embora tenha efeito punidor tardio e efeito cumulativo a longo prazo quando consumido em excesso (McDonald *et al.*, 2004). Os efeitos punidores tardios incluem a intoxicação alcoólica, violência física ou verbal e acidentes. Os efeitos cumulativamente significativos incluem cirrose hepática, câncer e outras doenças sérias. Portanto, para muitos problemas de autocontrole, o reforço imediato para o consumo de substâncias prejudiciais supera os efeitos negativos imediatos imperceptíveis que somente têm significado de modo cumulativo (Malott, 1989).

Reforçador imediato para comportamento problemático versus *reforçador tardio para comportamento alternativo desejável*

Suponhamos que seja noite de quinta-feira e que você esteja no meio de um curso. Seu colega de quarto acabou de fazer o *download* de um filme que você gostaria de ver, mas haverá uma prova no dia seguinte. Você assiste ao filme agora e tira nota baixa na prova depois, ou você estuda durante 3 horas e tira uma nota mais alta? Considere o caso de um funcionário que recebeu um grande bônus de Natal da empresa. Ele gastará a gratificação com algo que é imediatamente prazeroso, como uma viagem, ou investirá em um fundo de aposentadoria isento de impostos? Qual seria a sua escolha? Para os problemas de autocontrole envolvendo uma escolha entre dois comportamentos alternativos, ambos com resultados positivos, aquele que produz o reforçador imediato na maioria das vezes é o que ganha (Brigham, 1989b).

Problemas de déficits comportamentais

Outro tipo de problema de autocontrole consiste em respostas que precisam ser intensificadas, como praticar exercícios regularmente. Esses comportamentos em geral levam a pequenos punidores imediatos. E, ainda que possa haver resultados positivos com a ocorrência dos comportamentos, ou resultados negativos significativos com a não ocorrência do comportamento, ambos os resultados costumam ser inefetivos. Vamos ver por quê.

Pequenos punidores imediatos para um comportamento versus *reforçadores cumulativamente significativos*

Para aqueles que não se exercitam, uma sessão inicial de exercícios pode ser desagradável – demorada, cansativa, estressante. Ainda que uma ocorrência de prática de exercícios possa trazer benefícios imediatos, como o aumento do condicionamento cardiovascular, forma muscular aumentada, resistência, flexibilidade e melhora do estado mental (p. ex., Agarwal, 2012; Biddle *et al.*, 2021; Bize *et al.*, 2007), esses resultados em geral são pequenos demais para serem notados. Em vez disso, é o acúmulo dos benefícios da prática de exercícios em muitas ocasiões que eventualmente é perceptível. As pessoas muitas vezes falham em seguir práticas de saúde desejáveis, porque fazer isso leva a pequenos punidores imediatos, enquanto os efeitos positivos, ainda que imediatos, são pequenos demais para serem efetivos sem antes se acumularem ao longo de muitas tentativas (Malott, 1989).

Pequeno punidor imediato para um comportamento versus *punidor imediato, porém improvável em caso de não ocorrência do comportamento*

A maioria das pessoas sabe que usar um capacete ao andar de bicicleta pode prevenir lesões cerebrais. Então, por que algumas pessoas não usam capacete ao andarem de bicicleta? Primeiro, porque essa precaução pode levar a um punidor leve imediato – o capacete pode ser quente e desconfortável. Em segundo lugar, apesar de o evento aversivo relevante ser improvável, a não adoção desse comportamento de segurança pode resultar em um punidor imediato.

Pequeno punidor imediato para um comportamento versus *punidor significativo tardio em caso de não ocorrência do comportamento*

Por que tantos estudantes evitam se exercitar, adiam a visita ao dentista ou falham em fazer anotações eficientes em aulas expositivas? Esses tipos de problema de autocontrole têm punidores imediatos fracos. Praticar exercício pode fazer você sentir calor e desconforto. O ruído e a dor causados pela broca do dentista são punidores. Fazer anotações eficientes de uma aula expositiva faz sua mão ficar dolorida. Além disso, todas essas atividades tomam tempo de atividades mais reforçadoras. Embora as consequências tardias, como problemas dentários significativos, possam ser extremamente aversivas, somente ocorrem bem depois que muitas oportunidades de prevenção são perdidas. Em cenários como esse, as consequências punidoras imediatas costumam vencer. Em outras palavras, evitando agora um estímulo aversivo fraco, uma pessoa eventualmente recebe uma consequência aversiva forte mais tarde.

Questões para aprendizagem

1. O que as pessoas querem dizer quando falam de força de vontade? A força de vontade é um conceito útil? Por quê?
2. Descreva um problema de excesso comportamental em que um reforçador imediato supera um punidor tardio para o comportamento.
3. Descreva um problema de excesso comportamental em que um reforçador imediato (para o comportamento problemático) supera um punidor cumulativamente significativo para o comportamento.
4. Descreva um problema de excesso comportamental em que um reforçador imediato (para o comportamento problemático) supera um reforçador tardio (para um comportamento alternativo desejável).
5. Descreva um problema de déficit comportamental que ocorra porque o comportamento leva a pequenos punidores imediatos que superam os reforçadores cumulativamente significativos.
6. Descreva um problema de déficit comportamental que ocorra porque os pequenos punidores imediatos para o comportamento superam os punidores significativos imediatos, porém altamente improváveis em caso de não ocorrência do comportamento.
7. Descreva um problema de déficit comportamental que ocorra porque um pequeno punidor imediato para o comportamento supera um punidor significativo tardio em caso de não ocorrência do comportamento.

MODELO COMPORTAMENTAL DE AUTOCONTROLE

Um modelo efetivo de autocontrole que descrevemos aqui é um modelo comportamental que tem duas partes. A primeira parte requer a clara especificação do problema como um comportamento a ser controlado. A segunda parte requer a aplicação de técnicas comportamentais para controlar o problema. Um **modelo comportamental de autocontrole** afirma que o autocontrole ocorre quando um indivíduo se comporta de uma forma que dispõe o ambiente a controlar seu comportamento subsequente. Isso significa emitir um *comportamento controlador* para efetuar uma modificação em um *comportamento a ser controlado* (Skinner, 1953; Figura 25.1).

Em capítulos anteriores deste livro, uma pessoa emitia o comportamento a ser controlado e outra pessoa emitia os comportamentos controladores – manipulando antecedentes e aplicando consequências reforçadoras ou punidoras. Nas ocorrências de autocontrole, porém, a mesma pessoa emite o comportamento a ser controlado e os comportamentos controladores. Isso levanta o problema de *controle do comportamento controlador*. Ou seja, como o autocontrole implica que algum comportamento de um indivíduo controla outro comportamento desta pessoa, surge a questão: o que controla ou causa o comportamento controlador? A resposta é: a sociedade. A sociedade em que vivemos nos ensina os diversos comportamentos controladores (ver Skinner, 1953, p. 240). É possível que você tenha sido ensinado a emitir comportamentos controladores, como estabelecer metas de estudo, fornecer a si mesmo lembretes para cumprir essas metas e acompanhar seu progresso nesse processo. Se os seus esforços em emitir tais comportamentos forem bem-sucedidos e seus comportamentos a serem controlados de fato ocorrerem – p. ex., seu estudo melhora –, a sociedade fornece contingências mantenedoras para os seus esforços – p. ex., receber notas melhores, conseguir o tipo de emprego que você quer e ser capaz de conversar de forma inteligente com as outras pessoas.

Vamos, agora, nos voltar para as estratégias de autocontrole que foram bem-sucedidas para muitos indivíduos. Essas estratégias também são descritas em um livro de autoajuda eficaz de Watson e Tharp (2014).

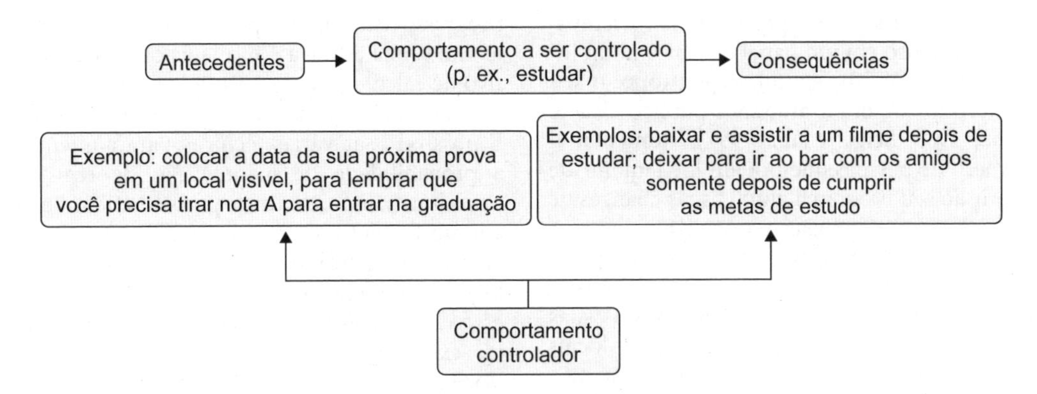

Figura 25.1 Um modelo de autocontrole.

ETAPAS EM UM PROGRAMA DE AUTOCONTROLE

Considere que você tenha decidido usar a modificação de comportamento para tratar um de seus problemas de autocontrole. Descreveremos como fazer isso usando as seguintes etapas: especificar o problema e estabelecer metas; assumir o compromisso de mudar; coletar dados e avaliar as causas do problema; delinear e implantar um plano de tratamento; e evitar recidivas e fazer as conquistas serem duradouras.

Especificar o problema e estabelecer metas

O que você gostaria de mudar? Como você saberá se conseguiu? Para responder a essas perguntas, você precisa tentar especificar o problema e estabelecer algumas metas, em termos quantitativos. Para Al, o caso principal no início deste capítulo, isso foi relativamente fácil. Seu objetivo era perder 15 kg em 15 semanas. Muitos problemas de autocontrole podem ser facilmente especificados em termos quantitativos. É relativamente fácil estabelecer metas específicas nas áreas de controle de peso e exercícios. Em contraste, outras metas de autoaprimoramento, como "ter uma atitude mais positiva em relação à escola", "tornar-se menos tenso" ou "melhorar um relacionamento", são difíceis de medir. Mager (1972) se referiu a essas abstrações como *fuzzies* (indefinições). Um *fuzzy* é um ponto de partida aceitável para a identificação de uma meta de autocontrole. Entretanto, você deve "definir" a abstração identificando o(s) desempenho(s) que o levariam a afirmar que a sua meta foi atingida. Mager destacou algumas etapas úteis para esse processo:

1. Descreva a sua meta por escrito.
2. Faça uma lista das coisas que você deve dizer ou fazer que indicam claramente que a sua meta foi alcançada. Ou seja, qual evidência prova que a sua meta foi atingida?
3. Em um grupo de pessoas com a mesma meta, como você decidiria quem atingiu a meta e quem não a atingiu?
4. Se a sua meta é um produto de comportamento – como alcançar determinado peso corporal, economizar certa quantia de dinheiro ou ter um quarto limpo –, faça uma lista de comportamentos específicos que o ajudarão a alcançar essa meta.

Assumir o compromisso de mudar

O *compromisso de mudar* se refere às suas declarações ou ações que indicam que é importante mudar seu comportamento, que você reconhece os benefícios de fazer isso e que você irá trabalhar para fazer isso. Perri e Richards (1977) demonstraram que tanto o compromisso com mudar e o conhecimento das técnicas para promover a mudança foram importantes para o êxito dos projetos de automodificação alcançado pelos estudantes universitários de Psicologia. Nas áreas problemáticas, como alimentação, tabagismo, estudo ou relacionamento, Perri e Richards constataram que os autocontroladores bem-sucedidos tinham um compromisso mais forte com a mudança e usavam mais técnicas de modificação de comportamento do que os autocontroladores malsucedidos.

Uma alta probabilidade de sucesso na mudança do seu comportamento requer ações para manter seu comprometimento forte. Primeiro, liste todos os benefícios que a mudança de comportamento irá proporcionar. Escreva-os por extenso em um papel e exiba em um local conspícuo. Em segundo lugar, torne o seu compromisso com a mudança público (Hayes *et al.*, 1985; Seigts *et al.*, 1997). Aumentar o número de pessoas que podem lhe lembrar de aderir ao seu programa amplia suas chances de êxito. Em terceiro lugar, reorganize o seu ambiente de modo a fornecer lembretes frequentes do seu compromisso e da sua meta (Watson e Tharp, 2014). Você poderia escrever as suas metas em notas adesivas e deixá-las em locais visíveis, como na porta da geladeira ou no painel do carro. Alternativamente, você pode fazer uso criativo de fotos que o façam se lembrar da sua meta. Garanta que esses lembretes estejam associados aos benefícios positivos da concretização da sua meta. Em quarto lugar, invista tempo e energia considerável no planejamento inicial do seu projeto (Watson e Tharp, 2014). Prepare uma lista de afirmativas relacionadas ao seu investimento no projeto, de modo a poder usá-las para ajudar a fortalecer e manter o seu comprometimento – p. ex., "Tenho investido demais nisso, seria um vexame parar agora". Em quinto lugar, como você certamente será tentado a encerrar o projeto, planeje as diversas formas de lidar com essas tentações (Watson e Tharp, 2014).

Questões para aprendizagem

8. Considere o modelo de autocontrole ilustrado na Figura 25.1. Nesse modelo, o que controla o comportamento controlador? Discuta.
9. Liste as etapas recomendadas por Mager para "definir" um problema vagamente estabelecido ou uma meta de autocontrole.
10. Como este livro define *comprometimento para mudar*?
11. Descreva cinco etapas que você pode conduzir para fortalecer e manter seu compromisso com um programa de autocontrole.

Obter dados e analisar causas do problema

A próxima etapa consiste em obter os dados sobre a ocorrência do comportamento problemático – quando, onde e com qual frequência o comportamento ocorre. Isso é especialmente importante quando a meta é minimizar comportamentos excessivos. Como indicado no Capítulo 3, existem vários motivos para rastrear o comportamento problemático e, dentre estes, não menos importante é fornecer um ponto de referência ou linha de base para avaliar o progresso. Para muitos projetos de autocontrole, uma nota adesiva e um lápis ou um aplicativo de cálculo podem ser usados para calcular as ocorrências do problema ao longo do dia. É possível usar várias técnicas para aumentar a probabilidade de manutenção de registro para um comportamento problemático. Se o comportamento problemático for o tabagismo, você deve registrar cada cigarro antes de fumá-lo, de modo que o comportamento irá reforçar esse registro. Você pode estabelecer reforçadores externos controlados por outras pessoas. Você pode dar o controle sobre o dinheiro que você gasta a alguém que possa monitorar seu comportamento continuamente, por períodos prolongados, e devolver seu dinheiro contingente mediante uma coleta de dados consistente. Você também pode conseguir outras pessoas para reforçarem seu comportamento de registrar contando aos amigos sobre o seu projeto de automodificação; exibindo seu gráfico ou quadro de registros em um local visível, para aumentar a probabilidade de *feedback* dos amigos; e mantendo seus amigos informados sobre como o projeto e os resultados estão avançando. As contingências mediadas por outras pessoas são importantes fontes de manutenção para os seus comportamentos controladores.

Em alguns casos (conforme destacado no Capítulo 3), registrar e representar em gráfico o comportamento pode ser tudo o que é necessário para fazer a melhora acontecer. Maletsky (1974) fez uma demonstração convincente desse efeito. Três dos cinco casos por ele estudados foram concluídos com êxito, ainda que ele tenha tido o cuidado de não introduzir nenhum outro tratamento que não a contagem e a representação gráfica de comportamentos indesejados. Um caso bem-sucedido relacionou-se a arranhões repetitivos por uma mulher de 52 anos que produziram lesões nos braços e nas pernas. O outro caso de sucesso dizia respeito a um menino de 9 anos que tinha o comportamento de levantar a mão repetidas vezes na sala de aula, sabendo as respostas das perguntas feitas pelo professor, ou não. E o terceiro caso envolveu o comportamento de ficar fora do lugar, de uma menina de 11 anos. Em todos os três casos, o comportamento diminuiu no decorrer de um período de 6 semanas em razão de autocontagem e representação gráfica diários. Em alguns casos, contar cada pensamento, desejo ou urgência em emitir o comportamento antes de sua ocorrência até poderia ser possível. McFall (1970) relatou um estudo em que o registro de cada urgência em ter um cigarro foi suficiente para diminuir não só a probabilidade de pegar um cigarro depois como também o número de urgências. Exemplos adicionais dos efeitos benéficos do automonitoramento podem ser encontrados em Cone, 1999; Latner e Wilson, 2002; e Wood *et al.*, 2002.

Também existem aplicativos que fornecem lembretes para realizar comportamentos-alvo (ver Capítulo 3). Para uma revisão das intervenções que utilizam aplicativos para melhorar a dieta, aumentar a atividade física e diminuir o comportamento sedentário, ver Schoeppe *et al.* (2016). Para uma revisão dos aplicativos mais bem avaliados para atividade física, ver Conroy *et al.* (2014). Para uma revisão de aplicativos para adesão a medicações, ver Morrissey *et al.* (2016).

Ao registrar a frequência do comportamento durante as observações iniciais, considere os antecedentes que poderiam ser S^Ds ou S^Δs e as consequências imediatas que poderiam estar mantendo o comportamento. A partir desse exercício, frequentemente surgem sugestões de estratégias de programação bem-sucedidas. Lembre-se de Al no caso principal no início do capítulo. A maioria das vezes que ele comia em excesso era imediatamente seguida por algum outro evento reforçador. Conforme indicado nos capítulos anteriores, os efeitos dos reforçadores são automáticos e independem da consciência individual.

Delinear e implementar um plano de tratamento

Ao longo de sua vida, na presença de certos *antecedentes*, alguns *comportamentos* produzem determinadas *consequências*. Cada uma dessas três variáveis propicia uma área fértil para a seleção de técnicas de autocontrole.

Controlar os antecedentes

Conforme indicado na Parte 3 (Capítulos 19 a 21), é útil pensar nas principais classes de antecedentes controladores do nosso comportamento: instruções, modelos, orientação física, nosso entorno, outras pessoas, horário do dia e operações motivadoras.

Instruções. Meichenbaum (1977) sugeriu que quase todo programa de automodificação deveria incluir autoinstruções. Estas têm sido usadas em projetos de autocontrole formal, para aumentar os comportamentos de praticar exercício e estudar (Cohen *et al.*, 1980), diminuir medos (Arrick *et al.*, 1981), diminuir o roer de unhas (Harris e McReynolds, 1977) e melhorar vários outros comportamentos (Watson e Tharp, 2014). Antes de planejar as instruções para o seu programa de autocontrole, incentivamos você a rever as diretrizes para o uso de regras e metas, descritas no Capítulo 19. Também discutimos mais as estratégias autoinstrucionais no Capítulo 26.

Modelação. O comportamento-modelo é outra categoria de estímulos que tem utilidade em programas de autocontrole. Se você quer melhorar as suas habilidades de autoapresentação em reuniões sociais, encontre alguém que seja bom nisso, observe o comportamento dessa pessoa e imite-o. Um procedimento chamado *modelação participante* (descrito mais completamente no Capítulo 27) é um método especialmente efetivo para diminuir medos. Com esse procedimento, a pessoa medrosa observa um modelo interagir com o estímulo indutor de medo e, então, imita o modelo.

Orientação física. No Capítulo 20, descrevemos como os modificadores de comportamento usam a orientação física para induzir um indivíduo a seguir os movimentos do comportamento desejado. Os exemplos de orientação física do seu próprio comportamento são difíceis de identificar porque, se você pudesse guiar facilmente o seu comportamento, então provavelmente não se engajaria no comportamento problemático. Contudo, em sua clássica análise do autocontrole, Skinner (1953) descreveu como os indivíduos usam a limitação física para controlar o próprio comportamento. Você poderia manter as suas mãos nos bolsos para evitar roer as unhas, morder a língua para evitar um comentário rude ou bater as palmas das mãos para evitar dar um soco em alguém em um momento de raiva.

Entorno. Você tem problemas para estudar em casa? Tente ir à biblioteca, onde estudar é um comportamento de alta probabilidade (Brigham, 1982). Muitas pessoas têm um comportamento que gostariam de diminuir e que ocorre em situações particulares. Uma estratégia útil é rearranjar o ambiente de modo a apresentar preditores para comportamentos alternativos desejáveis (ver Capítulo 20).

Outras pessoas. Conforme afirmado antes, observar modelos é uma forma de fornecer *prompts* fortes para o engajamento em algum comportamento particular. Outra estratégia é simplesmente mudar as pessoas que o cercam. Você aprende a se comportar de uma maneira com algumas pessoas e de outra maneira com outras pessoas. Você tende a xingar menos quando conversa com uma pessoa altamente religiosa, mas tende a xingar mais quando está à vontade com os amigos. Em alguns casos, o seu programa de autocontrole irá consistir no contato crescente com certas pessoas e na minimização do contato com outros indivíduos.

Horário do dia. Às vezes é possível alcançar o autocontrole com sucesso alterando o horário da atividade. Muitos estudantes estão mais alertas à noite, mas passam esse tempo socializando. Os estudantes poderiam alcançar o autocontrole nos estudos deslocando a socialização para as manhãs e o estudo para as noites.

Operações motivadoras. Lembre-se do exposto no Capítulo 21, que as operações motivadoras são eventos que influenciam a força das consequências como reforçadores ou punidores, e que influenciam os comportamentos afetados por essas consequências. Em programas de autocontrole, uma estratégia para aumentar um comportamento desejável é introduzir uma MEO para reforçadores que influenciam esse comportamento. Quando um dos autores e sua esposa visitaram o Brasil, ainda nos primeiros anos de casamento, ele tirou uma foto da esposa praticando *jogging* na praia, no Rio de Janeiro. Anos depois, quando sua esposa viu uma ampliação daquela foto afixada na porta do *closet* do quarto do casal, isso a motivou a dar continuidade ao seu programa de *jogging* para manter seu corpo. As operações motivadoras abolidoras (MAO) também podem ser usadas em programas de autocontrole para diminuir a probabilidade de comportamento indesejável. Uma estratégia que Al usou para diminuir seu consumo de *donuts* foi comer algumas cenouras antes de ir para a cafeteria. Isso funcionou como uma MAO para comida e diminuiu a probabilidade de Al comprar *donuts* e café.

Controlar o comportamento

Se o comportamento de interesse for relativamente simples, como xingar, você provavelmente se concentrará mais nos antecedentes e nas consequências. Se o comportamento for complexo, você precisará dedicar mais tempo enfocando o comportamento em si. Se a sua meta for adquirir algumas habilidades complexas, é útil considerar a análise de tarefas e os critérios de domínio. Um **critério de domínio** é um requerimento de desempenho para praticar uma habilidade de tal modo que, se este critério for atendido, o comportamento terá sido aprendido.

Considere aprender a jogar golfe. Simek e O'Brien (1981) fizeram uma análise de tarefa de um jogo de golfe em 22 componentes. Os pesquisadores dispuseram esses componentes em uma progressão comportamental para fins instrucionais e identificaram um critério de domínio para cada componente. O primeiro componente na progressão era uma tacada de cerca de 25 cm, e o critério de domínio era acertar 4 tacadas consecutivas no buraco. Por que eles começaram com uma resposta tão simples como essa? Um motivo foi a regra geral de começar com o simples e prosseguir rumo ao mais complexo. Outra razão foi que isso incorporava um poderoso reforçador natural para executar a resposta corretamente – a saber, golpear a bola para dentro do buraco (note que isso é similar ao argumento para usar encadeamento para trás; ver Capítulo 13). Simek e O'Brien ensinaram a progressão comportamental a um grupo de golfistas iniciantes. Gradualmente, à medida que os critérios de domínio para respostas mais simples eram atendidos, a distância da tacada foi aumentando, passando para tacadas mais longas, depois para *chips* curtas próximas ao *putting green*, para *chips* mais longas, para tacadas curtas com taco de ferro, para tacadas médias com taco de ferro, passando, por fim, a usar tacos de madeira para *fairway* e, depois, a usar o taco para longas distâncias. "Mas como eles se saíram quando colocados em um campo de golfe?", você pode perguntar. Em um estudo com 12 golfistas iniciantes, seis deles completaram a progressão comportamental e os critérios de domínio em oito aulas. Os outros seis golfistas receberam oito aulas de instrução tradicional de um golfista que havia ensinado golfe por vários anos. Todos os 12, então, jogaram uma rodada completa de 18 buracos. O grupo da progressão comportamental venceu o grupo que teve aulas tradicionais por uma média de 17 tacadas.

A *modelagem* é outro procedimento para enfocar o comportamento, sendo útil para projetos de autoaprimoramento em que a sua meta final envolve uma ampla modificação comportamental a partir do seu ponto de partida. As regras importantes para ter em mente são começar pequeno, atender ao critério de domínio antes de ir para a próxima etapa e manter as etapas progressivas pequenas. Estudos sobre praticantes de dieta relataram que aqueles que estabeleceram etapas pequenas com modelagem gradual para diminuir as calorias foram mais propensos a desenvolver autocontrole sobre a compulsão alimentar (Gormally *et al.*, 1982; Hawkins e Clement, 1980).

Outra manipulação que requer foco no comportamento consiste em considerar o gasto energético necessário para realizar o comportamento, geralmente referido como *esforço*. Uma estratégia para diminuir um comportamento problemático é organizar as condições de modo a ser necessário mais esforço para realizar o comportamento. Susan estuda em um recanto da biblioteca. Com frequência, ela interrompe o estudo para telefonar ou mandar mensagens de texto para os amigos. Com o celular nitidamente visível no local de estudo, pegar o aparelho e discar ou digitar envolve pouquíssimo esforço. Deixar o celular em um armário na entrada da biblioteca, por outro lado, aumenta bastante o esforço envolvido na realização das chamadas e provavelmente diminui as ocorrências dessa ação. A alteração dos requerimentos de resposta para diminuir o esforço necessário para emitir um comportamento também pode ser usada para intensificar um comportamento desejável. David decidiu que seu consumo diário de água era baixo demais e estabeleceu a meta de ir até o bebedouro pelo menos 4 vezes por dia. No entanto, fazer isso requer esforço considerável e ele raramente cumpre sua meta. Por esse motivo, David decidiu comprar uma garrafa de água para levar sempre consigo. Seu consumo de água aumentou consideravelmente. Embora esses exemplos envolvam esforço de manipular respostas, note que também podem ser descritos como controle antecedente por manipulação das adjacências imediatas.

Questões para aprendizagem

12. Descreva duas estratégias para aumentar a probabilidade de manter registros de um comportamento problemático.
13. Descreva um exemplo que ilustra como o registro e a representação em gráfico de um comportamento problemático foi tudo o que era necessário para promover a melhora.
14. Descreva como Al, o caso principal no início deste capítulo, foi inadvertidamente reforçado por comer numerosas vezes ao longo do dia.
15. Liste sete classes principais de antecedentes que você poderia considerar ao planejar como gerenciar a situação em um programa de autocontrole.
16. Descreva um exemplo que indique como a manipulação de uma operação motivadora é uma estratégia de autocontrole efetiva.
17. Defina um *critério de domínio*. Descreva um exemplo que não esteja no texto.
18. Descreva um exemplo que ilustre como a manipulação do gasto energético ou do esforço necessário para realizar um comportamento constitui uma estratégia de autocontrole efetiva. Você diria que o exemplo envolveu a manipulação de uma operação motivadora? Por quê?

Administrar as consequências

Uma estratégia para manipular os eventos consequentes consiste em eliminar certos reforçadores que podem inadvertidamente fortalecer um comportamento particularmente indesejado em uma situação específica. Quando Al analisou seu problema alimentar, percebeu que, além do próprio sabor da comida em si, outros reforçadores – TV, conversa agradável – geralmente estavam associados ao ato de comer. Portanto, um dos principais aspectos do programa de dieta de Al foi dissociar o ato de comer dessas outras atividades. Entre as recomendações de LeBow (2013) para realizar essa dissociação, estão: comer somente na cozinha, quando estiver em casa; usar os mesmos utensílios e toalhas de mesa em cada refeição; comer apenas nos horários determinados; e guardar comida somente na cozinha.

Uma segunda estratégia para manipular as consequências é registrar e representar em gráfico o comportamento-alvo (p. ex., Watson e Tharp, 2014). Ver um gráfico mostrando uma melhora gradativa pode ser um *prompt* para pensamentos positivos sobre o seu progresso. Isso também pode servir de *prompt* para que outros lhe proporcionem atenção social extra para a adesão ao programa de autocontrole.

Uma terceira estratégia para manipular as consequências envolve organizar as coisas para receber reforçadores específicos quando você demonstrar melhora ou mesmo apenas por aderir ao programa (ver Watson e Tharp, 2014). Isso é especialmente importante se o seu comportamento desejado levar a reforços pequenos, todavia cumulativamente significativos, ou improváveis, ou se a falha em realizar seu comportamento desejado levar a punidores pequenos e cumulativamente significativos. Três formas de organizar o recebimento de reforçadores em um programa de autocontrole são: pedir a outros para administrá-los para você; lembrar a si mesmo os reforçadores naturais tardios; e administrar os reforçadores sozinho. Esta última opção pode parecer a mais evidente, se considerarmos que estamos falando de *autocontrole*, mas você verá que há um problema com isso.

Pedir a outras pessoas para administrarem reforçadores para você é uma forma efetiva de receber reforçadores em programas de autocontrole (Watson e Tharp, 2014). Quando Sue iniciou um programa de *jogging*, decidiu que receberia dinheiro imediatamente após correr. Além disso, se ela corresse todos os dias, poderia escolher e se engajar com o marido em uma dentre várias atividades sociais possíveis. Se Sue alcançasse as metas, seu marido lhe dispensaria reforços (Kau e Fischer, 1974).

A segunda maneira de receber reforçadores – lembrar a si mesmo das consequências naturais tardias de um comportamento imediatamente em seguida a sua ocorrência – pode ser ilustrada pelo problema de comprar presentes de Natal. Suponha que você estabeleceu uma meta de comprar os presentes mais cedo, em vez de esperar até o último minuto. Fazer isso tem consequências naturais dimensionáveis. Você pode comprar itens em promoção, economizando uma quantia significativa de dinheiro. Você pode evitar a correria das lojas, minimizando o estresse e os aborrecimentos que tipicamente acompanham as compras de Natal. Uma seleção melhor de itens está disponível. E você tem mais tempo para selecionar os melhores itens para cada pessoa da sua lista de presentes. Entretanto, as consequências positivas do ato de dar presentes, como as reações alegres daqueles que os recebem, são adiadas por um tempo prolongado após o comportamento de fazer compras antecipadamente. Uma solução, portanto, é aumentar a proeminência desse tipo de reforçador logo em seguida ao comportamento a ser controlado. Imediatamente após a compra de um presente em uma promoção de outono você poderia registrar a quantidade de dinheiro economizada e exibir isso em um local conspícuo. Você também poderia fazer uma lista de atividades não relacionadas com compras e que gostasse de fazer durante a correria de fim de ano.

Uma terceira maneira de receber reforçadores em programas de autocontrole é destinada ao uso pelos indivíduos no controle das consequências de seus próprios comportamentos (Watson e Tharp, 2014). Suponha que você tenha decidido se permitir navegar pela internet somente após estudar para uma prova. Isso parece um exemplo de autorreforço; entretanto, nessas circunstâncias, sempre é possível acessar o reforçador sem emitir o comportamento desejado, como ilustrado na Figura 25.2. O que impediria você de contornar a *contingência de reforço* – ou seja, pegar o reforçador autoadministrado sem emitir o comportamento desejado?

Suspeitamos que contornar as contingências muitas vezes ocorre quando os indivíduos tentam reforçar seu próprio comportamento. Portanto, recomendamos que os indivíduos que tentam reforçar seu próprio comportamento estejam cientes desse perigo e tomem medidas para evitá-lo. A melhor maneira de fazer isso é garantir que outras contingências estejam operando além do autorreforço. Talvez, pouco antes de estudar, você tenha se preocupado com a probabilidade de fracassar no exame, e o estudo lhe permite fugir dessa preocupação. Talvez, imediatamente após estudar, você pensou na probabilidade de conseguir tirar nota A. Ou, talvez, outros fatores tenham influenciado o seu estudo. Devido ao problema de contorno mencionado anteriormente, Catania (2021) afirmou que "autorreforço" é um termo inadequado e recomendou que o termo "autorregulação" seja usado em seu lugar. Para uma discussão mais aprofundada dos problemas lógicos envolvendo o conceito de autorreforço, ver Catania (1975, 2021) e Mace *et al.* (2001).

Algumas diretrizes para incorporar reforçadores na autorregulação incluem: (a) tornar possível ganhar reforçadores específicos diários que você não pode receber sem emitir o comportamento desejado; (b) estabelecer bônus que você não pode receber sem emitir o comportamento desejado e que você pode ganhar com base no progresso semanal; (c) variar os reforçadores de um dia para o outro ou de uma semana para a outra para evitar o tédio com o sistema como um todo; (d) fazer com que outras pessoas lhe forneçam os reforçadores ao atingir suas metas; (e) informar os outros sobre seu progresso.

Recordando o Capítulo 6, lembre-se do princípio de Premack, segundo o qual qualquer atividade que você provavelmente venha

Figura 25.2 O autorreforço funciona?

a fazer pode ser usada para reforçar um comportamento que você seja menos propenso a realizar. É possível adotar também essa estratégia em programas de autocontrole. Os comportamentos de alta frequência usados em casos comprovados de autoaprimoramento envolveram chamadas telefônicas (Todd, 1972), urinar (Johnson, 1971), checar a correspondência diária no escritório (Spinelli e Packard, 1975) e sentar em uma cadeira particular (Horan e Johnson, 1971). Outra estratégia para encontrar um reforçador eficaz é o modelo de privação de resposta (ver Capítulo 6), no qual um comportamento que ocorre abaixo de seu nível basal pode ser usado para reforçar outro comportamento.

Questões para aprendizagem

19. Liste as cinco etapas que caracterizam muitos programas de autocontrole.
20. Descreva, em uma ou duas frases para cada, três estratégias diferentes para manipular as consequências em programas de autocontrole.
21. Descreva, em uma ou duas frases para cada, três formas diferentes de organizar o recebimento de reforçadores em um programa de autocontrole.
22. O que costuma ocorrer quando o autorreforço é usado como uma estratégia de autocontrole? Em uma frase, diga como minimizar ou prevenir o contornar das contingências ao usar o autorreforço.

Prevenir recidiva e fazer as conquistas serem duradouras

Suponha que você alcançou um bom progresso em seu programa de autocontrole: talvez, você tenha perdido peso, não tenha fumado nenhum cigarro em meses, ou seu comportamento de estudo tenha compensado e você conseguiu tirar nota A nas duas últimas provas. Agora, a pergunta é: as mudanças irão durar? Você conseguirá manter suas conquistas a longo prazo? Infelizmente, conforme afirmado anteriormente, as recidivas são comuns em programas de autocontrole. Exatamente como as três variáveis de *antecedentes, comportamentos* e *consequências* foram áreas valiosas consideradas no delineamento do seu programa, também proporcionam uma estrutura útil para analisar as causas e modo de prevenção (Marlatt e Parks, 1982).

Causas de recidiva em antecedentes

Uma estratégia para prevenir as recidivas consiste em reconhecer suas possíveis causas e adotar etapas para minimizá-las. Vejamos alguns exemplos envolvendo antecedentes.

Antecedentes de revés evitáveis. Uma causa comum de recidivas em programas de autocontrole é uma falha em prever *antecedentes de revés* – ou seja, antecedentes que aumentam o risco de uma pessoa retornar aos antigos padrões comportamentais indesejáveis. Alguns antecedentes de revés simplesmente podem ser evitados até que você seja capaz de enfrentá-los melhor. Carla decidiu parar de fumar. Inicialmente, acreditava que não conseguiria resistir à tentação de fumar enquanto jogava pôquer com os amigos nas noites de sexta-feira. Sua estratégia foi simplesmente não jogar pôquer durante o primeiro mês do programa. Fred decidiu seguir uma dieta, comer alimentos mais saudáveis e consumir menos calorias. Ele sabia, porém, que não conseguiria resistir às *bananas-split* vendidas no supermercado onde ele costumava comprar alimentos. Sua solução foi mudar o lugar onde fazia compras. Se você conseguir evitar os antecedentes de revés até alcançar algum êxito com seu programa de autocontrole, poderá então estar melhor capacitado a enfrentar as situações que trazem antecedentes fortes para o comportamento problemático.

Antecedentes de revés inevitáveis. Alguns antecedentes de revés simplesmente não podem ser evitados. Uma estratégia para evitar recidivas é prever os antecedentes de revés inevitáveis e adotar etapas para enfrentá-los. Considere o caso de John. Ele seguiu fervorosamente seu programa de exercícios durante 1 mês e meio, mas estava prestes a embarcar em uma viagem de *camping*. Sabia que a mudança completa na rotina e os deveres de cada noite, no acampamento, não eram propícios à prática de exercícios. Sua solução foi obter a aprovação dos companheiros para interromperem a viagem meia hora mais cedo, toda noite. Enquanto os outros relaxavam no acampamento, John se exercitava. Em seguida, todos compartilhavam seus deveres de acampamento. Quanto mais você conseguir identificar os antecedentes de revés inevitáveis antes de encontrá-los, melhores serão as suas chances de planejar estratégias de enfrentamento.

Reação exagerada a reveses ocasionais. Após 2 semanas de fervorosa adesão ao seu esquema de estudo, Janice baixou cinco filmes da internet e assistiu a eles durante 10 horas consecutivas. Fred, após 1 mês de dieta bem-sucedida, consumiu *banana-split* por 3 dias seguidos. Pouquíssimas pessoas têm êxito em alcançar o autocontrole sem experimentar um revés. No entanto, reveses temporários não são problemáticos se você conseguir retomar imediatamente o seu programa. Se você sofrer um revés, não se demore nele. Em vez disso, reveja as ocasiões em que você aderiu ao seu programa como *prompt* para estabelecer novas metas e renovar um compromisso.

Autoconversação contraprodutiva. Quando tentam mudar, as pessoas estão fadadas a encontrar pedras no caminho. Quando isso ocorre, a autoconversação contraprodutiva pode exacerbar o problema e levar a uma recidiva. As pessoas que têm dificuldade para aderir a dietas podem dizer "Estou faminto demais para esperar até o jantar. Vou fazer um lanche para conseguir aguentar". Esse tipo de autoconversação é uma dica para comer. Quais tipos de autoconversação em seu programa de autocontrole poderiam levar a uma recidiva? Para cada exemplo que você puder pensar, identifique uma autoconversação alternativa desejável que possa ter o efeito oposto. Os seguidores de dieta podem dizer a si mesmos "Estou com fome, irei me concentrar em algo que tire a minha atenção da comida".

Causas de recidiva na especificação da resposta

Às vezes, as recidivas ocorrem porque os indivíduos não prestam atenção o suficiente ao componente resposta de seu programa de autocontrole.

Comportamento-alvo indefinido. Tracy queria melhorar suas habilidades de golfe. Após 1 mês de treino regular na *driving range* ela duvidava de que estivesse melhorando. O problema era que "querer melhorar" era vago demais. Tracy não tinha especificado seu comportamento-alvo de forma suficientemente precisa. Se a meta de Tracy tivesse sido dar cinco *drives* seguidos a uma distância de 160 m, dar sete *drives* seguidos com o taco de ferro dentro de uma distância aproximada de 9 m do marcador de 90 m, ou fazer quatro *3-foot putts* seguidos, ela teria sido capaz de avaliar seu progresso com facilidade (Martin e Ingram, 2021). Conforme descrito anteriormente, uma meta indefinida é um ponto de partida aceitável, mas você deve "definir" seu alvo descrevendo-o de um modo que você e as outras pessoas consigam facilmente reconhecê-lo quando de sua ocorrência.

Comportamento-alvo a longo prazo. Suponha que você estabeleça uma meta a longo prazo de tirar nota A em um curso particular. A sua meta é clara, mas demorada. Para projetos desse tipo, você deve estabelecer metas a curto prazo que forneçam checagens de progresso específicas ao longo do caminho. Com relação à sua meta de tirar nota A, você poderia estabelecer uma meta a curto prazo de estudar o material do curso durante pelo menos 1 hora por dia. Outra meta a curto prazo poderia ser responder certo número de perguntas por dia. As metas a curto prazo diárias devem ser precisamente estabelecidas e realistas, e devem guiá-lo em direção à sua meta a longo prazo.

Tentar demais, cedo demais. Alguns projetos de autocontrole nunca decolam por serem ambiciosos demais. Desejar comer de maneira mais saudável, praticar mais exercício, administrar seu dinheiro com sabedoria e tirar notas melhores são metas admiráveis, mas tentar melhorar em todas as áreas de uma vez é uma fórmula para fracassar. Se você identificou várias áreas para aprimorar, priorize-as em ordem de valor pessoal para você. A partir das duas ou três áreas prioritárias mais importantes, escolha aquela que for a mais fácil para você se concentrar. Começar pequeno aumenta sua probabilidade de sucesso.

Causas de recidiva em consequências

Lembre-se do nosso modelo de autocontrole. Envolve a emissão de um *comportamento controlador* para administrar um *comportamento a ser controlado*. Consequências esquematizadas de maneira inadequada ou precária para esses comportamentos podem levar a uma recidiva.

Falha em incorporar recompensas diárias ao seu programa. Muitas pessoas iniciam programas de autocontrole com grande entusiasmo. Em pouco tempo o trabalho extra de registrar, fazer gráficos, rearranjar o ambiente e assim por diante pode se tornar opressivo. Uma forma de prevenir recidivas é conectar o seu programa de autocontrole a atividades recompensadoras diárias. Conhecemos uma pessoa que ligou seu programa de exercícios a ver filmes. Sua meta era se exercitar no mínimo 4 vezes por semana. Essa pessoa também fazia *download* de filmes com uma frequência aproximada de 4 noites por semana. Ele, então, assinou um contrato comportamental com a esposa, estabelecendo que assistiria a um filme somente se tivesse primeiro andado pelo menos 2,4 km nos arredores da vizinhança. Examine os meios que lhe permitem incorporar atividades recompensadoras diárias como forma de suporte ao seu programa de autocontrole.

Consequências cumulativamente significativas. Suponha que o seu programa de dieta tenha sido bem-sucedido. Você decidiu que o seu novo corpo esbelto pode lidar facilmente com uma sobremesa extra. Uma única sobremesa não é um problema, é o acúmulo de sobremesas extras em muitas ocasiões que fará o peso aumentar. Conforme descrito anteriormente, para muitos problemas de autocontrole, o reforço imediato para o consumo de substâncias prejudiciais provavelmente supera as consequências negativas dessas substâncias. Os efeitos negativos somente são perceptíveis depois que se acumulam no decorrer de muitas ocasiões. Os indivíduos com esse tipo de problema de autocontrole são propensos a sofrerem recidiva. Uma estratégia para prevenir isso nessas situações é estabelecer datas específicas para checagens de acompanhamento e listar estratégias específicas a serem seguidas, se as pós-checagens forem desfavoráveis. Se o seu programa de autocontrole fosse de redução de peso, você poderia se pesar na presença de um amigo, 1 vez por semana. Se o seu peso aumentasse e atingisse um nível especificado, então você imediatamente retornaria ao seu programa.

Estratégias adicionais para fazer durar

Estratégias adicionais para prevenir recaídas e manter seus ganhos em longo prazo envolvem a contingência de três termos: antecedentes, respostas e consequências. Uma estratégia consiste em praticar as etapas de autocontrole destacadas neste capítulo, com o intuito de melhorar comportamentos adicionais. Há maior propensão a você continuar usando técnicas de autocontrole, se praticá-las em mais de um único projeto de autocontrole (Barone, 1982). Além disso, a probabilidade de você ser mais capaz de lidar com uma recidiva será maior se você for habilidoso com as técnicas de autocontrole que proporcionaram a melhora, em primeiro lugar.

Talvez, a forma mais efetiva de fazer seus ganhos durarem é envolver outras pessoas encorajadoras em seu programa, tanto a curto como a longo prazo. Uma estratégia consiste em estabelecer um sistema de camaradagem. Ao iniciar o seu projeto, encontre um amigo ou parente com algum problema similar e estabeleçam metas de manutenção mútuas. Uma vez por mês, vocês se encontram e checam o progresso um do outro. Se o progresso de vocês tiver sido mantido, vocês poderiam celebrar de uma maneira previamente acordada. Karol e Richards (1978) constataram, em um estudo sobre fumantes, que aqueles que pararam de fumar com um amigo e que telefonavam incentivando uns aos outros mostraram maior redução do tabagismo em um acompanhamento de 8 meses do que os fumantes que tentaram parar de fumar por conta própria.

Uma estratégia particularmente efetiva é assinar um contrato comportamental com outras pessoas que sejam solidárias. Os contratos comportamentais (discutidos no Capítulo 23) têm sido usados para fortalecer comportamentos-alvo desejáveis com crianças (p. ex., Miller e Kelley, 1994) e adultos (p. ex., Dallery *et al.*, 2008). Um contrato comportamental geralmente envolve duas ou mais pessoas, embora os "autocontratos" também tenham sido usados (p. ex., Seabaugh e Schumaker, 1994). Jarvis e Dallery (2017) demonstraram que contratos de depósito (ver Capítulo 24) realizados pela internet têm um potencial promissor para promover a redução e a abstinência do tabagismo. Um modelo que você pode usar para o seu contrato comportamental é apresentado na Tabela 25.1.

Tabela 25.1 Formulário para contrato comportamental.

Minhas metas específicas para o meu programa de autocontrole são:		
As metas a curto prazo para o meu programa de autocontrole incluem:		
Para observar, registrar e representar em gráfico o meu comportamento, irei:		
Para minimizar as causas do problema, irei:		
Os detalhes do meu plano de tratamento incluem:		
1. Etapas para controlar a situação:		
2. Etapas para controlar as consequências:		
3. Etapas para lidar com o comportamento complexo ou modificá-lo:		
4. Recompensas que eu posso ganhar por aderir e/ou concluir meu projeto:		
As etapas adicionais que seguirei para aumentar e manter meu compromisso com o projeto e prevenir recidivas incluem:		
Esquema para revisão do progresso:		
Assinaturas de todos os envolvidos e data do acordo:		
______________________	______________________	______________________
(Data)	(Sua assinatura)	(Assinatura do apoiador)

Um contrato comportamental tem pelo menos quatro funções de controle de estímulo importantes:

1. Garantir que todas as partes envolvidas concordem com as metas e procedimentos, e que não os percam de vista durante o tratamento.
2. Como as metas são comportamentalmente especificadas, o contrato comportamental garante que todas as partes concordarão sobre o quão perto estão de atingirem as metas.
3. O contrato comportamental fornece ao cliente uma estimativa realista do custo do programa em termos de tempo, esforço e dinheiro.
4. As assinaturas no contrato comportamental ajudam a garantir que todas as partes seguirão fielmente os procedimentos especificados, uma vez que a assinatura de um contrato indica compromisso.

Conforme enfatizamos nos capítulos anteriores, os procedimentos de modificação de comportamento devem ser revisados de modos apropriados, quando a data indicar que não estão produzindo resultados satisfatórios. Portanto, seu contrato comportamental deve estar aberto à renegociação a qualquer momento. Caso você descubra que não pode cumprir algum compromisso especificado no contrato comportamental, informe isso aos outros signatários na próxima reunião que tiverem. Discutam a dificuldade e, se parecer desejável, esbocem e assinem um contrato comportamental que substitua o anterior. Antes de fazer isso, examine o seguinte guia de solução de problemas.

Guia de solução de problemas[3]

As perguntas a seguir podem ajudá-lo a apontar problemas em seu contrato comportamental.

O contrato comportamental

1. O comportamento-alvo foi especificado claramente?
2. Se o comportamento-alvo era complexo, o contrato solicitou pequenas aproximações do comportamento desejado?
3. Prazos específicos foram identificados para o comportamento-alvo?
4. O contrato identifica claramente as situações em que o comportamento-alvo deve ocorrer?
5. O contrato forneceu reforço imediato? Os reforçadores ainda são importantes e valiosos para você?
6. Os reforçadores podem ser ganhos com frequência (diária ou semanalmente)?
7. O contrato requer e recompensa a realização, em vez da obediência?
8. O contrato foi redigido de uma forma positiva?
9. Você considera que o contrato é justo e está firmado no melhor dos seus interesses?

O mediador (seu cossignatário)

1. O mediador entende o contrato?
2. O mediador dispensa o tipo e a quantidade de reforço especificados no contrato?
3. O mediador se reúne com você nas datas especificadas no contrato?
4. Um novo mediador se faz necessário?

Medida

1. Os dados estão corretos?
2. O seu sistema de coleta de dados é complexo ou difícil demais?
3. O seu sistema de coleta de dados reflete claramente seu progresso em alcançar o comportamento-alvo?
4. Você precisa melhorar seu sistema de coleta de dados?

DISPENSAR O TERAPEUTA

Evidentemente, alguns problemas pessoais requerem ajuda de um terapeuta (discutido nos Capítulos 26 e 27). Deve estar claro, desde as seções anteriores deste capítulo, que muitas pessoas que dominaram alguns princípios e procedimentos comportamentais podem usá-los para controlar o próprio comportamento. Uma pessoa que tenha dominado este livro provavelmente não precisa de terapeuta para muitos problemas de comportamento, como diminuir o tabagismo, o roer de unhas, os xingamentos, intensificar o estudo, os exercícios ou o consumo de alimentos saudáveis. Essa pessoa sabe como obter dados, como planejar um programa e avaliar sua efetividade, como aplicar princípios e técnicas comportamentais e como usar um contrato comportamental para manter o comportamento controlador. Em resumo, muitas pessoas podem ser seus próprios modificadores de comportamento.

[3]Adaptado de DeRisi e Butz (1975), *Writing behavioral contracts: A case simulation practice manual.*

Questões para aprendizagem

23. Descreva brevemente quatro possíveis causas de recidiva em antecedentes. Indique como seria possível lidar com cada uma.
24. Descreva brevemente três possíveis causas de recidiva na especificação da resposta. Indique como seria possível lidar com cada uma.
25. Descreva brevemente duas possíveis causas de recidiva em consequências. Indique como seria possível lidar com cada uma.
26. Quais funções de controle de estímulo importantes são exercidas por um contrato comportamental?
27. É plausível sugerir que muitos indivíduos podem se tornar seus próprios modificadores de comportamento? Justifique a sua resposta.

RESUMO DO CAPÍTULO 25

Um tipo de problema de autocontrole consiste em excessos comportamentais. Eles podem ser causados por: (a) um reforçador imediato *versus* um punidor tardio para um comportamento problemático; (b) um reforçador imediato *versus* um punidor cumulativamente significativo para um comportamento problemático; e (c) um reforçador imediato para um comportamento problemático *versus* um reforçador tardio para um comportamento alternativo desejável.

Outro tipo de problema de autocontrole é um déficit comportamental. Ele pode ser causado por: (a) um pequeno punidor imediato para um comportamento *versus* reforçadores cumulativamente significativos; (b) um pequeno punidor imediato para um comportamento *versus* um punidor imediato, mas improvável, se o comportamento não ocorrer; e (c) um pequeno punidor imediato para um comportamento *versus* um grande punidor tardio se o comportamento não ocorrer.

Um modelo comportamental de autocontrole afirma que o autocontrole ocorre quando um indivíduo se comporta de maneira a reorganizar o ambiente para gerenciar seu comportamento subsequente. Os passos em um programa de autocontrole incluem: (1) especificar o problema e definir metas; (2) comprometer-se a mudar; (3) coletar dados e analisar as causas do problema; (4) elaborar e implementar um plano de tratamento; e (5) prevenir recaídas e manter os ganhos. Utilize tecnologia adequada para monitorar o comportamento que deseja mudar. Tome medidas pertinentes para minimizar ou evitar o contornar das contingências ao usar o autorreforço.

Exercícios de aplicação

Exercício envolvendo outros

Descreva um problema de autocontrole experimentado por alguém que você conhece. O problema é mais bem caracterizado como um déficit comportamental ou como um excesso comportamental? Qual parece ser a causa do problema?

Exercícios de automodificação

Usando a informação contida neste e nos capítulos anteriores, descreva como seguir as cinco etapas de um programa de autocontrole para promover a autorregulação bem-sucedida de um comportamento que você gostaria de mudar.

Confira as respostas das Questões para aprendizagem do Capítulo 25

Parte 5

Terapia Comportamental para Transtornos Psicológicos

Os dois capítulos desta parte tratam da aplicação de procedimentos comportamentais à psicoterapia – em outras palavras, o tratamento clínico de transtornos psicológicos. De acordo com a primeira parte do subtítulo deste livro, esses procedimentos serão descritos com alguns detalhes; no entanto, não será feita nenhuma tentativa de ensinar o leitor a conduzir a terapia com indivíduos com problemas clínicos. Essa terapia só deve ser realizada por terapeutas profissionais qualificados. Assim, o Capítulo 26 tem apenas um exercício de aplicação de automodificação, e não há exercícios de aplicação para o Capítulo 27.

26 Abordagens Comportamentais à Psicoterapia

Reestruturação Cognitiva, Métodos de Enfrentamento Autodirigidos e Procedimentos de Atenção Plena e *Mindfulness*

Objetivos de aprendizagem

Após ler este capítulo, o leitor será capaz de:
- Destacar os três estágios nas abordagens comportamentais de psicoterapia
- Explicar as terapias cognitivo-comportamentais proeminentes
- Explicar os métodos de solução de problemas e autorregulação proeminentes
- Destacar os procedimentos de atenção plena (*mindfulness*) e aceitação
- Discutir uma interpretação comportamental das terapias deste capítulo.

INTRODUÇÃO ÀS ABORDAGENS COMPORTAMENTAIS À PSICOTERAPIA

A modificação de comportamento, como descrito nos capítulos anteriores, emergiu nas décadas de 1950 e 1960 (essa história inicial é discutida também no Capítulo 28). Naquele período, os terapeutas de orientação comportamental começaram a tratar clientes que, de outro modo, receberiam os tipos tradicionais de psicoterapia, como a psicanálise. Os profissionais que adotavam esse novo tipo de abordagem escolheram usar tratamentos baseados em princípios comportamentais (*i. e.*, os princípios englobados na Parte 2 deste livro). Consequentemente, essa nova abordagem era chamada *terapia comportamental (TC)*, e os profissionais que a aplicam são conhecidos como *terapeutas comportamentais*. O foco inicial da TC era o tratamento de clientes com medo e ansiedade, porém seu uso rapidamente se estendeu para o tratamento de uma ampla variedade de problemas clínicos – transtornos de ansiedade, transtornos obsessivo-compulsivos, problemas relacionados com estresse, depressão, problemas conjugais e disfunção sexual – discutidos também no Capítulo 27. Em 1966, a Association for Advancement of Behavior Therapy (AABT) foi estabelecida.

Outra abordagem foi iniciada por um psicólogo e, um pouco mais tarde, por um psiquiatra. O psicólogo era Albert Ellis (1913-2007). Embora tenha começado sua carreira como psicanalista, ele observou que os problemas de muitos de seus clientes pareciam ser devidos não a desejos sexuais reprimidos, mas ao que ele considerava ser um raciocínio falho.

Por exemplo, um cliente solitário e deprimido pode fazer afirmações como "Não sou digno de amor". Ellis descobriu que, se ele contestasse essas afirmações, mostrando que não tinham base racional, o problema psicológico do cliente geralmente melhorava ou até desaparecia (Ellis, 1962). A partir dessas observações,

Ellis desenvolveu uma abordagem terapêutica que chamou de *terapia racional-emotiva (TRE).* O psiquiatra era Aaron Beck (1921-2021), que também iniciou sua carreira terapêutica como psicanalista. Assim como Ellis, que o influenciou fortemente, Beck – que na época estava se especializando no tratamento da depressão – observou que seus clientes frequentemente faziam autoafirmações que pareciam piorar seus problemas psicológicos, ou até mesmo ser a causa deles. Beck rotulou sua abordagem terapêutica de terapia cognitiva (p. ex., Beck, 1970). Ele acreditava que argumentar com o cliente é uma maneira, mas não necessariamente a melhor, de mudar as autoafirmações debilitantes ou disfuncionais do cliente.

Conforme mencionado na Parte 1 deste livro, os comportamentos verbais e as emoções que emitimos ou vivenciamos de forma encoberta ou privada são comportamentos. Portanto, quando um terapeuta modifica essas atividades, ele ou ela está modificando o comportamento. Assim, os tratamentos de Ellis e Beck poderiam ser chamados simplesmente de TC. Entretanto, tanto Ellis quanto Beck, e outros que os seguiram, achavam que o foco no comportamento manifesto era muito limitador. Eles achavam que estavam lidando com processos mentais internos, como o pensamento, subjacentes ao comportamento manifesto, e se referiam a esses eventos como processos cognitivos. Ellis chegou ao ponto de chamar sua *terapia de terapia racional-emotiva comportamental (TREC)*, e outros chamaram as abordagens de Beck e Ellis de *terapia cognitivo-comportamental (TCC).* Em 2005, a AABT foi renomeada para Association for Behavioral and Cognitive Therapies (ABCT).

De acordo com a terminologia atual, neste livro a TCC se referirá a todos os métodos terapêuticos que se concentram no tratamento do comportamento manifesto, público ou externo e do comportamento encoberto, privado ou interno. Isso inclui a TREC de Ellis, a terapia cognitiva de Beck e todos os outros métodos terapêuticos discutidos neste capítulo.

Assim, ocorreram dois estágios nas abordagens comportamentais da psicoterapia. O primeiro estágio foi o surgimento da TCC, o uso de princípios comportamentais para tratar problemas clínicos. O segundo estágio foi a TCC com ênfase na mudança de autoafirmações – geralmente chamadas de *cognições* ou, de forma menos técnica, *pensamentos* – no tratamento de problemas clínicos. Além de "pensamentos", os terapeutas cognitivo-comportamentais falam de cognições como *crenças* ou *sistemas de crenças*, que são conjuntos de autoafirmações inter-relacionadas; por exemplo, as autoafirmações "Não sou bom" e "Não valho nada" fazem parte da mesma crença ou sistema de crenças. Um termo mais abstrato para sistema de crenças é *esquema*; entretanto, não usaremos esse conceito aqui. Para obter mais detalhes sobre a teoria do esquema na terapia cognitiva e na TCC, ver Beck e Haigh (2014).

Os dois estágios das abordagens comportamentais à psicoterapia mencionados foram seguidos por um terceiro estágio, chamado por alguns de *terceira onda de abordagens comportamentais à psicoterapia* (Hayes, 2004; Hayes e Hofmann, 2017), e por outros de *terceira geração de abordagens comportamentais à psicoterapia.* Em contraste com a segunda geração de abordagens comportamentais à psicoterapia, a terceira geração não se concentra em mudar diretamente as autoafirmações do cliente, mas, em vez disso, em mudar as reações dos clientes a essas autoafirmações usando procedimentos de atenção plena e aceitação.

O objetivo deste capítulo é descrever brevemente os procedimentos chamados de TCC, incluindo os procedimentos da terceira geração. Organizamos as diferentes abordagens comportamentais da psicoterapia discutidas neste capítulo em três categorias: (1) tratamentos de TCC que enfatizam a diminuição de pensamentos desadaptativos que supostamente causam emoções e comportamentos problemáticos (métodos de reestruturação cognitiva); (2) estratégias autodirigidas de TCC para aprimorar as habilidades de enfrentamento (ou *coping*) manifestas (métodos de autorregulação); e (3) tratamentos de TCC da terceira geração de abordagens comportamentais à psicoterapia que enfatizam a mudança das reações dos clientes aos seus pensamentos desadaptativos, em vez de os pensamentos em si (estratégias de atenção plena e aceitação).

Questões para aprendizagem

1. Qual é o significado da sigla ABCT?
2. De acordo com Ellis e Beck, quais são os processos cognitivos?
3. Resumidamente, quais são as três ondas ou gerações de TC?

Métodos de reestruturação cognitiva

Você já se pegou dizendo: "Eu sempre estrago tudo", "Sou tão desastrado" ou "Nunca faço as coisas direito"? A terapia cognitivo-comportamental considerou esse tipo de autoafirmativa irracional – afinal de contas, você nem sempre estraga tudo, você nem sempre é tolo e, às vezes, você faz algumas coisas certo. A terapia cognitivo-comportamental acredita que esse tipo de pensamento causa ansiedade, tristeza, raiva ou outras emoções problemáticas. A abordagem da TC é destinada a ajudar as pessoas a identificarem esses pensamentos ou crenças irracionais e a substituí-los por autoafirmativas mais racionais. A tentativa terapêutica de mudar pensamentos debilitantes ou disfuncionais é chamada de *reestruturação cognitiva*. Um termo intimamente relacionado é *modificação do viés cognitivo*, que geralmente envolve o foco nas predisposições para pensar de determinadas maneiras (p. ex., tendência a ter uma visão negativa das coisas) que podem estar causando problemas psicológicos para um indivíduo.

As pessoas tendem a pensar em termos absolutos, como um estudante que pensa "Eu *tenho* que me sair bem em *todos* os cursos". As pessoas tendem a *supergeneralizar*, como um estudante que, após tirar uma nota ruim em uma prova, pensa "*Nunca* serei um bom aluno". As pessoas também tendem a *catastrofizar*, dizendo a si mesmas que as coisas estão tão horríveis que é impossível aguentar. Por exemplo, Jim, que continuou dormindo depois que o despertador tocou e por isso se atrasaria para a aula, apressou-se para se arrumar. Ele se cortou ao fazer a barba e pensou "Sou um desastre ambulante! Sempre estrago tudo". Mais tarde, Jim ficou preso no congestionamento. "Por que o pior sempre acontece comigo?" Sentiu-se com raiva e frustrado. Para Ellis, autoafirmativas como "Sou um desastre ambulante" e "O pior sempre acontece comigo" eram a raiz dos problemas emocionais (p. ex., raiva e frustração de Jim).

Basicamente, os métodos de reestruturação cognitiva ensinam os clientes a neutralizarem as autoafirmações irracionais com afirmações mais positivas e realistas. Em geral, isso é feito por meio de três fases principais. Na primeira, o terapeuta ajuda o cliente a identificar pensamentos problemáticos que sejam baseados em crenças irracionais, como os pensamentos de Jim sobre ele próprio ser um desastre ambulante. Na segunda fase, de uma forma bastante confrontativa e argumentativa, o terapeuta poderia desafiar as crenças irracionais do cliente consideradas a base da autofala problemática. Por exemplo, Jim poderia abrigar a crença irracional de que ele deve chegar sempre no horário da aula, um tipo de pensamento irracional a que Albert Ellis, por exemplo, se referia como "*musterbation*". Para Jim, o terapeuta poderia dizer "Mais cedo ou mais tarde, todo mundo que vive em uma cidade fica preso em um engarrafamento e tem outros eventos que o atrasam. O que o torna tão especial?" ou "O que você quer dizer com 'sempre estraga tudo'? Você contou que tirou nota A no último exame de computação". Na terceira fase, o cliente é ensinado, por meio de modelos e atribuições de tarefa de casa, a substituir as autoafirmativas irracionais por afirmativas baseadas em crenças racionais. Por exemplo, o terapeuta pode dar a Jim uma tarefa para casa para que ele pratique dizer a si mesmo que há coisas muito piores do que chegar atrasado à aula e que, embora as coisas pudessem ser melhores, certamente poderiam ser muito piores. Sua situação talvez fosse aborrecida ou inconveniente, mas não era catastrófica (espera-se, contudo, que Jim continue sendo capaz de reconhecer uma catástrofe real, ao contrário do personagem fictício da Figura 26.1). Conforme sugerido no exemplo anterior de Jim, as atribuições de lição de casa geralmente eram projetadas para ajudar o cliente a desafiar as crenças irracionais e a confrontar emoções problemáticas. Para obter uma descrição detalhada dos métodos de reestruturação cognitiva usados na TCC, ver Dobson e Dobson (2017) e Leahy (2017).

Terapia racional-emotiva comportamental (TREC)

Conforme indicado na introdução deste capítulo, Albert Ellis desenvolveu um método de reestruturação cognitiva que seguia as três fases principais descritas anteriormente, que ele inicialmente chamou de TRE e, depois, de TREC (Ellis, 1962, 1993). Para obter um guia prático da TREC, ver Dryden *et al.* (2010). Para um resumo do suporte empírico à TREC, ver Spiegler (2015).

Figura 26.1 Exemplo exagerado de terapia racional-emotiva.

Terapia cognitiva de Beck

Conforme indicado anteriormente neste capítulo, Aaron Beck (1976), independentemente de Ellis, desenvolveu uma abordagem de reestruturação cognitiva que é semelhante à TREC. Beck (1976) identificou vários tipos de pensamentos disfuncionais que causam problemas psicológicos, incluindo os seguintes:

1. *Pensamento dicotômico ou de tudo ou nada*, que é pensar em termos absolutos. Por exemplo: "Se não posso limpar a casa toda, é melhor não limpar nenhum cômodo."
2. *Inferência arbitrária*, que é tirar uma conclusão com base em evidências inadequadas, como, por exemplo, interpretar erroneamente uma expressão carrancuda no rosto de um transeunte como uma desaprovação dele em relação a você.
3. *Generalização excessiva*, que é chegar a uma conclusão geral com base em poucos casos, como presumir que um único fracasso significa que não se pode ter sucesso em nada. Por exemplo, se uma pessoa é ruim no futebol, ela pode generalizar que é incapaz de praticar bem qualquer esporte.
4. *Maximização*, que consiste em exagerar o significado ou a importância de determinado evento. Por exemplo, se eu não conseguir arrumar meu cabelo antes da festa de hoje à noite, ela será um desastre.

Deve-se observar que os tipos de pensamento disfuncional mencionados se originam do pensamento normal e adaptativo. Por exemplo, há casos em que pode ser adaptativo considerar um estranho de expressão carrancuda como uma ameaça em potencial. Entretanto, as reações naturais de defesa podem se transformar em comportamentos disfuncionais. Beck e Haigh (2014) chamaram essa tendência de as reações normais se transformarem em psicopatologia de *modelo cognitivo genérico*.

O procedimento de Beck envolve três componentes gerais. Primeiro, os clientes identificam pensamentos disfuncionais e considerações mal-adaptativas que possam estar causando emoções ou comportamento debilitante. Em geral, isso é feito por meio de uma série de exercícios de visualização e de perguntas facilmente respondidas. Por exemplo, um cliente poderia ser incentivado a recordar ou imaginar situações que eliciaram emoções debilitantes e a enfocar os pensamentos experimentados nessas situações. Segundo, uma vez identificado um pensamento disfuncional ou uma suposição desadaptativa, vários métodos podem ser usados para neutralizá-lo. Beck chamou um desses métodos de "checagem da realidade" ou "teste de hipótese". Depois que o cliente identifica a crença ou pensamento disfuncional e aprende a distingui-lo como uma hipótese e não como uma realidade, pode então testá-lo empiricamente por meio da atribuição de tarefas de casa. Por exemplo, se um cliente acredita que todas as pessoas que encontra se afastam dele por aversão, o terapeuta poderia ajudá-lo a criar um sistema para julgar as expressões faciais e a linguagem corporal de outras pessoas, de modo a permitir que o cliente consiga determinar objetivamente se os pensamentos por trás do problema são de fato precisos. Ou, os clientes poderiam ser estimulados a participar de sessões de atuação. Uma cliente que acreditava que as balconistas de uma loja a julgavam inapta mudou essa visão negativa de si mesma ao atuar no papel de uma balconista à sua espera. Ao desempenhar esse papel, ela percebeu que os vendedores geralmente estão mais preocupados com seu próprio desempenho do que com o desempenho dos clientes que estão atendendo. Terceiro, Beck frequentemente emprega atribuições de lição de casa adicionais contendo doses liberais de procedimentos de modificação de comportamento para desenvolver várias atividades desejáveis, diariamente. Por exemplo, indivíduos deprimidos frequentemente negligenciam tarefas rotineiras, como tomar banho, arrumar a cama e limpar a casa. As atribuições de lição de casa poderiam ser dirigidas no sentido de reestabelecer esses comportamentos. (Ver uma descrição de procedimentos para conduzir a terapia cognitiva de Beck, em Beck, 2011; Young *et al.*, 2021). Há considerável evidência, fornecida por um amplo número de estudos metodologicamente sólidos, de que a terapia cognitiva de Beck é efetiva para tratar a depressão e outros distúrbios psicológicos (Butler *et al.*, 2006; Dobson e Dobson, 2017; Spiegler, 2015).

A reestruturação cognitiva é o procedimento normalmente associado à TCC. Entretanto, a TCC não é um tratamento único; pelo contrário, há muitos componentes que podem ou não afetar o resultado da TCC. Pesquisas sobre os componentes da TCC indicam que, embora a reestruturação cognitiva possa ser um ingrediente eficaz da TCC, ela pode ter um efeito pequeno em relação a outros componentes em determinados casos – por exemplo, o tratamento do transtorno do pânico (p. ex., Pompoli *et al.*, 2018).

Questões para aprendizagem

4. Em resumo, o que os métodos de reestruturação cognitiva ensinam os clientes a fazer?
5. Descreva quatro tipos de pensamento disfuncional que, de acordo com Beck, podem causar problemas psicológicos. Descreva um exemplo de cada um deles.
6. O que é o modelo cognitivo genérico?
7. Descreva os três componentes gerais da terapia cognitiva de Beck.
8. Descreva os tipos de tarefas para casa que Beck usa no terceiro componente de sua terapia cognitiva. Descreva um exemplo.

Métodos de autorregulação

A seção anterior discutiu a reestruturação cognitiva, que foca a substituição por pensamentos racionais e a análise de informação para o pensamento irracional ou disfuncional. Outras estratégias cognitivas se concentram no ensino da autorregulação (p. ex., Karoly, 2012). De acordo com Karoly (2012, pp. 184-185), há dois tipos de autorregulação: (a) um tipo automático que não exige muito esforço; e (b) um tipo mais deliberado, que exige esforço. Cada tipo ajuda o indivíduo a atingir uma meta ou submeta. O segundo tipo pode se beneficiar da intervenção do terapeuta, que geralmente envolve estratégias de autoinstrução e de solução de problemas para ajudar os clientes a emitirem comportamentos manifestos para lidar com situações difíceis e estressantes. Para uma discussão detalhada sobre autorregulação, ver Vohs e Baumeister (2017). Embora a autorregulação seja semelhante ao autocontrole, conforme descrito no Capítulo 25, há uma distinção importante. O autocontrole muitas vezes envolve aprender a escolher um reforçador positivo maior e mais tardio, em vez de um reforçador menor e mais imediato, ao passo que, como mencionado, a autorregulação é um comportamento que leva o indivíduo a atingir uma meta ou submeta.

Treinamento autoinstrutivo

Dar instruções a si mesmo é uma forma do primeiro tipo de autorregulação descrito e, portanto, tem sido o foco de alguns terapeutas cognitivo-comportamentais. Meichenbaum e Goodman (1971) inicialmente desenvolveram o treinamento autoinstrutivo para ajudar crianças a controlarem o comportamento impulsivo. Meichenbaum (1986) *et al.* estenderam as estratégias de treinamento autoinstrutivo para ajudar clientes adultos a desenvolverem habilidades de enfrentamento para lidar com uma variedade de problemas e emoções negativas que estejam amplamente fora de controle. Muitas vezes, com adultos, nessa abordagem enfatiza-se mais o ensinar o cliente a superar as emoções negativas do que eliminá-las completamente. Por exemplo, em seguida ao tratamento, um cliente fóbico disse:

> A autoinstrução me torna capaz de estar na situação, não me sentir confortável, mas tolerá-la. Não digo a mim mesmo que estou com medo, mas apenas que pareço estar com medo. Você reage imediatamente àquilo de que tem medo e, então, começa a argumentar consigo mesmo. Falo comigo mesmo de pânico (Meichenbaum, 1986, p. 372).

A primeira etapa na abordagem de Meichenbaum para ensinar a superar as emoções negativas consiste em ajudar o cliente a identificar certos estímulos internos produzidos pela situação-problema e pelas autoafirmativas negativas que o cliente faz como uma reação: "Não consigo lidar com isso" ou "Não sou bom". O cliente aprende a usar esses estímulos internos como S^D para se engajar em autoinstrução apropriada. Em segundo lugar, por meio de modelos e ensaio comportamental, aprende a falar consigo mesmo para contrapor autoafirmativas negativas na presença da situação-problema (p. ex., "O fato de eu ficar ansioso momentos antes de dar uma palestra não significa que vou largar tudo – minha ansiedade é apenas uma forma de me preparar para estar alerta e fazer um bom trabalho"). Em terceiro lugar, ele é ensinado a se autoinstruir nas etapas para adotar uma ação apropriada (p. ex., "Irei respirar fundo três vezes, sorrir e então seguir com minhas notas e o meu discurso"). Por fim, o cliente é instruído a fazer afirmativas autorreforçadoras imediatamente após enfrentar com sucesso a situação-problema (p. ex., "Eu consegui! Espere até eu contar isso para o terapeuta!").

Inoculações de estresse

Meichenbaum (1985) desenvolveu uma estratégia chamada *treinamento de inoculação de estresse*. Essa estratégia segue tipicamente três fases. Na *fase de reinterpretação*, os clientes são ensinados que não é o estressor (p. ex., um estudante que precisa fazer uma apresentação em sala de aula) a causa de seu nervosismo ou reação estressada, mas somente o modo como eles veem o evento. Eles também são ensinados a verbalizar que são capazes de aprender a seguir etapas para lidar com a situação. Na *fase de treinamento de enfrentamento*, os clientes aprendem diversas estratégias de enfrentamento apropriadas, como relaxamento, autoinstrução e autorreforço. Por fim, na *fase de aplicação*, praticam habilidades de autofala e enfrentamento para estímulos estressantes, como mergulhar um dos braços em água congelante, assistir a um filme de horror ou recordar uma consulta estressante ao dentista. Pouco antes e durante a exposição a essas situações estressantes, o cliente pratica habilidades de enfrentamento apropriadas. Pesquisas indicam que as inoculações de estresse podem ser úteis para clientes com problemas de ansiedade ou estresse (Meichenbaum e Deffenbacher, 1988). No entanto, outras pesquisas indicam que ela não é mais eficaz do que alguns outros procedimentos, como a exposição prolongada a uma situação estressante (Zalta e Foa, 2012, p. 90).

Avaliação de métodos autoinstrutivos

Estudos indicam que as estratégias de treinamento autoinstrutivo são efetivas para tratar diversos problemas, incluindo impulsividade, falta de assertividade, isolamento social, ansiedade, baixa autoestima e comportamentos esquizofrênicos (Spiegler, 2015). O treinamento autoinstrucional parece se apoiar em grande parte no comportamento governado por regras. E, conforme indicado no Capítulo 19, as regras muitas vezes são efetivas quando descrevem circunstâncias específicas e prazos para comportamentos específicos que levam a resultados mensuráveis e prováveis, mesmo quando tais resultados são tardios. As regras que são deficientes nestes componentes tendem menos a serem efetivas.

Terapia de solução de problemas

Uma abordagem para ajudar as pessoas a lidarem com uma variedade de problemas para os quais buscam tratamento é referida como terapia de solução de problemas. Essa abordagem tem como foco ensinar as pessoas o modo de proceder, por meio do raciocínio lógico, na busca de soluções satisfatórias para problemas pessoais. A terapia de solução de problemas (TSP) baseia-se na solução racional de problemas, que normalmente ocorre de acordo com as seguintes etapas (Nezu e Nezu, 2012, pp. 161-162):

1. *Definição do problema.* Ao serem solicitados a especificar um problema, a maioria dos clientes responde em termos vagos – por exemplo, "Tenho estado muito aborrecido, ultimamente". Especificando a história do problema e as variáveis que parecem o estar controlando, geralmente é possível definir o problema de forma mais precisa. Por exemplo, a análise atenta de uma preocupação de um cliente poderia indicar que o que o está chateando é se sentir forçado a viver em meio à bagunça criada por um colega de quarto desleixado.
2. *Geração de alternativas.* Após definir precisamente o problema, o cliente é instruído a fazer um *brainstorm* de possíveis soluções – ou seja, "deixar a mente da pessoa correr livre" e pensar no máximo de soluções possível, independentemente do quão exagerado isso possa ser. Por exemplo, as possíveis soluções poderiam ser (a) mudar de casa; (b) aprender a aceitar a bagunça; (c) conversar de maneira assertiva com o colega de quarto sobre manter o local arrumado; (d) negociar um contrato comportamental com o colega de quarto; (e) jogar as coisas dele pela janela; e (f) jogá-lo pela janela.
3. *Tomada de decisão.* A próxima etapa é examinar cuidadosamente as alternativas, eliminando aquelas que sejam evidentemente inaceitáveis, como (e) e (f). O cliente então deve considerar a probabilidade das consequências a curto e longo prazos das alternativas restantes. Com base nessas considerações, ele seleciona a alternativa que mais provavelmente lhe dará a solução ideal.
4. *Implementação e verificação da solução.* O indivíduo executa a melhor solução para o problema e acompanha o progresso para garantir que o problema seja resolvido. Isso às vezes requer aprender habilidades novas. Se, por exemplo, o cliente decidiu que a melhor alternativa dentre todas as listadas na etapa 2 foi (d), então talvez ele necessite aprender sobre contratos comportamentais (ver Capítulo 24, *Economia Baseada em Fichas*).

Nezu *et al.* (2013) descreveram como a abordagem de solução de problemas poderia ser aplicada a uma variedade de problemas clínicos. Considerando clientes com habilidades racionais de solução de problemas, duas metanálises mostraram que a TSP é eficaz no tratamento da depressão e da ansiedade (Cuijpers *et al.*, 2018; Zhang *et al.*, 2018).

Questões para aprendizagem 

9. Descreva brevemente as quatro etapas de treinamento autoinstrutivo na estratégia de Meichenbaum para lidar com problemas e emoções negativas.
10. Descreva resumidamente as três fases do treinamento de inoculação de estresse de Meichenbaum.
11. O treinamento autoinstrutivo se apoia em grande parte no comportamento modelado por contingência ou no comportamento governado por regra? Justifique sua resposta.
12. Com uma frase cada, descreva as quatro etapas da solução racional de problemas.

Estratégias de atenção plena e aceitação

Recorde a intervenção baseada em atenção plena (*mindfulness*) para agressão ensinada a James (o caso principal do Capítulo 20). Quando ele sentia raiva, concentrava-se nas sensações que sentia nas solas dos pés. De uma perspectiva comportamental, a *atenção plena* envolve consciência sem julgamento, observação e descrição dos comportamentos encobertos ou manifestos de uma pessoa, conforme ocorrem e, em alguns casos, a observação dos antecedentes e das consequências desses comportamentos.

A atenção plena ou *mindfulness* é um conceito antigo considerado "o coração dos ensinamentos de Buda" (Nhat Hanh, 1998, p. 59). Além de ser de interesse dos profissionais de saúde mental, a atenção plena se tornou extremamente popular em nossa cultura contemporânea (p. ex., ver Editores da *Time*, 2016). A atenção plena envolve prestar intensa atenção a visões, cheiros, sabores e sensações táteis de uma experiência, enquanto esta ocorre. Suponha que você tenha feito uma reserva para encontrar sua amiga Sasha em um restaurante, ao meio-dia. Às 12h30, Sasha ainda não havia chegado. Sentindo-se com raiva, você poderia pensar "Isso realmente me chateia. Detesto quando Sasha se atrasa! Não suporto quando Sasha é tão pouco confiável! Por que tolero isso? As pessoas no restaurante devem pensar que eu sou um idiota por ficar aqui em pé por meia hora". Alternativamente, você poderia praticar a atenção plena e pensar "estou em pé na frente do restaurante. Percebo meu coração batendo mais rápido. Sinto meu estômago enjoado. Estou cerrando os punhos e meus antebraços estão tensos. Imagino o que as pessoas no restaurante estão dizendo de mim. Visualizo Sasha se desculpando comigo". Conforme esse exemplo ilustra, a atenção plena envolve se tornar completamente consciente de sensações, pensamentos, sentimentos e comportamento observável de alguém, momento a momento.

A *aceitação*, também chamada *aceitação experiencial* para distingui-la de outros tipos de aceitação em psicoterapia (Block-Lerner *et al.*, 2009; Wilson *et al.*, 2012), refere-se à abstenção de julgar as sensações, pensamentos, sentimentos e comportamentos de uma pessoa como sendo bons ou ruins, agradáveis ou desagradáveis, úteis ou inúteis, e assim por diante. Atenção plena e aceitação caminham lado a lado. Enquanto a primeira enfoca os comportamentos e sensações de alguém, a segunda enfoca o não julgamento desses comportamentos e sensações. Os pensamentos de uma pessoa são vistos apenas como respostas, eventos passivos. Os sentimentos, tanto positivos como negativos, são aceitos como parte da vida. Os procedimentos baseados na aceitação são usados para ensinar aos indivíduos que é possível sentir seus sentimentos e pensar seus pensamentos, mesmo que possam ser aversivos, e ainda assim adotar uma atitude construtiva que seja consistente com seus valores e objetivos de vida. Um excelente manual para o leigo aprender e praticar técnicas de atenção plena e aceitação é o livro de Williams *et al.* (2007), intitulado *The mindful way through depression: Freeing yourself from chronic unhappiness* [O Caminho Atento pela Depressão: Libertando-se da Infelicidade Crônica].

Alguns terapeutas começaram a incorporar procedimentos de atenção plena e aceitação à terapia comportamental (Hayes, 2004; Hayes *et al.*, 2011; Linehan, 2011; Linehan, 2014; Linehan *et al.*, 2015; Oser *et al.*, 2021). Conforme indicado neste capítulo, os terapeutas que incorporam essas estratégias de mudança experimental à terapia foram descritos como terceira onda ou terceira geração de terapeutas. Descrevermos duas das abordagens de terceira onda para terapia.

Terapia da aceitação e comprometimento (ACT)

Uma abordagem de terceira onda para tratamento é a *terapia da aceitação e comprometimento* (CAT), desenvolvida por Steven C. Hayes e seus colegas (p. ex., Hayes *et al.*, 1994). A ACT segue três fases principais. Na primeira, por meio do uso de metáforas, paradoxos, histórias e outras técnicas verbais apresentadas pelo terapeuta, o cliente aprende que as tentativas anteriores de controlar pensamentos e emoções problemáticos muitas vezes serviam apenas para aumentar a frequência de tais pensamentos e emoções. Se alguém lhe diz para não pensar em um elefante cor-de-rosa, no que você provavelmente pensaria? Em um elefante cor-de-rosa. Similarmente, se alguém ou você disser a si mesmo para parar de pensar em um pensamento debilitante particular, você provavelmente pensará ainda mais nisso. Na segunda fase, por meio da aplicação do treinamento de atenção plena e de exercícios de aceitação, o cliente aprender a experimentar e a abraçar, sem julgar, pensamentos e emoções, incluindo aqueles que são problemáticos. Em um exercício desse tipo, por exemplo, um cliente é estimulado a imaginar seus pensamentos como se "flutuassem como folhas em um riacho" (Hayes, 2004). Assim, em vez de tentar reconhecer e mudar pensamentos e sentimentos problemáticos, como seria feito na reestruturação cognitiva, a meta do treinamento de atenção plena e aceitação é simplesmente "estar com" os pensamentos preocupantes e sentimentos desagradáveis de alguém. Uma frase recomendada para os clientes repetirem a si mesmos é "Está tudo bem, seja lá o que for, já está aqui: deixe-me sentir isso" (Williams *et al.*, 2007, p. 84). Essa é a parte da aceitação na ACT. Na terceira fase, independentemente de os pensamentos e emoções problemáticos serem eliminados, os clientes são estimulados a identificar valores em diversos domínios da vida, como trabalho, família, saúde e relacionamentos íntimos.

O cliente então é encorajado a traduzir esses valores em objetivos concretos alcançáveis, e a identificar e emitir comportamentos específicos para alcançar tais metas. Essa é a parte do comprometimento na ACT: os clientes são encorajados a identificar metas valorizadas em suas vidas e a se comprometer com ações para persegui-las.

A ACT difere da TCC da segunda onda de abordagens comportamentais à psicoterapia de várias maneiras. Primeiramente, em vez de considerar que os pensamentos problemáticos constituem a causa primária das emoções perturbadoras, a ACT considera pensamentos e emoções apenas como respostas, e assume que ambos são causados por diversas contingências ambientais. Em segundo lugar, em vez de usar a reestruturação cognitiva para modificar pensamentos problemáticos diretamente, a ACT ensina o cliente a abraçar e aceitar vários pensamentos e emoções. A ACT também ensina clientes que, apesar de experimentarem pensamentos problemáticos e sentimentos aversivos, ainda tomam atitudes construtivas para perseguir metas valorizadas. Uma terceira diferença é o foco das atribuições de lição de casa comportamentais. Com a segunda onda da ACT, o propósito principal das atribuições de lição de casa comportamentais é ajudar o cliente a superar o pensamento distorcido. Com a ACT, as atribuições de lição de casa comportamentais são usadas para construir padrões maiores de ação efetiva na perseguição das metas valorizadas.

Pesquisas forneceram evidência de que a ACT é efetiva para tratar vários problemas, incluindo vícios, ansiedade, depressão, controle do diabetes, transtornos alimentares, controle da epilepsia, abandono do tabagismo, psicose, segurança no trabalho e diversos outros tipos de problema (Fernández-Rodríguez, 2021; Hayes e Lillas, 2012; Lee *et al.*, 2020; Morrison *et al.*, 2020; Öst, 2014; Ruiz, 2010). Ela também demonstrou eficácia na aceitação da dor crônica e na flexibilidade psicológica e, em menor grau, na ansiedade e na depressão associadas à dor crônica (Hughes *et al.*, 2017).

A ACT baseia-se em uma abordagem conhecida como *teoria das molduras relacionais* (*TMR*; Barnes-Holmes *et al.*, 2016; Hayes *et al.*, 2001). A TMR se baseia na pesquisa sobre a formação de classes de equivalência, discutida no Capítulo 11. Em geral, o emolduramento relacional envolve responder de determinadas maneiras a um conjunto de estímulos arbitrários que estão relacionados entre si por alguma expressão ou "moldura" linguística (p. ex., uma moeda de 10 centavos *vale mais do que* 1 níquel). Em outras palavras, embora uma moeda de 10 centavos seja menor do que uma moeda de 5 centavos em termos de tamanho real, designamos arbitrariamente que a moeda de 10 centavos vale mais. Para Hayes *et al.*, a moldura relacional é a essência do comportamento verbal e é a característica que diferencia os seres humanos de outros animais (Harte *et al.*, 2017; Hughes e Barnes-Holmes, 2016; McAuliffe *et al.*, 2014). Os animais não humanos apresentam generalização de estímulos para diferentes estímulos, desde que os estímulos tenham alguma característica física em comum, como aprender os conceitos de vermelho, árvore ou pessoas (ver Capítulo 11). Os seres humanos, entretanto, demonstram generalização de estímulos entre membros de uma classe de equivalência, mesmo que os membros sejam muito diferentes fisicamente. Esse efeito, juntamente à transformação das funções de estímulo entre estímulos relacionados, leva à moldura relacional, que nos permite falar e pensar sobre eventos que não estão presentes, analisar os prós e contras de possíveis resultados e selecionar cursos de ação para resolver problemas. Infelizmente, o emolduramento relacional também pode causar emoções incômodas com relação a estímulos que não estão presentes, como arrependimento ou remorso excessivo sobre eventos no passado remoto e preocupação excessiva e improdutiva sobre possíveis eventos em um futuro distante. Para revisões da TMR, ver Volume 19 (2003) de *Analysis of Verbal Behavior* e Palmer (2004). Para um livro de nível profissional sobre a TMR e suas aplicações, ver Dymond e Roche (2013).

Terapia dialético-comportamental

A terapia dialético-comportamental (DBT), originalmente desenvolvida por Marsha Linehan (1987) para tratar o transtorno da personalidade limítrofe – um transtorno caracterizado por instabilidade de humor, comportamento manifesto e relacionamentos –, é outra abordagem que incorpora os procedimentos de atenção plena e aceitação – e, portanto, faz parte da terceira onda de abordagens comportamentais à psicoterapia. A dialética é uma abordagem filosófica que remonta, pelo menos, ao antigo filósofo grego Platão. É uma abordagem para chegar à verdade por meio de diálogos em que um lado assume determinada posição e o outro lado assume uma posição oposta, que os lados debatem até que surja uma visão nova e mais precisa. Essa abordagem filosófica foi revivida no início de 1800 pelo filósofo alemão Hegel (ver Pear, 2007, p. 48).

Embora a filosofia de Hegel envolva muitos aspectos, uma de suas considerações é que muitos aspectos da realidade são compostos por forças opostas ou argumentos – tese e antítese – os quais, ao serem combinados em uma síntese, levam a uma nova abordagem (Weiss, 1974). Linehan adicionou o termo *dialética* à sua abordagem de psicoterapia comportamental, em parte porque a relação terapêutica muitas vezes envolve visões opostas do terapeuta e do cliente, que eventualmente devem se unir, e em parte por causa do conflito lógico existente entre aceitação e mudança. O cliente inicialmente tem perspectivas muito negativas sobre si mesmo e outras pessoas importantes, as quais devem ser vistas atentamente e aceitas de modo a permitir que ele aprenda a adotar uma ação construtiva para mudar, apesar dessas perspectivas. Em resumo, vários aspectos da DBT podem ser vistos como tese e antítese que eventualmente devem ser integrados em uma síntese (Robins *et al.*, 2011).

A DBT tipicamente envolve sessões semanais individuais entre o terapeuta e o cliente, bem como sessões em grupo semanais com clientes, sendo que a terapia tipicamente consiste em quatro fases. Em primeiro lugar, a parte inicial da terapia enfoca ajudar um cliente a expressar o que ele espera conseguir com a terapia. Em segundo lugar, por meio de treinamento de atenção plena e exercícios de aceitação, um cliente é estimulado a observar e descrever, sem julgar, seus próprios comportamentos manifestos e encobertos, em especial aqueles potencialmente prejudiciais para si próprio ou para os outros ou que possam interferir no curso do tratamento. Por meio do uso da discussão, atuação e observação dos outros tanto em sessões grupais como em sessões individuais, o cliente aprende a identificar, rotular e aceitar várias emoções e pensamentos previamente problemáticos. Em terceiro lugar, as habilidades interpessoais eventualmente são objeto de alvo, de modo que os clientes aprendem a dizer não, pedir aquilo de que necessitam e interagir apropriadamente com os outros em suas vidas. Em quarto lugar, após os clientes aprenderem a aceitar os aspectos de suas vidas sem distorção, julgamento nem avaliação, tendem muito mais a conseguir aprender e seguir estratégias comportamentais específicas para identificarem e alcançarem suas metas terapêuticas. Ver Dimeff *et al.* (2020) e Linehan (2015) um guia prático descrevendo os detalhes das etapas para a realização DBT.

Estudos indicam que a DBT é efetiva para tratar pessoas com transtorno de personalidade limítrofe (Kliem *et al.*, 2010), mulheres com bulimia nervosa (Telch *et al.*, 2001) e idosos com depressão (Lynch *et al.*, 2007). A DBT também se mostrou eficaz na redução de tentativas de suicídio por adolescentes (Miller *et al.*, 2017) e por pessoas com transtorno de personalidade limítrofe (Linehan et al., 2015), bem como na redução da compulsão alimentar (Safer *et al.*, 2017).

Questões para aprendizagem 

13. O que é *mindfulness* (atenção plena), do modo como os budistas e terapeutas comportamentais usam o termo?
14. O que é a *aceitação*, do modo como os terapeutas comportamentais usam o termo?
15. Descreva brevemente as três fases da ACT.
16. Explique resumidamente uma das considerações da filosofia da dialética.
17. Quais são os dois motivos que levaram Linehan a adicionar o termo *dialético* ao nome de sua abordagem de terapia comportamental?
18. Descreva brevemente as várias fases terapêuticas da DBT.
19. Descreva como a segunda fase da ACT é semelhante à da DBT, e como a terceira fase da ACT é semelhante à quarta fase da DBT.

INTERPRETAÇÃO COMPORTAMENTAL DE ALGUNS ASPECTOS DAS TERAPIAS APRESENTADAS NESTE CAPÍTULO

Conforme indicado nos Capítulos 5 e 17, duas categorias importantes de comportamento são: respondente e operante. Como discutido no Capítulo 17, grande parte daquilo a que chamamos "pensamento" e "sentimento" no dia a dia pode ser descrita em termos dessas duas categorias comportamentais fundamentais. Do mesmo modo, como indicado ao longo deste livro, consideramos que os princípios e procedimentos dos condicionamentos operante e respondente se aplicam tanto ao comportamento privado como ao comportamento público. Em alguns exemplos citados neste livro, o comportamento privado foi modificado para acarretar as mudanças desejadas no comportamento público. Todavia, em nenhum caso foi necessário considerar que o comportamento privado é fundamentalmente diferente do comportamento público. Por outro lado, os tratamentos usados se baseavam na consideração de que os mesmos princípios gerais e procedimentos são aplicáveis a ambos os comportamentos, privado e público. A partir dessa perspectiva, reavaliamos alguns aspectos das terapias apresentadas neste capítulo.

Por que a reestruturação cognitiva pode funcionar?

Conforme previamente discutido neste capítulo, alguns terapeutas cognitivos (especialmente aqueles da segunda onda de abordagem comportamental para psicoterapia) acreditam que o pensamento defeituoso é a causa dos problemas emocionais e comportamentais, assim, o foco primário da terapia cognitiva é modificar o pensamento defeituoso. Conforme discutido no Capítulo 17, é possível que algumas autoafirmativas pudessem funcionar como estímulo condicionado (CS) para eliciar os componentes respondentes de ansiedade, raiva e outras emoções. Considere o caso de Jim, o aluno que dormiu demais, cortou-se enquanto fazia a barba e, depois, ficou preso no congestionamento. As ocorrências de autofala irracional de Jim, como "Sou um desastre ambulante!" ou "Por que o pior sempre acontece comigo?", poderiam funcionar como CS para eliciar componentes respondentes de ansiedade ou raiva. Suas autodeclarações também poderiam ser analisadas em termos de comportamento governado por regras. Você recordaria o exposto no Capítulo 19, que uma *regra* é uma descrição de uma contingência em que, em uma dada situação, determinada resposta produzirá certas consequências. A declaração de uma regra, como "Se eu estudar meu texto sobre modificação de comportamento durante 3 horas, na noite de hoje, irei bem na prova sobre modificação de comportamento de amanhã", pode exercer controle sobre o comportamento e também influenciar você a estudar seu texto sobre modificação de comportamento durante 3 horas. A partir de uma perspectiva comportamental, a reestruturação cognitiva lida em grande parte com o comportamento governado por regra (Poppen, 1989; Zettle e Hayes, 1982). A autofala irracional de Jim poderia ser considerada uma regra defeituosa. A declaração dele "Sempre estrago tudo" implica a regra: "Se eu tentar fazer esta tarefa, falharei". Esse tipo de regra poderia fazê-lo evitar uma variedade de tarefas que ele é capaz de realizar. Um terapeuta cognitivo poderia contestar essas autodeclarações irracionais, desafiar Jim a substituí-las por autoafirmativas racionais e dar a ele algumas atribuições de tarefa de casa que sustentassem o pensamento racional. Por exemplo, Jim poderia repetir regras como "Consigo fazer algumas coisas muito bem. Seguirei atentamente as instruções da atribuição de computação, para então poder concluir a tarefa dentro do prazo". Regras desse tipo contraporiam sua autofala irracional ("Sempre estrago tudo") e provavelmente levariam ao comportamento que seria reforçado. O terapeuta ajudaria Jim a substituir regras imprecisas por regras mais precisas, e o ambiente natural provavelmente manteria o comportamento apropriado para as regras mais precisas.

Considere agora outros tipos de pensamento irracional. De acordo com Ellis e Grieger (1977), o pensamento irracional inclui categorias como "terrificantes" (p. ex., "É absolutamente terrível eu ter perdido meu emprego") e "imperativas" (p. ex., "Tenho que arrumar um emprego, ou irei me tornar uma pessoa que não presta"). Quando um cliente expressa esse tipo de pensamento, um terapeuta poderia desafiá-lo ("Por que isso é terrível?" ou "Só porque você está desempregado, não significa que você não presta"). Ainda que o cliente possa aprender a expressar que estar desempregado não é terrível, ainda estará sem emprego, e isso é ruim. Nesses casos, a reestruturação cognitiva é inútil. O cliente não recebeu um conjunto de regras (p. ex., "Checarei a seção de 'vagas'", "Irei à agência de empregos") que provavelmente o levarão à ação efetiva que o ambiente natural irá manter. Mesmo que o cliente tenha recebido regras claras para um comportamento efetivo, pode ser deficiente nos comportamentos necessários, como administração do tempo, assertividade ou persistência, que são necessários para encontrar um emprego. Portanto, em alguns casos de reestruturação cognitiva, as regras poderiam ser ineficazes porque não identificam as circunstâncias específicas para comportamentos específicos que levam a consequências ambientais suportivas ou o cliente é deficiente nos comportamentos especificados pelas regras.

Em resumo, as técnicas de reestruturação cognitiva, a partir de uma perspectiva comportamental, poderiam ser efetivas quando (a) diminuem a frequência das autoafirmativas irracionais eliciadoras do componente respondente de emoções problemáticas e (b) ensinam um cliente a repetir as regras por meio de discurso verbal e atribuições de tarefas de casa que identificam as circunstâncias específicas para os comportamentos específicos que tendem a ser mantidos no ambiente natural.

Por que a autoinstrução e o treinamento de solução de problemas podem funcionar?

Essas abordagens ensinam o comportamento governado por regras que leva a consequências efetivas. Ensinar uma estudante que está nervosa por ter de fazer uma apresentação em sala de aula a reconhecer o fato de estar nervosa; emitir autoafirmativas de enfrentamento (p. ex., "respire fundo", "o medo desaparecerá"); e autoinstruir-se nas etapas para agir de maneira adequada (p. ex., "Falarei devagar", "Usarei minhas anotações") é essencialmente dar a ela um conjunto de regras para seguir. Se as regras dirigem o comportamento de forma bem-sucedida (a aluna faz a apresentação e recebe um *feedback* positivo), então o uso dessas regras terá sido fortalecido. Como há o foco em desempenhar o comportamento de forma bem-sucedida ao *incluir autoafirmações de enfrentamento*, existe maior probabilidade de mudança pelo comportamento bem-sucedido do que haveria se o foco tivesse sido apenas as autoinstruções *relacionadas aos passos exigidos para completar a tarefa*. De modo similar, na solução de problemas, enquanto as duas primeiras etapas (definição de problema e geração de alternativas) envolvem autofala, as duas últimas (tomada de decisão e implementação de solução e verificação) requerem que o cliente coloque uma ação em prática e solucione o problema. Novamente, a autofala que está apropriadamente ligada aos comportamentos manifestos e às consequências ambientais favoráveis é mais propensa a ser efetiva do que a autofala que não exibe essa ligação.

Por que os procedimentos baseados em atenção plena e aceitação podem funcionar?

Uma possibilidade é que a observação sem julgamentos das sensações em curso desloca o comportamento de pensamento irracional e as emoções negativas por este eliciadas. No caso de Jim, se ele tivesse observado atentamente o quanto seu coração estava acelerado e o quão firmemente ele segurava a direção do carro enquanto estava preso no engarrafamento, talvez tendesse menos a fazer a si mesmo as declarações irracionais (p. ex., "Por que o pior sempre acontece comigo?") que anteriormente desencadearam emoções negativas. Como outro exemplo, no caso mencionado no Capítulo 20, em que James foi ensinado a se concentrar atentamente nas solas dos pés toda vez que sentia raiva, fazer isso provavelmente substituiu os pensamentos que eliciavam os sentimentos de raiva.

Uma segunda possibilidade é que, tendo o cliente aceitado as sensações características dos pensamentos e emoções problemáticos simplesmente como respostas e nada além disso, essa pessoa poderia então ser mais acessível à identificação de diversos valores na vida, articulando metas concretas (*i. e.*, regras) que representem esses valores, e se comprometendo com comportamentos específicos para alcançar tais metas. Nesse sentido, a pessoa terá quebrado um círculo vicioso em que os pensamentos negativos eliciam emoções negativas que evocam mais pensamentos negativos e assim por diante. De forma simplificada, seria possível dizer que, a partir do momento em que o cliente aceita o pensamento irracional e as emoções problemáticas como "não sendo nada demais", então passa a ser uma pessoa que "leva a vida mais facilmente". Em termos menos técnicos, poderíamos dizer que a pessoa que está fazendo um comportamento modelado pelas contingências está "seguindo o fluxo", em vez de seguir regras rígidas. Portanto, se essa possibilidade estiver correta, a ACT e a DBT usam estratégias para aprimorar o comportamento modelado por contingências no início da terapia e, em seguida, tiram proveito tanto do comportamento governado por regras quanto do comportamento modelado por contingências em um momento posterior da terapia.

CONSIDERAÇÕES FINAIS

No início deste capítulo, indicamos que a TC tem sido chamada de primeira onda ou geração de abordagens comportamentais à psicoterapia, a TCC desenvolvida por Ellis e Beck e seus seguidores, como a segunda onda ou geração, e a ACT e a DBT, como os principais exemplos da terceira onda ou geração. Como os representantes de cada onda ou geração percebem as outras? Em 2007, na reunião anual da Association for Behavioral and Cognitive Therapies, dois representantes de cada onda ou geração participaram de uma mesa de discussão. Seus comentários refletiram concordâncias e discordâncias interessantes, que podem ser encontradas na edição de inverno de 2008 (nº 8) da *Behavior Therapist* (DiGiuseppe, 2008; Hayes, 2008; Leahy, 2008; Moran, 2008; O'Brien, 2008; Salzinger, 2008). Em 2013, a revista *Behavior Therapy* publicou uma série editada por David M. Fresco (2013), na qual terapeutas das perspectivas da ACT e da TCC tradicional (Hayes *et al.*, 2013; Hofmann *et al.*, 2013) forneceram artigos principais. Esses artigos foram seguidos pelas respostas dos comentaristas de cada perspectiva (Dobson, 2013; Herbert e Forman, 2013; Kanter, 2013; Rector, 2013) e, por fim, por uma síntese dos artigos da série (Mennin *et al.*, 2013). Assim como na mesa de discussão de 2007, seus comentários refletiram concordâncias e discordâncias interessantes, que podem ser encontradas na edição de março de 2013 (nº 2) da *Behavior Therapy*. O principal ponto de concordância tanto para a segunda quanto para a terceira onda de abordagens comportamentais à psicoterapia é que as cognições podem afetar o comportamento manifesto. Os pontos de discórdia incluíram se realmente existem mesmo três ondas ou gerações claramente definidas de terapia comportamental, se há evidências convincentes de que a ACT é mais eficaz do que outras formas de terapia cognitiva ou cognitivo-comportamental, se os terapeutas cognitivo-comportamentais já fazem o que os terapeutas de ACT fazem, embora com rótulos diferentes, e se a ACT foi definida com rigor suficiente para ser aplicada de forma confiável e testada cientificamente. Para um estudo sobre as semelhanças e diferenças entre os praticantes de terapias comportamentais de segunda e terceira onda/geração, ver Brown *et al.* (2011).

Embora a reestruturação cognitiva e os procedimentos de atenção plena e aceitação frequentemente sejam considerados como voltados para a modificação de pensamentos, crenças e atitudes, sua característica distintiva parece ser o fato de lidarem com o imaginário e os sentimentos (o componente respondente das emoções) e o comportamento verbal privado, bem como com o comportamento público. Não parecem envolver nenhum princípio comportamental além daqueles discutidos nos capítulos anteriores deste livro. Todos os profissionais que lidam com o comportamento deveriam estar abertos a procedimentos inovadores destinados a ajudar as pessoas a mudarem seus comportamentos. Ao mesmo tempo, como apontou este capítulo, olhar para esses procedimentos com uma perspectiva comportamental consistente tem vantagens práticas e também teóricas. Além disso, é especialmente importante que, sempre que possível, os profissionais usem procedimentos já validados na literatura científica e evitem usar aqueles não validados. Esse aspecto é enfatizado no próximo capítulo.

Questões para aprendizagem

20. Dê um exemplo que ilustre como as autoafirmativas de uma pessoa (pensamento operante) podem funcionar como CS para eliciar os componentes respondentes de uma emoção. (Ver Capítulo 17.)
21. Dê um exemplo que ilustre como as autoafirmativas de uma pessoa poderiam exercer controle governado por regras sobre o comportamento dessa pessoa. (Ver Capítulo 19.)
22. Dê um exemplo que ilustre como os terapeutas cognitivos exploram o comportamento governado por regra para ajudar seus clientes.
23. Do ponto de vista comportamental, resuma o motivo pelo qual as técnicas de reestruturação cognitiva poderiam ser efetivas.
24. Explique por que tanto a autoinstrução como o treinamento em solução de problemas poderiam ser técnicas terapêuticas efetivas.
25. Descreva brevemente duas explicações comportamentais para o fato de os procedimentos baseados em atenção plena e aceitação serem terapêuticos.
26. Discuta se os modificadores de comportamento renomados negam a existência e a importância dos pensamentos e sentimentos.

RESUMO DO CAPÍTULO 26

Houve três estágios ou ondas de aplicação de princípios comportamentais a problemas psicológicos ou mentais. O primeiro estágio foi a aplicação direta dos princípios comportamentais a esses problemas. Nesse estágio, não havia distinção filosófica entre comportamento público, manifesto ou externo e comportamento privado, encoberto ou interno. Os princípios comportamentais eram considerados aplicáveis a todos os comportamentos – a pele não era considerada um limite tão importante. Na segunda onda, sentiu-se que era necessário fazer uma distinção mais clara entre o comportamento manifesto e o encoberto. Especificamente, sentiu-se que o comportamento encoberto – particularmente as declarações que uma pessoa faz em particular para si mesma, também conhecidas como pensamentos, crenças ou cognições – precisava ser abordado, uma vez que é responsável por grande parte da infelicidade humana causada pelo comportamento disfuncional. Isso levou à segunda onda, na qual a palavra "cognitivo" foi adicionada ao termo "terapia comportamental" para produzir a "terapia cognitivo-comportamental" ou "TCC".

Os terapeutas cognitivo-comportamentais adotaram várias abordagens diferentes para lidar com crenças problemáticas. Uma delas era contestar agressivamente essas crenças por meio de argumentos racionais. Outra abordagem, mais aceita, era incentivar o cliente a substituir as autoafirmações negativas por autoafirmações positivas. Essas formas de TCC fazem uso extensivo de tarefas de casa, nas quais os clientes passam por exercícios nos quais examinam e revisam seus sistemas de crenças, conforme necessário, e treinam a elaboração de autoafirmações positivas.

A autoinstrução e a solução de problemas pessoais também são consideradas parte da segunda onda da TCC. Embora esses procedimentos não se concentrem na mudança de crenças irracionais, eles se preocupam com os processos encobertos. Uma pessoa que realiza uma tarefa complexa, antiga ou nova, provavelmente está praticando ou já praticou um comportamento verbal em nível manifesto ou encoberto que facilita a realização dessa tarefa.

A terceira onda de abordagens comportamentais à psicoterapia aceita a visão de que muitos problemas comportamentais resultam de processos cognitivos disfuncionais; portanto, também é considerada TCC. No entanto, em vez de se concentrar na mudança de crenças irracionais, a terceira onda se concentra na atenção plena, na aceitação sem julgamentos dos pensamentos e sentimentos da pessoa e na modificação de comportamentos disfuncionais decorrentes desses pensamentos e sentimentos. Dois grandes representantes da terceira onda são a terapia de aceitação e comprometimento (ACT) e a terapia comportamental dialética (DBT).

O capítulo termina com uma discussão sobre como os princípios comportamentais básicos – os princípios abordados na Parte 2 deste livro – podem explicar a eficácia da segunda e da terceira ondas de abordagens comportamentais à psicoterapia.

Exercícios de aplicação

Exercício de automodificação

Considere uma situação em que você às vezes experimenta pensamentos negativos (p. ex., ao pensar em seu futuro, em um relacionamento, no trabalho, no seu desempenho em um curso). Em uma frase, descreva o tema geral em torno do qual o pensamento negativo ocorre. Em seguida, liste 10 tipos diferentes de pensamento (que podem ser autoafirmativas, imagens ou uma mistura de ambos) que você experimenta ao pensar de modo negativo sobre esse tópico ou tema em particular. Então, para cada pensamento negativo, descreva um pensamento positivo ou autoafirmativa de enfrentamento que você poderia praticar para contrapor o pensamento negativo. Seus pensamentos de enfrentamento devem ser realistas, positivos e específicos, e eles devem estar relacionados com resultados positivos específicos.

Confira as respostas das Questões para aprendizagem do Capítulo 26

27 Transtornos Psicológicos Tratados com Terapias Comportamental e Cognitivo-Comportamental

 **Objetivos de aprendizagem**

Após ler este capítulo, o leitor será capaz de descrever brevemente os tratamentos comportamentais comuns para:

- Fobias específicas
- Transtorno do pânico e agorafobia
- Transtorno de ansiedade generalizado
- Transtorno do estresse pós-traumático
- Transtorno obsessivo-compulsivo
- Depressão
- Transtornos relacionados ao uso de álcool e outras substâncias que causam dependência
- Transtornos alimentares
- Angústia de casal
- Disfunção sexual
- Transtornos de hábito.

Dos anos 1900 até agora, muitos tipos de psicoterapia foram desenvolvidos. Cada proponente de um tipo particular de psicoterapia, de Freud em diante, argumentou que seu tratamento é efetivo e que os outros são menos efetivos ou inefetivos. Com o tempo, questões persistentes foram levantadas com relação a quais tratamentos psicológicos (se houver algum) são efetivos, para quais tipos de transtorno são efetivos, e para quais tipos de cliente. Para abordar estas questões, a American Psychological Association (APA) começou a promover a política de que as decisões relacionadas com as atividades profissionais dos psicólogos deveriam ser baseadas em dados cientificamente comprovados. Em 2005, a APA estabeleceu uma força-tarefa para fazer recomendações e fornecer diretrizes sobre qual a melhor maneira de incorporar evidências de pesquisa científica à prática psicológica (APA Presidential Task Force on Evidence-Based Practice, 2006). Uma das principais recomendações da força-tarefa era que os psicólogos clínicos deveriam usar **terapias empiricamente sustentadas (TES)** – "tratamentos específicos que se mostraram comprovadamente eficazes em estudos clínicos controlados". Muitas vezes, as TES são TC ou TCC, primariamente porque, como discutido no Capítulo 1, a abordagem comportamental enfatiza a fundamentação dos tratamentos em princípios bem estabelecidos, quantificação dos resultados dos tratamentos em comportamentos objetivamente definidos e alteração dos tratamentos que não estejam produzindo resultados satisfatórios.

Em seguida ao relatório da citada força-tarefa, a divisão clínica 12 (Division 12) da APA disponibilizou uma página na internet (www.psychologicaltreatments.org/) para manter uma ampla audiência – psicólogos, potenciais clientes, estudantes e o público em geral – informada acerca dos tratamentos sustentados por pesquisas para vários transtornos psicológicos.

Este *site* lista alguns transtornos psicológicos, tratamentos que têm sido aplicados a estes transtornos e o nível de suporte científico publicado para estes tratamentos. Para cada transtorno e tratamento listado, são indicados um dos dois níveis de suporte científico: suporte científico forte; e suporte científico modesto. O *suporte científico forte* é definido como sendo um tratamento para o qual "estudos bem delineados conduzidos por pesquisadores independentes convergem para sustentar a eficácia de um tratamento". O *suporte científico modesto* é definido como um tratamento para o qual "um estudo bem delineado ou dois ou mais estudos adequadamente delineados sustentam a eficácia [do] tratamento". Um tratamento não listado como tendo suporte científico não necessariamente significa que o tratamento é inefetivo. Isto significa apenas que não há evidência científica publicada o suficiente para sustentar sua eficácia no primeiro ou no segundo nível, no presente momento. Também é preciso notar que, mesmo que um tratamento tenha sido listado como tendo forte ou modesto suporte científico para o tratamento de um dado transtorno, isto não significa que esse tratamento será efetivo para todos os indivíduos que sofrem do transtorno. Isto apenas significa que, em determinadas condições controladas, foi demonstrado que o tratamento é mais efetivo do que nenhum tratamento ou do que um procedimento controle apropriado.

Embora os esforços para estabelecer uma lista de TESs que provaram ser eficazes em ensaios clínicos conduzidos cientificamente sejam louváveis, o esforço foi recebido com críticas e levou a recomendações para melhorar a viabilidade científica do processo. A discussão desses tópicos pode ser encontrada em uma edição especial da *Behavior Modification* (2003) (ver também Hjørland, 2011). Duas das principais críticas à ênfase atual nas TESs é que ela diminui a teoria científica subjacente dos tratamentos e tende a reduzir a autonomia do profissional para utilizar seu bom senso como especialista. Há também o problema da dificuldade de influenciar os profissionais a aprenderem sobre as TESs. Para discussões sobre os desafios enfrentados na promoção e na disseminação das TESs, ver Kazdin (2008), Rego *et al.* (2009) e uma edição especial da *Behavior Modification* (2009) que trata desse tópico.

Este capítulo fornece exemplos de transtornos que têm sido tratados com TC e TCC. A informação sobre os tratamentos e as pesquisas de suporte correspondentes disponibilizadas no *site* mencionado anteriormente foi extensivamente usada na preparação deste capítulo. Os interessados em informação mais atualizada sobre o tópico devem consultar o *site*.

Assim como o capítulo anterior, a intenção do presente capítulo não é ensinar o leitor a acessar, diagnosticar ou tratar os transtornos discutidos aqui. Somente profissionais treinados devem realizar estas atividades. Em vez disto, o propósito deste capítulo é fornecer informação geral sobre o quão qualificadamente os terapeutas comportamentais tratam vários distúrbios e relacionar a informação aos princípios e procedimentos comportamentais discutidos nos capítulos anteriores. Os tratamentos comportamental e cognitivo-comportamental dos transtornos discutidos neste capítulo receberam cobertura detalhada em outras partes (p. ex., Antony e Barlow, 2021; Barkham *et al.*, 2021; Barlow, 2021; Beck, 2020; Dobson e Dobson, 2017).

Deve ser notado que os tratamentos farmacológicos são disponibilizados para alguns dos problemas abordados neste capítulo. Embora os fármacos isoladamente às vezes possam ser efetivos, muitos estudos mostram que os fármacos são mais efetivos quando combinados à TC ou à TCC. Considerando que os fármacos muitas vezes produzem efeitos colaterais, em geral é considerado desejável evitar seu uso quando a TC ou a TCC constitui uma alternativa viável.

Os transtornos clínicos abrangidos neste capítulo são representativos dos tipos de transtorno de comportamento tratados pelos terapeutas comportamentais e terapeutas cognitivo-comportamentais. Como estes problemas clínicos não são independentes, os clientes muitas vezes têm mais de um – uma condição conhecida como *comorbidade*. O tratamento em geral não é direto quando há uma comorbidade. Para fins de simplificação, este capítulo considera que o cliente sofre apenas de uma das condições discutidas.

FOBIAS ESPECÍFICAS

Muitas pessoas têm medos tão intensos que praticamente as incapacitam. Alguém poderia ter um medo deste tipo com relação às alturas, de modo que subir um único lance de escadas ou olhar por uma janela do segundo andar lhe causa ansiedade. Outra pessoa poderia ter medo de ir a lugares públicos, porque as multidões a apavoram. Tentar convencer estas pessoas de que seus medos são irracionais muitas vezes não tem efeito benéfico. Em geral, elas sabem que seus medos não têm base racional e gostariam de eliminá-los, mas não conseguem porque os medos são eliciados automaticamente por estímulos específicos. Um medo intenso, irracional e incapacitante de uma classe de estímulos é chamado *fobia específica*. As fobias específicas são classificadas nos tipos animal (p. ex., medo de cachorro, de aves, de aranha), ambiente natural (p. ex., medo de alturas, de tempestade) sangue-lesão-injeção (p. ex., medo de ver sangue, de passar por uma cirurgia), situacional (p. ex., espaços fechados, andar de avião), entre outros tipos (qualquer fobia específica não incluída na lista precedente).

Questões para aprendizagem

1. O que são as terapias empiricamente sustentadas (TES)?
2. Por que as terapias empiricamente sustentadas frequentemente vêm a ser TC ou TCC?
3. Quais são as duas críticas à ênfase atual nas TESs?
4. O que é uma fobia específica?
5. Liste três classes de fobias específicas e dê dois exemplos de cada.

Tratamento: O *site* da Division 12, sobre tratamentos psicológicos cientificamente fundamentados, lista terapias de exposição como tendo forte base científica para o tratamento de fobias específicas. De acordo com o *site*, "as terapias baseadas na exposição refletem uma variedade de abordagens comportamentais que são todas baseadas na exposição de indivíduos fóbicos aos estímulos que as amedrontam". Os principais tratamentos comportamentais para fobias específicas são discutidos posteriormente (ver informação adicional sobre tratamento de fobias específicas em Zalta e Foa, 2012, pp. 80-83).

Dessensibilização sistemática: Joseph Wolpe (1958) desenvolveu o mais antigo tratamento comportamental para fobias específicas. Wolpe supôs que o medo irracional característico de uma fobia é uma resposta respondentemente condicionada ao objeto ou situação temida (descrito no Capítulo 17). A partir desta hipótese, Wolpe argumentou que poderia eliminar a resposta de medo irracional se conseguisse estabelecer uma resposta ao estímulo temido que contrapusesse ou opusesse a resposta de medo. Em outras palavras, ele decidiu tratar a fobia expondo o cliente ao estímulo temido e, ao mesmo tempo, condicionando outra resposta a este estímulo. Do exposto no Capítulo 5, é possível lembrar que este processo é chamado *contracondicionamento*. Uma resposta medo-antagônica que Wolpe considerou conveniente para esta finalidade foi o relaxamento. Ele argumentou ainda que, ao contracondicionar a resposta de medo, o terapeuta deveria ter o cuidado de não eliciar a resposta de medo totalmente de uma vez, em toda a sua intensidade, uma vez que medo demais na sessão de terapia iria interferir no processo. Devido a este raciocínio, Wolpe poderia ter denominado seu tratamento *contracondicionamento sistemático*, mas preferiu nomeá-lo *dessensibilização sistemática*.

A dessensibilização sistemática é um procedimento para superar uma fobia fazendo o cliente em estado de relaxamento imaginar sucessivamente os itens temidos em uma hierarquia de medo. Uma hierarquia de medo é uma lista de estímulos eliciadores de medo dispostos em ordem do menos eliciador para o mais eliciador de medo. Na primeira fase da dessensibilização sistemática, o terapeuta ajuda o cliente a construir uma hierarquia de medo – uma lista de cerca de 10 a 25 estímulos relacionados com o estímulo temido. Com ajuda do terapeuta, o cliente ordena os estímulos a partir daqueles que causam menos medo até aqueles que causam mais medo.

Na fase seguinte, o cliente aprende um procedimento de relaxamento muscular profundo que requer tensionar e relaxar um conjunto de músculos. Esta estratégia de tensão-relaxamento é aplicada aos músculos de todas as áreas principais do corpo (braços, pescoço, ombros e pernas). Após várias sessões, o cliente consegue relaxar profundamente em questão de minutos. Durante a terceira fase, a terapia real é iniciada. Sob o comando do terapeuta, o cliente em relaxamento imagina claramente a cena que menos elicia medo na hierarquia, por alguns segundos, então para de imaginá-la e continua relaxando por cerca de 15 a 30 segundos. Isto é repetido. Em seguida, a próxima cena é apresentada e repetida do mesmo modo. Isto continua ao longo das sessões, até a última cena da hierarquia ser apresentada. Se, em qualquer ponto, o cliente experimentar ansiedade (que é comunicada ao terapeuta levantando o dedo indicador), o terapeuta o faz voltar para a etapa anterior ou insere uma cena intermediária. Quando todas as cenas na hierarquia tiverem sido completadas, o cliente geralmente pode encontrar os estímulos temidos sem se angustiar. O reforço positivo então recebido pelo cliente para interagir com os estímulos previamente temidos ajuda a manter interações contínuas com aqueles estímulos.

Embora a dessensibilização sistemática normalmente seja realizada fazendo o cliente imaginar os estímulos temidos, também pode ser conduzida *in vivo* – do latim "na vida" ou, em outras palavras, na presença dos estímulos reais que eliciam medo no ambiente natural. A exposição *in vivo* muitas vezes é usada quando os clientes têm dificuldade para imaginar as cenas. Também propicia a vantagem de eliminar a necessidade de generalização de programa a partir das cenas imaginadas para as situações reais. Entretanto, em geral é menos demorado e menos oneroso para o cliente imaginar as cenas temidas em uma ordem hierárquica do que arranjar uma exposição hierárquica *in vivo* às cenas.

Por motivos não totalmente esclarecidos, diante da efetividade comprovada em numerosos estudos, a dessensibilização sistemática perdeu popularidade entre os terapeutas. Um motivo talvez seja a sua ênfase no comportamento encoberto ou privado (*i. e.*, imaginário) como sendo oposto ao comportamento manifesto, que tende a ser favorecido pelos estudiosos do comportamento. Além disso, dada a sua ênfase estímulo-resposta, a dessensibilização sistemática não atrai os terapeutas de orientação cognitiva – ela se encaixa mais na primeira onda do que nas ondas subsequentes de abordagens comportamentais à terapia.

Flooding: O *flooding* (inundação) é um método para extinguir o medo por meio da exposição a um estímulo fortemente temido, durante um período de tempo prolongado. Embora o modelo para dessensibilização sistemática seja contracondicionante, o modelo para *flooding* é a extinção. Ou seja, a consideração básica por trás do *flooding* é que, se o cliente é exposto ao estímulo temido, não lhe é permitido fugir desse estímulo e nenhum evento aversivo irá se seguir, então a resposta de medo ao estímulo será extinguida. O *flooding* é realizado *in vivo* (*i. e.*, na presença do estímulo real temido) ou por meio da imaginação. *In vivo* geralmente é preferido, porque teoricamente deve maximizar a generalização; há evidência de que ambos os métodos sejam igualmente efetivos (Borden, 1992).

Como o nome *flooding* sugere, o tratamento envolve eliciar o medo na ou perto da sua intensidade total máxima. Entretanto, o procedimento pode envolver níveis graduados de exposição, caso o cliente experimente uma angústia muito opressora. Um medo de altura, por exemplo, poderia ser tratado fazendo o cliente olhar pela janela do primeiro andar, em seguida pela janela do terceiro andar, depois pela janela do sétimo andar e, por fim, no topo de um edifício de 10 andares. Desta forma, exceto pela ausência de um procedimento de relaxamento explícito, o *flooding* pode ser bastante similar à dessensibilização (ver uma edição especial sobre novos métodos em terapia da exposição para transtornos de ansiedade, em *Behavior Modification*, 2013).

Modelação participante: Esse é um método para diminuir o medo, em que o cliente imita outro indivíduo se aproximar do objeto temido. Como o nome do procedimento sugere, cliente e terapeuta participam juntos na situação temida. A modelação participante tipicamente é conduzida de forma graduada. Por exemplo, se um cliente tem medo de aves, esse cliente vê o terapeuta observar um periquito na gaiola a cerca de 3 m de distância. O cliente então é encorajado a imitar este comportamento e é elogiado por fazer isso. Após várias tentativas, o processo é repetido a uma distância de 1,5 m da ave, depois a 60 cm e então ao lado da gaiola, em seguida com a porta da gaiola aberta e, por fim, com o periquito empoleirado no dedo do cliente.

Abordagens de não exposição: Dessensibilização sistemática, *flooding* e modelação participante são **terapias baseadas na exposição,**

Questões para aprendizagem

6. O que é a hierarquia de medo?
7. Defina dessensibilização sistemática.
8. Usando um exemplo, descreva brevemente as três fases da dessensibilização sistemática de uma fobia específica.
9. Descreva a diferença fundamental entre *flooding* e dessensibilização sistemática.
10. Ilustre brevemente um exemplo de como o *flooding in vivo* poderia ser usado para tratar uma fobia específica.
11. Ilustre brevemente um exemplo de como a modelação participante poderia ser usada para tratar uma fobia específica.
12. Qual é a característica definidora das terapias baseadas em exposição? Dê um exemplo de terapia de não exposição.

porque envolvem exposição – seja imaginária ou *in vivo* – do cliente ao(s) estímulo(s) temido(s). A ACT, uma terapia de não exposição, descrita no Capítulo 26, também tem sido usada no tratamento de fobias específicas. Forsyth e Eifert (2016) prepararam um guia de autoajuda para as pessoas usarem a ACT com o objetivo de superar a ansiedade, fobias e preocupação excessiva. Do mesmo modo, Norton e Antony (2021) descreveram estratégias passo a passo para que os indivíduos com problemas de ansiedade, inclusive de fobias, usem os procedimentos de TCC para superarem seus problemas.

OUTROS TRANSTORNOS DE ANSIEDADE

Os transtornos de ansiedade são caracterizados por (a) medo ou ansiedade que resulta em alterações fisiológicas, como mãos suadas, tremor, tontura e palpitações cardíacas; (b) fuga e/ou esquiva de situações em que o medo tende a ocorrer; e (c) interferência dos comportamentos indesejados na vida do indivíduo. Ver uma discussão sobre como a pesquisa e os princípios de aprendizado podem explicar a etiologia dos transtornos de ansiedade nas referências de Mineka e Oehlberg (2008) e Mineka e Zinbarg (2006). Os transtornos de ansiedade são classificados em várias categorias amplas, incluindo as fobias específicas, transtorno do pânico e agorafobia, transtorno de ansiedade generalizado (TAG) e transtorno do estresse pós-traumático (TEPT). Tendo considerado as fobias, vamos agora considerar os outros três.

Transtorno do pânico e agorafobia

O *transtorno do pânico* é a suscetibilidade a ataques de pânico, as quais consistem em experiências intensas de medo que parecem "vir do nada", sem nenhum indício ou estímulo precipitador. Estes ataques incluem pelo menos quatro dos seguintes sintomas: (a) anormalidades de frequência cardíaca, incluindo batimentos cardíacos extremamente rápidos, palpitações cardíacas e batimentos cardíacos fortes; (b) sudorese; (c) tremor; (d) falta de ar ou sensação de sufocamento; (e) sensações de choque; (f) desconforto ou dor torácica; (g) náuseas ou desconforto abdominal extremo; (h) tontura ou sensação de "cabeça leve" ou desmaios; (i) sensação de irrealidade; (j) sensação de entorpecimento ou formigamento; (k) calafrios ou ondas de calor; (l) medo de enlouquecer ou de perder o controle; e (m) medo de morrer.

A *agorafobia* – que significa literalmente "medo da praça pública" – é um medo intenso de sair em público ou de deixar os limites de sua casa. As pessoas que sofrem de transtorno do pânico frequentemente também têm agorafobia, porque têm medo de ter um ataque de pânico em público ou fora de suas casas. Isto pode levar a um prognóstico autorrealizável, em que o medo de ter um ataque de pânico na verdade gera o ataque (chamado ciclo do *medo de sentir medo*). Parafraseando as famosas palavras de Franklin D. Roosevelt, o que uma pessoa com transtorno do pânico mais teme é o medo em si.

Tratamento: o *site* da Division 12 sobre tratamentos psicológicos apoiados por pesquisas lista a TCC como tendo forte corroboração em pesquisas e o relaxamento aplicado e o tratamento psicanalítico como tendo, cada um, modesta corroboração em pesquisas para o tratamento do transtorno do pânico com ou sem agorafobia. O tratamento cognitivo-comportamental tipicamente inclui um componente comportamental envolvendo exposição às situações temidas, em um componente cognitivo para ajudar a mudar as concepções equivocadas do cliente acerca dos ataques de pânico (Craske *et al.*, 2021). Por exemplo, um cliente pode acreditar que um ataque de pânico irá precipitar um ataque cardíaco, enquanto este resultado, na verdade, é extremamente improvável. Além disso, o cliente pode aprender técnicas de relaxamento e parada de pensamento, para diminuir a intensidade de um ataque de pânico. O cliente também pode ser ensinado a dizer para si mesmo: "Já tive muitos ataques de pânico, mas nunca tive um ataque cardíaco."

O componente comportamental do tratamento incluiria a terapia de exposição realizada *in vivo* (Emmelkamp, 2013, pp. 346-348; Zalta e Foa, 2012, pp. 83-84). Para tanto, primeiro o cliente é levado a realizar viagens rápidas a partir de sua casa, as quais então serão seguidas de viagens cada vez mais longas.

Transtorno de ansiedade generalizado (TAG)

Uma pessoa com TAG se preocupa constantemente e se sente intensamente ansiosa em relação a potenciais eventos que a maioria das pessoas consideraria triviais. O indivíduo afetado é tão consumido pela ansiedade que esta interfere no seu funcionamento normal, muitas vezes acarretando incapacidade de dormir à noite.

Tratamento: O *site* da Division 12, sobre tratamentos psicológicos cientificamente sustentados, lista as terapias cognitivo-comportamentais como tendo sólido suporte científico para o tratamento do TAG.

Portanto, as terapias mais efetivas para o TAG parecem ser os pacotes de tratamento que combinam estratégias cognitivas e comportamentais (Emmelkamp, 2013, pp. 352-354; Robichaud *et al.*, 2019; Zalta e Foa, 2012, pp. 86-88). Um dos componentes comportamentais geralmente é a terapia da exposição. O terapeuta ensina ao cliente técnicas de relaxamento e, então, o cliente usa o princípio de uma preocupação como estímulo para relaxar e isto compete ou suprime a preocupação. É difícil se preocupar em estado de relaxamento. Adicionalmente, as técnicas cognitivas podem ser usadas para desafiar e mudar a crença do cliente na importância daquilo que o preocupa. As técnicas de aceitação (ver Capítulo 26) também podem ajudar o cliente a verbalizar que a preocupação não tornará os eventos ruins menos propensos a ocorrer.

Transtorno de estresse pós-traumático

Os casos clássicos de transtorno de estresse pós-traumático (TEPT) ocorreram durante a Primeira Guerra Mundial, quando muitos soldados expostos a bombardeios de artilharia apresentaram o que era então chamado de "neurose de guerra" ou *shell shock* (Jones e Wessely, 2005). A capacidade de funcionamento desses soldados foi extremamente prejudicada, e muitos foram tachados de covardes. Atualmente, reconhece-se que não apenas as condições do campo de batalha, mas também qualquer trauma grave – como sofrer abuso físico ou sexual, sofrer um grave acidente de trânsito ou testemunhar eventos catastróficos – pode produzir TEPT. Há vários sintomas de TEPT, incluindo a reexperiência ou revivescência do medo intenso que ocorreu durante o trauma e a exibição de outras reações psicológicas intensas, como excitabilidade elevada, depressão, dificuldade para dormir, falta de concentração e funcionamento diário prejudicado. O funcionamento prejudicado de alguém com esse transtorno parece se dever às tentativas do indivíduo de evitar pensar no trauma e, portanto, de evitar estímulos que o lembrem do evento. Como há muitos desses estímulos, o esforço para evitá-los consome uma grande parte do tempo e da energia do indivíduo.

Tratamento: o *site* da Division 12 sobre tratamentos psicológicos apoiados por pesquisas lista a terapia de exposição prolongada e a terapia de processamento cognitivo como tendo forte corroboração por pesquisas para o tratamento do TEPT.

A terapia de exposição prolongada envolve a exposição vicária a longo prazo ao(s) evento(s) que causou(aram) o problema (Emmelkamp, 2013, pp. 357-359; Foa, 2000; Zalta e Foa, 2012, pp. 89-91). Isso pode ser feito por meio da imaginação, ao falar sobre o(s) evento(s) traumático(s) com um terapeuta, escrever sobre o(s) evento(s) traumático(s), ou ambos. Dessa forma, a emoção provocada por estímulos relacionados ao trauma se extinguirá, e as tentativas debilitantes de evitar esses estímulos diminuirão.

Uma forma de terapia de exposição que produziu resultados encorajadores é a terapia com realidade virtual (Clay *et al.*, 2021; Emmelkamp, 2013; McLay *et al.*, 2012). Ela envolve a exposição de indivíduos a estímulos realistas gerados por computador que provocam ansiedade, como imagens de inúmeras aranhas rastejantes para tratar casos de aracnofobia e experiências traumáticas de combate para tratar o TEPT.

A terapia de processamento cognitivo (Resick *et al.*, 2017) combina exposição com terapia cognitiva. O componente cognitivo é direcionado para ajudar o cliente a aprender a desafiar o pensamento disfuncional sobre o(s) evento(s) traumático(s) e a gerar pensamentos alternativos e mais equilibrados. As pesquisas sobre essas e outras variações de tratamentos comportamentais para o TEPT são analisadas por Monson *et al.* (2021). Para obter um guia para profissionais sobre o uso da TCC para tratar o TEPT, ver Taylor (2017).

Transtorno obsessivo-compulsivo

Uma pessoa que sofre de TOC pode experimentar pensamentos intrusivos indesejados (chamados *obsessão*) ou se sentir impelida a se engajar em um comportamento repetitivo improdutivo (chamado *compulsão*), ou ambos. As obsessões e compulsões tendem a caminhar juntas, no sentido de que as obsessões parecem causar uma preocupação que somente pode ser minimizada pelo engajamento em um comportamento compulsivo. Por exemplo, um funcionário de escritório deixa o trabalho e pode ficar preocupado com a possibilidade de alguém invadir o escritório de madrugada, sentir-se ansioso com esta ideia e então checar e rechecar a porta do escritório muito mais vezes do uma pessoa normal faria, antes de finalmente deixar do escritório. Esse é um exemplo do que às vezes é chamado de *ansiedade transitória*. No entanto, o *DSM-5* não classifica o TOC como um transtorno de ansiedade.

Alguns exemplos comuns de comportamentos obsessivo-compulsivos são a obsessão com a possibilidade de pegar uma doença terrível causada por germes, resultando em lavagem constante das mãos; obsessão com a possibilidade de atropelar um pedestre, levando o indivíduo a percorrer várias vezes um trajeto enquanto dirige, para garantir que não haja nenhum pedestre machucado estendido no chão ou no acostamento da estrada; e obsessão com a possibilidade de machucar os filhos pequenos de alguém, levando o indivíduo a evitar usar facas ou outros objetos potencialmente perigosos na presença deles. A classificação dos TOCs inclui contaminação, perda de controle e danos a si mesmo/outros, e pensamentos sexualmente explícitos ou violentos.

Tratamento: O *site* da Division 12, sobre tratamentos psicológicos cientificamente sustentados, lista a terapia cognitiva e a prevenção de resposta e exposição como tendo sólido suporte científico e a ACT como tendo suporte científico modesto para o tratamento do transtorno obsessivo-compulsivo.

Durante a exposição *in vivo* e prevenção da resposta (Emmelkamp, 2013, pp. 354-356; Franklin e Foa, 2021; Zalta e Foa, 2012, pp. 88-89), o cliente é estimulado a se engajar no comportamento que leva à obsessão, ao mesmo tempo que é impedido de se engajar no comportamento compulsivo. Suponha que um cliente tem pensamentos obsessivos sobre germes quando toca objetos não lavados, os quais lhe causam considerável ansiedade. Suponha ainda que o engajamento em uma variedade de rituais de lavagem compulsivos pareça ser mantido pela diminuição da ansiedade. Um tratamento de prevenção de resposta e exposição envolveria pedir ao cliente para tocar objetos particulares "contaminados" e, ao mesmo tempo, parar de realizar o ritual de lavagem. A lógica por trás desta abordagem é que, ao fazer a obsessão ocorrer sem o subsequente comportamento compulsivo minimizador de ansiedade, permite-se que a ansiedade eliciada pela obsessão se manifeste em toda a sua potência e, deste modo, seja extinguida. Para tanto, frequentemente é usada uma abordagem graduada. Por exemplo, pais que são obsessivos com o medo de machucar seus filhos com uma faca podem ser encorajados a seguirem os passos que envolvem, primeiro, segurar uma espátula para manteiga na presença das crianças até conseguirem fazer isso sem terem pensamentos prejudiciais, e então passarem para uma faca de mesa, depois uma faca afiada e, por fim, uma faca grande.

A reestruturação cognitiva também pode ser usada para mudar as autodeclarações feitas pelo cliente que ajudam a manter as obsessões (Taylor *et al.*, 2020). Por exemplo, uma pessoa que tem medo mortal de germes poderia aprender a dizer, em particular, que a lavagem das mãos por 20 segundos é suficiente par proteger contra os germes. Os procedimentos de aceitação (ver Capítulo 26) podem ajudar um indivíduo a aprender que pensamentos não são controladores poderosos do comportamento. Os pais obcecados com a possibilidade de causarem danos aos filhos pequenos poderiam aprender a considerar estes pensamentos simplesmente como "lixo mental" normal ou "ruído de fundo mental", sem influência sobre os verdadeiros sentimentos ou comportamentos dos pais em relação aos filhos.

Questões para aprendizagem

13. Liste e descreva brevemente quatro tipos de transtorno de ansiedade.
14. Descreva brevemente um tratamento efetivo para o transtorno do pânico.
15. Em várias sentenças, descreva um tratamento efetivo para TEPT.
16. O que é terapia de realidade virtual? Dê um exemplo.
17. Qual é a diferença entre obsessões e compulsões, e como ambas poderiam estar relacionadas?
18. Descreva brevemente um tratamento efetivo para o TOC.
19. Descreva resumidamente, fazendo referência a um exemplo, como a reestruturação cognitiva poderia ser usada no tratamento de um TOC.
20. Descreva resumidamente, fazendo referência a um exemplo, como os procedimentos de aceitação poderiam ser usados no tratamento de um TOC.

Também pode ser útil ver o lixo mental como S^D^s (ou sinais de alerta) para promover melhor gerenciamento do tempo. Por exemplo, quando um indivíduo sente ansiedade transitória ao sair para o trabalho pela manhã e as crianças não estão cooperando, ele pode ter pensamentos de machucar as crianças quando, na verdade, esses pensamentos são simplesmente manifestações de ansiedade relacionadas com o fato de estar atrasado para o trabalho (*i. e.*, sinais de alerta para fazer uma mudança).

DEPRESSÃO

Todo mundo já caiu em depressão em algum momento. Em geral, o sentimento ocorre quando algum reforçador significativo ou potencial é removido de nossas vidas. Por exemplo, uma nota baixa em uma prova pode fazer um estudante se sentir deprimido devido à potencial perda da perspectiva de tirar uma nota boa em um curso. A maioria das pessoas sai da depressão de forma bem rápida quando encontra outros reforçadores para compensar aqueles que foram perdidos. Entretanto, algumas pessoas sofrem daquilo que é referido como depressão clínica. Para estes indivíduos, geralmente há diminuição do apetite, diminuição da energia e aumento da fadiga, relatos de comprometimento da capacidade de pensar, de se concentrar ou de tomar decisões, e estas pessoas muitas vezes experimentam uma sensação de menos-valia ou culpa. Além disso, estes sentimentos podem durar semanas.

Existem duas teorias sobre depressão. Uma é a teoria cognitiva de Beck (Beck *et al.*, 1979), discutida no Capítulo 26, segundo a qual a depressão resulta de crenças centrais denominadas esquemas cognitivos, que levam a interpretações negativas dos eventos da vida. A outra, uma teoria comportamental chamada *ativação comportamental*, estabelece que "os indivíduos se tornam deprimidos quando há um desequilíbrio entre punição e reforço positivo em suas vidas" (Martell, 2008, p. 40). (Ver uma discussão de uma análise comportamental das causas de depressão na referência de Kanter *et al.*, 2008.)

Tratamento: O *site* da Division 12, sobre tratamentos psicológicos cientificamente sustentados, lista alguns tratamentos como tendo suporte científico forte e modesto para a depressão. Três tratamentos com forte corroboração por pesquisas são: TC/ativação comportamental (AC); terapia cognitiva; e terapia de solução de problemas (TSP – discutida no Capítulo 26). De acordo com o *site* da Division 12: "a Ativação Comportamental (AC) busca aumentar o contato do paciente com fontes de recompensa, ajudando-o a se tornar mais ativo e, assim, melhorar o contexto de vida."

As abordagens comportamentais usadas nos anos 1970 alcançaram algum sucesso no tratamento da depressão, por meio do aumento de reforçadores contingentes nas vidas de indivíduos cronicamente deprimidos (Ferster, 1993; Lewinsohn, 1975). Uma forma de fazer isto era encorajar os indivíduos deprimidos a buscarem reforçadores, como falar sobre *hobbies*, ler livros ou ir ao cinema. Além disso, Tkachuk e Martin (1999) relataram que estimular indivíduos com depressão clínica a participarem de programas de exercício também é útil para diminuir a depressão. Listar as pessoas relevantes, como o cônjuge, para reforçar o comportamento de busca e amostragem de novos reforçadores é outra estratégia que os terapeutas comportamentais têm tentado. Muitos de nossos reforçadores são sociais, ou seja, advêm de outras pessoas, e é necessário certa quantidade de habilidades sociais para ter acesso a esses reforçadores. Essas habilidades muitas vezes faltam nos indivíduos com depressão. Por isso, um componente da terapia para depressão frequentemente envolve ensinar habilidades sociais para o cliente.

Embora as abordagens comportamentais para o tratamento da depressão tenham tido um começo promissor nos anos 1970, acabaram perdendo o impulso na década de 1980, quando a teoria cognitiva e a TCC se tornaram populares. Conforme descrito no Capítulo 26, um dos principais componentes da terapia cognitiva de Beck para a depressão é a reestruturação cognitiva para ajudar os clientes a superarem o pensamento defeituoso. Entretanto, no final dos anos 1990, na sequência de estudos (p. ex., Gortner *et al.*, 1998; Jacobson *et al.*, 1996) indicando que o ingrediente efetivo da terapia cognitiva de Beck eram as atribuições de tarefa de casa e não o componente de reestruturação cognitiva, houve o ressurgir da abordagem de ativação comportamental para o tratamento da depressão (Dimidjian *et al.*, 2006; Dimidjian *et al.*, 2021; Emmelkamp, 2013, pp. 359-361; Jacobson *et al.*, 2001; Kanter e Puspitasari, 2012; Martell, 2008; Martell *et al.*, 2011;

Martell *et al.*, 2001; Polenick e Flora, 2013). A terapia de ativação comportamental, que se baseia na teoria da ativação comportamental descrita anteriormente, consiste em atribuições de tarefas de casa desenvolvidas para clientes individuais a partir de uma análise funcional (ver Capítulo 22) dos "antecedentes, comportamentos e consequências que formam os elementos do repertório do cliente que contribuem para a depressão" (Martell, 2008, p. 42). Em um procedimento passo a passo, o tratamento é delineado para bloquear os comportamentos de esquiva que impedem o indivíduo de entrar em contato com as contingências reforçadoras, bem como encoraja o cliente a se engajar em atividades identificadas como reforçadoras na análise funcional. Pesquisas indicam que a ativação comportamental é pelo menos tão efetiva quanto a terapia cognitiva no tratamento da depressão e prevenção de recaída (Dimidjian *et al.*, 2006; Dobson *et al.*, 2008). Para adultos de idade mais avançada que sofrem de depressão associada ao envelhecimento, decorrente da diminuída disponibilidade de reforçadores positivos, a ativação comportamental pode ser particularmente indicada (Polenick e Flora, 2013).

Como indicado no Capítulo 26, também foi comprovado que a ACT é um tratamento efetivo para depressão (Forman Herbert *et al.*, 2007). Veja uma comparação de AC e ACT no tratamento da depressão, na referência Kanter *et al.* (2006).

TRANSTORNOS RELACIONADOS AO CONSUMO DE ÁLCOOL E OUTRAS SUBSTÂNCIAS VICIANTES

O abuso de álcool pode ter sérios efeitos negativos a curto e a longo prazo. Outras substâncias viciantes produzem efeitos danosos semelhantes. De acordo com um relatório feito pelo National Center on Addiction and Substance Abuse, na Columbia University, quase 40 milhões de americanos (cerca de 16%) com idade a partir de 12 anos são viciados em nicotina, álcool e outros fármacos (*Addiction medicine: Closing the gap between science and practice,* 2012; ver também Winerman, 2013). Mais de 9% da população dos EUA com idade de 12 anos ou mais são viciados em outras substâncias, que não a nicotina. Destes, menos de 10% recebem algum tipo de tratamento para seus vícios. Além disso, pouquíssimos destes indivíduos recebem tratamento baseado em evidência, ainda que este tipo de tratamento esteja disponível (p. ex., *Addiction medicine: Closing the gap between science and practice,* 2012, pp. 102-107; Winerman, 2013, pp. 31-32).

Tratamento: O *site* da Division 12, sobre tratamentos psicológicos cientificamente sustentados, lista *a terapia comportamental de casal para transtorno do uso de álcool* como tendo sólido suporte científico, e o tratamento para consumo moderado de bebidas para transtornos do uso de álcool como tendo suporte científico modesto. O *site* indica o *manejo de contingência com base em recompensas (PBCM)* como tendo corroboração modesta por pesquisas para o abuso de álcool e uma forte corroboração por pesquisas para outros transtornos relacionados com o uso de substâncias. De acordo com o *site* da Division 12, no PBCM: "os pacientes são reforçados pela apresentação de amostras de urina negativas para drogas ou pelo comparecimento" ao tratamento, recebendo a chance de ganhar prêmios que variam de US$ 1 a US$ 100, e as chances de ganhar prêmios aumentam com abstinência ou comparecimento prolongados. O *site* indica um tratamento comportamental chamado de "cessação do tabagismo com prevenção de ganho de peso" para o transtorno relacionado ao uso da nicotina (*i. e.*, tabagismo) como tendo corroboração modesta por pesquisas. Ver também Dallery *et al.* (2021) para uma intervenção de gerenciamento de contingência baseada em *smartphone* para promover a cessação do tabagismo.

Na terapia comportamental de casal para o transtorno do uso do álcool, o terapeuta ensina o parceiro que não tem problemas com bebida a incentivar e reforçar o comportamento de não consumir álcool da pessoa que faz uso abusivo de bebidas alcoólicas. Uma variedade de procedimentos comportamentais e cognitivo-comportamentais provavelmente será usada, como os contratos comportamentais (ver Capítulo 25), em que o abusador de álcool ganha vários reforçadores por permanecer sóbrio. Alguns tratamentos comportamentais e cognitivo-comportamentais foram desenvolvidos para transtornos do uso de álcool e outras substâncias (p. ex., Emmelkamp, 2013, pp. 364-369).

O *site* da Division 12 lista o "consumo moderado de álcool para transtornos relacionados ao uso de álcool" como tendo corroboração modesta por pesquisas para ajudar indivíduos com transtornos relacionados ao uso de álcool a aprender a beber com moderação (Emmelkamp, 2013, p. 365; Walters, 2000). Um programa desenvolvido por Sobell e Sobell (1993) ensina os bebedores problemáticos a usarem o estabelecimento de metas para beberem com moderação, controlarem os "gatilhos" (seja S^D ou operações estabelecedoras) que levam a beber, aprenderem habilidades de solução de problemas para evitar situações de alto risco, engajarem-se no automonitoramento para detectar os gatilhos e as consequências que mantêm os comportamentos de beber e praticarem todas estas técnicas com diversas atribuições de tarefa de casa.

O tratamento de contingência (CM, do inglês *contingency management*) envolve o desenvolvimento de meios para medir a abstinência de uma substância viciante e fornecer reforçadores poderosos o suficiente para competir com a substância viciante. Por exemplo, a análise com bafômetro ou sensor transdérmico de álcool é usada para medir se o indivíduo esteve abstinente de álcool por determinado período de tempo (p. ex., Barnett *et al.*, 2011). Os reforçadores comuns em programas de CM são cartões de loteria, dinheiro e *vouchers* que podem ser trocados por produtos e serviços (Tuten *et al.*, 2012).

Outros transtornos relacionados ao uso de substâncias que também parecem ter sido tratados de forma eficaz com o CM incluem os transtornos relacionados ao uso de heroína e nicotina (Emmelkamp, 2013; Higgins *et al.*, 2007; ver também *Journal of Applied Behavior Analysis*, 2008 – "Special Issue on the Behavior Analysis and Treatment of Drug Addiction"). Medições precisas do uso de substâncias são extremamente importantes para a aplicação eficaz do CM. A análise dos níveis de CO na respiração é usada como medida para saber se um indivíduo se absteve de fumar, já que fumar aumenta temporariamente os níveis de CO nos pulmões. Amostras de urina são usadas para medir a abstinência de drogas opiáceas. Os dados indicam que o CM aumenta drasticamente a abstinência em muitos indivíduos com transtornos relacionados ao uso de álcool e substâncias. Como o CM pode ser caro e trabalhoso, muitas pesquisas nessa área se concentraram em maneiras criativas de medir a abstinência de forma econômica e de obter reforçadores eficazes. Apesar de sua aparente eficácia, o CM é muito subutilizado pelos prestadores de tratamento de base comunitária. Para uma discussão sobre os problemas relacionados à promoção e à disseminação do CM para transtornos relacionados ao uso de álcool e substâncias, ver Roll *et al.* (2009).

Os programas comportamentais incorporaram alguns componentes para tratar o transtorno do uso de álcool e outros transtornos relacionados ao uso de substâncias, tais como: (a) uma *entrevista motivacional*, em que o terapeuta faz perguntas ao cliente sobre o problema e as respostas atuam como operação motivadora estabelecedora (ver Capítulo 21) para mudança (*i. e.*, o uso diminuído de substância se torna reforçador e, portanto, fortalece o comportamento que leva ao uso diminuído de substância) (Arkowitz *et al.*, 2017; Miller, 1996); (b) *análise funcional* (ver Capítulo 22) para identificar os antecedentes e as consequências que incentivam e mantêm o uso de substância (McCrady, 2008); (c) *treinamento de habilidades de enfrentamento*, para ensinar os clientes a lidarem com os estressores considerados causadores do uso excessivo de substância; (d) *contrato de contingência* (ver Capítulo 26), para fornecer reforçadores para atividades de trabalho, sociais e recreativas que não envolvam uso de substância; (e) desenvolvimento de *estratégias de autocontrole para prevenção de recaída* (ver Capítulo 26). Ver discussões sobre esses componentes do tratamento em Emmelkamp (2013, pp. 364-369), McCrady e Epstein (2021) e Yurusek *et al.* (2020).

TRANSTORNOS ALIMENTARES

Foram identificados vários transtornos alimentares bastante distintos: (a) *bulimia nervosa*, (b) *anorexia nervosa*, (c) *transtorno da compulsão alimentar periódica* e (d) *obesidade*. Os três primeiros envolvem vários padrões anormais de recusa ou regurgitação de alimentos, geralmente levando a graves problemas de saúde. Um indivíduo com obesidade está suficientemente acima do peso a ponto de ter problemas de saúde. Para uma discussão sobre as causas dos transtornos alimentares, ver Ghaderi (2020).

Tratamento: o *site* da Division 12 sobre tratamentos psicológicos apoiados por pesquisas cita o tratamento de base familiar como tendo forte corroboração por pesquisas para a anorexia nervosa, a TCC como tendo forte corroboração por pesquisas para a bulimia nervosa, a TCC e a psicoterapia interpessoal como tendo forte corroboração por pesquisas para o transtorno da compulsão alimentar periódica e o tratamento comportamental para perda de peso como tendo forte corroboração por pesquisas para o tratamento da obesidade. Para um exemplo de TCC para transtornos alimentares, ver Wade *et al.* (2021).

INSÔNIA

Para pessoas que sofrem de insônia, uma opção é tratar o problema com medicamentos. Outra opção, que tem se mostrado pelo menos igualmente eficaz, baseia-se em princípios comportamentais e fundamenta-se parcialmente no comportamento governado por regras (Blampied e Bootzin, 2013; Edinger e Carney, 2014; Perlis, 2012; Perlis *et al.*, 2008; Smith *et al.*, 2002). Algumas das recomendações ou regras desse tratamento são: (1) exercitar-se regularmente, mas não no final da noite; (2) relaxar antes de dormir; (3) não consumir cafeína ou álcool no final da noite; (4) ir para a cama somente quando estiver sentindo sono; (5) se o sono não ocorrer dentro de 10 minutos, sair do quarto e ler um livro até sentir sono; (6) evitar atividades não relacionadas com o sono na cama; (7) levantar-se no mesmo horário todas as manhãs, não importando o horário em que for para a cama. Ver também Demsky *et al.* (2018), que se concentraram em ruminações de incivilidade durante o trabalho como um fator que contribui para a insônia. Seus achados sugerem que seguir uma regra de participar de atividades agradáveis e relaxantes após o trabalho neutraliza as ruminações de incivilidade no local de trabalho que interferem no sono após o trabalho.

ANGÚSTIA DE CASAIS

A *angústia de casal* ocorre quando pelo menos um dos indivíduos em um relacionamento íntimo sente insatisfação com o relacionamento. É provável que existam tantos motivos para a angústia de casal quanto os relacionamentos angustiados existentes. Os terapeutas comportamentais, porém, geralmente partem da premissa de que a causa subjacente está na existência de mais interações negativas do que interações positivas ou comunicações no relacionamento. Por exemplo, ao se comunicar, um dos parceiros pode tender a fazer declarações sarcásticas ou hostis que são respondidas em reciprocidade por declarações hostis do outro parceiro, levando a uma quebra da comunicação (ou pior) entre os dois indivíduos.

Tratamento: o *site* da Division 12, sobre tratamentos psicológicos cientificamente sustentados, lista a terapia comportamental de casais como tendo sólido suporte científico para os transtornos do uso de álcool e depressão. Desde o momento em que este texto foi redigido, porém, a angústia de casais por si só não está incluída no *site*.

A terapia comportamental de casais tipicamente envolve alguns componentes, incluindo (Abbott e Snyder, 2012; Balderrama-Durbin *et al*, 2020; Sexton *et al.*, 2013, pp. 622-624; Snyder e Halford, 2012) os seguintes: (a) *instigação de trocas positivas* – cada indivíduo é solicitado a intensificar os comportamentos que agradam o outro parceiro (p. ex., exibir afeto, mostrar respeito, expressar apreciação); (b) *treinamento de comunicação* – cada indivíduo é ensinado a expressar pensamentos e sentimentos relacionadas com o que gostou e apreciou sobre o outro, para ajudar o outro a expressar seus próprios sentimentos e a ser um ouvinte efetivo; (c) *treinamento de solução de problemas* – os casais aprendem a usar suas habilidades de comunicação para identificar sistematicamente e resolver problemas e conflitos em seus relacionamentos (ver treinamento de solução de problemas, no Capítulo 26); (d) *generalidade de programação* – os clientes aprendem a monitorar seus relacionamentos quanto aos sinais críticos específicos de recaída e a continuarem usando as técnicas de solução de problemas aprendidas na terapia. Em uma abordagem chamada *terapia comportamental integrativa de casais*, alguns terapeutas também incorporam procedimentos e exercícios de aceitação para ensinar os parceiros a aceitarem as respostas emocionais que cada parceiro tem em relação ao outro (Christensen *et al.*, 2004; Christensen *et al.*, 2021).

DISFUNÇÃO SEXUAL

Existem vários tipos de disfunção sexual. Em homens, os principais tipos são incapacidade de ter ereção e ejaculação precoce. Nas mulheres, os principais tipos são vaginismo (espasmos involuntários da musculatura da vagina que interferem no intercurso sexual), dispareunia (dor genital relacionada com o intercurso sexual), orgasmo inibido e baixo desejo sexual (Vorvick e Storck, 2010).

Tratamento: Até o momento, a disfunção sexual não foi incluída no *site* da Division 12, sobre tratamentos psicológicos cientificamente embasados. Existem algumas condições médicas, como o diabetes, que podem causar disfunção sexual. Portanto, é importante que todos aqueles com esse tipo de disfunção sejam submetidos a um exame médico detalhado antes da iniciação de qualquer tipo de programa de tratamento. Uma hipótese de trabalho razoável para muitos casos de disfunção sexual é que a ansiedade constitui um fator importante. Nos homens, a ansiedade pode ser o medo de ter um desempenho ruim, o qual então se torna um prognóstico autorrealizável. Em mulheres, a ansiedade pode ser o medo do ato sexual. Seja qual for o caso, os programas de exposição parecem ser mais efetivos. Com base no trabalho pioneiro de Masters e Johnson (1970), uma abordagem comportamental geral para o tratamento é que o casal estimule um ao outro de forma prazerosa em um ambiente relaxante, sem expectativa ou pressão para ter relações sexuais (Leiblum e Rosen, 2020; Wincze e Carey, 2015). A masturbação pela mulher também pode ser estimulada, para ajudá-la a aprender a experimentar o orgasmo, caso esta seja uma das questões. Assim, ambos os parceiros desviam da meta do desempenho para a de experimentar prazer. Essa abordagem é integrada a um procedimento progressivo denominado *foco sensorial*, ou seja, cada parceiro se concentra nas sensações de contato com o outro, em vez de se concentrar na tentativa de atingir o orgasmo (ver Linschoten *et al.*, 2016, para obter uma revisão crítica da literatura sobre foco sensorial).

Embora uma consideração teórica comum seja a de que as respostas sexuais são aprendidas (Plaud, 2020), e apesar de as atribuições de tarefa de casa comportamentais serem comprovadamente efetivas no tratamento de muitos casos de disfunção sexual, é preciso ter cautela quanto a enxergar este problema com uma perspectiva simplista demais. A disfunção sexual pode resultar de muitas causas, incluindo doenças médicas, dificuldades de relacionamento, fatores de estilo de vida e alterações relacionadas com a idade. Wincze *et al.* (2008) descreveram uma gama de avaliações que deveriam ser usadas por um terapeuta antes de tentar tratar um caso de disfunção sexual. Desde o desenvolvimento da sildenafila e outros fármacos, o tratamento da disfunção sexual foi se tornando cada vez mais médico. Pesquisas futuras se fazem necessárias para comparar os efeitos das TC e intervenções médicas para uma variedade de disfunções sexuais.

TRANSTORNOS DE HÁBITO

Muitas pessoas sofrem de comportamentos frequentes e repetitivos que são inconvenientes e aborrecedores. Estes comportamentos podem incluir roer as unhas, morder os lábios, estalar os dedos, enrolar o cabelo, arrancar o cabelo, limpar a garganta excessivamente, tiques musculares e gaguejar. Em muitos casos, esses comportamentos são similares às compulsões descritas anteriormente, neste mesmo capítulo, exceto por não estarem ligados a pensamentos obsessivos. Muitos indivíduos superam esses comportamentos diariamente. Algumas vezes, porém, esses comportamentos ocorrem com frequência ou intensidade suficiente para fazer o indivíduo procurar tratamento. Quando isto acontece, o comportamento é referido como *transtorno de hábito* (Hansen *et al.*, 1990).

Questões para aprendizagem

21. Descreva brevemente as características comportamentais da depressão clínica.
22. O que é aquilo a que a teoria comportamental da depressão se referiu como ativação comportamental? Em uma frase, descreva para que é delineado o tratamento de ativação comportamental para depressão?
23. Quais são os componentes do programa de Sobell e Sobell para bebedores problemáticos?
24. Nas aplicações das abordagens de CM para vícios em nicotina e opiáceos, como o uso de substâncias é medido?
25. Descreva resumidamente quatro componentes que os programas comportamentais incorporaram no tratamento de transtornos relacionados ao uso de álcool e outras substâncias que causam dependência.
26. Liste quatro tipos de transtorno alimentar.
27. Cite o tipo de tratamento que o *site* da Division 12 enumera para cada um dos quatro tipos de transtorno alimentar.
28. Enumere sete regras que fazem parte de um tratamento comportamental para insônia.
29. Liste e descreva brevemente quatro componentes da terapia comportamental de casal.
30. Descreva uma abordagem comportamental geral para o tratamento da disfunção sexual.
31. Descreva os três componentes de reversão de hábito.

Tratamento: Até o momento, os transtornos do hábito não foram incluídos no *site* da Division 12, sobre tratamentos psicológicos sustentados por pesquisa. Um método chamado *reversão de hábito* é usado de modo efetivo para tratar alguns transtornos de hábito (Azrin e Nunn, 1973; Mancuso e Miltenberger, 2016; Miltenberger *et al.*, 1998; Tolin e Morrison, 2010, p. 623). Esse método tipicamente consiste em três componentes. Primeiro, o cliente aprende a descrever e identificar o comportamento problemático. Em segundo lugar, o cliente aprende e pratica um comportamento que é incompatível ou compete com o comportamento problemático. O cliente pratica diariamente o comportamento concorrente na frente de um espelho, e também se engaja no comportamento imediatamente após uma ocorrência do comportamento problemático. Em terceiro lugar, para ter motivação, o cliente revê a inconveniência causada pelo transtorno, registra e representa o comportamento em gráfico, além de contar com um familiar para fornecer reforço pelo engajamento no tratamento.

RESUMO DO CAPÍTULO 27

Este capítulo apresentou uma visão geral dos tratamentos comportamentais para os transtornos psicológicos ou mentais mais comuns. Entre eles, estão fobias específicas, transtorno do pânico, TAG, TEPT, TOC, depressão, problemas de abuso de álcool e outras substâncias, transtornos alimentares, conflitos conjugais, problemas sexuais e transtornos de hábito. Talvez a coisa mais importante a ser observada neste capítulo seja a existência de um *site* promovido pela área de psicologia clínica que lista e descreve os tratamentos com suporte empírico para transtornos psicológicos comuns. Essa iniciativa constitui um grande avanço em relação a apenas algumas décadas, quando geralmente se achava que não havia chance de os psicólogos concordarem a respeito dos tratamentos psicológicos eficazes. Deve-se observar, também, que os tratamentos eficazes que alcançaram consenso são quase totalmente comportamentais. De todos os tratamentos que receberam corroboração empírica para os vários transtornos, apenas um tratamento foi psicanalítico – e ele recebeu apenas uma modesta corroboração por pesquisas. Há apenas algumas décadas, quase todos os tratamentos para quase todos os transtornos eram psicanalíticos. Além disso, quase todos os tratamentos que receberam forte corroboração empírica para os vários transtornos comuns são tratamentos comportamentais. Entretanto, deve-se observar também que os tratamentos comportamentais mais proeminentes analisados continham fortes componentes cognitivos. No entanto, também se deve observar que vários tratamentos comportamentais com suporte empírico não tinham componentes cognitivos proeminentes. Além disso, conforme discutido no Capítulo 26, os componentes cognitivos da TCC e de outros tratamentos cognitivos são passíveis de explicações comportamentais para sua eficácia.

Apesar da impressionante quantidade de concordância entre os psicólogos clínicos sobre os tratamentos com suporte empírico, é preciso reconhecer que o fato de os tratamentos terem suporte empírico não significa que estejam próximos de serem 100% eficazes. Eles são, em sua maioria, eficazes apenas do ponto de vista estatístico, o que significa que, em muitos casos, são apenas um pouco mais eficazes do que o acaso, ou seja, apenas um pouco melhores, em muitos casos, do que nenhum tratamento. Deve-se observar também que os tratamentos são uma miscelânea sem nenhuma base teórica clara que forneça orientação com relação a quais tratamentos devem ser esperados para quais transtornos e por que um tratamento que funciona para um transtorno não funciona para outro. Claramente, ainda é necessário muito trabalho empírico e teórico para que se possa fornecer um conjunto unificado de tratamentos com base em um fundamento teórico sólido semelhante ao conjunto de tratamentos existentes para condições médicas. No entanto, para encerrar com uma visão mais positiva, parece que estão sendo feitos grandes avanços em direção a esse objetivo que não poderiam ter sido imaginados há apenas algumas décadas. Há esperança de que, em um futuro não muito distante, tratamentos que rivalizem com os da medicina para a cura de doenças estejam disponíveis para a maioria dos transtornos psicológicos.

Confira as respostas das Questões para aprendizagem do Capítulo 27

Parte 6

Perspectiva Histórica e Aspectos Éticos

Até este ponto, estudamos os princípios e procedimentos da modificação de comportamento. Com isso, muitas vezes analisamos tanto a história de técnicas específicas quanto a ética do uso dessas técnicas. Na Parte 6, daremos uma olhada mais completa na história e na ética. Especificamente, perguntaremos: (1) Como a modificação de comportamento se tornou o que é hoje? (2) Que tipos de controles existem ou deveriam existir para garantir que a modificação de comportamentos seja sempre usada no melhor interesse dos indivíduos aos quais é aplicada e da humanidade em geral?

28 Perspectiva Geral: Breve Histórico

Objetivos de aprendizagem

Após ler este capítulo, o leitor será capaz de:

- Destacar a história inicial da orientação de condicionamento respondente para modificação de comportamento
- Destacar a história inicial da orientação de condicionamento operante para modificação de comportamento
- Discutir misturas e ramificações das orientações supracitadas
- Resumir a história dos termos *modificação de comportamento, terapia comportamental, terapia cognitivo-comportamental* e *análise comportamental aplicada.*

No Capítulo 1, apresentamos alguns destaques históricos da modificação de comportamento. O presente capítulo traça e fornece mais detalhes sobre a notável expansão inicial do campo da modificação de comportamento, devendo ser lido tendo em mente as seguintes qualificações:

1. Embora descrevamos a modificação de comportamento como algo que se desenvolve através de duas linhas de influência principais distintas, existem ramificações, misturas e influências cruzadas evidentes.
2. Identificamos aquilo que consideramos os principais destaques do desenvolvimento da modificação de comportamento durante seus anos de formação: as décadas de 1950 e 1960. Também incluímos alguns destaques dos anos 1970. Histórias mais completas da modificação de comportamento podem ser encontradas nas referências de Kazdin (1978) e Pear (2007). Uma discussão sobre as dificuldades envolvidas na redação de uma história definitiva da modificação de comportamento pode ser encontrada em Morris *et al.* (2013).
3. Descrevemos principalmente os destaques históricos na América do Norte.

No presente capítulo, consideramos primeiramente duas orientações principais: uma que enfatiza o condicionamento clássico (pavloviano ou respondente) e outra que enfatiza o condicionamento operante. Em seguida, discutiremos outras orientações que introduzem variáveis cognitivas (especificamente, a teoria da aprendizagem social e a terapia cognitivo-comportamental).

ORIENTAÇÃO PAVLOVIANO-WOLPEANA

No final do século XIX, o fisiologista russo Ivan P. Pavlov (1849-1946), usando cachorros como modelos experimentais, conduziu experimentos inovadores sobre digestão. Estes experimentos, que lhe renderam o Prêmio Nobel em Medicina de 1904, envolviam a medida das secreções das glândulas salivares e de outras glândulas digestivas, incluindo as do estômago, pâncreas e intestino delgado. Pavlov observou que a apresentação de comida a um cachorro eliciava uma cadeia de secreções digestivas que começava com a salivação. Ele logo percebeu que a mera visão e o cheiro da comida, e até mesmo os sons da comida sendo preparada para o experimento eliciavam as secreções glandulares digestivas. Acreditando na potencial importância dessa observação para estudar a atividade cerebral superior, Pavlov decidiu usar as secreções das glândulas salivares como base para estudar o processo de aquisição de novos reflexos. Ele descobriu que, se um estímulo, como o som de um clique de um metrônomo, que inicialmente não provocava salivação, fosse pareado com comida várias vezes, a apresentação do som do clique sozinho provocaria salivação. Pavlov chamou o reflexo da comida-salivação de *reflexo incondicional* (*i. e.*, um reflexo desaprendido ou não condicional em qualquer processo de pareamento) e o reflexo de tom-salivação de *reflexo condicional* (*i. e.*, um reflexo aprendido ou condicionado em um processo de pareamento). Assim, ele embarcou em um estudo sistemático sobre aquilo que hoje é chamado *condicionamento pavloviano, clássico* ou *respondente* (ver Capítulo 5). Os resultados desse trabalho foram publicados em um livro clássico cuja tradução para o inglês é intitulada *Conditioned reflexes: An investigation of the physiological activity cerebral cortex* (Pavlov, 1927). Nesse livro, os "reflexos incondicionais" e os "reflexos condicionais" de Pavlov foram traduzidos para o inglês como *unconditioned reflexes* e *conditioned reflexes* e para o português como *reflexos incondicionados* e *reflexos condicionados*, respectivamente, que são os termos usados atualmente (para uma biografia premiada de Pavlov, ver Todes, 2014).

Antes de 1913, a psicologia era definida como a "ciência da mente". Em 1913, um psicólogo americano, John B. Watson (1878-1958), defendeu uma abordagem alternativa a qual chamou *behaviorismo* (estudo de comportamento). Afirmando que a psicologia deveria ser redefinida como sendo a ciência de comportamento, ele publicou um artigo influenciador no qual argumentava que a maioria das atividades humanas poderia ser explicada como hábitos aprendidos. Após se familiarizar com o trabalho de Pavlov e, possivelmente, aquele de Vladimir M. Bechterev, outro fisiologista russo que estudou os reflexos aprendidos independentemente de Pavlov, Watson (1916) adotou o reflexo condicionado como unidade de hábito. Para tanto, argumentou que a maioria das atividades complexas eram devidas ao condicionamento pavloviano.

Watson, em colaboração com sua assistente Rosalie Rayner, deu sequência ao seu artigo publicado em 1916, que demonstrara o condicionamento pavloviano de uma resposta de medo em um bebê de 11 meses. Nesse experimento, Watson e Rayner demonstraram primeiramente que a criança não tinha medo de rato. Então, após vários pareamentos do rato com um barulho alto que fazia a criança chorar e demonstrar outras indicações de medo, a criança exibiu um reflexo condicionado de medo ao rato (Watson e Rayner, 1920) (para um interessante relato romanceado de Rosalie Rayner, John B. Watson e seu experimento "Pequeno Albert", ver Romano-Lax, 2017). Como descrito no Capítulo 1, esse experimento foi seguido por Mary Cover Jones (1924), que demonstrou a eliminação das reações de medo de uma criança a um coelho, por meio da aproximação gradativa do coelho em relação à criança, ao longo das tentativas, enquanto a criança se engajava em atividades prazerosas.

Durante os 20 anos subsequentes, alguns relatos algo isolados da aplicação dos procedimentos de condicionamento pavloviano a vários comportamentos apareceram na literatura (ver uma lista de muitos desses comportamentos em Yates, 1970). Na tradição pavloviana, houve dois desenvolvimentos significativos na década de 1950. Um deles ocorreu na África do Sul, onde Joseph Wolpe (1915-1997) iniciou algumas pesquisas que recorreram significativamente ao condicionamento pavloviano e também ao trabalho de Watson, Mary Cover Jones e Charles Sherrington, um fisiologista britânico. Wolpe estendeu o trabalho de Sherrington (1947), que notou que, se um grupo de músculos fosse estimulado, um grupo de músculos antagonistas seria inibido e vice-versa. Ele chamou isto de *inibição recíproca* e postulou que seria um processo geral atuando ao longo do sistema nervoso. A extensão do princípio de inibição recíproca de Wolpe estabeleceu que, se uma resposta incompatível com um medo (ou ansiedade) aprendido puder ser induzida diante de um estímulo que foi condicionado para produzir esse medo, então este estímulo iria parar de eliciar a reação de medo. Wolpe desenvolveu o primeiro tratamento comportamental para fobias específicas, as quais (como descrito no Capítulo 27) são medos irracionais intensos, como um medo anormal de alturas até mesmo na ausência de perigo de queda. Em 1958, Wolpe publicou seu primeiro livro sobre inibição recíproca, com o intuito de fortalecer de maneira significativa o lançamento da era moderna da tradição pavloviana da terapia comportamental. Wolpe tipicamente usava respostas de relaxamento para inibir um medo (ou ansiedade) aprendido, em um procedimento chamado *dessensibilização sistemática* (ver Capítulo 27). Esse procedimento é o mesmo que a inibição recíproca com a adição de uma introdução gradual do estímulo temido, semelhante ao procedimento de Mary Cover Jones, que influenciou Wolpe.

Do mesmo modo, nos anos 1950, o psicólogo britânico Hans-Jurgen Eysenck exerceu influência com suas críticas ao tradicional tratamento psicoanalítico freudiano, bem como ao defender o aprendizado da teoria ou dos procedimentos de condicionamento como alternativas. Em 1960, Eysenck publicou o livro *Behaviour therapy and the neuroses: readings in modern methods of treatment derived from learning theory*. Nesse livro, ele apresentou uma série de estudos de casos em que variações de inibição recíproca, dessensibilização sistemática e condicionamento pavloviano foram usadas na terapia clínica. Em 1963, Eysenck fundou a revista *Behaviour Research and Therapy*.

Em 1960, Wolpe se mudou para os EUA, onde iniciou um programa na Temple University, treinando terapeutas em dessensibilização sistemática. Em 1984, a unidade de terapia comportamental no Temple University Medical Center foi encerrada. Wolpe (1985) atribuiu a extinção da unidade aos psicoterapeutas psicodinâmicos na Temple. Ele afirmou que o "encerramento refletia a visão psiquiátrica padrão da terapia comportamental (ou seja, é um complemento útil à psicoterapia, mas não é importante)" (Wolpe, 1985, p. 113). Mesmo assim, Wolpe continuou a contribuir ativamente para o campo da terapia comportamental até sua morte, em 1997.

Questões para aprendizagem

1. Descreva como Pavlov demonstrou o condicionamento pavloviano com cães.
2. Quais são os outros dois nomes do condicionamento pavloviano?
3. Descreva como Watson e Rayner demonstraram o condicionamento pavloviano de uma resposta de medo em um bebê de 11 meses.
4. Como Joseph Wolpe estendeu o princípio de inibição recíproca?
5. Como Wolpe denominou seu procedimento para usar o relaxamento com o intuito de inibir um medo aprendido?
6. Qual é o papel exercido por Hans Eysenck no desenvolvimento da terapia comportamental, na década de 1950?

ORIENTAÇÃO CONDICIONAMENTO OPERANTE: ANÁLISE COMPORTAMENTAL APLICADA

O condicionamento pavloviano é um tipo de aprendizado que envolve reflexos – respostas automáticas a estímulos prévios. Entretanto, grande parte do nosso comportamento é influenciado por suas consequências, e não pelos estímulos anteriores. B. F. Skinner (1904-1990) foi o primeiro psicólogo norte-americano a fazer uma distinção clara entre o comportamento eliciado por estímulos e o comportamento controlado por suas consequências. O primeiro foi por ele denominado *comportamento respondente*, enquanto outro foi denominado *comportamento operante*. Portanto, o termo de Skinner para condicionamento pavloviano era *condicionamento respondente*, que é o termo usado para condicionamento pavloviano nos outros capítulos do livro e no restante deste capítulo.

Skinner foi fortemente influenciado pelo behaviorismo de Watson e pela abordagem experimental de Pavlov, mas acreditou que uma metodologia diferente se fazia necessária para estudar o comportamento operante. Em 1932, Skinner descreveu um aparato contendo uma alavanca que podia ser pressionada por um rato de laboratório, e um mecanismo para dispensar os *pellets* de ração, destinado a reforçar a compressão da alavanca pelo rato. Desde então, outros passaram a chamar sua câmara experimental *caixa de Skinner*. Outra influência para Skinner foi o psicólogo americano E. L. Thorndike (1874-1949), que desenvolveu um dispositivo que ele chamou de caixa-problema, com o qual um animal colocado dentro da caixa poderia aprender a dar uma resposta que abrisse uma porta que levaria à fuga da caixa e à obtenção de alimentos colocados fora da caixa.

Em 1938, Skinner descreveu suas pesquisas iniciais no seu livro *The behavior of organisms: An experimental analysis*. Nele, Skinner destacou os princípios básicos do condicionamento operante – um tipo de aprendizado em que o comportamento é modificado por suas consequências. Este trabalho pioneiro influenciou outros psicólogos experimentais a começarem a estudar o condicionamento operante.

Em 1950, Fred S. Keller (1899-1996) e William N. Schoenfeld (1915-1996) escreveram um texto introdutório à Psicologia chamado *Principles of psychology: A systematic text in the science of behavior*. Este texto diferiu dos outros textos introdutórios em psicologia, no sentido de que discutia tópicos tradicionais em psicologia – como aprendizado, percepção, formação de conceito, motivação e emoção – em termos de princípios de condicionamento operante e respondente. Keller e Skinner cursaram a graduação juntos, na Harvard University, e o texto de Keller e Schoenfeld foi inspirado em grande parte pelo trabalho e pelos escritos de Skinner. O *Principles of psychology* teve impacto importante junto à tradição operante, porque expunha a ideia de que toda a psicologia poderia ser interpretada em termos comportamentais – um objetivo enunciado por John B. Watson quando definiu a psicologia como a ciência do comportamento.

Fred S. Keller (1899-1996), amigo e colega de B. F. Skinner, fez outras contribuições importantes. Em 1961, ele aceitou um cargo na Universidade de São Paulo, Brasil, onde criou o primeiro curso de condicionamento operante e desenvolveu o sistema personalizado de ensino (PSI), uma técnica de modificação de comportamento para o ensino universitário (ver Capítulo 2). Keller contribuiu imensamente para o desenvolvimento da modificação de comportamento no Brasil. Seus ex-alunos e seus sucessores acadêmicos continuam a promover a psicologia comportamental no país (Grassi, 2004).

Em 1953, Skinner publicou seu livro *Ciência e comportamento humano*. Assim como o texto de Keller e Schoenfeld, esse livro também foi escrito para a introdução à psicologia; e também como o texto de Keller e Shoenfeld, ele expôs a ideia de que toda a psicologia pode ser interpretada em termos comportamentais. Além disso, *Ciência e comportamento humano* abordou tópicos que geralmente não são tratados em livros introdutórios de psicologia – como governo, direito, religião, economia, educação e cultura – e como os princípios básicos de comportamento (ver Parte 2) sempre influenciam o comportamento das pessoas.

Burrhus Frederick Skinner (1904-1990) teve uma carreira notável e recebeu vários prêmios, inclusive o Distinguished Scientific Award da American Psychological Association (1958), a National Medal of Science (1968), concedida pelo Presidente dos EUA, e o Humanist of the Year Award da American Humanist Society (1972). Além de suas contribuições teóricas e experimentais básicas, Skinner publicou um romance utópico, *Walden II: uma sociedade do futuro* (1948b), trabalhou em um projeto para ensinar pombos a guiar mísseis durante a Segunda Guerra Mundial (Skinner, 1960) e desenvolveu o conceito de instrução programada e máquinas de ensinar (Skinner, 1958). Ele continuou ativo durante toda a sua carreira acadêmica, publicando seu último livro em 1989.

Clark L. Hull (1884-1952), um dos mais antigos contemporâneos de Skinner, mesclou o condicionamento operante e o respondente em uma teoria que não fazia distinção entre os dois tipos de condicionamento. De acordo com Hull (1943, 1952), o condicionamento operante poderia ser totalmente explicado em termos pavlovianos. Hull não interpretou uma ampla variedade de comportamentos humanos como fez Skinner (1953, 1957). Em vez disso, ele desenvolveu uma elaborada teoria matemática do condicionamento. Entretanto, dois outros cientistas sociais – John Dollard, sociólogo, e Neal Miller, psicólogo – que foram fortemente influenciados por Hull traduziram os conceitos psicanalíticos freudianos para a linguagem da teoria de Hull – ou, na terminologia que usaram, condicionamento clássico e instrumental (Dollard *et al.*, 1939; Dollard e Miller, 1950; Miller e Dollard, 1941). Além disso, Miller e Dollard (1941) foram extremamente importantes para o desenvolvimento da teoria da aprendizagem social, conforme descrito na parte principal do texto. Como uma observação à parte, o amplo campo de pesquisa que Skinner, Hull, Dollard e Miller, entre outros, ajudou a desenvolver é chamado de "aprendizagem", embora Pear (2016a, 2016b) e outros tenham argumentado que esse campo de pesquisa é digno de um nome mais científico.

Outro livro que interpreta o comportamento humano em termos analítico-comportamentais foi o de Sidney Bijou e Donald Baer (1961), que interpretaram o desenvolvimento infantil normal a partir de uma perspectiva comportamental.

Embora naquele momento houvesse poucos dados de suporte para as generalizações de Skinner aos seres humanos, esses trabalhos interpretativos influenciaram outros a começarem a examinar os efeitos das variáveis de reforço sobre o comportamento humano em alguns estudos de pesquisa básica e aplicada. Um aspecto importante dessa abordagem behaviorista é que ela rejeitou profundamente a distinção de um mundo mental em seres humanos separado do mundo físico. Portanto, embora esses behavioristas tenham aceitado a existência da fala privada e das imagens encobertas, eles argumentaram que elas não eram diferentes, em princípio, da fala pública e dos atos manifestos visíveis. Além disso, como Watson, eles enfatizavam a importância, em uma ciência de comportamento, do estudo dos efeitos do ambiente externo sobre o comportamento manifesto.

Nas décadas de 1950 e 1960, muitos estudos operantes eram demonstrações de que as consequências afetam o comportamento humano de um modo previsível ou que demonstrações de casos isolados de uma aplicação de um programa comportamental poderiam trazer uma mudança de comportamento desejada. Por exemplo, Paul R. Fuller (1949) relatou um caso em que um adulto confinado ao leito, institucionalizado, com profunda incapacitação intelectual, foi ensinado a erguer o braço para posicioná-lo na vertical, quando os movimentos do braço eram reforçados com uma solução morna de leite com açúcar. Joel Greenspoon (1955) demonstrou que uma simples consequência social (dizer "Hummm") poderia influenciar estudantes universitários a repetir certos tipos de palavras, especificamente substantivos plurais, que precediam imediatamente a fala "Hummmm" de Greenspoon, mesmo que não tivessem consciência da contingência que lhes estava sendo aplicada. Nathan Azrin e Ogden Lindsey (1956), dois alunos de Skinner na pós-graduação, demonstraram que o reforço de jujubas poderia influenciar duplas de crianças pequenas a cooperarem durante um jogo simples. Cada um desses experimentos demonstrou que as consequências influenciam o comportamento humano de modos previsíveis. Esses experimentos, porém, não foram orientados para aplicações práticas.

Um dos primeiros relatos publicados na década de 1950, referente aos problemas práticos aplicados, foi o de Teodoro Ayllon e Jack Michael (1959). Tendo Michael como seu orientador de tese de doutorado, Ayllon conduziu algumas demonstrações comportamentais no Saskatchewan Hospital, uma instituição psiquiátrica localizada em Weyburn, Saskatchewan, Canadá. Essas demonstrações mostraram como a equipe poderia usar procedimentos comportamentais para modificar comportamentos do paciente, como conversa imaginária, recusa a se alimentar e vários comportamentos disruptivos.

Em seguida ao artigo de Ayllon e Michael, além de vários outros artigos subsequentemente publicados por Ayllon e colaboradores a partir do trabalho que conduziam em Weyburn, demonstrações similares de controle comportamental começaram a surgir com certa frequência, no início dos anos 1960.

Dois outros doutorandos de Michael, Montrose Wolf e Todd Risley, dedicaram-se a melhorar o comportamento de crianças com déficits comportamentais graves. Em um caso famoso, eles usaram o reforço positivo para treinar uma criança com transtorno do espectro autista (TEA) a usar os óculos e, com essa meta alcançada, a emitir uma fala funcional (Wolf *et al.*, 1964). O trabalho deles e de outros behavioristas influenciou Ole Ivar Lovaas a desenvolver um tratamento altamente eficaz para crianças com TEA chamado *intervenção comportamental intensiva e precoce* (*EIBI*, do inglês *early intensive behavioral intervention*). Como o nome sugere, a EIBI envolve o trabalho com a criança o mais cedo possível após o recebimento do diagnóstico de TEA, durante várias horas por dia, pelo menos cinco vezes por semana. Com esse tratamento, muitas crianças apresentam melhora acentuada em comparação com um grupo-controle sem tratamento e, após vários anos de tratamento, várias crianças com TEA são indistinguíveis das crianças com desenvolvimento normal (Klintwall *et al.*, 2015; Lovaas, 1966, 1977).

Em 1965, Leonard Ullmann e Leonard Krasner publicaram uma coleção influente de leituras, intitulada *Case studies in behavior modification*. Esse foi o primeiro livro contendo "modificação de comportamento" no título. Além de coletar algumas histórias de caso e relatórios de pesquisa de outros autores, Ullmann e Krasner compararam dois modelos de comportamento anormal: o modelo comportamental e o modelo médico. O modelo comportamental de comportamento anormal sugere que o comportamento anormal é uma função de causas ambientais especificáveis e que é possível rearranjar o ambiente de tal modo que seja possível mudar ou melhorar o comportamento. Em contraste, o modelo médico de comportamento anormal proposto por Sigmund Freud via o comportamento anormal como um sintoma de perturbação subjacente em um mecanismo de personalidade, com a implicação de que o transtorno de personalidade subjacente deveria ser tratado por meio da psicanálise freudiana, em vez de tratar os sintomas observados por meio do rearranjo do ambiente. Na verdade, alguns setores sustentavam que os behavioristas estavam apenas tratando sintomas e que, embora seus tratamentos pudessem eliminar alguns sintomas, novos surgiriam para substituí-los por meio de um processo chamado de substituição de sintomas. No entanto, pesquisas não conseguiram encontrar nenhuma evidência de tal processo (Tryon, 2008).

O modelo de Freud de comportamento anormal foi baseado em um modelo em medicina no qual bactérias, vírus, lesões e outras perturbações levam à produção de sintomas no funcionamento de seres humanos normais. O livro de Ullmann e Krasner incluiu estudos de ambas as orientações, operante e pavloviana, e teve impacto significativo sobre a promoção da modificação de comportamento ao fornecer, em uma única fonte, informação sobre grande parte do trabalho preliminar nesta área. Também, em 1965, Krasner e Ullmann deram seguimento ao seu livro de estudos de caso, com um livro editado sobre estudos científicos intitulado *Research in behavior modification*.

No final da década de 1960, a orientação de condicionamento operante começou a ser disseminada por todo o hemisfério ocidental. Vários centros de treinamento universitário foram desenvolvidos; muitas universidades iniciaram ao menos um ou dois cursos sobre modificação de comportamento de graduação e pós-graduação; e as aplicações se disseminaram para os contextos escolares normais, ensino universitário, residências, bem como outras populações e locais (p. ex., Martin, 1981; Walters e Thomson, 2013).

Por volta dos anos 1970, a orientação operante havia crescido consideravelmente. Como discutido no Capítulo 1, essa abordagem é referida como *análise comportamental aplicada*. É surpreendente encontrar livros-texto contemporâneos sugerindo que esta abordagem era usada primariamente em populações de clientes com "capacidade cognitiva limitada" e nas situações em que um considerável controle ambiental é uma potencial característica dos procedimentos de tratamento. Embora isto fosse válido nas décadas de 1950 e 1960, as aplicações atualmente ocorrem com quase todas as populações e em todos os contextos (ver Capítulos 2, 26 e 27).

Também alegou que os analistas comportamentais ignoram as causas de comportamento problemático. No desenvolvimento inicial da modificação de comportamento, havia alguma justificativa para esta acusação, porque os analistas comportamentais enfatizavam que controlar as consequências poderia aliviar o comportamento problemático independentemente de suas causas. Durante a década de 1970, alguns analistas comportamentais (p. ex., Carr, 1977; Johnson e Baumeister, 1978; Rincover, 1978; Rincover *et al.*, 1979) começaram a salientar a importância do conhecimento das causas – ou seja, das condições geradoras ou mantenedoras – de comportamento problemático. De fato, a primeira edição deste livro, publicada em 1978, continha uma seção intitulada "It Helps to Know the Causes of Behavior", no capítulo que se tornou o Capítulo 22 da edição atual.

A ênfase crescente no conhecimento das causas de comportamento problemático levou à vanguarda da análise funcional, por Bryan Iwata e colaboradores (Iwata *et al.*, 1982). Conforme descrito no Capítulo 22, a análise funcional consiste na descoberta das variáveis controladoras (antecedentes e consequências) de comportamento, por meio da avaliação direta de seus efeitos sobre o comportamento. Alguns analistas comportamentais proeminentes aclamaram a análise funcional como um dos

Questões para aprendizagem

7. O que é condicionamento operante?
8. Em qual sentido o livro de Keller e Schoenfeld, *Principles of psychology*, diferiu dos outros textos introdutórios de psicologia de sua época?
9. Em que país da América Latina Keller aceitou um cargo acadêmico em 1961, e que contribuição ele fez para a modificação de comportamento enquanto esteve lá?
10. Como o *Science and human behavior*, de Skinner, influenciou o desenvolvimento inicial da modificação de comportamento?
11. Cite três das contribuições de Skinner além de sua pesquisa básica e de seus escritos teóricos.
12. Para qual das duas principais orientações Hull e seus seguidores Dollard e Miller contribuíram em particular, e, de forma resumida, quais foram suas contribuições?
13. Muitos dos relatos iniciais na tradição operante nos anos 1950 eram oriundos de experimentos diretos que demonstraram a influência das consequências sobre o comportamento humano. Descreva resumidamente dois desses experimentos.
14. Descreva brevemente um dos primeiros relatos publicados referente às aplicações práticas com a tradição operante.
15. As publicações do início da década de 1960 em orientação operante aparentemente exibiam duas características. Quais eram essas características?
16. O livro influenciador *Case studies in behavior modification* abrangia estritamente a orientação operante? Por quê?
17. Diferencie os modelos comportamental e médico de comportamento anormal.
18. Qual é a outra denominação de orientação operante?

principais progressos na área. Em 1994, o *Journal of Applied Behavior Analysis* publicou uma edição especial (Vol. 27, No. 2) dedicada às abordagens analíticas funcionais para avaliação comportamental e tratamento (discutido no Capítulo 22), e esta área continua sendo uma área de pesquisas e aplicações altamente ativa (p. ex., Saini *et al.*, 2021; Smith *et al.*, 2012; Wacker *et al.*, 2011). É preciso notar que as causas reveladas pela análise funcional são causas ambientais e não as causas internas hipotéticas do modelo médico frequentemente especuladas pelas abordagens não comportamentais (p. ex., psicanalítica). Conforme descrito no Capítulo 22, a análise funcional está intimamente relacionada com a área de avaliação funcional, que também teve um crescimento considerável (Dunlap e Kern, 2018).

TEORIA DA APRENDIZAGEM SOCIAL

Grande parte da história inicial da modificação de comportamento e da terapia comportamental recaem nitidamente junto à orientação operante ou à orientação pavloviano-wolpeana. A maioria dos outros avanços iniciais tenderam a ser ramificações de uma dessas tradições. Um dos principais desdobramentos foi a *teoria da aprendizagem social*, que pode ser remontada à colaboração entre o psicólogo Neal E. Miller e o sociólogo John Dollard (conforme mencionado neste capítulo, Miller e Dollard foram fortemente influenciados pelo behaviorista Clark L. Hull, que, aliás, foi o orientador de doutorado de Miller). Um dos aspectos mais notáveis de nossa espécie é a rapidez e a extensão com que aprendemos uns com os outros por meio da imitação. Uma questão central para os teóricos do comportamento é como explicar esse fato usando princípios comportamentais. As maneiras pelas quais a aprendizagem por imitação pode ser explicada em termos comportamentais são discutidas no Capítulo 20. Por meio de vários experimentos com animais, como o uso de reforço alimentar para treinar um rato a seguir outro em um labirinto, Miller e Dollard (1941) mostraram como a imitação pode ser ensinada até certo ponto, mesmo em animais não humanos. Entretanto, essas demonstrações não foram convincentes para os psicólogos que acreditam que algo além dos princípios comportamentais deve estar operando na aprendizagem por imitação. Esse ponto de vista deu origem à teoria da aprendizagem social.

O mais influente dos teóricos da aprendizagem social é Albert Bandura (1969, 1973, 1977). É interessante notar que Bandura escreveu o primeiro livro não editado com *modificação de comportamento* no título (*Principles of behavior modification*; Bandura, 1969). Nesse livro, Bandura discutiu a modificação de comportamento abordada na Parte 2 deste livro. No entanto, ao longo desse livro, ele enfatizou muito a aprendizagem por imitação ou *aprendizagem observacional*, que foi o foco de suas primeiras pesquisas. Seu trabalho sobre a imitação da agressão por crianças que observam um adulto que demonstra agressividade em relação a um boneco João Bobo é lendário. Bandura acreditava que algo além dos princípios comportamentais deve estar envolvido na aprendizagem por imitação, e esse outro fator são os processos cognitivos ou simbólicos. Para respaldar essa ideia, Bandura apontou para o fato de que grande parte da aprendizagem humana é *observacional*, ou seja, observando outros humanos agirem e vendo o que acontece com eles (ver discussão sobre modelação no Capítulo 20).

Do ponto de vista desse livro, os processos cognitivos se referem àquilo que dizemos a nós mesmos ou imaginamos, frequentemente denominado "acreditar", "pensar" e "esperar". Exceto pelo fato de serem encobertos, esses processos não diferem de outros processos comportamentais. (ver Capítulo 26 deste livro para ler uma discussão sobre como as cognições podem ser explicadas em termos comportamentais.) Bandura não compartilha dessa ideia. De fato, ele enfatizou as variáveis cognitivas a ponto de renomeá-las em sua teoria de aprendizado social para "teoria cognitiva social", sendo que o termo *teoria do aprendizado social* não aparece em seus últimos livros (Bandura, 1986, 1997). Para Bandura (1982, 1997), um processo cognitivo importante é a *autoeficácia*. Isto se refere ao fato de os indivíduos serem mais propensos a apresentarem desempenho adequado em uma situação particular, se perceberem ou acreditarem que podem ter um desempenho apropriado em tal situação. Nas palavras de Bandura, "Dadas as habilidades apropriadas e incentivos adequados [...] as expectativas de eficácia são um dos principais determinantes das atividades escolhidas pelas pessoas, da quantidade de esforço empreendido, e da quantidade de tempo em que sustentarão seus esforços para lidar com situações estressantes" (1977, p. 194).

Entretanto, é preciso fazer uma ressalva com relação à autoeficácia. As pesquisas mostram que o simples fato de observar alguém realizando uma atividade pode levar as pessoas a acreditarem falsamente que se tornaram mais capazes nessa atividade, o que pode ter consequências perigosas (Kardas e O'Brien, 2018).

TERAPIA COGNITIVO-COMPORTAMENTAL

Em virtude de sua ênfase inicial em fatores cognitivos, Bandura é um precursor da terapia cognitivo-comportamental (TCC, conforme descrito nos Capítulos 26 e 27). Desenvolvida por Albert Ellis (1962) e Aaron Beck (1970), a TCC se concentra principalmente em explicar os comportamentos mal-adaptativos, em termos de pensamento disfuncional, e inclui um método chamado *reestruturação cognitiva* como componente do tratamento primário para modificar o pensamento disfuncional. Deve-se observar que, de acordo com Rachman (2015), os terapeutas comportamentais estritos, embora céticos em relação ao componente cognitivo da TCC, acabaram aceitando-a por vários motivos, incluindo (a) a ausência de progresso com métodos comportamentais estritos no tratamento da depressão, (b) a inclusão de tarefas comportamentais nos procedimentos da TCC, (c) a insistência dos terapeutas cognitivo-comportamentais no registro preciso e repetido de eventos e (d) a natureza autocorretiva dos procedimentos da TCC. A essa lista podemos acrescentar o fato de que os terapeutas comportamentais estritos perceberam que as variáveis que os behavioristas cognitivos consideravam estar ocorrendo em um "domínio cognitivo" separado poderiam ser vistas como comportamento encoberto ou privado. (Observação: embora alguns façam distinção entre terapia cognitiva e TCC, não fazemos essa distinção aqui.)

Questões para aprendizagem

19. Qual é o significado do termo *processos cognitivos*?
20. Quem foi o mais influente dos teóricos da aprendizagem social? O que essa pessoa enfatizou fortemente em seu livro de 1969?
21. Descreva resumidamente como os terapeutas cognitivos Ellis e Beck explicam os comportamentos mal-adaptativos e qual método eles propuseram para isto.

TERMINOLOGIA: MODIFICAÇÃO DE COMPORTAMENTO, TERAPIA COMPORTAMENTAL, TERAPIA COGNITIVO-COMPORTAMENTAL E ANÁLISE COMPORTAMENTAL APLICADA

Alguns escritores empregam os termos *modificação de comportamento* e *terapia comportamental* como sinônimos. Outros usam *análise comportamental aplicada* como sinônimo de modificação de comportamento. Qual é o uso histórico destes termos? Lindsley *et al.* (1953) foram os primeiros a usarem o termo *terapia comportamental*, ao relatarem pesquisas em que pacientes de um hospital psiquiátrico eram recompensados com doces ou cigarros por puxarem um êmbolo (ver na referência de Reed e Luiselli, 2009, uma discussão sobre as primeiras contribuições laboratoriais de Lindsey e Skinner para a formação da terapia comportamental.) Embora Lazarus (1958) subsequentemente tenha usado o termo *terapia comportamental* ao aplicá-lo à estrutura de inibição recíproca de Wolpe, esse termo se tornou popular entre os seguidores da orientação pavloviano-wolpeana, depois que Eysenck (1959) o usou para descrever procedimentos publicados por Wolpe.

O primeiro uso do termo *modificação de comportamento* foi o título de uma seção em um capítulo escrito por R. I. Watson (1962). Nas décadas de 1960 e 1970, muitos escritores faziam distinção entre modificação de comportamento, com suas raízes no condicionamento operante, e terapia comportamental, enraizada no condicionamento pavloviano. Outros, porém, não faziam essa distinção. Ullmann e Krasner (1965), por exemplo, frequentemente usavam *modificação de comportamento* e *terapia comportamental* de modo intercambiável. Entretanto, citando Watson (1962, p. 19), Krasner (2001) escreveu "[em] um sentido mais amplo, o tópico da modificação de comportamento está relacionado à área do aprendizado como um todo" (p. 214). Isto concorda com o modo como usamos o termo neste livro, conforme explicado no Capítulo 1 e agora, no presente capítulo.

Existem algumas conexões históricas interessantes entre modificação de comportamento e psicologia humanista. Watson (1962) deu a Carl Rogers, um dos fundadores da psicologia humanista, os créditos por "ter lançado a abordagem científica em modificação de comportamento por meio da psicoterapia" (p. 21), enquanto Ullmann (1980), refletindo sobre a decisão dele e de Krasner de usar *modificação de comportamento* no título de seu livro de estudos de caso, deu a Rogers os créditos pela ideia de usar aquele termo em oposição à terapia comportamental.

O subtítulo dado por Skinner ao seu livro, em 1938, *The behavior of organisms* foi *Uma análise experimental.* As palavras *comportamento* e *análise* se tornariam proeminentes na orientação operante. Em 1957, um grupo de seguidores de Skinner fundou a Society for the Experimental Analysis of Behavior (SEAB). Em 1958, a SEAB começou a publicar o *Journal of Experimental Analysis of Behavior* que, conforme afirmado na contracapa de cada edição, "destina-se primariamente à publicação original de experimentos relevantes para o comportamento de organismos individuais". Em 1968, a SEAB passou a publicar o *Journal of Applied Behavior Analysis* que, conforme afirmado na contracapa de cada edição, "destina-se primariamente à publicação original de pesquisa experimental envolvendo aplicações da análise comportamental experimental a problemas de importância social". Em 1974, em Chicago, um grupo de psicólogos interessados em análise comportamental fundou a Midwestern Association of Behavior Analysis (MABA), que, com a expansão de seu quadro de associados, foi transformada na Association for Behavior Analysis (ABA), em 1978, e finalmente na Association for Behavior Analysis International (ABAI), em 2007. A ABAI pública vários periódicos, incluindo: *The Behavior Analyst* (iniciado em 1978 a partir de um boletim informativo publicado pela MABA), *The Analysis of Verbal Behavior* (publicado pela primeira vez em 1982 pelo Verbal Behavior Special Interest Group e assumido pela ABAI em 1995), *Behavior Analysis in Practice* (iniciado em 2008) e *The Psychological Record* (fundado em 1937 e adquirido pela ABAI em 2014). O nome da *The Behavior Analyst* foi alterado para *Perspectives on Behavior Science* em 2018. Em 1991, reconhecendo a importância de manter certos padrões na formação de analistas do comportamento, a ABA estabeleceu um processo de acreditação de programas de pós-graduação em análise do comportamento. Em 1998, outro grupo de analistas comportamentais estabeleceu uma corporação sem fins lucrativos denominada Behavior Analyst Certification Board, cujo propósito, conforme afirmado em seu *website*, é "atender às necessidades de credenciamento profissional identificadas pelos analistas comportamentais, governos e consumidores dos serviços de análise comportamental".

Algumas das distinções que tenderam a caracterizar os usos dos termos *terapia comportamental, modificação de comportamento, modificação cognitivo-comportamental* e *análise comportamental aplicada* são apresentadas na Tabela 28.1. Apesar das distinções históricas, os termos muitas vezes são usados como sinônimos. Em nossa perspectiva, a *modificação de comportamento* adquiriu um significado mais amplo do que o dos outros termos. *Terapia comportamental* e *terapia cognitivo-comportamental* são claramente menos apropriados do que *análise comportamental aplicada* ou *modificação de comportamento* ao lidar com o comportamento não disfuncional. Como indicado no Capítulo 1, sugerimos que o termo *modificação de comportamento* inclua *terapia cognitivo-comportamental, terapia comportamental* e *análise comportamental aplicada. Terapia comportamental* ou *terapia cognitivo-comportamental* é a modificação de comportamento realizada no comportamento disfuncional, geralmente no contexto clínico. *Análise comportamental aplicada* enfatiza a aplicação dos princípios de condicionamento operante e é a *modificação de comportamento* em que muitas vezes se tenta analisar ou demonstrar claramente as variáveis controladoras de comportamento de interesse. *Modificação de comportamento* inclui todas as aplicações explícitas de princípios comportamentais para melhorar um comportamento específico – seja ou não no contexto clínico, com as variáveis controladoras explicitamente demonstradas ou não demonstradas – que é como usamos o termo neste livro.

DESENVOLVIMENTO DA MODIFICAÇÃO DE COMPORTAMENTO PELO MUNDO

Nos anos 1950, ocorreram avanços históricos importantes na modificação de comportamento, de modo simultâneo, em três países: África do Sul, onde Wolpe conduzia seu trabalho pioneiro sobre dessensibilização; Inglaterra, onde Eysenck estimulava o movimento da modificação de comportamento enfatizando o descontentamento com os métodos tradicionais

Tabela 28.1 Comparação dos usos dos termos terapia comportamental, modificação cognitivo-comportamental, modificação de comportamento e análise comportamental aplicada.

Décadas de 1960 e 1970	
Terapia comportamental/modificação cognitivo-comportamental	**Modificação de comportamento**
• Os termos são usados mais frequentemente por seguidores da orientação pavloviano-wolpeana e por seguidores da orientação cognitiva • Os termos tendem a ser usados por psicólogos comportamentais e psiquiatras, que primariamente se preocupavam com o tratamento no contexto clínico tradicional. Ver uma linha cronológica histórica da terapia comportamental em contextos psiquiátricos na referência de Malatesta *et al.*, 1994 • Os termos tendem a ser usados em referência aos tratamentos comportamentais conduzidos no consultório do terapeuta, por meio de interação verbal ("terapia de conversa") entre terapeuta e cliente • Os termos foram associados a uma base experimental fundamentada primariamente em estudos realizados com seres humanos no contexto clínico	• Termo usado com mais frequência pelos seguidores da orientação operante • O termo tendia a ser usado por especialistas em comportamento nas escolas, residências e outros cenários que não eram primariamente o domínio do psicólogo clínico nem do psiquiatra • O termo tendia a ser usado para os tratamentos comportamentais realizados no ambiente natural, bem como em contextos de treinamento especiais • O termo foi associado a uma base experimental na pesquisa operante básica com animais e seres humanos, além dos estudos experimentais em contextos aplicados
Década de 1980 até o presente	
• Os termos **terapia comportamental** e **modificação cognitivo-comportamental** geralmente são substituídos pelo termo **terapia cognitivo-comportamental**, que continua sendo usado conforme descrito na coluna da esquerda • O termo **análise comportamental aplicada** vem sendo cada vez mais usado pelos seguidores da orientação operante, conforme descrito na coluna da direita • O termo **modificação de comportamento** tende a assumir um significado algo mais amplo e inclui terapia comportamental, terapia cognitivo-comportamental e análise comportamental aplicada (ver Pear e Martin, 2012)	

de psicoterapia; e EUA, onde Skinner e colaboradores trabalhavam seguindo a orientação de condicionamento operante. Durante os anos 1960 e 1970, contudo, a maioria dos livros e artigos científicos sobre modificação de comportamento e terapia comportamental eram baseados nos avanços ocorridos nos EUA. Exemplificando, três dos quatro primeiros periódicos em terapia comportamental principais foram publicados nos EUA, sendo que a maioria de seus artigos eram escritos também nos EUA (*Journal of Applied Behavior Analysis*, 1968 até o presente; *Behavior Therapy*, 1970; *Behavior Therapy and Experimental Psychiatry*, 1970 até o presente). Embora o quarto periódico (*Behaviour Research and Therapy*, 1963 até o presente) tenha sido editado por Eysenck, na Inglaterra, também continha um amplo número de artigos científicos oriundos dos EUA. Por outro lado, desde a década de 1970, a modificação de comportamento se tornou um movimento verdadeiramente mundial. Avanços significativos ocorreram na Argentina (Blanck, 1983); Ásia (Oei, 1998); Austrália (Brownell, 1981; King, 1986; Schlesinger, 2004); Brasil (Ardila, 1982; Grassi, 2004; Todorov, 2016); Canadá (Martin, 1981); Chile (Ardila, 1982); Colômbia (Ardila, 1982; Lopez e Aguilar, 2003); Costa Rica (Pal-Hegedus, 1991); Cuba (Dattilio, 1999); República Dominicana (Brownell, 1981); Inglaterra (Brownell, 1981); França (Agathon, 1982; Cottraux, 1990); Alemanha (Stark, 1980); Gana (Danguah, 1982); Holanda (Brownell, 1981); Hungria (Tringer, 1991); Irlanda (Flanagan, 1991); Israel (Brownell, 1981; Zvi, 2004); Itália (Moderato, 2003; Sanivio, 1999; Scrimali e Grimaldi, 1993); Irlanda (Flanagan, 1991); Japão (Sakano, 1993; Yamagami *et al.*, 1982); México (Ardila, 1982); Nova Zelândia (Blampied, 1999, 2004); Noruega (Brownell, 1981); Polônia (Kokoszka *et al.*, 2000; Suchowierska e Kozlowski, 2004); Romênia (David e Miclea, 2002); Singapura (Banerjee, 1999); Espanha (Caballo e Buela-Casal, 1993); Coreia do Sul (Kim, 2003); Sri Lanka (DeSilva e Simarasinghe, 1985); Suécia (Brownell, 1981; Carter, 2004); Tailândia (Mikulis, 1983); Reino Unido (Dymond *et al.*, 2003); Uruguai (Zamora e Lima, 2000); e Venezuela (Ardila, 1982). Na edição de setembro de 2009 do *Inside Behavior Analysis*, há uma discussão sobre a análise comportamental no Brasil, China, Colômbia, Índia, Irlanda, Israel, Itália, Japão, México, Nova Zelândia, Filipinas, Polônia, Suécia, Tailândia e Reino Unido. Apesar dos avanços promissores listados, estudos indicam que a expansão da modificação de comportamento fora dos EUA não progrediu tão rapidamente quanto alguns considerariam saudável para o campo (p. ex., Martin *et al.*, 2016).

FUTURO DA MODIFICAÇÃO DE COMPORTAMENTO

A modificação de comportamento tem sido aplicada a uma ampla variedade de problemas individuais e sociais. Além disso, cada vez mais essas aplicações têm se preocupado com a prevenção e a melhoria de problemas existentes. Não há dúvida de que as profissões assistenciais, incluindo psicologia clínica e comunitária, odontologia, educação, medicina, enfermagem, psiquiatria, saúde pública, reabilitação e serviço social, adotaram procedimentos de modificação de comportamento. As aplicações também ocorrem em áreas como negócios, indústria, recreação, esportes e promoção de estilos de vida saudáveis (ver Capítulo 2). Algum dia, um conhecimento profundo das técnicas comportamentais poderá se tornar uma necessidade aceita em nossa cultura e resultar em uma população feliz, informada, habilidosa e produtiva, sem guerra, pobreza, preconceito ou poluição.

Questões para aprendizagem

22. Quais são os nomes das duas principais revistas de modificação de comportamento/terapia comportamental publicadas pela primeira vez na década de 1960?
23. Quem usou pela primeira vez o termo *terapia comportamental* e em que contexto?
24. Descreva quatro diferenças no uso dos termos terapia *comportamental/modificação cognitiva do comportamento* em comparação com *modificação de comportamento* durante as décadas de 1960 e 1970 (Tabela 28.1).
25. Em uma frase para cada um, faça a distinção entre os termos *terapia cognitivo-comportamental, análise comportamental aplicada* e *modificação de comportamento*, conforme tendem a ser usados atualmente.
26. Nomeie três países que foram importantes no desenvolvimento da modificação de comportamento nos anos 1950 e a pessoa mais associada a esse desenvolvimento em cada um desses países.

RESUMO DO CAPÍTULO 28

Neste capítulo, examinamos a história de quatro orientações principais em relação ao comportamento: uma que enfatiza o condicionamento clássico (pavloviano ou respondente), uma que enfatiza o condicionamento operante e duas que se concentram em variáveis cognitivas: a teoria da aprendizagem social e a terapia cognitivo-comportamental.

Condicionamento respondente

Esse é um tipo de condicionamento que envolve respostas automáticas a estímulos anteriores. Inicialmente, na história da modificação de comportamento, o condicionamento respondente era considerado o único mecanismo pelo qual a aprendizagem ocorria. Watson e Rayner mostraram que uma emoção pode ser condicionada a um estímulo que inicialmente não provoca essa emoção, Mary Cover Jones mostrou como uma resposta emocional indesejável pode ser reduzida por extinção ou contracondicionamento, e Joseph Wolpe desenvolveu uma terapia comportamental baseada na ideia de que o comportamento problemático (p. ex., fobias) é um comportamento condicionado por resposta.

Condicionamento operante

B. F. Skinner fez uma distinção entre reflexos e comportamento controlado por suas consequências. Skinner e outros escreveram interpretações do comportamento humano em termos de condicionamento operante. As pesquisas sobre condicionamento operante em seres humanos começaram lentamente e, depois, aumentaram de forma constante à medida que ficou cada vez mais claro que muitos comportamentos problemáticos são mantidos por contingências de reforço operante e podem ser tratados por contingências operantes. Muitos dos primeiros experimentos operantes eram demonstrações de que as consequências afetam o comportamento humano de maneiras previsíveis ou demonstrações de casos isolados de que a aplicação de um programa comportamental poderia provocar uma mudança de comportamento desejada. Grande parte desse trabalho inicial foi feita com populações muito resistentes, como pessoas com incapacidades intelectuais, crianças com TEA e pacientes psiquiátricos gravemente regredidos que não haviam recebido muitas contribuições bem-sucedidas da psicologia tradicional. Muitas das aplicações dos métodos operantes ocorreram em ambientes institucionais ou altamente controlados. Alguns analistas comportamentais começaram a enfatizar a importância de compreender as causas - ou seja, as condições que produzem ou mantêm - do comportamento problemático. A ênfase crescente na compreensão das causas do comportamento problemático deu origem ao campo da análise funcional.

Teoria da aprendizagem social

Essa teoria enfatiza a ideia de que os condicionamentos respondente e operante não podem explicar por completo a totalidade do comportamento humano, mesmo quando o comportamento encoberto ou privado é levado em consideração. De acordo com os teóricos da aprendizagem social - principalmente Albert Bandura -, grande parte do comportamento humano ocorre por meio da aprendizagem por imitação, que depende de processos simbólicos e outros processos cognitivos que não podem ser reduzidos aos condicionamentos respondente e operante. A pesquisa e a teoria de Bandura ajudaram a preparar o terreno para a "revolução cognitiva" na psicologia e o advento da terapia cognitivo-comportamental (TCC).

Inicialmente, behavioristas estritos, como os seguidores de Skinner e Wolpe, opuseram-se à introdução da terminologia cognitiva. Entretanto, muitos behavioristas estritos agora a aceitam por vários motivos, entre eles o fato de a TCC usar procedimentos empíricos sólidos de coleta de dados, parecer ser eficaz em muitos casos e o fato de o componente cognitivo, interpretado adequadamente, ser consistente com a terminologia comportamental estrita.

Confira as respostas das Questões para aprendizagem do Capítulo 28

29 Aspectos Éticos

Objetivos de aprendizagem

Após ler este capítulo, o leitor será capaz de:

- Explicar uma visão comportamental de ética
- Avaliar argumentos a favor e contra o controle deliberado de comportamento
- Discutir criticamente as diretrizes éticas para desenvolver e aplicar técnicas de modificação de comportamento.

INTRODUÇÃO

Ao longo deste livro, enfatizamos os aspectos éticos ou morais que devemos sempre ter em mente ao aplicar a modificação de comportamento. Seria uma grande tragédia se a poderosa tecnologia científica fosse usada de maneiras que fizessem mal em vez de ajudar a humanidade. Como isso é um perigo real, é apropriado dedicarmos o último capítulo deste livro a uma discussão mais detalhada dos aspectos éticos.

A história da civilização é uma história contínua de abuso de poder. Ao longo das eras, pessoas poderosas usaram os reforçadores e punidores de que dispunham para controlar o comportamento das pessoas que tinham menos reforçadores e punidores a aplicar, ou meios para aplicá-los de modo contingente, em comportamentos-alvo selecionados. O efeito dessa tradição foi aumentar os reforços para os mais poderosos à custa dos reforços que ocorriam aos menos poderosos. De tempos em tempos, conforme a proporção de reforço total que lhes era atribuído foi caindo de maneira estável, as pessoas submetidas a esse abuso de poder se revoltaram com êxito contra seus opressores e modificaram as estruturas sociais existentes ou aquelas recém-estabelecidas para reprimir ou eliminar a possibilidade de futuros abusos. Constituições, declarações de direitos e documentos políticos relacionados dos Estados modernos podem ser vistos como especificações formais de contingências designadas a controlar o comportamento daqueles que controlam o comportamento dos outros. Nas democracias ocidentais, por exemplo, nos movemos de uma era do direito divino dos monarcas para uma era de "governo por leis". Além disso, com a introdução de eleições populares periódicas, as pessoas que são controladas por aqueles que criam as leis podem exercer certa medida de controle recíproco, votando para que eles não permaneçam mais nos seus cargos. No entanto, a democracia não é perfeita, e mesmo em países democráticos continua havendo abuso de poder no mundo inteiro.

Por causa do que a história revela e devido às experiências pessoais de indivíduos com outros que abusaram de seu poder, as pessoas aprenderam a reagir de forma negativa às tentativas de controlar o comportamento. Portanto, não deve causar surpresa que em seus primeiros anos, o termo *modificação de comportamento* tenha evocado muitas reações negativas, desde suspeita até a total hostilidade. Essas reações iniciais foram exacerbadas pela tendência a erroneamente igualar a modificação de comportamento com procedimentos invasivos, como a terapia de choque eletroconvulsiva, lavagem cerebral e até tortura (p. ex., Turkat e Feuerstein, 1978). Hoje, conforme ilustram as reportagens nos jornais, na televisão e no cinema, o público geral está mais consciente de que a modificação de comportamento – incluindo a análise comportamental aplicada, a terapia comportamental, a análise comportamental clínica e a terapia cognitivo-comportamental – ajuda os indivíduos a controlarem seus comportamentos.

As aplicações sistemáticas dos princípios de aprendizado são baseadas em duas considerações: (a) o comportamento pode ser controlado; e (b) é desejável fazer isso para alcançar determinados objetivos. O fato de o comportamento ser completamente ou apenas parcialmente determinado por fatores ambientais e genéticos favorece as discussões filosóficas sobre o assunto. Do ponto de vista prático, contudo, tanto faz. O ponto importante é que a quantidade de controle em potencial sobre o comportamento está aumentando cada vez mais, como resultado de novas descobertas em ciência comportamental, refinamentos em tecnologia comportamental e eletrônica, e avanços ocorridos na comunicação via internet, os quais tornam tais descobertas crescentemente disponíveis para as pessoas ao redor do mundo.

A cautela extrema é uma reação saudável a qualquer avanço novo que ocorra em ciência ou tecnologia. A civilização talvez fosse menos perigosa do que é hoje se mais precauções tivessem sido adotadas no início do desenvolvimento da energia atômica. A solução para os atuais problemas enraizados nos avanços científicos e tecnológicos, contudo, não consiste em tentar fazer o relógio voltar no tempo, para uma era pré-científica aparentemente mais segura. A ciência e a tecnologia não são o problema, mas apenas meios sofisticados desenvolvidos pelas pessoas para solucionar problemas. O problema real é que as pessoas frequentemente usam essas ferramentas de maneira errada. É evidente que isso é um problema comportamental. Como poderia parecer, portanto, Skinner (1953, 1971) argumentou que a ciência de comportamento é a chave lógica para a solução de tal problema. Assim como acontece com outras ciências e tecnologias poderosas, no entanto, a modificação de comportamento pode ser usada de forma indevida. Por isso, é importante ter diretrizes éticas que garantam o seu uso em prol do bem da sociedade. Na próxima seção, discutimos a ética de uma perspectiva comportamental. Em seguida, examinamos alguns argumentos comuns contra a mudança deliberada de comportamento. E, por último, retomamos a questão sobre como salvaguardas podem ser impostas às modificações de comportamento, para garantir que sejam sempre usadas no melhor dos interesses da humanidade.

Questões para aprendizagem

1. Descreva, em termos comportamentais, como a história da civilização é uma história de abuso contínuo do poder. Com base no seu conhecimento sobre história ou eventos atuais, dê um exemplo desse abuso.
2. A partir do seu conhecimento sobre história ou eventos atuais, dê um exemplo daquilo que acontece com frequência quando os reforços que ocorrem em um grupo na sociedade caem abaixo de determinado nível crítico em relação aos reforços que ocorrem em outro grupo na mesma sociedade.
3. Da perspectiva comportamental, como poderíamos explicar as constituições, as declarações de direitos e os documentos políticos afins dos Estados modernos?
4. Explique por que tendemos a reagir de forma negativa a todas as tentativas manifestas de controlar nosso comportamento.
5. Por que e como as pessoas que controlariam nosso comportamento disfarçam seus objetivos? Dê um exemplo que não tenha sido mencionado no texto.
6. Descreva duas proposições que servem de base para a modificação de comportamento.
7. Por que a cautela extrema é uma reação saudável a todo avanço científico ou tecnológico novo? Discuta com um exemplo.

PERSPECTIVA COMPORTAMENTAL DA ÉTICA

A partir de um ponto de vista comportamental, o termo *ética* se refere a certos padrões de comportamento que uma cultura desenvolveu para promover a sobrevivência dessa cultura (Skinner, 1953, 1971). Por exemplo, roubar é considerado antiético ou errado em muitas culturas, devido ao efeito disruptivo que esse ato exerce sobre a cultura. Muitas diretrizes éticas provavelmente evoluíram ao longo das eras pré-históricas. É possível que, entre algumas culturas que existiram antes da história registrada, respeitar as posses dos outros era socialmente reforçado, enquanto roubar levava à punição. As culturas em que respeitar as posses dos outros não era reforçado, contudo, tenderam a não sobreviver. Há algumas possíveis razões para isso. Talvez, os membros das culturas que não reforçavam o respeito às posses dos outros empreendessem tantos esforços em brigar um contra o outro que acabaram se tornando vulneráveis às invasões de outras culturas ou não tinham tempo nem energia suficiente para fornecer uma quantidade adequada de alimento a si mesmos. Essas culturas, talvez, tenham sido tão pouco reforçadoras para seus membros que estes as abandonaram em massa e foram para outros grupos, e assim suas culturas originais foram extintas por falta de membros. Seja como for, muitas culturas que reforçavam o respeito às posses dos outros – ou seja, culturas que consideravam o ato de não roubar ético ou certo, e o ato de roubar antiético ou errado – sobreviveram.

Portanto, a ética evoluiu como parte da nossa cultura de forma bastante semelhante ao modo como as partes do nosso corpo evoluíram, ou seja, a ética contribuiu para a sobrevivência da nossa cultura de forma bastante parecida ao modo como os dedos das mãos e polegares opositores contribuíram para a sobrevivência da nossa espécie. Isso não significa que, às vezes, as pessoas não decidam deliberadamente formular regras éticas para suas culturas. Faz parte de um processo evolucionário cultural que, em algum momento, os membros de uma cultura comecem a se engajar em tal comportamento por terem sido condicionados a trabalharem rumo à sobrevivência de suas culturas. Uma forma de trabalhar para a sobrevivência da cultura de alguém é formular e impor um código de ética que fortaleça a cultura por meio do reforço e também da punição.

As diretrizes éticas são importantes fontes de controle comportamental quando os reforçadores imediatos influenciam um indivíduo a se comportar de um modo que leva a estímulos aversivos para os demais. Por exemplo, embora um ladrão seja imediatamente reforçado pela posse dos bens roubados, a perda desses bens é aversiva para a vítima. Para influenciar seus membros a serem honestos uns com os outros, uma cultura poderia, portanto, desenvolver e impor a diretriz ética "Você não deverá roubar". Às vezes, diretrizes desse tipo são formuladas em regras que especificam contingências legais (p. ex., "Se você roubar, será multado ou preso"). Em alguns casos, essas diretrizes são formuladas em regras que implicam contingências baseadas em crenças religiosas (p. ex., "Se você obedecer aos mandamentos de Deus, entre os quais não roubar, irá para o paraíso"). Quando os membros de uma cultura aprendem a seguir essas diretrizes éticas, as diretrizes exercem controle governado por regra sobre o comportamento (ver Capítulo 19). Essa é uma forma de as pessoas aprenderem a emitir comportamento ético e a se abster de comportamento antiético.

Tendo essa visão comportamental em mente, vamos analisar se os modificadores de comportamento deveriam tentar mudar deliberadamente o comportamento dos outros.

ARGUMENTOS CONTRA O CONTROLE DELIBERADO DE COMPORTAMENTO

Conforme indicamos antes, o nosso conhecimento sobre o abuso de poder ao longo da história e a nossa experiência pessoal com aqueles que abusam de seus poderes nos fizeram aprender a reagir negativamente às tentativas manifestas de modificação do nosso comportamento. Talvez, por esses motivos, às vezes seja argumentado que todas as tentativas de controlar o comportamento são antiéticas. No entanto, um pouco de reflexão mostra que a meta de qualquer profissão de assistência social (p. ex., educação, psicologia e psiquiatria) somente pode ser alcançada na medida em que os profissionais que a praticam exerçam controle sobre o comportamento. Por exemplo, a meta da educação é mudar o comportamento de modo a fazer os estudantes responderem de maneira diferente ao seu ambiente. Ensinar uma pessoa a ler é mudar a forma como essa pessoa responde aos sinais, jornais, livros, *e-mails* e outros itens contendo palavras escritas ou impressas. As metas do aconselhamento, tratamento psicológico e psiquiátrico, do mesmo modo, envolvem a mudança de comportamento das pessoas a fim de permitir que elas funcionem de forma mais efetiva do que funcionavam antes de receberem ajuda profissional.

Talvez, por causa das reações negativas das pessoas às tentativas manifestas de modificação de comportamento, muitos membros de profissões assistenciais não gostam de pensar que estão controlando comportamentos. Preferem se ver como profissionais que estão apenas ajudando seus clientes a conseguirem controlar o próprio comportamento. Estabelecer o autocontrole, porém, também é uma forma de controle comportamental. Uma pessoa ensina outra a emitir um comportamento que controla outro comportamento daquele indivíduo, de um modo desejado (ver Capítulo 25). Para tanto, é necessário controlar o comportamento envolvido no autocontrole. O profissional auxiliador poderia apresentar a objeção de que isso, mesmo assim, não é controlar, uma vez que a influência externa sobre o comportamento do cliente é retirada assim que o profissional tem certeza de que o cliente consegue controlar o próprio comportamento. Na verdade, conforme enfatizamos repetidamente ao longo do livro, o profissional desvia o controle para o ambiente natural. Há quem se refira a isso como "retirada de controle", porém o controle é mantido enquanto sua forma é modificada. Se o profissional for bem-sucedido em alcançar seus objetivos comportamentais, o comportamento desejado será mantido e, nesse sentido, a influência inicial do profissional sobre o comportamento irá persistir.

Algumas pessoas argumentam que o planejamento deliberado para modificar o comportamento é "frio" e "mecânico", e acreditam que interfira nos relacionamentos "calorosos", "amorosos" e "espontâneos" que devem existir entre as pessoas. É difícil determinar de onde provém essa objeção ao planejamento, porque sabemos que não há evidência lógica ou empírica que sustente isso. Por outro lado, a maioria dos programas de modificação de comportamento que conhecemos são caracterizados por interações amigáveis e calorosas entre os indivíduos envolvidos. Analistas comportamentais aplicados e terapeutas comportamentais competentes têm um interesse genuíno pelas pessoas e encontram tempo para interagir com seus clientes em um nível pessoal, do mesmo modo como fazem os outros profissionais assistenciais. Além disso, na ausência de um relacionamento empático, os clientes resistirão em atender às solicitações do terapeuta comportamental para a realização das diversas atribuições de automonitoramento e tarefas de casa (Hersen, 1983; Martin e Worthington, 1982; Messer e Winokur, 1984). Também parece que a empatia do terapeuta pode ajudar a tornar a terapia comportamental mais efetiva, de modo geral (Joice e Mercer, 2010; Thwaites e Bennett-Levy, 2007). Embora algumas pessoas em todas as profissões pareçam ser frias e mecânicas, essas pessoas não são mais comuns entre os modificadores de comportamento do que em qualquer outro grupo, nas profissionais assistenciais.

A falta de planejamento, ao contrário, pode ser desastrosa. Ver ilustrações na seção "Armadilhas" da Parte 2, em que fornecemos muitos exemplos de como os princípios e processos comportamentais podem ser desvantajosos para aqueles que os ignoram ou que não os planejam. Um profissional que não tenha habilidade na construção de programas para desenvolvimento de comportamentos desejáveis está apto a introduzir, de forma involuntária, as contingências que desenvolvem comportamentos indesejáveis.

Questões para aprendizagem 

8. A partir de um ponto de vista comportamental, o que significa o termo *ética*?
9. Descreva a evolução da ética como parte de nossa cultura.
10. Da perspectiva comportamental, explique em uma sentença quando as diretrizes éticas representam uma fonte importante de controle comportamental.
11. Usando um exemplo, explique como as diretrizes éticas envolvem o controle governado por regras de comportamento.
12. Explique por que todas as profissões assistenciais estão envolvidas no controle de comportamento, independentemente de os profissionais que as exercem perceberem isso ou não. Dê um exemplo.
13. Discuta os méritos relativos do planejamento *versus* não planejamento para a modificação de comportamento.

DIRETRIZES ÉTICAS

É importante contar com um conjunto de diretrizes que descrevam as aplicações éticas da modificação de comportamento. Entretanto, apenas resolver tratar os diversos indivíduos e grupos de forma ética não é garantia suficiente de que isso venha a ocorrer; é necessário contar com contingências de reforço para que de fato aconteça. E uma forma de obter tais contingências é por meio do *contracontrole*. Trata-se da "recíproca do controle, que consiste na influência que o controlado exerce sobre o controlador graças ao acesso a reforçadores convenientes" (Stolz e Associates, 1978, p. 19). Por exemplo, em uma democracia, aqueles que votam exercem contracontrole sobre os representantes eleitos, porque podem votar para que saiam de seus cargos. De modo semelhante, um cliente pode parar de ver o terapeuta como forma de contracontrole, caso o terapeuta não siga as diretrizes de tratamento preestabelecidas. Alguns indivíduos incluídos em programas de tratamento, contudo, como crianças, pacientes psiquiátricos, pacientes geriátricos e portadores de incapacidades graves, podem não dispor de formas significativas de contracontrole. Para esses casos, outras salvaguardas éticas se fazem necessárias. Essas salvaguardas requerem que os modificadores de comportamento tenham que prestar contas a um indivíduo ou grupo reconhecido, pela aplicação de procedimentos aceitáveis e obtenção de resultados satisfatórios.

Diversos grupos e organizações abordaram os aspectos éticos envolvidos na aplicação da modificação de comportamento. Uma das maneiras pelas quais essas questões foram tratadas é pelo desenvolvimento de organizações profissionais que licenciam ou credenciam indivíduos que praticam qualquer uma das formas de modificação de comportamento descritas nos capítulos anteriores deste livro. Quase desde o início do campo (Johnston *et al.*, 2017), abordagens para o credenciamento de profissionais de análise comportamental têm sido propostas. Por fim, esses esforços levaram o estado da Flórida a estabelecer o Florida Behavior Analyst Certification Program para identificar e promover a "prática competente e ética da análise comportamental" (Shook e Favell, 2008, p. 47). Esse órgão de certificação estadual evoluiu gradualmente para o Behavior Analyst Certification Board© (BACB©) – um processo que foi concluído em 2004. O BACB tornou-se o órgão internacional de certificação para analistas de comportamento aplicados.

Duas outras organizações que abordaram a necessidade de garantir a conduta ética por modificadores de comportamento são a Association for Advancement of Behavior Therapy (AABT), que passou a se chamar Association for Behavioral and Cognitive Therapies (ABCT), e a Association for Behavior Analysis (ABA), hoje denominada Association for Behavior Analysis International (ABAI).

Em 1977, em seu periódico *Behavior Therapy*, a AABT publicou um conjunto de questões éticas básicas que sempre deveriam ser feitas com relação a qualquer programa comportamental. Elas foram reimpressas na Tabela 29.1, e continuam sendo um excelente conjunto de questões a considerar. A maioria delas é abordada frequentemente ao longo deste livro, sobretudo no Capítulo 23. Se você estiver conduzindo um programa de modificação de comportamento e responder a qualquer uma dessas questões, é extremamente provável que a ética daquilo que você está fazendo seja considerada questionável por algum grupo reconhecido de analistas comportamentais aplicados, analistas comportamentais clínicos, terapeutas comportamentais, analistas comportamentais

Tabela 29.1 Questões de ética para serviços humanos.

O foco desta declaração está nos aspectos decisivos de importância central aos serviços humanos. A declaração não é uma lista de prescrições e proscrições.

Em cada um dos aspectos descritos, as intervenções ideais contariam com o envolvimento máximo da pessoa, do terapeuta e do empregador do terapeuta. É reconhecido que os aspectos práticos dos contextos reais às vezes exigem exceções e que há ocasiões em que as exceções podem ser consistentes com a prática ética.

Na lista de questões, o termo "cliente" é usado para descrever a pessoa cujo comportamento deve ser modificado; o termo "terapeuta" é empregado para descrever o profissional encarregado da intervenção; "tratamento" e "problema", embora usados no singular, referem-se a todos e quaisquer tratamentos e problemas formulados nesta lista de checagem. As questões são formuladas de modo a serem relevantes no maior número possível de contextos e populações. Por esse motivo, devem ser qualificadas quando outra pessoa, que não o indivíduo cujo comportamento está para ser modificado, é quem paga o terapeuta, ou quando a competência dessa pessoa ou a natureza voluntária de seu consentimento é questionada. Por exemplo, se o terapeuta constatou que o cliente não entende as metas ou métodos considerados, deve então substituir o tutor ou outra pessoa responsável pelo cliente pelo termo "cliente", ao revisar as questões listadas.

A. As metas do tratamento foram adequadamente consideradas?
   1) As metas foram escritas para garantir que fossem explícitas?
   2) A compreensão do cliente acerca das metas foi garantida, fazendo-o reafirmá-las oralmente ou por escrito?
   3) O terapeuta e o cliente concordaram com as metas da terapia?
   4) Atender aos interesses do cliente será contrário aos interesses de outras pessoas?
   5) Atender aos interesses imediatos do cliente será contrário ao interesse a longo prazo do cliente?

B. A escolha dos métodos do tratamento foi adequadamente considerada?
   1) A literatura publicada mostra que o procedimento é o melhor atualmente disponível para o problema?
   2) Se não houver nenhuma literatura referente ao método de tratamento, esse método é consistente com a prática geralmente aceita?
   3) Foi falado ao paciente sobre os procedimentos alternativos que talvez fossem por ele preferidos, com base em diferenças significativas de desconforto, tempo de tratamento, custo ou grau de efetividade demonstrada?

(continua)

Tabela 29.1 Questões de ética para serviços humanos. (*Continuação*)

4) No caso de um procedimento do tratamento ser pública, legal ou profissionalmente controverso, foram realizadas consultas profissionais formais, a reação do segmento afetado do público foi devidamente considerada e métodos de tratamento alternativos foram reexaminados com maior atenção e reconsiderados?

C. A participação do cliente é voluntária?
1) Foram consideradas as possíveis fontes de coerção à participação do cliente?
2) Se o tratamento é legalmente obrigatório, a gama de tratamentos e terapeutas disponíveis foi oferecida?
3) O cliente pode se retirar do tratamento sem nenhuma penalidade ou perda financeira que exceda os gastos clínicos reais?

D. Quando outra pessoa ou agência tem poder para prescrever a terapia, os interesses do cliente subordinado foram suficientemente considerados?
1) O cliente subordinado foi informado sobre os objetivos do tratamento e participou na escolha dos procedimentos do tratamento?
2) Diante da limitação da competência de decisão do cliente subordinado, o cliente e seu tutor participaram das discussões do tratamento até onde suas capacidades permitiam?
3) Se os interesses da pessoa subordinada e dos superordenados ou da agência são conflitantes, foram feitas tentativas para minimizar o conflito lidando com os interesses de ambos?

E. A adequação do tratamento foi avaliada?
1) Foram obtidas as medidas quantitativas do problema e seu progresso?
2) As medidas referentes ao problema e seu progresso foram disponibilizadas para o cliente no decorrer do tratamento?

F. A confidencialidade do relacionamento no tratamento está sendo preservada?
1) Disseram para o cliente quem tem acesso aos registros?
2) Os registros são disponibilizados apenas para pessoas autorizadas?

G. O terapeuta encaminha os clientes a outros terapeutas, quando necessário?
1) O cliente é encaminhado a outros terapeutas, quando o tratamento fracassa?
2) O cliente foi informado de que o encaminhamento seria feito em caso de insatisfação com o tratamento?

H. O terapeuta está qualificado para administrar o tratamento?
1) O terapeuta passou por treinamento ou tem experiência no tratamento de problemas como o do cliente?
2) Se existem déficits nas qualificações do terapeuta, o cliente foi informado disto?
3) Se o terapeuta não estiver devidamente qualificado, o cliente será encaminhado a outros terapeutas ou haverá a supervisão de um terapeuta qualificado? O cliente foi informado sobre o relacionamento de supervisão?
4) Caso o tratamento esteja sendo administrado por mediadores, estes estão sendo adequadamente supervisionados por um terapeuta qualificado?

Nota: adotada em 22 de maio de 1977, pelo conselho de diretores da Association for Advancement of Behavior Therapy.

clínicos ou terapeutas cognitivo-comportamentais. É preciso notar que tais questões éticas são relevantes não só para os modificadores de comportamento como também para todos os serviços humanos.

A modificação do comportamento tem sido reivindicada por várias organizações de definição abrangente, como a psicologia e a educação. Em 1978, uma comissão indicada pela American Psychological Association (APA) publicou um relatório abrangente (Stolz e Associates, 1978) sobre as questões éticas envolvidas na modificação de comportamento. Uma conclusão primária da comissão foi a de que as pessoas engajadas em qualquer tipo de intervenção psicológica deveriam se inscrever e seguir os códigos de ética e padrões de suas profissões. Para os membros da APA e da Canadian Psychological Association, a versão atual do código de ética é o *Ethical Principles of Psychologists and Code of Conduct*, da APA (2010, 2016), que pode ser acessado em www.apa.org/ethics/code/index.aspx. Esse documento inclui um conjunto de princípios gerais destinados a orientar os psicólogos no seguimento dos mais altos ideais éticos da profissão, e fornece um conjunto detalhado de padrões para incentivar o comportamento ético dos psicólogos e seus alunos.

Em 1988, em seu periódico *The Behavior Analyst*, a ABA publicou uma declaração de direitos do cliente (Van Houten *et al.*, 1988) para dirigir a aplicação ética e apropriada do tratamento comportamental. Em 2001, o BACB produziu um conjunto de *Diretrizes de Conduta Responsável para Analistas Comportamentais* (atualmente denominado *Código de Conformidade Profissional e Ética para Analistas Comportamentais*). Foram feitas revisões nessas diretrizes em 2004, 2010 e 2016. Bailey e Burch (2016) trazem uma excelente discussão sobre o *Código de Conformidade Profissional e Ética para Analistas Comportamentais* do BACB, incluindo recomendações práticas ilustradas com muitos exemplos, sobre como aderir à versão mais recentemente revisada. Um ponto importante é que na base de toda ética está a regra de ouro: tratar os outros como você gostaria de ser tratado ou tratar os outros como você gostaria que tratassem seus entes queridos em circunstâncias similares. Os pontos de discussão a seguir sobre a aplicação ética da modificação de comportamento são baseados nos relatos de Stolz e Associates (1978), de Van Houten *et al.* (1988) e na revisão de 2016 da *Professional and Ethical Compliance Code for Responsible Conduct for Behavior Analysts* do BACB. Ver também Kelly *et al.* (2021) e Lindblad (2021).

Esta declaração sobre questões éticas para serviços humanos foi extraída do diretório de membros da Association for Advancement of Behavior Therapy e foi reimpressa com a permissão da associação.

Qualificações do modificador de comportamento

Os modificadores de comportamento devem receber treinamento acadêmico apropriado. Também devem receber treinamento prático supervisionado adequado para garantir a competência na avaliação comportamental, delineamento e implementação de programas de tratamento, avaliação de seus resultados e garantia de um conhecimento abrangente da ética profissional (ver Carr *et al.*, 2021; e a edição especial sobre supervisão da *Behavior Analysis in Practice*, p. ex., Sellers *et al.*, 2016). Van Houten *et al.* (1988) argumentaram que, nos casos em que um problema ou tratamento é complexo ou poderia impor riscos, os clientes têm direito ao envolvimento direto de um terapeuta comportamental ou analista comportamental aplicado com nível de doutorado, devidamente treinado. Seja qual for o nível de treinamento, o modificador de comportamento deve sempre garantir que os procedimentos em uso sejam consistentes com a literatura mais atualizada em periódicos sobre modificação de comportamento, terapia comportamental e análise comportamental aplicada.

Se você deseja conduzir um projeto de modificação de comportamento e não é um profissional reconhecido, deve obter o treinamento acadêmico apropriado e conseguir a supervisão de um profissional reconhecido na área. Esses profissionais são provavelmente membros da ABAI ou da ABCT e certificados pelo BACB. Veja mais informações em www.abainternational.org e www.bacb.com. O BACB certifica analistas comportamentais em quatro níveis, e cada nível define o que o analista comportamental está autorizado a fazer e sob que tipo de supervisão (Figura 29.1).

Os profissionais também podem obter certificação em psicologia comportamental e cognitiva junto ao American Board of Professional Psychology (www.abpp.org/i4a/pages/index.cfm?pageid=3418). O American Board of Professional Psychology desenvolveu o conteúdo e o instrumento de avaliação adotados em todos os 50 estados norte-americanos para licenciar psicólogos. Para prestar serviços profissionais como um analista comportamental aplicado ou terapeuta comportamental, um profissional deve ter uma credencial profissional emitida por alguma de certificação reconhecida, como o BACB (p. ex., Carr *et al.*, 2021; e os *sites* citados).[1]

Também se deve mencionar que muitos estados, províncias e países têm conselhos para certificar ou licenciar profissionais em várias áreas que prestam serviços comportamentais. Sugerimos que você consulte esses serviços antes de iniciar um curso em qualquer uma das profissões assistenciais.

Definição do problema e seleção das metas

Os comportamentos-alvo selecionados para modificação devem ser aqueles mais importantes para o cliente e a sociedade. A ênfase deve estar no estabelecimento de habilidades funcionais condizentes com a idade, que proporcionarão ao cliente maior liberdade para

[1] No Brasil, a Associação Brasileira de Psicologia e Medicina Comportamental (ABPMC), oficialmente vinculada à ABAI, oferece credenciamento e acreditação em análise e modificação de comportamento. (N.R.T.)

Nível médio

RBT

Técnico comportamental registrado™ (RBT®)

Um técnico que trabalha sob a supervisão próxima e contínua de um BCBA, BCaBA ou FL-CBA.

Inscrever-se | Manter | Saiba mais

Nível superior

BCaBA

Analista comportamental assistente certificado pelo Conselho® (BCaBA®)

Uma certificação de nível superior em análise comportamental.

Inscrever-se | Manter | Saiba mais

Nível de mestrado

BCBA

Analista comportamental certificado pelo Conselho® (BCaBA®)

Uma certificação em nível de pós-graduação em análise comportamental.

Inscrever-se | Manter | Saiba mais

Nível de doutorado

BCBA-D

Doutor-analista de comportamento certificado pelo Conselho™ (BCBA-D™)

Uma designação para analistas comportamentais certificados com doutorado em análise comportamental.

Inscrever-se | Manter | Saiba mais

Figura 29.1 Níveis de certificação de analistas comportamentais. (Adaptada do Behavior Analyst Certification Board®, Inc. ©2018. Todos os direitos reservados. Reimpressa e/ou exibida com permissão. As versões mais atuais desses documentos estão disponíveis em www.BACB.com. Entre em contato com o BACB para obter permissão para reimprimir e/ou exibir este material.)

perseguir as atividades preferidas. Para aqueles com sérias dificuldades, em especial, o foco deve ser ensinar as habilidades que promovam o funcionamento independente. Até mesmo quando o melhor funcionamento requer a eliminação de comportamentos problemáticos, as metas devem incluir o desenvolvimento de comportamentos alternativos desejáveis. As metas também devem ser consistentes com os direitos básicos do cliente a dignidade, privacidade e assistência humanitária.

Definir o problema e selecionar as metas depende dos valores dos indivíduos envolvidos. Uma forma de contracontrole, portanto, consiste em requerer que um modificador de comportamento especifique claramente seus valores em relação aos comportamentos-alvo do cliente. De modo ideal, os valores em que se baseiam as metas devem ser consistentes com os do cliente e com o bem a longo prazo da sociedade. É interessante notar que o código de ética da APA afirma que os terapeutas não devem tentar mudar desnecessariamente os valores de um cliente. No entanto, Bonow e Follette (2009) argumentam que esse é um conselho impraticável, pois, como os valores são comportamento, muitas vezes é impossível mudar o comportamento sem mudar os valores.

Uma segunda forma de contracontrole consiste em o cliente ser um participante ativo na seleção das metas e identificação dos comportamentos-alvo. Nas situações em que isso não for possível (como nos casos de pessoas com deficiências do desenvolvimento grave), as terceiras partes imparciais competentes (p. ex., *ombudsperson*, representantes da comunidade) autorizadas a agir no interesse de um cliente podem garantir a responsabilidade pelo envolvimento em decisões cruciais referentes à seleção de metas e métodos de intervenção.

Prilleltensky (2008) argumentou que os psicólogos que realmente desejam ajudar seus clientes não devem se concentrar apenas no problema apresentado por cada cliente. Ele argumenta que os psicólogos também devem se concentrar em dois outros níveis: o nível relacional e o nível político. O nível relacional consiste nos membros da comunidade com os quais o cliente interage. O nível político consiste nas leis e normas que afetam o cliente. Os clientes que são atendidos por psicólogos comunitários geralmente são membros de grupos desfavorecidos, ou seja, grupos com menos poder, conforme discutido neste capítulo, do que os grupos mais dominantes na cultura. Ao trabalhar apenas em nível individual, argumenta Prilleltensky, os psicólogos tendem a manter o *status quo* em que os clientes continuam permanentemente em desvantagem. Por outro lado, ao trabalhar nos três níveis, os psicólogos podem ser capazes de ajudar a mudar o equilíbrio de poder em favor de seus clientes, ajudando-os, assim, a funcionar mais plenamente na sociedade.

Seleção do tratamento

Os modificadores de comportamento devem usar os métodos de intervenção mais efetivos e empiricamente validados, com o mínimo de desconforto e o menos possível de efeitos colaterais negativos. Em geral, é consenso que as intervenções menos invasivas e desconfortáveis devem ser usadas, sempre que possível. Por outro lado, não há um consenso claro quanto a um *continuum* de intromissão ou restritividade. Esses termos parecem ser usados pelo menos de três modos.

Primeiro, as intervenções baseadas em reforço positivo geralmente são consideradas menos intrusivas e restritivas do que as intervenções baseadas em controle aversivo. Conforme discutido nos Capítulos 15 e 16, isso não significa que os procedimentos aversivos jamais devam ser usados. Para os modificadores de comportamento, pode não ser no melhor interesse do cliente aplicar um procedimento de ação lenta, se houver pesquisas disponíveis indicando que os procedimentos mais aversivos seriam mais efetivos. No entanto, é preciso sempre tomar muito cuidado para evitar efeitos colaterais prejudiciais sempre que forem usados procedimentos aversivos, e eles só devem ser usados como último recurso.

Em segundo lugar, *intrusivo* e *restritivo* às vezes se referem à extensão com que são dadas escolhas e permitida a liberdade de movimento a certos clientes, em um ambiente terapêutico. Em um programa de treinamento para trabalho destinado a indivíduos com incapacitação do desenvolvimento, por exemplo, a atribuição de tarefas específicas poderia ser considerada mais intrusiva ou restritiva do que permitir que os clientes façam uma escolha dentre várias atividades de trabalho opcionais.

Em terceiro lugar, *intrusivo* e *restritivo* por vezes se referem à extensão com que as consequências são deliberadamente controladas *versus* ocorrem de forma natural. Como indicado no Capítulo 6, os reforçadores naturais são reforçadores não programados que ocorrem no curso normal do dia a dia. O Capítulo 18 e outras partes deste livro insistem no desejo de usar contingências naturais de reforço, sempre que possível. Se for necessário usar reforçadores programados antecipadamente em um programa, o modificador de comportamento deve transferir o controle para os reforçadores naturais, o mais rápido possível.

Ao reconhecer o desejo de selecionar tratamentos que sejam menos intrusivos e restritivos, o tratamento mais efetivo tende a ser baseado em uma análise funcional das causas de comportamento problemático, como discutido no Capítulo 22. Quando uma análise funcional indica o uso de métodos aversivos, é importante garantir o contracontrole (Bailey e Burch, 2016). Uma forma de garantir o contracontrole é estipular que nenhum programa seja conduzido com um cliente que não tenha fornecido consentimento informado para participar do programa. Em outras palavras, o modificador de comportamento deve explicar os tratamentos alternativos que poderiam ser usados, estabelecer os prós e contras e dar uma opção de escolha ao cliente. Essa colaboração entre o modificador de comportamento e um cliente informado é um elemento essencial de modificação de comportamento, servindo para proteger os direitos dos clientes. Um mecanismo para facilitar o consentimento informado é a assinatura de um contrato de tratamento que destaque claramente os objetivos e métodos de tratamento, a estrutura do serviço a ser prestado e as contingências para a remuneração possivelmente acessíveis para o terapeuta (como descrito no Capítulo 23). No entanto, o consentimento informado envolve comportamento verbal que, como outro comportamento, está sob o controle do ambiente. Do mesmo modo, o comportamento verbal poderia ser manipulado de um modo particular, que poderia ou não ser no melhor dos interesses do cliente. A estipulação do consentimento informado, portanto, fornece apenas uma checagem parcial da ética de um programa. Além disso, para muitos indivíduos, como aqueles com incapacitação do desenvolvimento grave, o consentimento informado é inaplicável. Assim, uma maneira adicional de ajudar a garantir que os direitos dos clientes sejam protegidos é contar com comitês de revisão ética constituídos por profissionais e membros da comunidade, para avaliar a ética dos programas propostos.

Manutenção de registros e avaliação contínua

Um importante componente da garantia do tratamento ético dos clientes é a manutenção de dados precisos ao longo de todo o programa. Isso inclui a realização de uma avaliação comportamental completa antes do desenvolvimento da intervenção; o monitoramento contínuo dos comportamentos-alvo, bem como dos possíveis efeitos colaterais; e uma avaliação de acompanhamento adequada após a conclusão do tratamento. Embora os modificadores de comportamento devam sempre fazer registros satisfatórios, devem exercer a maior discrição com relação a quem tem autorização para ver os registros. A confidencialidade deve ser respeitada em todas as circunstâncias.

Devido a esse cuidado precedente, uma forma importante de contracontrole é fornecer oportunidades frequentes para que um cliente discuta com o analista comportamental aplicado ou terapeuta comportamental os dados que rastreiam o progresso ao longo do programa. Para tanto, logicamente, o cliente deve ter acesso aos seus próprios registros. Em outra estratégia, o modificador de comportamento, com a permissão do cliente, compartilha os registros do cliente com aqueles que estão diretamente interessados no progresso do cliente. O *feedback* sobre a efetividade do programa da parte dos indivíduos diretamente interessados no bem-estar do cliente é um mecanismo de prestação de contas importante. Como indicado no Capítulo 1, a característica mais importante da modificação de comportamento é sua forte ênfase na definição dos problemas em termos de comportamento que pode ser medido de alguma forma, bem como no uso de alterações na medida comportamental do problema como melhor indicador da extensão com que o problema está sendo sanado. Compartilhar esses dados com as partes interessadas e a avaliação periódica dos dados feita por todos os interessados constitui a base para garantir programas de tratamento éticos e efetivos conduzidos pelos modificadores de comportamento. Ver uma discussão detalhada sobre as questões éticas nas referências de Bailey e Burch (2016), Carr *et al.* (2021) e O'Donohue e Ferguson (2021).

Questões para aprendizagem

14. Discuta o contracontrole. Qual é a sua importância?
15. Qual foi a conclusão primária do relatório abrangente de Stolz e Associates sobre as questões éticas envolvidas na modificação de comportamento?
16. Quais passos podem ser seguidos para ajudar a garantir que o analista comportamental aplicado ou o terapeuta comportamental seja devidamente qualificado?
17. Descreva duas medidas de contracontrole referentes à definição dos problemas e à seleção das metas.
18. Discuta a abordagem de Prilleltensky sobre como os psicólogos podem ajudar melhor seus clientes.
19. Em uma sentença, quais devem ser as características dos métodos de intervenção usados pelos modificadores de comportamento?
20. Discuta três possíveis significados de intervenções *intrusivas* e *restritivas*.
21. Descreva um mecanismo para facilitar o consentimento informado.
22. O que constitui a base para garantir programas de tratamento éticos e efetivos aplicados por modificadores de comportamento?
23. Explique resumidamente por que deveria ser difícil usar a modificação de comportamento em detrimento de qualquer grupo cujos membros fossem bem versados nos princípios e táticas de modificação de comportamento.

RESUMO DO CAPÍTULO 29 E CONCLUSÃO

A modificação de comportamento tem grande potencial de ser usada para o bem da sociedade. Uma importante responsabilidade dos analistas comportamentais aplicados e terapeutas comportamentais é o desenvolvimento de salvaguardas éticas para garantir que a modificação de comportamento seja sempre usada com sabedoria e humanamente, e não se torne uma nova ferramenta na opressão que até então tem caracterizado a espécie humana. Várias agências de certificação foram fundadas e várias diretrizes foram desenvolvidas para ajudar a garantir que a modificação de comportamento seja usada de forma ética e eficaz.[2] Dentre todas as salvaguardas discutidas, a mais fundamental é o contracontrole. Talvez a melhor maneira de os modificadores de comportamento ajudarem a desenvolver um contracontrole eficaz em toda a sociedade seja disseminar suas habilidades da forma mais ampla possível, com os controles adequados em vigor, e ajudando a educar o público geral naquilo acerca da modificação de comportamento. Deve ser difícil usar a ciência de comportamento de modo desvantajoso em qualquer grupo cujos membros sejam bem versados nos princípios e nas táticas de modificação de comportamento.

Confira as respostas das Questões para aprendizagem do Capítulo 29

[2]N.R.T.: No Brasil, há uma acreditação similar ao BCBA: Acreditação de Analista do Comportamento, emitida pela Associação Brasileira de Ciências do Comportamento (ABPMC). Para mais detalhes, acesse: https://abpmc.org.br/comissoes-acreditacao.

Glossário

A seguir, estão os principais termos técnicos usados na modificação de comportamento. Observe que as definições de muitos deles diferem das definições comuns do dicionário.

ABA Acrônimo de *análise comportamental aplicada.*

Abordagem de testagem de hipóteses para análise funcional Procedimento no qual um modificador de comportamento observa o comportamento problemático do cliente, formula hipóteses sobre as variáveis antecedentes e/ou consequentes que mantêm o comportamento, testa a hipótese empiricamente e elabora uma intervenção com base nas hipóteses verificadas com sucesso.

Abordagens de não exposição Tratamentos que não envolvem a experiência ou a interação do cliente com um estímulo temido.

Aceitação Consulte *aceitação experiencial.*

Aceitação experiencial Abster-se de julgar os próprios pensamentos, sensações, sentimentos e comportamentos como bons ou ruins, agradáveis ou desagradáveis, úteis ou inúteis, etc. Também chamada de *aceitação.*

Achievement Place De 1967 a 1993, um lar coletivo para jovens pré-delinquentes em Lawrence, Kansas, onde foi realizada uma pesquisa pioneira sobre economia de fichas.

Acreditar Comportar-se como se uma determinada contingência estivesse em vigor, mesmo que não esteja.

Afinamento do esquema Diminuição gradual da taxa de reforço programado que um cliente recebe até que o comportamento melhorado do cliente possa ser mantido por contingências naturais de reforço. Também chamado de *afinamento do reforço.*

Afinamento do reforço Consulte *afinamento do esquema.*

Ambiente natural Um contexto ou local em que ocorrem reforçadores naturais.

Análise comportamental O estudo dos princípios científicos que regem o comportamento dos indivíduos. Uma subcategoria da ciência da aprendizagem.

Análise de tarefas O processo de dividir uma tarefa em etapas menores ou respostas componentes para facilitar o treinamento.

Análise funcional A manipulação sistemática de eventos ambientais para testar experimentalmente sua função como antecedentes ou como consequências no controle e na manutenção de um comportamento problemático.

Aprendizagem Uma mudança no comportamento que ocorre como resultado dos princípios do condicionamento respondente ou operante.

Aprendizagem sem erros Consulte *treinamento de discriminação sem erros.*

Apresentação de tarefa total Método de encadeamento em que um indivíduo tenta todas as etapas do início ao fim da cadeia em cada tentativa até que aprenda a cadeia.

Armadilha comportamental Contingência na qual o comportamento desenvolvido por reforçadores programados fica sob o controle de reforçadores naturais.

Avaliação ABC Um processo para identificar os antecedentes e as consequências de um comportamento.

Avaliação comportamental A coleta e análise de informações e dados para (a) identificar e descrever comportamentos-alvo, (b) identificar possíveis causas do comportamento, (c) orientar a seleção de um tratamento comportamental adequado e (d) avaliar o resultado do tratamento.

Avaliação de preferência Teste para determinar qual, entre dois ou mais reforçadores potenciais, é o preferido por um indivíduo, a fim de encontrar um reforçador eficaz para esse indivíduo.

Avaliação funcional Variedade de procedimentos, inclusive a análise funcional, que identifica antecedentes e consequências de comportamentos problemáticos.

Avaliação funcional descritiva Consulte *avaliação funcional observacional.*

Avaliação funcional observacional Avaliação baseada na observação sem um teste empírico das variáveis que controlam o comportamento de interesse. Também chamada de *avaliação funcional descritiva.*

Bom controle de estímulos Consulte *controle eficaz de estímulos.*

Cadeia Consulte *cadeia comportamental.*

Cadeia acidental Cadeia comportamental que tem pelo menos um componente chamado componente supersticioso que não é funcional na produção do reforçador.

Cadeia comportamental Sequência consistente de estímulos e respostas em que o estímulo discriminativo para cada resposta na cadeia, exceto a última, reforça a resposta anterior, e o último estímulo reforça toda a cadeia. Também chamada de *cadeia de estímulo-resposta.*

Cadeia de estímulo-resposta Consulte *cadeia comportamental.*

Ciência da aprendizagem Estudo dos princípios e procedimentos que produzem a aprendizagem. Consulte também *análise comportamental.*

CIO Consulte *concordância interobservador.*

Classe de equivalência de estímulos Conjunto de estímulos diferentes que um indivíduo aprendeu a agrupar ou parear.

Classe de estímulos de elemento comum Conjunto de estímulos que têm algumas características físicas em comum e aos quais o indivíduo responde da mesma forma.

Cliente Indivíduo que recebe um tratamento comportamental.

CMAO Consulte *operação motivadora abolidora condicionada.*

CMEO Consulte *operação motivadora estabelecedora condicionada.*

Comando físico Consulte *orientação física.*

Comando (*prompt*) Estímulo antecedente suplementar fornecido para aumentar a probabilidade de ocorrência de que um comportamento desejado ocorra, mas que não faz parte do estímulo final desejado para controlar esse comportamento.

Comportamento Qualquer atividade muscular, glandular ou elétrica de um organismo. Em geral, qualquer coisa que um indivíduo diz ou faz. Geralmente usado como sinônimo de *resposta*, embora possa se referir a uma ampla categoria de respostas. Consulte também *resposta.*

Comportamento encoberto Comportamento que ocorre internamente e que não é facilmente observado por outras pessoas.

Comportamento governado por regras Comportamento controlado pela apresentação de uma regra.

Comportamento inicial Comportamento que é usado para iniciar o processo de desenvolvimento do comportamento final desejado em um procedimento de modelagem. É a primeira aproximação do comportamento final desejado.

Comportamento manifesto Comportamento que pode ser observado e registrado por alguém que não seja a pessoa realizando o comportamento.

Comportamento modelado por contingência Comportamento que se desenvolve devido a suas consequências imediatas.

Comportamento operante Comportamento que atua no ambiente para gerar consequências e é, por sua vez, influenciado por essas consequências.

Comportamento problemático Comportamento indesejado.

Comportamento supersticioso Comportamento que foi fortalecido por reforçamento acidental. Consulte também *reforço acidental.*

Comportamento-alvo Comportamento tratado em um programa de modificação de comportamento.

Comportamento-alvo indefinido Comportamento-alvo que não está claramente especificado na linguagem comportamental. Consulte também *linguagem comportamental.*

Comportamentos incompatíveis Dois ou mais comportamentos que fisicamente não podem ocorrer ao mesmo tempo (p. ex., levantar-se e sentar-se).

Comportamentos respondentes Comportamentos provocados por estímulos anteriores e que não são afetados por suas consequências.

Compromisso com a mudança Declarações ou ações de um indivíduo que indicam que é importante mudar seu comportamento, que o indivíduo reconhece os benefícios de fazê-lo e que se esforçará para fazê-lo.

Compromisso verbal Comportamento verbal que corresponde ao comportamento que o indivíduo adotará posteriormente se o compromisso for mantido.

Concordância interobservador Medida da extensão em que dois observadores concordam com as ocorrências de um comportamento depois de observá-lo e registrá-lo de forma independente. Também chamada de *confiabilidade interobservador (CIO).*

Condicionamento Estabelecimento de uma resposta por meio de condicionamento respondente ou operante.

Condicionamento clássico Consulte *condicionamento respondente.*

Condicionamento de fuga Contingência na qual um estímulo aversivo é removido imediatamente após uma resposta. Também chamado de *reforço negativo.*

Condicionamento de ordem superior Procedimento no qual um estímulo se torna um estímulo condicionado ao ser pareado com outro estímulo condicionado em vez de um estímulo incondicionado.

Condicionamento operante O processo de fortalecer um comportamento reforçando-o ou enfraquecendo-o por meio de punição.

Condicionamento pavloviano Consulte *condicionamento respondente.*

Condicionamento respondente Estabelecimento de uma resposta a um novo estímulo por meio do pareamento desse estímulo com outro estímulo que provoca essa resposta. Também chamado de *condicionamento pavloviano* e *condicionamento clássico.*

Confiabilidade do procedimento Medida da extensão em que um observador independente concorda que um tratamento ou intervenção foi realizado conforme especificado em uma descrição abalizada do tratamento ou intervenção. Consulte também *precisão do tratamento.*

Consentimento informado Processo no qual um indivíduo concorda em participar de um experimento para testar um programa de tratamento após o modificador de comportamento ter explicado o tratamento a ser usado e suas possíveis consequências.

Contingência Arranjo para que o reforço ou a punição ocorra quando uma resposta específica ocorrer em determinado esquema de reforço em determinada situação.

Contingente Diz-se do estímulo em relação a um comportamento se o comportamento deve ocorrer antes que o estímulo ocorra.

Contorno da contingência de reforço Processo no qual um indivíduo tenta reforçar seu próprio comportamento e há uma forte tendência de receber o reforçador sem realizar o comportamento desejado. Observação: um contorno análogo ocorre quando um indivíduo tenta suprimir um de seus comportamentos indesejados punindo-o.

Contracondicionamento Condicionar uma resposta incompatível com uma resposta condicionada ao mesmo tempo em que esta última está sendo extinta.

Contracontrole A recíproca do controle; é a influência que o controlado tem sobre o comportamento do controlador.

Contrato comportamental Acordo por escrito que fornece uma declaração clara de quais comportamentos de quais indivíduos produzirão quais consequências e quem as produzirá.

Contrato de contingência Consulte *contrato de tratamento.*

Contrato de tratamento Acordo por escrito entre um cliente e um modificador de comportamento que define claramente os objetivos e métodos de tratamento, a estrutura do serviço a ser prestado e as contingências de remuneração que podem ser oferecidas ao modificador de comportamento. Também chamado de *contrato de contingência.*

Controle de estímulos O grau de correlação entre um estímulo antecedente e uma resposta subsequente.

Controle efetivo de estímulos Forte correlação entre a ocorrência de determinado estímulo e determinada resposta. Também chamado de *bom controle de estímulo.*

Critério de domínio Regra que determina quando uma habilidade é considerada aprendida.

Custo de resposta Remoção de uma quantidade específica de um reforçador ou um aumento no esforço de resposta necessário para o reforço imediatamente após determinado comportamento, resultando em diminuição na taxa de resposta.

Déficit comportamental Pouco comportamento de determinado tipo.

Delineamento ABAB Consulte *delineamento de reversão-replicação.*

Delineamento de critério móvel Delineamento de pesquisa no qual o controle que um tratamento exerce sobre o comportamento de um indivíduo é avaliado por meio da introdução de pequenas mudanças sequenciais no critério comportamental para reforço.

Delineamento de linha de base múltipla entre comportamentos Desenho de pesquisa que envolve o estabelecimento de linhas de base para dois ou mais comportamentos de um indivíduo, seguido da introdução de um tratamento ou intervenção de forma escalonada em relação a esses comportamentos.

Delineamento de linha de base múltipla entre indivíduos Desenho de pesquisa que envolve o estabelecimento de linhas de base para um comportamento de dois ou mais indivíduos, seguido da introdução de um tratamento ou intervenção de forma escalonada entre esses indivíduos.

Delineamento de linha de base múltipla entre situações Desenho de pesquisa que envolve o estabelecimento de linhas de base para o comportamento de um indivíduo em duas ou mais situações, seguido pela introdução de tratamento ou intervenção de maneira escalonada entre essas situações.

Delineamento de reversão-replicação Desenho experimental que consiste em uma fase de linha de base, seguida por uma fase de tratamento ou intervenção, seguida por uma fase de reversão à linha de base, seguida pela replicação da fase de tratamento ou intervenção. Também chamado de *delineamento ABAB.*

Delineamento de tratamentos alternados Delineamento experimental que envolve a alternância de duas ou mais condições de tratamento. Também chamado de *delineamento multielementos.*

Delineamento multielementos Consulte *delineamento de tratamentos alternados.*

Dessensibilização sistemática Procedimento para tratar uma fobia em que o cliente, em um estado relaxado, sucessivamente imagina os itens menos temidos até os mais temidos em uma hierarquia de medo. Consulte também *hierarquia do medo.*

Desvanecimento Mudança gradual de um estímulo antecedente que controla uma resposta, de modo que a resposta por fim ocorra em relação a um estímulo parcialmente alterado ou completamente novo.

Desvio do observador Tendência de a definição de um comportamento por um observador se afastar gradualmente da definição que lhe foi dada.

Dimensão de um estímulo Qualquer característica de um estímulo que possa ser medida em um contínuo.

Dimensões da análise comportamental aplicada Características da ABA, incluindo (a) foco no comportamento mensurável que seja socialmente significativo; (b) uma forte ênfase no condicionamento operante para desenvolver estratégias de tratamento; (c) uma tentativa de demonstrar claramente que o tratamento aplicado foi responsável pela melhora no comportamento que foi medido; e (d) uma demonstração de melhorias generalizáveis e duradouras no comportamento.

Discriminação de estímulos Tendência de uma resposta operante ocorrer a um S^D e não a um S^Δ, ou uma resposta respondente ocorrer a um estímulo ao qual ela foi condicionada e não a um estímulo ao qual não foi condicionada.

DR0 Consulte *reforço diferencial de resposta zero.*

DRA Consulte *reforço diferencial de comportamento alternativo.*

Dramatização (ou *role-playing*) Consulte *ensaio comportamental.*

DRI Consulte *reforço diferencial de comportamento incompatível.*

DRL Consulte *reforço diferencial de frequências baixas.*

DRL de resposta espaçada Contingência na qual uma resposta é reforçada somente se ocorrer depois de algum tempo especificado após a resposta anterior. Consulte também *reforço diferencial de frequências baixas.*

DRL de resposta limitada Contingência que especifica o número máximo permitido de respostas durante determinado intervalo de tempo para que o reforço ocorra.

DRO Consulte *reforço diferencial de resposta zero.*

Duração do comportamento Período de tempo entre o início e o fim de um episódio de comportamento.

EC Consulte *estímulo condicionado.*

Ecoico Resposta vocal que tem uma correspondência ponto a ponto com um estímulo vocal antecedente e é reforçada por um reforçador condicionado generalizado.

Economia de fichas Programa comportamental no qual os indivíduos de um grupo podem ganhar fichas por uma variedade de comportamentos desejáveis e podem trocar suas fichas por reforçadores de apoio.

Eliciar Produção de resposta por meio de um estímulo incondicionado ou condicionado por resposta. Consulte *evocar, emitir.*

Emitir Produzir uma resposta operante (dita de um indivíduo). Consulte *eliciar, Evocar.*

Emoções Comportamentos que tendem a acompanhar as operações motivadoras e que tendem a interromper ou suprimir o comportamento operante.

Encadeamento para frente Método para estabelecer uma cadeia comportamental em que o componente inicial da cadeia é ensinado primeiro, depois o componente inicial é vinculado ao segundo componente, que por sua vez é vinculado ao terceiro.

Encadeamento para trás Método para estabelecer uma cadeia comportamental em que a última etapa da cadeia é ensinada primeiro, depois, a penúltima etapa é vinculada à última, e assim por diante, até que toda a cadeia seja aprendida.

Ensaio comportamental Engajamento em comportamentos específicos, como dramatização, em um ambiente de prática para aumentar a probabilidade de que esses comportamentos ocorram adequadamente fora do ambiente de prática.

Erro Uma resposta a um S^{Δ} ou uma incapacidade de responder a um S^{D}.

Esquema de duração fixa Esquema no qual o reforço ocorre somente se um comportamento ocorrer continuamente por um período fixo de tempo.

Esquema de duração variável Esquema no qual o reforço ocorre somente se um comportamento ocorrer continuamente por um período fixo de tempo, e o intervalo de tempo entre os reforços muda de forma imprevisível.

Esquema de intervalo fixo Esquema no qual o reforço ocorre após a primeira emissão de uma resposta específica após um período fixo de tempo após a emissão anterior da resposta.

Esquema de intervalo fixo com retenção limitada Esquema no qual o reforço ocorre após a primeira emissão de uma resposta específica depois de um período fixo de tempo após a emissão anterior da resposta, mas somente quando a resposta específica ocorrer dentro de um limite de tempo definido.

Esquema de intervalo variável Esquema no qual o reforço ocorre após a primeira ocorrência de uma resposta específica após um intervalo de tempo, e a duração do intervalo muda de forma imprevisível de um reforço para o próximo.

Esquema de intervalo variável com retenção limitada Esquema no qual o reforço ocorre após a primeira ocorrência de uma resposta específica após um intervalo de tempo, em que a duração do intervalo muda de forma imprevisível de um reforço para o próximo, e a resposta deve ocorrer dentro de um limite de tempo definido.

Esquema de razão fixa Esquema no qual o reforço ocorre toda vez que um número fixo de respostas é emitido.

Esquema de razão variável Esquema no qual o reforço ocorre após a emissão de determinado número de respostas de um tipo específico, e o número de respostas necessárias para o reforço muda de forma imprevisível de um reforçador para o seguinte.

Esquema de reforço Regra que especifica quais ocorrências de determinado comportamento, se houver, serão reforçadas.

Esquema FD Consulte *esquema de duração fixa.*

Esquema FI Consulte *esquema de intervalo fixo.*

Esquema FI/LH Consulte *esquema de intervalo fixo com retenção limitada.*

Esquema FR Consulte *esquema de razão fixa.*

Esquema VD Consulte *esquema de duração variável.*

Esquema VI Consulte *esquema de intervalo variável.*

Esquema VI/LH Consulte *esquema de intervalo variável com retenção limitada.*

Esquema VR Consulte *esquema de razão variável.*

Esquemas simultâneos de reforço Dois ou mais esquemas separados de reforço operando ao mesmo tempo.

Estabelecimento de metas Processo de estabelecer objetivos comportamentais.

Estímulo(s) Qualquer coisa — pessoas, animais, objetos e eventos — presente no ambiente imediato de uma pessoa, que impacta os receptores sensoriais e que é capaz de afetar o comportamento.

Estímulo antecedente Estímulo que ocorre antes de um comportamento e exerce controle sobre ele. Consulte também *estímulo discriminativo.*

Estímulo aversivo Punidor ou um reforçador negativo. Consulte *punidor, reforçador negativo.*

Estímulo aversivo condicionado Consulte *estímulo de aviso.*

Estímulo condicionado Estímulo que provoca uma resposta porque esse estímulo foi pareado com outro estímulo que provoca essa resposta ou uma resposta semelhante.

Estímulo de aviso Estímulo que sinaliza um estímulo aversivo futuro. Também chamado de *estímulo aversivo condicionado.*

Estímulo de extinção Consulte S^{Δ}.

Estímulo discriminativo Estímulo na presença do qual uma resposta operante será reforçada (S^D), extinta (S^{Δ}), ou punida (S^{Dp}). Consulte S^D, S^{Δ}, S^{Dp}.

Estímulo incondicionado Estímulo que provoca uma resposta sem aprendizado ou condicionamento prévio.

Estímulo inicial Em um procedimento de desvanecimento, estímulo que evoca a resposta de forma confiável e é usado para iniciar o processo de colocar a resposta sob o controle do estímulo final desejado.

Evocar Produção de uma resposta operante por um S^D. Ver *eliciar, emitir.*

Excesso comportamental Comportamento excessivo de determinado tipo.

Explosão de extinção[1] Aumento temporário da resposta durante a extinção.

Extinção (operante) Retenção de um reforçador após uma resposta previamente reforçada, com o efeito de que a resposta seja enfraquecida.

Extinção operante Consulte *extinção (operante).*

Extinção (respondente) Apresentação de um estímulo condicionado sem outros pareamentos com o estímulo incondicionado, com o efeito de que o estímulo condicionado perde a capacidade de provocar a resposta condicionada.

Extinção respondente Consulte *extinção (respondente).*

Fase de aquisição Período durante o qual um comportamento está sendo condicionado ou aprendido.

Fase de intervenção Consulte *fase de tratamento.*

Fase de linha de base Medida de comportamento antes da aplicação de um programa de tratamento ou intervenção.

Fase de manutenção Ocorre quando um comportamento foi bem aprendido ou bem condicionado.

Fase de tratamento Período em um delineamento de pesquisa no qual um tratamento é aplicado para melhorar um comportamento. Também chamada *fase de intervenção.*

Fichas Reforçadores condicionados que podem ser acumulados e trocados por reforçadores de reserva.

Fobia Medo irracional intenso.

Força de uma resposta Quantidade de energia física ou força produzida por uma resposta. Também chamada de *intensidade de uma resposta.*

Força de vontade Uma força interior hipotética, não comprovada, ou capacidade de controlar ou regular o próprio comportamento.

Frequência de um comportamento Esse termo pode significar a *contagem de um comportamento* ou a *taxa de um comportamento.*

[1]N.R.T.: Também chamado de jorro de respostas durante extinção operante.

Consulte os dois termos conforme definido neste glossário. Neste texto, a *frequência* é usada como sinônimo de *taxa*, salvo indicação em contrário.

Generalização da resposta Aumento da probabilidade de uma resposta como resultado do reforço de outra resposta.

Generalização de estímulo Resposta condicionada a um CS ou S^D (ou seja, de forma operante ou respondente) tenderá a ser provocada ou evocada por estímulos semelhantes, dependendo da semelhança desses estímulos com o CS ou S^D original.

Generalização de estímulo operante Consulte *generalização de estímulo.*

Generalização do estímulo respondente Consulte *generalização de estímulo.*

Hierarquia do medo Lista de eventos que provocam medo, organizados de forma crescente, que é usada em um procedimento chamado *dessensibilização sistemática* para tratar um cliente com fobia.

Iminência do reforço Tempo que decorre entre uma resposta e o reforço dessa resposta.

Imitação generalizada Depois de aprender a imitar vários comportamentos, um indivíduo imita uma nova resposta na primeira tentativa sem reforço.

Indução situacional Influência ou realização de um comportamento por meio de situações e ocasiões que já controlam esse comportamento.

Instrução Estímulo verbal apresentado para influenciar um indivíduo a responder de determinada maneira para obter reforço ou evitar punição. Consulte também *regra.*

Intensidade de uma resposta Consulte *força de uma resposta.*

Intervalo exclusivo Retirada de um indivíduo por um breve período de tempo de uma situação de reforço contingente a uma resposta.

Intervalo não exclusivo Apresentação de um estímulo associado a uma diminuição do reforço contingente a uma resposta sem retirar o indivíduo da situação.

Intervalo (*timeout*) Período de tempo imediatamente após determinado comportamento, durante o qual o indivíduo perde a oportunidade de ganhar reforços.

Intervenção Procedimento elaborado para mudar o comportamento de alguma forma desejada. Consulte também *tratamento.*

Inundação Método para extinguir o medo por meio da exposição ao estímulo temido de forma intensa por um período prolongado.

Latência Tempo entre a ocorrência de um estímulo e o início de uma resposta provocada ou evocada por esse estímulo.

Linguagem comportamental Terminologia que se refere de forma clara e inequívoca ao comportamento, e não a estados internos não observados.

Magnitude de uma resposta Consulte *força de uma resposta.*

Mando Resposta verbal que está sob o controle de uma operação motivadora e é reforçada pelo reforçador correspondente ou pela remoção do estímulo aversivo correspondente.

Manutenção do comportamento Processo de manter um comportamento em um estado específico.

MAO Consulte *operação motivadora abolidora.*

Medicina comportamental Amplo campo interdisciplinar que se ocupa das ligações entre saúde, doença e comportamento.

MEO Consulte *operação motivadora estabelecedora.*

Método de aproximações sucessivas Consulte *modelagem.*

***Mindfulness* (Atenção plena)** De maneira não julgadora, uma consciência, observação e descrição dos comportamentos encobertos e manifestos de uma pessoa, conforme eles ocorrem. Em alguns casos, pode ser a observação dos antecedentes e das consequências desses comportamentos.

MO Consulte *operação motivadora.*

Modelação Demonstração de uma amostra de determinado comportamento para induzir um indivíduo a realizar esse comportamento ou um comportamento semelhante.

Modelação participante Método para diminuir o medo no qual o cliente imita outro indivíduo se aproximando de um objeto temido.

Modelagem Desenvolvimento de um novo comportamento por meio do reforço de aproximações sucessivas desse comportamento e da extinção de aproximações anteriores desse comportamento até que o novo comportamento ocorra. Também chamado de *método de aproximações sucessivas.*

Modelo comportamental de autocontrole Teoria segundo a qual o autocontrole ocorre quando um indivíduo organiza deliberadamente o ambiente de acordo com os princípios da modificação de comportamento para gerenciar seu próprio comportamento.

Modelo de privação de resposta Regra que afirma que a oportunidade de realizar qualquer comportamento que esteja ocorrendo abaixo de seu nível de linha de base pode ser usada para reforçar outro comportamento.

Modificação cognitivo-comportamental Abordagem de tratamento que se concentra principalmente na mudança do comportamento manifesto por meio da modificação do comportamento encoberto, normalmente considerado pelos psicólogos cognitivos como fundamentalmente diferente do comportamento manifesto.

Modificação de comportamento Aplicação sistemática dos princípios da análise do comportamento ou da ciência da aprendizagem para aprimorar os comportamentos manifestos e encobertos dos indivíduos, a fim de melhorar seu funcionamento diário. Inclui análise comportamental aplicada, terapia comportamental e modificação cognitiva do comportamento ou terapia cognitiva comportamental.

Motivação Grau em que um reforçador ou punidor se torna mais ou menos eficaz por meio de uma operação motivadora. Consulte *operação motivadora abolidora, operação motivadora estabelecedora, operação motivadora.*

Não contingente Dito de um estímulo se ele é apresentado independentemente do comportamento anterior.

Operação estabelecedora Consulte *operação motivadora estabelecedora.*

Operação motivadora Evento ou condição que (a) altera temporariamente a eficácia de um reforçador ou punidor e (b) influencia o comportamento que produz esse reforçador ou punidor.

Operação motivadora abolidora Evento ou operação que diminui temporariamente a eficácia de um reforçador ou punidor.

Operação motivadora abolidora condicionada Operação motivadora que diminui temporariamente o valor de reforço de um reforçador condicionado.

Operação motivadora abolidora incondicionada Operação motivadora que diminui momentaneamente a eficácia de reforço de um reforçador incondicionado.

Operação motivadora estabelecedora Evento ou operação que aumenta temporariamente a eficácia de um reforçador ou punidor.

Operação motivadora estabelecedora condicionada Operação motivadora que aumenta temporariamente o valor de reforço de um reforçador condicionado.

Operação motivadora estabelecedora incondicionada Operação motivadora que aumenta momentaneamente a eficácia de reforço de um reforçador incondicionado.

Orientação física Aplicação de contato físico para induzir um indivíduo a realizar os movimentos de um comportamento desejado. Também chamada de *comando físico.*

Pensamento disfuncional Pensamento que é autodestrutivo ou causa dificuldades na vida cotidiana.

Pensar Emitir verbalizações, imagens ou declarações encobertas sobre si mesmo, geralmente para resolver um problema.

Precisão do tratamento Grau em que um tratamento ou intervenção é realizado conforme especificado em uma descrição abalizada do tratamento ou intervenção. Consulte também *confiabilidade do procedimento.*

Princípio da punição Regra que afirma que se, em determinada situação, alguém faz algo que é imediatamente seguido por um estímulo chamado *punidor* ou pela remoção de um reforçador positivo, essa pessoa terá menos probabilidade de fazer a mesma coisa novamente quando se deparar com uma situação semelhante.

Princípio de Premack Regra que afirma que a oportunidade de realizar um comportamento altamente provável pode ser usada para reforçar um comportamento que tem uma probabilidade menor.

Princípio do condicionamento de esquiva Regra que afirma que a prevenção ou o adiamento de determinados estímulos, chamados de *estímulos aversivos,* imediatamente após a ocorrência de uma resposta, aumentará a probabilidade dessa resposta.

Princípio do condicionamento de fuga Regra que afirma que a remoção de determinados estímulos, chamados de *estímulos aversivos*, imediatamente após a ocorrência de uma resposta aumentará a probabilidade dessa resposta. Também chamado de *princípio do reforço negativo.*

Princípio do condicionamento respondente Regra que afirma que, se um estímulo neutro for seguido de perto por um estímulo incondicionado que provoca uma resposta incondicionada específica, então o estímulo neutro anterior também tenderá a provocar essa resposta ou uma resposta semelhante no futuro.

Princípio do reforço negativo Consulte *princípio do condicionamento de fuga.*

Princípio do reforço positivo Regra que afirma que se, em determinada situação, alguém fizer algo que é seguido imediatamente por um estímulo chamado de *reforçador positivo*, essa pessoa terá maior probabilidade de fazer a mesma coisa novamente quando se deparar com uma situação semelhante.

Privação Não ocorrência de um reforçador positivo por um período de tempo, resultando no aumento de sua força. Uma operação motivadora que envolve a retenção de um reforçador positivo, o que aumenta seu poder de reforço.

Problema Situação em que o comportamento necessário para obter reforço ou evitar punição não está imediatamente disponível.

Processos cognitivos Verbalizações e/ou imagens encobertas que são frequentemente chamadas de *acreditar*, *pensar*, *esperar* ou *perceber*. Consulte também *acreditar*, *pensar*.

Programa de autocontrole Estratégia para usar princípios de modificação de comportamento para mudar ou controlar o próprio comportamento. Também chamado de *programa de autogerenciamento* e *programa de automodificação.*

Programa de automodificação Consulte *programa de autocontrole.*

Punição Apresentação de um punidor ou a remoção de um reforçador positivo imediatamente após um comportamento, com o efeito de diminuir a frequência do comportamento. Consulte também *princípio da punição.*

Punidor Estímulo cuja apresentação imediatamente após um comportamento faz com que esse comportamento diminua em frequência.

Punidor condicionado Estímulo que é um punidor como resultado de ter sido pareado com outro estímulo que é um punidor.

Punidor físico Consulte *punidor indutor de dor.*

Punidor incondicionado Estímulo que é um punidor sem aprendizado prévio. Também chamado de *punidor primário.*

Punidor indutor de dor Estímulo imediatamente após um comportamento que ativa os receptores de dor ou outros receptores sensoriais que normalmente evocam sensações de desconforto. Também chamado de *punidor físico.*

RC Consulte *resposta condicionada.*

REBT Consulte *terapia racional-emotiva comportamental.*

Recaída Retorno de um comportamento tratado ao seu nível anterior ao tratamento.

Recuperação espontânea Aumento de um comportamento extinto após um período em que o comportamento não teve oportunidade de ocorrer.

Reestruturação cognitiva Estratégia para reconhecer o pensamento desadaptativo e substituí-lo pelo pensamento adaptativo.

Reflexo condicionado Relação estímulo-resposta na qual um estímulo provoca uma resposta devido ao condicionamento respondente prévio.

Reflexo incondicionado Relação estímulo-resposta na qual um estímulo provoca automaticamente uma resposta, sem que haja qualquer aprendizado anterior.

Reforçador Estímulo que pode ser um reforçador positivo ou negativo — geralmente o primeiro, a menos que especificado de outra forma.

Reforçador condicionado Estímulo que não era originalmente reforçador, mas que se tornou um reforçador por ter sido pareado ou associado a outro reforçador.

Reforçador condicionado generalizado Reforçador condicionado baseado em mais de uma operação motivadora ou reforçadores de apoio. Também chamado de *reforçador generalizado.*

Reforçador condicionado simples Reforçador condicionado pareado com um único reforçador de apoio.

Reforçador de apoio Reforçador positivo que é apresentado em troca de outro estímulo para fazer com que o outro estímulo se torne um reforçador condicionado.

Reforçador generalizado Consulte *reforçador condicionado generalizado.*

Reforçador incondicionado Estímulo que é reforçador sem aprendizado ou condicionamento prévio. Também chamado de *reforçador primário.*

Reforçador negativo Estímulo cuja remoção imediatamente após uma resposta faz com que a resposta seja fortalecida ou aumente em frequência.

Reforçador positivo Estímulo que, quando apresentado imediatamente após um comportamento, faz com que esse comportamento aumente em frequência.

Reforçadores naturais Reforçadores não programados que ocorrem no curso normal da vida cotidiana.

Reforçadores programados Reforçadores que são organizados para ocorrer sistematicamente em um programa de modificação de comportamento.

Reforço Apresentação de um reforçador positivo ou remoção de um reforçador negativo em função de uma resposta.

Reforço acidental Fortalecimento e manutenção de um comportamento por um reforçador que não causou sua ocorrência.

Reforço clandestino Reforço não planejado fornecido de modo inadvertido a alguém que está em um programa de extinção.

Reforço contínuo (CRF) Esquema em que cada ocorrência de determinada resposta é reforçada.

Reforço diferencial Reforço contingente a determinada taxa de resposta, geralmente usado para diminuir a resposta.

Reforço diferencial de comportamento alternativo (DRA) Extinção de um comportamento problemático combinada com o reforço de um comportamento que é topograficamente diferente, mas não incompatível com o comportamento problemático.

Reforço diferencial de comportamento incompatível (DRI) Retenção do reforço para uma resposta específica e reforço de uma resposta incompatível.

Reforço diferencial de frequências baixas (DRL) Um reforçador é apresentado somente se determinada resposta ocorrer em uma frequência baixa; pode ser programado como DRL de resposta limitada ou DRL de resposta espaçada.

Reforço diferencial de outro comportamento (DRO) Consulte *reforço diferencial de resposta zero.*

Reforço diferencial de resposta zero Um reforçador é apresentado somente se determinada resposta não ocorrer durante determinado período de tempo. Também chamado de *reforço diferencial de outra resposta.*

Reforço intermitente Arranjo no qual um comportamento é reforçado apenas ocasionalmente, em vez de toda vez que ocorre.

Registro contínuo Método de registro de comportamento no qual cada ocorrência de um comportamento durante um período de observação designado é registrada. Também chamado de *registro de frequência de eventos.*

Registro de frequência de eventos Consulte *registro contínuo.*

Registro por amostragem de tempo Procedimento de observação em que um comportamento é pontuado como ocorrendo ou não ocorrendo durante intervalos de observação muito breves, separados uns dos outros por um período de tempo muito maior.

Registro por intervalo Método de registro de dados que registra um comportamento como ocorrendo ou não ocorrendo durante curtos intervalos de igual duração em um período de observação especificado.

Regra Estímulo verbal que descreve uma contingência de reforço de três termos (antecedente-comportamento-consequência).

Reprimenda Estímulos verbais negativos apresentados em função do comportamento.

Resposta Uma ocorrência específica de um comportamento. Consulte *comportamento.*

Resposta condicionada Resposta respondente provocada por um estímulo condicionado ou uma resposta operante que foi fortalecida pelo reforço.

Resposta incondicionada Resposta provocada por um estímulo incondicionado.

Resposta operante Consulte *comportamento operante.*

Saciação Condição na qual um indivíduo vivenciou um reforçador a tal ponto que o reforçador é temporariamente ineficaz.

S^D Estímulo na presença do qual uma resposta específica é reforçada. Consulte também *estímulo discriminativo.*

S^Δ Estímulo na presença do qual uma resposta específica é extinta. Consulte também *estímulo discriminativo.*

S^{Dp} Estímulo na presença do qual uma resposta específica é punida. Consulte também *estímulo discriminativo.*

Sistema de fichas Programa de modificação de comportamento no qual um indivíduo pode ganhar fichas por realizar comportamentos desejáveis e pode trocar as fichas por reforçadores de reserva.

Tato Resposta verbal que está sob o controle de um estímulo antecedente não verbal e é reforçada por um reforçador condicionado generalizado.

Taxa de resposta Número de emissões de uma resposta dividido pelo tempo de ocorrência dessas emissões de resposta. Também chamada de *taxa de um comportamento.*

Taxa de um comportamento Número de ocorrências de um comportamento que acontece em determinado período de tempo. Também chamado de *taxa de resposta.* Consulte *frequência de um comportamento.*

TCC Consulte *terapia cognitivo-comportamental.*

Terapia cognitivo-comportamental Modificação comportamental realizada no comportamento encoberto ou manifesto disfuncional, geralmente considerado como cognições que são fundamentalmente diferentes do comportamento.

Terapia dialético-comportamental Abordagem da terapia comportamental baseada na dialética hegeliana, que, por sua vez, é baseada nos diálogos de Platão, em que os indivíduos abordam uma perspectiva verdadeira evitando o pensamento "preto e branco" ou "tudo ou nada". Foi originalmente desenvolvida para tratar o transtorno de personalidade limítrofe, mas foi ampliada para tratar outras condições.

Terapia racional-emotiva comportamental Método de terapia comportamental que combina o desafio das crenças irracionais debilitantes do cliente e procedimentos de terapia comportamental mais tradicionais, como tarefas de casa comportamentais.

Terapias baseadas em exposição Tratamentos que envolvem fazer com que o cliente vivencie ou interaja com um estímulo temido para diminuir ou extinguir seu medo desse estímulo.

Terapias empiricamente sustentadas Terapias que se mostraram eficazes em estudos clínicos conduzidos cientificamente.

TESs Consulte *terapias empiricamente sustentadas.*

Teste do reforçador Uso da definição de reforçador para determinar se um estímulo é um reforçador.

TOC Consulte *transtorno obsessivo-compulsivo.*

Topografia Consulte *topografia da resposta.*

Topografia da resposta Movimentos físicos específicos envolvidos na emissão de uma resposta.

Transtorno do pânico Condição na qual o indivíduo é suscetível a ataques de pânico – experiências de medo intenso que parecem não ter nenhum estímulo precipitante ou outro evento.

Transtorno obsessivo-compulsivo Condição na qual uma pessoa pode (a) ter pensamentos intrusivos indesejados, chamados de *obsessão*; (b) sentir-se impelida a realizar comportamentos repetitivos improdutivos, chamados de *compulsão*; ou (c) ambos.

Tratamento Procedimento elaborado para modificar o comportamento problemático. Consulte também *intervenção.*

Treinamento de correspondência Ensinar um indivíduo a emitir um comportamento verbal sobre o que ele/ela vai fazer que seja consistente com ou que corresponda ao que ele/ela realmente faz.

Treinamento de discriminação de estímulo operante Consulte *treinamento de discriminação de estímulos.*

Treinamento de discriminação de estímulo respondente Consulte *treinamento de discriminação de estímulos.*

Treinamento de discriminação de estímulos Reforçar uma resposta operante na presença de um S^D e extinguir essa resposta na presença de um S^Δ, de modo que o indivíduo acabará respondendo ao S^D, mas não ao S^Δ; ou apresentar um US após um CS, mas não após outro estímulo, o que faz com que o primeiro estímulo provoque uma resposta condicionada, mas o outro estímulo não.

Treinamento de discriminação sem erros Uso de um procedimento de desvanecimento para estabelecer uma discriminação de estímulo gradualmente para que não ocorram erros. Também chamado de *aprendizagem sem erros*.

Treinamento de habilidades comportamentais Tratamento comportamental que usa uma combinação de instruções, modelação, ensaio comportamental e *feedback* para estabelecer as habilidades ou os comportamentos desejados.

Treinamento de habilidades de enfrentamento Ensinar os clientes a lidar com os estressores da vida cotidiana.

UMAO Consulte *operação motivadora abolidora incondicionada*.

UMEO Consulte *operação motivadora estabelecedora incondicionada*.

UR Consulte *resposta incondicionada*.

US Consulte *estímulo incondicionado*.

Validação social Valor de um tratamento para a sociedade, conforme avaliado em pelo menos estes três níveis: (a) até que ponto os comportamentos-alvo são realmente os mais importantes para o cliente e para a sociedade, (b) a aceitabilidade pelo cliente dos procedimentos específicos usados, especialmente quando procedimentos menos invasivos podem alcançar aproximadamente os mesmos resultados e (c) a satisfação dos consumidores (os clientes e/ou seus cuidadores) com os resultados.

Validade externa Extensão em que um achado de um estudo ou experimento pode ser generalizado para outros comportamentos, indivíduos, contextos ou tratamentos.

Validade interna Grau em que um estudo ou experimento demonstrou que a variável independente causou a mudança observada na variável dependente.

Variáveis de controle Antecedentes e/ou consequências que contribuem para a manutenção de um comportamento.

Variável dependente Medida de comportamento que é estudada como uma função de uma variável independente. Consulte também *variável independente*.

Variável independente Tratamento ou intervenção introduzida para estudar seu efeito em uma variável dependente. Consulte também *variável dependente*.

VD Consulte *variável dependente*.

VI Consulte *variável independente*.

Bibliografia

Abbott, B. V., & Snyder, D. K. (2012). Integrative approaches to couple therapy: A clinical case illustration. *Journal of Family Therapy, 34*, 306–320.

Abernathy, W. B. (2013). Behavioral approaches to business and industrial problems: Organization behavior management. In G. J. Madden (Ed.), *APA handbook of behavior analysis: Volume 2, Translating behavioral principles into practice* (pp. 501–522). Washington, DC: American Psychological Association.

Addiction medicine: Closing the gap between science and practice. (2012). New York, NY: National Center on Substance Abuse at Columbia University.

Addison, L., & Lerman, D. C. (2009). Descriptive analysis of teachers responses to problem behavior following training. *Journal of Applied Behavior Analysis, 42*, 485–490.

Ader, R., & Cohen, N. (1982). Behaviorally conditioned immunosuppression and murine systemic lupus erythematosus. *Science, 215*, 1534–1536.

Ader, R., & Cohen, N. (1993). Psychoneuroimmunology: Conditioning and stress. *Annual Review of Psychology, 44*, 53–85.

Afifi, T. O., Mota, N. P., Dasiewicz, P., MacMillan, H. L., & Sareen, J. (2012). Physical punishment and mental disorders: Results from a nationally representative U.S. sample. *Pediatrics, 130*, 1–9.

Agarwal, S. K. (2012). Cardiovascular benefits of exercise. *International Journal of General Medicine, 5*, 541–545.

Agathon, M. (1982). Behavior therapy in France: 1976–1981. *Journal of Behavior Therapy and Experimental Psychiatry, 13*, 271–277.

Ahearn, W. H., & Tiger, J. J. (2013). Behavioral approaches to the treatment of autism. In G. J. Madden (Ed.), *APA handbook of behavior analysis: Volume 2, Translating behavioral principles into practice* (pp. 301–328). Washington, DC: American Psychological Association.

Airapetyantz, E., & Bykov, D. (1966). Physiological experiments and the psychology of the subconscious. In T. Verhave (Ed.), *The experimental analysis of behavior* (pp. 140–157). New York, NY: Appleton-Century-Crofts.

Akers, J. S., Higbee, T. S., Pollard, J. S., Pellegrino, A. J., & Gerencser, K. R. (2016). An evaluation of photographic activity schedules to increase independent playground skills in young children with autism. *Journal of Applied Behavior Analysis, 49*(4), 954–959.

Alberto, P. A., & Troutman, A. C. (2022). *Applied behavior analysis for teachers* (10th ed.). Upper Saddle River, NJ: Pearson.

Albion, F. M., & Salzburg, C. L. (1982). The effects of self-instruction on the rate of correct addition problems with mentally retarded children. *Education and Treatment of Children, 5*, 121–131.

Allen, G. J. (1973). Case study: Implementation of behavior modification techniques in summer camp settings. *Behavior Therapy, 4*, 570–575.

Allen, K. D., & Stokes, T. F. (1987). Use of escape and reward in the management of young children during dental treatment. *Journal of Applied Behavior Analysis, 20*, 381–390.

Alwahbi, A., & Hua, Y. (2021). Using contingency contracting to promote social interactions among students with ASD and their peers. *Behavior Modification, 45*(5), 671–694.

American Psychiatric Association. (1952). *Diagnostic and statistical manual of mental disorders: DSM-I.* Washington, DC: Author.

American Psychiatric Association. (2013). *Diagnostic and statistical manual of mental disorders: DSM-5* (5th ed.). Washington, DC: Author.

American Psychological Association. (2010). *Ethical principles of psychologists and code of conduct.* Washington, DC: Author.

American Psychological Association. (2016). *Ethical principles of psychologists and code of conduct.* Retrieved from www.apa.org/ethics/code/index.aspx

Anderson, C. M., & Freeman, K. A. (2000). Positive behavior support: Expanding the application of applied behavior analysis. *Behavior Analyst, 23*, 85–94.

Antony, M. M., & Barlow, D. H. (Eds.). (2020). *Handbook of assessment and treatment planning for psychological disorders* (3rd ed.). New York, NY: Guilford Press.

APA Presidential Task Force on Evidence-Based Practice. (2006). Evidence-based practice in psychology. *American Psychologist, 61*, 271–285.

Ardila, R. (1982). International developments in behavior therapy in Latin America. *Journal of Behavior Therapy and Experimental Psychiatry, 13*, 15–20.

Arkowitz, H., Miller, W. R., & Rollnick, S. (2017). *Motivational interviewing in the treatment of psychological problems* (2nd ed.). New York, NY: Guilford Press.

Arnold, M. L., & Van Houten, R. (2011). Increasing following headway with prompts, goal setting, and feedback in a driving simulator. *Journal of Applied Behavior Analysis, 44*, 245–254.

Arrick, C. M., Voss, J., & Rimm, D. C. (1981). The relative efficacy of thought-stopping and covert assertion. *Behaviour Research and Therapy, 19*, 17–24.

Asch, S. E. (1948). The doctrine of suggestion, prestige and imitation in social psychology. *Psychological Review, 55*, 250–276.

Ash, D. W., & Holding, D. H. (1990). Backward versus forward chaining in the acquisition of a keyboard skill. *Human Factors, 32*, 139–146.

Asher, M. J., Gordon, S. B., Selbst, M. C., & Cooperberg, M. (2010). *The behavior problems resource kit: Forms and procedures for identification, measurement, and intervention.* Champaign, IL: Research Press.

Ashford, S. J., & De Stobbeleir, K. E. M. (2013). Feedback, goal setting, and task performance revisited. In E. A. Locke & G. P. Latham (Eds.), *New developments in goal setting and task performance* (pp. 51–64). New York, NY: Routledge.

Athens, E. S., Vollmer, T. R., & St. Peter Pipkin, C. C. (2007). Shaping academic task engagement with percentile schedules. *Journal of Applied Behavior Analysis, 40*, 475–488.

Austin, J. L. (2000). Behavioral approaches to college teaching. In J. Austin & J. E. Carr (Eds.), *Handbook of applied behavior analysis* (pp. 321–350). Reno, NV: Context Press.

Austin, J. L., & Bevan, D. (2011). Using differential reinforcement of low rates to reduce children's requests for teacher attention. *Journal of Applied Behavior Analysis, 44*, 451–461.

Axe, J. B., & Sainato, D. M. (2010). Matrix training of preliteracy skills with preschoolers with autism. *Journal of Applied Behavior Analysis, 43*, 635–652.

Azrin, N. H. (1967). Pain and aggression. *Psychology Today, 1(1)*, 27–33.

Azrin, N. H., & Lindsley, O. R. (1956). The reinforcement of cooperation between children. *Journal of Abnormal and Social Psychology, 52*, 100–102.

Azrin, N. H., & Nunn, R. G. (1973). Habit reversal: A method of eliminating nervous habits and tics. *Behaviour Research and Therapy, 11*, 619–628.

Azrin, N. H., Rubin, H., O'Brien, F., Ayllon, T., & Roll, D. (1968). Behavioral engineering: Postural control by a portable operant apparatus. *Journal of Applied Behavior Analysis, 1*, 99–108.

Babel, D., Martin, G. L., Fazzio, D., Arnal, L., & Thomson, K. (2008). Assessment of the reliability and validity of the Discrete-Trials Teaching Evaluation Form. *Developmental Disabilities Bulletin, 36*, 67–80.

Bachmeyer, M. H., Piazza, C. C., Frederick, L. D., Reed, G. K., Rivas, K. D., & Kadey, H. J. (2009). Functional analysis and treatment of multiply controlled inappropriate mealtime behavior. *Journal of Applied Behavior Analysis, 42*, 641–658.

Baer, D. M., Peterson, R. F., & Sherman, J. A. (1967). The development of imitation by reinforcing behavioral similarity to a model. *Journal of the Experimental Analysis of Behavior, 10*, 405–416.

Baer, D. M., & Wolf, M. M. (1970). The entry into natural communities of reinforcement. In R. Ulrich, T. Stachnik, & J. Mabry (Eds.), *Control of human behavior* (Vol. 2, pp. 319–324). Glenview, IL: Scott Foresman.

Baer, D. M., Wolf, M. M., & Risley, T. R. (1968). Some current dimensions of applied behavior analysis. *Journal of Applied Behavior Analysis, 1*, 91–97.

Bailey, J. S., & Burch, M. R. (2006). *How to think like a behavior analyst: Understanding the science that can change your life.* Mahwah, NJ: Lawrence Erlbaum Associates.

Bailey, J. S., & Burch, M. R. (2016). *Ethics for behavior analysts* (3rd ed.). New York, NY: Routledge.

Bailey, J. S., & Burch, M. R. (2018). *Research methods in applied behavior analysis* (2nd ed.). New York, NY: Routledge.

Bailey, J. S., Hughes, R. G., & Jones, W. E. (1980). *Applications of backward chaining to air-to-surface weapons delivery training.* Williams Airforce Base, AZ: Operations training division, Human Resources Laboratory.

Bailey, J. S., & Pyles, D. A. M. (1989). Behavioral diagnostics. *Monographs of the American Association on Mental Retardation, 12*, 85–106.

Bailey, J. S., Timbers, G. D., Phillips, E. I., & Wolf, M. M. (1971). Modification of articulation errors of pre-delinquents by their peers. *Journal of Applied Behavior Analysis, 3*, 265–281.

Bain, E. E., Shafner, L., Walling, D. P., Othman, A. A., Chuang-Stein, C., Hinkle, J., & Hanina, A. (2017). Use of a novel artificial intelligence platform on mobile devices to assess dosing compliance in a phase 2 clinical trial in subjects with schizophrenia. *JMIR mHealth and uHealth, 5(2)*, e18. https://doi.org/10.2196/mhealth.7030.

Baker, J. C., LeBlanc, L. A., MacNeill, B., & Raetz, P. B. (2021). Behavioral gerontology. In W. W. Fisher, C. C. Piazza, & H. S. Roane (Eds.), *Handbook of applied behavior analysis* (2nd ed.). New York, NY: Guilford Press.

Balderrama-Durbin, C. M., Abbott, B. V., & Snyder, D. K. (2020). Couple distress. In M. M. Antony & D. H. Barlow (Eds.), *Handbook of assessment and treatment planning for psychological disorders* (3rd ed.). New York, NY: Guilford Press.

Baldwin, J. D., & Baldwin, J. I. (2000). *Behavior principles in everyday life* (4th ed.). Upper Saddle River, NJ: Pearson.

Bambara, L. M., & Kern, L. (2021). *Individualized supports for students with problem behaviors: Designing positive behavior plans* (2nd ed.). New York, NY: Guilford Press.

Bandura, A. (1965). Influence of models reinforcement contingencies in the acquisition of imitative responses. *Journal of Personality and Social Psychology, 1*, 589–595.

Bandura, A. (1969). *Principles of behavior modification*. New York, NY: Holt, Rinehart, & Winston.

Bandura, A. (1973). *Aggression: A social learning analysis*. Englewood Cliffs, NJ: Prentice-Hall.

Bandura, A. (1977). *Social learning theory*. Upper Saddle River, NJ: Prentice-Hall.

Bandura, A. (1982). Self-efficacy mechanism in human agency. *American Psychologist, 37*, 122–147.

Bandura, A. (1986). *Social foundations of thought and action: A social-cognitive theory*. Upper Saddle River, NJ: Prentice-Hall.

Bandura, A. (1997). *Self-efficacy: The exercise of control*. New York, NY: W. H. Freeman & Company.

Banerjee, S. P. (1999). Behavioral psychotherapy in Singapore. *Behavior Therapist, 22*, 80, 91.

Barkham, M., Lutz, W., & Castonguay, L. G. (Eds.). (2021). *Bergin & Garfield's handbook of psychotherapy and behavior change* (7th ed.). Hoboken, NJ: John Wiley & Sons, Inc.

Barkley, R. A. (2005). *Attention-deficit hyperactive disorder: A handbook for diagnosis and treatment* (3rd ed.). New York, NY: Guilford Press.

Barlow, D. H. (Ed.). (2021). *Clinical handbook of psychological disorders: A step-by-step treatment manual* (6th ed.). New York, NY: Guilford Press.

Barlow, D. H., & Hayes, S. C. (1979). Alternating-treatments design: One strategy for comparing the effects of two treatments in a single subject. *Journal of Applied Behavior Analysis, 12*, 199–210.

Barlow, D. H., Nock, M. K., & Hersen, M. (2009). *Single case experimental designs: Strategies for studying behavior change* (3rd ed.). Upper Saddle River, NJ: Pearson.

Barnes-Holmes, D., Barnes-Holmes, Y., Hussey, I., & Luciano, C. (2016). Relational frame theory: Finding its historical and intellectual roots and reflecting upon its future development. In R. D. Zettle, S. C. Hayes, D. Barnes-Holmes, & A. Biglan (Eds.), *The Wiley handbook of contextual behavioral science* (pp. 117–128). New York, NY: Wiley-Blackwell.

Barnett, N. P., Tidey, J., Murphy, J. G., Swift, R., & Colby, S. M. (2011). Contingency management for alcohol reduction: A pilot study using a transdermal alcohol sensor. *Drug and Alcohol Dependence, 118*, 391–399.

Baron-Cohen, S. (1995). *Mindblindness: An essay on autism and theory of mind*. Cambridge, MA: MIT Press.

Barone, D. F. (1982). Instigating additional self-modification projects after a personal adjustment course. *Teaching of Psychology, 9*, 111.

Barrett, L. F. (2009). Understanding the mind by measuring the brain: Lessons from measuring behavior (commentary on Vul et al., 2009). *Perspectives on Psychological Science, 4(3)*, 314–318.

Batra, M., & Batra, V. (2005/2006). Comparison between forward chaining and backward chaining techniques in children with mental retardation. *Indian Journal of Occupational Therapy, 37*, 57–63.

Baum, A., Revenson, T. A., & Singer, J. (2011). *Handbook of health psychology* (2nd ed.). London: Psychology Press.

Baum, J. R. (2013). Goals and entrepreneurship. In E. A. Locke & G. P. Latham (Eds.), *New developments in goal setting and task performance* (pp. 460–473). New York, NY: Routledge.

Baum, W. M. (2012). Rethinking reinforcement: Allocation, induction, and contingency. *Journal of the Experimental Analysis of Behavior, 97*, 101–124.

Beaulieu, L., & Jimenez-Gomez, C. (2022). Cultural responsiveness in applied behavior analysis: Self-assessment. *Journal of Applied Behavior Analysis*, 55, 1–32.

Beavers, G. A., Iwata, B. A., & Lerman, D. C. (2013). Thirty years of research on the functional analysis of problem behavior. *Journal of Applied Behavior Analysis, 46*, 1–21.

Beck, A. T. (1970). Cognitive therapy: Nature and relation to behavior therapy. *Behavior Therapy, 1*, 184–200.

Beck, A. T. (1976). *Cognitive therapy and the emotional disorders*. New York, NY: International Universities Press.

Beck, A. T., & Haigh, E. A. P. (2014). Advances in cognitive theory and therapy: The generic cognitive model. *Annual Review of Clinical Psychology, 10*, 1–24.

Beck, A. T., Rector, N. A., Stolar, N., & Grant, P. (2008). *Schizophrenia: Cognitive theory, research, and therapy*. New York, NY: Guilford press.

Beck, A. T., Rush, A. J., Shaw, B. F., & Emery, G. (1979). *Cognitive therapy of depression*. New York, NY: Guilford Press.

Beck, J. S. (2020). *Cognitive behavior therapy: Basics and beyond* (3rd ed.). New York, NY: Guilford Press.

Bellack, A. S. (1986). Schizophrenia: Behavior therapy's forgotten child.' *Behavior Therapy, 17*, 199–214.

Bellack, A. S., & Hersen, M. (1993). Clinical behavior therapy with adults. In A. S. Bellack & M. Hersen (Eds.), *Handbook of behavior therapy in the psychiatric setting* (pp. 3–18). New York, NY: Plenum Press.

Bellack, A. S., & Muser, K. T. (1990). Schizophrenia. In A. S. Bellack, M. Hersen, & A. E. Kazdin (Eds.), *International handbook of behavior modification and behavior therapy* (2nd ed., pp. 353–376). New York, NY: Plenum Press.

Bellack, A. S., Muser, K. T., Gingerich, S., & Agresta, J. (Eds.). (1997). *Social skills training for schizophrenia*. New York, NY: Guilford Press.

Bellamy, G. T., Horner, R. H., & Inman, D. P. (1979). *Vocational habilitation of severely retarded adults: A direct service technology*. Baltimore: University Park Press.

Bentall, R. P., Lowe, C. F., & Beasty, A. (1985). The role of verbal behavior in human learning. II: Developmental differences. *Journal of the Experimental Analysis of Behavior, 47*, 165–181.

Bergen, A. E., Holborn, S. W., & Scott-Huyghebart, V. C. (2002). Functional analysis of self-injurious behavior in an adult with Lesch-Nyhan Syndrome. *Behavior Modification, 26*, 187–204.

Berkman, E. T. (2018). The neuroscience of goals and behavior change. *Consulting Psychology Journal: Practice and Research, 70*(1), 28–44.

Bernfeld, G. A. (2006). The struggle for treatment integrity in a "disintegrated" service delivery system. *Behavior Analyst Today, 7*, 188–205.

Bernfeld, G. A., Blase, K. A., & Fixsen, D. L. (2006). Towards a unified perspective on human service delivery systems: Application of the Teaching-Family Model. *Behavior Analyst Today, 7*, 168–187.

Bernstein, D., & Chase, P. N. (2013). Contributions of behavior analysis to higher education. In G. J. Madden (Ed.), *APA handbook of behavior analysis: Volume 2, Translating behavioral principles into practice* (pp. 523–544). Washington, DC: American Psychological Association.

Bicard, D. F., Ervin, A., Bicard, S. C., & Baylot-Casey, L. (2012). Differential effects of seating arrangements on disruptive behavior of fifth grade students during independent seat-work. *Journal of Applied Behavior Analysis, 45*, 407–411.

Biddle, S. J. H., Gorely, T., Faulkner, G. T., & Mutrie, N. (2021). *Psychology of physical activity: Determinants, well-being & interventions* (3rd ed.). New York, NY: Routledge.

Bierman, K. L., Miller, C. L., & Stabb, S. D. (1987). Improving the social behavior and peer acceptance of rejected boys: Effects of social skill training with instructions and prohibitions. *Journal of Consulting and Clinical Psychology, 55*, 194–200.

Biglan, A., & Glenn, S. S. (2013). Toward prosocial behavior and environments: Behavioral and cultural contingencies in a public health framework. In G. J. Madden (Ed.), *APA handbook of behavior analysis: Volume 2, Translating behavioral principles into practice* (pp. 255–276). Washington, DC: American Psychological Association.

Bijou, S. W., & Baer, D. M. (1961). *Child development: A systematic and empirical theory* (Vol. 1). New York, NY: Appleton-Century-Crofts.

Bijou, S. W., & Baer, D. M. (1965). *Child development II: Universal stage of infancy*. Upper Saddle River, NJ: Prentice-Hall.

Birnbrauer, J. S., Bijou, S. W., Wolf, M. M., & Kidder, J. D. (1965). Programmed instruction in the classroom. In L. P. Ullmann & L. Krasner (Eds.), *Case studies in behavior modification* (pp. 358–363). New York, NY: Holt, Rinehart, & Winston.

Bize, R., Johnson, J. A., & Plotnikoff, R. C. (2007). Physical activity level and health-related quality of life in the general adult population: A systematic review. *Preventive Medicine, 45*, 401–415.

Blampied, N. M. (1999). Cognitive-behavior therapy in Aotearoa, New Zealand. *Behavior Therapist, 22*, 173–178.

Blampied, N. M. (2004). The New Zealand Association for Behavior Analysis. *Newsletter of the International Association for Behavior Analysis, 27(2)*, 27.

Blampied, N. M. (2013). Single-case research designs and the scientist-practitioner ideal in applied psychology. In G. J. Madden (Ed.), *APA handbook of behavior analysis: Volume 1, Methods and principles* (pp. 177–198). Washington, DC: American Psychological Association.

Blampied, N. M., & Bootzin, R. R. (2013). Sleep: A behavioral account. In G. J. Madden (Ed.), *APA handbook of behavior analysis: Volume 2, Translating behavioral principles into practice* (pp. 425–454). Washington, DC: American Psychological Association.

Blanck, G. (1983). *Behavior therapy in Argentina*. Buenos Aires: AAPC Ediciones.

Block-Lerner, J., Wulfert, E., & Moses, E. (2009). ACT in context: An exploration of experiential acceptance. *Cognitive and Behavioral Practice, 16*, 443–456.

Blount, R. L., Drabman, R. S., Wilson, N., & Stewart, D. (1982). Reducing severe diurnal bruxism in two profoundly retarded females. *Journal of Applied Behavior Analysis, 15*, 565–571.

Bolívar, H. A., Cox, D. J., Barlow, M. A., & Dallery, J. (2017). Evaluating resurgence procedures in a human operant laboratory. *Behavioural Processes, 140*, 150–160.

Boniecki, K. A., & Moore, S. (2003). Breaking the silence: Use of the token economy to reinforce classroom participation. *Teaching of Psychology, 30*, 224–227.

Bonoto, B. C., de Araújo, V. E., Godói, I. P., de Lemos, L. L. P., Godman, B., Bennie, M., … Junior, A. A. (2017). Efficacy of mobile apps to support the care of patients with diabetes mellitus: A systematic review and meta-analysis of randomized controlled trials. *JMIR mHealth and uHealth, 5*(3), e4. https://doi.org/10.2196/mhealth

Bonow, J. T., & Follette, W. C. (2009). Beyond values clarification: Addressing client values in clinical behavior analysis. *Behavior Analyst, 32(1)*: 69–84.

Booth, R., & Rachman, S. (1992). The reduction of claustrophobia: I. *Behaviour Research and Therapy, 30*, 207–221.

Borden, J. W. (1992). Behavioral treatment of simple phobia. In S. M. Turner, K. S. Calhoun, & H. E. Adams (Eds.), *Handbook of clinical behavior therapy* (pp. 77–94). New York, NY: Wiley-Blackwell.

Borrego, J., Ibanez, E. S., Spendlove, S. J., & Pemberton, J. R. (2007). Treatment acceptability among Mexican American parents. *Behavior Therapy, 38*, 218–227.

Bouchard, S., Vallieres, A., Roy, M., & Maziade, M. (1996). Cognitive restructuring in the treatment of psychotic symptoms in schizophrenia: A critical analysis. *Behavior Therapy, 27*, 257–277.

Bouman, T. K., & Emmelkamp, P. M. G. (1996). Panic disorder and agoraphobia. In V. B. Van Hasselt & M. Hersen (Eds.), *Sourcebook of psychological treatment manuals for adult disorders* (pp. 23–64). New York, NY: Plenum Press.

Bourret, J. C., & Pietras, C. J. (2013). Visual analysis in single-case research. In G. J. Madden (Ed.), *APA handbook of behavior analysis: Volume 1, Methods and principles* (pp. 199–218). Washington, DC: American Psychological Association.

Bovjberg, D. H., Redd, W. H., Maier, L. A., Holland, J. C., Lesko, L. M., Niedzwiecki, D., & Hakes, T. B. (1990). Anticipatory immune suppression in women receiving cyclic chemotherapy for ovarian cancer. *Journal of Consulting and Clinical Psychology, 58*, 153–157.

Braam, C., & Malott, R. W. (1990). "I'll do it when the snow melts": The effects of deadlines and delayed outcomes on rule-governed behavior in preschool children. *Analysis of Verbal Behavior, 8*, 67–76.

Brantner, J. P., & Doherty, M. A. (1983). A review of time-out: A conceptual and methodological analysis. In S. Axelrod & J. Apsche (Eds.), *The effects of punishment on human behavior* (pp. 87–132). New York, NY: Elsevier Academic Press.

Braukmann, C. J., & Blase, K. B. (Eds.). (1979). *Teaching-parent training manuals* (*2* vols.). Lawrence, KS: University of Kansas Printing Service.

Braukmann, C. J., & Wolf, M. (1987). Behaviorally based group homes for juvenile offenders. In E. K. Morris & C. J. Braukmann (Eds.), *Behavioral approaches to crime and delinquency: A handbook of application, research, and concepts* (pp. 135–160). New York, NY: Plenum Press.

Brigham, T. A. (1982). Self-management: A radical behavioral perspective. In P. Karoly & F. H. Canfer (Eds.), *Self-management and behavior change: From theory to practice* (pp. 32–59). New York, NY: Pergamon Press.

Brigham, T. A. (1989a). *Managing everyday problems*. New York, NY: Guilford Press.

Brigham, T. A. (1989b). *Self-management for adolescents: A skills training program*. New York, NY: Guilford Press.

Briscoe, R. V., Hoffman, D. B., & Bailey, J. S. (1975). Behavioral community psychology: Training a community board to problem-solve. *Journal of Applied Behavior Analysis, 8*, 157–168.

Brogan, K. M., Rapp, J. T., Edgemon, A. K., Niedfeld, A. M., Coon, J. C., Thompson, K. R., & Burkhart, B. R. (2021). Behavioral skills training to increase appropriate reactions of adolescent males in residential treatment. *Behavior Modification, 45*(4), 535–559.

Brown, L. A., Gaudiano, B. A., & Miller, I. W. (2011). Investigating the similarities and differences between practitioners of second- and third-wave cognitive-behavioral therapies. *Behavior Modification, 35*, 187–200.

Brownell, K. D. (1981). Report on international behavior therapy organizations. *Behavior Therapist, 4*, 9–13.

Bullock, C. E., & Hackenberg, T. D. (2015). The several roles of stimuli in token reinforcement. *Journal of the Experimental Analysis of Behavior, 103*(2), 269–287.

Butler, A., Chapman, J. M., Forman, E. M., & Beck, A. T. (2006). The empirical status of cognitive behavioral therapy: A review of meta-analyses. *Clinical Psychology Review, 26*, 17–31.

Buzas, H. P., & Ayllon, T. (1981). Differential reinforcement in coaching skills. *Behavior Modification, 5*, 372–385.

Caballo, V. E., & Buela-Casal, G. (1993). Behavior therapy in Spain. *Behavior Therapist, 16*, 53–54.

Call, N. A., Meyers, J. L., McElhanon, B. O., & Scheithauer, M. C. (2017). A multidisciplinary treatment for encopresis in children with developmental disabilities. *Journal of Applied Behavior Analysis, 50*(2), 332–344.

Cameron, J., Banko, K. M., & Pierce, W. D. (2001). Pervasive negative effects of rewards on intrinsic motivation: The myth continues. *Behavior Analyst, 24*, 1–44.

Capriotti, M. R., Brandt, B. C., Ricketts, E. J., Espil, F. M., & Woods, D. W. (2012). Comparing the effects of differential reinforcement of other behavior and response-cost contingencies on tics in youth and Tourette Syndrome. *Journal of Applied Behavior Analysis, 45*, 251–263.

Cariveau, T., Kodak, T., & Campbell, V. (2016). The effects of intertrial interval and instructional format on skill acquisition and maintenance for children with autism spectrum disorders. *Journal of Applied Behavior Analysis, 49*(4), 809–825.

Carnett, A., Raulston, T., Lang, R., Tostanoski, A., Lee, A., Sigafoos, J., & Machalicek, W. (2014). Effects of a perseverative interest-based token economy on challenging and on-task behavior in a child with autism. *Journal of Behavioral Education, 23*, 368–377.

Carp, C. L., Peterson, S. P., Arkel, A. J., Petursdottir, A. I., & Ingvarsson, E. T. (2012). A further evaluation of picture prompts during auditory-visual conditional discrimination training. *Journal of Applied Behavior Analysis, 45*, 737–751.

Carr, E. G. (1977). The origins of self-injurious behavior: A review of some hypotheses. *Psychological Bulletin, 84*, 800–816.

Carr, E. G., & Durand, V. M. (1985). Reducing behavior problems through functional communication training. *Journal of Applied Behavior Analysis, 18*(2), 111–126.

Carr, E. G., Newsom, C. D., & Binkoff, J. A. (1980). Escape as a factor in the aggressive behavior of two retarded children. *Journal of Applied Behavior Analysis, 13*, 101–117.

Carr, J. E., & Miguel, C. F. (2013). The analysis of verbal behavior and its therapeutic applications. In G. J. Madden (Ed.), *APA handbook of behavior analysis: Volume 2, Translating behavioral principles into practice* (pp. 329–352). Washington, DC: American Psychological Association.

Carr, J. E., Nosik, M. R., & Luke, M. M. (2018). On the use of the term "frequency" in applied behavior analysis. *Journal of Applied Behavior Analysis, 51*(2), 425–453.

Carr, J. E., Ratcliff, C. L., Nosik, M. R., & Johnston, J. M. (2021). Professional certification for practicing applied behavior analysis. In W. W. Fisher, C. C. Piazza, & H. S. Roane (Eds.), *Handbook of applied behavior analysis* (2nd ed.). New York, NY: Guilford Press.

Carr, J. E., & Sidener, T. M. (2002). In response: On the relation between applied behavior analysis and positive behavior support. *Behavior Analyst, 25*(1), 436–439.

Carter, M. C., Burley, V. J., & Cade, J. E. (2017). Weight loss associated with different patterns of self-monitoring using the mobile phone app My Meal Mate. *JMIR mHealth and uHealth, 5*(2), e8. https://doi.org/10.2196/mhealth.4520.

Carter, N. (2004). Swedish association for behavior analysis. *Newsletter of the International Association for Behavior Analysis, 27*(2), 29.

Carter, S. L., & Wheeler, J. (2019). *The social validity manual: Subjective evaluations of behavior interventions* (2nd ed.). Boston: Elsevier Academic Press.

Catania, A. C. (1975). The myth of self-reinforcement. *Behaviorism, 3*, 192–199.

Catania, A. C. (2021). Basic operant contingencies: Main effects and side effects. In W. W. Fisher, C. C. Piazza, & H. S. Roane (Eds.), *Handbook of applied behavior analysis* (2nd ed.). New York, NY: Guilford Press.

Cautela, J. R. (1966). Treatment of compulsive behavior by covert desensitization. *Psychological Record, 16*, 33–41.

Cautela, J. R., Kastenbaum, R., & Wincze, J. P. (1972). The use of the Fear Survey Schedule and the Reinforcement Survey Schedule to survey possible reinforcing and aversive stimuli among juvenile offenders. *Journal of Genetic Psychology, 121*, 255–261.

Cautela, J. R., & Kearney, A. (1993). *The covert conditioning handbook*. Pacific Grove, CA: Brooks/Cole.

Cengher, M., Budd, A., Farrell, N., & Fienup, D. M. (2018). A review of prompt-fading procedures: Implications for effective and efficient skill acquisition. *Journal of Developmental and Physical Disabilities, 30*, 155–173. https://doi.org/10.1007/s10882-017-9575-8

Charlop, M. H., Burgio, L. D., Iwata, B. A., & Ivancic, M. T. (1988). Stimulus variation as a means of enhancing punishment effects. *Journal of Applied Behavior Analysis, 21*, 89–95.

Chazin, K. T., Velez, M. S., & Ledford, J. R. (2022). Reducing escape without escape extinction: A systematic review and meta-analysis of escape-based interventions. *Journal of Behavioral Education*, 31(1), 43–68.

Chen, C. P. (1995). Counseling applications of RET in a Chinese cultural context. *Journal of Rational-Emotive and Cognitive Behavior Therapy, 13*, 117–129.

Choi, J. H., & Chung, K. (2012). Effectiveness of a college-level self-management course on successful behavior change. *Behavior Modification, 36*, 18–36.

Christensen, A., Sevier, M., Simpson, L. E., & Gattis, K. S. (2004). Acceptance, mindfulness, and change in couple therapy. In S. C. Hayes, V. M. Follette, & M. M. Linehan (Eds.), *Mindfulness and acceptance: Expanding the cognitive-behavioral tradition*. New York, NY: Guilford Press.

Christensen, A., Wheeler, J. G., Doss, B. D., & Jacobson, N. S. (2021). Couple distress. In D. H. Barlow (Ed.), *Clinical handbook of psychological disorders: A step-by-step treatment manual* (6th ed.). New York, NY: Guilford Press.

Christmann, C. A., Hoffmann, A., & Bleser, G. (2017). Stress management apps with regard to emotion-focused coping and behavior change techniques: A content analysis. *JMIR mHealth and uHealth, 5*(2), e22. https://doi.org/10.2196/mhealth.6471

Christner, R. W., Stewart, J., & Freeman, A. (Eds.). (2007). *Handbook of cognitive-behavior group therapy with children and adolescents: Specific settings and presenting problems*. New York, NY: Routledge Mental Health.

Chung, S. H. (1965). Effects of delayed reinforcement in a concurrent situation. *Journal of the Experimental Analysis of Behavior, 8*, 439–444.

Cipani, E. (2017a). *Functional behavioral assessment, diagnosis, and treatment* (3rd ed.). New York, NY: Springer Publishing Company.

Cipani, E. (2017b). *Punishment on trial* (2nd ed.). Reno, NV: Context Press.

Clarke, I., & Wilson, H. (2008). *Cognitive behavior therapy for acute in-patient mental health units*. London: Routledge.

Clay, C. J., Schmitz, B. A., Balakrishnan, B., Hopfenblatt, J., Evans, A., & Kahng, S. (2021). Feasibility of virtual reality behavior skills training for preservice clinicians. *Journal of Applied Behavior Analysis, 54*(2), 547–565.

Clayton, M. C., & Helms, B. T. (2009). Increasing seatbelt use on a college campus: An evaluation of two prompting procedures. *Journal of Applied Behavior Analysis, 42*, 161–164.

Cohen, R., DeJames, P., Nocera, B., & Ramberger, M. (1980). Application of a simple self-instruction procedure on adult exercise and studying: Two case reports. *Psychological Reports, 46*, 443–451.

Cone, J. D. (Ed.). (1999). Special section: Clinical assessment applications of self-monitoring. *Psychological Assessment, 11*, 411–497.

Conroy, D. E., Yang, C. H., & Maher, J. P. (2014). Behavior change techniques in top-ranked mobile apps for physical activity. *American Journal of Preventive Medicine. 46*(6), 649–652. https://doi.org./10.1016/j.ampre.2014.01.010

Conyers, C., Martin, T. L., Martin, G. L., & Yu, D. C. T. (2002). The 1983 AAMR manual, the 1992 AAMR manual, or the Developmental Disabilities Act: Which is used by researchers? *Education and Training in Mental Retardation and Developmental Disabilities, 37*, 310–316.

Conyers, C., Miltenberger, R., Maki, A., Barenz, R., Jurgens, M., Sailor, A., & Kopp, B. (2004). A comparison of response cost and differential reinforcement of other behavior to reduce disruptive behavior in a preschool classroom. *Journal of Applied Behavior Analysis, 37*, 411–415.

Corrigan, P. W. (1995). Use of a token economy with seriously mentally ill patients: Criticisms and misconceptions. *Psychiatric Services, 46*, 1258–1263.

Cottraux, J. (1990). "Cogito ergo sum": Cognitive behavior therapy in France. *Behavior Therapist, 13*, 189–190.

Cowdery, G. E., Iwata, B. A., & Pace, G. M. (1990). Effects and side-effects of DRO as treatment for self-injurious behavior. *Journal of Applied Behavior Analysis, 23*, 497–506.

Cowles, J. T. (1937). Food-tokens as incentives for learning by chimpanzees. *Comparative Psychological Monographs, 12*, 1–96. https://doi.org/10.1037/14268-000

Cox, A. D., Virues-Ortega, J., Julio, F., & Martin, T. L. (2017). Establishing motion control in children with autism and intellectual disability: Applications for anatomical and functional MRI. *Journal of Applied Behavior Analysis, 50(1)*, 8–26.

Cox, B. S., Cox, A. B., & Cox, D. J. (2000). Motivating signage prompts: Safety belt use among drivers exiting senior communities. *Journal of Applied Behavior Analysis, 33*, 635–638.

Cox, D. J., Sosine, J., & Dallery, J. (2017). Application of the matching law to pitch selection in professional baseball. *Journal of Applied Behavior Analysis, 50(2)*, 393–406.

Cracklen, C., & Martin, G. (1983). To motivate age-group competitive swimmers at practice, "fun" should be earned. *Swimming Techniques, 20(3)*, 29–32.

Craske, M. G., Hermans, D., & Vansteenwegen, D. (Eds.). (2006). *Fear and learning: From basic processes to clinical implications*. Washington, DC: American Psychological Association.

Craske, M. G., Wolitzky-Taylor, K., & Barlow, D. H. (2021). Panic disorder and agoraphobia. In D. H. Barlow (Ed.), *Clinical handbook of psychological disorders: A step-by-step treatment manual* (6th ed.). New York, NY: Guilford Press.

Critchfield, T. S., & Fienup, D. M. (2010). Using stimulus equivalence technology to teach statistical inference in a group setting. *Journal of Applied Behavior Analysis, 43*, 763–768.

Crone-Todd, D., Johnson, D., & Johnson, K. (2021). Introduction to special issue: A creative collaboration. *Psychological Record*, 71(4), 501–502.

Crutchfield, S. A., Mason, R. A., Chambers, A., Wills, H. P., & Mason, B. A. (2015). Use of a self-monitoring application to reduce stereotypic behavior in adolescents with autism: A preliminary investigation of I-Connect. *Journal of Autism and Other Developmental Disorders, 45*, 1146–1155.

Cui, X., Jeter, C. B., Yang, D., Montague, P. R., & Eagleman, D. M. (2007). Vividness of mental imagery: Individual variability can be measured objectively. *Vision Research, 47(4)*, 474–478. https://doi.org/10.1016/j.visres.2006.11.013

Cuijpers, P., de Wit, L., Kleiboer, A., Karyotaki, E., & Ebert, D. D. (2018). Problem-solving therapy for adult depression: An updated meta-analysis. *European Psychiatry, 48*, 27–37.

Cunningham, T. R., & Austin, J. (2007). Using goal setting, task clarification, and feedback to increase the use of the hands-free technique by hospital operating room staff. *Journal of Applied Behavior Analysis, 40*, 673–677.

Cuvo, A. J., & Davis, P. K. (2000). Behavioral acquisition by persons with developmental disabilities. In J. Austin & J. E. Carr (Eds.), *Handbook of applied behavior analysis* (pp. 39–60). Reno, NV: Context Press.

Cuvo, A. J., Davis, P. K., O'Reilly, M. F., Mooney, B. M., & Crowley, R. (1992). Promoting stimulus control with textual prompts and performance feedback for persons with mild disabilities. *Journal of Applied Behavior Analysis, 25*, 477–489.

Dallery, J., Meredith, S., & Glenn, I. M. (2008). A deposit contract method to deliver abstinence reinforcement for cigarette smoking. *Journal of Applied Behavior Analysis, 41*, 609–615.

Dallery, J., Stinson, L., Bolívar, H., Modave, F., Salloum, R. G., Viramontes, T. M., & Rohilla, P. (2021). mMotiv8: A smartphone-based contingency management intervention to promote smoking cessation. *Journal of Applied Behavior Analysis, 54*(1), 38–53.

Damasio, A. R. (2000). A second chance for emotions. In R. D. Lane & L. Nadel (Eds.), *Cognitive neuroscience of emotion* (pp. 12–23). New York, NY: Oxford University Press.

Danguah, J. (1982). The practice of behavior therapy in West Africa: The case of Ghana. *Journal of Behavior Therapy and Experimental Psychiatry, 13*, 5–13.

Dardig, J. C., & Heward, W. L. (1976). *Sign here: A contracting book for children and their parents.* Kalamazoo, MI: Behaviordelia.

Daruna, J. H. (2004). *Introduction to psychoneuroimmunology*. St. Louis, MO: Elsevier, Academic Press.

Dattilio, F. M. (1999). Cognitive behavior therapy in Cuba. *Behavior Therapist, 22*, 78, 91.

David, D., & Miclea, M. (2002). Behavior therapy in Romania: A brief history of theory, research, and practice. *Behavior Therapist, 25*, 181–183.

Davies, G., Chand, C., Yu, C. T., Martin, T., & Martin, G. L. (2013). Evaluation of multiple-stimulus preference assessment with adults with developmental disabilities. *Education and Training in Autism and Developmental Disabilities, 48*, 269–275.

Deangelis, T. (2018). What should you do if a case is outside your skill set? *Monitor on Psychology*, May, 30–34.

Deci, E. L., Koestner, R., & Ryan, R. M. (1999). A meta-analytic review of experiments examining the effects of extrinsic rewards on intrinsic motivation. *Psychological Bulletin, 125,* 627–668.

DeFulio, A., Yankelevitz, R., Bullock, C., & Hackenberg, T. D. (2014). Generalized conditioned reinforcement with pigeons in a token economy. *Journal of the Experimental Analysis of Behavior, 102(1),* 26–46.

Deitz, S. M., & Repp, A. C. (1973). Decreasing classroom misbehavior through the use of DRL schedules of reinforcement. *Journal of Applied Behavior Analysis, 6,* 457–463.

Dekker, E., & Groen, J. (1956). Reproducible psychogenic attacks of asthma: A laboratory study. *Journal of Psychosomatic Research, 1,* 58–67.

Delemere, E., & Dounavi, K. (2018). Parent-implemented bedtime fading and positive routines for children with autism spectrum disorders. *Journal of Autism and Developmental Disorders, 48,* 1002–1019. https://doi.org/10.1007/s10803-017-3398-4.

DeLeon, I. G., Bullock, C. E., & Catania, A. C. (2013). Arranging reinforcement contingencies in applied settings: Fundamentals and implications of recent basic and applied research. In G. J. Madden (Ed.), *APA handbook of behavior analysis: Volume 2, Translating behavioral principles into practice* (pp. 47–76). Washington, DC: American Psychological Association.

DeLeon, I. G., & Iwata, B. A. (1996). Evaluation of a multiple-stimulus presentation format for assessing reinforcer preferences. *Journal of Applied Behavior Analysis, 29,* 519–533.

Delli Bovi, G. M., Vladescu, J. C., DeBar, R. M., Regina, A. C., & Sarokoff, R. A. (2017). Using video modeling with voice-over instruction to train public school staff to implement a preference assessment. *Behavior Analysis in Practice, 10,* 72–76.

DeLuca, R. V., & Holborn, S. W. (1992). Effects of a variable ratio reinforcement schedule with changing-criteria on exercise in obese and non-obese boys. *Journal of Applied Behavior Analysis, 25,* 671–679.

Demchak, M. A. (1990). Response prompting and fading methods: A review. *American Journal on Mental Retardation, 94,* 603–615.

Demchak, M. A., & Bossert, K. W. (1996). *Innovations: Assessing problem behaviors.* Washington, DC: American Association on Mental Retardation.

Demsky, C. A., Fritz, C., Hammer, L. B., & Black, A. E. (2018). Workplace incivility and employee sleep: The role of rumination and recovery experiences. *Journal of Occupational Health Psychology.* No pagination specified.

DeRicco, D. A., & Niemann, J. E. (1980). In vivo effects of peer modeling on drinking rate. *Journal of Applied Behavior Analysis, 13,* 149–152.

DeRisi, W. J., & Butz, G. (1975). *Writing behavioral contracts: A case simulation practice manual.* Champaign, IL: Research Press.

DeRiso, A., & Ludwig, T. D. (2012). An investigation of response generalization across cleaning and restocking behaviors in the context of performance feedback. *Journal of Organizational Behavior Management, 32,* 140–151.

Desilva, P., & Simarasinghe, D. (1985). Behavior therapy in Sri Lanka. *Journal of Behavior Therapy and Experimental Psychiatry, 16,* 95–100.

Desrochers, M. N., Hile, M. G., & Williams-Mosely, T. L. (1997). Survey of functional assessment procedures used with individuals who display mental retardation and severe problem behaviors. *American Journal on Mental Retardation, 101,* 535–546.

Dickerson, F. B., Tenhula, W. N., & Green-Paden, L. D. (2005). The token economy for schizophrenia: Review of the literature and recommendations for future research. *Schizophrenia Research, 75,* 405–416.

Dickson, M. J., & Vargo, K. K. (2017). Training kindergarten students lockdown drill procedures using behavioral skills training. *Journal of Applied Behavior Analysis, 50(2),* 407–412.

DiGiuseppe, R. (2008). Surfing the waves of behavior therapy. *Behavior Therapist, 31,* 154–155.

Dimeff, L. A., Rizvi, S. L., & Koerner, K. (2020). *Dialectical behavior therapy in clinical practice.* New York, NY: Guilford Press.

Dimidjian, S., Hollon, S. D., Dobson, K. S., Schmaling, K. B., Kohlenberg, R. J., Addis, M. E., & Jacobson, N. S. (2006). Randomized trial of behavioral activation, cognitive therapy, and antidepressant medication in the acute treatment of adults with major depression. *Journal of Consulting and Clinical Psychology, 74,* 658–670.

Dimidjian, S., Martell, C. R., Herman-Dunn, R., & Hubley, S. (2021). In D. H. Barlow (Ed.), *Clinical handbook of psychological disorders: A step-by-step treatment manual* (6th ed.). New York, NY: Guilford Press.

Dishon, T. J., Stormshak, E., & Kavanagh, G. (2012). *Everyday parenting: A professional's guide to building family management skills.* Champaign, IL: Research Press.

Dixon, M. R., Peach, J., & Daar, J. H. (2017). Teaching complex verbal operants to children with autism and establishing generalization using the peak curriculum. *Journal of Applied Behavior Analysis, 50(2)*, 317–331.

Dobson, D., & Dobson, K. S. (2017). *Evidence based practice of cognitive behavioral therapy*. New York, NY: Guilford Press.

Dobson, K. S. (2013). The science of CBT: Toward a metacognitive model of change? *Behavior Therapy, 44*, 224–227.

Dobson, K. S., Hollon, S. D., Dimidjian, S., Schmaling, K. B., Kohlenberg, ..., Jacobson, N. S. (2008). Randomized trial of behavioral activation, cognitive therapy, and antidepressant medication in the prevention of relapse and recurrence in major depression. *Journal of Consulting and Clinical Psychology, 76*, 468–477.

Dogan, R. K., King, M. L., Fischetti, A. T., Lake, C. M., Mathews, T. L., & Warzak, W. J. (2017). Parent-implemented behavioral skills training of social skills. *Journal of Applied Behavior Analysis, 50(4)*, 805–818.

Doleys, D. M., Meredith, R. L., & Ciminero, A. R. (Eds.). (1982). *Behavioral psychology and medicine and rehabilitation: Assessment and treatment strategies*. New York, NY: Plenum Press.

Dollard, J., Doob, L. W., Miller, N. E., Mowrer, O. H., & Sears, R. R. (1939). *Frustration and aggression*. New Haven, CT: Yale University Press.

Dollard, J., & Miller, N. E. (1950). *Personality and psychotherapy*. New York, NY: McGraw-Hill.

Donaldson, J. M., DeLeon, I. G., Fisher, A. B., & Kahng, SW (2014). Effects of and preference for conditions of token earn versus token loss. *Journal of Applied Behavior Analysis, 47*, 537–548. https://doi.org/10.1002/jaba.135.

Donaldson, J. M., Holmes, S. C., & Lozy, E. D. (2021). A comparison of good behavior game team sizes in preschool classes. *Behavior Analysis: Research and Practice*, 21(1), 1–12.

Donaldson, J. M., Lozy, E. D., & Galjour, M. (2021). Effects of systematically removing components of the good behavior game in preschool classrooms. *Journal of Behavioral Education, 30*(1), 22–36.

Donaldson, J. M., Matter, A. L., & Wiskow, K. M. (2018). Feasibility of and teacher preference for student-led implementation of the good behavior game in early elementary classrooms. *Journal of Applied Behavior Analysis, 51(1)*, 118–129.

Donaldson, J. M., & Vollmer, T. R. (2011). An evaluation and comparison of time-out procedures with and without release contingencies. *Journal of Applied Behavior Analysis, 44*, 693–706.

Donny, E. C., Caggiula, A. R., Weaver, M. T., Levin, M. E., & Sved, A. F. (2011). The reinforcement-enhancing effects of nicotine: Implications for the relationship between smoking, eating and weight. *Physiology & Behavior, 104*, 143–148.

Dorsey, M. F., Iwata, B. A., Ong, P., & McSween, T. E. (1980). Treatment of self-injurious behavior using a water mist: Initial response suppression and generalization. *Journal of Applied Behavior Analysis, 13*, 343–353.

Drash, P. W., & Tudor, M. (1993). A functional analysis of verbal delay in preschool children: Implications for prevention and total recovery. *Analysis of Verbal Behavior, 11*, 19–29.

Dryden, W., DiGiuseppe, R., & Neenan, M. (2010). *A primer on rational-emotive behavior therapy* (3rd ed.). Champaign, IL: Research Press.

Dunlap, G., & Kern, L. (2018). Perspectives on functional (behavioral) assessment. *Behavioral Disorders, 43(2)*, 316–321. https://doi.org/10.1177/0198742917746633

Dunlap, G., Kern, L., dePerczel, M., Clarke, S., Wilson, D., Childs, K. E., ... Falk, G. D. (1993). Functional analysis of classroom variables for students with emotional and behavioral disorders. *Behavioral Disorders, 18(4)*, 275–291.

Dunlap, G., Kern, L., dePerczel, M., Clarke, S., Wilson, D., Childs, K. E., ... Falk, G. D. (2018). Republication of "Functional analysis of classroom variables for students with emotional and behavioral disorders." *Behavioral Disorders, 43*(2), 322–336.

Durand, V. M., & Crimmins, D. B. (1988). Identifying the variables maintaining self-injurious behavior. *Journal of Autism and Developmental Disorders, 18*, 99–117.

Durrant, J., & Ensom, R. (2012). Physical punishment of children: Lessons from 20 years of research. *Canadian Medical Association Journal, 184(2)*, 1373–1377.

Dymond, S., Chiesa, M., & Martin, N. (2003). An update on providing graduate level training in applied behavior analysis in the UK. *Newsletter of the International Association for Behavior Analysis, 26*(3), 10.

Dymond, S., & Roche, B. (Eds.). (2013). *Advances in relational frame theory*. Reno, NV: Context Press.

Edinger, J., & Carney, C. (2014). *Overcoming insomnia: A cognitive-behavioral therapy approach therapist guide* (2nd ed.). New York, NY: Oxford University Press.

Editors of *Time*. (2016). *Mindfulness: The new science of health and happiness*. New York, NY: TIME.

Edwards, C. K., Landa, R. K., Frampton, S. E., & Shillingsburg, M. A. (2018). Increasing functional leisure engagement for children with autism using

backward chaining. *Behavior Modification, 42(1)*, 9–33. https://doi.org/10.1177/0145445517699929.
Ellingson, S. A., Miltenberger, R. G., & Long, E. S. (1999). A survey of the use of functional assessment procedures in agencies serving individuals with developmental disabilities. *Behavioral Interventions, 14*, 187–198.
Ellis, A. (1962). *Reason and emotion in psychotherapy*. New York, NY: Lyle Stewart.
Ellis, A. (1993). Changing rational-emotive therapy (RET) to rational-emotive behavior therapy (REBT). *Behavior Therapist, 16*, 257–258.
Ellis, A., & Grieger, R. (1977). *Handbook of rational-emotive therapy*. New York, NY: Springer Publishing Company.
Emmelkamp, P. M. G., Bouman, T. K., & Scholing, A. (1992). *Anxiety disorders: A practitioner's guide*. Chichester: John Wiley & Sons.
Esch, J. W., Esch, B. E., & Love, J. R. (2009). Increasing vocal variability in children with autism using a lag schedule of reinforcement. *Analysis of Verbal Behavior, 25*, 73–78.
Eysenck, H. J. (1959). Learning theory and behavior therapy. *Journal of Mental Science, 105*, 61–75.
Eysenck, H. J. (Ed.). (1960). *Behaviour therapy and the neuroses*. London: Pergamon.
Fabiano, G. A., Pelham, W. E., Jr., Manos, M. J., Gnagy, E. M., Chronis, A. M., Onyango, A. N., & Swain, S. (2004). An evaluation of three time-out procedures for children with attention-deficit/hyperactive disorder. *Behavior Therapy, 35*, 449–469.
Falligant, J., & Rooker, G. (2021). Further analysis of the response deprivation hypothesis: Application of the disequilibrium model to novel clinical contexts. *Psychological Record, 71*, 307–311.
Fallon, L. M., DeFouw, E. R., Cathcart, S. C., Berkman, T. S., Robinson-Link, B. V. O., & Sugai, G. (2022). School-based supports and interventions to improve social and behavioral outcomes with racially and ethnically minoritized youth: A review of recent quantitative research. *Journal of Behavioral Education, 31*, 123–156.
Fantino, E. (2008). Choice, conditioned reinforcement, and the Prius effect. *Behavior Analyst, 31*, 95–111.
Farmer, E. M. Z., Seifert, H., Wagner, H. R., Burns, B. J., & Murray, M. (2017). Does model matter? Examining change across time for youth in group homes. *Journal of Emotional and Behavioral Disorders, 25*(2), 119–128. https://doi.org/10.1177/1063426616630520
Favell, J. E., Azrin, N. H., Baumeister, A. A., Carr, E. G., Dorsey, M. F., Forehand, R., & Romanczyk, R. G. (1982). The treatment of self-injurious behavior. *Behavior Therapy, 13*, 529–554.
Fazzio, D., Arnal, L., & Martin, G. L. (2010). *Discrete-Trials Teaching Evaluation Form (DTTEF): Scoring manual*. Winnipeg, MB, Canada: St. Amant Research Centre. http://stamantresearch.ca/abla/.
Fazzio, D., & Martin, G. L. (2011). *Discrete-trials teaching with children with autism: A self-instructional manual*. Winnipeg, MB, Canada: Hugo Science Press.
Fazzio, D., Martin, G. L., Arnal, L., & Yu, D. (2009). Instructing university students to conduct discrete-trials teaching with children with autism. *Journal of Autism Spectrum Disorders, 3*, 57–66.
Feldman, H. M., & Chaves-Gnecco, D. (2018). Developmental/behavioral pediatrics. In B. J. Zitelli, S. C. McIntire, & A. J. Nowalk (Eds.). *Zitelli and Davis' atlas of pediatric physical diagnosis* (7th ed., pp. 71–100). Philadelphia, PA: Elsevier Academic Press.
Feldman, M. A. (1990). Balancing freedom from harm and right to treatment in persons with developmental disabilities. In A. Repp & N. Singh (Eds.), *Current perspectives in use of nonaversive and aversive interventions with developmentally disabled persons*. Sycamore, IL: Sycamore Press.
Fellner, D. J., & Sulzer-Azaroff, B. (1984). A behavioral analysis of goal setting. *Journal of Organizational Behavior Management, 6*, 33–51.
Fernandez-Rodriguez, C., Gonzalez-Fernandez, S., Coto-Lesmes, R., & Pedrosa, I. (2021). Behavioral activation and acceptance and commitment therapy in the treatment of anxiety and depression in cancer survivors: A randomized clinical trial. *Behavior Modification, 45*(5), 822–859.
Ferreri, S. (2013). Token economy. In F. R. Volkmar (Ed.), *Encyclopedia of autism spectrum disorders* (pp. 3131–3138). New York, NY: Springer Publishing Company.
Ferster, C. B. (1993). A functional analysis of depression. *American Psychologist, 28*, 857–870.
Ferster, C. B., & Skinner, B. F. (1957). *Schedules of reinforcement*. New York, NY: Appleton-Century-Crofts.
Filcheck, H. A., McNeil, C. B., Greco, L. A., & Bernard, L. S. (2004). Using a whole-class token economy and coaching of teacher skills in a preschool classroom to manage disruptive behavior. *Psychology in the Schools, 41*, 351–361.
Filter, K. J. (2007). Positive behavior support: Considerations for the future of a model. *Behavior Analyst, 30*, 87–89.
Fisch, G. S. (1998). Visual inspection of data revisited: Do the eyes still have it? *Behavior Analyst, 21*, 111–123.

Fischer, J., Corcoran, K., & Springer, D. W. (2020a). *Measures for clinical practice: A sourcebook* (Vol. 1, 6th ed.). Couples, families and children. New York, NY: Free Press.

Fischer, J., Corcoran, K., & Springer, D. W. (2020b). *Measures for clinical practice: A sourcebook* (Vol. 2, 6th ed.). Adults. New York, NY: Free Press.

Fisher, E. B. (1979). Overjustification effects in token economies. *Journal of Applied Behavior Analysis, 12*, 407–415.

Fisher, W. W., Kelley, M. E., & Lomas, J. E. (2003). Visual aids and structured criteria for improving visual inspection and interpretation of single-case designs. *Journal of Applied Behavior Analysis, 36*, 387–406.

Fisher, W. W., Luczynski, K. C., Blowers, A., Vosters, M. E., Pisman, M. D., Craig, A. R., Hood, S. A., Machado, M. A., Lesser, A. D., & Piazza, C. C. (2020). A randomized clinical trial of a virtual-training program for teaching applied-behavior-analysis skills to parents of children with autism spectrum disorder. *Journal of Applied Behavior Analysis, 53*(4), 1856–1875.

Fisher, W. W., Piazza, C. C., & Roane, H. S. (Eds.). (2021). *Handbook of applied behavior analysis* (2nd ed.). New York, NY: Guilford Press.

Fixsen, D. L., & Blase, K. A. (1993). Creating new realities: Program development and dissemination. *Journal of Applied Behavior Analysis, 26*, 597–615.

Fixsen, D. L., Blasé, K., Timbers, G. D., & Wolf, M. M. (2007). In search of program implementation: 792 replications of the Teaching-Family Model. *Behavior Analyst Today, 8*, 96–110. (Reprinted from Bernfeld, G. A., Farrington, D. P., & Leschied, A. W. [Eds.] [1999]. *Offender rehabilitation in practice: Implementing and evaluating effective programs* [pp. 149–166]. London: John Wiley & Sons.)

Fixsen, D. L., Phillips, E. L., & Wolf, M. M. (1973). Achievement Place: Experiments in self-government with pre-delinquents. *Journal of Applied Behavior Analysis, 6*, 31–47.

Flanagan, B., Goldiamond, I., & Azrin, N. (1958). Operant stuttering: The control of stuttering behavior through response contingent consequences. *Journal of the Experimental Analysis of Behavior, 1*, 173–177.

Flanagan, C. (1991). Behavior therapy and cognitive therapy in Ireland. *Behavior Therapist, 14*, 231–232.

Flora, S. R. (1990). Undermining intrinsic interest from the standpoint of a behaviorist. *Psychological Record, 40*, 323–346.

Flora, S. R. (2000). Praise's magic: Reinforcement ratio five-one gets the job done. *Behavior Analyst Today [Online], 1*(4), 64–69. https://psycnet.apa.org/fulltext/2014-43420-004.pdf.

Flora, S. R. (2007). *Taking America off drugs: Why behavior therapy is more effective for treating ADHD, OCD, depression, and other psychological problems*. New York, NY: State University of New York Press.

Flora, S. R., & Flora, D. B. (1999). Effects of extrinsic reinforcement for reading during childhood on reported reading habits of college students. *Psychological Record, 49*, 3–14.

Foa, E. B. (2000). Psychosocial treatment of posttraumatic stress disorder. *Journal of Clinical Psychiatry, 61*(Suppl. 5), 43–48.

Fonagy, P., Target, M., Cottrell, D., Phillips, J., & Kurtz, Z. (2002). *What works for whom? A critical review of treatments for children and adolescents*. New York, NY: Guilford Press.

Forman, E. M., Herbert, J. D., Moitra, E., Yeomans, P. D., & Geller, P. A. (2007). A randomized controlled effectiveness trial of acceptance and commitment therapy and cognitive therapy for anxiety and depression. *Behavior Modification, 31*, 772–799.

Forsyth, J. P., & Eifert, G. H. (2016). *The mindfulness and acceptance workbook for anxiety: A guide to breaking free from anxiety, phobias, and worry using acceptance and commitment therapy* (2nd ed.). Oakland, CA: New Harbinger.

Fox, A. E., & Kyonka, E. G. E. (2017). Searching for the variables that control human rule-governed "insensitivity." *Journal of the Experimental Analysis of Behavior, 108*(2), 236–254.

Fox, A. E., & Pietras, C. J. (2013). The effects of response-cost punishment on instructional control during a choice task. *Journal of the Experimental Analysis of Behavior, 99*(3), 346–361. https://doi.org/10.1002/jeab.20.

Foxx, R. M., & Shapiro, S. T. (1978). The timeout ribbon: A non-exclusionary timeout procedure. *Journal of Applied Behavior Analysis, 11*, 125–136.

Franklin, M. E., & Foa, E. B. (2021). Obsessive compulsive disorder. In D. H. Barlow (Ed.), *Clinical handbook of psychological disorders: A step-by-step treatment manual* (6th ed.). New York, NY: Guilford Press.

Frederiksen, L. W., & Lovett, F. B. (1980). Inside organizational behavior management: Perspectives on an emerging field. *Journal of Organizational Behavior Management, 2*, 193–203.

Fresco, D. M. (2013). Theories and directions in behavior therapy: ACT and contemporary CBT. Tending the garden and harvesting the fruits of behavior therapy. *Behavior Therapy*, *44*(2), 177–179.

Friman, P. C. (2021). Behavioral pediatrics: Integrating applied behavior analysis with behavioral pediatrics. In W. W. Fisher, C. C. Piazza, & H. S. Roane (Eds.), *Handbook of applied behavior analysis* (2nd ed.). New York, NY: Guilford Press.

Friman, P. C., Osgood, D. W., Smith, G., Shanahan, D., Thompson, R. W., Larzelere, R., & Daly, D. L. (1996). A longitudinal evaluation of prevalent negative beliefs about residential placement for troubled adolescents. *Journal of Abnormal Child Psychology*, *24*, 299–324.

Friman, P. C., & Poling, A. (1995). Making life easier with effort: Basic findings and applied research on response effort. *Journal of Applied Behavior Analysis*, *28*, 583–590.

Fritz, J. N., Dupuis, D. L., Wai-Ling, W., Neal, A. E., Rettig, L. A., & Lastrapes, R. E. (2017). Evaluating increased effort for item disposal to improve recycling at a university. *Journal of Applied Behavior Analysis*, *50*(4), 825–829.

Fritz, J. N., Iwata, B. A., Hammond, J. L., & Bloom, S. E. (2013). Experimental analysis of precursors to severe problem behavior. *Journal of Applied Behavior Analysis*, *46*, 101–129.

Fuller, P. R. (1949). Operant conditioning of a vegetative human organism. *American Journal of Psychology*, *62*, 587–590.

Galbraith, L. A., & Normand, M. P. (2017). Step it up! The good behavior game to increase physical activity with elementary school students at recess. *Journal of Applied Behavior Analysis*, *50*(4), 856–860.

Ganz, J. B., Earles-Vollrath, T. L., & Cook, K. E. (2011). Video modeling: A visually based intervention for children with autism spectrum disorder. *Teaching Exceptional Children*, *43*(6), 8–19.

Gelfand, D. M., Hartmann, D. P., Lamb, A. K., Smith, C. L., Mahan, M. A., & Paul, S. C. (1974). Effects of adult models and described alternatives on children's choice of behavior management techniques. *Child Development*, *45*, 585–593.

Geller, E. S., Winett, R. A., & Everett, P. B. (1982). *Preserving the environment: New strategies for behavior change*. New York, NY: Plenum Press.

Gena, A., Krantz, P. J., McClannahan, L. E., & Poulson, C. L. (1996). Training and generalization of effective behavior displayed by youth with autism. *Journal of Applied Behavior Analysis*, *29*, 291–304.

Gerencser, K. R., Higbee, T. S., Akers, J. S., & Contreras, B. P. (2017). Evaluation of interactive computerized training to teach parents to implement photographic activity schedules with children with autism spectrum disorder. *Journal of Applied Behavior Analysis*, *50*(3), 567–581.

Gershoff, E. T. (2002). Corporal punishment by parents and associated child behaviors and experiences: A meta-analytic and theoretical review. *Psychological Bulletin*, *128*, 539–579.

Gershoff, E. T. (2017). School corporal punishment in global perspective: Prevalence, outcomes, and efforts at intervention. *Psychology, Health & Medicine*, *22*, 224–239.

Ghaderi, A. (2020). Eating disorders. In P. Sturmey (Ed.), *Functional analysis in clinical treatment* (2nd ed.). London: Elsevier Academic Press.

Ghaemmaghami, M., Hanley, G., & Jessel, J. (2021).Functional communication training: From efficacy to effectiveness. *Journal of Applied Behavior Analysis*, *54*(1), 122–143.

Gimpel, G. A., & Holland, N. L. (2017). *Emotional and behavioral problems of young children* (2nd ed.). New York, NY: Guilford Press.

Global Initiative to End All Corporal Punishment of Children. (2010). *Ending legalized violence against children: Global report 2010*. Retrieved from www.endcorporalpunish-ment.org/pages/pdfs/reports/globalreport2010.pdf

Goetz, E. M., & Baer, D. M. (1973). Social control of form diversity and the emergence of new forms in children's block building. *Journal of Applied Behavior Analysis*, *6*, 105–113.

Goldiamond, I. (1976a). Self-reinforcement. *Journal of Applied Behavior Analysis*, *9*, 509–514.

Goldiamond, I. (1976b). Fables, armadyllics, and self-reinforcement. *Journal of Applied Behavior Analysis*, *9*, 521–525.

Gormally, J., Black, S., Daston, S., & Rardin, D. (1982). The assessment of binge eating severity among obese persons. *Addictive Behaviors*, *7*, 47–55.

Gortner, E. T., Golan, J. K., Dobson, K. S., & Jacobson, N. S. (1998). Cognitive behavior treatment for depression. *Relapse Prevention*, *66*, 377–384.

Gould, D. (2021). Goal setting for peak performance. In J. M. Williams & V. Krane (Eds.), *Applied sport psychology: Personal growth to peak performance* (8th ed.). New York, NY: McGraw-Hill.

Graaf, I. D., Speetjens, P., Smit, F., Wolff, M. D., & Tavecchio, L. (2008). Effectiveness of the Triple P Positive Parenting Program on behavioral program in children: A meta-analysis. *Behavior Modification*, *32*, 714–735.

Graff, R. B., & Karsten, A. M. (2012). Evaluation of a self-instruction package for conducting

stimulus preference assessments. *Journal of Applied Behavior Analysis, 45*, 69–82.
Grant, A. M. (2012). An integrated model of goal-focused coaching: An evidence-based framework for teaching and practice. *International Coaching Psychology Review, 7*(2), 146–165.
Grassi, T. C. C. (Ed.). (2004). *Contemporary challenges in the behavioral approach: A Brazilian overview*. Santo André, Brazil: Esetec Editores Associados.
Gravina, N., Nastasi, J. A., Sleiman, A. A., Matey, N., & Simmons, D. E. (2020). Behavioral strategies for reducing disease transmission in the workplace. *Journal of Applied Behavior Analysis, 53*(4), 1935–1954.
Greenspoon, J. (1951). *The effect of verbal and nonverbal stimuli on the frequency of members of two verbal response classes*. Unpublished doctoral dissertation, Indiana University, Bloomington.
Greenspoon, J. (1955). The reinforcing effect of two spoken words on the frequency of two responses. *American Journal of Psychology, 68*, 409–416.
Greer, B. D., Fisher, W. W., Saini, V., Owen, T. M., & Jones, J. K. (2016). Functional communication training during reinforcement schedule thinning: An analysis of 25 applications. *Journal of Applied Behavior Analysis, 49*(1), 105–121.
Gresham, F. M., & MacMillan, D. L. (1997). Autistic recovery? An analysis and critique of the empirical evidence on the early intervention project. *Behavioral Disorders, 22*, 185–201.
Griffen, A. K., Wolery, M., & Schuster, J. W. (1992). Triadic instruction of chained food preparation responses: Acquisition and observational learning. *Journal of Applied Behavior Analysis, 25*, 193–204.
Griffin, R. W., Phillips, J. M., & Gully, S. M. (2020). *Organizational behavior: Managing people and organizations* (13th ed.). Boston, MA: Cengage Learning.
Griffith, L. S., Roscoe, E. M., & Cornaglia, R. B. (2021). A comparison of brief and extended session duration functional analyses. *Journal of Applied Behavior Analysis, 54*(3), 1001–1012.
Groarke, J. M., & Hogan, M. J. (2016). Enhancing wellbeing: An emerging model of the adaptive functions of music listening. *Psychology of Music, 44*(4), 769–791.
Groff, R. A., Piazza, C. C., Zeleny, J. R., & Dempsey, J. R. (2011). Spoon-to-cup fading as treatment for cup drinking in a child with intestinal failure. *Journal of Applied Behavior Analysis, 44*, 949–954.
Groves, E. A., & Austin, J. L. (2017). An evaluation of interdependent and independent group contingencies during the good behavior game. *Journal of Applied Behavior Analysis, 50*(3), 552–566.
Gruber, D. J., & Poulson, C. L. (2016). Graduated guidance delivered by parents to teach yoga to children with developmental delays. *Journal of Applied Behavior Analysis, 49*(1), 193–198.
Guess, D., & Carr, E. (1991). Emergence and maintenance of stereotypy and self-injury. *American Journal on Mental Retardation, 96*, 299–319.
Guess, D., Helmstetter, E., Turnbull, H. R., III, & Knowlton, S. (1986). *Use of aversive procedures with persons who are disabled: An historical review and critical analysis*. Seattle, WA: Association for Persons with Severe Handicaps.
Guess, D., Sailor, W., Rutherford, G., & Baer, D. M. (1968). An experimental analysis of linguistic development: The productive use of the plural morpheme. *Journal of Applied Behavior Analysis, 1*, 297–306.
Guevremont, D. C., Osnes, P. G., & Stokes, T. F. (1986). Preparation for effective self-regulation: The development of generalized verbal control. *Journal of Applied Behavior Analysis, 19*, 99–104.
Hackenberg, T. D. (2018). Token reinforcement: Translational research and application. *Journal of Applied Behavior Analysis, 51(2)*, 393–435.
Hadaway, S. M., & Brue, A. W. (2016). *Practitioner's guide to functional behavioral assessment*. New York, NY: Springer.
Haddad, A. D. M., Pritchett, D., Lissek, S., & Lau, J. Y. F. (2012). Trait anxiety and fear responses to safety cues: Stimulus generalization or sensitization? *Journal of Psychopathology and Behavioral Assessment, 34*, 323–331.
Hagermoser Sanetti, L. M., & Kratochwill, T. R. (2014). Introduction: Treatment integrity in psychological research and practice. In L. M. Hagermoser Sanetti & T. R. Kratochwill (Eds.), *Treatment integrity: A foundation for evidence-based practice in applied psychology* (pp. 3–11). Washington, DC: American Psychological Association.
Hagge, M., & Van Houten, R. (2016). Review of the application of the response deprivation model to organizational behavior management. *Journal of Organizational Behavior Management, 36*(1), 5–22.
Hagopian, L. P., Piazza, C. C., Fisher, W. W., Thibault Sullivan, M., Acquisto, J., & Leblanc, L. A. (1998). Effectiveness of functional communication training with and without extinction and punishment: A summary of 21 inpatient cases. *Journal of Applied Behavior Analysis, 12*(2), 273–282.

Hains, A. H., & Baer, D. M. (1989). Interaction effects in multielement designs: Inevitable, desirable, and ignorable. *Journal of Applied Behavior Analysis, 22*, 57–69.

Halbur, M., Kodak, T., McKee, M., Carroll, R., Preas, E., Reidy, J., & Cordeiro, M. C. (2021). Tolerance of face coverings for children with autism spectrum disorder. *Journal of Applied Behavior Analysis, 54*(2), 600–617.

Hankla, M. E., Kohn, C. S., & Normand, M. P. (2018). Teaching college students to pour accurately using behavioral skills training: Evaluation of the effects of peer modeling. *Behavioral Interventions, 33*, 136–149.

Hanley, G. P., Piazza, C. C., Fisher, W. W., & Maglieri, K. A. (2005). On the effectiveness of and preference for punishment and extinction components of function-based interventions. *Journal of Applied Behavior Analysis, 38*(1), 51–65.

Hansen, D. J., Tishelman, A. C., Hawkins, R. P., & Doepke, K. (1990). Habits with potential as disorders: Prevalence, severity, and other characteristics among college students. *Behavior Modification, 14*, 66–88.

Harper, A. M., Dozier, C. L., Briggs, A. M., Diaz de Villegas, S., Ackerlund Brandt, J. A., & Jowett Hirst, E. S. (2021). Preference for and reinforcing efficacy of different types of attention in preschool children. *Journal of Applied Behavior Analysis, 54*(3), 882–902.

Harris, C. S., & McReynolds, W. T. (1977). Semantic cues and response contingencies in self-instructional control. *Journal of Behavior Therapy and Experimental Psychiatry, 8*, 15–17.

Harris, F. R., Wolf, M. M., & Baer, D. M. (1964). Effects of adult social reinforcement on child behavior. *Young Children, 20*, 8–17.

Harte, C., Barnes-Holmes, Y., Barnes-Holmes, D., & McEnteggart, C. (2017). Persistent rule-following in the face of reversed reinforcement contingencies: The differential impact of direct versus derived rules. *Behavior Modification, 41*(6), 743–763.

Hatch, M. L., Friedman, S., & Paradis, C. M. (1996). Behavioral treatment of obsessive-compulsive disorder in African Americans. *Cognitive and Behavioral Practice, 3*, 303–315.

Hattie, J. (2009). *Visible learning: A synthesis of over 800 meta-analyses relating to achievement*. New York, NY: Routledge.

Hawkins, R. C., & Clement, P. (1980). Development and construct validation of a self-report measure of binge eating tendencies. *Addictive Behaviors, 5*, 219–226.

Hawkins, R. P. (1979). The functions of assessment: Implications for selection and development of devices for assessing repertoires in clinical, educational, and other settings. *Journal of Applied Behavior Analysis, 12*, 501–516.

Hawkins, R. P., & Dotson, V. A. (1975). Reliability scores that delude: An Alice in Wonderland trip through the misleading characteristics of interobserver agreement scores in interval recording. In E. Ramp & G. Semp (Eds.), *Behavior analysis: Areas of research and application* (pp. 359–376). Upper Saddle River, NJ: Prentice-Hall.

Hayes, S. C. (2004). Acceptance and commitment therapy, relational frame theory, and the third wave of behavior therapy. *Behavior Therapy, 35*, 639–666.

Hayes, S. C. (2008). Avoiding the mistakes of the past. *Behavior Therapist, 31*, 150–153.

Hayes, S. C., Barnes-Holmes, D., & Roche, B. (Eds.). (2001). *Relational frame theory: A post-Skinnerian account of human language and cognition*. New York, NY: Plenum Press.

Hayes, S. C., Follette, V. M., & Linehan, M. M. (Eds.). (2011). *Mindfulness and acceptance: Expanding the cognitive-behavioral tradition* (2nd ed.). New York, NY: Guilford Press.

Hayes, S. C., & Hofmann, S. G. (2017). The third wave of cognitive behavioral therapy and the rise of process-based care. *World Psychiatry, 16*(3), 245–246.

Hayes, S. C., Levin, M. E., Plumb-Vilardaga, J., Villatte, J. L., & Pistorello, J. (2013). Acceptance and commitment therapy and contextual behavioral science: Examining the progress of a distinctive model of behavioral and cognitive therapy. *Behavior Therapy, 44*, 180–198.

Hayes, S. C., & Lillas, J. (2012). *Acceptance and commitment therapy*. Washington, DC: American Psychological Association.

Hayes, S. C., Rosenfarb, I., Wulfert, E., Munt, E. D., Korn, D., & Zettle, R. D. (1985). Self-reinforcement effects: An artifact of social standard setting? *Journal of Applied Behavior Analysis, 18*, 201–214.

Hefferline, R. F., Keenan, B., & Harford, R. A. (1959). Escape and avoidance conditioning in human subjects without their observation of the response. *Science, 130*, 1338–1339.

Heinicke, M. R., Carr, J. E., Pence, S. T., Zias, D. R., Valentino, A. L., & Falligant, J. M. (2016). Assessing the efficacy of pictorial preference assessments for children with developmental disabilities. *Journal of Applied Behavior Analysis, 49*(4), 848–868.

Hendrikx, J., Ruijs, L. S., Cox, L. G. E., Lemmens, P. M. C., Schuijers, E. G. P., & Goris, A. H. C. (2017). Clinical evaluation of the measurement performance of the Philips health watch: A within-person comparative study. *JMIR mHealth and uHealth, 5(2)*, e10.

Henrich, J., & Gil-White, F. J. (2001). The evolution of prestige: Freely conferred deference as a mechanism for enhancing the benefits of cultural transmission. *Evolution and Human Behavior, 22*, 165–196.

Henry, J. E., Kelley, M. E., LaRue, R. H., Kettering, T. L., Gadaire, D. M., & Sloman, K. N. (2021). Integration of experimental functional analysis procedural advancements: Progressing from brief to extended experimental analyses. *Journal of Applied Behavior Analysis, 54*(3), 1045–1061.

Heron, K. E., & Smyth, J. M. (2010). Ecological momentary interventions: Incorporating mobile technology into psychosocial and health behaviour treatments. *British Journal of Health Psychology, 15*, 1–39.

Herrnstein, R. J., & DeVilliers, P. A. (1980). Fish as a natural category for people and pigeons. In G. H. Bower (Ed.), *The psychology of learning and motivation* (Vol. 14, pp. 60–97). New York, NY: Elsevier Academic Press.

Herrnstein, R. J., Loveland, D. H., & Cable, C. (1976). Natural concepts in pigeons. *Journal of Experimental Psychology: Animal Behavior Processes, 2*, 285–302.

Hersen, M. (1976). Historical perspectives in behavioral assessment. In M. Hersen & A. S. Bellack (Eds.), *Behavioral assessment: A practical handbook* (pp. 3–17). New York, NY: Pergamon Press.

Hersen, M. (Ed.). (1983). *Outpatient behavior therapy: A clinical guide.* New York, NY: Grune & Stratton.

Higbee, T. S., Aporta, A. P., Resende, A., Nogueira, M., Goyos, C., & Pollard, J. S. (2016). Interactive computer training to teach discrete-trials instruction to undergraduates and special educators in Brazil: A replication and extension. *Journal of Applied Behavior Analysis, 49*(4), 780–793.

Higgins, S. T., Silverman, K., & Heil, S. H. (2007). *Contingency management in substance abuse treatment.* New York, NY: Guilford Press.

Hildebrand, R. G., Martin, G. L., Furer, P., & Hazen, A. (1990). A recruitment of praise package to increase productivity levels of developmentally handicapped workers. *Behavior Modification, 14*, 97–113.

Himle, M. B., Woods, D. W., & Bunaciu, L. (2008). Evaluating the role of contingency analysis of vocal stereotypy and therapist fading. *Journal of Applied Behavior Analysis, 41*, 291–297.

Hineline, P. N., & Rosales-Ruiz, J. (2013). Behavior in relation to aversive events: Punishment and negative reinforcement. In G. J. Madden (Ed.), *APA handbook of behavior analysis: Volume 1, Methods and principles* (pp. 483–512). Washington, DC: American Psychological Association.

Hjørland, B. (2011). Evidence based practice: An analysis based on the philosophy of science. *Journal of the American Society for Information Science and Technology, 62*, 1301–1310.

Hodges, A., Davis, T. N., & Kirkpatrick, M. (2020). A review of the literature on the functional analysis of inappropriate mealtime behavior. *Behavior Modification, 44*(1), 137–154.

Hoeksma, J. B., Oosterlaan, J., & Schipper, E. M. (2004). Emotion regulation and the dynamics of feelings: A conceptual and methodological framework. *Child Development, 75*(2), 354–360.

Hoekstra, R., Kiers, H. A. L., & Johnson, A. (2012). Are assumptions of well-known statistical techniques checked, and why (not)? *Frontiers in Psychology, 3*, article 137.

Hofmann, S. G., Asmundson, G. J. G., & Beck, A. T. (2013). The science of cognitive therapy. *Behavior Therapy, 44*, 199–212.

Homme, L. E., Csanyi, A. P., Gonzales, M. A., & Rechs, J. R. (1969). *How to use contingency contracting in the classroom.* Champaign, IL: Research Press.

Honig, W. K., & Stewart, K. (1988). Pigeons can discriminate locations presented in pictures. *Journal of the Experimental Analysis of Behavior, 50*, 541–551.

Höpfner, J. & Keith, N. (2021). Goal missed, self hit: Goal-setting, goal-failure, and their affective, motivational, and behavioral consequences. *Frontiers in Psychology, 12*, 704–790.

Horan, J. J., & Johnson, R. G. (1971). Coverant conditioning through a self-management application of the Premack principle: Its effect on weight reduction. *Journal of Behavior Therapy and Experimental Psychiatry, 2*, 243–249.

Horner, R. D. (2005). General case programming. In M. Hersen, J. Rosqvist, A. Gross, R. Drabman, G. Sugai, & R. Horner (Eds.), *Encyclopedia of behavior modification and cognitive behavior therapy: Volume 1: Adult clinical applications, Volume 2: Child clinical applications, Volume 3: Educational applications* (Vol. 3, pp. 1343–1348). Thousand Oaks, CA: Sage Publications, Inc.

Horner, R. D., & Keilitz, I. (1975). Training mentally retarded adolescents to brush their teeth. *Journal of Applied Behavior Analysis, 8*, 301–309.

Horner, R. H., Dunlap, G., Koegel, R. L., Carr, E. G., Sailor, W., Anderson, J., & O'Neil, R. E. (1990). Toward a technology of "nonaversive" behavioral support. *Journal of the Association for Persons with Severe Handicaps, 15*, 125–132.

Horner, R. H., Sprague, T., & Wilcox, B. (1982). General case programming for community activities. In B. Wilcox & G. T. Bellamy (Eds.), *Design of high school programs for severely handicapped students* (pp. 61–98). Baltimore, MA: Paul Brookes.

Horner, R. H., Sugai, G., Todd, A. W., & Lewis-Palmer, T. (2005). School-wide positive behavior support: An alternative approach to discipline in schools. In L. Bambara & L. Kern (Eds.), *Individualized supports for students with problem behavior: Designing positive behavior plans* (pp. 359–390). New York, NY: Guilford Press.

Hrydowy, E. R., & Martin, G. L. (1994). A practical staff management package for use in a training program for persons with developmental disabilities. *Behavior Modification, 18*, 66–88.

Hughes, L. S., Clark, J., Colclough, J. A., Dale, E., & McMillan, D. (2017). Acceptance and commitment therapy (ACT) for chronic pain: A systematic review and meta-analyses. *Clinical Journal of Pain, 33*(6), 552–568.

Hughes, S., & Barnes-Holmes, D. (2016). Relational frame theory: Implications for the study of human language and cognition. In S. Hayes, D. Barnes-Holmes, R. Zettle, & T. Biglan, (Eds.), *Wiley handbook of contextual behavioral science* (pp. 179–226). New York, NY: Wiley-Blackwell.

Hull, C. L. (1943). *Principles of behavior*. New York, NY: Appleton-Century-Crofts.

Hull, C. L. (1952). *A behavior system*. New Haven, CT: Yale University Press.

Hume, K. M., Martin, G. L., Gonzales, P., Cracklen, C., & Genthon, S. (1985). A self-monitoring feedback package for improving freestyle figure skating performance. *Journal of Sport Psychology, 7*, 333–345.

Hur, J., & Osborne, S. (1993). A comparison of forward and backward chaining methods used in teaching corsage making skills to mentally retarded adults. *British Journal of Developmental Disabilities, 39* (Part 2, No. 77), 108–117.

Hustyi, K. M., Normand, M. P., & Larson, T. A. (2011). Behavioral assessment of physical activity in obese preschool children. *Journal of Applied Behavior Analysis, 44*, 635–639.

Irey, P. A. (1972). *Covert sensitization of cigarette smokers with high and low extraversion scores*. Unpublished master's thesis, Southern Illinois University, Carbondale.

Isaacs, W., Thomas, J., & Goldiamond, I. (1960). Application of operant conditioning to reinstate verbal behavior in psychotics. *Journal of Speech and Hearing Disorders, 25*, 8–12.

Israel, A. C., Stolmaker, L., & Adrian, C. A. G. (1985). The effects of training parents in general child management skills on a behavioral weight loss program for children. *Behavior Therapy, 16*, 169–180.

Ivy, J. W., Meindl, J. N., Overley, E., & Robson, K. M. (2017). Token economy: A systematic review of procedural descriptions. *Behavior Modification, 41*(5), 708–737.

Iwamasa, G. Y. (1999). Behavior therapy and Asian Americans: Is there a commitment? *Behavior Therapist, 10*, 196–197, 205–206.

Iwamasa, G. Y., & Smith, S. K. (1996). Ethnic diversity in behavioral psychology: A review of the literature. *Behavior Modification, 20*, 45–59.

Iwata, B. A., DeLeon, I. G., & Roscoe, E. M. (2013). Reliability and validity of the functional analysis screening tool. *Journal of Applied Behavior Analysis, 46*, 271–284.

Iwata, B. A., Dorsey, M. F., Slifer, K. J., Bauman, K. E., & Richman, G. S. (1982). Toward a functional analysis of self-injury. *Analysis and Intervention in Developmental Disabilities, 2*, 3–20.

Iwata, B. A., Dorsey, M. F., Slifer, K. J., Bauman, K. E., & Richman, G. S. (1994). Toward a functional analysis of self-injury. *Journal of Applied Behavior Analysis, 27*, 197–209. (Reprinted from Iwata, Dorsey, Slifer, Bauman, & Richman [Eds.]. [1982]. *Analysis and Intervention in Developmental Disabilities*, pp. 23–30.)

Iwata, B. A., Kahng, S. W., Wallace, M. D., & Lindberg, J. S. (2000). The functional analysis model of behavioral assessment. In J. Austin & J. E. Carr (Eds.), *Handbook of applied behavior analysis* (pp. 61–90). Reno, NV: Context Press.

Iwata, B. A., Pace, G. M., Cowdery, G. E., & Miltenberger, R. G. (1994). What makes extinction work? An analysis of procedural form and function. *Journal of Applied Behavior Analysis, 27*, 131–144.

Iwata, B. A., Pace, G. M., Dorsey, M. F., Zarcone, J. R., Vollmer, T. R., Smith, R. G., & Willis, K. D. (1994). The functions of self-injurious behavior: An experimental-epidemiological analysis. *Journal of Applied Behavior Analysis, 27*, 215–240.

Iwata, B. A., Pace, G. M., Kalsher, M. J., Cowdery, G. E., & Cataldo, M. F. (1990). Experimental analysis and extinction of self-injurious escape behavior. *Journal of Applied Behavior Analysis, 23*, 11–27.

Izard, C. E. (1991). *The psychology of emotions*. New York, NY: Plenum Press.

Jackson, D. A., & Wallace, R. F. (1974). The modification and generalization of voice loudness in a 15-year-old retarded girl. *Journal of Applied Behavior Analysis, 7*(3), 461–471.

Jackson, M., Williams, W. L., Rafacz, S. D., & Friman, P. C. (2020). Encopresis and enuresis. In P. Sturmey (Ed.), *Functional analysis in clinical treatment* (2nd ed.). London: Elsevier Academic Press.

Jacobson, N. S., Dobson, K. S., Truax, P. A., Addis, M. E., Koerner, K., Gollan, J. K., & Prince, S. E. (1996). A component analysis of cognitive behavioral treatment for depression. *Journal of Consulting and Clinical Psychology, 64*, 295–304.

Jacobson, N. S., Martell, C. R., & Dimidjian, S. (2001). Behavioral activation for depression: Returning to contextual roots. *Clinical Psychology: Science & Practice, 8*, 255–270.

Jarvis, B. P., & Dallery, J. (2017). Internet-based self-tailored deposit contracts to promote smoking reduction and abstinence. *Journal of Applied Behavior Analysis, 50*(2), 189–205.

Jeanson, B., Thiessen, C., Thomson, K., Vermeulen, R., Martin, G. L., & Yu, C. T. (2010). Field testing of the discrete-trials teaching evaluation form. *Research in Autism Spectrum Disorders, 4*, 718–723.

Jensen, M. D., Ryan, D. H., Apovian, C. M., Ard, J. D., Comuzzie, A. G., Donato, K. A., … Yanovski, S. Z. (2013). AHA/ACC/TOS guideline for the management of overweight and obesity in adults: A report of the American College of Cardiology/American heart association task force on practice guidelines and the obesity society. *Circulation, 129*, S139–140.

Jessel, J., & Ingvarsson, E. T. (2016). Recent advances in applied research on DRO procedures. *Journal of Applied Behavior Analysis, 49*(4), 991–995.

Jimenez-Gomez, C., Haggerty, K., & Topçuoğlu, B. (2021). Wearable activity schedules to promote independence in young children. *Journal of Applied Behavior Analysis, 54*(1), 197–216.

Johnson, C. R., Hunt, F. M., & Siebert, M. J. (1994). Discrimination training in the treatment of pica and food scavenging. *Behavior Modification, 18*, 214–229.

Johnson, K. A., Vladescu, J. C., Kodak, T., & Sidener, T. M. (2017). An assessment of differential reinforcement procedures for learners with autism spectrum disorder. *Journal of Applied Behavior Analysis, 50*(2), 290–303.

Johnson, K. R., & Ruskin, R. S. (1977). *Behavioral instruction: An evaluative review*. Washington, DC: American Psychological Association.

Johnson, S. P., Welch, T. M., Miller, L. K., & Altus, D. E. (1991). Participatory management: Maintaining staff performance in a university housing cooperative. *Journal of Applied Behavior Analysis, 24*, 119–127.

Johnson, T. E., & Dixon, M. R. (2009). Altering response chains in pathological gamblers using a response-cost procedure. *Journal of Applied Behavior Analysis, 42*, 735–740.

Johnson, W. G. (1971). Some applications of Hommes coverant control therapy: Two case reports. *Behavior Therapy, 2*, 240–248.

Johnson, W. L., & Baumeister, A. (1978). Self-injurious behavior: A review and analysis of methodological details of published studies. *Behavior Modification, 2*, 465–484.

Johnston, J. M. (2006). "Replacing" problem behavior: An analysis of tactical alternatives. *Behavior Analyst, 29*, 1–11.

Johnston, J. M., Carr, J. E., & Mellichamp, F. H. (2017). A history of the professional credentialing of applied behavior analysts. *Behavior Analyst, 40*, 523–538.

Johnston, J. M., Foxx, R. M., Jacobson, J. W., Green, G., & Mulick, J. A. (2006). Positive behavior support and applied behavior analysis. *Behavior Analyst, 29*, 51–74.

Johnston, J. M., Pennypacker, H. S., & Green, G. (Eds.). (2019). *Strategies and tactics of behavioral research* (4th ed.). New York, NY: Routledge.

Joice, A., & Mercer, S. W. (2010). An evaluation of the impact of a large group psycho-education programme (stress control) on patient outcome: Does empathy make a difference? *Cognitive Behaviour Therapist, 3*, 1–17.

Jones, E., & Wessely, S. (2005). *Shell shock to PTSD: Military psychiatry from 1900 to the Gulf War*. Hove, East Sussex: Psychology Press.

Jones, M. C. (1924). The elimination of children's fears. *Journal of Experimental Psychology, 7*, 383–390.

Joslyn, P. R., Austin, J. L., Donaldson, J. M., & Vollmer, T. R. (2020). A practictioner's guide to the good behavior game. *Behavior Analysis: Research and Practice, 20*(4), 219–235.

Jowett Hirst, E. S., Dozier, C. L., & Payne, S. W. (2016). Efficacy of and preference for reinforcement and response cost in token economies. *Journal of Applied Behavior Analysis, 49*(2), 329–345.

Juliano, L. M., Donny, M., Houtsmuller, E. J., & Stitzer, M. L. (2006). Experimental evidence for a causal relationship between smoking lapse and relapse. *Journal of Abnormal Psychology, 11*, 166–173.

Kadey, H. J., & Roane, H. S. (2012). Effects of access to a stimulating object on infant behavior during tummy time. *Journal of Applied Behavior Analysis, 45*, 395–399.

Kahng, S., Ingvarsson, E. T., Quigg, A. M., Seckinger, K. E., Teichman, H. M., & Clay, C. J. (2021). Defining and measuring behavior. In W. W. Fisher, C. C. Piazza, & H. S. Roane (Eds.), *Handbook of applied behavior analysis* (2nd ed.). New York, NY: Guilford Press.

Kanter, J. W. (2013). The vision of a progressive clinical science to guide clinical practice. *Behavior Therapy, 44*, 228–233.

Kanter, J. W., Baruch, D. E., & Gaynor, S. T. (2006). Acceptance and commitment therapy and behavioral activation for the treatment of depression: Description and comparison. *Behavior Analyst, 29*, 161–185.

Kanter, J. W., Busch, A. M., Weeks, C. E., & Landes, S. J. (2008). The nature of clinical depression: Symptoms, syndromes, and behavioral analysis. *Behavior Analyst, 31*, 1–21.

Kanter, J. W., & Puspitasari, A. J. (2012). Behavioral activation. In W. T. O'Donohue & J. E. Fisher (Eds.), *Cognitive behavior therapy: Core principles for practice* (pp. 215–250). Hoboken, NJ: John Wiley & Sons, Inc.

Karapetsa, A. A., Karapetsas, A. V., Maria, B., & Laskaraki, I. M. (2015). The role of music on eating behavior. *Encephalos, 52*, 59–63.

Kardas, M., & O'Brien, E. (2018). Easier seen than done: Merely watching others perform can foster an illusion of skill acquisition. *Psychological Science, 29*(4), 521–536.

Karol, R. L., & Richards, C. S. (1978, November). *Making treatment effects last: An investigation of maintenance strategies for smoking reduction*. Paper presented at the meeting of the Association for Advancement of Behavior Therapy, Chicago.

Karoly, P. (2012). Self-regulation. In W. T. O'Donohue & J. E. Fisher (Eds.). *Cognitive behavior therapy: Core principles for practice* (pp. 183–214). Hoboken, NJ: John Wiley & Sons, Inc.

Kau, M. L., & Fischer, J. (1974). Self-modification of exercise behavior. *Journal of Behavior Therapy and Experimental Psychiatry, 5*, 213–214.

Kazbour, R. R., & Bailey, J. S. (2010). An analysis of a contingency program on designated drivers at a college bar. *Journal of Applied Behavior Analysis, 43*, 273–277.

Kazdin, A. E. (1973). The effect of vicarious reinforcement on attentive behavior in the classroom. *Journal of Applied Behavior Analysis, 6*, 72–78.

Kazdin, A. E. (1977). *The token economy: A review and evaluation*. New York, NY: Plenum Press.

Kazdin, A. E. (1978). *History of behavior modification*. Baltimore, MA: University Park Press.

Kazdin, A. E. (1985). The token economy. In R. M. Turner & L. M. Ascher (Eds.), *Evaluating behavior therapy outcome* (pp. 225–253). New York, NY: Springer Publishing Company.

Kazdin, A. E. (2008). Evidence-based treatment and practice: New opportunities to bridge clinical research and practice, enhance the knowledge base, and improve patient care. *American Psychologist, 63*, 146–159.

Kazdin, A. E. (2021). *Single-case research designs: Methods for clinical and applied settings* (3rd ed.). New York, NY: Oxford University Press.

Kazdin, A. E., & Erickson, L. M. (1975). Developing responsiveness to instructions in severely and profoundly retarded residents. *Journal of Behavior Therapy and Experimental Psychiatry, 6*, 17–21.

Kazdin, A. E., & Polster, R. (1973). Intermittent token reinforcement and response maintenance in extinction. *Behavior Therapy, 4*, 386–391.

Keller, F. S. (1968). Good-bye, teacher . . . *Journal of Applied Behavior Analysis, 1*, 79–89.

Keller, F. S., & Schoenfeld, W. N. (1950). *Principles of psychology*. New York, NY: Appleton-Century-Crofts.

Kelley, C. P., Sbrocco, G., & Sbrocco, T. (2016). Behavioral modification for the management of obesity. *Primary Care, 43*(1), 159–175.

Kelly, E. M., Greeny, K., Rosenberg, N., & Schwartz, I. (2021). When rules are not enough: Developing principles to guide ethical conduct. *Behavior Analysis in Practice, 14*(2), 491–498.

Kennedy, C. H. (2002a). The maintenance of behavior change as an indicator of social validity. *Behavior Modification, 26*, 594–604.

Kennedy, C. H. (2002b). Toward a socially valid understanding of problem behavior. *Education and Treatment of Children, 25*, 142–153.

Kennedy, C. H. (2005). *Single-case designs for educational research*. Boston, MA: Allyn & Bacon.

Kestner, K. M., & Peterson, S. M. (2017). A review of resurgence literature with human participants. *Behavior Analysis: Research and Practice, 17*(1), 1–17.

Kestner, K. M., Romano, L. M., St. Peter, C. C., & Mesches, G. A. (2018). Resurgence following response cost in a human-operant procedure. *Psychological Record, 68*, 81–87.

Kim, J. (2003). History of Korean ABA. *Newsletter of the International Association for Behavior Analysis, 26*(3), 20–21.

Kim, J. (2017). Effects of point-of-view video modeling for Korean adolescents with autism to improve their on-task behavior and independent task performance during vegetable gardening. *International Journal of Developmental Disabilities, 64*, 297–308.

King, H., Houlihan, D., Radley, K., & Lai, D. (2021). The evolution of high probability command sequences: Theoretical and procedural concerns. *European Journal of Behavior Analysis, 22*(1), 59–73.

King, J. E., & Hayes, L. J. (2016). The role of discriminative stimuli on response patterns in resurgence. *Psychological Record, 66*, 325–335.

King, N. (1996). The Australian association for cognitive and behavior therapy. *Behavior Therapist, 19*, 73–74.

Kingsley, D.E. (2006). The teaching-family model and post-treatment recidivism: A critical review of the conventional wisdom. International Journal of Behavioral and Consultation Therapy, 2, 481–497.

Kirby, F. D., & Shields, F. (1972). Modification of arithmetic response rate and attending behavior in a seventh grade student. *Journal of Applied Behavior Analysis, 5*, 79–84.

Kircher, A. S., Pear, J. J., & Martin, G. (1971). Shock as punishment in a picture-naming task with retarded children. *Journal of Applied Behavior Analysis, 4*, 227–233.

Kirigin, K. A., Braukmann, C. J., Atwater, J. D., & Wolf, M. M. (1982). An evaluation of Teaching-Family (Achievement Place) group homes for juvenile offenders. *Journal of Applied Behavior Analysis, 15*, 1.

Kirkwood, C. A., Piazza, C. C., & Peterson, K. M. (2021). A comparison of function- and nonfunction-based extinction treatments for inappropriate mealtime behavior. *Journal of Applied Behavior Analysis, 54*(3), 928–945.

Kissi, A., Hughes, S., Mertens, G., Barnes-Holmes, D., De Houwer, J., & Crombez, G. (2017). A systematic review of pliance, tracking, and augmenting. *Behavior Modification, 41*(5), 683–707.

Klein, H. J., Cooper, J. T., & Monahan, C. A. (2013). Goal commitment. In E. A. Locke & G. P. Latham (Eds.), *New developments in goal setting and task performance* (pp. 65–89). New York, NY: Routledge.

Kleinke, C. L. (1986). Gaze and eye-contact: A research review. *Psychological Bulletin, 100*, 78–100.

Kliem, S., Kroger, C., & Kossfelder, J. (2010). Dialectical behavior therapy for borderline personality disorder: A meta-analysis using mixed-effects modeling. *Journal of Consulting and Clinical Psychology, 78*, 936–951.

Kline, P. (1984). *Psychology and Freudian theory: An introduction*. New York, NY: Routledge.

Klintwall, L., Eldevik, S., & Eikeseth, S. (2015). Narrowing the gap: Effects of intervention on developmental trajectories in autism. *Autism, 19*(1), 53–63.

Kniffin, K. M., Wansink, B., Devine, C. M., & Sobal, J. (2015). Eating together at the firehouse: How workplace commensality relates to the performance of firefighters. *Human Performance, 28*, 281–306.

Kniffin, K. M., Yan, J., Wansink, B., & Schulze, W. D. (2017). The sound of cooperation: Musical influences on cooperative behavior. *Journal of Organizational Behavior, 38*, 372–390.

Knight, M. F., & McKenzie, H. S. (1974). Elimination of bedtime thumb-sucking in home settings through contingent reading. *Journal of Applied Behavior Analysis, 7*, 33–38.

Knoster, T. P. (2000). Practical application of functional behavioral assessment in schools. *Journal of the Association for Persons with Severe Handicaps, 25*, 201–211.

Kodak, T., Grow, L. L., & Bergmann, C. J. (2021). Behavioral treatment of autism spectrum disorder. In W. W. Fisher, C. C. Piazza, & H. S. Roane (Eds.), *Handbook of applied behavior analysis* (2nd ed.). New York, NY: Guilford Press.

Kohler, F. W., & Greenwood, C. R. (1986). Toward technology of generalization: The identification of natural contingencies of reinforcement. *Behavior Analyst, 9*, 19–26.

Kohn, A. (1993). *Punished by rewards: The trouble with gold stars, incentive plans, A's, praise, and other bribes*. New York, NY: Houghton-Mifflin.

Kokoszka, A., Popiel, A., & Sitarz, M. (2000). Cognitive-behavioral therapy in Poland. *Behavior Therapist, 23*, 209–216.

Komaki, J., & Barnett, F. T. (1977). A behavioral approach to coaching football: Improving the play execution of the offensive backfield on a youth football team. *Journal of Applied Behavior Analysis, 7*, 199–206.

Koop, S., Martin, G., Yu, D., & Suthons, E. (1980). Comparison of two reinforcement strategies in vocational-skill training of mentally retarded persons. *American Journal of Mental Deficiency, 84*, 616–626.

Koritzky, G., & Yechiam, E. (2011). On the value of non-removable reminders for behavior modification: An application to nail-biting. *Behavior Modification, 35*, 511–530.

Krasner, L. (2001). Cognitive behavior therapy: The oxymoron of the century. In W. T. O'Donohue, D. A. Henderson, S. C. Hayes, J. E. Fisher, & L. J. Hayes (Eds.), *A history of the behavioral therapies: Founders' personal histories* (pp. 207–218). Reno, NV: Context Press.

Krasner, L., & Ullmann, L. T. (Eds.). (1965). *Research in behavior modification*. New York, NY: Holt, Rinehart, & Winston.

Krentz, H., Miltenberger, R., & Valbuena, D. (2016). Using token reinforcement to increase walking for adults with intellectual disabilities. *Journal of Applied Behavior Analysis, 49*(4), 745–750.

Kuhn, D. E., Chirighin, A. E., & Zelenka, K. (2010). Discriminated functional communication: A procedural extension of functional communication training. *Journal of Applied Behavior Analysis, 43*, 249–264.

Kurtz, P. F., & Lind, M. A. (2013). Behavioral approaches to treatment of intellectual and developmental disabilities. In G. J. Madden (Ed.), *APA handbook of behavior analysis: Volume 2, Translating behavioral principles into practice* (pp. 279–302). Washington, DC: American Psychological Association.

Lanovaz, M. J., Giannakakos, A. R., & Destras, O. (2020). Machine learning to analyze single-case data: A proof of concept. *Perspective in Behavioral Science, 43*(1), 21–38.

Lanovaz, M. J., & Turgeon, S. (2020). How many tiers do we need? Type I errors and power in multiple baseline designs. *Perspectives on Behavior Science, 43*(3), 605–616.

Laraway, S., Snycerski, S., Michael, J., & Poling, A. (2003). Motivating operations and terms to describe them: Some further refinements. *Journal of Applied Behavior Analysis, 36*, 407–414.

Laraway, S., Snycerski, S., Olson, R., Becker, B., & Poling, A. (2014). The motivating operations concept: Current status and critical response. *Psychological Record, 64*(3), 601–623.

LaRue, R. H., Stewart, V., Piazza, C. C., Volkert, V. M., Patel, M. R., & Zeleny, J. (2011). Escape as reinforcement and escape extinction in the treatment of fading problems. *Journal of Applied Behavior Analysis, 44*, 719–735.

Larzelere, R. E., Daly, D. L., Davis, J. L., Chmelka, M. B., & Handwerk, M. L. (2004). Outcome evaluation of Girls and Boys Town's Family Home Program. *Education and Treatment of Children, 27*, 130–149.

Larzelere, R. E., Dinges, K., Schmidt, M. D., Spellman, D. F., Criste, T. R., & Connell, P. (2001). Outcomes of residential treatment: A study of the adolescent clients at Girls and Boys Town. *Child & Youth Care Forum, 30*, 175–184.

Latham, G. P., & Arshoff, A. S. (2013). The relevance of goal setting theory for human resource management. In E. A. Locke & G. P. Latham (Eds.), *New developments in goal setting and task performance* (pp. 331–342). New York, NY: Routledge.

Latner, J. D., & Wilson, G. T. (2002). Self-monitoring and the assessment of binge eating. *Behavior Therapy, 33*, 465–477.

Lattal, K. A. (2012). Schedules of reinforcement. In N. M. Seel (Ed.), *Encyclopedia of the sciences of learning* (pp. 2929–2933). New York, NY: Springer Publishing Company.

Lattal, K. A., & Metzger, B. (1994). Response acquisition by Siamese fighting fish with delayed visual reinforcement. *Journal of the Experimental Analysis of Behavior, 61*, 35–44.

Lattal, K. A., St. Peter Pipkin, C., & Escobar, R. (2013). Operant extinction: Elimination and generation of behavior. In G. J. Madden (Ed.), *APA handbook of behavior analysis: Volume 2, Translating behavioral principles into practice* (pp. 77–108). Washington, DC: American Psychological Association.

Lattal, K. M. (2013). Pavlovian conditioning. In G. J. Madden (Ed.), *APA handbook of behavior analysis: Volume 1, Methods and principles* (pp. 283–308). Washington, DC: American Psychological Association.

Lazarus, A. A. (1958). New methods in psychotherapy: A case study. *South African Medical Journal, 32*, 660–664.

Lazarus, A. A., & Lazarus, C. N. (2005). *Multimodal life history inventory*. Champaign, IL: Research Press.

Lazarus, R. S. (2007). Stress and emotion: A new synthesis. In A. Monat, R. S. Lazarus, & G. Reevy (Eds.), *The Praeger handbook on stress and coping* (pp. 33–53). Westport, CT: Praeger.

Leaf, J. B., Cihon, J. H., Alcalay, A., Mitchell, E., Townley-Cochran, D., Miller, K., … McEachin, J. (2017). Instructive feedback embedded within group instruction for children diagnosed with autism spectrum disorder. *Journal of Applied Behavior Analysis, 50(2)*, 304–316.

Leahy, R. L. (2008). A closer look at ACT. *Behavior Therapist, 31*, 148–150.

Leahy, R. L. (2017). *Cognitive therapy techniques: A practitioner's guide* (2nd ed.). New York, NY: Guilford Press.

Lean, M., & Hankey, C. (2018). Keeping it off: The challenge of weight-loss maintenance. *Lancet Diabetes & Endocrinology*. No pagination specified.

LeBow, M. D. (1989). *Adult obesity therapy*. New York, NY: Pergamon Press.

LeBow, M. D. (1991). *Overweight children: Helping your child to achieve lifetime weight control.* New York, NY: Insight Books/Plenum Press.

LeBow, M. D. (2013). *The teenager's guide to understanding and healthfully managing weight: Questions, answers, tips, and cautions.* St. Louis, MI: Sciences & Humanities Press.

Ledford, J. R., & Wolery, M. (2011). Teaching imitation to children with disabilities: A review of the literature. *Topics in Early Childhood Special Education, 30,* 245–255.

Lee, E. B., Homan, K. J., Morrison, K. L., Ong, C. W., Levin, M. E., & Twohig, M. P. (2020). Acceptance and commitment therapy for trichotillomania: A randomized controlled trial of adults and adolescents. *Behavior Modification, 44*(1), 70–91.

Lee, N. S. H., Yu, C. T., Martin, T. L., & Martin, G. L. (2010). On the relation between reinforcer efficacy and preference. *Journal of Applied Behavior Analysis, 43,* 95–100.

Lee, R., Sturmey, P., & Fields, L. (2007). Schedule-induced and operant mechanisms that influence response variability: A review and implications for future investigations. *Psychological Record, 57,* 429–455.

Lehrer, P. M., & Woolfolk, R. L. (Eds.). (2021). *Principles and practice of stress management* (4th ed.). New York, NY: Guilford Press.

Leiblum, S. R., & Rosen, R. C. (Eds.). (2020). *Principles and practice of sex therapy* (6th ed.). New York, NY: Guilford Press.

Lennox, D. B., Miltenberger, R. G., & Donnelly, D. (1987). Response interruption and DRL for the reduction of rapid eating. *Journal of Applied Behavior Analysis, 20,* 279–284.

Lerman, D. C., & Iwata, B. A. (1995). Prevalence of the extinction burst and its attenuation during treatment. *Journal of Applied Behavior Analysis, 28,* 93–94.

Lerman, D. C., & Iwata, B. A. (1996). Developing a technology for the use of operant extinction in clinical settings: An examination of basic and applied research. *Journal of Applied Behavior Analysis, 29,* 345–382.

Lerman, D. C., Iwata, B. A., Shore, B. A., & DeLeon, I. G. (1997). Effects of intermittent punishment on self-injurious behavior: An evaluation of schedule thinning. *Journal of Applied Behavior Analysis, 30,* 187–201.

Lerman, D. C., Iwata, B. A., Shore, B. A., & Kahng, S. (1996). Responding maintained by intermittent reinforcement: Implications for the use of extinction with problem behavior in clinical settings. *Journal of Applied Behavior Analysis, 29,* 153–171.

Lerman, D. C., Iwata, B. A., & Wallace, M. D. (1999). Side effects of extinction: Prevalence of bursting and aggression during the treatment of self-injurious behavior. *Journal of Applied Behavior Analysis, 32,* 1–8.

Lerman, D. C., & Toole, L. M. (2021). Developing function-based punishment procedures for problem behavior. In W. W. Fisher, C. C. Piazza, & H. S. Roane (Eds.), *Handbook of applied behavior analysis* (2nd ed.). New York, NY: Guilford Press.

Lerman, D. C., & Vorndran, C. M. (2002). On the status of knowledge for using punishment: Implications for treating behavior disorders. *Journal of Applied Behavior Analysis, 35,* 431–464.

Letourneau, E. J., McCart, M. R., Sheidow, A. J., & Mauro, P. M. (2017). First evaluation of a contingency management intervention addressing adolescent substance use and sexual risk behaviors: Risk reduction therapy for adolescents. *Journal of Substance Abuse Treatment, 72,* 56–65.

Lewinsohn, P. M. (1975). The behavioral study and treatment of depression. In M. Hersen, R. M. Eisler, & P. M. Miller (Eds.), *Progress in behavior modification* (Vol. 1, pp. 19–65). New York, NY: Elsevier Academic Press.

Lewon, M., & Hayes, L. J. (2014). Toward an analysis of emotions as products of motivating operations. *Psychological record, 64,* 813–825.

Liberman, R. P. (2000). The token economy. *American Journal of Psychiatry, 157,* 1398.

Lillie, M. A., Harman, M. J., Hurd, M., & Smalley, M. R. (2021). Increasing passive compliance to wearing a facemask in children with autism spectrum disorder. *Journal of Applied Behavior Analysis, 54*(2), 582–599.

Lima, E. L., & Abreu-Rodrigues, J. (2010). Verbal mediating responses: Effects on generalization of say-do correspondence and noncorrespondence. *Journal of Applied Behavior Analysis, 43,* 411–424.

Lindblad, T. L. (2021). Ethical considerations in clinical supervision: Components of effective clinical supervision across an interprofessional team. *Behavior Analysis in Practice, 14*(2), 478–490.

Lindsley, O. R. (1956). Operant conditioning methods applied to research in chronic schizophrenia. *Psychiatric Research Reports, 5,* 118–139.

Lindsley, O. R., Skinner, B. F., & Solomon, H. C. (1953). *Studies in behavior therapy: Status report. I.* Waltham, MA: Metropolitan State Hospital.

Linehan, M. M. (1987). Dialectical behavior therapy: A cognitive-behavioral approach to parasuicide. *Journal of Personality Disorders, 1*, 328–333.

Linehan, M. M. (2014). *DBT® skills training manual* (2nd ed.). New York, NY: Guilford Press.

Linehan, M. M., Korslund, K. E., Harned, M. S., Gallop, R. J., Lungu, A., Neacsiu, A. D., … Murray-Gregory, A. M. (2015). Dialectical behavior therapy for high suicide risk in individuals with borderline personality disorder: A randomized clinical trial and component analysis. *JAMA Psychiatry, 72*(5), 475–482.

Linscheid, T. R., Iwata, B. A., Ricketts, R. W., Williams, D. E., & Griffin, J. C. (1990). Clinical evaluation of the self-injurious behavior inhibiting system (SIBIS). *Journal of Applied Behavior Analysis, 23*, 53–78.

Linscheid, T. R., Pejeau, C., Cohen, S., & Footo-Lenz, M. (1994). Positive side-effects in the treatment of SIB using the self-injurious behavior inhibiting system (SIBIS): Implications for operant and biochemical explanations of SIB. *Research in Developmental Disabilities, 15*, 81–90.

Linschoten, M., Weiner, L., & Avery-Clark, C. (2016). Sensate focus: A critical literature review. *Sexual and Relationship Therapy, 31*(2), 230–247.

Lippman, M. R., & Motta, R. W. (1993). Effects of positive and negative reinforcement on daily living skills in chronic psychiatric patients in community residences. *Journal of Clinical Psychology, 49*, 654–662.

Lipschultz, J., & Wilder, D. A. (2017). Recent research on the high-probability instructional sequence: A brief review. *Journal of Applied Behavior Analysis, 50*(2), 424–428.

Lipsey, M. W. (1999a). Juvenile delinquency treatment: A meta-analytic inquiry into the viability of effects. In T. D. Cook, H. Cooper, D. Cordray, H. Hartman, L. V. Hedges, R. J. Light, & F. Mosteller (Eds.), *Meta-analysis for evaluation: A casebook* (pp. 83–128). New York, NY: Russell Sage Foundation.

Lipsey, M. W. (1999b). Can intervention rehabilitate serious delinquents? *Annals of the American Academy of Political and Social Science(s), 564*, 142–199.

Lipsey, M. W., & Wilson, D. B. (1998). Effective intervention for serious juvenile offenders: A synthesis of research. In R. Loeber & D. P. Farrington (Eds.), *Serious and violent juvenile offenders: Risk factors and successful interventions* (pp. 315–345). Thousand Oaks, CA: Sage Publications, Inc.

Locke, E. A., & Latham, G. P. (2002). Building a practically useful theory of goal setting and task motivation: A 35-year odyssey. *American Psychologist, 57*, 705–717.

Locke, E. A., & Latham, G. P. (2013). Goal setting theory: The current state. In E. A. Locke & G. P. Latham (Eds.), *New developments in goal setting and task performance* (pp. 623–630). New York, NY: Routledge.

Lopez, W. L., & Aguilar, M. C. (2003). Reflections on the history of ABA Columbia: Five years of experience and development. *Newsletter of the International Association for Behavior Analysis, 26*(3), 14–15.

Loprinzi, P. D., & Cardinal, B. J. (2011). Measuring children's physical activity and sedentary behaviors. *Journal of Exercise Science & Fitness, 9*, 15–23.

Lotfizadeh, A. D., Edwards, T. L., & Poling, A. (2011). Motivating operations in the *Journal of Organizational Behavior Management*: Review and discussion of relevant articles. *Journal of Organizational Behavior Management, 34*(2), 69–103.

Lovaas, O. I. (1966). A program for the establishment of speech in psychotic children. In J. K. Wing (Ed.), *Early childhood autism* (pp. 115–144). Elmsford, NY: Pergamon Press.

Lovaas, O. I. (1977). *The autistic child: Language development through behavior modification*. New York, NY: Irvington.

Lovaas, O. I. (1987). Behavioral treatment and normal educational and intellectual functioning in young autistic children. *Journal of Consulting and Clinical Consulting, 55*, 3–9.

Lovaas, O. I., Newsom, C., & Hickman, C. (1987). Self-stimulatory behavior and perceptual development. *Journal of Applied Behavior Analysis, 20*, 45–68.

Lowe, C. F., Beasty, A., & Bentall, R. P. (1983). The role of verbal behavior in human learning: Infant performance on fixed interval schedules. *Journal of the Experimental Analysis of Behavior, 39*, 157–164.

Lubow, R. E. (1974). High-order concept formation in pigeons. *Journal of the Experimental Analysis of Behavior, 21*, 475–483.

Luc, O. T., Pizzagalli, D. A., & Kangas, B. D. (2021). Toward a quantification of anhedonia: Unified matching law and signal detection for clinical assessment and drug development. *Perspectives on Behavior Science, 44*, 517–540.

Luce, S. C., Delquadri, J., & Hall, R. V. (1980). Contingent exercise: A mild but powerful procedure for suppressing inappropriate verbal and aggressive behavior. *Journal of Applied Behavior Analysis, 13*, 583–594.

Luiselli, J. K. (2021). Applied behavior analysis measurement, assessment, and treatment of sleep and sleep-related problems. *Journal of Applied Behavior Analysis, 54*(2), 654–667.

Luiselli, J. K., & Reed, D. D. (Eds.). (2011). *Behavioral sport psychology: Evidence-based approaches to performance enhancement*. New York, NY: Springer Publishing Company.

Lutz, J. (1994). *Introduction to learning and memory*. Pacific Grove, CA: Brooks/Cole.

Lynch, T. R., Cheavens, J. S., Cukrowicz, K. C., Thorp, S. R., Bronner, L., & Beyer, J. (2007). Treatment of older adults with comorbid personality disorders and depression: A dialectical behavior therapy approach. *International Journal of Geriatric Psychiatry, 2*, 131–143.

McAuliffe, D., Hughes, S., & Barnes-Holmes, D. (2014). The dark-side of rule governed behavior: An experimental analysis of problematic rule-following in an adolescent population with depressive symptomatology. *Behavior Modification, 38*(4), 587–613.

McCrady, B. S., & Epstein, E. E. (2021). Alcohol use disorders. In D. H. Barlow (Ed.), *Clinical handbook of psychological disorders: A step-by-step treatment manual* (6th ed.). New York, NY: Guilford Press.

McDonald, A. J., Wang, N., & Camargo, C. A. (2004). US emergency department visits for alcohol-related diseases and injuries between 1992 and 2000. *JAMA Internal Medicine, 164*, 531–537.

MacDonald, R., Sacrimone, S., Mansfield, R., Wiltz, K., & Ahearn, W. H. (2009). Using video modeling to teach reciprocal pretend play to children with autism. *Journal of Applied Behavior Analysis, 42*, 43–55.

McDowell, J.J. (2021). Empirical matching, matching theory, and an evolutionary thoery of behavior dynamics in clinical application. *Perspectives on Behavior Science, 44*(4), 561–580.

Mace, F. C., Belfiore, P. J., & Hutchinson, J. M. (2001). Operant theory and research on self-regulation. In B. J. Zimmerman & D. H. Schunk (Eds.), *Self-regulated learning and academic achievement: Theoretical perspectives* (2nd ed., pp. 39–65). Mahwah, NJ: Lawrence Erlbaum Associates.

Mace, F. C., Lalli, J., Lalli, E. P., & Shey, M. C. (1993). Function analysis and treatment of aberrant behavior. In R. Van Houten & S. Axelrod (Eds.), *Behavior analysis and treatment* (pp. 75–99). New York, NY: Plenum Press.

McEachin, J. J., Smith, T., & Lovaas, O. I. (1993). Long-term outcome for children with autism who received early intensive behavioral treatment. *American Journal on Mental Retardation, 97*, 359–372.

McFall, R. M. (1970). The effects of self-monitoring on normal smoking behavior. *Journal of Consulting and Clinical Psychology, 35*, 135–142.

McGinnis, J. C., Friman, P. C., & Carlyon, W. D. (1999). The effect of token rewards on "intrinsic" motivation for doing math. *Journal of Applied Behavior Analysis, 32*, 375–379.

McGowan, S. K., & Behar, E. (2013). A preliminary investigation of stimulus control training for worry: Effects on anxiety and insomnia. *Behavior Modification, 37*, 90–112.

McGrath, J. (2018). *Behavioral sensitivity to progressively thinning reinforcement schedules in a token economy*. Thesis submitted to the Graduate Faculty of St. Cloud State University in partial fulfillment of the requirements for the degree of Master of Science. St. Cloud, MN.

McIlvane, W. J. (2013). Simple and complex discrimination learning. In G. J. Madden (Ed.), *APA handbook of behavior analysis: Volume 2, Translating behavioral principles into practice* (pp. 129–164). Washington, DC: American Psychological Association.

McIver, K. L., Brown, W. H., Pfeiffer, K. A., Dowda, M., & Pate, R. R. (2009). Assessing children's physical activity in their homes: The observational system for recording physical activity in children's home. *Journal of Applied Behavior Analysis, 42*, 1–16.

McKinney, R., & Fiedler, S. (2004). Schizophrenia: Some recent advances and implications for behavioral intervention. *Behavioral Therapist, 27*, 122–125.

McLay, L., France, K., Blampied, N., & Hunter, J. (2017). Using functional behavioral assessment to treat sleep problems in two children with autism and vocal stereotypy. *International Journal of Developmental Disabilities*. No pagination specified.

McLay, R. N., Graap, K., Spira, J., Perlman, K., Johnston, S., & Rotbaum, B. O., & Rizzo, A. (2012). Development and testing of virtual reality exposure therapy for post-traumatic stress disorder in active duty service members who served in Iraq and Afghanistan. *Military Medicine, 177*, 635–642.

Madsen, C. H., Becker, W. C., Thomas, D. R., Koser, L., & Plager, E. (1970). An analysis of the reinforcing function of "sit down" commands. In R. K. Parker (Ed.), *Readings in educational psychology* (pp. 71–82). Boston, MA: Allyn & Bacon.

Mager, R. F. (1972). *Goal analysis*. Belmont, CA: Fearon.

Mahoney, K., VanWagenen, K., & Meyerson, L. (1971). Toilet training of normal and retarded children. *Journal of Applied Behavior Analysis, 4*, 173–181.

Maier, S. F., Watkins, L. R., & Fleshner, M. (1994). Psychoneuroimmunology: The interface between behavior, brain, and immunity. *American Psychologist, 49*, 1004–1017.

Majdalany, L. M., Wilder, D. A., Allgood, J., & Sturkie, L. (2017). Evaluation of a preliminary method to examine antecedent and consequent contributions to noncompliance. *Journal of Applied Behavior Analysis, 50*(1), 146–158.

Malatesta, V. J., Aubuchon, P. G., & Bluch, M. (1994). A historical timeline of behavior therapy in psychiatric settings: Development of a clinical science. *Behavior Therapist, 17*, 165–168.

Maletsky, B. M. (1974). Behavior recording as treatment: A brief note. *Behavior Therapy, 5*, 107–111.

Malott, R. W. (1989). The achievement of evasive goals: Control by rules describing contingencies that are not direct-acting. In S. C. Hayes (Ed.), *Rule-governed behavior: Cognition, contingencies, and instructional control* (pp. 269–324). New York, NY: Plenum Press.

Malott, R. W. (1992). A theory of rule-governed behavior and organizational behavior management. *Journal of Organizational Behavior Management, 12*, 45–65.

Malott, R. W. (2008). *Principles of behavior* (6th ed.). Upper Saddle River, NJ: Pearson/Prentice-Hall.

Malott, R. W., & Whaley, D. L. (1983). *Psychology*. Holmes Beach, FL: Learning Publications.

Mancuso, C., & Miltenberger, R. G. (2016). Using habit reversal to decrease filled pauses in public speaking. *Journal of Applied Behavior Analysis, 49*(1), 188–192.

Marion, C., Martin, G. L., Yu, C. T., Buhler, C., & Kerr, D. (2012). Teaching children with autism spectrum disorder to mand "Where?"*Journal of Behavioral Education, 21*, 273–294.

Marion, C., Martin, G. L., Yu, C. T., Buhler, C., Kerr, D., & Claeys, A. (2012). Teaching children with autism spectrum disorder to mand for information using "Which?"*Journal of Applied Behavior Analysis, 45*, 865–870.

Marlatt, G. A., & Parks, G. A. (1982). Self-management of addictive disorders. In P. Karoly & F. H. Kanfer (Eds.), *Self-management and behavior change: From theory to practice* (pp. 443–488). New York, NY: Pergamon Press.

Marr, M. J. (2003). The stitching and the unstitching: What can behavior analysis have to say about creativity? *Behavior Analyst, 26*, 15–27.

Martell, C. R. (2008). Behavioral activation treatment for depression. In W. O'Donohue & J. E. Fisher (Eds.), *Cognitive behavior therapy: Applying empirically supported techniques in your practice* (2nd ed., pp. 40–45). Hoboken, NJ: John Wiley & Sons, Inc.

Martell, C. R., Addis, M., & Dimidjian, S. (2011). Finding the action in behavioral activation: The search for empirically supported interventions and mechanisms of change. In S. C. Hayes, V. M. Follette, & M. M. Linehan (Eds.), *Mindfulness and acceptance: Expanding the cognitive behavioral tradition* (2nd ed.). New York, NY: Guilford Press.

Martell, C. R., Addis, M. E., & Jacobson, N. S. (2001). *Depression in context: Strategies for guided action*. New York, NY: W. W. Norton.

Martens, B. K., Daily E. J., III, Begeny, J. C., & Sullivan, W. E. (2021). Behavioral approaches to education. In W. W. Fisher, C. C. Piazza, & H. S. Roane (Eds.), *Handbook of applied behavior analysis* (2nd ed.). New York, NY: Guilford Press.

Martin, G. A., & Worthington, E. L. (1982). Behavioral homework. In M. Hersen, R. M. Isler, & P. M. Miller (Eds.), *Progress in behavior modification* (Vol. 13, pp. 197–226). New York, NY: Elsevier Academic Press.

Martin, G. L. (1981). Behavior modification in Canada in the 1970s. *Canadian Psychology, 22*, 7–22.

Martin, G. L. (1999). *A private consultation with a professional golfer*. Unpublished report.

Martin, G. L. (2019). *Sport psychology: Practical guidelines from behavior analysis* (6th ed.). Winnipeg, MB, Canada: Sport Science Press.

Martin, G. L., England, G. D., & England, K. G. (1971). The use of backward chaining to teach bed-making to severely retarded girls: A demonstration. *Psychological Aspects of Disability, 18*, 35–40.

Martin, G. L., England, G., Kaprowy, E., Kilgour, K., & Pilek, V. (1968). Operant conditioning of kindergarten-class behavior in autistic children. *Behaviour Research and Therapy, 6*, 281–294.

Martin, G. L., & Ingram, D. (2021). *Sport psych for winning golf*. Amazon.

Martin, G. L., Koop, S., Turner, C., & Hanel, F. (1981). Backward chaining versus total task presentation to teach assembly tasks to severely retarded persons. *Behavior Research of Severe Developmental Disabilities, 2*, 117–136.

Martin, G. L., & Osborne, J. G. (1993). *Psychological adjustment and everyday living* (2nd ed.). Upper Saddle River, NJ: Prentice-Hall.
Martin, G. L., & Osborne, J. G. (Eds.). (1980). *Helping in the community: Behavioral applications.* New York, NY: Plenum Press.
Martin, G. L., & Thomson, K. (2010). *A self-instructional manual for figure skaters.* Winnipeg, MB, Canada: Sport Science Press.
Martin, G. L., & Thomson, K. (2011). Overview of behavioral sport psychology. In J. K. Luiselli & D. D. Reed (Eds.), *Behavioral sport psychology: Evidence-based approaches to performance enhancement* (pp. 3–25). New York, NY: Springer Publishing Company.
Martin, G. L., Thomson, K., & Regehr, K. (2004). Studies using single-subject design in sports psychology: 30 years of research. *Behavior Analyst, 27,* 123–140.
Martin, G. L., & Tkachuk, G. (2000). Behavioral sport psychology. In J. Austin & J. E. Carr (Eds.), *Handbook of applied behavior analysis* (pp. 399–422). Reno, NV: Context Press.
Martin, G. L., & Toogood, S. A. (1997). Cognitive and behavioral components of a seasonal psychological skills training program for competitive figure skaters. *Cognitive and Behavioral Practice, 4,* 383–404.
Martin, N. T., Nosik, M. R., & Carr, J. E. (2016). International publication trends in the *Journal of Applied Behavior Analysis*: 2000–2014. *Journal of Applied Behavior Analysis, 49,* 416–420.
Martin, T. L., Pear, J. J., & Martin, G. L. (2002a). Analysis of proctor grading accuracy in a computer-aided personalized system of instruction course. *Journal of Applied Behavior Analysis, 35,* 309–312.
Martin, T. L., Pear, J. J., & Martin, G. L. (2002b). Feedback and its effectiveness in a computer-aided personalized system of instruction course. *Journal of Applied Behavior Analysis, 35,* 427–430.
Marzullo-Kerth, D., Reeve, S. A., Reeve, K. F., & Townsend, D. B. (2011). Using multiple-exemplar training to teach a generalized repertoire of sharing to children with autism. *Journal of Applied Behavior Analysis, 44,* 279–294.
Mason, W. A., & Capitanio, J. P. (2012). Basic emotions: A reconstruction. *Emotion Review, 4,* 238–244.
Masters, W. H., & Johnson, V. E. (1970). *Human sexual inadequacy.* Boston, MA: Little, Brown.
Mathews, J. R., Friman, P. C., Barone, V. J., Ross, L. V., & Christophersen, E. R. (1987). Decreasing dangerous infant behavior through parent instruction. *Journal of Applied Behavior Analysis, 20,* 165–169.
Matson, J. L., Bielecki, J., Mayville, E. A., Smolls, Y., Bamburg, J. W., & Baglio, C. S. (1999). The development of a reinforcer choice assessment scale for persons with severe and profound mental retardation. *Research in Developmental Disabilities, 20,* 379–384.
Matson, J. L., & Boisjoli, J. A. (2009). The token economy for children with intellectual disability and/or autism: A review. *Research in Developmental Disabilities, 30,* 240–248.
Matson, J. L., & Smith, K. R. M. (2008). Current status of intensive behavioral interventions of young children with autism and PDD-NOS. *Research in Autism Spectrum Disorders, 2,* 60–74.
Matson, J. L., & Sturmey, P. (Eds.). (2011). *International handbook of autism and pervasive developmental disabilities.* New York, NY: Springer Publishing Company.
Matson, J. L., & Vollmer, T. R. (1995). *User's guide: Questions about behavioral function (QABF).* Baton Rouge, LA: Scientific Publishers.
Mattaini, M. A., & McGuire, M. S. (2006). Behavioral strategies for constructing non-violent cultures with youth: A review. *Behavior Modification, 30,* 184–224.
May, A. C., Rudy, B. M., Davis, T. E., III, & Matson, J. L. (2013). Evidence-based behavioral treatment of dog phobia with young children: Two case examples. *Behavior Modification, 37,* 143–160.
Mazaleski, J. L., Iwata, B. A., Vollmer, T. R., Zarcone, J. R., & Smith, R. G. (1993). Analysis of the reinforcement and extinction components in DRO contingencies with self-injury. *Journal of Applied Behavior Analysis, 26,* 143–156.
Mazur, J. E. (1991). Choice with probabilistic reinforcement: Effects of delay and conditioned reinforcers. *Journal of the Experimental Analysis of Behavior, 55*(1), 63–77.
Meany-Daboul, M. G., Roscoe, E. M., Bourret, J. C., & Ahearn, W. H. (2007). A comparison of momentary time sampling and partial-interval recording for evaluating functional relations. *Journal of Applied Behavior Analysis, 40,* 501–514.
Mehrkam, L. R., Perez, B. C., Self, V. N., Vollmer, T. R., & Dorey, N. R. (2020). Functional analysis and operant treatment of food guarding in a pet dog. *Journal of Applied Behavior Analysis, 53*(4), 2139–2150.
Meichenbaum, D. H. (1977). *Cognitive behavior modification: An integrative approach.* New York, NY: Plenum Press.
Meichenbaum, D. H. (1985). *Stress inoculation training.* New York, NY: Pergamon Press.
Meichenbaum, D. H. (1986). Cognitive behavior modification. In F. H. Kanfer & A. P. Goldstein

(Eds.), *Helping people change: A textbook of methods* (3rd ed., pp. 346–380). New York, NY: Pergamon Press.
Meichenbaum, D. H., & Deffenbacher, J. L. (1988). Stress inoculation training. *Counselling Psychologist, 16*, 69–90.
Meichenbaum, D. H., & Goodman, J. (1971). Training impulsive children to talk to themselves: A means of developing self-control. *Journal of Abnormal Psychology, 77*, 115–126.
Mennin, D. S., Ellard, K. K., Fresco, D. M., & Gross, J. J. (2013). United we stand: Emphasizing commonalities across cognitive-behavioral therapies. *Behavior Therapy, 44*, 234–248.
Merbitz, C. T., Merbitz, N. H., & Pennypacker, H. S. (2016). On terms: Frequency and rate in applied behavior analysis. *Behavior Analyst, 39*, 333–338.
Mercer, K., Li, M., Giangregorio, L., Burns, C., & Grindrod, K. (2016). Behavior change techniques present in wearable activity trackers: A critical analysis. *JMIR mHealth uHealth, 4*(2), e40.
Messer, S. B., & Winokur, M. (1984). Ways of knowing and visions of reality in psychoanalytic therapy and behavior therapy. In H. Arkowitz & S. B. Messer (Eds.), *Psychoanalytic therapy and behavior therapy: Is integration possible?* (pp. 63–100). New York, NY: Plenum Press.
Michael, J. (1982). Distinguishing between discriminative and motivational functions of stimuli. *Journal of the Experimental Analysis of Behavior, 37*, 149–155.
Michael, J. (1986). Repertoire-altering effects of remote contingencies. *Analysis of Verbal Behavior, 4*, 10–18.
Michael, J. (1987). Symposium on the experimental analysis of human behavior: Comments by the discussant. *Psychological Record, 37*, 37–42.
Michael, J. (1991). A behavioral perspective on college teaching. *Behavior Analyst, 14*, 229–239.
Michael, J. (1993). Establishing operations. *Behavior Analyst, 16*, 191–206.
Michael, J. (2000). Implications and refinements of the establishing operation concept. *Journal of Applied Behavior Analysis, 33*, 401–410.
Michael, J. (2007). Motivating operations. In J. O. Cooper, T. E. Heron, & W. L. Heward (Eds.), *Applied behavior analysis* (2nd ed., pp. 374–391). Upper Saddle River, NJ: Prentice-Hall/Merrill.
Midgley, M., Lea, S. E. G., & Kirby, R. M. (1989). Algorithmic shaping and misbehavior in the acquisition of token deposit by rats. *Journal of the Experimental Analysis of Behavior, 52*, 27–40.
Mikulis, W. L. (1983). Thailand and behavior modification. *Journal of Behavior Therapy and Experimental Psychiatry, 14*, 93–97.
Miller, A. L., Rathus, J. H., & Linehan, M. M. (2017). *Dialectical Behavior Therapy with Suicidal Adolescents*. New York, NY: Guilford Press.
Miller, D. L., & Kelley, M. L. (1994). The use of goal setting and contingency contracting for improving children's homework. *Journal of Applied Behavior Analysis, 27*, 73–84.
Miller, N. E., & Dollard, J. (1941). *Social learning and imitation*. New Haven, CT: Yale University Press.
Miller, N. E., & Neuringer, A. (2000). Reinforcing variability in adolescents with autism. *Journal of Applied Behavior Analysis, 33*(2), 151–165.
Miller, W. R. (1996). Motivational interviewing: Research, practice and puzzles. *Addictive Behaviors, 21*, 835–842.
Miltenberger, R. G. (2016). *Behavior modification: Principles and procedures* (6th ed.). Delmont, CA: Thomson Wadsworth.
Miltenberger, R. G., Fuqua, R. W., & Woods, D. W. (1998). Applying behavior analysis to clinical problems: Review and analysis of habit reversal. *Journal of Applied Behavior Analysis, 31*, 447–469.
Mineka, S., & Oehlberg, K. (2008). The relevance of recent developments in classical conditioning to understanding the etiology and maintenance of anxiety disorders. *Acta Psychologica, 127*, 567–580.
Mineka, S., & Zinbarg, R. (2006). A contemporary learning theory perspective on the etiology of anxiety disorders: It's not what you thought it was. *American Psychologist, 61*, 10–26.
Ming, S., & Martin, G. L. (1996). Single-subject evaluation of a self-talk package for improving figure skating performance. *Sport Psychologist, 10*, 227–238.
Moderato, P. (2003). Behaviorism and behavior analysis in Italy. *Newsletter of the International Association for Behavior Analysis, 26*(3), 17–19.
Moher, C. A., Gould, D. D., Hegg, E., & Mahoney, A. M. (2008). Non-generalized and generalized conditioned reinforcers: Establishment and validation. *Behavioral Interventions, 23*, 13–38.
Monson, C. M., Shnaider, P., & Chard, K. M. (2021). Post-traumatic stress disorder. In D. H. Barlow (Ed.), *Clinical handbook of psychological disorders: A step-by-step treatment manual* (6th ed.). New York, NY: Guilford Press.
Montani, J. P., Schutz, Y., & Dulloo, A. G. (2015). Dieting and weight cycling as risk factors for cardiometabolic diseases: Who is really at risk? *Obesity Reviews, Supplement, 1*, 7–18.
Moran, D. J. (2008). Charting a collaborative course. *Behavior Therapist, 31*, 155–157.
Moran, D. J., & Mallott, R. W. (Eds.). (2004). *Evidence-based educational methods*

(pp. 223–243). San Francisco, CA: Elsevier Academic Press.
Morgan, A. (2017). *Fire safety training using video modeling in young children with autism spectrum disorder*. Thesis submitted to Rowan University in partial fulfillment of the degree of Master of Arts in School Psychology.
Morgan, D. L., & Morgan, R. K. (2009). *Single-case research methods for the behavioral and health sciences*. Los Angeles, CA: Sage Publications, Inc.
Morris, E. K., Altus, D. E., & Smith, N. G. (2013). A study in the founding of applied behavior analysis through its publications. *Behavior Analyst, 36*, 73–107.
Morris, R. J., & Kratochwill, T. R. (1983). *Treating children's fears and phobias: A behavioral approach*. New York, NY: Pergamon Press.
Morrison, K. L., Smith, B. M., Ong, C. W., Lee, E. B., Friedel, J. E., Odum, A., Madden, G. J., Ledermann, T., Rung, J., & Twohig, M. P. (2020). Effects of acceptance and commitment therapy on impulsive decision-making. *Behavior Modification, 44*(4), 600–623.
Morrissey, E. C., Corbett, T. K., Walsh, J. C., Molloy, G. J., (2016). Behavior change techniques in apps for medication adherence: A content analysis. *American Journal of Preventive Medicine, 50*(5), e143–e146.
Myerson, J., & Hale, S. (1984). Practical implications of the matching law. *Journal of Applied Behavior Analysis, 17*, 367–380.
Nabeyama, B., & Sturmey, P. (2010). Using behavioral skills training to promote staff and correct staff guarding and ambulance distance of students with multiple physical disabilities. *Journal of Applied Behavior Analysis, 43*, 341–345.
Neef, N. A., Mace, F. C., & Shade, D. (1993). Impulsivity in students with serious emotional disturbances: The interactive effects of reinforcer rate, delay, and quality. *Journal of Applied Behavior Analysis, 26*, 37–52.
Neef, N. A., Mace, F. C., Shea, M. C., & Shade, D. (1992). Effects of reinforcer rate and reinforcer quality on time allocation: Extensions of the matching theory to educational settings. *Journal of Applied Behavior Analysis, 25*, 691–699.
Neef, N. A., Perrin, C. J., & Madden, G. J. (2013). Understanding and treating attention-deficit/hyperactive disorder. In G. J. Madden (Ed.), *APA handbook of behavior analysis: Volume 2, Translating behavioral principles into practice* (pp. 387–404). Washington, DC: American Psychological Association.
Neef, N. A., Perrin, C. J., & Northup, J. (2020). Attention-deficit-hyperactivity disorder. In P. Sturmey (Ed.), *Functional analysis in clinical treatment* (2nd ed.). London: Elsevier Academic Press.
Neef, N. A., Shade, D., & Miller, M. S. (1994). Assessing influential dimensions of reinforcers on choice in students with serious emotional disturbance. *Journal of Applied Behavior Analysis, 27*, 575–583.
Nevin, J. A. (1988). Behavioral momentum and the partial reinforcement effect. *Psychological Bulletin, 103*, 44–56.
Nevin, J. A., & Wacker, D. P. (2013). Response strength and persistence. In G. J. Madden (Ed.), *APA handbook of behavior analysis: Volume 2, Translating behavioral principles into practice* (pp. 109–128). Washington, DC: American Psychological Association.
Nezu, A. M., & Nezu, C. M. (2012). Problem solving. In W. T. O'Donohue & J. E. Fisher (Eds.), *Cognitive behavior therapy: Core principles for practice* (pp. 159–182). Hoboken, NJ: John Wiley & Sons, Inc.
Nezu, A. M., Nezu, C. M., & D'Zurilla, T. (2013). *Problem-solving therapy: A treatment manual*. New York, NY: Springer Publishing Company.
Nhat Hanh, T. (1998). *The heart of the Buddha's teaching: Transforming suffering into peace, joy, and liberation*. Berkeley, CA: Parallax Press.
Nisbet, E. K. L., & Gick, N. L. (2008). Can health psychology help the planet? Applying theory and models of health behavior to environmental actions. *Canadian Psychology, 49*, 296–403.
Nohelty, K., Burns, C., & Dixon, D. R. (2021). A brief history of functional analysis: an update. In J. L. Matson (Ed.), *Functional assessment for challenging behaviors*. New York, NY: Springer Publishing Company.
Nordquist, D. M. (1971). The modification of a child's enuresis: Some response-response relationships. *Journal of Applied Behavior Analysis, 4*, 241–247.
Norton, P. J., & Antony, M. M. (2021). *The anti-anxiety program* (2nd ed.). New York, NY: Guilford Press.
Nosik, M. R., & Carr, J. E. (2015). On the distinction between the motivating operation and setting event concepts. *Behavior Analyst, 38*(2), 219–223.
Nowack, K. (2017). Facilitating successful behavior change: Beyond goal setting to goal flourishing. *Consulting Psychology Journal: Practice and Research, 69*(3), 153–171.
Nyp, S. S., Barone, V. J., Kruger, T., Garrison, C. B., Robertsen, C., & Christophersen, E. R. (2011). Evaluation of developmental surveillance by

physicians at the two-month preventive care visit. *Journal of Applied Behavior Analysis, 44*, 181–185.
O'Brien, R. M. (2008). What would have happened to CBT if the second wave had preceded the first? *Behavior Therapist, 31*, 153–154.
O'Connor, R. T., Lerman, D. C., Fritz, J. N., & Hodde, H. B. (2010). The effects of number and location of bins on plastic recycling at a university. *Journal of Applied Behavior Analysis, 43*, 711–715.
O'Donnell, J. (2001). The discriminative stimulus for punishment or S^{Dp}. *Behavior Analyst, 24*, 261–262.
O'Donnell, J., Crosbie, J., Williams, D. C., & Saunders, K. J. (2000). Stimulus control and generalization of point-loss punishment with humans. *Journal of the Experimental Analysis of Behavior, 73*, 261–274.
O'Donohue, W., & Ferguson, K. E. (2021). Behavior analysis and ethics. In W. W. Fisher, C. C. Piazza, & H. S. Roane (Eds.), *Handbook of applied behavior analysis* (2nd ed.). New York, NY: Guilford Press.
Oei, T. P. S. (Ed.). (1998). *Behavior therapy and cognitive behavior therapy in Asia*. Glebe, Australia: Edumedia.
Ogden, J. (2010). *The psychology of eating: From healthy to disordered behavior* (2nd ed.). Hoboken, NJ: John Wiley & Sons, Inc.
Ohman, A., Dimberg, U., & Ost, L. G. (1984). Animal and social phobias. In S. Reiss & R. Bootzin (Eds.), *Theoretical issues in behavior therapy* (pp. 210–222). New York, NY: Elsevier Academic Press.
Okouchi, H. (2009). Response acquisition by humans with delayed reinforcement. *Journal of the Experimental Analysis of Behavior, 91*, 377–390.
Olenick, D. L., & Pear, J. J. (1980). Differential reinforcement of correct responses to probes and prompts in picture-naming training with severely retarded children. *Journal of Applied Behavior Analysis, 13*, 77–89.
O'Neill, G. W., & Gardner, R. (1983). *Behavioral principles in medical rehabilitation: A practical guide*. Springfield, IL: Charles C Thomas.
Oser, M., Khan, A., Kolodziej, M., Gruner, G., Barsky, A. J., & Epstein, L. (2021). Mindfulness and interoceptive exposure therapy for anxiety sensitivity in atrial fibrillation: A pilot study. *Behavior Modification, 45*(3), 462–479.
Öst, L. G. (2014). The efficacy of acceptance and commitment therapy: An updated systematic review and meta-analysis. *Behaviour Research and Therapy, 61*, 105–121.
Otto, T. L., Torgrud, L. J., & Holborn, S. W. (1999). An operant blocking interpretation of instructed insensitivity to schedule contingencies. *Psychological Record, 49*, 663–684.
Page, T. J., Iwata, B. A., & Neef, N. A. (1976). Teaching pedestrian skills to retarded persons: Generalization from the classroom to the natural environment. *Journal of Applied Behavior Analysis, 9*, 433–444.
Pal-Hegedus, C. (1991). Behavior analysis in Costa Rica. *Behavior Therapist, 14*, 103–104.
Palmer, D. C. (2004). Data in search of a principle: A review of relational frame theory: A post-Skinnerian account of human language and cognition. *Journal of the Experimental Analysis of Behavior, 81*, 189–204.
Palomba, D., Ghisi, M., Scozzari, S., Sarlo, M., Bonso, E., Dorigatti, F., & Palatini, P. (2011). Biofeedback-assisted cardiovascular control in hypertensives exposed to emotional stress: A pilot study. *Applied Physiology and Biofeedback, 36*, 185–192.
Paradis, C. M., Friedman, S., Hatch, M. L., & Ackerman, R. (1996). Cognitive behavioral treatment of anxiety disorders in orthodox Jews. *Cognitive and Behavioral Practice, 3*, 271–288.
Pavlov, I. P. (1927). *Conditioned reflexes: An investigation of the physiological activity of the cerebral cortex* (G. V. Anrep, Trans.). London: Oxford University Press.
Pear, J. J. (2004). A spatiotemporal analysis of behavior. In J. E. Burgos & E. Ribes (Eds.), *Theory, basic and applied research and technological applications in behavior science: Conceptual and methodological issues* (pp. 131–149). Guadalajara: University of Guadalajara Press.
Pear, J. J. (2007). *A historical and contemporary look at psychological systems*. Mahwah, NJ: Lawrence Erlbaum Associates.
Pear, J. J. (2012). Behavioral approaches to instruction. In N. M. Seel (Ed.), *Encyclopedia of the sciences of learning* (Vol. 1, pp. 429–432). New York, NY: Springer Publishing Company.
Pear, J. J. (2016a). *The science of learning* (2nd ed.). New York, NY: Taylor & Francis.
Pear, J. J. (2016b). What's in a name? Is the science of learning identical to behavior analysis? *European Journal of Behavior Analysis, 17*, 31–40.
Pear, J. J., & Crone-Todd, D. E. (2002). A social constructivist approach to computer-mediated instruction. *Computers & Education, 38*, 221–231.
Pear, J. J., & Eldridge, G. D. (1984). The operant-respondent distinction: Future directions. *Journal of the Experimental Analysis of Behavior, 42*, 453–467.

Pear, J. J., & Falzarano, F. M. (in press). From early systems of instruction (ESI) to personalized system of instruction (PSI): A brief history. In A. DeSouza & D. E. Crone-Todd (Eds.), *Behavior Science in Higher Education & Supervision.* London: Vernon.

Pear, J. J., & Legris, J. A. (1987). Shaping of an arbitrary operant response by automated tracking. *Journal of the Experimental Analysis of Behavior, 47,* 241–247.

Pear, J. J., & Martin, G. L. (2012). Behavior modification, behavior therapy, applied behavior analysis, and learning. In N. M. Seel (Ed.), *Encyclopedia of the sciences of learning* (Vol. 1, pp. 421–424). New York, NY: Springer Publishing Company.

Pear, J. J., & Martin, T. L. (2004). Making the most of PSI with computer technology. In D. J. Moran & R. W. Malott (Eds.), *Evidence-based educational methods* (pp. 223–243). San Diego, CA: Elsevier Academic Press.

Pear, J. J., Schnerch, G. J., Silva, K. M., Svenningsen, L., & Lambert, J. (2011). Web-based computer-aided personalized system of instruction. In W. Buskist & J. E. Groccia (Eds.), *New directions for teaching and learning: Evidenced-based teaching* (Vol. 128, pp. 85–94). San Francisco, CA: Jossey-Bass.

Pear, J. J., & Simister, H. D. (2016). Behavior modification. In H. E. A. Tinsley, S. H. Lease, & N. S. G. Wiersma (Eds.), *Contemporary theory and practice of counseling and psychotherapy* (pp. 145–172). Thousand Oaks, CA: Sage Publications, Inc.

Pederson, P., Lonner, W., Draguns, J., Trimble, J. E., & Scharrón-del Río, M. R. (2015). *Counseling across cultures* (7th ed.). Amazon.

Pelaez, M., Virues-Ortega, J., Gewirtz, J. L. (2011). Reinforcement of vocalizations through contingent vocal imitation. *Journal of Applied Behavior Analysis, 44,* 33–40.

Pennington, B., & McComas, J. J. (2017). Effects of the good behavior game across classroom contexts. *Journal of Applied Behavior Analysis, 50*(1), 176–180.

Perin, C. T. (1943). The effect of delayed reinforcement upon the differentiation of bar responses in white rats. *Journal of Experimental Psychology, 32,* 95–109.

Perlis, M. (2012). Why treat insomnia and what is CBT-I? *Cognitive Therapy Today, 17*(2), 4–7.

Perlis, M., Jungquist, C., Smith, M., & Posner, D. (2008). *Cognitive behavioral treatment of insomnia: A session-by-session guide.* New York, NY: Springer Publishing Company.

Perri, M. G., Limacher, M. C., Durning, P. E., Janicke, D. M., Lutes, L. D., Bobroff, L. B., & Martin, A. D. (2008). Extended-care programs for weight management in rural communities: The treatment of obesity in underserved rural settings (TOURS) randomized trial. *Archives of Internal Medicine, 168,* 2347–2354.

Perri, M. G., & Richards, C. S. (1977). An investigation of naturally occurring episodes of self-controlled behaviors. *Journal of Consulting Psychology, 24,* 178–183.

Perry, A., Pritchard, E. A., & Penn, H. E. (2006). Indicators of quality teaching in intensive behavioral intervention: A survey of parents and professionals. *Behavioral Interventions, 21,* 85–96.

Peters-Scheffer, N., & Didden, R. (2020). Functional analysis methodology in developmental disabilities. In P. Sturmey (Ed.), *Functional analysis in clinical treatment* (2nd ed.). London: Elsevier Academic Press.

Petit-Frere, P., & Miltenberger, R. G. (2021). Evaluating a modified behavioral skills training procedure for teaching poison prevention skills to children with autism. *Journal of Applied Behavior Analysis, 54*(2), 783–792.

Phelan, S., Hill, J. O., Lang, W., Dibello, J. R., & Wing, R. R. (2003). Recovery from relapse among successful weight maintainers. *American Journal of Clinical Nutrition, 78,* 1079–1084.

Phillips, E. L. (1968). Achievement Place: Token reinforcement procedures in a home-style rehabilitation setting for "pre-delinquent" boys. *Journal of Applied Behavior Analysis, 1,* 213–223.

Phillips, E. L., Phillips, E. A., Fixsen, D. L., & Wolf, M. M. (1973). Behavior shaping works for delinquents. *Psychology Today, 7*(1), 75–79.

Phillips, E. L., Phillips, E. A., Fixsen, D. L., & Wolf, M. M. (1974). *The teaching family handbook* (2nd ed.). Lawrence, KS: University of Kansas Printing Service.

Piazza, C. C., Fisher, W. W., Brown, K. A., Shore, B. A., Patel, M. R., Katz, R. M., … Blakely-Smith, A. (2003). Functional analysis of inappropriate mealtime behaviors. *Journal of Applied Behavior Analysis, 36,* 187–204.

Piazza, C. C., Patel, M. R., Goulatta, G. S., Sevin, B. M., & Layer, S. A. (2003). On the relative contributions of positive reinforcement and extinction in the treatment of food refusal. *Journal of Applied Behavior Analysis, 36,* 309–324.

Pierce, K., & Schreibman, L. (1997). Multiple peer use of pivotal response training to increase social behaviors of classmates with autism: Results from trained and untrained peers. *Journal of Applied Behavior Analysis, 30,* 157–160.

Pi-Sunyer, X. (2009). The medical risks of obesity. *Postgraduate Medicine, 121*(6), 21–33.
Plaud, J. J. (2020). Sexual disorders. In P. Sturmey (Ed.), *Functional analysis in clinical treatment* (2nd ed.). London: Elsevier Academic Press.
Plavnick, J. B., & Ferreri, S. J. (2011). Establishing verbal repertoires in children with autism using function-based video modeling. *Journal of Applied Behavior Analysis, 44*, 747–766.
Plimpton, G. (1965). Ernest Hemingway. In G. Plimpton (Ed.), *Writers at work: The Paris Review interviews* (2nd series, pp. 215–239). New York, NY: Viking.
Plutchik, R. (2001). The nature of emotions. *American Scientist, 89*, 344–350.
Polenchar, B. F., Romano, A. G., Steinmetz, J. E., & Patterson, M. M. (1984). Effects of US parameters on classical conditioning of cat hindlimb flexion. *Animal Learning and Behavior, 12*, 69–72.
Polenick, C. A., & Flora, S. R. (2013). Behavioral activation for depression in older adults: Theoretical and practical considerations. *Behavior Analyst, 36*, 35–55.
Poling, A. (2010). Progressive ratio schedules and applied behavior analysis. *Journal of Applied Behavior Analysis, 43*, 347–349.
Pompoli, A., Furukawa, T. A., Efthimiou, O., Imai, H., Tajika, A., & Salanti, G. (2018). Dismantling cognitive-behaviour therapy for panic disorder: A systematic review and component network meta-analysis. *Psychological Medicine*. No pagination specified.
Poppen, R. L. (1989). Some clinical implications of rule-governed behavior. In S. C. Hayes (Ed.), *Rule-governed behavior: Cognition, contingencies, and instructional control* (pp. 325–357). New York, NY: Plenum Press.
Pouthas, V., Droit, S., Jacquet, A. Y., & Wearden, J. H. (1990). Temporal differentiation of response duration in children of different ages: Developmental changes in relations between verbal and nonverbal behavior. *Journal of the Experimental Analysis of Behavior, 53*, 21–31.
Préfontaine, I., Lanovaz, M. J., McDuff, E., McHugh, C., & Cook, J. L. (2019). Using mobile technology to reduce engagement in stereotypy: A validation of decision-making algorithms. *Behavior Modification, 43*, 222–245.
Premack, D. (1959). Toward empirical behavioral laws. I: Positive reinforcement. *Psychological Review, 66*, 219–233.
Premack, D. (1965). Reinforcement theory. In D. Levin (Ed.), *Nebraska symposium on motivation* (pp. 123–180). Lincoln: University of Nebraska.
Prendeville, J. A., Prelock, P. A., & Unwin, G. (2006). Peer play interventions to support the social competence of children with autism spectrum disorders. *Seminars in Speech and Language, 27*, 32–46.
Prilleltensky, I. (2008). The role of power in wellness, depression, and liberation: The promise of psycho-political validity. *Journal of Community Psychology, 36*, 116–136.
Pritchard, R. D., Young, B. L., Koenig, N., Schmerling, D., & Dixon, N. W. (2013). Long-term effects of goal setting on performance with the productivity measurement and enhancement system (ProMES). In E. A. Locke & G. P. Latham (Eds.), *New developments in goal setting and task performance* (pp. 233–245). New York, NY: Routledge.
Protopopova, A., Kisten, D., & Wynne, C. (2016). Evaluating a humane alternative to the bark collar: Automated differential reinforcement of not barking in a home-alone setting. *Journal of Applied Behavior Analysis, 49*(4), 735–744.
Purcell, D. W., Campos, P. E., & Perilla, J. L. (1996). Therapy with lesbians and gay men: A cognitive behavioral perspective. *Cognitive and Behavioral Practice, 3*, 391–415.
Pyles, D. A. M., & Bailey, J. S. (1990). Diagnosing severe behavior problems. In A. C. Repp & N. N. Singh (Eds.), *Perspectives on the use of nonaversive interventions for persons with developmental disabilities* (pp. 381–401). Sycamore, IL: Sycamore Press.
Quarti, C., & Renaud, J. (1964). A new treatment of constipation by conditioning: A preliminary report. In C. M. Franks (Ed.), *Conditioning techniques in clinical practice and research* (pp. 219–227). New York, NY: Springer Publishing Company.
Querim, A. C., Iwata, B. A., Roscoe, E. M., Schlichenmeyer, K. J., Virués Ortega, J., & Hurl, K. E. (2013). Functional analysis screening for problem behavior maintained by automatic reinforcement. *Journal of Applied Behavior Analysis, 46*, 47–60.
Rachlin, H. (2011). Baum's private thoughts. *Behavior Analyst, 34*, 209–212.
Rachman, S. (2015). The evolution of behaviour therapy and cognitive behaviour therapy. *Behaviour Research and Therapy, 64*, 1–8.
Raiff, B. R., Jarvis, B. P., & Dallery, J. (2016). Text-message reminders plus incentives increase adherence to antidiabetic medication in adults with type 2 diabetes. *Journal of Applied Behavior Analysis, 49*(4), 947–953.
Rajaraman, A., & Hanley, G. (2021). Mand compliance as a contingency controlling problem behavior: A systematic review. *Journal of Applied Behavior Analysis, 54*(1), 103–121.

Rayner, C., Denholm, C., & Sigafoos, J. (2009). Video-based intervention for individuals with autism: Key questions that remain unanswered. *Research in Autism Spectrum Disorders, 3,* 291–303.

Reagon, K. A., & Higbee, T. S. (2009). Parent-implemented script-fading to promote play-based verbal initiations in children with autism. *Journal of Applied Behavior Analysis, 42,* 649–664.

Rector, N. A. (2013). Acceptance and commitment therapy: Empirical considerations. *Behavior Therapy, 44,* 213–217.

Reed, D. D., & Luiselli, J. K. (2009). Antecedents to a paradigm: Ogden Lindsley and B. F. Skinner's founding of "behavior therapy." *Behavior Therapist, 32,* 82–85.

Rego, S. A., Barlow, D. H., McCrady, B. S., Persons, J. B., Hildebrandt, T. B., & McHugh, R. K. (2009). Implementing empirically supported treatments in real-world clinical settings: Your questions answered! *Behavior Therapist, 32,* 52–58.

Reid, D. H., O'Kane, N. P., & Macurik, K. M. (2021). Staff training and management. In W. W. Fisher, C. C. Piazza, & H. S. Roane (Eds.), *Handbook of applied behavior analysis* (2nd ed.). New York, NY: Guilford Press.

Reitman, D., Boerke, K. W., & Vassilopoulos, A. (2021). Token economies. In W. W. Fisher, C. C. Piazza, & H. S. Roane (Eds.), *Handbook of applied behavior analysis* (2nd ed.). New York, NY: Guilford Press.

Repp, A. C., Deitz, S. M., & Deitz, D. E. (1976). Reducing inappropriate behaviors in classrooms and individual sessions through DRO schedules of reinforcement. *Mental Retardation, 14,* 11–15.

Resick, P. A., Monson, C. M., & Chard, K. M. (2017). *Cognitive processing therapy for PTSD: A comprehensive manual.* New York, NY: Guilford Press.

Reyes, J. R., Vollmer, T. R., & Hall, A. (2017). Comparison of arousal and preference assessment outcomes for sex offenders with intellectual disabilities. *Journal of Applied Behavior Analysis, 51*(1), 40–52.

Reynolds, L. K., & Kelley, M. L. (1997). The efficacy of a response-cost based treatment package for managing aggressive behavior in preschoolers. *Behavior Modification, 21,* 216–230.

Rice, A., Austin, J., & Gravina, N. (2009). Increasing customer service behaviors using manager-delivered task clarification and social praise. *Journal of Applied Behavior Analysis, 42,* 665–669.

Richards, S. B., Taylor, R. L., & Ramasamy, R. (2014). *Single subject research: Applications in educational and clinical settings* (2nd ed.). Belmont, CA: Wadsworth.

Richman, G. S., Reiss, M. L., Bauman, K. E., & Bailey, J. S. (1984). Training menstrual care to mentally retarded women: Acquisition, generalization, and maintenance. *Journal of Applied Behavior Analysis, 17,* 441–451.

Rincover, A. (1978). Sensory extinction: A procedure for eliminating self-stimulatory behavior in psychotic children. *Journal of Abnormal Child Psychology, 6,* 299–310.

Rincover, A., Cook, R., Peoples, A., & Packard, D. (1979). Sensory extinction and sensory reinforcement principles for programming multiple adaptive behavior change. *Journal of Applied Behavior Analysis, 12,* 221–233.

Rincover, A., & Devaney, J. (1982). The application of sensory extinction procedures to self-injury. *Analysis and Intervention in Developmental Disabilities, 2,* 67–81.

Roane, H. S. (2008). On the applied use of progressive-ratio schedules of reinforcement. *Journal of Applied Behavior Analysis, 41,* 155–161.

Roberts, R. N. (1979). Private speech in academic problem-solving: A naturalistic perspective. In G. Zevin (Ed.), *The development of self-regulation through private speech* (pp. 295–323). New York, NY: Wiley-Blackwell.

Roberts, R. N., & Tharp, R. G. (1980). A naturalistic study of children's self-directed speech in academic problem-solving. *Cognitive Research and Therapy, 4,* 341–353.

Robichaud, M., Koerner, N., & Dugas, M. J. (2019). *Cognitive-behavioral treatment for generalized anxiety disorder: From science to practice.* New York, NY: Routledge.

Robins, C. J., Schmidt, H., III, & Linehan, M. M. (2011). Dialectical behavior therapy: Synthesizing radical acceptance with skillful means. In S. C. Hayes, V. M. Follette, & M. M. Linehan (Eds.), *Mindfulness and acceptance: Expanding the cognitive behavioral tradition* (2nd ed.). New York, NY: Guilford Press.

Robinson, G., & Robinson, I. (2016). Radar speed gun true velocity measurements of sports balls in flight: Application to tennis. *Physica Scripta, 91*(2) No pagination specified.

Rodrigue, J. R., Banko, C. G., Sears, S. F., & Evans, G. (1996). Old territory revisited: Behavior therapists in rural America and innovative models of service delivery. *Behavior Therapist, 19,* 97–100.

Roll, J. M., Madden, G. M., Rawson, R., & Petry, N. M. (2009). Facilitating the adoption of contingency management for the treatment of substance use disorders. *Behavior Analysis in Practice, 2,* 4–13.

Romano, L. M., & St. Peter, C. C. (2017). Omission training results in more resurgence than alternative reinforcement. *Psychological Record, 67*, 315–324.

Romano-Lax, A. (2017). *Behave*. New York, NY: Soho Press.

Roose, K. M., & Williams, W. L. (2018). An evaluation of the effects of very difficult goals. *Journal of Organizational Behavior Management, 38*(1), 18–48.

Rosales, M. K., Wilder, D. A., Montalvo, M., & Fagan, B. (2021). Evaluation of the high-probability instructional sequence to increase compliance with multiple low-probability instructions among children with autism. *Journal of Applied Behavior Analysis, 54*(2), 760–769.

Ross, S. W., & Horner, R. H. (2009). Bully prevention in positive behavior support. *Journal of Applied Behavior Analysis, 42*, 747–759.

Rovetto, F. (1979). Treatment of chronic constipation by classical conditioning techniques. *Journal of Behavior Therapy and Experimental Psychiatry, 10*, 143–146.

Roy-Wsiaki, G., Marion, C., Martin, G. L., & Yu, C. T. (2010). Teaching a child with autism to request information by asking "What?"*Developmental Disabilities Bulletin, 38*, 55–74.

Rubio, E. K., McMahon, M. X. H., & Volkert, V. M. (2021). A systematic review of physical guidance procedures as an open-mouth prompt to increase acceptance for children with pediatric feeding disorders. *Journal of Applied Behavior Analysis, 54*(1), 144–167.

Ruiz, F. J. (2010). A review of acceptance and commitment therapy empirical evidence: Correlation, experimental psychopathology, component and outcome studies. *International Journal of Psychology and Psychological Therapy, 10*, 125–162.

Russell, D., Ingvarsson, E. T., & Haggar, J. L. (2018). Using progressive ratio schedules to evaluate tokens as generalized conditioned reinforcers. *Journal of Applied Behavior Analysis, 51*, 40–52.

Russell, D., Ingvarsson, E. T., Haggar, J. L., & Jessel, J. (2018). Using progressive ratio schedules to evaluate tokens as generalized conditioned reinforcers. *Journal of Applied Behavior Analysis, 50*(2), 345–356.

Rye Hanton, C., Kwon, Y. J., Aung, T., Whittington, J., High, R. R., Goulding, E. H., Schenk, A. K., & Bonasera, S. J. (2017). Mobile phone-based measures of activity, step count, and gait speed: Results from a study of older ambulatory adults in a naturalistic setting. *JMIR mHealth and Uhealth, 5*(10), e104.

Saari, L. M. (2013). Goal setting and organizational transformation. In E. A. Locke & G. P. Latham (Eds.), *New developments in goal setting and task performance* (pp. 262–269). New York, NY: Routledge.

Safer, D. L., Telch, C. F., & Chen, E. Y. (2017). *Dialectical behavior therapy for binge eating and bulimia*. New York, NY: Guilford Press.

Saini, V., Fisher, W. W., Betz, A. M., & Piazza, C. C. (2021). Functional analysis: History and methods. In W. W. Fisher, C. C. Piazza, & H. S. Roane (Eds.), *Handbook of applied behavior analysis* (2nd ed.). New York, NY: The Guildford Press.

Saini, V., Retzlaff, B., Roane, H. S., & Piazza, C. C. (2021). Identifying and enhancing the effectiveness of positive reinforcement. In W. W. Fisher, C. C. Piazza, & H. S. Roane (Eds.), *Handbook of applied behavior analysis* (2nd ed.). New York, NY: Guilford Press.

Sajwaj, T., Libet, J., & Agras, S. (1974). Lemon-juice therapy: The control of life-threatening rumination in a six-month-old infant. *Journal of Applied Behavior Analysis, 7*, 557–563.

Sakano, Y. (1993). Behavior therapy in Japan: Beyond the cultural impediments. *Behavior Change, 10*, 19–21.

Salend, S. J., Ellis, L. L., & Reynolds, C. J. (1989). Using self-instructions to teach vocational skills to individuals who are severely retarded. *Education and Training in Mental Retardation, 24*, 248–254.

Salmivalli, C. (2002). Is there an age decline in victimization by peers at school? *Educational Research, 44*, 269–277.

Salmon, D. J., Pear, J. J., & Kuhn, B. A. (1986). Generalization of object naming after training with picture cards and with objects. *Journal of Applied Behavior Analysis, 19*, 53–58.

Salzinger, K. (2008). Waves or ripples? *Behavior Therapist, 31*, 147–148.

Sanivio, E. (1999). Behavioral and cognitive therapy in Italy. *Behavior Therapist, 22*, 69–75.

Schedlowski, M., & Pacheco-López, G. (2010). The learned immune response: Pavlov and beyond. *Brain, Behavior, and Immunity, 24*, 176–185.

Scherer, K. R. (2000). Emotions as episodes of subsystem synchronization driven by nonlinear appraisal processes. In M. D. Lewis & I. Granic (Eds.), *Emotion, development, and self-organization: Dynamic systems approaches to emotional development* (pp. 70–99). Cambridge: Cambridge University Press.

Schleien, S. J., Wehman, P., & Kiernan, J. (1981). Teaching leisure skills to severely handicapped adults: An age-appropriate darts game. *Journal of Applied Behavior Analysis, 14*, 513–519.

Schlesinger, C. (2004). Australian Association for Cognitive and Behavior Therapy. *Newsletter of the International Association for Behavior Analysis, 27*(2), 20–21.

Schlinger, H. D., Derenne, A., & Baron, A. (2008). What 50 years of research tell us about pausing under ratio schedules of reinforcement. *Behavior Analyst, 31*, 39–60.

Schlinger, H. D., Jr. (2011). Introduction: Private events in a natural science of behavior. *Behavior Analyst, 34*, 181–184.

Schlinger, H. D., Jr., & Normand, M. (2013). On the origin and functions of the term functional analysis. *Journal of Applied Behavior Analysis, 46*, 285–288.

Schloss, P. J., Smith, M., Santora, C., & Bryant, R. (1989). A respondent conditioning approach to reducing anger responses of a dually-diagnosed man with mild mental retardation. *Behavior Therapy, 20*, 459–464.

Schmidt, F. L. (2013). The economic value of goal setting to employers. In E. A. Locke & G. P. Latham (Eds.), *New developments in goal setting and task performance* (pp. 16–20). New York, NY: Routledge.

Schoenfeld, W. N. and Farmer, J. (1970). Reinforcement schedules and the "behavior stream." In W. N. Schoenfeld (Ed.), *The theory of reinforcement schedules* (pp. 215–245). New York, NY: Appleton-Century-Crofts.

Schoeppe, S., Alley, S., Van Lippevelde, W., Bray, N. A., Williams, S., Duncan, M. J., & Vandelanotte, C. (2016). Efficacy of interventions that use apps to improve diet, physical activity and sedentary behaviour: A systematic review. *International Journal of Behavioral Nutrition and Physical Activity, 13*, 127.

Schrager, J. D., Shayne, P., Wolf, S., Das, S., Patzer, R. E., White, M., & Heron, S. (2017). Assessing the influence of a Fitbit physical activity monitor on the exercise practices of emergency medicine residents: A pilot study. *JMIR mHealth and uHealth*, e2.

Schreibman, L. (1975). Effects of within-stimulus and extrastimulus prompting on discrimination learning in autistic children. *Journal of Applied Behavior Analysis, 8*, 91–112.

Schunk, D. H. (1987). Peer models and children's behavioral change. *Review of Educational Research, 57*, 149–174.

Schwartz, M. S., & Andrasic, F. (2017). *Biofeedback: A practitioner's guide* (4th ed.). New York, NY: Guilford Press.

Scott, M. A., Barclay, B. R., & Houts, A. C. (1992). Childhood enuresis: Etiology, assessment, and current behavioral treatment. In M. Hersen, R. N. Eisler, & P. M. Miller (Eds.), *Progress in behavior modification* (Vol. 28, pp. 84–119). Sycamore, IL: Sycamore Press.

Scott, R. W., Peters, R. D., Gillespie, W. J., Blanchard, E. B., Edmundson, E. D., & Young, L. D. (1973). The use of shaping and reinforcement in the operant acceleration and deceleration of heart rate. *Behaviour Research and Therapy, 11*, 179–185.

Scrimali, T., & Grimaldi, L. (1993). Behavioral and cognitive psychotherapy in Italy. *Behavior Therapist, 16*, 265–266.

Seabaugh, G. O., & Schumaker, J. B. (1994). The effects of self-regulation training on the academic productivity of secondary students with learning problems. *Journal of Behavioral Education, 4*, 109–133.

Searight, H. R. (1998). *Behavioral medicine: A primary care approach*. Philadelphia, PA: Brunner-Mazel.

Seigts, G. H., Meertens, R. M., & Kok, G. (1997). The effects of task importance and publicness on the relation between goal difficulty and performance. *Canadian Journal of Behavioural Science, 29*, 54–62.

Seijts, G. H., Latham, G. P., & Woodwark, M. (2013). Learning goals: A qualitative and quantitative review. In E. A. Locke & G. P. Latham (Eds.), *New developments in goal setting and task performance* (pp. 195–212). New York, NY: Routledge.

Seiverling, L., Williams, K., Sturmey, P., & Hart, S. (2012). Effects of behavioral skills training on parental treatment of children's food selectivity. *Journal of Applied Behavior Analysis, 45*, 197–203.

Seligman, M. E. P. (1971). Phobias and preparedness. *Behavior Therapy, 2*, 307–321.

Sellers, T. P., Valentino, A. L., & LeBlanc, L. A. (2016). Recommended practices for individual supervision of aspiring behavior analysts. *Behavior Analysis in Practice, 9*(4), 274–286.

Semb, G., & Semb, S. A. (1975). A comparison of fixed-page and fixed-time reading assignments in elementary school children. In E. Ramp & G. Semb (Eds.), *Behavior analysis: Areas of research and application* (pp. 233–243). Upper Saddle River, NJ: Prentice-Hall.

Sexton, E. L., Datchi, C., Evans, L., LaFollette, J., & Wright, L. (2013). The effectiveness of couple and family-based clinical interventions. In M. J. Lambert (Ed.), *Bergin and Garfield's handbook of psychotherapy and behavior change* (6th ed., pp. 587–639). Hoboken, NJ: John Wiley & Sons, Inc.

Shahan, T. A., Bickel, W. K., Madden, G. J., & Badger, G. J. (1999). Comparing the reinforcing efficacy of nicotine containing and denicotinized cigarettes: A behavioral economic analysis. *Psychopharmacology, 147*, 210–216.

Shayne, R. K., Fogel, V. A., Miltenberger, R. G., & Koehler, S. (2012). The effects of exergaming on physical activity in a third-grade physical education class. *Journal of Applied Behavior Analysis, 45*, 211–215.

Sherrington, C. S. (1947). *The integrative action of the central nervous system*. Cambridge: Cambridge University Press.

Shilts, M. K., Townsend, M. S., & Dishman, R. K. (2013). Using goal setting to promote health behavior changes: Diet and physical activity. In E. A. Locke & G. P. Latham (Eds.), *New developments in goal setting and task performance* (pp. 415–438). New York, NY: Routledge.

Shimoff, E., Matthews, B. A., & Catania, A. C. (1986). Human operant performance: Sensitivity and pseudosensitivity to contingencies. *Journal of the Experimental Analysis of Behavior, 46*, 149–157.

Shook, G. L., & Favell, J. E. (2008). The behavior analyst certification board and the profession of behavior analysis. *Behavior Analysis in Practice, 1*, 44–48.

Sidman, M. (1953). Avoidance conditioning with brief shock and no exteroceptive warning signal. *Science, 118*, 157–158.

Sidman, M. (1960). *Tactics of scientific research*. New York, NY: Basic Books.

Siedentop, D. (1978). The management of practice behavior. In W. F. Straub (Ed.), *Sport psychology: An analysis of athletic behavior* (pp. 42–61). Ithaca, NY: Mouvement.

Siedentop, D., & Tannehill, D. (2000). *Developing teaching skills in physical education* (4th ed.). Mountain View, CA: Mayfield.

Sigurdsson, V., Saevarsson, H., & Foxall, G. (2009). Brand placement and consumer choice: An in-store experiment. *Journal of Applied Behavior Analysis, 42*, 741–745.

Silber, J. M., & Martens, B. K. (2010). Programming for the generalization of oral reading fluency: Repeated readings of entire text versus multiple exemplars. *Journal of Behavioral Education, 19*, 30–46.

Simek, T. C., & O'Brien, R. M. (1981). *Total golf: A behavioral approach to lowering your score and getting more out of your game*. Huntington, NY: B-Mod Associates.

Simó-Pinatella, D., Font-Roura, J., Planella-Morató, J., McGill, P., Alomar-Kurz, E., & Giné, C. (2013). Types of motivating operations in interventions with problem behavior: A systematic review. *Behavior Modification, 37*, 3–38.

Singh, N. N., Wahler, R. G., Adkins, A. D., & Myers, R. E. (2003). Soles of the feet: A mindfulness-based self-control intervention for aggression by an individual with mild mental retardation and mental illness. *Research in Developmental Disabilities, 24*(1), 58–169.

Sivaraman, M., Virues-Ortega, J., & Roeyers, H. (2021). Telehealth mask wearing training for children with autism during the COVID-19 pandemic. *Journal of Applied Behavior Analysis, 54*(1), 70–86.

Skinner, B. F. (1938). *The behavior of organisms*. New York, NY: Appleton-Century-Crofts.

Skinner, B. F. (1948a). "Superstition" in the pigeon. *Journal of Experimental Psychology, 38*, 168–172.

Skinner, B. F. (1948b). *Walden two*. New York, NY: Macmillan.

Skinner, B. F. (1953). *Science and human behavior*. New York, NY: Macmillan.

Skinner, B. F. (1957). *Verbal behavior*. New York, NY: Appleton-Century-Crofts.

Skinner, B. F. (1958). Teaching machines. *Science, 128*, 969–977.

Skinner, B. F. (1960). Pigeons in a pelican. *American Psychologist, 15*, 28–37.

Skinner, B. F. (1968). *The technology of teaching*. New York, NY: Appleton-Century-Crofts.

Skinner, B. F. (1969). *Contingencies of reinforcement: A theoretical analysis*. New York, NY: Appleton-Century-Crofts.

Skinner, B. F. (1971). *Beyond freedom and dignity*. New York, NY: Knopf.

Skinner, B. F. (1974). *About behaviorism*. New York, NY: Knopf.

Skinner, B. F. (1989). *Recent issues in the analysis of behavior*. Columbus, OH: Charles E. Merrill.

Skinner, B. F., & Vaughan, N. E. (1983). *Enjoy old age: A program of self-management*. New York, NY: W. W. Norton.

Slocom, S. K., & Tiger, J. H. (2011). An assessment of the efficiency of and child preference for forward and backward chaining. *Journal of Applied Behavior Analysis, 44*, 793–805.

Slowiak, J. M. (2021). An introduction to the special issue on behavior analysis in health, sport, and fitness. *Behavior Analysis: Research and Practice, 21*(3), 170–173.

Smith, C. A., Smith, R. G., Dracobly, J. D., & Pace, A. P. (2012). Multiple-respondent anecdotal assessments: An analysis of interrupter agreement and correspondence with analogue assessment outcomes. *Journal of Applied Behavior Analysis, 45*, 779–795.

Smith, D., Hayward, D. W., Gale, C. M., Eikeseth, S., & Klintwall, L. (2021). Treatment gains from early and intensive behavioral intervention

(EIBI) are maintained 10 years later. *Behavior Modification, 45*(4), 581–601.

Smith, G. J. (1999). Teaching a long sequence of behavior using whole task training, forward chaining, and backward chaining. *Perceptual and Motor Skills, 89*, 951–965.

Smith, M. T., Perlis, M., Park, A., Smith, M. S., Pennington, J., Giles, G. E., & Buysse, D. J. (2002). Comparative meta-analysis of pharmacotherapy and behavior therapy for persistent insomnia. *American Journal of Psychiatry, 159*(1), 5–11.

Smith, R. E. (1988). The logic and design of case study research. *Sport Psychologist, 2*, 1–12.

Smith, R. G. (2021). Developing antecedent interventions for problem behavior. In W. W. Fisher, C. C. Piazza, & H. S. Roane (Eds.), *Handbook of applied behavior analysis* (2nd ed.). New York, NY: Guilford Press.

Smith, R. G., Michael, J., & Sundberg, M. L. (1996). Automatic reinforcement and automatic punishment in infant vocal behavior. *Analysis of Verbal Behavior, 13*, 39–48.

Smith, T. R., & Jacobs, E. A. (2015). Concurrent token production in rats. *Psychological Record, 65*, 101–113.

Snodgrass, M. R., Moon, Y. C., Kretzer, J. M., Biggs, E. E. (2022). Rigorous assessment of social validity: A scoping review of a 40-year conversation. *Remedial and Special Education, 43*(2), 114–130.

Snyder, D. K., & Halford, W. K. (2012). Evidence-based couple therapy: Current status and future directions. *Journal of Family Therapy, 34*, 229–249.

Snyder, J., Schrepferman, L., & St. Peter, C. (1997). Origins of antisocial behavior: Negative reinforcement and affect disregulation of behavior as socialization mechanisms in family interaction. *Behavior Modification, 21*, 187–215.

Sobell, M. B., & Sobell, L. C. (1993). *Problem drinkers: Guided self-change treatment*. New York, NY: Guilford Press.

Spiegel, T. A., Wadden, T. A., & Foster, G. D. (1991). Objective measurement of eating rate during behavioral treatment of obesity. *Behavior Therapy, 22*, 61–67.

Spiegler, M. D. (2015). *Contemporary behavior therapy* (6th ed.). Belmont, CA: Wadsworth/Thompson Learning.

Spieler, C., & Miltenberger, R. (2017). Using awareness training to decrease nervous habits during public speaking. *Journal of Applied Behavior Analysis, 50*(1), 38–47.

Spinelli, P. R., & Packard, T. (1975, February). *Behavioral self-control delivery systems*. Paper presented at the National Conference on Behavioral Self-Control, Salt Lake City, UT.

Spooner, F. (1984). Comparisons of backward chaining and total task presentation in training severely handicapped persons. *Education and Training of the Mentally Retarded, 19*, 15–22.

Spooner, F., & Spooner, D. (1984). A review of chaining techniques: Implications for future research and practice. *Education and Training of the Mentally Retarded, 19*, 114–124.

Spradlin, J. E., Simon, J. L., & Fisher, W. W. (2021). Stimulus control and generalization. In W. W. Fisher, C. C. Piazza, & H. S. Roane (Eds.), *Handbook of applied behavior analysis* (2nd ed.). New York, NY: Guilford Press.

Sprague, J. R., & Horner, R. H. (1984). The effects of single-instance, multiple-instance, and general case training on generalized vending machine use by moderately and severely handicapped students. *Journal of Applied Behavior Analysis, 17*, 273–278.

Stainback, W. C., Payne, J. S., Stainback, S. B., & Payne, R. A. (1973). *Establishing a token economy in the classroom*. Columbus, OH: Charles E. Merrill.

Stallman, H. M., & Sanders, M. R. (2014). A randomized controlled trial of Family Transitions Triple P: A group-administered parenting program to minimize the adverse effects of parental divorce on children. *Journal of Divorce and Remarriage, 55*, 33–48.

Stark, M. (1980). The German Association of Behavior Therapy. *Behavior Therapist, 3*, 11–12.

Stasolla, F., Caffò, A. O., Perilli, V., Boccasini, A., Stella, A., Damiani, R., … Damato, C. (2017). A microswitch-based program for promoting initial ambulation responses: An evaluation with two girls with multiple disabilities. *Journal of Applied Behavior Analysis, 50*(2), 345–356.

Steege, M. W., Pratt, J. L., Wickerd, G., Guare, R., & Watson, T. S. (2019). *Conducting school-based functional behavioral assessments: A practitioner's guide* (3rd ed.). New York, NY: Guilford Press.

Stephens, C. E., Pear, J. J., Wray, L. D., & Jackson, G. C. (1975). Some effects of reinforcement schedules in teaching picture names to retarded children. *Journal of Applied Behavior Analysis, 8*, 435–447.

Stevenson, J. G., & Clayton, F. L. (1970). A response duration schedule: Effects of training, extinction, and deprivation. *Journal of the Experimental Analysis of Behavior, 13*, 359–367.

Stickney, M., & Miltenberger, R. (1999). Evaluation of procedures for the functional assessment of binge-eating. *International Journal of Eating Disorders, 26*, 196–204.

Stickney, M., Miltenberger, R., & Wolff, G. (1999). A descriptive analysis of factors contributing to binge eating. *Journal of Behavior Therapy and Experimental Psychiatry, 30*, 177–189.

Stocco, C. S., Thompson, R. H., Hart, J. M., & Soriano, H. L. (2017). Improving the interview skills of college students using behavioral skills training. *Journal of Applied Behavior Analysis, 50*(3), 495–510.

Stokes, J. V., Luiselli, J. K., & Reed, D. D. (2010). A behavioral intervention for teaching tackling skills to high school football athletes. *Journal of Applied Behavior Analysis, 43*, 509–512.

Stokes, T. F., & Baer, D. M. (1977). An implicit technology of generalization. *Journal of Applied Behavior Analysis, 10*, 349–367.

Stokes, T. F., & Osnes, P. G. (1989). An operant pursuit of generalization. *Behavior Therapy, 20*, 337–355.

Stolz, S. B., & Associates. (1978). *Ethical issues in behavior modification*. San Francisco, CA: Jossey-Bass.

Stromer, R., McComas, J. J., & Rehfeldt, R. A. (2000). Designing interventions that include delayed reinforcement: Implications of recent laboratory research. *Journal of Applied Behavior Analysis, 33*, 359–371.

Stuart, R. B. (1967). Behavioral control of overeating. *Behaviour Research & Therapy, 5*, 357–365.

Stuart, R. B. (1971). Assessment and change of the communication patterns of juvenile delinquents and their parents. In R. D. Rubin, H. Fernsterheim, A. A. Lazarus, & C. M. Franks (Eds.), *Advances in behavior therapy* (pp. 183–196). New York, NY: Academic Press.

Sturmey, P. (1994). Assessing the functions of aberrant behaviors: A review of psychometric instruments. *Journal of Autism and Developmental Disabilities, 24*, 293–303.

Sturmey, P. (Ed.). (2020). *Functional analysis in clinical treatment* (2nd ed.). London: Elsevier Academic Press.

Suchowierska, M., & Kozlowski, J. (2004). Behavior analysis in Poland: A few words on Polish ABA. *Newsletter of the International Association for Behavior Analysis, 27*(2), 28–29.

Sullivan, M. A., & O'Leary, S. G. (1990). Maintenance following reward and cost token programs. *Behavior Therapy, 21*, 139–149.

Sulzer-Azaroff, B., & Reese, E. P. (1982). *Applying behavior analysis: A program for developing professional competence*. New York, NY: Holt, Rinehart, & Winston.

Sundberg, M. L. (2004). A behavioral analysis of motivation and its relation to mand training. In W. L. Williams (Ed.), *Advances in developmental disabilities: Etiology, assessment, intervention, and integration* (pp. 199–220). Reno, NV: Context Press.

Sundberg, M. L., & Michael, J. (2001). The benefits of Skinner's analysis of verbal behavior for children with autism. *Behavior Modification, 25*, 698–724.

Sundberg, M. L., Michael, J., Partington, J. W., & Sundberg, C. A. (1996). The role of automatic reinforcement in early language acquisition. *Analysis of Verbal Behavior, 13*, 21–37.

Sundberg, M. L., & Partington, J. W. (1998). *Teaching language to children with autism and other developmental disabilities*. Pleasant Hill, CA: Behavior Analysts.

Svenningsen, L., & Pear, J. J. (2011). Effects of computer-aided personalized system of instruction in developing knowledge and critical thinking in blended learning courses. *Behavior Analyst Today, 12*(1), 33–39.

Svenningsen, L., Bottomley, S., & Pear, J. J. (2018). Personalized learning and online instruction. In R. Zheng (Ed.), *Digital technologies and instructional design for personalized learning* (pp. 164–190). Hershey, PA: IGI Global.

Swanson, E., & Primack, C. (2017). Behavior modification: A patient and physician's perspective. *Advances in Therapy, 34*, 765–769.

Tai, S. S. M., & Miltenberger, R. G. (2017). Evaluating behavioral skills training to teach safe tackling skills to youth football players. *Journal of Applied Behavior Analysis, 50*(4), 849–855.

Tanaka-Matsumi, J., & Higginbotham, H. N. (1994). Clinical application of behavior therapy across ethnic and cultural boundaries. *Behavior Therapist, 17*, 123–126.

Tanaka-Matsumi, J., Higginbotham, H. N., & Chang, R. (2002). Cognitive behavioral approaches to counselling across cultures: A functional analytic approach for clinical applications. In P. B. Pedersen, J. G. Draguns, W. J. Lonner, & J. E. Trimble (Eds.), *Counselling across cultures* (5th ed., pp. 337–354). Thousand Oaks, CA: Sage Publications, Inc.

Tarbox, J., Madrid, W., Aguilar, B., Jacobo, W., & Schiff, A. (2009). Use of chaining to increase complexity of echoics in children with autism. *Journal of Applied Behavior Analysis, 42*, 901–906.

Tarbox, J., Wallace, M. D., Tarbox, R. S. F., Landaburu, H. J., & Williams, W. L. (2004). Functional analysis and treatment of low rate problem behavior in individuals with developmental disabilities. *Behavioral Interventions, 19*, 187–204.

Tarbox, J., Zuckerman, C. K., Bishop, M. R., Olive, M. L., O'Hora, D. P. (2011). Rule-governed behavior: Teaching a preliminary repertoire of rule-following to children with autism. *Analysis of Verbal Behavior, 27*, 125–139.

Taub, E., Crago, J. E., Burgio, L. D., Groomes, T. E., Cook, E. W., III, Deluca, S. C., & Miller, N. E. (1994). An operant approach to rehabilitation medicine: Overcoming learned nonuse by shaping. *Journal of the Experimental Analysis of Behavior, 61*, 281–293.

Tay, I., Garland, S., Gorelik, A., & Wark, J. D. (2017). Development and testing of a mobile phone app for self-monitoring of calcium intake in young women. *JMIR mHealth and uHealth, 5*(3), e27.

Taylor, B. A., & DeQuinzio, J. A. (2012). Observational learning and children with autism. *Behavior Modification, 36*, 341–360.

Taylor, B. A., LeBlanc, L. A., & Nosik, M. R. (2019). Compassionate care in behavior analytic treatment. Can outcomes be enhanced by attending to relationships with caregivers? *Behavior Analysis in Practice, 12*(3), 654–666.

Taylor, S. (2017). *Clinician's guide to PTSD: A cognitive behavioral approach* (2nd ed.). New York, NY: Guilford Press.

Taylor, S. E. (2021). *Health psychology* (11th ed.). New York, NY: McGraw-Hill.

Taylor, S., Abramowitz, J. S., McKay, D., & Garner, L. E. (2020). Obsessive-compulsive disorder. In M. M. Antony & D. H. Barlow (Eds.), *Handbook of assessment and treatment planning for psychological disorders* (3rd ed.). New York, NY: Guilford Press.

Teixeira, P. J., Carraça, E. V., Marques, M. M., Rutter, H., Oppert, J. M., De Bourdeaudhuij, I., Lakerveld, J., & Brug, J. (2015). Successful behavior change in obesity interventions in adults: A systematic review of self-regulation mediators. *BMC Medicine, 13*, 84.

Tekampe, J., van Middendorp, H., Meeuwis, S. H., van Leusden, J. W. R., Pacheco-López, G., Hermus, A. R. M. M., & Ever, A. W. M. (2017). Conditioning immune and endocrine parameters in humans: A systematic review. *Psychotherapy and Psychosomatics, 86*, 99–107.

Tekin-Iftar, E., Collins, B. C., Spooner, F., & Olcay-Gul, S. (2017). Coaching teachers to use a simultaneous prompting procedure to teach core content to students with autism. *Teacher Education and Special Education, 40*, 225–245.

Telch, C. F., Agras, W. S., & Linehan, M. M. (2001). Dialectical behavior therapy for binge-eating disorder. *Journal of Consulting Clinical Psychology, 69*, 1061–1065.

Tews, L. (2007). Early intervention for children with autism: Methodologies critique. *Developmental Disabilities Bulletin, 35*, 148–168.

Tharp, R. G., & Wetzel, R. J. (1969). *Behavior modification in the natural environment*. New York, NY: Elsevier Academic Press.

Thierman, G. J., & Martin, G. L. (1989). Self-management with picture prompts to improve quality of household cleaning by severely mentally handicapped persons. *International Journal of Rehabilitation Research, 12*, 27–39.

Thiessen, C., Fazzio, D., Arnal, L., Martin, G. L., Yu, C. T., & Kielback, L. (2009). Evaluation of a self-instructional manual for conducting discrete-trials teaching with children with autism. *Behavior Modification, 33*, 360–373.

Thompson, R. H., Iwata, B. A., Conners, J., & Roscoe, E. M. (1999). Effects of reinforcement for alternative behavior during punishment of self-injury. *Journal of Applied Behavior Analysis, 32*, 317–328.

Thompson, R. W., Smith, G. L., Osgood, D. W., Dowd, T. P., Friman, P. C., & Daly, D. L. (1996). Residential care: A study of short- and long-term educational effects. *Children and Youth Services Review, 18*, 221–242.

Thomson, K. M., Martin, G. L., Arnal, L., Fazzio, D., & Yu, C. T. (2009). Instructing individuals to deliver discrete-trials teaching to children with autism spectrum disorders: A review. *Research in Autism Spectrum Disorders, 3*, 590–606.

Thomson, K. M., Martin, G. L., Fazzio, D., Salem, S., Young, K., & Yu, C. T. (2012). Evaluation of a self-instructional package for teaching tutors to conduct discrete-trials teaching with children with autism. *Research in Autism Spectrum Disorders, 6*, 1073–1082.

Thorn, B. E. (2017). *Cognitive therapy for chronic pain* (2nd ed.). New York, NY: Guilford Press.

Thorndike, E. L. (1911). Animal intelligence: An experimental study of the associative processes in animals. *Psychological Review Monograph Supplement, 2*, whole No. 8.

Thwaites, R., & Bennett-Levy, J. (2007). Conceptualizing empathy in cognitive therapy: Making the implicit explicit. *Behavioural and Cognitive Psychotherapy, 35*, 591–612.

Timberlake, W., & Allison, J. (1974). Response deprivation: An empirical approach to instrumental performance. *Psychological Review, 81*(2), 146–164.

Timberlake, W., & Farmer-Dougan, V. A. (1991). Reinforcement in applied settings: Figuring out ahead of time what will work. *Psychological Bulletin, 110*, 379–391.

Tincani, M. J., Gastrogiavanni, A., & Axelrod, S. (1999). A comparison of the effectiveness of brief versus traditional functional analyses. *Research in Developmental Disabilities, 20*, 327–338.

Tincani, M. J., & Travers, J. (2017). Publishing single-case research design studies that do not demonstrate experimental control. *Remedial and Special Education*. No pagination specified.

Tingstrom, D. H., Sterling-Turner, H. E., & Wilczynski, S. M. (2006). The good behavior game: 1969–2002. *Behavior Modification, 30*, 225–253.

Tkachuk, G. A., & Martin, G. L. (1999). Exercise therapy for psychiatric disorders: Research and clinical implications. *Professional Psychology: Research and Practice, 30*, 275–282.

Todd, F. J. (1972). Coverant control of self-evaluative responses in the treatment of depression: A new use for an old principle. *Behavior Therapy, 3*, 91–94.

Todes, D. P. (2014). *Ivan Pavlov: A Russian life in science*. New York, NY: Oxford University Press.

Todorov, J. C. (Ed; 2016). *Trends in behavior analysis* (Vol. 1.01). Brasília, Brazil: Maurício Galinkin/ Technopolitik.

Tolin D. F., & Morrison, S. (2010). Impulse control disorders. In M. M. Antony & D. H. Barlow (Eds.), *Handbook of assessment and treatment planning for psychological disorders* (2nd ed.; pp. 606–632). New York, NY: Guilford Press.

Torgrud, L. J., & Holborn, S. W. (1990). The effects of verbal performance descriptions on nonverbal operant responding. *Journal of the Experimental Analysis of Behavior, 54*, 273–291.

Toussaint, K. A., & Tiger, J. H. (2012). Reducing covert self-injurious behavior maintained by automatic reinforcement through a variable momentary DRO procedure. *Journal of Applied Behavior Analysis, 45*, 179–184.

Travers, C. J. (2013). Using goal setting theory to promote personal development. In E. A. Locke & G. P. Latham (Eds.), *New developments in goal setting and task performance* (pp. 603–619). New York, NY: Routledge.

Travis, R., & Sturmey, P. (2010). Functional analysis and treatment of the delusional statements of a man with multiple disabilities: A four year follow-up. *Journal of Applied Behavior Analysis, 43*, 745–749.

Tringer, L. (1991). Behavior therapy in Hungary. *Behavior Therapist, 14*, 13–14.

Tryon, W. W. (1998). Behavioral observation. In A. S. Bellack & M. Hersen (Eds.), *Behavioral assessment: A practical handbook* (4th ed., pp. 79–103). Boston, MA: Allyn & Bacon.

Tryon, W. W. (2008). Whatever happened to symptom substitution? *Clinical Psychology Review, 28*, 963–968.

Tucker, M., Sigafoos, J., & Bushell, H. (1998). Use of non-contingent reinforcement in the treatment of challenging behavior. A review and clinical guide. *Behavior Modification, 22*, 529–547.

Tung, S. B., Donaldson, J. M., & Kahng, S. (2017). The effects of preference assessment type on problem behavior. *Journal of Applied Behavior Analysis, 50*(4), 861–866.

Turkat, I. D., & Feuerstein, M. (1978). Behavior modification and the public misconception. *American Psychologist, 33*, 194.

Turner, J., & Mathews, M. (2013). Behavioral gerontology. In G. J. Madden (Ed.), *APA handbook of behavior analysis: Volume 2, Translating behavioral principles into practice* (pp. 545–562). Washington, DC: American Psychological Association.

Tuten, L. M., Jones, H. E., Schaeffer, C. M., & Stitzer, M. L. (2012). *Reinforcement-based treatment for substance-use disorders: A comprehensive behavioral approach*. Washington, DC: American Psychological Association.

Ullmann, L. P. (1980). This week's citation classic: Case studies in behavior modification. *Current Contents/Social and Behavioral Sciences (No. 11), 255*.

Ullmann, L. P., & Krasner, L. (Eds.). (1965). *Case studies in behavior modification*. New York, NY: Holt, Rinehart, & Winston.

Underwood, L. A., Talbott, L. B., Mosholder, E., & von Dresner, K. S. (2008). Methodological concerns of residential treatment and recidivism for juvenile offenders with disruptive behavioral disorders. *Journal of Behavior Analysis of Offender and Victim Treatment and Prevention, 1*, 222–236.

Urcuioli, P. J. (2013). Stimulus control and stimulus class formation. In G. J. Madden (Ed.), *APA handbook of behavior analysis: Volume 1, Methods and principles* (pp. 361–386). Washington, DC: American Psychological Association.

U.S. Centers for Disease Control and Prevention. (2021). Prevalence of autism spectrum disorder among children aged 8 years—autism and developmental disabilities monitoring network, 11 sites, United States, 2010. *Morbidity and Mortality Weekly Report*. Retrieved from www.cdc.gov/mmwr/preview/mmwrhtml/ss6302a1.htm?s_cid=ss6302a1_won.

Van Acker, R., Boreson, L., Gable, R. A., & Potterton, T. (2005). Are we on the right course? Lessons learned about current FBA/BIP practices in schools. *Journal of Behavioral Education, 14*, 35–56.

Van Houten, R. (1983). Punishment: From the animal laboratory to the applied setting. In S. Axelrod & J. Apsche (Eds.), *The effects of punishment on human behavior* (pp. 13–44). New York, NY: Elsevier Academic Press.

Van Houten, R., Axelrod, S., Bailey, J. S., Favell, J. E., Foxx, R. M., Iwata, B. A., & Lovaas, O. I. (1988). The right to effective behavioral treatment. *Journal of Applied Behavior Analysis, 21*, 381–384.

Van Houten, R., & Doleys, D. M. (1983). Are social reprimands effective? In S. Axelrod & J. Apsche (Eds.), *The effects of punishment on human behavior* (pp. 45–70). New York, NY: Elsevier Academic Press.

Van Houten, R., Malenfant, J. E. L., Reagan, I., Sifrit, K., Compton, R., & Tenenbaum, J. (2010). Increasing seatbelt use in service vehicle drivers with a gearshift delay. *Journal of Applied Behavior Analysis, 43*, 369–380.

Vaughan, M. E. (1989). Rule-governed behavior in behavior analysis: A theoretical and experimental history. In S. C. Hayes (Ed.), *Rule-governed behavior: Cognition, contingencies, and instructional control* (pp. 97–118). New York, NY: Plenum Press.

Vaughan, M. E., & Michael, J. L. (1982). Automatic reinforcement: An important but ignored concept. *Behaviorism, 10*, 217–227.

Vaughan, W. E., Jr., & Herrnstein, R. J. (1987). Choosing among natural stimuli. *Journal of the Experimental Analysis of Behavior, 47*, 5–16.

Vause, T., Regehr, K., Feldman, M., Griffiths, D., & Owen, F. (2009). Right to behavioral treatment for individuals with intellectual disabilities: Issues of punishment (pp. 219–239). In F. Owen & D. Griffiths (Eds.), *Challenges to the human rights of people with intellectual disabilities*. London & Philadelphia, PA: Jessica Kingsley Publishers.

Velentzas, K., Heinen, T., & Schack, T. (2011). Routine integration strategies and their effects on volleyball serve performance and players' movement mental representation. *Journal of Applied Sport Psychology, 23*, 209–222.

Verbeke, A. K., Martin, G. L., Thorsteinsson, J. R., Murphy, C., & Yu, C. T. (2009). Does mastery of ABLA Level 6 make it easier for individuals with developmental disabilities to learn to name objects? *Journal of Behavioral Education, 18*, 229–244.

Verbeke, A. K., Martin, G. L., Yu, C. T., & Martin, T. L. (2007). Does ABLA test performance predict picture name recognition with persons with severe developmental disabilities? *Analysis of Verbal Behavior, 23*, 35–39.

Virues-Ortega, J., & Martin, G. L. (2010). Guidelines for sport psychologists to evaluate their interventions in clinical cases using single-subject designs. *Journal of Behavioral Health and Medicine, 3*, 158–171.

Vohs, K. D., & Baumeister, R. F. (2017). *Handbook of self-regulation* (3rd ed.). New York, NY: Guilford Press.

Vollmer, T. R., & Iwata, B. A. (1992). Differential reinforcement as treatment for behavior disorders: Procedural and functional variations. *Research in Developmental Disabilities, 13*, 393–417.

Vollmer, T. R., Iwata, B. A., Zarcone, J. R., Smith, R. G., & Mazaleski, J. L. (1993). The role of attention in the treatment of attention-maintained self-injurious behavior: Non-contingent reinforcement and differential reinforcement of other behavior. *Journal of Applied Behavior Analysis, 26*, 9–21.

Vollmer, T. R., Roane, H. S., Ringdahl, J. E., & Marcus, B. A. (1999). Evaluating treatment challenges with differential reinforcement of alternative behavior. *Journal of Applied Behavior Analysis, 32*, 9–23.

Vonk, J., & Galvan, M. (2014). What do natural categorization studies tell us about the concepts of apes and bears? *Animal Behavior and Cognition, 1*(3), 309–330.

Vorvick, L. J., & Storck, S. (2010). *Sexual problems overview.* MedlinePlus [Internet]. Bethesda (MD): National Library of Medicine (US); [updated 2010 September 11; cited 2013 June 9]. Retrieved from www.nlm.nih.gov/medlineplus/

Vygotsky, L. S. (1978). *Mind and society*. Cambridge, MA: Harvard University Press.

Wacker, D. P., Berg, W. K., Harding, J. W., & Cooper-Brown, L. J. (2011). Functional and structural approaches to behavioral assessment of problem behavior. In W. W. Fisher, C. C. Piazza, & H. S. Roane (Eds.), *Handbook of applied behavior analysis*. New York, NY: Guilford Press.

Wade, Tracey D., Ghan, C., & Waller, G. (2021). A randomized controlled trial of two 10-session cognitive behaviour therapies for eating disorders: An exploratory investigation of which approach works best for whom. *Behaviour Research and Therapy, 146*. No pagination specified.

Wahler, R. G. (2007). Chaos, coincidence, and contingency in the behavior disorders of childhood and adolescence. In P. Sturmey (Ed.), *Functional analysis in clinical treatment* (pp. 111–128). London: Elsevier Academic Press.

Wahler, R. G., Winkel, G. H., Peterson, R. F., & Morrison, D. C. (1965). Mothers as behavior therapists for their own children. *Behaviour Research and Therapy, 3,* 113–124.
Walker, B. D., & Rehfeldt, R. A. (2012). An evaluation of the stimulus equivalence paradigm to teach single-subject designs to distance education students via Blackboard. *Journal of Applied Behavior Analysis, 45,* 329–344.
Walker, B. D., Rehfeldt, R. A., & Ninness, C. E. (2010). Using the stimulus equivalence paradigm to teach course material in an undergraduate rehabilitation course. *Journal of Applied Behavior Analysis, 43,* 615–633.
Walker, H. M., & Buckley, N. K. (1972). Programming generalization and maintenance of treatment effects across time and across setting. *Journal of Applied Behavior Analysis, 5,* 209–224.
Walker, S. G., Mattson, S. L., & Sellers, T. (2020). Increasing accuracy of rock-climbing techniques in novice athletes using expert modeling and video feedback. *Journal of Applied Behavior Analysis, 53*(4), 2260–2270.
Wallace, I. (1971). *The writing of one novel.* Richmond Hill, ON, Canada: Simon & Schuster.
Wallace, I., & Pear, J. J. (1977). Self-control techniques of famous novelists. *Journal of Applied Behavior Analysis, 10,* 515–525.
Walls, R. T., Zane, T., & Ellis, W. D. (1981). Forward and backward chaining, and whole task methods: Training assembly tasks in vocational rehabilitation. *Behavior Modification, 5,* 61–74.
Walsh, J. (2012). The psychological person. In E. D. Hutchison (Ed.), *Essentials of human behavior: Integrating person, environment, and the life course* (pp. 109–152). Thousand Oaks, CA: Sage Publications, Inc.
Walters, G. D. (2000). Behavioral self-control training for problem drinkers: A meta-analysis of randomized control studies. *Behavior Therapy, 31,* 135–149.
Walters, K., & Thomson, K. (2013). The history of behavior analysis in Manitoba: A sparsely-populated Canadian province with an international behavior-analytic influence. *Behavior Analyst, 36,* 57–72.
Walton, K. M., & Brooke R.Ingersoll, B. R. (2012). Evaluation of a sibling-mediated imitation intervention for young children with autism. *Journal of Positive Behavior Interventions, 14,* 241–253.
Wang, S., Cui, Y., & Parrila, R. (2011). Examining the effectiveness of peer-mediated and videomodeling social skills interventions for children with autism spectrum disorders: A meta-analysis in single-case research using HLM. *Research in Autism Spectrum Disorders, 5,* 562–569.
Wanlin, C., Hrycaiko, D., Martin, G. L., & Mahon, M. (1997). The effects of a goal-setting package on performance of speed skaters. *Journal of Sport Psychology, 9,* 212–228.
Ward, P. (2005). The philosophy, science, and application of behavior analysis in physical education. In D. Kirk, D. MacDonald, & M. O'Sullivan (Eds.), *The handbook of physical education.* Thousand Oaks, CA: Sage Publications, Inc.
Ward, P. (2011). Goal setting and performance feedback. In J. K. Luiselli & D. D. Reed (Eds.), *Behavioral sport psychology: Evidence-based approaches to performance enhancement.* New York, NY: Springer Publishing Company.
Warren, S. F. (2000). Mental retardation: Curse, characteristic, or coin of the realm? *American Association on Mental Retardation News and Notes, 13,* 10–11.
Warzak, W. J., Floress, M. T., Kellen, M., Kazmerski, J. S., & Chopko, S. (2012). Trends in time-out research: Are we focusing our efforts where our efforts are needed? *Behavior Therapist, 35,* 30–33.
Watson, D. L., & Tharp, R. G. (2014). *Self-directed behavior: Self-modification for personal adjustment* (10th ed.). Monterey, CA: Brooks/Cole.
Watson, J. B. (1916). The place of the conditioned reflex in psychology. *Psychological Review, 23,* 89–116.
Watson, J. B. (1930). *Behaviorism* (rev. ed.). Chicago, IL: University of Chicago Press.
Watson, J. B., & Rayner, R. (1920). Conditioned emotional reactions. *Journal of Experimental Psychology, 3,* 1–14.
Watson, R. I. (1962). The experimental tradition and clinical psychology. In A. J. Bachrach (Ed.), *Experimental foundations of clinical psychology* (pp. 3–25). New York, NY: Basic Books.
Wearden, J. H. (1988). Some neglect problems in the analysis of human operant behavior. In G. Davey & C. Cullen (Eds.), *Human operant conditioning and behavior modification* (pp. 197–224), Chichester: John Wiley & Sons.
Weiss, F. G. (1974). *Hegel: The essential writings.* New York, NY: Harper & Row.
Weiss, K. M. (1978). A comparison of forward and backward procedures for the acquisition of response chains in humans. *Journal of the Experimental Analysis of Behavior, 29,* 255–259.
Welch, S. J., & Pear, J. J. (1980). Generalization of naming responses to objects in the natural environment as a function of training stimulus

modality with retarded children. *Journal of Applied Behavior Analysis, 13*, 629–643.

Whelan, R., & Barnes-Holmes, D. (2010). Consequence valuing as operation and process: A parsimonious analysis of motivation. *Psychological Record, 60*(2), 337–354.

White, K. G. (2013). Remembering and forgetting. In G. J. Madden (Ed.), *APA handbook of behavior analysis: Volume 1, Methods and principles* (pp. 411–438). Washington, DC: American Psychological Association.

Whitman, T. L., Spence, B. H., & Maxwell, S. (1987). A comparison of external and self-instructional teaching formats with mentally retarded adults in a vocational training setting. *Research in Developmental Disabilities, 8*, 371–388.

Wiggins, H. C., & Roscoe, E. M. (2020). Evaluation of an indirect assessment for identifying tasks for functional analysis. *Journal of Applied Behavior Analysis, 53*(2), 997–1012.

Wilder, D. A., Wong, S. E., Hodges, A. C., & Ertel, H. M. (2020). Schizophrenia and other psychotic disorders. In P. Sturmey (Ed.), *Functional analysis in clinical treatment* (2nd ed.). London: Elsevier Academic Press.

Wilder, L. K., & King-Peery, K. (2012). *Family hope: Positive behavior support for families of children with challenging behavior*. Champaign, IL: Research Press.

Williams, B., Myerson, J., & Hale, S. (2008). Individual differences, intelligence, and behavioral analysis. *Journal of the Experimental Analysis of Behavior, 90*, 219–231.

Williams, C. D. (1959). The elimination of tantrum behavior by extinction procedures. *Journal of Abnormal and Social Psychology, 59*, 269.

Williams, J. E., & Cuvo, A. J. (1986). Training apartment upkeep skills to rehabilitation clients: A comparison of task analysis strategies. *Journal of Applied Behavior Analysis, 19*, 39–51.

Williams, K. J. (2013). Goal setting in sports. In E. A. Locke & G. P. Latham (Eds.), *New developments in goal setting and task performance* (pp. 375–396). New York, NY: Routledge.

Williams, M., Teasdale, J., Segal, Z., & Kabat-Zinn, J. (2007). *The mindful way through depression: Freeing yourself from chronic unhappiness*. New York, NY: Guilford Press.

Williamson, D. A. (2017). Fifty years of behavioral/lifestyle interventions for overweight and obesity: Where have we been and where are we going? *Obesity, 25*, 1867–1875.

Wilson, J. Q., & Herrnstein, R. J. (1985). *Crime and human nature*. New York, NY: Simon & Schuster.

Wilson, K. G., Flynn, M. K., Bordieri, M., Nassar, S., Lucus, N., & Whiteman, K. (2012). Acceptance and cognitive behavior therapy. In W. T. O'Donohue & J. E. Fisher (Eds.). *Cognitive behavior therapy: Core Principles for Practice* (pp. 377–398). Hoboken, NJ: John Wiley & Sons, Inc.

Wincze, J. P., Bach, A. K., & Barlow, D. H. (2008). Sexual dysfunction. In D. H. Barlow (Ed.), *Clinical handbook of psychological disorders: A step-by-step treatment manual* (4th ed., pp. 615–662). New York, NY: Guilford Press.

Wincze, J. P., & Carey, M. P. (2015). *Sexual dysfunction: A guide for assessment and treatment* (3rd ed.). New York, NY: Guilford Press.

Winerman, L. (2004). Back to her roots. *Monitor on Psychology, 35*(8), 46–49.

Winerman, L. (2013). Breaking free from addiction. *Monitor on psychology: A publication of the American Psychological Association, 44*(6), 30–34.

Wirth, K. (2014). *How to get your child to go to sleep and stay asleep: A practical guide for parents to sleep train young children*. Victoria, BC: FriesenPress.

Wiskow, K. M., Urban-Wilson, A., Ishaya, U., DaSilva, A., Nieto, P., Silva, E., & Lopez, J. (2021). A comparison of variations of the good behavior game on disruptive and social behaviors in elementary school classrooms. *Behavior Analysis: Research and Practice, 21*(2), 102–117.

Witt, J. C., & Wacker, D. P. (1981). Teaching children to respond to auditory directives: An evaluation of two procedures. *Behavior Research of Severe Developmental Disabilities, 2*, 175–189.

Wolf, M. M. (1978). Social validity: The case for subjective measurement or how applied behavior analysis is finding its heart. *Journal of Applied Behavior Analysis, 11*, 203–214.

Wolf, M. M., Braukmann, C. J., & Ramp, K. A. (1987). Serious delinquent behavior as part of a significantly handicapping condition: Cures and supportive environments. *Journal of Applied Behavior Analysis, 20*, 347–359.

Wolf, M. M., Hanley, E. L., King, L. A., Lachowicz, J., & Giles, D. K. (1970). The timer-game: A variable interval contingency for the management of out-of-seat behavior. *Exceptional Children, 37*, 113–117.

Wolf, M. M., Kirigin, K. A., Fixsen, D. L., Blase, K. A., & Braukmann, C. J. (1995). The teaching-family model: A case study in data-based program development and refinement (and dragon wrestling). *Journal of Organizational Behavior Management, 15*, 11–68.

Wolfe, J. B. (1936). Effectiveness of token rewards for chimpanzees. *Comparative Psychological Monographs, 12,* 1–72.

Wolfe, V. F., & Cuvo, A. J. (1978). Effects of within-stimulus and extra-stimulus prompting on letter discrimination by mentally retarded persons. *American Journal of Mental Deficiency, 83,* 297–303.

Wolko, K. L., Hrycaiko, D. W., & Martin, G. L. (1993). A comparison of two self-management packages to standard coaching for improving practice performance of gymnasts. *Behavior Modification, 17,* 209–223.

Wolpe, J. (1958). *Psychotherapy by reciprocal inhibition.* Stanford, CA: Stanford University Press.

Wolpe, J. (1969). *The practice of behavior therapy.* Elmsford, NY: Pergamon Press.

Wolpe, J. (1985). Requiem for an institution. *Behavior Therapist, 8,* 113.

Wood, S. J., Murdock, J. Y., & Cronin, M. E. (2002). Self-monitoring and at-risk middle-school students: Academic performance improves, maintains, and generalizes. *Behavior Modification, 25,* 605–626.

Woody, D. J., Woody, D., III, & Hutchison, E. D. (2022). Toddlerhood and early childhood. In E. D. Hutchison, & L. W. Charlesworth (Eds.), *Essentials of human behavior: Integrating person, environment, and the life course* (3rd ed.). Thousand Oaks, CA: Sage Publications, Inc.

Woynaroski, T., Yoder, P. J., Fey, M. E., & Warren, S. F. (2014). A transactional model of spoken vocabulary variation in toddlers with intellectual disabilities. *Journal of Speech, Language, and Hearing Research, 57,* 1754–1763.

Yamagami, T., Okuma, H., Morinaga, Y., & Nakao, H. (1982). Practice of behavior therapy in Japan. *Journal of Behavior Therapy and Experimental Psychology, 13,* 21–26.

Yates, A. J. (1970). *Behavior therapy.* New York, NY: Wiley-Blackwell.

Yoder, P. J., Lloyd, B. P., & Symons, F. J. (2019). *Observational measurement of behavior* (2nd ed.). New York, NY: Springer Publishing Company.

Yoder, P. J., Watson, L. R., & Lambert, W. (2015). Value-added predictors of expressive and receptive language growth in initially nonverbal preschoolers with autism spectrum disorders. *Journal of Autism and Developmental Disorders, 45*(5), 1254–1270.

Yoder, P. J., Woynaroski, T., Fey, M. E., Warren, S. F., & Gardner, E. (2015). Why dose frequency affects spoken vocabulary in preschoolers with Down syndrome. *American Journal on Intellectual and Developmental Disabilities, 120*(4), 302–314.

Young, J. E., Ward-Ciesielski, E. F., Rygh, J. L., Weinberger, A. D., & Beck, A. T. (2021). Cognitive therapy for depression. In D. H. Barlow (Ed.), *Clinical handbook of psychological disorders: A step-by-step treatment manual* (6th ed.). New York, NY: Guilford Press.

Young, K. L., Boris, A. L., Thomson, K. M., Martin, G. L., & Yu, C. T. (2012). Evaluation of a self-instructional package on discrete-trials teaching to parents of children with autism. *Research in Autism Spectrum Disorders, 6,* 1321–1330.

Yu, D., Martin, G. L., Suthons, E., Koop, S., & Pallotta-Cornick, A. (1980). Comparisons of forward chaining and total task presentation formats to teach vocational skills to the retarded. *International Journal of Rehabilitation Research, 3,* 77–79.

Yurusek, A. M., Tucker, J. A., Murphy, J. G., & Kertesz, S. G. (2020). Substance use disorders. In M. M. Antony & D. H. Barlow (Eds.), *Handbook of assessment and treatment planning for psychological disorders* (3rd ed.). New York, NY: Guilford Press.

Zalta, A. K., & Foa, E. B. (2012). Exposure therapy: Promoting emotional processing of pathological anxiety. In W. T. O'Donohue & J. E. Fisher (Eds.), *Cognitive behavior therapy: Core principles for practice* (pp. 75–104). Hoboken, NJ: John Wiley & Sons, Inc.

Zamora, R., & Lima, J. (2000). Cognitive behavioral therapy in Uruguay. *Behavior Therapist, 23,* 98–101.

Zaragoza Scherman, A., Thomson, K., Boris, A., Dodson, L., Pear, J. J., & Martin, G. (2015). Online training of discrete-trials teaching (DTT) for educating children with autism spectrum disorders (ASDs): A preliminary study. *Journal on Developmental Disabilities, 21,* 23–34.

Zettle, R. D., & Hayes, S. C. (1982). Rule-governed behavior: A potential theoretical framework for cognitive behavioral therapy. In P. C. Kendall (Ed.), *Advances in cognitive behavioral research and therapy* (Vol. 1, pp. 73–118). New York, NY: Elsevier Academic Press.

Zhang, A., Park, S., Sullivan, J. E., & Jing, S. (2018). The effectiveness of problem-solving therapy for primary care patients' depressive and/or anxiety disorders: A systematic review and meta-analysis. *Journal of the American Board of Family Medicine, 31,* 139–150.

Ziegler, S. G. (1987). Effects of stimulus cueing on the acquisition of groundstrokes by beginning tennis players. *Journal of Applied Behavior Analysis, 20,* 405–411.

Zvi, M. B. (2004). IABA: The new Israeli ABA Chapter. *Newsletter of the International Association for Behavior Analysis, 27*(2), 24–25.

Índice Alfabético

B

C

D

E

F

G

H

I

J

L

M

N

O

U

V

W

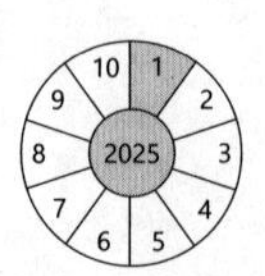
10
1
2
3
4
5
6
7
8
9
2025